南京高等植物图志 上册

刘兴剑

陆耕宇

任全进

孙起梦

主编

江苏凤凰科学技术出版社·南京

图书在版编目（CIP）数据

南京高等植物图志：上、下册 / 刘兴剑等主编. --
南京：江苏凤凰科学技术出版社，2024.7
　　ISBN 978-7-5713-4090-2

　　Ⅰ.①南… Ⅱ.①刘… Ⅲ.①高等植物—南京—图集
Ⅳ.①Q949.4-64

　　中国国家版本馆CIP数据核字(2024)第028243号

南京高等植物图志（上、下册）

主　　　编	刘兴剑　陆耕宇　任全进　孙起梦
责任编辑	沈燕燕
助理编辑	滕如淦
责任校对	仲　敏
责任设计	徐　慧
责任监制	刘文洋

出版发行	江苏凤凰科学技术出版社
出版社地址	南京市湖南路1号A楼，邮编：210009
排　　版	南京紫藤制版印务中心
印　　刷	南京新世纪联盟印务有限公司

开　　本	889 mm × 1 194 mm　1/16
总 印 张	63.75
总 插 页	8
总 字 数	1 620 000
版　　次	2024年7月第1版
印　　次	2024年7月第1次印刷

标 准 书 号	ISBN 978-7-5713-4090-2
总 定 价	658.00元（精）

图书若有印装质量问题，可随时向我社印务部调换。

《南京高等植物图志》(上、下册)编写人员

主　编　刘兴剑　江苏省中国科学院植物研究所

　　　　陆耕宇　浙江药科职业大学

　　　　任全进　江苏省中国科学院植物研究所

　　　　孙起梦　江苏省中国科学院植物研究所

副主编　董丽娜　中山陵园管理局

　　　　杨　军　江苏省中国科学院植物研究所

　　　　武建勇　生态环境部南京环境科学研究所

　　　　张光富　南京师范大学

编　委　褚晓芳　江苏省中国科学院植物研究所

　　　　顾子霞　江苏省中国科学院植物研究所

　　　　乔娟娟　浙江药科职业大学

　　　　沈佳豪　江苏省中国科学院植物研究所

　　　　田　梅　江苏省中国科学院植物研究所

　　　　王淑安　江苏省中国科学院植物研究所

　　　　熊豫宁　江苏省中国科学院植物研究所

　　　　张芬耀　浙江省森林资源监测中心

致 读 者

社会主义的根本任务是发展生产力,而社会生产力的发展必须依靠科学技术。当今世界已进入新科技革命的时代,科学技术的进步已成为经济发展、社会进步和国家富强的决定因素,也是实现我国社会主义现代化的关键。

科技出版工作肩负着促进科技进步、推动科学技术转化为生产力的历史使命。为了更好地贯彻党中央提出的"把经济建设转到依靠科技进步和提高劳动者素质的轨道上来"的战略决策,进一步落实中共江苏省委、江苏省人民政府作出的"科教兴省"的决定,江苏凤凰科学技术出版社有限公司(原江苏科学技术出版社)于1988年倡议筹建江苏省科技著作出版基金。在江苏省人民政府、江苏省委宣传部、江苏省科学技术厅(原江苏省科学技术委员会)、江苏省新闻出版局负责同志和有关单位的大力支持下,经江苏省人民政府批准,由江苏省科学技术厅(原江苏省科学技术委员会)、凤凰出版传媒集团(原江苏省出版总社)和江苏凤凰科学技术出版社有限公司(原江苏科学技术出版社)共同筹集,于1990年正式建立了"江苏省金陵科技著作出版基金",用于资助自然科学范围内符合条件的优秀科技著作的出版。

我们希望江苏省金陵科技著作出版基金的持续运作,能为优秀科技著作在江苏省及时出版创造条件,并通过出版工作这一平台,落实"科教兴省"战略,充分发挥科学技术作为第一生产力的作用,为全面建成更高水平的小康社会、为江苏的"两个率先"宏伟目标早日实现,促进科技出版事业的发展,促进经济社会的进步与繁荣做出贡献。建立出版基金是社会主义出版工作在改革发展中新的发展机制和新的模式,期待得到各方面的热情扶持,更希望通过多种途径不断扩大。我们也将在实践中不断总结经验,使基金工作逐步完善,让更多优秀科技著作的出版能得到基金的支持和帮助。

这批获得江苏省金陵科技著作出版基金资助的科技著作,还得到了参加项目评审工作的专家、学者的大力支持。对他们的辛勤工作,在此一并表示衷心感谢!

江苏省金陵科技著作出版基金管理委员会

我国是世界上植物多样性最丰富的国家之一，有高等植物3.8万余种，分布着全球约10%的高等植物，横跨6个气候带，有8个主要植被类型。华东地区位于我国亚热带东部，气候温暖湿润，土壤类型多样，蕴育了丰富的植物多样性。南京具有北亚热带湿润气候典型特征，境内分布着丘陵、山地、平原、湿地等多种地形地貌，具有丰富且独特的生物和自然生态系统，在维护华东地区生物多样性完整和生态平衡中起着举足轻重的作用。但是在全球气候变化和城市化发展进程加快的大背景下，南京地区野生植物多样性保护工作也迎来了新挑战。

万物各得其和以生，各得其养以成。目前，我国正建设以国家植物园为主体的植物迁地保护体系，以期实现植物多样性保护的全覆盖。江苏省中国科学院植物研究所（南京中山植物园）作为国家植物园候选园，是南京乃至华东地区野生植物保护的中流砥柱，更是我国野生植物迁地保护工作中的重要力量。

由江苏省中国科学院植物研究所植物学专家刘兴剑牵头主编的《南京高等植物图志》（上、下册）立足普及生物多样性保护知识，宣传生物多样性保护理念，于2020年获得江苏省金陵科技著作出版基金资助，集全所及省内多名专家勠力同心，历时4年，完成全书160余万字的编撰工作，并即将于2024年7月出版。

《南京高等植物图志》（上、下册）共收录南京及周边区域维管植物1 312种75变种26亚种，共1 413个分类单元，记录了几近全部种类的共3 700余张植物照片。该书吸收了较新的分类学研究成果，采用较新的分子支序系统，补录了2个省级新分布属和19个省级新分布种，是《江苏植物志》有益的完善和补充。该书具有较强的科普性，对提升全民保护生物多样性意识和水平具有积极作用，这不仅是推进南京中山国家植物园建设的现实需求，也是落实全面加快推进美丽江苏建设、推动实现人与自然和谐共生的现代化具体体现。

（江苏省中国科学院植物研究所所长、研究员）

2024年6月

序 2

　　《南京高等植物图志》（上、下册）以图文并茂的形式介绍了南京地区的维管植物 1 400 余种（包括亚种和变种）。书中提供了各科、属的检索表，科级和种级类群的形态描述，并配有精美、清晰的彩色照片，体现了各类群植物的叶、花、果等识别特征，便于读者认识、鉴别南京地区的植物种类。在细节方面，如植株的叶背、花和果实的近照，菊科植物的总苞片，蕨类植物的孢子囊群等都有丰富的展现。在植物名称方面，中文名用字规范，拉丁名拼写准确，且尽可能地采用了最新的分类学修订结果。在分类系统排列上，该书采用了植物系统学界最新的 PPG Ⅰ 系统（用于石松类和蕨类植物）和 APG Ⅳ 系统（用于被子植物），同时为了方便读者查阅，还在每个范畴发生改变的科下注释了变动详情。总之，这是一本集科学性、科普性和观赏性为一体的佳作。

刘　冰

（中国科学院植物研究所副研究员）

2024 年 6 月

前　言

一、编写背景

南京是华东中心城市与交通枢纽,地理上横跨长江南北,位于北亚热带常绿阔叶林与暖温带落叶阔叶林的区系过渡地带,因此在植物分布上也兼具南北区系的特点。南京及周边地区植物多样性的科学记载多散见于江苏省内植物的调查研究之中,最早可见于吴家煦发表于 1914 年《博物学杂志》中的《江苏植物志略》,以及 1922 年祁天锡的《江苏植物名录》和 1927 年林刚发表于《科学杂志》的《南京木本植物名录》。1949 年以后,与江苏植物区系和类群相关的主要著作有《江苏南部种子植物手册》《江苏植物药材志》《江苏植物志》(上、下册,分别出版于 1978 年与 1982 年)及新版《江苏植物志》(1~5 卷,出版于 2013—2017 年)等。

近年来,气候变化,以及城市化进程下生物适宜生境急剧改变,都对本地区植物的种类、分布、居群数量和动态演变产生了深刻的影响。但是,除了两版《江苏植物志》这样的大部头著作,针对南京以及周边区域的专著只有《江苏南部种子植物手册》(1959 年)《南京地区常用中草药》(1969 年)等。这些著作都已是距今半个多世纪之前的成果,而且没有彩色配图。对于近年来完成的江苏省本土植物全覆盖调查、全国第四次中药资源普查等各种植物多样性调查项目,南京及其周边地区的植物多样性家底,也亟须进行阶段性的总结。

进入 21 世纪以来,为了适应不同层次的读者需求,植物类书籍不再是单纯以文字、检索表、墨线图的形式出现了,更多带有彩图的专类图鉴走向了大众视野,如《中国高等植物彩色图鉴》《中国外来入侵植物彩色图鉴》《中国常见植物野外识别手册》《中国野外观花系列》《观花植物 1000 种经典图鉴》《药用植物生态图鉴》《中国药用植物种子原色图鉴》《江南植物图鉴》等。书的内容涉及常见药用植物、观赏植物、入侵植物,这些都是在自然教育、旅游、日常野菜识别、草药识别等很多方面,因人们对身边植物认知有强烈的客观需求应运而生的。

鉴于植物主流分类系统的变化和图书出版形式的多样化,2014 年前后出版的新版《江苏植物志》在植物系统排列和排版形式上与 2020 年后新版的《内蒙古植物志》《浙江植物志新编》都存在了一定的差别。自 2019 年起,在参考新版《江苏植物志》已有成果的基础上,结合编者们最新植物资源调查成果积累,开始尝试编写南京市及周边地区这一地理范畴内的彩色图鉴形式的植物志书。计划使用当前植物类著作中还较为少用的分子支序系统来编排物种,以分类检索表、简洁的植物形态描述与彩色实物图片结合的形式编排内容,同时兼顾科学性与科普属性。从 2021 年春季正式开始《南京高等植物图志》（上、下册）的编撰工作,在江苏凤凰科学技术出版社的支持下,申请到了"江苏省金陵科技著作出版基金"。

　　本书的出版是对江苏西南部宁镇扬地区植物多样性调查成果的一次总结。希望不仅是对新版《江苏植物志》有关本区域植物资源信息的有效补充与更新,也能成为南京地区植物学相关从业人员与爱好者获取本地植物分类鉴定信息与乡土植物分布信息的有益参考,从而进一步促进人们对自然的热爱,激发大家探索身边自然博物的兴趣和保护生物多样性的意识。

　　本书在植物调查、形态描述、检索表编排、照片鉴定等方面仍有较多不足,极少部分植物种类未拍到照片或仅有营养体照片,希望在今后的工作中加以弥补。编者植物分类学知识和植物鉴定能力有限,疏漏和错误之处在所难免,望广大读者不吝批评指正。

二、地理空间范畴概况

　　本书收录植物种类的地理空间范畴包括南京（中心城区）、浦口、江宁、六合、溧水、高淳、句容（包括部分金坛、茅山区域）、丹徒、丹阳、镇江（中心城区）、扬州（中心城区）、高邮、宝应、仪征、盱眙、金湖,即大致包括以南京为中心的宁镇扬三个市县区域（以下简称"本地区"）。本地区不同于江苏省以平原为主的整体格局,集中分布了宁镇山脉、老山山脉、茅山山脉等众多丘陵地带,使之成为江苏省三个植物多样性中心之一（宁镇扬丘陵区、云台山丘陵区、宜溧丘陵区）。

　　宁镇扬丘陵区地处北纬 31° 08′ ~33° 02′,东经 118° 41′ ~119° 56′,整体位于江苏省西南部,北以淮河为界,南抵宜溧山区,东与太湖、里下河平原接壤,西至苏皖分界线,大致以 10 m 等高线作为与其毗邻各平原圩区的分界线。全区低山丘陵面积占土地总面积的 75% 左右,平原圩田面积只占23%,另有少部分水面。本地区在植被区系上位于"北亚热带常绿、落叶阔叶混交林"地带,植被小类上属于"江淮丘陵,落叶栎类、苦槠、马尾松林区"。由于地处暖温带与亚热带的过渡地带,植被组成成分也明显反映出过渡性特征。此外,本地区特有植物南京玄参、南京木蓝、南京柳、宝华玉兰、宝华鹅耳枥、宝华山薹草、老山岩风、秤锤树、菊花脑等分布,也说明了在植物区系组成上亦有其特殊性。

　　根据地理位置、光热水状况、地层岩性、地貌形态及其组成、成土母质类型及其性质、立地条件等的差异,本地区又可大致划分成以下几个区域:溧水高淳丘陵区、茅山丘陵区、宁镇低山丘陵区、浦六仪邗高丘陵区、盱眙金湖丘陵区。本地区总体在行政区划上包括了南京市、扬州市、镇江市;植物区系上也较为一致,互相之间有一定的区别与联系。因此,以南京及周边的"宁镇扬"作为一个整体空间区域来编写植物图鉴也是具有一定代表性的。

三、图志内容特色总结及说明

　　本书共记录了南京及其周边区域的维管束植物 1 312 种 26 亚种 75 变种,共 1 413 个分类单元。因鉴定能力及照片积累不够等原因,因此本书所称的"高等植物"并未包括苔藓类植物。所收录的植物种类的范畴综合了编者们多年的植物野外考察、鉴定、文献调研、标本查阅的成果。在新版《江苏植物志》的基础之上,对当前本地区的野生植物资源情况做了一个详细的更新和总结,适当吸收了较新的分类成果,加入了编者们的一些分类学看法与见解,最终以简洁的文字、实物彩图与检索表的形式展现给广大关心南京地区生物多样性的读者朋友们。

编者们在本书编写过程中,参考了前期出版的一些植物图鉴类书籍,在植物地理分布上,主要依据各类植物调查结果和拍摄的实地照片,同时也参考新版《江苏植物志》记载的植物地理分布,力求能够把南京及周边地区植物种类收集齐全,并尽量收集全植物的特征照片。在分类系统编排上,本书也力求创新,全书使用了当前植物志书及科普著作中较少涉及的分子支序系统:石松类和蕨类植物采用"PPG Ⅰ系统",裸子植物参考了"多识裸子植物系统",被子植物采用"APG Ⅳ系统"。为了照顾读者对传统分类系统的使用习惯,本书在每一个科级或属级范畴有一定变动的类群前都进行了说明,方便大家理解最新的分类框架。此外,对分类特征描述也进行简化,在检索表编排上力求方便实用,照片采用较灵活的排版方式,以突出主要的鉴定特征;在形态描述及地理分布上,以新版《江苏植物志》作为主要参考,并尽量吸收最新合理的分类成果,补充了近年调查的新分布、新类群,并适当地加入了编者们自身的观点。

有关本书内容以及所收录的植物范畴,在此做以下的说明:

1. 本书收录的所有植物均为野生植物,或广泛逸生、归化的种类。

2. 植物拉丁学名与中文名参考《中国植物物种名录 2022 版》,部分种类分类观点参考 *Plant of the World Online* 及新版《江苏植物志》;植物中文别名,对照新旧两版《江苏植物志》,选择收录了编者们认为当前在教学或野外实践工作中较为常用的名称。

3. 在《江苏植物志》中记载南京及其周边有分布,但是多年的调查都未见(或是以栽培为主,不确定有无野生),只有零星的标本记录的种类,本书不予以收录,主要有白穗花 *Speirantha gardenii*、泽苔草 *Caldesia parnassifolia*、山东肿足蕨 *Hypodematium sinense*、稀脉浮萍 *Lemna aequinoctialis*、羽毛地杨梅 *Luzula plumosa*、曲氏水葱 *Schoenoplectus chuanus*、猪毛草 *Schoenoplectiella wallichii*、龙师草 *Eleocharis tetraquetra*、角架珍珠茅(南京珍珠茅) *Scleria novae-hollandiae*、短芒纤毛草 *Elymus ciliaris* var. *submuticus*、棉团铁线莲 *Clematis hexapetala*、中亚荩草 *Arthraxon hispidus* var. *centrasiaticus*、三叉浮萍(品藻)*Lemna trisulca*、白药谷精草 *Eriocaulon cinereum*、长序茶藨子 *Ribes longiracemosum*、毛山黧豆 *Lathyrus palustris* var. *pilosus*、小叶锦鸡儿 *Caragana microphylla*、大花野豌豆 *Vicia bungei*、假地豆 *Grona heterocarpos*、胡枝子 *Lespedeza bicolor*、红柄白鹃梅 *Exochorda giraldii*、三裂绣线菊 *Spiraea trilobata*、全缘叶豆梨 *Pyrus calleryana* var. *integrifolia*、黄龙尾 *Agrimonia pilosa* var. *nepalensis*、腺地榆 *Sanguisorba officinalis* var. *glandulosa*、刻叶老鹳草(深裂老鹳草)*Geranium dissectum*、毛草龙 *Ludwigia octovalvis*、毛刺蒴麻 *Triumfetta cana*、田野白芥(新疆

白芥）*Rhamphospermum arvense*、黑龙江酸模 *Rumex amurensis*、刺酸模 *Rumex maritimus*、齿翅蓼（齿翅首乌）*Fallopia dentatoalata*、金线草 *Persicaria filiformis*、麦仙翁 *Agrostemma githago*、簇生泉卷耳 *Cerastium fontanum* subsp. *vulgare*、老牛筋 *Eremogone juncea*、柳叶牛膝 *Achyranthes longifolia*、野茉莉 *Styrax japonicus*、梅叶猕猴桃 *Actinidia macrosperma* var. *mumoides*、小叶猕猴桃 *Actinidia lanceolata*、球果假沙晶兰 *Monotropastrum humile*、双蝴蝶 *Tripterospermum chinense*、黄花列当 *Orobanche pycnostachya*、茜草 *Rubia cordifolia*、土丁桂 *Evolvulus alsinoides*、肾叶打碗花 *Calystegia soldanella*、有梗石龙尾 *Limnophila indica*、胡麻草 *Centranthera cochinchinensis*、鹿茸草 *Monochasma sheareri*、山罗花 *Melampyrum roseum*、大独脚金 *Striga masuria*、虻眼 *Dopatrium junceum*、长蒴母草 *Lindernia anagallis*、黄荆 *Vitex negundo*、荆条 *Vitex negundo* var. *heterophylla*、红紫珠 *Callicarpa rubella*、毛叶老鸦糊 *Callicarpa giraldii* var. *subcanescens*、窄叶紫珠 *Callicarpa membranacea*、红根草 *Salvia prionitis*、长毛香科科 *Teucrium pilosum*、京黄芩 *Scutellaria pekinensis*、短柄野芝麻 *Lamium album*、小野芝麻 *Matsumurella chinense*、匍匐风轮菜 *Clinopodium repens*、紫花香薷 *Elsholtzia argyi*、香薷 *Elsholtzia ciliata*、水皮莲 *Nymphoides cristata*、金银莲花 *Nymphoides indica*、南方荚蒾 *Viburnum fordiae*、拐芹 *Angelica polymorpha*、长花黄鹌菜 *Youngia japonica* subsp. *longiflora*、红果黄鹌菜 *Youngia erythrocarpa*、全光菊 *Hololeion maximowiczii*、牛蒡 *Arctium lappa*、大刺儿菜 *Cirsium arvense* var. *setosum*、华麻花头（华漏芦）*Rhaponticum chinense*、丝棉草 *Pseudognaphalium luteoalbum*、毛枝三脉紫菀 *Aster ageratoides* var. *lasiocladus*、狭苞马兰 *Aster indicus* var. *stenolepis*、白酒草 *Eschenbachia japonica*、宽叶山蒿 *Artemisia stolonifera*、北艾 *Artemisia vulgaris*、无腺林泽兰 *Eupatorium lindleyanum* var. *eglandulosum*、佩兰 *Eupatorium fortunei*、白屈菜 *Chelidonium majus*、细辛（汉城细辛）*Asarum sieboldii*、线叶十字兰 *Habenaria linearifolia*、十字兰 *Habenaria schindleri*、杜鹃兰 *Cremastra appendiculata*、腺毛翠雀 *Delphinium grandiflorum* var. *gilgianum*、乌药 *Lindera aggregata*、镇江白前 *Vincetoxicum sublanceolatum*、莼菜 *Brasenia schreberi*、莲 *Nelumbo nucifera*、芡 *Euryale ferox*、睡莲 *Nymphaea tetragona*、野桐 *Mallotus tenuifolius*、山葡萄 *Vitis amurensis*、多花水苋菜 *Ammannia multiflora*、江南散血丹 *Physaliastrum heterophyllum*、灰绿龙胆 *Gentiana yokusai*、海棠花 *Malus spectabilis*、须蕊忍冬 *Lonicera chrysantha* var. *koehneana*、山鸡椒 *Litsea cubeba*、宽叶金粟兰 *Chloranthus henryi*、灰毛蓎 *Rubus irenaeus*、水毛茛 *Batrachium bungei*、千根草 *Euphorbia thymifolia*、刺子莞 *Rhynchospora rubra* 等。

4. 本书修正了《江苏植物志》的部分错误（根据最新的分子系统学研究，导致植物学名、分类地位改变的不包括在内），主要如下：麻栎与栓皮栎的壳斗描述；疏穗野青茅的鉴定；折冠牛皮消的鉴定；竹叶眼子菜的拉丁名；中国油点草的鉴定；打碗花属的分类修订；光头稗的拉丁名；苏州茅苔的拉丁名；月腺大戟的形态描述；毛连菜的拉丁名；翅果菊的形态描述；少花万寿竹的鉴定；钝叶决明的鉴定；鬼针草的拉丁名；白檀的学名；催吐白前的鉴定。

5. 本书收录了部分新种及调查发现的江苏新分布类群（新版《江苏植物志》、文献、标本未见报道的种类），主要种类有皖浙老鸦瓣 *Amana wanzhensis*、竹节菜 *Commelina diffusa*、细苞萼茎水葱 *Schoenoplectus lineolatus*、疣果飘拂草 *Fimbristylis dipsacea* var. *verrucifera*、夏飘拂草 *Fimbristylis aestivalis*、断节莎 *Cyperus odoratus*、龙爪茅 *Dactyloctenium aegyptium*、毛花雀稗 *Paspalum dilatatum*、石茅 *Sorghum halepense*、直立黄细心 *Boerhavia erecta*、中国绣球 *Hydrangea chinensis*、水线草（伞房花耳草）*Oldenlandia corymbosa*、祛风藤 *Biondia microcentra*、原野菟丝子 *Cuscuta campestris*、毛叶腹水草 *Veronicastrum villosulum*、小叶地笋 *Lycopus cavaleriei*、长萼栝楼 *Trichosanthes laceribractea*、毛木半夏 *Elaeagnus courtoisii*、早开堇菜 *Viola prionantha*。

6. 栽培植物，仅有零星野外植株，不明确当前是否有逸生或归化的种类不予以收录，主要种类有赤松 *Pinus densiflora*、杜仲 *Eucommia ulmoides*、万年青 *Rohdea japonica*、蕙兰 *Cymbidium faberi*、枣 *Ziziphus jujuba*、决明 *Senna tora*、红车轴草 *Trifolium pratense*、待宵草 *Oenothera stricta*、黄花月见草 *Oenothera glazioviana*、山桃草 *Gaura lindheimeri*、锦葵 *Malva cathayensis*、圆叶锦葵 *Malva pusilla*、芥菜 *Brassica juncea*、木荷 *Schima superba*、凤仙花 *Impatiens balsamina*、喀西茄 *Solanum aculeatissimum*、洋金花 *Datura metel*、毛蕊花 *Verbascum thapsus*、泡桐科泡桐属 *Paulownia*、蓝猪耳 *Torenia fournieri*、对叶车前 *Plantago indica*、白接骨 *Asystasia neesiana*、楸树 *Catalpa bungei*、留兰香 *Mentha spicata*、罗勒 *Ocimum basilicum*、无刺楤木 *Aralia elata* var. *inermis*、茑萝 *Ipomoea quamoclit*、莴苣 *Lactuca sativa*、菊三七 *Gynura japonica*、包果菊 *Smallanthus uvedalia*、蟛蜞菊 *Sphagneticola calendulacea*、南美蟛蜞菊 *Sphagneticola trilobata*、两色金鸡菊 *Coreopsis tinctoria*、秋英 *Cosmos bipinnatus*、熊耳草 *Ageratum houstonianum*、盾叶薯蓣 *Dioscorea zingiberensis* 等。

7. 入侵种或分布扩散种，已有调查发现，但不确定是否已在本地区归化的暂时不予以收录，主要种类有芒苞车前 *Plantago aristata*、小柱悬钩子 *Rubus columellaris*、篱栏网 *Merremia hederacea*、北美黄亚麻 *Linum medium*、齿萼薯 *Ipomoea fimbriosepala*、小花山桃草 *Gaura parviflora*、裸柱菊 *Soliva anthemifolia*、头序巴豆 *Croton capitatus* 等。

8. 本书收录的模式标本采集自南京及周边地区，且具有一定区系研究价值的种类，主要有爪瓣景天 *Sedum onychopetalum*、秤锤树 *Sinojackia xylocarpa*、独花兰 *Changnienia amoena*、南京柳 *Salix nankingensis*、南京椴 *Tilia miqueliana*、宝华鹅耳枥 *Carpinus oblongifolia*、宝华玉兰 *Yulania zenii*、宝华山薹草 *Carex baohuashanica*、宝华老鸦瓣 *Amana baohuaensis*、深裂乌头 *Aconitum carmichaelii* var. *tripartitum*、宝华山瓦韦（阔叶瓦韦）*Lepisorus tosaensis*、少花红柴胡 *Bupleurum scorzonerifolium* f. *pauciflorum*、苦条槭 *Acer tataricum* subsp. *theiferum* 等。此外，南京玄参 *Scrophularia nankinensis*、南京木蓝 *Indigofera chenii*、梅叶猕猴桃 *Actinidia macrosperma* var. *mumoides*、南京珍珠茅（角架珍珠茅）*Scleria novae-hollandiae*、钟山草（可能为毛果短冠草的错误鉴定）*Petitmenginia matsumurae* 等种类，多年来在模式产地调查中未有观察记录，因此本书未予以收录。

9. 本书收录的本地区国家二级重点保护野生植物有亚太水蕨 *Ceratopteris gaudichaudii* var. *vulgaris*、粗梗水蕨 *Ceratopteris pteridoides*、宝华玉兰 *Yulania zenii*、龙舌草 *Ottelia alismoides*、狭叶重楼 *Paris polyphylla* var. *stenophylla*、浙贝母 *Fritillaria thunbergii*、白及 *Bletilla striata*、独花兰 *Changnienia amoena*、中华结缕草 *Zoysia sinica*、野大豆 *Glycine soja*、大叶榉树 *Zelkova schneideriana*、细果野菱 *Trapa incisa*、金荞麦 *Fagopyrum dibotrys*、秤锤树 *Sinojackia xylocarpa*、中华猕猴桃 *Actinidia chinensis*、大籽猕猴桃 *Actinidia macrosperma*、明党参 *Changium smyrnioides*。

四、编写分工

文字编写

1. 刘兴剑、陆耕宇、孙起梦负责整体文字编写、校对。任全进、董丽娜、杨军、武建勇、张光富负责部分审核。

2. 本书各分类群内容核查人员分工如下（以姓氏汉语拼音为序）：

褚晓芳	狸藻科 — 唇形科
顾子霞	五福花科 — 伞形科
刘兴剑	桑科 — 茄科
陆耕宇	莼菜科 — 灯芯草科；金鱼藻科 — 蔷薇科
乔娟娟	桔梗科 — 睡菜科
沈佳豪	菊科
孙起梦	石松类植物、蕨类植物、裸子植物
田　梅	通泉草科 — 冬青科
王淑安	木樨科 — 紫葳科
熊豫宁	胡颓子科 — 大麻科
张芬耀	莎草科、禾本科

图片提供

本书所使用的植物照片若未加以说明，则均为刘兴剑与陆耕宇及其他编者拍摄。部分图片承蒙多位专家学者、植物爱好者授权使用（具体版权所有者见图注释），在此一并表示感谢。

感谢浙江大学刘军老师和中国科学院植物研究所刘冰老师提出的宝贵修改意见！

编者

2024 年 1 月

目 录

石松类和蕨类植物
LYCOPHYTES AND FERNS

裸子植物
GYMNOSPERMS

被子植物
ANGIOSPERMS

石松类和蕨类植物
LYCOPHYTES AND FERNS

卷柏科
SELAGINELLACEAE

土生,石生,极少附生;常绿或夏绿,通常为多年生草本植物。主茎直立或长匍匐,或短匍匐然后直立,多次分枝或具明显的不分枝的主茎,有时攀缘生长。叶螺旋排列或排成 4 行,单叶,具叶舌。孢子叶穗生于茎或枝的顶端,或侧生于小枝上,紧密或疏松,四棱形或压扁;孢子叶 4 行排列,一型或二型。孢子囊二型,在孢子叶穗上各式排布;每个大孢子囊内有 4 个大孢子,偶有 1 个或多个;每个小孢子囊内小孢子多数在 100 个以上。

共 1 属约 700 种,广布于全球各地。我国产 1 属约 86 种。南京及周边分布有 1 属 3 种。

卷柏属(*Selaginella*)分种检索表

1. 植株呈莲座状,干后内卷如拳 ·············· **1. 卷柏** *S. tamariscina*
1. 植株不呈莲座状,蔓生。
  2. 叶缘全缘 ············· **2. 翠云草** *S. uncinata*
  2. 叶缘有细齿 ············· **3. 伏地卷柏** *S. nipponica*

1. 卷柏　九死还魂草

Selaginella tamariscina (P. Beauv.) Spring

土生或石生,垫状复苏蕨类。高 10~30 cm。根托生于茎基部。主茎直立,顶端丛生小枝,小枝扇形分叉,全株呈莲座状。叶二型,叶质厚,光滑,边缘具白边。孢子叶穗四棱形,单生于小枝末端;孢子叶一型,卵状三角形;大孢子叶在孢子叶穗上下两面不规则排列。

产于南京及周边丘陵山区,偶见,生于山坡或溪边向阳的岩石上。

全草入药。可做盆栽观赏。

2. 翠云草

Selaginella uncinata (Desv. ex Poir.) Spring

　　土生蕨类。主茎先直立后攀缘状，长 0.5~1.0 m，无横走地下茎；主茎近基部羽状分枝，侧枝 5~8 对，2 回羽状分枝。叶二型，具虹彩，全缘，具白边，主茎的叶较疏松。孢子叶穗四棱形，单生于小枝末端；大孢子叶分布于孢子叶穗下部下侧、中部下侧或上部下侧。

　　产于句容、溧水，偶见，生于林下阴湿岩石上、山坡或溪谷丛林中。

　　全草入药。可做地被植物应用。

3. 伏地卷柏

Selaginella nipponica Franch. & Sav.

　　土生蕨类。不育枝匍匐；能育枝直立，高 5~12 cm，无匍匐茎。茎近基部分枝，禾秆色；侧枝 3~4 对。叶二型，草质，光滑，边缘有微齿，无白边；中叶长 1.6~2.0 mm；侧叶宽卵形或卵状三角形，先端尖，上侧基部覆盖小枝。孢子叶穗疏松，通常背腹压扁；大孢子叶分布于孢子叶穗下部下侧。

　　产于南京及周边各地，常见，生于阴湿地块或石上。

　　全草入药。

小型或中型蕨类。土生,湿生或浅水生。根状茎长而横走,黑色,分枝,有节,节上生根。地上枝直立,圆柱形,绿色,有节,中空有腔,单生或在节上有轮生的分枝;节间有纵行的脊和沟。叶鳞片状,轮生,在每个节上合生成筒状的叶鞘(鞘筒)包围在节间基部。孢子囊穗顶生,圆柱形或椭圆形。孢子叶轮生,盾状,彼此密接,每个孢子叶背有5~10个孢子囊。孢子近球形,有4条弹丝,无裂缝。

共1属约15种,广布于全球各地。我国产1属约10种。南京及周边分布有1属2种1亚种。

木贼科
EQUISETACEAE

木贼属(*Equisetum*)分种检索表

1. 植株异形,茎通常实心,鞘齿革质,宿存 ···················· **1. 问荆** *E. arvense*
1. 植株同形,茎通常中空,鞘齿膜质,早落 ···················· **2. 节节草** *E. ramosissimum*

1. 问荆

Equisetum arvense L.

中小型蕨类。根状茎斜升、直立或横走,黑棕色。枝二型;不育枝在能育枝枯萎后生出,绿色,高20~50 cm;能育枝早春先发,高5~35 cm,黄棕色。分枝3~12条,轮生。叶下部连合成鞘,鞘齿披针形,黑棕色,两侧有膜质白边。孢子囊穗顶生,圆柱形,长1.8~4.0 cm,顶端钝,成熟时柄长3~6 cm。

产于溧水、句容,偶见,生于田边、沟边、道旁和住宅周边。

全草入药。

2. 节节草

Equisetum ramosissimum Desf.

中小型蕨类。根状茎横走或斜升,黑棕色。枝一型,高 20~60 cm,绿色,基部分枝,常呈簇生状,各分枝中空;主枝有棱脊 6~12 条。叶退化,下部连合成鞘,鞘齿 5~12 枚,鞘齿灰白色,狭三角形至线状披针形;每节有小枝 2~5 条。孢子囊穗生于小枝或分枝的顶端,短棒状或椭圆状,长 0.5~2.5 cm。

产于南京周边各地,常见,生于溪边、路旁及沙地。

全草入药。

（亚种）笔管草

subsp. *debile* (Roxb. ex Vaucher) Hauke

本亚种主枝较粗;幼枝的轮生分枝不明显;鞘齿 10~22 枚,黑棕色或淡棕色,早落或宿存,下部黑棕色,扁平,两侧有棱角;齿上气孔带明显或不明显。

产于南京、句容等地,常见,生于山坡湿地、沟边沙地。

全草入药。

陆生植物,稀附生。植物一般为小型,直立或少为悬垂。根状茎短而直立,有肉质粗根。叶二型,出自总柄,营养叶单一或多裂复叶,或掌状分裂。孢子叶有柄,自总柄或营养叶的基部生出;孢子囊大,无柄,下陷,沿囊托两侧排列,形成窄穗状,横裂。孢子四面形或两面形。

共 11 属约 112 种,广布于全球各地。我国产 8 属约 22 种。南京及周边分布有 2 属 3 种。

瓶尔小草科 OPHIOGLOSSACEAE

【PPG I 系统的瓶尔小草科,归并了传统上的阴地蕨科及七指蕨科】

瓶尔小草科分种检索表

1. 叶为单叶···1. 瓶尔小草 Ophioglossum vulgatum
1. 叶为复叶,2~3 回羽状。
  2. 不育叶为厚草质,阔三角形,叶脉不明显··················2. 阴地蕨 Sceptridium ternatum
  2. 不育叶为草质,略呈五角形,叶脉明显··········3. 华东阴地蕨 Sceptridium japonicum

瓶尔小草属(*Ophioglossum*)

1. 瓶尔小草

Ophioglossum vulgatum L.

多年生小型草本。高 7~20 cm。根状茎短而直立,具簇生肉质粗根,横走,可生出新植株。叶常单生,总叶柄长 6~9 cm,深埋土中;不育叶微肉质,卵状长圆形或窄卵形,长 4~6 cm,宽 1.5~2.4 cm,无柄,全缘,具明显网状脉;能育叶长 9~20 cm。孢子囊穗长 2.5~4.0 cm,具10~50 对孢子囊。

产于南京周边,偶见,生于阴湿山坡、沟旁及草丛中。

全草入药。

阴地蕨属（*Sceptridium*）

2. 阴地蕨

Sceptridium ternatum (Thunb.) Lyon

多年生肉质草本。高 20~40 cm。根状茎短而直立，具肉质粗根。不育叶叶柄长 3~8 cm，光滑无毛；叶片阔三角形，长 8~10 cm，宽 10~12 cm，3 回羽状分裂（羽裂）；侧生羽片 3~4 对，基部 1 对最大，阔三角形；叶厚草质。孢子囊穗圆锥状，长 4~10 cm，2~3 回羽状，小穗疏松，略张开。

产于南京及周边各地，偶见，生于疏林下。

全草入药。

3. 华东阴地蕨

Sceptridium japonicum (Prantl) Lyon

多年生草本。高 35~60 cm。根状茎短而直立，有肉质粗根。总柄长 2~6 cm，无毛；不育叶叶柄长 10~15 cm；叶片略呈五角形，长 12~15 cm，宽 16~18 cm，先端渐尖，3 回羽状；侧生羽片约 6 对，基部 1 对最大；叶草质；能育叶长 25~35 cm。孢子囊穗圆锥状，长 8~10 cm，2 回羽状，无毛。

产于南京及周边各地，常见，生于林下、溪边。

全草或根状茎入药。

陆生中型植物。根状茎肥壮,多直立,匍匐状或树干状,无鳞片,无真正的毛。叶柄长,基部膨大;叶片 1~2 回羽状,一型或二型,或往往同叶上的羽片为二型;叶脉分离,2 叉分枝。孢子囊大,圆球形,裸露,大都有柄,着生于强烈收缩变质的孢子叶的羽片边缘。孢子圆球状四面形。

共 6 属约 18 种,分布于全球热带与温带地区。我国产 4 属约 8 种。南京及周边分布有 1 属 1 种。

紫萁科
OSMUNDACEAE

紫萁属 (*Osmunda*)

1. 紫萁

Osmunda japonica Thunb.

夏绿草本。高 50~80 cm。根状茎粗短,斜生。叶簇生,直立;叶柄长 20~30 cm;叶三角状宽卵形,长 30~50 cm,宽 20~40 cm;羽片 3~5 对,对生,基部 1 对稍大,斜向上;叶纸质,干后棕绿色;能育叶与不育叶等高或能育叶稍高,羽片收缩呈线形,长 1~2 cm,沿下面主脉两侧密生孢子囊,成熟后枯死。

产于南京及周边各地,常见,生于林下、林缘、沟旁坡地的酸性土中。

根状茎入药,称"贯众"。

膜蕨科
HYMENOPHYLLACEAE

附生，少为土生。根状茎通常横走。2 列生叶；叶通常很小，有多种形式，全缘单叶至扇形分裂，或为多回二歧状分枝至多回羽裂，叶片膜质，不具气孔；叶脉分离，2 叉分枝或羽状分枝。孢子囊着生在由叶脉延伸到叶边以外而生成，往往突出于囊苞外的圆柱形的囊群托周围。孢子四面形，或变成球圆形。

共 9 属约 560 种，广布于全球热带及温带地区。我国产 7 属约 54 种。南京及周边分布有 1 属 1 种。

假脉蕨属（*Crepidomanes*）

1. 团扇蕨

Crepidomanes minutum (Blume) K. Iwats.

多年生蕨类。高 1~2 cm。植株矮小，根状茎纤细横走。叶远生；叶柄纤细，长 3~10 mm；叶片团扇形至圆状肾形，长宽均约 1 cm，扇状分裂，裂片线形；叶薄膜质，半透明，干后暗绿色，两面光滑无毛。孢子囊群生于短裂片顶端，囊苞漏斗状。

产于南京城区、江宁、句容等地，偶见，附生于阴湿石壁上。

陆生植物,有长而横走的根状茎。或由于顶芽不发育,主轴都为 1 至多回 2 叉分枝或假 2 叉分枝。叶片 1 回羽状;叶纸质或近革质;叶背往往为灰白或灰绿色。孢子囊群小而圆,无盖,由 2~6 个无柄孢子囊组成,生于叶背小脉背上,成 1 行(少有 2~3 行)排列于主脉和叶边之间;孢子囊陀螺形。孢子四面形或两面形。

共 7 属约 150 种,分布于热带及亚热带地区。我国产 3 属约 17 种。南京及周边分布有 1 属 1 种。

里白科
GLEICHENIACEAE

芒萁属(*Dicranopteris*)

1. 芒萁

Dicranopteris pedata (Houtt.) Nakaike

多年生草本。高 40~90 cm。根状茎长而横走,密被暗锈色长毛。叶疏生;叶柄长 20~50 cm;叶轴 1~2 回或多回分叉,各分叉的腋间有 1 枚休眠芽,并有 1 对叶状苞片;末回羽片长 15~25 cm,披针形或宽披针形,顶端尾状,篦齿状深裂几达羽轴。孢子囊群圆形,1 列,具 5~8 个孢子囊。

产于南京城区、江宁、溧水及句容等地,常见,生于强酸性的丘陵荒坡或松林下,为酸性土壤指示植物。

海金沙科
LYGODIACEAE

陆生攀缘植物。根状茎长,横走。叶远生或近生,单轴型,叶轴为无限生长,细长,缠绕攀缘;羽片为1~2回二叉掌状或为1~2回羽状复叶,近二型;不育羽片通常生于叶轴下部,能育羽片位于上部;叶脉通常分离,各小羽柄两侧通常有狭翅,上面隆起,往往有锈毛;能育羽片边缘生有流苏状的孢子囊穗,孢子囊生于小脉顶端,并被由叶边外长出来的一个反折小瓣包裹,形如囊群盖。孢子囊大,近似梨形。孢子四面形。

共1属约30种,分布于热带和亚热带地区。我国产1属约9种。南京及周边分布有1属1种。

海金沙属(*Lygodium*)

1. 海金沙

Lygodium japonicum (Thunb.) Sw.

攀缘植物。长1~4 m。叶二型,对生于叶轴短枝上;不育羽片尖三角形,2回羽状,末回小羽片通常3裂;叶纸质;能育羽片卵状三角形,长宽几乎相等,10~20 cm,2回羽状,末回小羽片边缘生流苏状的孢子囊穗。孢子囊穗长2~4 mm。

产于南京及周边各地,极常见,生于路边溪旁或山坡疏灌丛中。

全株及根状茎入药。

水生或漂浮蕨类。根状茎细长横走,有根或无根,有原生中柱。叶片 3 枚轮生,排成 3 列,其中 2 列漂浮水面,为正常的叶片,长圆形,绿色,全缘,被毛,上面密布乳头状凸起;另 1 列叶特化为细裂的须根状(槐叶蘋),或叶互生,2 列,微小,2 裂:1 裂片漂浮,1 裂片下沉,仅 1 层细胞(满江红)。孢子果有大小 2 种,孢子囊位于孢子果内,附生在下沉的叶片上,似一型或成对生于球形的大小孢子果内(满江红)。

共 2 属约 21 种,分布于热带及温带地区。我国产 2 属约 5 种。南京及周边分布有 2 属 2 种 1 亚种。

槐叶蘋科
SALVINIACEAE

【PPG I 系统的槐叶蘋科,归并了传统上的满江红科】

槐叶蘋科分种检索表

1. 叶片 3 枚,轮生,孢子果簇生,多枚 ·············· **1. 槐叶蘋** *Salvinia natans*
1. 叶互生,孢子果多 2 个,少数 4 个。
  2. 大孢子囊具 9 个浮漂,侧枝腋内生,数目与茎叶相等·············· **2. 满江红** *Azolla pinnata* subsp. *asiatica*
  2. 大孢子囊具 3 个浮漂,侧枝腋外生,数目比茎叶数目少·············· **3. 细叶满江红** *Azolla filiculoides*

槐叶蘋属(*Salvinia*)

1. 槐叶蘋

Salvinia natans (L.) All.

漂浮蕨类。根状茎横走。叶片 3 枚轮生,2 枚漂浮于水面,形如槐叶,长圆形或椭圆形,长 8~25 mm,宽 5~8 mm,基部圆形或略呈心形,全缘,先端钝圆;叶草质,叶面深绿色,叶背密被棕色柔毛。孢子果 4~8 个簇生于沉水叶的基部。

产于南京及周边各地,极常见,生于静水溪河、水田、池塘、沟渠中。

全草入药。可做禽畜饲料及绿肥。

满江红属（*Azolla*）

2. 满江红

Azolla pinnata subsp. *asiatica* R. M. K. Saunders & K. Fowler

　　小型漂浮蕨类。植株卵形或三角形，直径约 1 cm。根状茎细长横走，假二歧分枝，向水下生须根。叶互生，无柄，覆瓦状排成 2 列，分裂为上下 2 裂片；上裂片秋后常变为紫红色。孢子果双生；大孢子果小，长卵形；小孢子果大，圆球状或桃状。

　　产于南京及周边各地，偶见，生于水田或静水池塘中。

　　全株是水田良好的绿肥，也是家禽饲料。

3. 细叶满江红

Azolla filiculoides Lam.

　　小型漂浮蕨类。植株较粗壮，侧枝腋外生出，侧枝数目比茎叶少，当生境的水减少变干或植株过于密集拥挤时，植物体下裂片向上裂片转化，植物体会由平卧变为直立状态生长。

　　产于南京及周边各地，极常见，生于静水水面。归化种。

　　茎叶鲜嫩多汁，营养价值高，是优良饲料，亦是水田的优质绿肥。

通常生于浅水淤泥或湿地沼泥中的小型蕨类。根状茎细长横走。不育叶为线形单叶，或由 2~4 枚倒三角形的小叶组成，漂浮或伸出水面，叶脉分叉；能育叶变为球形或椭圆状球形孢子果，有柄或无柄，着生于不育叶的叶柄基部或近叶柄基部的根状茎上。每个孢子果内含 2 至多数孢子囊。孢子囊二型。

共 3 属约 61 种，广布于全球各地，主产非洲及澳大利亚。我国产 1 属约 3 种。南京及周边分布有 1 属 2 种。

**蘋科
MARSILEACEAE**

蘋属（*Marsilea*）分种检索表

1. 孢子果 1~3 个，基部连合成 2~8 mm 总梗 ·················· **1. 蘋 *M. quadrifolia***
1. 孢子果 1 个，如为多个，则基部连合成 1 mm 总梗 ·················· **2. 南国蘋 *M. minuta***

1. 蘋　田字草
Marsilea quadrifolia L.

浮水蕨类。高 5~20 cm。根状茎细长横走，茎节远离，向上发出数枚营养叶。叶柄长 5~20 cm，倒三角形小叶 4 枚，草质，组成"十"字形，长宽各 1.0~2.5 cm，外缘半圆形。孢子果 1~3 个生于叶柄基部的短柄上。大、小孢子囊同生于孢子囊托上，大孢子囊内有 1 个大孢子，小孢子囊内有多数小孢子。

产于南京及周边各地，常见，生于水田或沟塘中。

水田有害杂草。全草也可供药用。

2. 南国蘋　南国田字草
Marsilea minuta L.

小型浅水或泥沼植物。叶片近圆形，由 4 个羽片组成，"十"字形排列，羽片倒三角状扇形，漂浮；叶柄长可达 30 cm；在浅水中，叶片挺立出水。在冬季，生长在干旱水田中的植株很小，根状茎节间仅长 1~4 mm；叶柄长 2~8 cm，小叶 5~10 mm。孢子果柄长约 5 mm，着生于叶柄基部，通常 1~2 个或数个集生在一起。

产于南京及周边各地，偶见，生于水田或沟塘中。

鳞始蕨科
LINDSAEACEAE

陆生植物，少附生。根状茎短而横走，或长而蔓生。叶同型，羽裂，或少有为二型的；叶脉分离。孢子囊群为叶缘生的汇生囊群，着生在2至多条细脉的结合线上，或单独生于脉顶，有盖，少为无盖；孢子囊为水龙骨型，柄长而细。孢子多为钝三角形或椭圆形，周壁具颗粒或瘤状纹饰。

共7属约230种，分布于全球热带及亚热带地区。我国产4属约19种。南京及周边分布有1属1种。

乌蕨属（*Odontosoria*）

1. 乌蕨

Odontosoria chinensis (L.) J. Sm.

夏绿蕨类。根状茎短而横走，密生深褐色钻状鳞片。叶柄长20~30 cm，禾秆色至深禾秆色；叶片披针形或卵状披针形，长20~50 cm，3~4回羽状细裂；羽片卵状披针形，15~20对，互生，下部3回羽裂；1回小羽片10~15对，互生；叶背叶脉明显。孢子囊群顶生于小脉上；囊群盖以基部和两侧下部着生叶肉上。

产于江宁、溧水、句容等地，常见，生于路旁或林缘。全草入药。

陆生、附生或水生(偶见)。根状茎长而横走,或短而直立或斜升。叶一型或少数属为二型;叶柄基部具 1~4 个维管束;叶片长圆形或卵状三角形,罕为五角形,1~4 回羽裂,具被毛、鳞片或腺体。孢子囊群线形,沿叶缘生于连接小脉顶端的一条边脉上,由反折变质的叶边所覆盖;孢子四面形,或罕为两面形。

共 59 属约 1 200 种,广布于全球各地,尤以热带地区为多。我国产 23 属约 260 种。南京及周边分布有 8 属 13 种 1 变种。

凤尾蕨科
PTERIDACEAE

【PPG Ⅰ 系统的凤尾蕨科,归并了传统上的水蕨科、中国蕨科、书带蕨科、裸子蕨科及铁线蕨科等】

凤尾蕨科分属检索表

1. 沼生或水生蕨类 ·· **1. 水蕨属** *Ceratopteris*
1. 土生或附生蕨类。
  2. 单叶,披针形,全缘 ································· **2. 书带蕨属** *Haplopteris*
  2. 奇数羽状复叶,全缘或有锯齿。
    3. 羽片或者小羽片为对开式或扇形,叶脉为扇形多回 2 歧分枝 ············· **3. 铁线蕨属** *Adiantum*
    3. 羽片或者小羽片不为对开式或扇形,叶脉非 2 歧分枝。
      4. 孢子囊群生于叶背,疏离叶缘,孢子囊无盖 ············ **4. 凤了蕨属** *Coniogramme*
      4. 孢子囊群生于叶缘,囊群盖由反卷的叶缘形成,向叶背反折,掩盖孢子囊群。
        5. 孢子囊群生于小脉的顶端,幼时呈圆形而分离,成熟时通常彼此连接呈线形。
          6. 叶柄和叶轴为灰绿色,叶片 3~4 回羽裂 ············· **5. 金粉蕨属** *Onychium*
          6. 叶柄和叶轴为栗色或近黑色,叶片 2~3 回粗裂。
            7. 叶背不被白色或黄色粉粒,孢子囊群彼此分离 ············ **6. 碎米蕨属** *Cheilanthes*
            7. 叶背被白色或乳黄色粉粒,孢子囊群成熟时彼此相连 ············ **7. 粉背蕨属** *Aleuritopteris*
        5. 孢子囊群生于叶缘的一条边脉上,汇合成 1 条线形孢子囊群 ············ **8. 凤尾蕨属** *Pteris*

1. 水蕨属(*Ceratopteris*)分种检索表

1. 通常生于湿地或水稻田边;不育叶 2~4 回羽裂,叶柄基部不膨胀
  ··· **1. 亚太水蕨** *C. gaudichaudii* var. *vulgaris*
1. 通常生于水中,叶片漂浮于水面;不育叶为单叶,深裂,叶柄基部膨大·········· **2. 粗梗水蕨** *C. pteridoides*

1. 亚太水蕨

Ceratopteris gaudichaudii var. *vulgaris* Masuyama & Watano

水生或湿生蕨类。高可达 70 cm。植株形态差异较大。根状茎短而直立。叶簇生，二型；不育叶的柄长 3~40 cm，直径 10~13 mm，绿色，圆柱形，肉质，光滑无毛；叶片 2~4 回羽状深裂（深羽裂），裂片 5~8 对。孢子囊群沿能育叶的裂片主脉两侧的网眼着生，稀疏，棕色，成熟后多少张开，露出孢子囊。

产于南京城区、浦口、江宁、溧水等地，偶见，生于水田或水沟的边缘或流水处。

茎叶入药；嫩叶可做蔬菜。

国家二级重点保护野生植物。

2. 粗梗水蕨

Ceratopteris pteridoides (Hook.) Hieron.

漂浮蕨类。高 20~30 cm。叶柄、叶轴与下部羽片的基部均显著膨胀；叶二型；不育叶常为深裂的单叶；叶柄半圆柱形，柄长 5~8 cm，直径约 1.5 cm；不育叶卵状三角形；能育叶阔三角形。孢子囊沿主脉两侧的小脉着生，为反卷的叶缘覆盖。

产于六合、浦口、高淳等地，稀见，生于沼泽、河沟和水塘中。

国家二级重点保护野生植物。

最新研究认为，我国长江流域分布的种类与上述种的模式标本十分不同，因此将我国的这一类型发表新名称 *C. chingii* Y. H. Yan & Jun H. Yu（中文名仍为粗梗水蕨）。本图志仍按照《中国植物物种名录 2022 版》暂时不做变动。

2. 书带蕨属（*Haplopteris*）

1. 书带蕨

Haplopteris flexuosa (Fée) E. H. Crane

小型附生蕨类。高 20~40 cm。根状茎短而横走,密生棕褐色鳞片。叶近生,叶柄极短;叶片草质,线形,长 15~40 cm,宽 4~6 mm,顶端渐尖,基部渐狭,叶缘稍反卷,遮盖孢子囊群。孢子囊群线形,生于叶缘内侧的浅沟槽中,孢子囊群线与中脉之间有阔的不育带,或在叶片上为成熟的孢子囊群线充满。

产于浦口,稀见,生于阴湿处石缝中。

全草入药。可栽于盆景中。

3. 铁线蕨属（*Adiantum*）

1. 铁线蕨

Adiantum capillus-veneris L.

常绿蕨类。高 15~40 cm。根状茎横走,密被棕色、全缘的披针形鳞片。叶疏生或近生;叶柄纤细,栗黑色,有光泽;叶片卵状三角形或长圆形状卵形,长 10~30 cm,2~3 回羽状;末回羽片 2~4 对,互生。孢子囊群每羽片 4~8 枚,横生于小羽片的上缘;假囊群盖长圆形或长肾形。

产于南京及周边各地,偶见,生于滴水岩壁、溪旁岩洞和沟旁石缝中。

全草入药。

4. 凤了蕨属（*Coniogramme*）分种检索表

1. 主脉两侧小脉形成 1~3 行网眼 ·· **1. 凤了蕨** *C. japonica*
1. 主脉两侧小脉分离，不形成网眼 ·· **2. 普通凤了蕨** *C. intermedia*

1. 凤了蕨　凤丫蕨

Coniogramme japonica (Thunb.) Diels.

　　夏绿土生蕨类。高 60~120 cm。根状茎横走。叶柄长 30~50 cm，禾秆色或栗褐色，基部以上光滑；叶片卵状三角形，长 40~50 cm，宽 20~30 cm，2 回羽状；侧生羽片 3~5 对；叶脉网状，在羽轴两侧形成 1~3 行狭长网眼，小脉顶端有纺锤形水囊，不到锯齿基部。孢子囊群线形，沿侧脉着生，呈网状分布。

　　产于南京、句容等地，常见，生于湿润林下和山谷阴湿处。

　　根状茎和全草入药。

2. 普通凤了蕨　普通凤丫蕨

Coniogramme intermedia Hieron.

夏绿土生蕨类。高 60~120 cm。叶柄长 24~60 cm；叶片卵状三角形或卵状长圆形，2 回羽状；侧生羽片 3~5（8）对，基部 1 对最大，1 回羽状；叶脉分离；侧脉 2 回分叉，顶端的水囊线形，略加厚，伸入锯齿，但不到齿缘。孢子囊群沿侧脉分布，达离叶边不远处。

产于南京和句容，偶见，生于阴坡疏林下。

5. 金粉蕨属（*Onychium*）

1. 野雉尾金粉蕨　野鸡尾

Onychium japonicum (Thunb.) Kunze

夏绿蕨类。高约 60 cm。根状茎横走，疏被棕色或红棕色的披针形鳞片。叶散生；叶片宽 6~15 cm，卵状三角形或卵状披针形，4 回羽裂；羽片 8~15 对；末回能育小羽片或裂片线状披针形。孢子囊群长 3~6 mm；囊群盖线形或矩圆形，膜质，全缘。

产于南京及周边各地，常见，生于林下、沟边或灌丛阴处及溪边石缝。

全草及根状茎入药。可供观赏。

6. 碎米蕨属（*Cheilanthes*）

1. 毛轴碎米蕨

Cheilanthes chusana Hook.

夏绿蕨类。高 10~30 cm。根状茎短，直立，被栗黑色披针形鳞片。叶簇生，叶柄、叶轴亮栗色，叶面有纵沟，沟两侧有隆起的狭边；叶片披针形，长 10~30 cm，中部宽 2~6 cm，2 回羽状全裂。孢子囊群圆形，生于小脉顶端，位于裂片的圆齿上，每齿 1~2 枚；囊群盖椭圆肾形或圆肾形，宿存，彼此分离。

产于南京城区、溧水、句容等地，常见，生于林下或溪边石上。

7. 粉背蕨属（*Aleuritopteris*）

1. 银粉背蕨

Aleuritopteris argentea (S. G. Gmel.) Fée

小型蕨类。高 15~30 cm。根状茎直立或斜升。叶簇生；叶柄长 10~20 cm，红棕色，有光泽；叶片五角形，长宽各 5~7 cm；顶生羽片近菱形，侧生羽片三角形，基部 1 片最长，叶背被乳白色或淡黄色粉末。孢子囊群生于小脉顶端，成熟时汇合成条形；囊群盖沿叶边连续着生，厚膜质，全缘。

产于南京及周边各地，偶见，生于石灰岩缝中。

全株入药。

8. 凤尾蕨属（*Pteris*）分种检索表

1. 羽状复叶 2~3 回，羽片或小羽片篦齿状分裂。
  2. 能育叶顶生羽片彼此接近，基部不显著下延；不育叶具长刺尖头锯齿 ············· **1. 刺齿半边旗** *P. dispar*
  2. 能育叶顶生羽片彼此分开，基部显著下延；不育叶具短尖头锯齿 ············· **2. 半边旗** *P. semipinnata*
1. 羽状复叶 1 回或 2~3 叉状复叶，小叶片或裂片非篦齿状排列。
  3. 侧生羽片分叉，少数，具 2~13 对。
    4. 成长叶近二型，叶近指状分裂，侧生羽片 2 对 ············· **3. 栗柄凤尾蕨** *P. plumbea*
    4. 成长叶明显二型，叶羽裂，侧生羽片 3 对以上，基部下延在叶轴成翅 ············· **4. 井栏边草** *P. multifida*
  3. 侧生羽片不分叉，多数，可达 30 余对 ············· **5. 蜈蚣凤尾蕨** *P. vittata*

1. 刺齿半边旗　刺齿凤尾蕨

Pteris dispar Kunze

    小型蕨类。高 30~60 cm。根状茎斜生，被黑褐色鳞片。叶簇生，近二型；叶柄长 15~50 cm，连同叶轴均栗色；叶片卵状长圆形，长 16~40 cm，2 回深羽裂或 2 回半深羽裂；顶生羽片披针形；侧生羽片 5~8 对，与顶生羽片同形；侧脉明显，二叉。孢子囊群线形，沿叶缘连续延伸。

    产于南京及周边各地，常见，生于疏林下。

    全草入药。可栽培供观赏。

2. 半边旗

Pteris semipinnata L.

小型蕨类。高 25~50 cm。叶簇生,近一型;叶柄长 10~25 cm,栗红色;叶片卵状长圆形,2 回羽状;羽片 6~8 对,对生,通常羽片上侧全缘无裂片,下侧具篦齿状分裂的裂片,叶片顶部深羽裂,先端长尾尖。孢子囊群线形,沿能育裂片的边缘着生;假囊群盖灰白色,全缘。

产于南京,偶见,生于疏林下、溪边、岩石旁或路边酸性土壤中。

带根全草入药。可盆栽供观赏。

3. 栗柄凤尾蕨

Pteris plumbea Christ

常绿蕨类。高 25~35 cm。根状茎直立或稍偏斜,先端被黑褐色鳞片。叶簇生,近二型;叶柄四棱形,连同叶轴为栗色,光滑;叶片长圆形或卵状长圆形,1 回羽状,长 20~25 cm,宽 10~15 cm;羽片通常 2 对,对生,斜向上;能育部分全缘,不育部分有锐齿;叶脉两面均隆起,侧脉明显。

产于江宁、溧水及句容等地,偶见,生于林下石缝中。

4. 井栏边草　井口边草

Pteris multifida Poir.

常绿蕨类。高 30~60 cm。根状茎直立,被黑褐色鳞片。叶簇生,二型;能育叶片卵状长圆形,长 15~40 cm,宽 10~20 cm,1 回羽状;除近茎部 1 对羽片具短柄外,其他各对基部下延,在叶轴两侧形成狭翅。孢子囊群线形,沿羽片或小羽片的边缘连续分布;具由叶缘反卷形成的灰白色假囊群盖。

产于南京及周边各地,极常见,生于井边、墙缝和石灰岩上。

全草或根入药。可栽培供观赏。

5. 蜈蚣凤尾蕨　蜈蚣草

Pteris vittata L.

常绿蕨类。高 30~100 cm。根状茎短而直立,密被黄褐色鳞片。叶簇生,一型;叶片倒披针状长圆形,1 回羽状,长 30~80 cm,宽 10~20 cm;顶生羽片与侧生羽片同形,侧生羽片 30~50 对,线形,几无柄。孢子囊群线形,着生于羽片边缘的边脉;具由羽片边缘反卷形成的膜质、近全缘的假囊群盖。

产于南京城区、江宁等地,常见,生于有旧石灰的墙壁上和石缝中。

根状茎入药,有小毒。

陆生蕨类。根状茎横走。叶同型;叶片 1~4 回羽状细裂;叶轴上面有一纵沟,两侧为圆形;小羽片或末回裂片偏斜,基部不对称;叶脉分离,羽状分枝;叶草质或厚纸质。孢子囊群圆形或线形;囊群盖有或无,碗状、半杯形或由膜质叶边反折形成的假盖;孢子囊梨形。孢子四面形或少为两面形,周壁具颗粒状或纹饰。

共 11 属约 265 种,分布于全球热带及亚热带地区。我国产 7 属约 60 种。南京及周边分布有 3 属 3 种 1 变种。

碗蕨科
DENNSTAEDTIACEAE

【PPG Ⅰ 系统的碗蕨科,归并了传统上的蕨科、稀子蕨科】

碗蕨科分种检索表

1. 孢子囊群由杯状或者碗状的囊群盖所覆盖。
   2. 孢子囊群生于叶边,囊群盖碗形,常向叶边弯曲成烟斗状。
      3. 叶片被灰色长毛;叶柄淡绿色 ················ **1. 细毛碗蕨** *Dennstaedtia hirsuta*
      3. 叶片光滑;叶柄栗棕色 ················ **2. 溪洞碗蕨** *Dennstaedtia wilfordii*
   2. 孢子囊群生于叶边以内,囊群盖半杯形或口袋形,仅基部着生于叶片,口部分离
      ················ **3. 边缘鳞盖蕨** *Microlepia marginata*
1. 孢子囊群生于叶缘并连续伸长,由反卷的裂片边缘所覆盖 ········ **4. 蕨** *Pteridium aquilinum* var. *latiusculum*

碗蕨属（*Dennstaedtia*）

1. 细毛碗蕨

Dennstaedtia hirsuta (Sw.) Mett. ex Miq.

夏绿蕨类。高 30~50 cm。根状茎横走或斜升,密被灰棕色长毛。叶近生或近簇生;叶片长 10~20 cm,长圆状披针形,先端渐尖,2 回羽状;小羽片 6~8 对,长圆形或阔披针形,上先出,基部上侧 1 片较长;水囊不明显;叶两面密被灰色节状长毛;羽轴密被灰色节状毛。孢子囊群圆形;囊群盖浅碗形,绿色,有毛。

产于南京及周边各地,常见,生于山地阴湿处石缝中。

2. 溪洞碗蕨

Dennstaedtia wilfordii (T. Moore) Christ

直立草本。高 40~70 cm。叶 2 列疏生；叶柄长 12 cm 左右，无毛，光滑，有光泽；叶片长 25 cm 左右，长圆披针形，先端渐尖或尾尖，2~3 回深羽裂；羽片 12~14 对，卵状阔披针形或披针形，先端渐尖或尾尖。孢子囊群圆形，生于末回羽片的腋中或上侧小裂片先端；囊群盖半碗形，淡绿色，无毛。

产于句容，偶见，生于沟谷。

鳞盖蕨属（*Microlepia*）

3. 边缘鳞盖蕨

Microlepia marginata (Panz.) C. Chr.

夏绿蕨类。高 50~80 cm。根状茎横走，密被锈色长柔毛。叶疏生；叶柄长 17~50 cm；叶片长圆状三角形，长约 40 cm，宽 10~20 cm，1~2 回羽状；羽片 20~25 对，披针形，上侧钝耳状；叶纸质；叶轴、羽轴密被锈色开展硬毛。孢子囊群圆形，近边缘着生；囊群盖半杯形，被短硬毛。

产于南京及周边各地，极常见，生于灌丛中或溪边。

全草入药。可用于林下绿化。

在浦口等地尚分布一变种 *M. marginata* var. *bipinnata* Makino（二回边缘鳞盖蕨），当前观点认为其是一个自然杂交种。

蕨属（*Pteridium*）

4. 蕨　蕨菜

Pteridium aquilinum var. *latiusculum* (Desv.) Underw. ex A. Heller

夏绿蕨类。高可达 2 m。根状茎长而横走，密被栗色长柔毛。叶长 50~150 cm，叶柄深禾秆色，长 40 cm；叶片三角形或卵状长圆形，革质，3~4 回羽裂；小羽片斜展，长圆状披针形或线状披针形，顶端尾状渐尖。孢子囊群线形，生于小脉顶端的联结脉上，沿叶缘分布；囊群盖 2 层，有变形的叶缘反折成的假盖。

产于南京及周边各地，常见，生于山地阳坡、林缘或路边。

根状茎或全草入药。

铁角蕨科
ASPLENIACEAE

石生或附生（少有土生）草本植物。根状茎横走、卧生或直立，无毛，有网状中柱。叶远生、近生或簇生，在羽状叶上的各回羽轴上面有 1 条纵沟，两侧往往有相连的狭翅，各纵沟不互通；叶形变异极大，单一（披针形、心脏形或圆形）、深羽裂或经常为 1~3 回羽状细裂，偶为 4 回羽状。孢子囊群多为线形，有时近椭圆形，沿小脉上侧着生；囊群盖厚膜质或薄纸质，全缘，以一侧着生于叶脉，通常开向主脉（中脉）；孢子囊为水龙骨型。孢子两侧对称，椭圆形或肾形。

共 2 属约 730 种，广布于全球各地。我国产 2 属约 128 种。南京及周边分布有 1 属 8 种。

铁角蕨属（*Asplenium*）分种检索表

1. 叶片为单叶，不分裂；叶片顶端延伸成鞭状，落地生根 ·· **1. 过山蕨 A. ruprechtii**
1. 叶片裂为 1~3 回羽状。
  2. 叶片 1 回羽状。
    3. 叶柄和叶轴上侧边缘有 2 狭翅 ··· **2. 铁角蕨 A. trichomanes**
    3. 叶柄和叶轴无翅。
      4. 植株略高大；叶柄略四棱形；叶片顶端常有 1 芽孢，可萌发 ········· **3. 倒挂铁角蕨 A. normale**
      4. 植株矮小，通常平伏；叶柄圆柱形；无芽孢 ···················· **4. 江苏铁角蕨 A. kiangsuense**
  2. 叶片 2~3 回羽状。
    5. 叶片 2 回羽状。
      6. 叶片基部渐狭，羽片近基部缩短成蝶形 ······················· **5. 虎尾铁角蕨 A. incisum**
      6. 叶片基部几不变狭，羽片不缩短 ····························· **6. 细茎铁角蕨 A. tenuicaule**
    5. 叶片 3 回羽状。
      7. 叶片披针形，坚草质；叶片绿色，羽片具短柄或近无柄，基部羽片明显缩短
      ··· **7. 北京铁角蕨 A. pekinense**
      7. 羽片卵圆形，草质；叶柄基部深棕色，羽片具长柄，基部羽片不明显缩短
      ·· **8. 广布铁角蕨 A. anogrammoides**

1. 过山蕨

Asplenium ruprechtii Sa. Kurata

小型蕨类。高可达 20 cm。根状茎短而直立。叶草质，簇生；基生叶不育，较小，椭圆形，钝头，基部阔楔形，略下延至叶柄；能育叶较大，叶片长 10~15 cm，且延伸成鞭状（长 3~8 cm），末端稍卷曲，能着地生根，生成新植株。孢子囊群线形或椭圆形；囊群盖狭，同形，膜质，灰绿色或浅棕色。

产于浦口和江宁，稀见，生于林下石上。

全草入药。

2. 铁角蕨

Asplenium trichomanes L.

小型蕨类。高 10~30 cm。根状茎短而直立，密被黑褐色鳞片。叶纸质，密集簇生；叶柄栗褐色，有光泽，两边有棕色的膜质全缘狭翅；叶片长线形，1 回羽状，基部略变狭。孢子囊群阔线形，黄棕色；囊群盖阔线形，灰白色，后变棕色，膜质，全缘，开向主脉，宿存。

产于浦口、仪征、溧水、句容，偶见，生于林下、山谷中的岩石上或石缝中。

全草入药。可用于盆栽观赏。

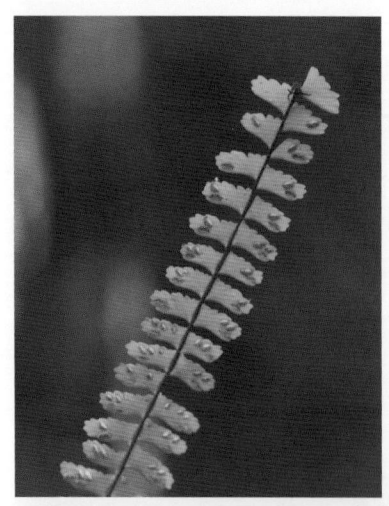

3. 倒挂铁角蕨

Asplenium normale D. Don

小型蕨类。高 15~40 cm。根状茎直立或斜升,粗壮。叶簇生;叶柄栗褐色至紫黑色,有光泽;叶片草质至薄纸质,披针形,1回羽状;羽片互生,无柄,下部 3~5 对羽片向下反折,近先端处常有 1 枚被鳞片的芽孢,能在母株上萌发。孢子囊群椭圆形,远离主脉伸达叶边,彼此疏离。

产于浦口,稀见,生于潮湿岩石上。

全草入药。可栽培供观赏。

4. 江苏铁角蕨

Asplenium kiangsuense Ching & Y. X. Jin

小型蕨类。高 6~12 cm。根状茎短而直立,先端连同叶柄基部密被黑色的膜质鳞片。叶密集簇生;叶柄栗色至深棕色,有光泽,圆柱形,长 1.0~3.5 cm;叶片纸质,披针形,长 3~10 cm,宽约 1 cm,先端渐尖,1回羽状;羽片 6~16 对,全缘至深波状,顶端钝。孢子囊群线形至椭圆形,紧靠主脉。

产于南京、句容等地,偶见,生于干燥岩石缝隙中,种群数量少。

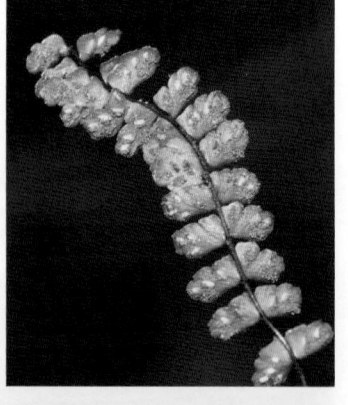

5. 虎尾铁角蕨

Asplenium incisum Thunb.

小型蕨类。高 10~30 cm。根状茎短而直立或横卧,先端密被黑色的膜质鳞片。叶密集簇生;叶柄栗色或红棕色;叶片薄草质,阔披针形,长 10~27 cm,两端渐狭;小羽片 4~6 对,基部 1 对较大。孢子囊群椭圆形,紧靠主脉,不达叶边;囊群盖椭圆形,灰黄色,薄膜质,全缘,开向主脉。

产于南京及周边各地,常见,生于林下潮湿岩石上、路边。

全草入药。

6. 细茎铁角蕨

Asplenium tenuicaule Hayata

小型蕨类。高 8~10 cm。叶薄草质,簇生;叶柄上面暗绿色并有浅纵沟,下面褐棕色;叶披针形,基部几不变狭,2 回羽状;羽片 12~18 对,柄长 1 mm,1 回羽状;小羽片 2~3 对,彼此密接,顶端 2~3 浅裂。孢子囊群阔线形,沿羽轴两侧整齐排列,下部小羽片各有 2~3 枚,排列不整齐。

产于南京周边,稀见,生于林中树干或岩石上。

朱鑫鑫 供图

7. 北京铁角蕨

Asplenium pekinense Hance

小型蕨类。高 8~20 cm。根状茎短而直立；鳞片披针形，全缘或略呈微波状。叶簇生；叶柄淡绿色；叶片坚草质，披针形，长 6~12 cm，2 回羽状或 3 回羽裂；下部羽片略缩短，对生；中部羽片三角状椭圆形，1 回羽状。孢子囊群近椭圆形，成熟后满铺于小羽片下面；囊群盖同形。

产于南京及周边各地，常见，生于岩石上或石缝中。

全草入药。也可栽培供观赏。

8. 广布铁角蕨

Asplenium anogrammoides Christ

小型蕨类。高 10~30 cm。根状茎短，直立或斜升，顶端被棕褐色鳞片。叶簇生；叶柄深棕色，上部具浅沟槽；叶片草质，卵圆形，长 6~13 cm，3 回羽状或 3 回深羽裂；羽片 8~12 对；小羽片 4~6 对；羽轴上部有浅沟。孢子囊群椭圆形，着生在远离主脉的叶脉上侧，成熟时连合；囊群盖灰绿色，椭圆形。

产于南京周边，稀见，生于潮湿的崖壁上、石灰岩缝隙中、墙壁上。

土生,有时为亚乔木状,少为附生。根状茎横走或直立,偶有横卧或斜升。叶一型或二型;叶片 1~2 回羽裂,稀为单叶;叶脉分离或网状。孢子囊群为长的汇生囊群,或为椭圆形;囊群盖同形,开向主脉,少无盖;孢子囊大。孢子椭圆形,两侧对称。

共 25 属约 265 种,分布于热带及温带地区,主产南半球热带地区。我国产 8 属约 14 种。南京及周边分布有 1 属 1 种。

乌毛蕨科
BLECHNACEAE

狗脊属(*Woodwardia*)

1. 狗脊

Woodwardia japonica (L. f.) Sm.

中型蕨类。高 40~120 cm。根状茎粗短,直立或斜升。叶簇生;叶柄长 30~50 cm;叶片厚纸质或近革质,长椭圆形,2 回羽裂;羽片约 10 对,互生,披针形至线状披针形,下部羽片长 11~15 cm。孢子囊群线形,顶端直向前,生于主脉两侧的网眼上;囊群盖线形,开向主脉。

产于南京及周边各地,常见,生于疏林下阴湿处。

根状茎入药,称"狗脊贯众"。

蹄盖蕨科
ATHYRIACEAE

土生植物。根状茎细长横走，或粗长横卧，或粗短斜升至直立。叶簇生、近生或远生；叶柄上面有 1~2 条纵沟；叶片通常草质或纸质，罕为革质；1~3 回羽状，顶部羽裂渐尖或奇数羽状。孢子囊群圆形、椭圆形、线形、新月形、弯钩形、马蹄形或圆肾形，通常生于叶脉背部或上侧，有或无囊群盖；囊群盖圆肾形、线形、新月形、弯钩形或马蹄形。孢子通常极面观椭圆形，赤道面观肾形或半圆形，罕近圆形。

共 7 属约 650 种，广布于全球各地。我国产 5 属约 302 种。南京及周边分布有 4 属 5 种。

蹄盖蕨科分种检索表

1. 叶片和羽轴被多细胞透明节状毛；羽片和叶轴上的沟彼此不相通。
  2. 羽片近光滑或羽轴下面稍被毛 ······························· **1. 假蹄盖蕨** *Deparia japonica*
  2. 羽片两面密被毛 ······························· **2. 毛轴假蹄盖蕨** *Deparia petersenii*
1. 叶片和叶轴无毛或仅被单细胞腺毛或柔毛；羽片和羽轴上的沟彼此相通。
  3. 2 回羽状复叶。
    4. 叶脉网结；孢子囊群小，多生于干背部；孢子囊群弯钩形或长圆形
    ······························· **3. 日本安蕨** *Anisocampium niponicum*
    4. 叶脉不网结；孢子囊群多生于小脉上侧，短棒形或长圆形，少弯钩形
    ······························· **4. 中华蹄盖蕨** *Athyrium sinense*
  3. 3 回羽状复叶 ······························· **5. 中华短肠蕨** *Diplazium chinense*

对囊蕨属（*Deparia*）

1. 假蹄盖蕨　东洋对囊蕨

Deparia japonica (Thunb.) M. Kato

夏绿蕨类。高 30~50 cm。根状茎细长横走。叶远生至近生；叶柄禾秆色；叶片矩圆形至矩圆状阔披针形，长 20~30 cm，宽 6~10 cm，基部略缩狭，顶部渐尖并羽裂；羽片约 10 对，互生，多向上斜展；叶脉羽状；叶草质，两面无毛或少毛。孢子囊群短线形，通直；囊群盖浅褐色，膜质。

产于南京及周边各地，常见，生于林下湿地及山谷溪沟边。

全草和根状茎入药。

2. 毛轴假蹄盖蕨 毛叶对囊蕨

Deparia petersenii (Kunze) M. Kato

夏绿蕨类。高 30~45 cm。根状茎细长横走。叶远生至近生;叶片披针形至卵状阔披针形,长 15~25 cm,宽 6~10 cm,顶端渐尖并羽裂,基部不缩狭;羽片 8~10 对,互生或近对生;叶草质,两面被相当多的节状毛。孢子囊群线形、罕弯钩形;囊群盖棕色,边缘撕裂状。

产于南京、句容等地,常见,生于林下溪沟边阴湿处。

安蕨属（*Anisocampium*）

3. 日本安蕨 华东蹄盖蕨 日本蹄盖蕨

Anisocampium niponicum (Mett.) Yea C. Liu, W. L. Chiou & M. Kato

夏绿蕨类。高 40~80 cm。根状茎横卧或斜升。叶簇生或近生;叶柄基部黑褐色,向上禾秆色;叶片卵状长圆形,长 25~40 cm,顶端急狭缩,2~3 回羽状浅裂(浅羽裂);羽片 10~12 对,互生,斜展。孢子囊群长圆形、弯钩形或马蹄形;囊群盖同形,褐色,膜质,边缘略呈啮蚀状。

产于南京及周边各地,常见,生于阴湿山坡、林下、溪边、灌丛或草坡上。

根状茎、嫩叶入药。

蹄盖蕨属（*Athyrium*）

4. 中华蹄盖蕨
Athyrium sinense Rupr.

夏绿蕨类。根状茎短，直立。叶簇生；能育叶长 35~90 cm；叶柄长 10~26 cm；叶片长圆状披针形，长 25~65 cm，宽 15~25 cm，2 回羽状；羽片约 15 对，基部的近对生，向上的互生，斜展，无柄，基部 2~3 对略缩短。孢子囊群多为长圆形，生于基部小脉上侧，每小羽片 6~7 对，在主脉两侧各排成一行。

产于南京，偶见，生于疏林下。

双盖蕨属（*Diplazium*）

5. 中华短肠蕨　中华双盖蕨
Diplazium chinense (Baker) C. Chr.

夏绿植物。根状茎横走。叶近生；叶柄长 20~50 cm；3 回羽状复叶，叶片三角形，长 30~60 cm，基部宽 25~40 cm，小羽片羽状深裂至全裂；侧生羽片达 7 对左右，斜展，多数近对生，先端羽裂渐尖，矩圆阔披针形，长 20~30 cm；侧生小羽片约达 13 对，平展；叶脉羽状。孢子囊群细短线形，多数单生于小脉上侧，部分双生。

产于南京、句容等地，偶见，生于沟边及阴湿林下。

土生或岩生植物。根状茎直立、斜升或长匍匐。复叶簇生、近生或远生；叶柄纤细，基部具 2 个海马形维管束；叶片长圆状披针形或倒披针形，有时卵形或卵状三角形，1 至多回羽状；羽片基部对称；叶片草质或纸质，两面具灰白色单细胞针状毛，很少无毛，通常具橙色或红橙色、有柄或无柄、球形或棒状腺体；孢子囊群圆形、长圆形或短线形，背着在脉上；囊群盖圆肾形或无盖；孢子囊椭圆形。

共 38 属约 1 200 种，分布于热带及亚热带，少数产温带地区。我国产 20 属约 231 种。南京及周边分布有 5 属 5 种 1 变种。

金星蕨科分种检索表

1. 侧脉分离。
  2. 孢子囊群有盖。
    3. 羽轴在叶面隆起；叶脉顶端不达叶边 ……………… **1. 疏羽凸轴蕨** *Metathelypteris laxa*
    3. 羽轴在叶面有纵沟；叶脉顶端达叶边 ……………… **2. 金星蕨** *Parathelypteris glanduligera*
  2. 孢子囊群无盖或早落。
    4. 小脉伸达叶边；基部 1 对羽片常缩成耳形 ……………… **3. 延羽卵果蕨** *Phegopteris decursive-pinnata*
    4. 小脉不伸达叶边；基部羽片略短缩或不短缩 ……………… **4. 针毛蕨** *Macrothelypteris oligophlebia*
1. 侧脉基部 1 对交结，第 2 对伸达缺刻底部的透明膜，第 3 对伸达缺刻外
    ……………… **5. 渐尖毛蕨** *Cyclosorus acuminatus*

凸轴蕨属（*Metathelypteris*）

1. 疏羽凸轴蕨

Metathelypteris laxa (Franch. & Sav.) Ching

夏绿蕨类。高 30~60 cm。根状茎细长横卧。叶簇生；叶柄浅禾秆色；叶长圆形，长 15~35 cm，2 回深羽裂；羽片近对生，略斜上，彼此远离，基部略狭缩；叶草质，叶面被灰白色短柔毛，叶背沿叶轴和叶脉被针状毛，羽轴在叶面隆起。孢子囊群生于侧脉或分叉侧脉的上侧 1 脉顶端；囊群盖小，背面疏生柔毛。

产于南京及周边各地，偶见，生于林下或溪边。

金星蕨属（*Parathelypteris*）

2. 金星蕨

Parathelypteris glanduligera (Kunze) Ching

夏绿蕨类。高 35~60 cm。根状茎细长横走。叶近生；叶柄禾秆色；叶片长 18~30 cm，宽 7~13 cm，披针形，2 回深羽裂；叶草质，叶背密被橙色球形腺体，无毛或疏被短毛，叶轴被灰白色柔毛。孢子囊群小，生于小脉顶端，在主脉两侧各成 1 行；囊群盖中等大，圆肾形，棕色，背面疏被灰白色刚毛，宿存。

产于南京及周边各地，偶见，生于疏林下。

叶入药。

卵果蕨属（*Phegopteris*）

3. 延羽卵果蕨

Phegopteris decursive-pinnata (H. C. Hall) Fée

夏绿蕨类。 高 30~60 cm。根状茎短而直立。叶簇生；叶柄淡禾秆色；叶片长 20~50 cm，中部宽 5~12 cm，披针形，顶端渐尖并羽裂；羽片互生，斜展，在羽片间彼此以圆耳状或三角形的翅相连，基部 1 对常缩成耳形；叶草质，两面沿叶脉被灰白色单细胞针状短毛。孢子囊群每裂片有 2~3 对；无盖。

产于南京及周边各地，常见，生于沟边或林下。

全草入药。

针毛蕨属（*Macrothelypteris*）

4. 针毛蕨

Macrothelypteris oligophlebia Ching

　　中型夏绿蕨类。高 60~150 cm。根状茎短而斜升，连同叶柄基部被棕色披针形鳞片。叶簇生；叶片与叶柄近等长，下部宽 30~45 cm，三角状卵形，顶端渐尖并羽裂；羽片约 14 对；叶草质，叶背有橙黄色、透明的头状腺毛。孢子囊群每裂片有 3~6 对；囊群盖灰绿色，无毛，易脱落。

　　产于南京及周边各地，常见，生于山林下阴湿处或沟边。

　　根状茎入药。

（变种）**雅致针毛蕨**　疏毛针毛蕨

var. *elegans* (Koidz.) Ching

　　本变种羽片下面沿羽轴、小羽轴均被有灰白色单细胞针状短毛。

　　产于南京周边，偶见，生于湿润林下或潮湿地。

毛蕨属（*Cyclosorus*）

5. 渐尖毛蕨

Cyclosorus acuminatus (Houtt.) Nakai

　　夏绿中型蕨类。高 40~150 cm。根状茎长而横走。叶远生；叶柄褐色，基部疏被鳞片，上部深禾秆色，略有柔毛；叶片长 40~45 cm，长圆状披针形，顶端羽裂，尾状渐尖，2 回羽裂；羽片 13~18 对，基部不等，上侧凸出，深羽裂；基部 1 对交结，第 2 对伸达缺刻底部的透明膜，第 3 对以上伸达缺刻以上的叶边。孢子囊群圆形。

　　产于南京及周边各地，极常见，生于林下、沟边、路旁或山谷阴湿地。

　　全草入药。

中小型的石灰岩旱生植物。根状茎粗壮，横卧或斜升。叶柄膨大的基部密被蓬松的大鳞片，淡棕色，有光泽，宿存。叶近生或近簇生；叶片卵状长圆形至五角状卵形，3~4回羽状或5回羽裂，通常基部1对羽片最大；叶草质或纸质，被灰白色的单细胞柔毛或针状毛，有时被球杆状腺毛。孢子囊群圆形，背生于侧脉中部；囊群盖特大，膜质，灰白色或淡棕色，圆肾形或马蹄形。孢子两面形，圆肾形或椭圆形，具周壁。

共2属约20种，产于亚洲和非洲的亚热带和暖温带。我国产2属约15种。南京及周边分布有1属3种。

肿足蕨科
HYPODEMATIACEAE

肿足蕨属（*Hypodematium*）分种检索表

1. 叶柄具金黄色球杆形腺毛。
  2. 叶片短柔毛和腺毛混生 ······························ **1. 球腺肿足蕨 *H. glandulosopilosum***
  2. 叶片无针状毛，仅具金黄色腺毛 ······························ **2. 福氏肿足蕨 *H. fordii***
1. 叶柄基部光滑或被灰白色柔毛，无球杆状腺毛 ············· **3. 鳞毛肿足蕨 *H. squamulosopilosum***

1. 球腺肿足蕨

Hypodematium glandulosopilosum (Tagawa) Ohwi

附生蕨类。高12~56 cm。根状茎横卧，连同叶柄基部密被红棕色披针形鳞片。叶柄长4~27 cm，基部以上被较密的灰白色短柔毛和金黄色的球杆状短腺毛；叶片阔卵形，长7~29 cm，宽4~25 cm，3或4回羽裂。孢子囊群圆形，背生于小脉中部；囊群盖圆肾形，背面被有较密的短柔毛，并混生少数腺毛。

产于南京城区和浦口，常见，生于城墙或干旱的石灰岩缝中。

2. 福氏肿足蕨　*广东肿足蕨*

Hypodematium fordii (Baker) Ching

附生蕨类。高 35~50 cm。根状茎横卧,连同叶柄基部密被红棕色鳞片。叶柄长 20~30 cm,禾秆色,基部以上疏被金黄色球杆状短腺毛;叶片宽卵状五角形,长 15~20 cm,基部宽 12~18 cm,4 回羽状。孢子囊群小,圆形,背生于小脉中部。

产于句容、镇江,偶见,生于石灰岩缝中。

3. 鳞毛肿足蕨

Hypodematium squamulosopilosum Ching

附生蕨类。高 12~30 cm。根状茎短而横卧,鳞片全缘或具少数流苏状的细长齿。叶柄长 5~18 cm,禾秆色,被较密的灰白色柔毛;叶片卵状长圆形;叶草质,两面被较密的灰白色细柔毛。孢子囊群圆形,每裂片 1~3,背生于侧脉中部;囊群盖中等大,圆肾形,背面被较密的细柔毛,宿存。

产于盱眙、浦口,偶见,生于林下或路边干旱的石灰岩缝中。

中等大小或小型陆生植物。根状茎短而直立或斜升,具簇生叶,或横走具散生或近生叶,连同叶柄(至少下部)密被鳞片,有高度发育的网状中柱;鳞片狭披针形至卵形,基部着生,棕色或黑色,质厚,边缘多少具锯齿或睫毛。叶片 1~5 回羽状,极少单叶,纸质或革质,如为 2 回以上的羽状复叶,则小羽片或为上先出;叶脉通常分离。孢子囊群小,圆,顶生或背生于小脉,有盖(偶无盖);盖厚膜质,圆肾形,以深缺刻着生,或圆形,盾状着生,少为椭圆形,草质,近黑色。孢子两面形、卵圆形,具薄壁。

共 25 属约 2 100 种,广布于全球各地,主要集中于北半球温带和亚热带高山。我国产 13 属约 547 种。南京及周边分布有 4 属 25 种 1 变种。

鳞毛蕨科
DRYOPTERIDACEAE

【PPG Ⅰ系统的鳞毛蕨科,属级范畴的变动上并未涉及南京及周边分布的类群】

鳞毛蕨科分属检索表

1. 孢子囊群盖(偶无盖)以缺刻着生。
  2. 叶散生;根状茎长而横走 ·········· **1. 复叶耳蕨属** *Arachniodes*
  2. 叶簇生;根状茎粗短直立或斜生 ·········· **2. 鳞毛蕨属** *Dryopteris*
1. 孢子囊群盖以盖外侧边中部着生。
  3. 叶脉网状 ·········· **3. 贯众属** *Cyrtomium*
  3. 叶脉分离 ·········· **4. 耳蕨属** *Polystichum*

1. 复叶耳蕨属(*Arachniodes*)分种检索表

1. 叶片顶端急狭缩成长尾状,具柄,与其下侧生羽片同形或近同形。
  2. 叶柄基部密被阔披针形鳞片;孢子囊群生于小脉顶端;顶部羽片多短于侧生羽片
  ·········· **1. 斜方复叶耳蕨** *A. amabilis*
  2. 叶柄基部密被狭披针形鳞片;孢子囊群略近叶缘;顶部羽片长于或等于侧生羽片
  ·········· **2. 长尾复叶耳蕨** *A. simplicior*
1. 叶片顶端渐尖或狭缩成三角形;叶片顶部羽裂 ·········· **3. 刺头复叶耳蕨** *A. aristata*

1. 斜方复叶耳蕨

Arachniodes amabilis (Blume) Tindale

中型蕨类。高 40~80 cm。根状茎横走,连同叶柄基部密被棕色、阔披针形鳞片。叶片长卵形,长 25~45 cm,顶生羽片长尾状,短于侧生羽片,3 回羽状;侧生羽片线状披针形,互生;末回小羽片菱状椭圆形。孢子囊群生于小脉顶端,靠近小羽片边缘着生;囊群盖棕色,膜质,边缘有睫毛,脱落。

产于南京及周边各地,常见,生于林下或溪边。

根状茎入药。也可栽培供观赏。

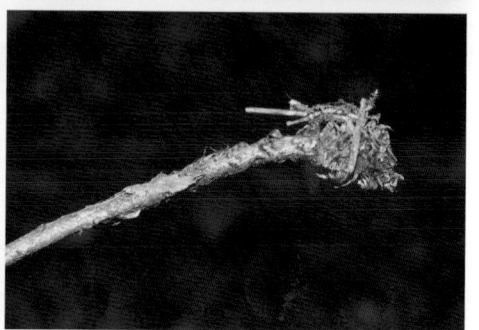

2. 长尾复叶耳蕨

Arachniodes simplicior (Makino) Ohwi

中型蕨类。高 40~110 cm。根状茎横走。叶柄长 20~65 cm,禾秆色;叶片卵状五角形,长 20~60 cm,宽 15~40 cm,顶生羽片与侧生羽片同形,并长于侧生羽片;3 回羽状;侧生羽片3~5 对,基部 1 对羽片最大,基部下侧 1 片特别伸长,披针形;叶纸质。孢子囊群略近叶缘;囊群盖圆肾形,全缘,深棕色,脱落。

产于南京、句容,偶见,生于林下。

可栽培供观赏。

3. 刺头复叶耳蕨

Arachniodes aristata (G. Forst.) Tindale

中型蕨类。高 40~80 cm。根状茎横卧至横走。叶柄基部密被红棕色、顶部密被毛髯状的披针形鳞片；叶柄长 21~40 cm，禾秆色；叶片五角形或卵状五角形；侧生羽片 4~6 对，基部下侧 1 片伸长；叶纸质，叶面略有光泽，叶轴和羽轴下面密被褐棕色线状钻形小鳞片。孢子囊群位于中脉与叶边中间；囊群盖棕色，膜质。

产于南京及周边各地，常见，生于林下或岩石上。

根状茎入药。可栽培供观赏。

2. 鳞毛蕨属（*Dryopteris*）分种检索表

1. 叶轴、羽轴的鳞片扁平，基部非泡囊状。
  2. 小羽片基部两侧不对称，通常基部羽片下侧 1 至多对小羽片伸长 ················· **1. 稀羽鳞毛蕨** *D. sparsa*
  2. 小羽片基部两侧对称。
    3. 叶片 1 回羽状。
      4. 下部羽片上的孢子囊群 1~2 行，分布在羽轴两侧；在羽轴两侧有明显的不育带；基部羽片不反折
      ··· **2. 杭州鳞毛蕨** *D. hangchowensis*
      4. 下部羽片两侧的孢子囊群多行，不紧靠叶缘，在羽轴两侧无明显的不育带；基部羽片常向下反折
      ·· **3. 桫椤鳞毛蕨** *D. cycadina*
    3. 叶片 2~4 回羽状或者 4 回羽裂。
      5. 孢子囊群着生叶片上部 1/3~1/2 处，叶片下部不育。
        6. 叶片上部 1/3 以上羽片能育，常骤窄缩，小羽片长渐尖头 ············· **4. 狭顶鳞毛蕨** *D. lacera*
        6. 叶片上部能育，仅部分略窄缩；小羽片通常钝尖头，基部两侧非耳状；下部数对羽片长度几相等
        ··· **5. 同形鳞毛蕨** *D. uniformis*
      5. 孢子囊群分布至下部羽片；叶片多少呈五角形。
        7. 叶柄长 30~40 cm；叶柄和叶轴不具鳞片；4 回羽裂 ········· **6. 裸叶鳞毛蕨** *D. gymnophylla*
        7. 叶柄长 10~20 cm；叶柄和叶轴被淡褐色和棕色鳞片；3 回羽状 ········ **7. 中华鳞毛蕨** *D. chinensis*
1. 植株除具扁平鳞片外，叶轴、羽轴或小羽片兼具泡囊状或基部扩大，先端毛发状鳞片。
  8. 基部羽片下侧小羽片通常特别伸长。
    9. 根状茎顶端连同叶柄基部鳞片二色，基部和边缘棕色，中央或上部黑色 ········ **8. 两色鳞毛蕨** *D. setosa*
    9. 根状茎顶端连同叶柄基部鳞片棕色或者暗棕色，鳞片顶端毛发状或长钻状。
      10. 孢子囊群大而多，在羽轴两侧排成不规则多行 ················ **9. 变异鳞毛蕨** *D. varia*
      10. 孢子囊群大而少，在羽轴两侧各 1 行 ·············· **10. 假异鳞毛蕨** *D. immixta*
  8. 基部羽片的基部下侧小羽片不伸长或往往较短。
    11. 叶柄基部的鳞片披针形或阔披针形，棕色或淡棕色，叶柄至叶轴鳞片密集或较密。
      12. 叶柄和叶轴鳞片卵状、宽披针形或窄披针形，极密，质薄，具细密锯齿或疏锯齿。
        13. 叶柄及叶轴鳞片阔披针形或间有窄披针形，通常 2 层，完全覆盖叶柄和叶轴，边缘具疏锯齿
        ··· **11. 阔鳞鳞毛蕨** *D. championii*
        13. 根状茎顶端及叶柄最基部的鳞片披针形，叶柄中上部和叶轴鳞片卵形，鳞片具密锯齿；叶片
          2 回羽状 ··· **12. 观光鳞毛蕨** *D. tsoongii*
      12. 叶柄和叶轴鳞片窄披针形，质较厚，全缘。
        14. 叶片 2 回羽状，小羽片具短柄。
          15. 小羽片三角状卵形，边缘有锯齿；孢子囊群中央非红色，叶柄基部黑色
          ··· **13. 黑足鳞毛蕨** *D. fuscipes*
          15. 小羽片披针形，羽状浅裂至深裂，渐尖头；孢子囊群中央红色
          ··· **14. 红盖鳞毛蕨** *D. erythrosora*
        14. 叶片 1 回羽状，羽片有锯齿或羽状深裂至全裂，小羽片与羽轴合生而无柄
        ··· **15. 深裂迷人鳞毛蕨** *D. decipiens* var. *diplazioides*
    11. 叶柄基部鳞片狭披针形，黑色或黑棕色，叶柄中部向上叶轴的鳞片稀疏或较光滑。
      16. 孢子囊群无盖；羽片近对生，几无柄 ················· **16. 裸果鳞毛蕨** *D. gymnosora*
      16. 孢子囊群具盖；侧生羽片几无柄；羽轴基部平直伸展，垂直于叶轴，上侧小羽片覆盖叶轴，下侧小羽
        片呈"八"字形斜展 ··· **17. 无柄鳞毛蕨** *D. submarginata*

1. 稀羽鳞毛蕨

Dryopteris sparsa (D. Don) Kuntze

中型蕨类。高 50~70 cm。根状茎短粗。叶簇生；叶柄长 20~40 cm；叶片卵状长圆形，长 30~45 cm，宽 15~25 cm，先端羽裂长渐尖，2 回羽状或 3 回羽裂；羽片 7~9 对，羽轴下侧的羽片比上侧的大，向上各对羽片渐短；叶近纸质，两面光滑。孢子囊群着生于小脉中部；囊群盖圆肾形，全缘，宿存。

产于句容，偶见，生于林下或溪边。

2. 杭州鳞毛蕨

Dryopteris hangchowensis Ching

中型蕨类。高 35~60 cm。根状茎短而直立。叶簇生，莲座状；叶片披针形，长 28~40 cm，1 回羽裂，羽裂达 1/2。叶草质，绿色；叶轴密被黑色线形，边缘具刺的鳞片。孢子囊群圆形，小，背生于小脉，在羽轴两侧各排成不整齐的 2 行；囊群盖圆肾形，棕色，纸质，宿存。

产于南京、句容，偶见，生于阴坡林下。

3. 桫椤鳞毛蕨

Dryopteris cycadina (Franch. & Sav.) C. Chr.

中型蕨类。高约 50 cm。根状茎粗短，直立，连同叶柄基部一起密被黑褐色披针形鳞片。叶簇生；叶片披针形或椭圆状披针形，1 回羽状半裂至深裂；羽片约 20 对，下部的数对羽片略缩短，并稍向下反折。孢子囊群小，圆形，着生于小脉中部，散布在中脉两侧，通常无不育带；囊群盖圆肾形，全缘。

产于南京、句容等地，偶见，生于疏林下。

可栽培供观赏。

4. 狭顶鳞毛蕨

Dryopteris lacera (Thunb.) Kuntze

半常绿蕨类。高 40~70 cm。根状茎短粗，直立或斜升，连同叶柄基部密被棕褐色披针形鳞片。叶簇生；叶片椭圆形至长圆形，长 40~70 cm，2 回羽裂；羽片广披针形至长圆状披针形，约 10 对，上面 5~7 对能育羽片骤然狭缩，孢子散发后即枯萎；叶厚草质至革质。孢子囊群圆形，生于叶片顶部收缩的羽片上。

产于南京城区、溧水、句容，常见，生于山地疏林下或阴坡近山顶处。

根状茎及叶入药。

5. 同形鳞毛蕨

Dryopteris uniformis (Makino) Makino

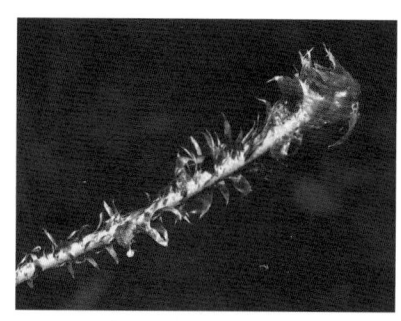

半常绿蕨类。高 30~60 cm。根状茎直立。叶簇生；叶片卵圆披针形，2 回深羽裂或全裂；羽片约 17 对，互生，基部羽片与中部的同形等大，1 回深羽裂几达羽轴；叶薄纸质，两面光滑，叶轴密被黑色线状披针形具齿鳞片。孢子囊群生于叶片中部以上，每裂片 3~6 对；囊群盖大，膜质，红棕色，早落。

产于南京、句容等地，常见，生于林下。

根状茎入药。可栽培于林下供观赏。

6. 裸叶鳞毛蕨　　光轴鳞毛蕨

Dryopteris gymnophylla (Baker) C. Chr.

半常绿蕨类。高 50~65 cm。根状茎短而横走。叶簇生；叶片五角形，长宽几相等，为 25~40 cm，3 回羽状或 4 回羽裂；羽片 5~8 对，有柄，互生或近对生，基部 1 对最大，三角状披针形，先端尾状渐尖，下侧小羽片最长最大；叶草质。孢子囊群生于小脉顶端；囊群盖圆肾形，棕色，薄，宿存。

产于南京、句容，偶见，生于阴坡沟边或林下。

7. 中华鳞毛蕨
Dryopteris chinensis (Baker) Koidz.

半常绿蕨类。高 20~40 cm。根状茎粗短而直立。叶簇生；叶柄长 10~20 cm；叶片五角形，长宽略相等，为 8~18 cm，3~4 回羽裂；基部 1 对羽片最大，三角状披针形；叶纸质，叶面光滑，叶背沿叶脉疏生短毛。孢子囊群生于小脉顶部，靠近叶边；囊群盖圆肾形，近全缘，宿存。

产于南京城区、浦口、六合、盱眙、句容等地，常见，生于山顶灌丛中。

8. 两色鳞毛蕨
Dryopteris setosa (Thunb.) Akasawa

常绿蕨类。高 40~60 cm。根状茎横卧或斜升，密被黑色或黑褐色狭披针形鳞片。叶簇生；叶柄基部以上达叶轴密被褐棕色卵状披针形鳞片；叶片卵状披针形，长 20~40 cm，3 回羽状；羽片 10~15 对，互生，基部下侧羽片最大。孢子囊群近小羽片或裂片中脉着生；囊群盖圆肾形，棕色，全缘或有睫毛。

产于南京及周边各地，稀见，生于山谷林下或沟边。

根状茎入药。可栽培供观赏。

9. 变异鳞毛蕨 异鳞鳞毛蕨

Dryopteris varia (L.) Kuntze

　　常绿蕨类。高50~70 cm。根状茎粗短,直立或斜升。叶簇生;叶片五角状卵形,2回羽状或3回羽状全裂;羽片披针形,基部1对羽片最大,其基部下侧1枚小羽片明显伸长且2回羽裂;叶近革质,叶轴和羽轴疏被黑色毛状小鳞片,小羽轴疏被棕色泡状鳞片。孢子囊群较大;囊群盖圆肾形,棕色,全缘。

　　产于南京及周边各地,偶见,生于林下、溪边、灌丛中。

　　根状茎入药。

10. 假异鳞毛蕨

Dryopteris immixta Ching

　　常绿蕨类。高25~40 cm。根状茎短,斜升。叶簇生;叶柄长15~20 cm,禾秆色;叶卵状披针形,长15~25 cm;羽片8~10对,基部1对最大,三角状披针形,基部下侧的小羽片最大;叶近革质,叶背沿羽轴及小羽轴具棕色泡状鳞片。孢子囊群大,着生于小羽轴两侧各1行,近叶缘;囊群盖圆肾形,棕色,边缘啮蚀状。

　　产于南京、句容等地,常见,生于林下。

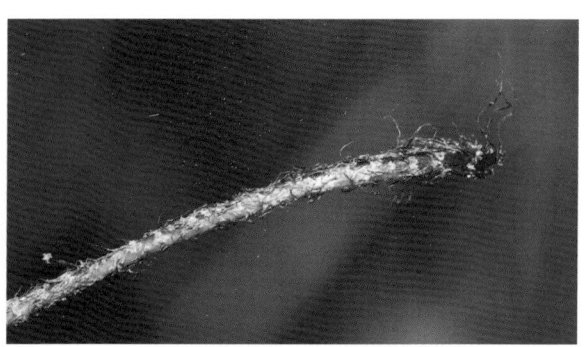

11. 阔鳞鳞毛蕨

Dryopteris championii (Benth.) C. Chr. ex Ching

常绿蕨类。高 45~80 cm。根状茎横卧或斜升,连同叶柄和叶轴密被红棕色阔披针形、边缘有锯齿的鳞片。羽轴具有较密的泡状鳞片;叶簇生;叶片卵状披针形,长 40~60 cm,2 回羽状;羽片卵状披针形,基部略收缩;叶草质。孢子囊群在主脉两侧各排成 1 行;囊群盖圆肾形,全缘,宿存。

产于南京及周边各地,常见,生于疏林下或灌丛中。

根状茎入药。

12. 观光鳞毛蕨

Dryopteris tsoongii Ching

常绿蕨类。高 60~90 cm。根状茎斜升或直立。叶簇生;叶柄长 40~50 cm,2 回羽状;羽片披针形,互生,先端羽裂;小羽片披针形;叶纸质;叶轴密被基部阔披针形、顶端毛发状、边缘有细齿的棕色鳞片,羽轴具有较密的泡状鳞片。孢子囊群小,在小羽片或裂片的中脉两侧各 1 行,靠近边缘着生;囊群盖小,圆肾形,易脱落。

产于南京城区、溧水、句容,常见,生于林下。

可用做林下地被。

13. 黑足鳞毛蕨

Dryopteris fuscipes C. Chr.

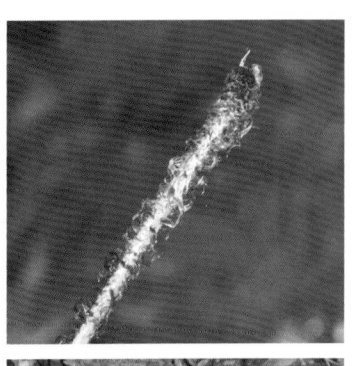

常绿蕨类。高 50~80 cm。根状茎直立或斜升。叶簇生;叶柄长 20~40 cm,基部黑色;叶片卵状披针形或三角状卵形,长 30~40 cm,宽 15~25 cm,先端羽裂渐尖,2 回羽状;叶纸质;叶轴和羽轴具有较密的泡状鳞片和稀疏的小鳞片。孢子囊群在小羽片中脉两侧各 1 行,略靠近中脉着生;囊群盖圆肾形,棕色,全缘,宿存。

产于南京、句容,常见,生于疏林下或灌丛中。

根状茎入药。可用于林下绿化。

14. 红盖鳞毛蕨

Dryopteris erythrosora (D. C. Eaton) Kuntze

常绿蕨类。高 40~80 cm。根状茎短,横卧或斜升。叶簇生;叶片长圆状披针形,长 40~60 cm,宽 15~25 cm,先端羽裂渐尖,2 回羽状;羽片披针形;叶纸质;羽轴和小羽片中脉密被泡状鳞片。孢子囊群在中脉两侧各排成 1 至多行,靠近中脉着生;囊群盖圆肾形,全缘,中央红色,边缘灰白色,宿存。

产于南京及周边各地,常见,生于林缘、林下、溪边。

可用于园林观赏。

15. 深裂迷人鳞毛蕨

Dryopteris decipiens var. *diplazioides* (Christ) Ching

　　常绿蕨类。高可达 60 cm。根状茎斜升或直立。叶簇生；叶片披针形，1 回羽状，羽片羽状半裂至深羽裂，少数达全裂而呈 2 回羽状复叶；叶长 20~30 cm，纸质；叶轴疏被基部呈泡状的狭披针形鳞片。孢子囊群圆形，在羽片中脉两侧通常各 1 行，少有不规则 2 行；囊群盖圆肾形，边缘全缘。

　　产于南京，稀见，生于林下。

16. 裸果鳞毛蕨

Dryopteris gymnosora (Makino) C. Chr.

　　常绿蕨类。高 40~60 cm。根状茎斜升。叶簇生；叶柄长 20~30 cm，深禾秆色；叶片卵状披针形，长 30~40 cm，2 回羽状，基部下侧小羽片深羽裂；羽片 10~13 对，对生或近对生，基部通常覆盖叶轴；叶纸质，叶面光滑，叶背在羽轴和小羽片中脉疏被泡状鳞片。孢子囊群无盖。

　　产于浦口、句容，偶见，生于林下。

17. 无柄鳞毛蕨

Dryopteris submarginata Rosenst.

常绿蕨类。高 60~80 cm。根状茎斜升。叶簇生；叶柄长 40~50 cm；叶片卵状披针形，3 回羽状或羽裂；羽片卵状披针形，基部几无柄，上侧小羽片覆盖叶轴，下侧小羽片呈"八"字形斜展；叶纸质，下面叶轴有披针形黑色鳞片，羽轴具有较多的棕色泡状鳞片。孢子囊群小；囊群盖圆肾形，棕色，全缘。

产于句容，偶见，生于林下。

3. 贯众属（*Cyrtomium*）

1. 贯众

Cyrtomium fortunei J. Sm.

常绿蕨类。高 25~70 cm。根状茎粗短，直立或斜升，连同叶柄基部密被宽卵形棕色大鳞片。叶簇生；叶片长圆状披针形，长 20~50 cm，奇数 1 回羽状，侧生羽片披针形或镰刀形，基部上侧稍呈耳状凸起，全缘或具细齿；顶生羽片窄卵形，下部有时具 1~2 浅裂片。孢子囊群圆形；囊群盖大，圆盾形，全缘。

产于南京及周边各地，常见，生于沟边、岩缝、山坡林下及墙边等阴湿处。

根状茎入药。

4. 耳蕨属（*Polystichum*）分种检索表

1. 叶片革质或近革质,羽片和小羽片顶端均有刺手的芒状尖刺或硬尖刺 ……… **1. 对马耳蕨** *P. tsus-simense*
1. 叶片草质或硬纸质,羽片和小羽片顶端有较软芒刺,无硬尖刺。
  2. 基部羽片不显著伸长,2 回羽裂或 2 回羽状;叶片纸质或厚纸质。
    3. 叶柄鳞片卵形,密集,多棕色;中部以下羽片略缩短,羽片背后鳞片长纤毛状
    …………………………………………………………………… **2. 棕鳞耳蕨** *P. polyblepharum*
    3. 叶柄鳞片二色、卵形,略密集;中部以下羽片不缩短,羽片背后鳞片短纤毛状。
      4. 叶轴鳞片一色;孢子囊群近叶片边缘着生;植株瘦弱……………… **3. 假黑鳞耳蕨** *P. pseudomakinoi*
      4. 叶轴鳞片二色;孢子囊群近主脉或中生;植株粗壮……………………… **4. 黑鳞耳蕨** *P. makinoi*
  2. 基部 1 对羽片显著伸长,呈"十"字形;叶片草质 ……………………………… **5. 戟叶耳蕨** *P. tripteron*

1. 对马耳蕨

Polystichum tsus-simense (Hook.) J. Sm.

　　常绿蕨类。高 30~60 cm。根状茎直立。叶簇生;叶片宽披针形或狭卵形,长 20~42 cm,宽 6~14 cm,2 回羽状;羽片 20~26 对,互生;叶薄革质;叶背疏生纤毛状基部扩大的黄棕色鳞片。孢子囊群位于小羽片主脉两侧,每个小羽片 3~9 个;囊群盖圆形,盾状,全缘。

　　产于南京,常见,生于阴湿林下。

　　根状茎入药。可做林下地被。

2. 棕鳞耳蕨

Polystichum polyblepharum (Roem. ex Kunze) C. Presl

常绿蕨类。高 40~80 cm。根状茎短，直立或斜升。叶簇生；叶片宽椭圆状披针形，长 37~70 cm，中部宽 15~20 cm，2 回羽状；羽片披针形；小羽片具三角形耳状凸起，下侧具长芒尖，羽片基部上侧 1 片最大；叶纸质。孢子囊群生于小脉末端或近末端，中生或近边缘，主脉两侧各 1 行；囊群盖圆盾形，近全缘。

产于南京，稀见，生于阴坡林下或路边。

全草入药。观赏价值高。

3. 假黑鳞耳蕨

Polystichum pseudomakinoi Tagawa

常绿蕨类。高 30~60 cm。瘦弱。根状茎短，直立或斜升。叶簇生；叶片三角状披针形或三角状卵形；羽片披针形，弧形耳凸不明显，全缘或具少数芒尖。孢子囊群靠近叶片边缘着生于小脉顶端，每小羽片 1~9 个，主脉两侧各排成 1 行或上侧排成 1 行；囊群盖圆盾形，全缘。

产于句容、南京，常见，生于山坡沟边、路旁、林下、林缘。

4. 黑鳞耳蕨

Polystichum makinoi Tagawa

常绿蕨类。高 40~70 cm。根状茎短，直立或斜升。叶簇生；叶片三角状卵形或三角状披针形，长 20~50 cm，2 回羽状；羽片披针形，基部上侧具耳状凸起，全缘或近全缘，常具短芒尖；叶草质，叶面近光滑，叶背疏生纤毛状小鳞片。孢子囊群靠近主脉，生于小脉末端，在主脉两侧各 1 行；囊群盖圆盾形，边缘啮齿状。

产于南京、句容，偶见，生于阴坡林下。

嫩叶入药。可栽培供观赏。

5. 戟叶耳蕨　三叉耳蕨

Polystichum tripteron (Kunze) C. Presl

夏绿蕨类。高 30~65 cm。根状茎短而直立。叶簇生；叶片戟状披针形，长 30~45 cm，基部宽 10~15 cm；侧生 1 对羽片较短小，具短柄，具小羽片 25~30 对；小羽片镰状披针形，互生，上侧具三角状耳形凸起；叶草质。孢子囊群圆形，着生于小脉顶端；囊群盖圆盾形，边缘略啮齿状。

产于南京周边，偶见，生于林下石隙或岩面薄土的藓丛中。

根状茎及嫩叶入药。可栽培供观赏。

中型或小型蕨类,通常附生,少为土生。根状茎长而横走,有网状中柱;鳞片盾状着生,全缘或有锯齿。叶一型或二型,以关节着生于根状茎上,单叶,全缘,或分裂,或羽状,草质或纸质,无毛或被星状毛;叶脉网状,少分离。孢子囊群通常为圆形或近圆形,或为椭圆形,或为线形,或有时布满能育叶片下面一部分或全部,无盖而有隔丝;孢子囊具长柄,有由 12~18 个增厚的细胞构成的纵行环带。孢子椭圆形。

共 61 属约 1 652 种,广布于全球各地,主产热带和亚热带地区。我国产 31 属约 297 种。南京及周边分布有 3 属 3 种。

水龙骨科
POLYPODIACEAE

水龙骨科分种检索表

1. 叶片具星状毛·······························1. **有柄石韦** *Pyrrosia petiolosa*
1. 叶片无星状毛,具腺毛或光滑无毛;具鳞片。
  2. 叶二型;孢子囊群圆形,沿主脉两侧各 1 行·············2. **抱石莲** *Lemmaphyllum drymoglossoides*
  2. 叶一型;孢子囊群圆形,在中脉两侧各 1 行·············3. **阔叶瓦韦** *Lepisorus tosaensis*

石韦属(*Pyrrosia*)

1. 有柄石韦

Pyrrosia petiolosa (Christ) Ching

附生蕨类。高 5~15 cm。根状茎细长横走。叶远生,一型;具长柄,长通常为叶片长的 0.5~2.0 倍;叶片椭圆形,急尖短钝头,基部楔形,下延,全缘,叶面灰淡棕色,有洼点,疏被星状毛,叶背被厚层星状毛,初为淡棕色,后为砖红色;侧脉和小脉均不显。孢子囊群布满叶背,成熟时扩散并汇合。

产于南京及周边各地,常见,生于干旱裸露岩石上。

地上部分入药。

伏石蕨属（*Lemmaphyllum*）

2. 抱石莲

Lemmaphyllum drymoglossoides (Baker) Ching

【据最新研究，伏石蕨属已被并入瓦韦属 *Lepisorus*，本图志仍按照《中国植物物种名录 2022 版》暂时不做变动】

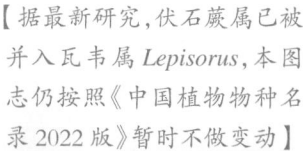

附生蕨类。根状茎细长横走。叶远生，相距 1.5~5.0 cm，二型；不育叶长圆形至卵形，长 1~2 cm 或稍长，圆头或钝圆头；能育叶舌状或倒披针形，长 3~6 cm，宽不及 1 cm，基部狭缩，几无柄或具短柄，肉质。孢子囊群圆形，沿主脉两侧各成 1 行，位于主脉与叶边之间。

产于句容、溧水等地，偶见，生于阴湿树干和岩石上。

全草入药。

瓦韦属（*Lepisorus*）

3. 阔叶瓦韦　宝华山瓦韦

Lepisorus tosaensis (Makino) H. Itô

附生蕨类。高 15~30 cm。根状茎短而横卧。叶簇生或近生；叶柄长 1~5 cm，禾秆色；叶片披针形，中部最宽为 1~2 cm，向两端渐变狭，顶端渐尖头，基部渐狭并下延，长（5）8~20 cm；叶革质，两面光滑无毛。孢子囊群圆形，位于主脉与叶缘之间，聚生于叶片上半部，幼时被淡棕色圆形的隔丝覆盖。

产于南京、句容及周边各地，常见，生于林下阴湿石壁和树干上。

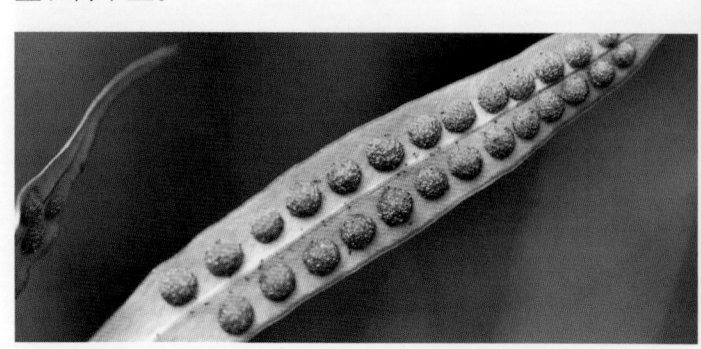

裸子植物
GYMNOSPERMS

常绿乔木或灌木,稀落叶。雌雄同株或异株。叶螺旋状着生、轮生或交叉对生,鳞片状、条形叶或钻形叶。雄球花顶生或腋生,单生或成总状花序或圆锥花序,每年成熟和脱落;珠鳞与苞鳞部分合生或完全合生;球果圆形、卵圆形或长圆形,木质、革质或肉质,当年熟或2~3年成熟;成熟种鳞有1至多枚种子,种子有翅或无翅。

共29属130~150种,广布于全球各地。我国产18属约64种,主产温带地区。南京及周边分布有3属4种,普遍栽培。

柏科
CUPRESSACEAE

【根据近年来多项有关现存裸子植物的系统发育研究,传统的杉科现已合并入柏科】

柏科分种检索表

1. 球果肉质;种子无翅。
  2. 叶片全为刺叶;球花单生叶腋 ·············· **1. 刺柏** *Juniperus formosana*
  2. 叶片刺叶和鳞叶兼有;球花单生枝顶;球果翌年成熟·············· **2. 圆柏** *Juniperus chinensis*
1. 球果种鳞近革质或木质;种子通常有翅,稀无翅。
  3. 叶螺旋状排列,披针形,边缘有细锯齿;种子扁平,有窄翅·············· **3. 杉木** *Cunninghamia lanceolata*
  3. 叶片鳞片状,交互对生,小枝平展,排成一平面;种子卵圆状,无翅 ·············· **4. 侧柏** *Platycladus orientalis*

刺柏属(*Juniperus*)

1. 刺柏

Juniperus formosana Hayata

乔木。高可达 12 m。树皮褐色,纵裂成长条薄片脱落。叶3叶轮生,条状披针形或条状刺形,长 1.2~2.0 cm,两侧各有 1 条白色、很少紫色或淡绿色的气孔带,气孔带较绿色边带稍宽,在叶的先端汇合为 1 条。球果近球形或宽卵圆形,长 6~10 mm。

产于南京及周边各地,偶见,生于近山顶光照条件好处。栽培或野生。

2. 圆柏　桧柏

Juniperus chinensis L.

　　乔木。高可达 20 m。树皮深灰色,纵裂,成条片开裂。叶二型,即刺叶及鳞叶;刺叶生于幼树之上,老龄树则全为鳞叶,壮龄树兼有刺叶与鳞叶。雌雄异株,稀同株。球果近圆球形,直径 6~8 mm,2 年成熟,熟时暗褐色,被白粉或白粉脱落,有 1~4 枚种子;种子卵圆形。

　　产于南京及周边各地,常见,生于山体阳坡。栽培或野生。

杉木属（*Cunninghamia*）

3. 杉木

Cunninghamia lanceolata (Lamb.) Hook.

　　常绿乔木。高可达 30 m。树皮灰褐色,大枝近轮生。叶条状披针形,革质,长 3~6 cm,两面均有气孔带,叶螺旋状着生。雌雄同株;雄球花簇生枝顶;雌球花单生或簇生枝顶,卵圆形。球果下垂,近圆球状或卵圆状。种子两侧具窄翅。花期 4 月,果期 10 月下旬。

　　产于南京及周边各地,常见,生于山地。栽培。

侧柏属（*Platycladus*）

4. 侧柏

Platycladus orientalis (L.) Franco

乔木。高可达 20 m。树皮淡灰褐色。着生鳞叶的小枝直展，扁平，排成一平面，两面同形。鳞叶二型，交互对生。雌雄同株，球花单生枝顶。球果当年成熟，种鳞背部顶端下方有一弯曲的钩状尖头，发育的种鳞各具种子 1~2 枚。种子无翅。花期 3—4 月，球果 10 月成熟。

产于南京及周边各地，常见，生于石灰岩山地。栽培或野生。

松科
PINACEAE

常绿或落叶乔木,稀为灌木状;枝仅有长枝,或兼有长枝与生长缓慢的短枝。叶条形或针形;条形叶扁平,稀呈四棱形,在长枝上螺旋状散生,在短枝上呈簇生状;针形叶 2~5 针成 1 束,着生于极度退化的短枝顶端,基部包有叶鞘。花单性,雌雄同株;雄球花腋生或单生枝顶,或多数集生于短枝顶端;雌球花由多数螺旋状着生的珠鳞与苞鳞所组成。球果直立或下垂,当年或次年稀第 3 年成熟;种鳞的腹面基部有 2 枚种子。种子通常上端具一膜质翅。

共 11 属约 250 种,分布于北半球各地。我国产 11 属约 124 种。南京及周边分布有 1 属 3 种,普遍栽培。

松属（*Pinus*）分种检索表

1. 枝条每年生长 2 至数轮;一年生球果生于小枝侧面 ·················· **1. 湿地松** *P. elliottii*
1. 枝条每年生长 1 轮;一年生球果近生于枝顶。
　2. 冬芽银白色;针叶粗硬,直立 ······························· **2. 黑松** *P. thunbergii*
　2. 冬芽褐色;针叶长,常柔软下垂 ·························· **3. 马尾松** *P. massoniana*

1. 湿地松

Pinus elliottii Engelm.

常绿乔木。高可达 16 m。树皮灰褐色或暗红褐色,纵裂成鳞状块片剥落。小枝粗壮;冬芽红褐色,圆柱形。针叶 2~3 针 1 束并存,长 18~25 cm,刚硬,深绿色。球果圆锥状,有柄,熟后易脱落。种子卵圆状,微具 3 棱。花期 3 月下旬,果期翌年 10 月。

产于南京及周边各地,常见,生于低山丘陵或路旁。栽培或逸生。

2. 黑松

Pinus thunbergii Parl.

常绿乔木。高可达 30 m。幼树树皮暗灰色,老时灰黑色,裂成块片脱落。一年生枝淡褐黄色;冬芽银白色。针叶 2 针 1 束,粗硬,叶鞘宿存。雌球花单生或 2~3 个聚生于新枝近顶端。球果圆锥状卵圆形,有短柄,向下弯垂。种子倒卵状椭圆形。花期 4—5 月,果期翌年 10 月。

产于南京及周边各地,常见,生于低山丘陵。栽培或逸生。

3. 马尾松

Pinus massoniana Lamb.

常绿乔木。高可达 25 m。树皮红褐色,不规则鳞片状。一年生枝淡黄褐色,冬芽褐色。针叶 2 针 1 束,长 12~20 cm,细柔,微扭曲。雌球花单生或 2~4 个聚生于新枝近顶端。球果卵圆状,有短梗,下垂。种子长卵圆状,连翅长 2.0~2.7 cm。花期 4—5 月,果期翌年9—10 月。

产于南京城区、六合、盱眙、仪征等地,常见,生于丘陵山地。栽培或野生。

被子植物
ANGIOSPERMS

莼菜科
CABOMBACEAE

多年生水生草本。茎纤细,具分枝和根状茎;初节间伸长和顶部浮水,后直立,具叶。叶二型:沉水叶对生或有时轮生,掌状;浮水叶互生,盾状,全缘。花单生,腋生,花序梗短至长,两性,雌雄同株,辐射对称,生于水面或在水面之上;花被宿存;萼片 3;花瓣 3,离生,与萼片互生;雄蕊 3~36(~51);子房 1;胚珠 1~3。柱头头状或线状下延。果瘦果状或蓇葖果,皮质,不裂。种子胚乳少;子叶 2,肉质。

共 2 属约 6 种,分布于非洲、亚洲、澳大利亚及美洲。我国产 2 属约 3 种。南京及周边分布有 1 属 1 种。入侵种。

水盾草属(*Cabomba*)

1. 水盾草 竹节水松

Cabomba caroliniana A. Gray

多年生水生草本。茎长 1~2 m。沉水叶:着生于茎基部至顶部,叶片近圆形,3~4 回掌状细裂;浮水叶:仅出现于花期,互生于花枝顶端;叶片狭椭圆形,叶柄盾状着生。花直径 0.5~1.5 cm;花萼白色,边缘带紫色或黄色;花瓣似花萼,黄色,基部具爪。果实长 4~7 mm。花果期 6—11 月。

产于南京城区、江宁、溧水和高淳等地,常见,生于河流、湖泊、沟渠中。栽培或逸生。

谢泽睿 供图

木质藤本。雌雄同株或雌雄异株。叶互生或近簇生,单叶,具叶柄。花多腋生,通常单生,偶尔成对或簇生,有花序梗;花被片离生。雄花:雄蕊4~80,离生或离生但基部合生,或合生为肉质雄蕊柱;雌花:心皮12~300。成熟心皮为小浆果,排列于下垂肉质果托上,形成疏散或紧密的长穗状的聚合果。种子2(5)枚或有时仅1枚发育,肾形、扁椭圆形或扁球形。

共3属约80种,分布于亚洲东部、东南部以及中美洲、北美洲。我国产3属约57种。南京及周边分布有1属1种。

五味子科
SCHISANDRACEAE

【APG IV 系统的五味子科,包括五味子属等3个从传统的木兰科中独立的属】

五味子属(*Schisandra*)

1. 华中五味子　东亚五味子

Schisandra sphenanthera Rehder & E. H. Wilson

落叶木质藤本。芽鳞具睫毛,其余均无毛。枝条具皮孔。叶片纸质,近圆形或倒卵形。花单生于短枝顶端叶腋;雌雄异株;花被片5~13,肉质,外轮3片淡黄绿色,内轮橙黄色;雌蕊群心皮30~50。聚合果穗状;小浆果近球形,肉质,成熟时红色。花期5月,果期6—10月。

产于南京、句容等地,偶见,生于山坡竹林边或杂木林中。

果入药。种子榨油,可制肥皂或做润滑油。

三白草科
SAURURACEAE

多年生草本。茎直立或匍匐状，具明显的节。单叶互生。花两性，聚集成稠密的穗状花序或总状花序，具总苞片或无；雄蕊3、6或8，稀更少；雌蕊由3~4心皮组成，离生或合生。果为分果爿或蒴果顶端开裂。

共4属约6种，分布于亚洲东部和北美洲。我国产3属约4种。南京及周边分布有2属2种。

三白草科分种检索表

1. 穗状花序基部有白色花瓣状总苞片4；花小；雄蕊3 ·················· **1. 蕺菜** *Houttuynia cordata*
1. 总状花序；无总苞片；雄蕊6 ·················· **2. 三白草** *Saururus chinensis*

蕺菜属（*Houttuynia*）

1. 蕺菜　鱼腥草

Houttuynia cordata Thunb.

多年生草本。高10~60 cm。全株具腥臭味。茎下部伏地，生根，上部直立。叶片心形，全缘，基出脉5~7条；叶柄长2~5 m。穗状花序在枝顶端与叶对生，长1~2 cm，无总苞片；基部有白色花瓣状苞片4；花小；雄蕊3。蒴果近球形，顶端开裂。花期5—7月，果期7—10月。

产于南京及周边各地，常见，生于阴湿处或近水边。

全草入药。有毒，可少量食用。

三白草属（*Saururus*）

2. 三白草

Saururus chinensis (Lour.) Baill.

多年生草本。高 30~80 cm。茎直立或下部伏地。叶片卵状披针形，全缘，基部心状耳形，有基出脉 5 条；在花序下部的 2~3 叶常为乳白色，花瓣状。总状花序生于茎顶部，与叶对生；苞片卵圆形。果实熟时分裂为分果爿 4。花期 6—7 月，果期 8—9 月。

产于江宁、句容、丹徒等地，偶见，生于低湿地方。

胡椒科 PIPERACEAE

草本、灌木或攀缘藤本，稀为乔木，多具香气。叶互生，偶有对生或轮生，单叶，两侧常不对称，具掌状脉或羽状脉。花小，两性、单性雌雄异株或间有杂性，密集成穗状花序或由穗状花序再排成伞形花序，花序与叶对生或腋生，少顶生；雄蕊 1~10；雌蕊由 2~5 心皮组成，连合；子房上位，1 室。浆果小，具肉质、薄或干燥的果皮。

共 5 属 3 000~3 100 种，分布于热带和亚热带地区。我国产 3 属约 76 种。南京及周边分布有 1 属 1 种。

草胡椒属（*Peperomia*）

1. 草胡椒

Peperomia pellucida (L.) Kunth

一年生肉质小草本。高 10~30 cm。茎直立，无毛，下部节上常有不定根。叶互生，半透明；叶片卵状三角形，长宽近相等，顶端短渐尖或钝圆，基部心形，基出脉 5~7 条；叶柄长 1~2 cm。穗状花序与叶对生或顶生，细弱，长 2~6 cm，花小；疏生于肉质花序轴上。花果期 4—7 月。

产于南京及周边各地，偶见，生于林下湿处的岩石旁或草丛中。归化种。

全草入药。

草质或木质藤本、灌木或多年生草本。单叶互生,具柄,叶片全缘或3~5裂,基部常心形。花两性,单生、簇生或组成总状、聚伞状或伞房花序,顶生、腋生或生于老茎上;花被辐射对称或两侧对称,花瓣状,1轮,稀2轮;雄蕊6至多数,1或2轮;子房下位,稀半下位或上位。蒴果蓇葖果状、长角果状或浆果状。

共9属约600种,主要分布于热带和亚热带地区。我国产5属约139种。南京及周边分布有3属3种。

马兜铃科
ARISTOLOCHIACEAE

【近年来最新的系统学研究,根据合蕊柱及蒴果分裂特征从传统的广义马兜铃属(*Aristolochia*)中分出了关木通属(*Isotrema*)】

马兜铃科分种检索表

1. 多年生草本;雄蕊12 ·································· **1. 杜衡** *Asarum forbesii*
1. 草质藤本;雄蕊6。
  2. 全株密被灰白色长绵毛,花被檐部近于辐射对称 ········ **2. 寻骨风** *Isotrema mollissimum*
  2. 全株无毛,花被檐部近于两侧对称 ·············· **3. 马兜铃** *Aristolochia debilis*

细辛属(*Asarum*)

1. 杜衡

Asarum forbesii Maxim.

多年生草本。根状茎斜升或直立。1~2叶生于茎端;叶片肾状心形,顶端圆或钝,基部心形,叶面深绿色,在中脉两侧有白斑纹。花顶生,暗紫色,直径约1 cm;花被筒钟状,顶端3裂,内面暗紫色,喉部不缢缩;雄蕊12。蒴果肉质。种子黑褐色,多数。花期4—5月。

产于南京及周边各地,常见,生于阴湿、腐殖质层丰厚的林下或草丛中。

全草入药。

关木通属（*Isotrema*）

2. 寻骨风　绵毛马兜铃

Isotrema mollissimum (Hance) X. X. Zhu, S. Liao & J. S. Ma

多年生攀爬草本。全株密被灰白色长绵毛。叶片卵形,基部心形,叶面被糙伏毛,叶背密被灰白色长绵毛。花单生叶腋;花被筒淡黄绿色,中部膝状弯曲,下部2/3较粗,内面具紫褐色斑块;花被筒上部扩大成漏斗状,檐部圆盘状,边缘3浅裂。蒴果倒卵圆形,具波状棱。花期4—6月,果期6—8月。

产于南京、镇江、句容等地,常见,生于山坡草丛、林缘灌木丛中。

马兜铃属（*Aristolochia*）

3. 马兜铃

Aristolochia debilis Siebold & Zucc.

多年生藤本。全株无毛。叶片卵状箭形,顶端钝或短尖,基部两侧有圆形的耳片。花2朵聚生叶腋或单生;花被筒状或喇叭状,略弯斜,基部膨大成球形,直径3~6 mm,中部收缩成管状,上部暗紫色,下部绿色。蒴果近球形,直径约4 cm。花期7—9月,果期9—10月。

产于南京及周边各地,常见,生于路旁与山坡。

果实、根和藤茎入药,后两者称"青木香""天仙藤"。全株有毒。

乔木或灌木。常绿或落叶。托叶 2，合生和贴生或离生叶柄；单叶，螺旋排列，少 2 列，具叶柄；羽状脉。花顶生或顶生在腋生短枝上，单生；花被片 6~9（45），2 至多轮；心皮和雄蕊多数，离生；雌蕊无柄或具一雌蕊柄；心皮折叠，通常离生；每个心皮有胚珠 2~14；成熟心皮通常沿背侧和（或）腹侧缝合线开裂，很少合生和不规则开裂或不裂（鹅掌楸属）；外种皮肉质，红色。

共 18 属约 320 种，分布于东亚、东南亚和南北美洲。我国产 13 属约 139 种。南京及周边分布有 1 属 1 种。

木兰科
MAGNOLIACEAE

【APG Ⅳ 系统的木兰科，分出了五味子科等数个传统上划入木兰科中的类群】

玉兰属（*Yulania*）

1. 宝华玉兰

Yulania zenii (W. C. Cheng) D. L. Fu

落叶乔木。高可达 15 m。顶芽密被绢状毛；小枝紫褐色。叶片长圆状，顶端宽圆，短渐尖；托叶痕为叶柄长的 1/5~1/2。花先叶开放；花被片 9，匙形，上部白色或粉红色，中下部常为淡紫红色。聚合果长圆柱形，偏斜扭曲；小蓇葖果近球形，具疣点状凸起。花期 3—4 月，果期 8—9 月。

产于句容，稀见，生于山坡杂木或疏林中。

本种为江苏特有植物和国家二级重点保护野生植物。

常绿或落叶,乔木或灌木,仅有无根藤属(*Cassytha*)为缠绕性寄生草本。树皮通常具芳香。叶互生、对生、近对生或轮生,羽状脉,三出脉或离基三出脉;无托叶。花序多有限;或为圆锥状、总状或小头状;花小;花两性或由于败育而成单性,雌雄同株或异株,通常 3 基数,亦有 2 基数;雄蕊数目一定;心皮可能 3,形成 1 个单室子房,子房通常为上位,稀为半下位甚至下位。果为浆果或核果。

共 66 属 3 000~3 500 种,分布于热带及亚热带地区。我国产 25 属约 464 种。南京及周边分布有 4 属 7 种。

樟科
LAURACEAE

樟科分种检索表

1. 常绿乔木。
  2. 叶片长 8~21 cm,羽状脉,叶背及叶柄密生锈色柔毛 ·················· **1. 紫楠** *Phoebe sheareri*
  2. 叶片长 6~12 cm,离基三出脉,叶背及叶柄光滑无毛 ············ **2. 樟** *Camphora officinarum*
1. 落叶乔木或灌木。
  3. 灌木或小乔木,叶片宽小于 5 cm,叶片全缘。
    4. 叶具羽状脉。
      5. 叶片倒披针形或倒卵形,长达宽的 2 倍以内,极少数略超 2 倍。
        6. 树皮灰色,平滑;侧脉 7~9 对,叶片秋季脱落 ·············· **3. 江浙山胡椒** *Lindera chienii*
        6. 树皮灰白色,幼枝有毛,叶片侧脉 5~6 对,部分至次年早春脱落 ·········· **4. 山胡椒** *Lindera glauca*
      5. 长椭圆状披针形或长椭圆形,长可达宽的 3 倍 ·········· **5. 狭叶山胡椒** *Lindera angustifolia*
    4. 叶具离基三出脉 ·················· **6. 红脉钓樟** *Lindera rubronervia*
  3. 乔木,叶片宽 5 cm 以上,叶片全缘或 2~3 裂 ·················· **7. 檫木** *Sassafras tzumu*

楠属(*Phoebe*)

1. 紫楠

Phoebe sheareri (Hemsl.) Gamble

常绿乔木。高可达 20 m。树皮灰色,纵裂。芽、幼枝、叶背及叶柄密生锈色柔毛。叶片椭圆状倒卵形,顶端突尾状渐尖,基部楔形。圆锥花序生于新枝叶腋,密生锈色或棕色柔毛。果卵圆形,长约 1 cm;果柄的宿存花被片直立,松散,两面被毛。花期5—6 月,果期 10—11 月。

产于南京城区、江宁、溧水、句容等地,偶见,生于较阴湿、排水良好的山坡或谷地的杂木林中。

樟属（*Camphora*）

2. 樟 香樟

Camphora officinarum Nees (L.) J. Presl

常绿大乔木。高可达 30 m，树冠广卵形。树皮黄褐色，有不规则的纵裂。叶互生，卵状椭圆形，边缘全缘，具离基三出脉 3 条。圆锥花序腋生；花绿白或带黄色，长约 3 mm。果近球形或卵球形，直径 6~8 mm，紫黑色；果托杯状。花期 4—5 月，果期 8—11 月。

产于南京及周边各地，常见，生于土壤肥沃的向阳山坡或路旁。栽培或逸生。

山胡椒属（*Lindera*）

3. 江浙山胡椒 江浙钓樟

Lindera chienii W. C. Cheng

落叶灌木或小乔木。高 2~5 m。树皮灰色，平滑。叶纸质，倒卵形或倒披针形，长 6~10 cm，叶面深绿色，叶背灰白色，侧脉 7~9 对，网状脉明显。伞形花序常单生叶腋，总梗长 5~7 mm。花被片 6，椭圆形。果球形，直径 0.8~1.0 cm，熟时红色。花期 3—4 月，果期 9—10 月。

产于浦口、江宁、句容、盱眙等地，偶见，生于山坡杂木林中。

4. 山胡椒　假死柴

Lindera glauca (Siebold & Zucc.) Blume

落叶小乔木或灌木。高可达 6 m。树皮与小枝灰白色；幼枝黄褐色，有毛。叶片倒卵状椭圆形，基部楔形，顶端急尖，叶背苍白色；部分老叶留至第 2 年发新叶时脱落。伞形花序有短花序梗，腋生，具花 3~8 朵或单生；雄花花被片 6，黄色。果球形，熟时黑色或紫黑色。花期 3—4 月，果期 7—8 月。

产于南京及周边各地，常见，生于山坡灌木丛中或荒山坡。

全株供药用。

5. 狭叶山胡椒

Lindera angustifolia W.C.Cheng

落叶灌木或小乔木。高可达 4 m。树皮灰黄色，平滑；小枝黄绿色。叶片薄革质，长椭圆形，长可达宽的 3 倍，叶面绿色，叶背苍白色。雄花序腋生，具花 2~5 朵；花被片 6；能育雄蕊 9；雌花序具花 2~7 朵。果近球形，熟时黑色，直径 4~7 mm。花期 3—4 月，果期 9—10 月。

产于盱眙、南京城区、江宁、句容等地，常见，生于山坡灌木丛中。

根和茎入药。

6. 红脉钓樟　庐山乌药

Lindera rubronervia Gamble

　　落叶灌木。高可达 3 m。树皮灰黑色；小枝平滑，稍带棕黑色。叶纸质，卵状椭圆形，全缘，叶柄及叶脉均为红色；离基三出脉。伞形花序腋生，有短总梗；内具花 5~8 朵；雄花花被片 6，黄绿色。果球形，成熟时紫黑色。花期 3—4 月，果期 9—10 月。

　　产于南京城区、江宁、句容等地，偶见，生于山坡、山谷灌木林中。

檫木属（*Sassafras*）

7. 檫木

Sassafras tzumu (Hemsl.) Hemsl.

　　乔木。高可达 20 m。树干耸直。幼树皮灰绿色，平滑不裂，老时变灰色，不规则开裂。叶片宽卵形，上部 2~3 裂或全缘，叶背无毛，有白粉，离基三出脉；幼叶密被毛，带红色，老叶秋天红黄色。花序梗长 2~6 cm，有毛；花黄色，有香气。果球形，蓝黑色，表面有白色蜡质粉。花期 3—4 月，果期 7—8 月。

　　产于江宁、溧水、句容等地，常见，生于向阳的山坡、山谷杂木林中。

草本、灌木或小乔木。单叶对生,具羽状叶脉,边缘有锯齿;叶柄基部常合生。花小,两性或单性,组成穗状花序、头状花序或圆锥花序,无花被或在雌花中有浅杯状3齿裂的花被(萼管);两性花具雄蕊1或3,雌蕊1,由1心皮组成,子房下位,1室;单性花其雄花多数,雄蕊1;雌花少数,有与子房贴生的3齿萼状花被。核果卵形或球形,外果皮多少肉质,内果皮硬。种子含丰富的胚乳和微小的胚。

共4属73~76种,分布于热带美洲、东亚及东南亚。我国产3属约16种。南京及周边分布有1属2种。

金粟兰科
CHLORANTHACEAE

金粟兰属(*Chloranthus*)分种检索表

1. 穗状花序单一;药隔顶端延伸成线形 ·························· **1. 丝穗金粟兰** *C. fortunei*

1. 穗状花序单生或2~3分枝;药隔顶端不延伸成线形 ·························· **2. 及己** *C. serratus*

1. 丝穗金粟兰

Chloranthus fortunei (A. Gray) Solms

多年生草本。高10~40 cm。茎圆柱形,单生或丛生。叶对生,常4,密集于茎上部;叶片倒卵状椭圆形,顶端急尖,边缘有细圆锯齿,齿尖有1枚腺体。穗状花序单生于茎顶端,长3~8 cm。花白色,芳香。核果幼时淡绿色,倒卵形。花期4—5月,果期5—6月。

产于南京及周边各地,常见,生于半阴草丛中或林下。

全草入药,有毒。

2. 及己

Chloranthus serratus (Thunb.)
Roem. & Schult.

多年生草本。高 15~50 cm，全株无毛。根状茎横生，具多数须根。茎直立，具明显的节。叶对生，2~3 对疏生于茎上部；纸质；椭圆形或卵状披针形，先端长渐尖，边缘密生锐齿。穗状花序常顶生，单一或 2~3 分枝；花白色；雄蕊 3，药隔下部合生，药室位于药隔中部或以上。花期 4—5 月，果期 6—8 月。

产于南京、句容，偶见，生于山地林下湿润处或山谷溪边草丛中。

全草入药，有毒。

　　多年生草本植物,生长在沼泽的水生植物。具匍匐的根状茎。叶二歧,基部重叠,单面,剑形;叶脉平行。花序单生,顶生,在叶状花葶上侧面生。花两性,具花被,3 瓣;花被片 6。果为少种子的浆果,长圆状倒卵球形,具薄革质果皮。种子长圆形到椭圆形。

　　共 1 属 2 种,分布于北半球温带和热带地区。我国产 1 属 2 种。南京及周边分布有 1 属 2 种。

菖蒲科
ACORACEAE

菖蒲属（*Acorus*）分种检索表

1. 夏绿多年生草本,叶片剑状线形,长而宽,具中肋;高 90~150 cm,宽 1~2（3）cm ……… **1. 菖蒲** *A. calamus*
1. 常绿多年生草本,叶片呈丛生状,短而狭,不具中肋;高 20~30 cm,宽不足 6 mm … **2. 金钱蒲** *A. gramineus*

1. 菖蒲

Acorus calamus L.

　　多年生草本。高 100 cm 左右。根状茎横走,分枝,粗大。叶基生;叶片剑状线形,基部宽,中部以上渐狭,草质,绿色,光亮;中肋在两面均明显隆起,侧脉平行。花序柄三棱状;叶状佛焰苞剑状线形,肉穗花序斜生,长 4~9 cm;花黄绿色。浆果长圆状,红色,有种子 1~4 枚。花期 6—7 月,果期 8 月。

　　产于南京及周边各地,常见,生于溪边、沼泽湿地、水稻田边。

　　根状茎入药。

2. 金钱蒲　石菖蒲

Acorus gramineus Aiton

　　多年生草本。高 20~30 cm。根状茎上部多分枝,呈丛生状。叶基对折;叶片质地较厚,线形,绿色,极狭,宽不足 6 mm;无中肋,平行脉多数。叶状佛焰苞短,为肉穗花序长的 1~2 倍,肉穗花序黄绿色。果序圆柱形,粗达 1 cm,果黄绿色。花期 5—6 月,果期 7—8 月。

　　产于南京及周边各地,常见,生于水旁湿地或石上。

草本植物,具块茎或伸长的根状茎;稀为攀缘灌木或附生藤本。叶单一或少数,有时花后出现;叶片全缘时多为箭形、戟形,或掌状、鸟足状、羽状、放射状分裂。花小或微小,常极臭,排列为肉穗花序;花序外面有佛焰苞包围;花两性或单性;花单性时雌雄同株(同花序)或异株。果为浆果,极稀紧密结合而为聚合果(隐棒花属 *Cryptocoryne*)。种子 1 至数枚,圆形、椭圆形、肾形或伸长,外种皮肉质。

共 141 属 3 500~3 700 种,广布于全球各地,主产热带地区。我国产 40 属约 238 种。南京及周边分布有 7 属 11 种。

天南星科
ARACEAE

【APG Ⅳ 系统的天南星科,并入了传统的浮萍科】

天南星科分种检索表

1. 水生草本植物。
  2. 茎成小叶状体漂浮水面,叶退化。
    3. 微型浮水草本植物,叶状体长 2~10 mm,水平生长。
      4. 叶状体长 3~10 mm,根 7~21 条,长 0.5~3.0 cm ················ **1. 紫萍** *Spirodela polyrhiza*
      4. 叶状体长 2~5 mm,根 1 条,长 3~4 cm ················ **2. 浮萍** *Lemna minor*
    3. 极微型浮水草本植物,叶状体直径 0.5~1.5 mm,单生 ················ **3. 无根萍** *Wolffia globosa*
  2. 叶较大,簇生成莲座状 ················ **4. 大薸** *Pistia stratiotes*
1. 陆地生长植物。
  5. 花叶不同时存在 ················ **5. 东亚魔芋** *Amorphophallus kiusianus*
  5. 花叶同时存在。
    6. 佛焰苞管喉部张开。
      7. 叶 1 枚。
        8. 叶片鸟趾状全裂,裂片 11~17 ················ **6. 天南星** *Arisaema heterophyllum*
        8. 叶片鸟足状全裂,裂片 5(幼叶 3) ················ **7. 东北南星** *Arisaema amurense*
      7. 叶 2 枚。
        9. 叶片鸟趾状全裂,裂片 7~11 ················ **8. 鄂西南星** *Arisaema silvestrii*
        9. 叶片鸟足状 5 裂 ················ **9. 灯台莲** *Arisaema bockii*
    6. 佛焰苞管喉部闭合;雌雄同株。
      10. 叶 2~5 枚,有时 1 枚;成年株的叶片 3 全裂或近 3 小叶 ················ **10. 半夏** *Pinellia ternata*
      10. 叶 1~3 枚或更多;叶片鸟趾状分裂,裂片 6~11 ················ **11. 虎掌** *Pinellia pedatisecta*

紫萍属（*Spirodela*）

1. 紫萍

Spirodela polyrhiza (L.) Schleid.

　　水生植物。漂浮于水面。叶状体倒卵形至圆形，长 3~10 mm，叶面沿脉有不明显的乳突。根 7~21 条，长 0.5~3.0 cm。果侧面顶端具翅。花期 6—7 月。

　　产于南京及周边各地，极常见，生于池塘、湖边和沟渠等处。

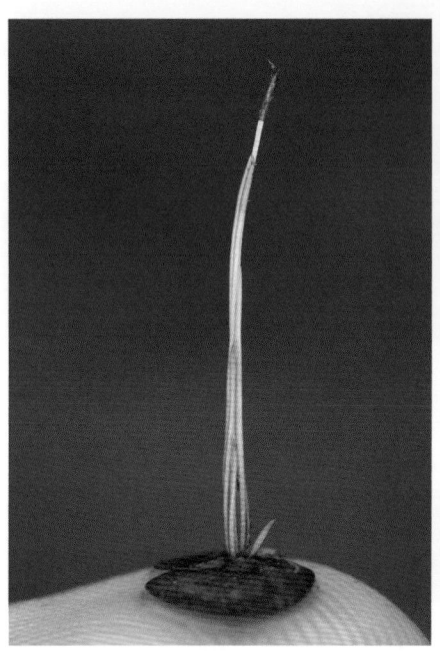
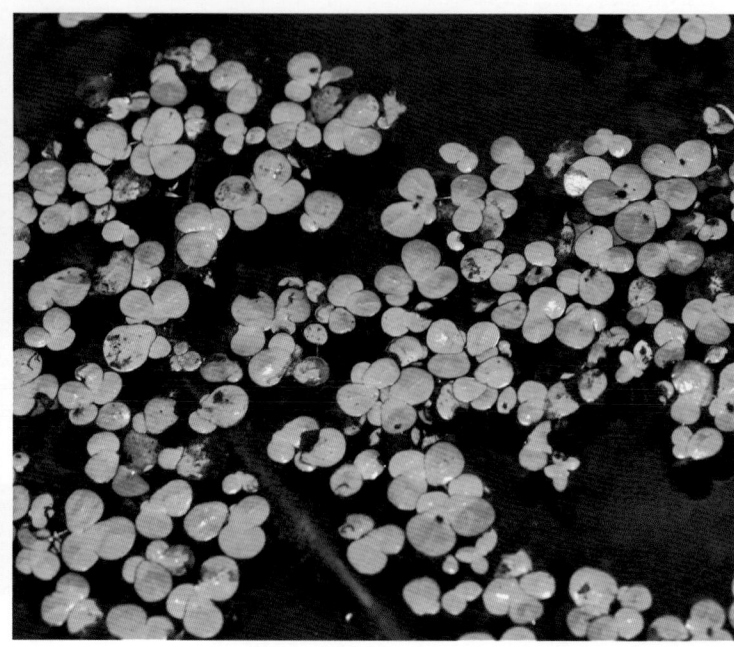

浮萍属（*Lemna*）

2. 浮萍

Lemna minor L.

　　水生植物。漂浮于水面。叶状体对称，倒卵状椭圆形、近圆形或倒卵形，长 2~5 mm，宽 2~3 mm，具不明显的 3 条脉，全缘。叶状体下面具 1 条根，长 3~4 cm，垂生，丝状，白色。叶状体背面两侧具囊。果实近陀螺状。花期 6—7 月。

　　产于南京及周边各地，极常见，生于水田、池沼或其他静水中。

　　全草入药。

无根萍属（*Wolffia*）

3. 无根萍

Wolffia globosa (Roxb.) Hartog & Plas

水生植物。漂浮于水面或悬浮，细小如沙，是世界上最小的种子植物。叶状体卵状半球形，单1或2代连在一起，直径0.5~1.5 mm，叶面绿色，扁平，叶背面明显凸起，淡绿色；无叶脉及根。

产于高淳，常见，生于沟塘等静水之中，常与浮萍、紫萍等混生。

全草入药。可供观赏。

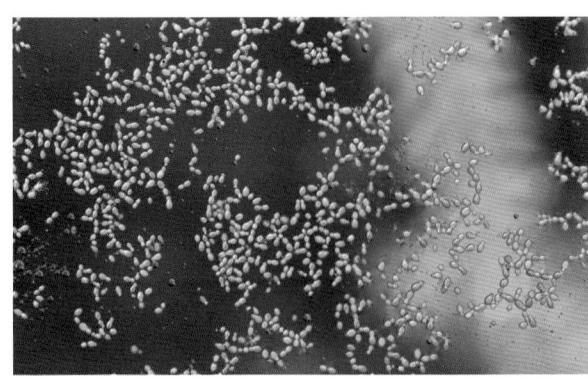 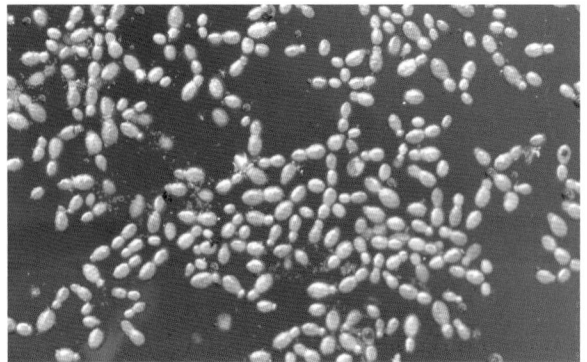

大藻属（*Pistia*）

4. 大藻

Pistia stratiotes L.

漂浮草本。具细长匍匐枝，枝端生小植株。叶基生，莲座状；先端截形或浑圆，几无柄，两面均被柔毛。花单性，雌雄同株，无花被；佛焰苞短小，长约1.2 cm，叶状，白色，生于叶簇中；肉穗花序背面与佛焰苞合生长达2/3，2~8朵雄花生于上部，雌花单生于下部。浆果有多数种子。花果期8—10月。

产于南京城区、六合、浦口等地，偶见，生于池塘或河道中。栽培或逸生。

全草做饲料。

魔芋属（*Amorphophallus*）

5. 东亚魔芋　　疏毛魔芋　蛇头草
Amorphophallus kiusianus (Makino) Makino

多年生草本。块茎扁球状。叶柄长可达 1.5 m，光滑，绿色，具白色斑块；叶片 3 裂，1 回裂片二歧状分枝，最后深羽裂。花序佛焰苞长 15~20 cm，管部席卷，檐部展开为斜漏斗状；肉穗花序长 10~22 cm，附属器长圆锥状，为花序长的 2 倍。浆果红色，后变成蓝色。花期 5 月，果期 8 月。

产于南京、句容等地，常见，生于山谷、溪边、林下、石缝中。

块茎入药，有毒。

天南星属(*Arisaema*)

6. 天南星 异叶天南星

Arisaema heterophyllum Blume

　　多年生草本。高 60~80 cm。块茎近球状或扁球状。叶 1 枚;叶片鸟趾状全裂,裂片 11~17,长圆形或倒披针形,全缘。花序柄长 25~50 cm;佛焰苞下部呈筒状,喉部截形,外缘稍外卷;花序轴顶端附属器鼠尾状;肉穗花序顶生。浆果红色。种子黄色,具红色斑点。花果期 5—9 月。

　　产于南京及周边各地,常见,生于阴坡、林下及沟旁较为阴湿处。

　　块茎入药,生品有毒。

7. 东北南星

Arisaema amurense Maxim.

　　多年生草本。高 30~70 cm。块茎扁球状。叶 1 枚;叶片鸟足状全裂,裂片 5(幼叶 3),全缘。花序柄短于叶柄;佛焰苞管部漏斗状,喉部边缘斜截形,外卷,檐部直立;肉穗花序从叶鞘中伸出;单性,雄花序长约 2 cm。果序圆锥形,浆果橘红色。花期 5—7 月,果期 8—9 月。

　　产于句容,稀见,生于山坡林下和沟旁。

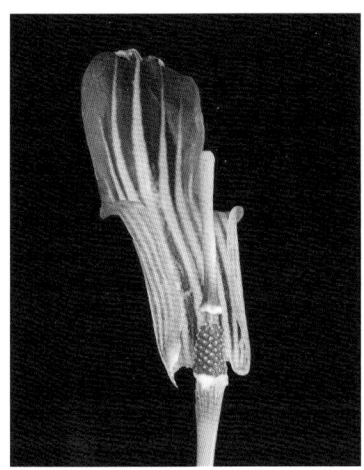
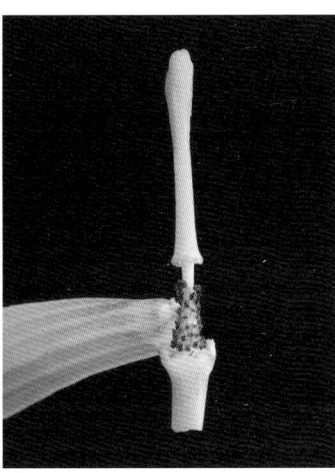

8. 鄂西南星　云台南星　江苏天南星
Arisaema silvestrii Pamp.

多年生草本。高 20~60 cm。叶 2 枚；叶片鸟趾状全裂，裂片 7~11，长圆倒披针形，顶端渐尖，基部楔形，略呈波状或全缘。花序柄短于叶柄；佛焰苞长约 15 cm，绿色、紫色或白色，下部筒状；檐部长圆形，长 7 cm；肉穗花序顶生；雄花序长约 2 cm，花较疏，棒状。花期 4 月，果期 5 月。

产于南京、句容等地，常见，生于深山沟、山坡灌丛下或林缘。

块茎入药。药草园有栽培。

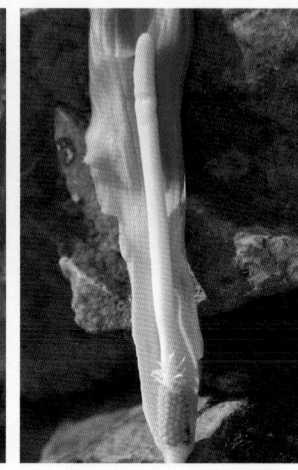

9. 灯台莲
Arisaema bockii Engl.

多年生草本。高 15~20 cm。块茎扁球形。叶 2 枚；叶片鸟足状 5 裂，裂片卵状长圆形，全缘。花序柄几与叶柄等长；佛焰苞淡绿色至暗紫色，具淡紫色条纹，管部漏斗状；肉穗花序单性，雄花序圆柱形，花疏；雌花序近圆锥形，花密。果序圆锥状，浆果黄色。花期 5 月，果期 8—9 月。

产于句容，偶见，生于阴湿林下。

可栽培供观赏。

半夏属（*Pinellia*）

10. 半夏

Pinellia ternata (Thunb.) Makino

多年生草本。高 5~30 cm。块茎圆球状，直径 1~2 cm。叶 2~5 枚，有时 1 枚；二或三年生叶片近 3 小叶或 3 全裂，两头锐尖。花序柄长于叶柄；佛焰苞管部狭圆柱状，檐部长圆形；花单性同株，无花被，肉穗花序附属器鞭状，直立，有时呈"S"形弯曲，伸出佛焰苞外。浆果黄绿色。花期 4—6 月，果期 8—9 月。

产于南京及周边各地，常见，生于山坡、溪边、阴湿的草丛中或林下。

块茎入药，有毒。

11. 虎掌　掌叶半夏

Pinellia pedatisecta Schott

多年生草本。高 20~30 cm。块茎近圆球状，直径 2~4 cm。叶 1~3 枚或更多；叶片鸟趾状分裂，裂片 6~11。花序柄与叶柄等长；肉穗花序顶生；佛焰苞淡绿色，下部筒状，向下渐收缩，檐部长披针形；花单性同株，花序顶端附属器鼠尾状，略呈"S"形。浆果卵圆状，绿色。花期 6—7 月，果期 8—10 月。

产于南京及周边各地，常见，生于林下、溪旁较阴湿处。

块茎入药，有毒。

泽泻科
ALISMATACEAE

多年生，稀一年生，沼生或水生草本。具根状茎、匍匐茎、球茎、珠芽。叶基生，直立，挺水、浮水或沉水；叶片各形，全缘；叶脉平行；叶柄长短随水位深浅有明显变化。花序总状、圆锥状或呈圆锥状聚伞花序，稀1~3朵花单生或散生。花两性、单性或杂性，辐射对称；花被片6；心皮多数，胚珠通常1。聚合瘦果、核果或蓇葖果。

共19属90~100种，广布于全球各地。我国产6属约18种。南京及周边分布有2属4种1亚种。

泽泻科分种检索表

1. 花序为大型圆锥状聚伞花序；心皮轮生；叶片卵形至披针形。
   2. 挺水叶椭圆形、卵形或浅心形 ·················· **1. 东方泽泻** *Alisma orientale*
   2. 挺水叶全部披针形或宽披针形 ············· **2. 窄叶泽泻** *Alisma canaliculatum*
1. 花序不为大型圆锥花序；心皮螺旋状排列或簇生。
   3. 植株高大，粗壮；叶片箭形或深心形；花序圆锥状。
      4. 根状茎横走，较粗壮，末端膨大或否·············· **3. 野慈姑** *Sagittaria trifolia*
      4. 根状匍匐茎末端膨大成球茎，球茎卵圆形或球形，可达（5~8）cm×（4~6）cm
      ··················· **4. 华夏慈姑** *Sagittaria trifolia* subsp. *leucopetala*
   3. 植株矮小，细弱；叶片条形；花序总状，无分枝·············· **5. 矮慈姑** *Sagittaria pygmaea*

泽泻属（*Alisma*）

1. 东方泽泻

Alisma orientale (Sam.) Juz.

多年生沼生草本。叶多数，基生；叶片卵形，基部心形；叶柄长达60 cm。花序长20~70 cm，常3~9轮分枝，并可再次分枝，组成圆锥状聚伞花序；花两性，内轮花被片淡红色、白色，较外轮大；花药黄绿色。瘦果扁平，倒卵状，果喙长约0.5 mm。种子紫红色。花果期5—10月。

产于南京及周边各地，偶见，生于湖泊、水塘、沟渠、沼泽。栽培或野生。

块茎入药。

2. 窄叶泽泻

Alisma canaliculatum A. Braun & C. D. Bouché

多年生水生或沼生草本。叶基生;沉水叶的叶片条形,叶柄状;挺水叶的叶片披针形,镰状弯曲,顶端与基部均渐狭。花茎高达 1 m,直立;圆锥状复伞形花序;花两性,外轮花被片长圆形,内轮花被片白色,近圆形。瘦果倒卵状,果喙自顶部伸出。花果期 5—10 月。

产于南京城区、江宁、句容等地,偶见,生于湖边、溪流、水塘、沼泽地区。

全草入药。

慈姑属（*Sagittaria*）

3. 野慈姑　弯喙慈姑

Sagittaria trifolia L.

多年生沼生或水生草本。根状茎横走，末端膨大或否。叶片箭形，高 40 cm。花茎直立，粗壮；总状或圆锥状花序，基部具 1 或 2 轮分枝，每轮 2~3 朵花，苞片 3；花单性，外轮花被广卵形，内轮花瓣淡黄色或白色；雌花 1~3 轮，心皮多数，密集成球状。瘦果倒卵状，果喙短。花果期 7—10 月。

产于江宁、宝应等地，偶见，生于沼泽、湖荡边缘。

4.（亚种）华夏慈姑　慈姑

Sagittaria trifolia subsp. *leucopetala* (Miq.) Q. F. Wang

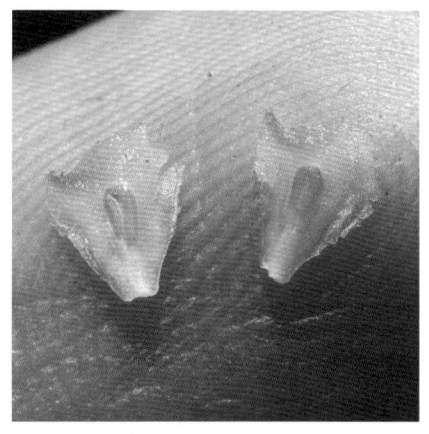

　　本亚种为多年生沼泽草本。植株高大,粗壮。根状匍匐茎末端膨大呈球茎,可达（5~8）cm×（4~6）cm。叶片宽大肥厚,高 100 cm,常呈三角状箭形。圆锥花序高大,雄花多轮,生于上部,雌花生于下部。花被片 6,外轮 3 枚绿色,内轮 3 枚白色,基部常紫色。花果期 7—10 月。

　　产于南京及周边各地,常见,生于沼泽或湖荡边缘。栽培或野生。

5. 矮慈姑

Sagittaria pygmaea Miq.

一年生，稀多年生沼生草本。具短根状茎。叶条形，长 5~20 cm，宽 0.5~1.0 cm，光滑，先端稍钝。花葶高 10~30 cm，直立，通常挺水。花序总状，具花 2~3 轮；花单性，外轮花被片绿色，倒卵形，内轮花被片白色，圆形或扁圆形；雌花 1 朵，单生，或与 2 朵雄花组成 1 轮。瘦果两侧压扁，具翅。花果期 5—11 月。

产于浦口、江宁、丹徒、句容等地，偶见，生于水沟、稻田周边。

一年生或多年生沼生或水生草本。根状茎粗壮,匍匐。叶基生,三棱状条形或椭圆形;有柄或无柄。单花至多花聚成伞形花序,花序基部有苞片3;花两性;花被片6,2轮排列,外轮3枚萼片状,绿色,宿存,内轮3枚花瓣状,较大,膜质。果为蓇葖果。种子多数。

共1属1种,分布于欧亚大陆温带地区。我国产1属1种。南京及周边分布有1属1种。

花蔺科 BUTOMACEAE

【APG Ⅳ 系统的花蔺科,仅包括花蔺属1个属,其他传统花蔺科的类群划入泽泻科中】

花蔺属（*Butomus*）

1. 花蔺

Butomus umbellatus L.

多年生水生草本。根状茎斜向生长,粗壮。叶基生,长 30~120 cm,剑形至线形,无柄,基部扩大成鞘状。伞形花序,花序基部有3枚卵状披针形苞片;花茎圆柱状,有纵条纹;花两性,花被片6,2轮,外轮萼片状,内轮花瓣状,淡红色。蓇葖果成熟时沿腹缝线开裂,顶端具长喙。花果期7—10月。

产于宝应等地,稀见,生于沼泽或浅水塘中。

水鳖科
HYDROCHARITACEAE

【APG Ⅳ 系统的水鳖科，大致包括了传统的水鳖科以及茨藻科】

一年生或多年生淡水和海水草本。沉水或漂浮水面。叶基生或茎生，基生叶多密集，茎生叶对生、互生或轮生；叶形、大小多变。佛焰苞合生，稀离生。花辐射对称；单性，稀两性。花被片离生，3 或 6；雄蕊 1 至多数；子房下位，1 室。蒴果肉质或浆果状。

共 16 属约 120 种，广布于全球各地。我国产 12 属约 38 种。南京及周边分布有 5 属 7 种。

水鳖科分种检索表

1. 花萼和花瓣均为 3，雄蕊 3~12，子房下位。
　2. 浮水植物；叶背有贮气组织 ·························· **1. 水鳖** *Hydrocharis dubia*
　2. 沉水植物；叶背无贮气组织。
　　3. 植株有茎；叶片轮生，或者在基部对生 ·················· **2. 黑藻** *Hydrilla verticillata*
　　3. 植株无茎或茎极短。
　　　4. 叶片线形或带状，无柄 ·························· **3. 苦草** *Vallisneria natans*
　　　4. 叶片披针形至圆形，常具叶柄 ·················· **4. 龙舌草** *Ottelia alismoides*
1. 花被瓶状；子房上位。
　5. 植株较粗，长 0.3~1.0 m，宽 2~3 mm ·················· **5. 大茨藻** *Najas marina*
　5. 植株纤细。
　　6. 叶鞘上部近圆形 ·························· **6. 小茨藻** *Najas minor*
　　6. 叶鞘上部长三角形 ·························· **7. 草茨藻** *Najas graminea*

水鳖属（*Hydrocharis*）

1. 水鳖

Hydrocharis dubia (Blume) Backer

浮水草本。匍匐茎发达。叶簇生，多漂浮；叶片圆形，基部心形，全缘。雄花序腋生，佛焰苞 2，苞内具雄花 5~6 朵，花瓣 3，黄色；雌佛焰苞小，苞内具雌花 1 朵，花瓣 3，白色，基部黄色，圆形至广倒卵形，较雄花花瓣大。果实浆果状，倒卵形至球形，长 0.8~1.0 cm。花果期 8—10 月。

产于南京及周边各地，常见，生于池塘等静水边。

黑藻属（*Hydrilla*）

2. 黑藻

Hydrilla verticillata (L. f.) Royle

沉水草本。茎圆柱状，长而纤细。叶3~6枚轮生；叶片线形或带状披针形，长1.0~1.5 cm，宽约5 mm，顶端尖锐，边缘有细锯齿。花小，单性，雌雄异株或同株；雄佛焰苞近球形，成熟后自佛焰苞内长出，漂浮于水面开花；雌佛焰苞管状。果实圆柱状，表面常具2~9枚刺状凸起。花果期6—9月。

产于南京及周边各地，常见，生于静水池塘、湖泊、水沟中。

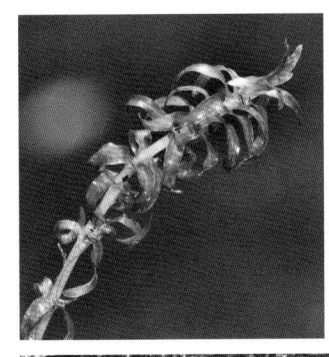

苦草属（*Vallisneria*）

3. 苦草

Vallisneria natans (Lour.) H. Hara

沉水草本。叶基生，线形或带形，长20~200 cm，宽0.5~2.0 cm，略带紫红色或绿色。花单性，雌雄异株；雄佛焰苞卵状圆锥形，成熟的雄花浮出水面开放，萼片3，呈舟形浮于水面；雌佛焰苞筒状，顶端2裂，萼片3，花瓣3，白色，与萼片互生。果实圆柱状，光滑。花果期8—9月。

产于南京及周边各地，常见，生于静水池沼中。

全草入药。

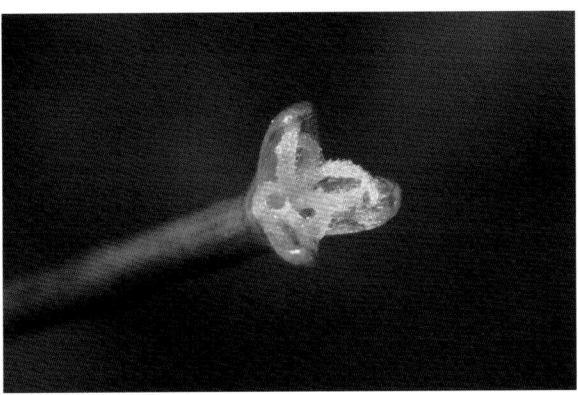

水车前属（*Ottelia*）

4. 龙舌草　水车前

Ottelia alismoides (L.) Pers.

沉水草本。茎极短。叶片因生境变化而形态各异，广卵圆形、卵状披针形或圆形，全缘或有细锯齿；叶柄软而扁平。花两性，稀单性；佛焰苞卵形，总花柄长 40~50 cm；花单生，萼片 3，花瓣 3，白色、淡紫色或浅蓝色，倒卵形。果实长椭圆状。花果期 8—9 月。

产于宝应、句容、丹徒、高淳等地，偶见，生于静水池沼或流水浅沟中。

全草入药。国家二级重点保护野生植物。

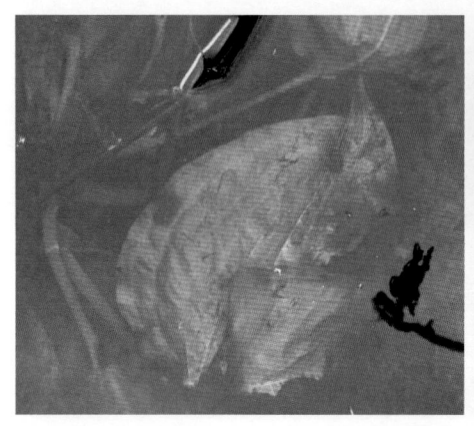  

茨藻属（*Najas*）

5. 大茨藻

Najas marina L.

沉水草本。植株较粗，长 0.3~1.0 m。茎分枝多，呈二叉状，具稀疏的粗刺。3 叶假轮生和近对生，近枝端较密集；叶片墨绿色至黄绿色，线状披针形或条形；叶鞘广圆形，长约 3 mm，抱茎，无齿；叶无柄。雄花长 3~4 mm。果实黄褐色，椭圆球状。花果期 9—10 月。

产于南京及周边各地，常见，生于池沼和缓流河水中。

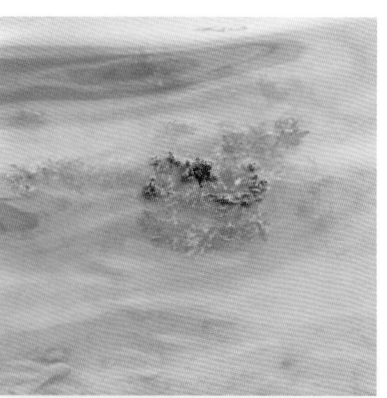

6. 小茨藻

Najas minor All.

　　沉水草本。植株纤细。长 4~25 cm。茎深绿色或黄绿色，下部匍匐，上部直立，常二叉状多分枝；基部节上生有不定根。叶在茎下部近对生，在上部呈 3 叶假轮生；叶片线形，渐尖，质硬或柔软，长 1~3 cm，宽 0.5~0.8 mm。雄花浅黄绿色，雌花无佛焰苞和花被。果实黄褐色，线状。花期7—10月。

　　产于南京及周边各地，常见，生于池沼和缓流河水中。

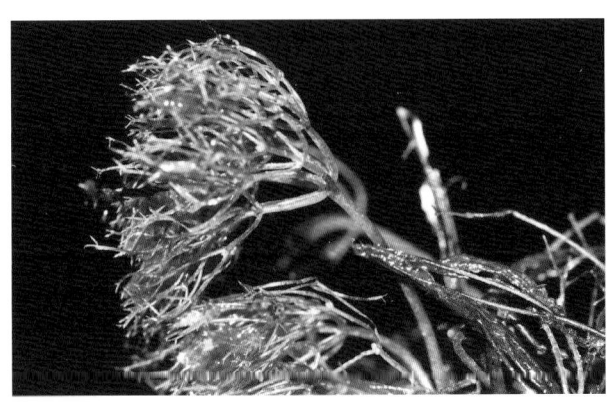

7. 草茨藻

Najas graminea Delile

　　一年生沉水草本。植株较柔软，纤弱，呈黄绿色或深绿色。叶 3 枚假轮生，或 2 枚近对生，无柄；叶片狭线形至线形，长 1.0~2.5 cm；叶基扩大成鞘，抱茎；叶耳长三角形，长 1~2 mm。花单性，腋生，常单生，或 2~3 朵聚生；雄花浅黄绿色；雌花无佛焰苞和花被。种皮坚硬，易碎。花果期6—9月。

　　产于溧水等地，偶见，生于浅水池沼中。

朱鑫鑫　供图

眼子菜科
POTAMOGETONACEAE

叶沉水、浮水或挺水,或二型,互生或基生,稀对生或轮生;叶片形态各异。花序顶生或腋生,多呈简单的穗状或聚伞花序,开花时花序挺出水面、漂浮于水面,或没于水中,花后皆沉没水中;花小或极简化,辐射对称或两侧对称;两性或单性;花被有或无。果实多为小核果状或小坚果状,稀为纵裂的蒴果。

共 6 属 90~100 种,广布于全球各地。我国产 3 属约 25 种。南京及周边分布有 2 属 6 种。

眼子菜科分种检索表

1. 叶沉于水中,花期浮于水面,叶片狭披针形或卵圆形,宽 0.5~3 cm。
  2. 茎扁平,多分枝;果实基部连合 ·············· **1. 菹草** *Potamogeton crispus*
  2. 茎圆形或近圆形;果实基部分离。
    3. 浮水叶的叶片长 2~3 cm,宽 6~10 mm;穗状花序长 1 cm 以下。
      4. 浮水叶片顶端钝或尖锐;果实背脊具鸡冠状凸起 ·············· **2. 鸡冠眼子菜** *Potamogeton cristatus*
      4. 浮水叶片顶端钝圆;果实背脊无鸡冠状凸起 ·············· **3. 八蕊眼子菜** *Potamogeton octandrus*
    3. 浮水叶的叶片长 4~18 cm,宽 1~3 cm;穗状花序长 2~5 cm。
      5. 叶片膜质,顶端具尖头,叶缘微波状 ·············· **4. 竹叶眼子菜** *Potamogeton wrightii*
      5. 叶片略革质,顶端无尖头,叶全缘 ·············· **5. 眼子菜** *Potamogeton distinctus*
1. 叶全部沉于水中,叶片狭线形或线形,宽 0.5~1.5 mm,全缘 ·············· **6. 篦齿眼子菜** *Stuckenia pectinata*

眼子菜属（*Potamogeton*）

1. 菹草

Potamogeton crispus L.

多年生沉水草本。茎多分枝,略带扁平。叶片条状披针形,长 3~8 cm,宽 5~8 mm,基部狭窄,脉 3 或 5,中脉明显,平行。穗状花序长 1~2 cm,花序梗长 2~5 cm,开花时伸出水面;花被片 4,圆形;雄蕊 4,无花丝;雌蕊 4,基部合生。果实圆卵状,顶端有长喙。花期 4—7 月,果期 7—9 月。

产于南京及周边各地,常见,生于静水池沼及稻田中。

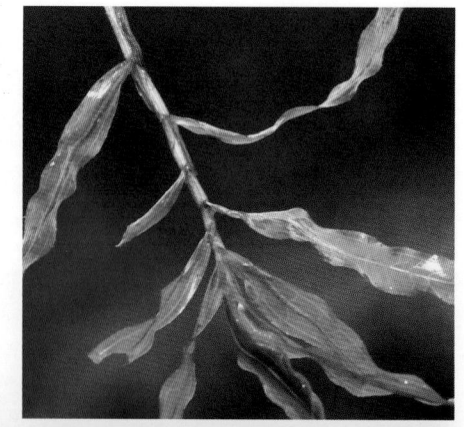

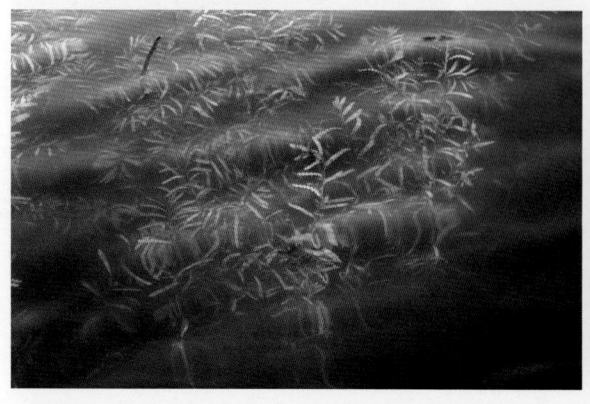

2. 鸡冠眼子菜　小叶眼子菜

Potamogeton cristatus Regel & Maack

多年生水生草本。茎细弱。叶二型,互生,无柄,开花前常沉没在水中,线形,全缘;开花时或近花期浮在水面,近革质,椭圆形或卵状披针形,全缘。花序梗长 8~12 mm,穗状花序顶生;花小,花被片 4。果实斜倒卵状,果实背脊上有鸡冠状凸起。花果期 5—9 月。

产于南京、句容等地,偶见,生于静水池塘和稻田中。

全草入药。

3. 八蕊眼子菜　钝脊眼子菜　南方眼子菜

Potamogeton octandrus Poir.

多年生水生草本。茎纤细。叶互生,二型;营养期沉水,叶片呈线形,全缘,具脉 3 条;近花期或开花时浮水,花序梗下面的叶互生或近对生,叶片近革质,长卵形或长椭圆形,全缘,脉平行。穗状花序顶生,具花 4 轮;花小,花被和雌蕊均为 4。果实倒卵状。花果期 5—6 月。

产于江宁、宝应,偶见,生于河沟中。

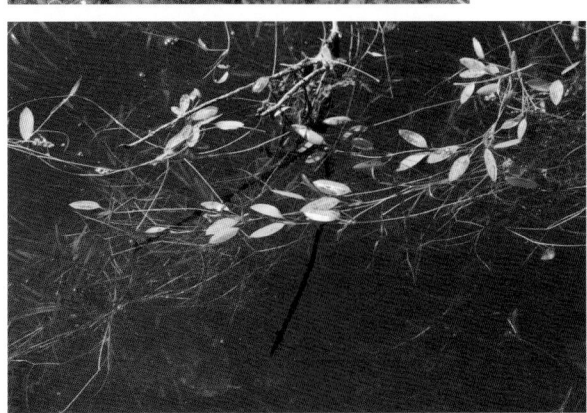

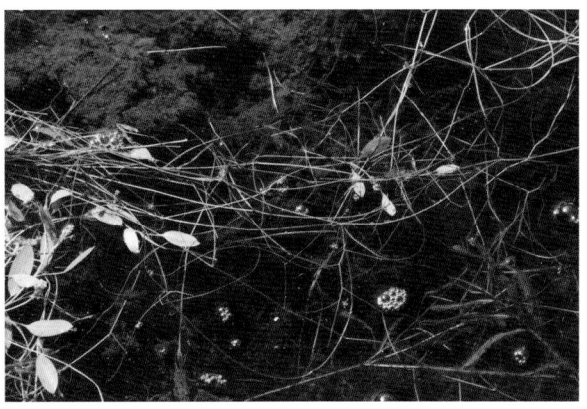

4. 竹叶眼子菜

Potamogeton wrightii Morong

多年生沉水草本。根状茎发达，茎细长，圆柱状。叶片线状长圆形，基部狭、钝圆或楔形，顶端钝圆，有尖头，边缘有微波状皱褶或细齿；叶柄长 2~6 cm；托叶膜质。穗状花序顶生，具花多轮，开花时伸出水面；花小，花被片 4。果实倒卵形。花期 5—6 月，果期 7—11 月。

产于南京城区、溧水、高淳、仪征、句容等地，常见，生于静水池沼及河沟中。

新版及旧版《江苏植物志》中本种误定为 *P. malaianus* Miq.，此名称为小节眼子菜 *P. nodosus* Poir. 的异名，而小节眼子菜仅分布于陕西、新疆、云南等省区，江苏不产。

5. 眼子菜

Potamogeton distinctus A. Benn.

多年生草本。根状茎发达。茎细弱,常不分枝。沉水叶狭披针形,草质;浮水叶略革质,卵状披针形,基部近圆形。穗状花序顶生,长 2~5 cm,开花时伸出水面,花后沉没水中;花小,花被片 4。花果期 6—8 月。

产于南京、句容等地,常见,生于静水池沼中。

全草入药。

篦齿眼子菜属（*Stuckenia*）

6. 篦齿眼子菜

Stuckenia pectinata (L.) Börner

沉水草本。根状茎发达。茎长 50~200 cm。叶片线形,顶端急尖或渐尖,叶脉 3 条,平行,中脉显著。花序梗细弱,穗状花序长 1~4 cm,由 2~6 轮间断的花簇组成;花被片 4,直径约 1 mm;雌蕊 4,常仅 1~2 枚可发育为成熟果实。果实近圆状,背部钝圆或有脊。花果期 5—6 月。

产于宝应、洪泽等地,偶见,生于静水池塘和河沟中。

全草入药。

朱鑫鑫　供图

沼金花科
NARTHECIACEAE

【APG Ⅳ 系统的沼金花科，我国仅产肺筋草属 *Aletris* 1 属，从传统的广义百合科独立而来】

多年生草本植物。叶片多簇生基部，常为条形、披针形、卵形等。花序多为伞房花序、总状花序和聚伞花序等；花被片 3+3，花瓣状，各色。雄蕊通常 6~9。子房 3。蒴果长 2~15 mm。种子线状至宽椭圆形。

共 5 属 32~42 种，分布于欧洲、东亚、北美洲及南美洲北部。我国产 1 属约 16 种。南京及周边分布有 1 属 1 种。

肺筋草属（*Aletris*）

1. 肺筋草　粉条儿菜
Aletris spicata (Thunb.) Franch.

多年生草本。植株具多数须根，白色。基生叶簇生，纸质，淡绿色，线形，长10~30 cm，宽2~5 mm。花茎高30~60 cm，有棱；花疏生，组成总状花序；花白色带淡红色，长5~6 mm。蒴果倒卵形椭圆状，长约4 mm，花被片宿存。花期5月，果期6—7月。

产于南京及周边各地，常见，生于山坡、路旁或草地。

根及全草入药。

　　缠绕草质或木质藤本,少数为矮小草本。地下部分为根状茎或块茎,形状多样。茎左旋或右旋,有毛或无毛,有刺或无刺。叶互生,有时中部以上对生,单叶或掌状复叶。花单性或两性,雌雄异株,少同株。花单生、簇生或组成穗状、总状或圆锥花序;子房下位,3 室。果实为蒴果、浆果或翅果,蒴果三棱形,每棱翅状,成熟后顶端开裂。

　　共 5 属 650~700 种,广布于全球热带和温带地区。我国产 3 属约 59 种。南京及周边分布有 1 属 3 种。

薯蓣科
DIOSCOREACEAE

薯蓣属(*Dioscorea*)分种检索表

1. 茎左旋;叶互生,稀基部轮生······················ **1. 黄独** D. bulbifera
1. 茎右旋;叶常至少部分对生,有时叶基部有扩展的裂片。
　2. 叶缘常 3 浅裂至 3 深裂,叶片卵状三角形至宽卵形或戟形 ············ **2. 薯蓣** D. polystachya
　2. 叶缘无明显 3 裂,叶片三角状披针形、长卵形·············· **3. 日本薯蓣** D. japonica

1. 黄独　黄药子

Dioscorea bulbifera L.

　　缠绕草质藤本。块茎梨形或卵圆形。茎左旋,叶腋内有紫棕色卵球形或球形珠芽。单叶互生,叶片卵状心形,顶端尾状渐尖,边缘微波状或波状。雄花序穗状,下垂,常数个丛生叶腋;雌花序与雄花序相似。蒴果反折下垂,三棱状长圆形,两端圆,成熟时草黄色。花期7—10 月,果期 8—11 月。

　　产于南京及周边各地,常见,生于山谷阴沟、河谷边或杂木林边缘。

　　块茎入药,称“黄药子”。

2. 薯蓣 山药

Dioscorea polystachya Turcz.

缠绕草质藤本。块茎长圆柱形,长可达 1 m 多。茎右旋。单叶,茎下部互生,中部以上对生,稀 3 叶轮生;叶片宽卵形,边缘常 3 浅裂至 3 深裂,叶腋内常有珠芽。雌雄异株,雄花序穗状,长 2~8 cm;雌花序穗状,1~3 个着生叶腋。蒴果不反折,三棱状圆形。花期 6—9 月,果期 7—11 月。

产于南京及周边各地,常见,生于山坡、山谷林下、溪边及路旁的灌丛中。

块茎入药,称"山药"。有许多著名的药用、食用品种。

3. 日本薯蓣

Dioscorea japonica Thunb.

缠绕草质藤本。块茎长圆柱形。茎绿色,有时带淡紫红色,右旋。单叶,茎下部互生,中部以上对生;叶片纸质,变异大,常为三角状披针形,叶腋内有珠芽。雌雄异株;雄花序穗状,长 2~8 cm;雌花序穗状,长 6~20 cm。蒴果不反折,三棱状圆形。花期 5—10 月,果期 7—11 月。

产于南京及周边各地,偶见,生于向阳山坡、山谷、溪沟、路旁、杂木林下或草丛中。

多年生草本或半灌木。攀缘或直立,全体无毛,通常具肉质块根,较少具横走根状茎。叶互生、对生或轮生。花序腋生或贴生于叶片中脉;花两性,整齐,通常花叶同期;花被片 4,2 轮;雄蕊 4;子房上位或近半下位,1 室;胚珠 2 至多数。蒴果卵圆形,稍扁,熟时裂为 2 片。种子卵形或长圆形。

共 4 属 37~40 种,分布于东亚、东南亚、北美洲亚热带地区及澳大利亚。我国产 2 属约 8 种。南京及周边分布有 1 属 2 种。

百部属(*Stemona*)分种检索表

1. 茎上部蔓生状;叶具长柄;花序柄下部贴于叶片中肋上······························ **1. 百部** *S. japonica*
1. 茎直立;叶柄短或近于无柄;花常单生于茎下部鳞片状叶腋内······················ **2. 直立百部** *S. sessilifolia*

1. 百部 蔓生百部

Stemona japonica (Blume) Miq.

多年生草本。块根肉质,纺锤状,多数簇生。茎上部蔓生状,常缠绕他物上升。叶常 2~4 片轮生,叶片卵状披针形,略呈波状或全缘,常有 5~7 条主脉。花单生或数朵排成聚伞状花序;花被片淡绿色,披针形,具 5~9 条脉,开放后反卷。蒴果广卵形,2 片开裂。花期 5—7 月,果期 7—10 月。

产于南京城区、江宁、句容等地,偶见,生于阳坡灌丛或竹林下。

块根入药。

2. 直立百部

Stemona sessilifolia (Miq.) Miq.

半灌木。高 30~60 cm。块根纺锤状。茎直立，不分枝。叶常 3 或 4 枚轮生；叶片薄革质，卵状披针形或卵状椭圆形，长 3.5~6.0 cm，宽 1.5~4.0 cm。花常单生于茎下部鳞片状叶腋内；花被片长 1.0~1.5 cm，宽 2~3 mm，淡绿色；雄蕊紫红色。蒴果有种子数枚。花期 3—5 月，果期 6—7 月。

产于南京及周边各地，常见，生于山坡灌丛或竹林下。

块根入药。

多年生草本。地下茎通常为粗短根状茎,稀鳞茎,很少为球茎。有叶片或鳞片状的叶片,基生或茎生,有时基部有纤维状叶鞘。叶互生,椭圆形或条形,基部常抱茎。花序穗状、圆锥状、伞形、总状或单生。花被片 6,花瓣状。蒴果,稀浆果。

共 16 属约 160 种,分布于北半球温带地区。我国产 7 属约 59 种。南京及周边分布有 2 属 1 种 1 变种。

藜芦科
MELANTHIACEAE

【APG Ⅳ 系统的藜芦科,由传统广义百合科中独立的藜芦科、重楼科、延龄草科等几个科合并而来】

藜芦科分种检索表

1. 叶片非轮生,茎生叶无柄,基部下延成鞘包茎;圆锥花序;花被片 6,花柱 3
·· **1. 牯岭藜芦** *Veratrum schindleri*

1. 叶轮生;花单生茎顶;花被片 2 轮,每轮 4~6 ················ **2. 狭叶重楼** *Paris polyphylla* var. *stenophylla*

藜芦属(*Veratrum*)

1. 牯岭藜芦　天目藜芦

Veratrum schindleri O. Loes.

多年生草本。高可达 1.5 m。茎直立。基生叶常 1~4 枚,椭圆形或披针形,基部渐狭成长柄状;茎生叶披针形,无柄,基部抱茎。雄花和两性花同株,着生主轴和侧轴下部的常为两性花,侧轴上部为雄花;圆锥花序密生绵毛。蒴果成熟时由上而下 3 瓣开裂。花期 6—7 月,果期 9—10 月。

产于浦口、句容等地,偶见,生于山坡灌木林下。

根或全草入药。

重楼属（*Paris*）

2. 狭叶重楼

Paris polyphylla var. *stenophylla* Franch.

多年生草本。高 30~60 cm。叶 8~13（22）枚轮生；叶片矩圆状披针形、倒卵状披针形或倒披针形，基部常楔形。内轮花被片狭条形或线形，宽 1.0~1.5 mm，长 1.5~3.5 cm；雄蕊 8~10，花药长 1.2~1.5（2.0）cm，长为花丝的 3~4 倍，药隔突出部分长 1.0~1.5（2.0）mm。花期 4—5 月，果期 8—10 月。

产于句容、浦口，稀见，生于山沟和石质阴坡上。

国家二级重点保护野生植物。

本种江苏句容种群鉴定存疑，疑为七叶一枝花（*P. polyphylla*）。

多年生草本。具有地下球茎或根状茎。茎直立，有时攀缘，多叶，单一或有分枝。叶卵形或披针形至线形，互生、近对生或轮生。雌雄同株，两性花或很少单性花；花被片 6（很少 7~12），相等或有些不等；雄蕊 6；子房 3 室。果实通常是干燥或有点肉质的浆果或蒴果（或两者兼而有之）。

共 15 属约 245 种，分布于欧亚大陆、非洲、北美洲及澳大利亚。我国产 3 属约 21 种。南京及周边分布有 1 属 1 种。

秋水仙科
COLCHICACEAE

【APG Ⅳ 系统的秋水仙科，由传统广义百合科中独立的万寿竹属、山慈姑属、嘉兰属、秋水仙属等 10 余个属合并而来】

万寿竹属（*Disporum*）

1. 少花万寿竹

Disporum uniflorum Baker

多年生草本。高 30~60 cm。根簇生。根状茎肉质，横出，长 3~10 cm。茎直立，光滑，上部具叉状分枝。叶片薄，披针形、宽椭圆形至卵状长椭圆形。花黄色、绿黄色、淡黄色或白色，筒状，1 3（5）朵顶生。浆果黑色，椭圆状或球状，直径约 1 cm。花期 4—5 月，果期 8—9 月。

产于南京、句容等地，常见，生于山坡林下阴湿处。

根和根状茎入药。

新版及旧版《江苏植物志》中本种误定为 *D. sessile* D. Don ex Schult. & Schult.f.（宝铎草），此种产于日本、朝鲜半岛等地，中国不产。

菝葜科
SMILACACEAE

【APG Ⅳ 系统的菝葜科，由传统广义百合科中独立的菝葜属组成】

多年生攀缘状或直立灌木。有刺或无刺。叶互生或对生，有掌状脉 3~7 条，叶柄两侧常有卷须。花单性异株（国产属），稀两性，排成伞形花序；花被裂片 6，2 列而分离；雄蕊 6；子房上位，3 室，每室有下垂的胚珠 1~2；雌花中有退化雄蕊。果为浆果。

共 1 属约 310 种，分布于全球热带、亚热带及温带地区。我国产 1 属约 90 种。南京及周边分布有 1 属 6 种。

菝葜属（*Smilax*）分种检索表

1. 茎无刺。
　2. 茎草质；根状茎短，不成块状 ························· **1. 牛尾菜** *S. riparia*
　2. 茎木质；根状茎成不规则块状 ····················· **2. 土茯苓** *S. glabra*
1. 茎具刺。
　3. 刺呈针状；叶片纸质 ·················· **3. 华东菝葜** *S. sieboldii*
　3. 刺基部增粗；叶片革质或厚纸质。
　　4. 根状茎横走，呈竹鞭状；果实成熟时红色。
　　　5. 果实直径 6~15 mm；叶柄鞘狭，宽 0.5~1.0 mm ··········· **4. 菝葜** *S. china*
　　　5. 果实直径 5~7 mm；叶柄鞘耳状，宽 2~4 mm ·········· **5. 小果菝葜** *S. davidiana*
　　4. 根状茎呈块状；果实成熟时蓝黑色 ·············· **6. 黑果菝葜** *S. glaucochina*

1. 牛尾菜

Smilax riparia A. DC.

多年生草质藤本。茎草质，长 1~2 m，攀缘，无刺。叶互生，纸质，宽卵形至卵状披针形，长 3~9 cm，宽 2.5~5.5 cm，基部心形或近圆形。伞形花序总花柄较纤细，花序梗长 1~3 cm；雄花花被片长 4~5 mm；雌花花被片长约 3 mm。浆果直径约 6 mm。花期 5—6 月，果期 8—10 月。

产于南京城区、六合、浦口、句容等地，常见，生于山坡或灌丛中。

根状茎入药。

2. 土茯苓　光叶菝葜

Smilax glabra Roxb.

　　攀缘灌木。茎无刺,长 1~4 m。叶片革质,常为椭圆状披针形或披针形,长 4~13 cm,宽 1~4 cm,基部近圆形或楔形,叶背绿色或带苍白色。伞形花序常具花 10 余朵;花序梗明显短于叶柄;花绿白色,六棱形球状,直径约 3 mm。浆果球状,熟时紫黑色,具粉霜。花期 8—9 月,果期 10—11 月。

　　产于丹徒、句容,偶见,生于山坡草丛中。

　　根状茎入药。

3. 华东菝葜

Smilax sieboldii Miq.

　　攀缘灌木或半灌木。茎、枝有刺,刺近直立。叶片纸质,三角状卵形,长 3~12 cm,宽 2.5~9.0 cm,基部近圆形或心形;叶柄长 1~2 cm,有卷须。伞形花序具花数朵;总花柄纤细,雄花花被片长椭圆形,长约 5 mm;雌花花被片长约 4 mm。浆果熟时蓝黑色。花期 5—6 月,果期 10 月。

　　产于浦口、句容等地,偶见,生于山坡林下。

　　根状茎入药。

4. 菝葜　金刚刺

Smilax china L.

攀缘灌木。根状茎横走,竹鞭状。茎上刺较疏,为倒钩状刺,小枝上几无刺。叶片革质,卵圆形或椭圆形,长 2.5~9.0 cm,宽 2~7 cm,基部心形至宽楔形。伞形花序;花被片黄绿色,反卷;雄花花被片长约 5 mm,雌花花被片长约 3 mm。浆果红色,直径 0.6~1.5 cm。花期 4—5 月,果期 8—11 月。

产于南京及周边各地,常见,生于山坡林下。

根状茎入药。

5. 小果菝葜

Smilax davidiana A. DC.

攀缘灌木。茎上刺较多,分枝密,小枝多刺。叶片小,坚纸质,常椭圆形,长 2.5~7 cm,宽 1.5~3.5 cm,叶背淡绿色;有花序的叶常脱落迟。伞形花序生于叶尚幼嫩的小枝上,半球形;花绿黄色;雄花花被片长约 4 mm,雌花花被片长约 2.5 mm。浆果直径 0.5~0.7 cm。花期 4 月,果期 7—10 月。

产于南京及周边各地,偶见,生于山坡、路旁。

6. 黑果菝葜　粉菝葜

Smilax glaucochina Warb.

攀缘灌木。茎疏生刺。叶厚纸质,通常椭圆形,长 5~8(20)cm,宽 2.5~5.0(14.0)cm,基部宽楔形,叶背苍白色;叶柄有卷须,脱落点位于上部。伞形花序;花绿黄色;雄花花被片长 5~6 mm,雌花与雄花大小相似。浆果直径 7~8 mm,熟时蓝黑色,具粉霜。花期 3—5 月,果期 10—11 月。

产于南京及周边各地,常见,生于山坡林下。

百合科
LILIACEAE

【APG Ⅳ系统的百合科，仅包括了传统广义百合科中的油点草属、百合属、贝母属、老鸦瓣属等 10 余个属】

多年生草本。具鳞茎或根状茎。叶基生或茎生，多为互生，较少为对生或轮生。花两性，很少为单性异株或杂性，通常辐射对称；花被片 6，排成 2 轮，等大或不等大；雄蕊通常与花被片同数，花丝离生或贴生于花被筒上。果实为蒴果或浆果。

共 15 属约 640 种，分布于北半球温带至北极地区。我国产 12 属约 173 种。南京及周边分布有 4 属 7 种 1 变种。

百合科分种检索表

1. 茎生叶无柄，宽阔略呈心形或心形抱茎 ················· **1.** 中国油点草 *Tricyrtis chinensis*
1. 无茎生叶或茎生叶不呈上述情形。
  2. 有地上茎；叶片多数。
    3. 叶片顶端平直；花药"丁"字形着生；花一般不为钟状。
      4. 叶腋内有珠芽；花被片有紫黑色斑点 ················· **2.** 卷丹 *Lilium lancifolium*
      4. 叶腋内无珠芽；花被片无斑点或有褐色斑点。
        5. 叶片倒披针形至倒卵形；花乳白色，花被片长约 15 cm ········· **3.** 百合 *Lilium brownii* var. *viridulum*
        5. 叶片线形或线状披针形；花橘红色或橙黄色，花被片短于 4 cm ····· **4.** 条叶百合 *Lilium callosum*
    3. 叶片顶端卷曲；花药基生；花钟状，下垂 ················· **5.** 浙贝母 *Fritillaria thunbergii*
  2. 无地上茎；花茎上有叶 2~5 枚。
    6. 苞片退化较短，不显著 ················· **6.** 皖浙老鸦瓣 *Amana wanzhensis*
    6. 花葶上部具显著苞片 2~3。
      7. 苞片狭条形，靠近花的基部 2 枚对生 ················· **7.** 老鸦瓣 *Amana edulis*
      7. 苞片线状，3 枚轮生 ················· **8.** 宝华老鸦瓣 *Amana baohuaensis*

油点草属（*Tricyrtis*）

1. 中国油点草　油点草

Tricyrtis chinensis Hir. Takah. bis

多年生草本。茎单一，常呈"之"字形曲折，高 50~150 cm。叶片基部抱茎，叶面常散生油状斑点。二歧聚伞花序顶生兼腋生；花被片白色，内面散生紫红色斑点，中部以上常向下反折，外轮花被片基部向下延伸成囊状，内轮花被片中部宽 2~4 mm；柱头 3 裂，向外弯垂，小裂片密生颗粒状腺毛。花果期 8—9 月。

产于南京城区、溧水、句容等地，偶见，生于山坡、沟边杂草中或竹林下。

本种为 Takahashi 等于 2001 年发表的新种。新版及旧版《江苏植物志》中所载，原先产于中国鉴定为 *T. macropoda* Miq. 的种类实为本种。

百合属（*Lilium*）

2. 卷丹

Lilium lancifolium Thunb.

多年生草本。高 40~60 cm。鳞茎卵圆形扁球状，直径 4~8 cm。叶散生，卵状披针形，有时下部或开花植株的为线状披针形；叶腋内常有珠芽。总状花序，具花 3~6 朵或更多；花下垂，花被片披针形，橙红色，密生紫黑色斑点，开放后向外反卷。蒴果长圆状至倒卵状。花期 6—7 月，果期 9—10 月。

产于南京城区、江宁、句容等地，偶见，生于山沟或多砾石山地。

花可供观赏。鳞茎供食用或入药。

3. 百合

Lilium brownii var. *viridulum* Baker

多年生草本。鳞茎近球状，直径约 5 cm。茎直立，高达 1 m。基部无叶，上部叶显著变小成苞片状；叶多数，散生，倒卵形至倒披针形，全缘。花 1 至数朵生茎端；花被片乳白色，微黄，背面中肋淡紫色，外面稍带紫色，无斑点。蒴果直立，倒卵状至长圆状。花期 7 月，果期 9—10 月。

产于南京城区、浦口、江宁、句容，偶见，生于山坡林下或溪沟边。

鳞茎入药。可供观赏。

4. 条叶百合

Lilium callosum Siebold & Zucc.

多年生草本。高 40~100 cm。鳞茎小，卵圆状，直径 1.5~2.5 cm。茎细弱，无毛。叶散生，线状披针形，全缘。花 1 至数朵，单生或总状；花被片橙黄色或橘红色，基部有不显斑点，倒披针形，长约 3.5 cm，下部似狭管状，上半部反卷。蒴果长圆状至卵圆状。花期 8 月，果期 10 月。

产于浦口、南京城区、句容、盱眙等地，偶见，生于林下草丛中。

可栽培供观赏。

贝母属（*Fritillaria*）

5. 浙贝母

Fritillaria thunbergii Miq.

多年生草本。高 50~80 cm。鳞茎近球状或扁球状。叶片线状披针形,顶端成卷须状或渐尖;茎上部和下部的叶常散生或对生,近中部轮生。花 2 至数朵组成总状花序;花被片淡黄绿色,外有绿色条纹,内有紫色斑纹,顶端的花具叶状苞片 3~4,其余的具苞片 2。蒴果扁球状。花期 3—4 月,果期 5—6 月。

产于南京、句容等地,偶见,生于山坡林下草丛中。

鳞茎入药。国家一级重点保护野生植物。

老鸦瓣属（*Amana*）

6. 皖浙老鸦瓣

Amana wanzhensis Lu Q. Huang, B. X. Han & K. Zhang

多年生草本。高 15~30 cm。鳞茎卵圆形。茎无毛,单一。叶 2 枚,对生,长条形,绿色,全缘,具明显叶脉。苞片 3,不轮生,退化而较不显著;花单朵顶生,漏斗状;花被片 6,易脱落,内面基部具绿点,背部具棕色条纹。蒴果三棱形。花期 2—3 月,果期 3—4 月。

产于丹徒,稀见,生于湿润竹林或草地。江苏省分布新记录种。

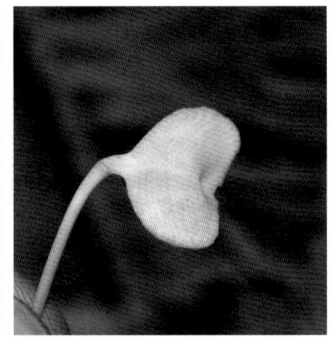

7. 老鸦瓣　山慈菇　光慈姑

Amana edulis (Miq.) Honda

多年生草本。高 10~25 cm。鳞茎卵圆状。基生叶常 2 枚，线形。花单朵顶生，靠近花的基部具 2 枚对生（较少 3 枚轮生）的苞片，苞片狭条形，长 2~3 cm；花被片狭椭圆状披针形，白色，背面有紫红色纵条纹。蒴果扁球状，有长喙，长 5~7 mm。花期 2—3 月，果期 4—5 月。

产于南京及周边各地，极常见，生于向阳山坡及荒地。鳞茎入药，称"光慈姑"。

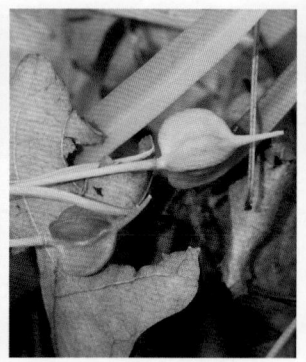

8. 宝华老鸦瓣

Amana baohuaensis B. X. Han, Long Wang & G. Y. Lu

多年生草本。高 15~40 cm。鳞茎卵圆形。茎光滑，单一。叶 2 枚，对生，长条形，叶面中间白色，其余绿色，全缘。苞片 3，线状，常轮生；花单朵顶生，漏斗状；花被片 6，2 轮，外轮背部淡紫色或白色，内侧白色。蒴果三棱形，有长喙，喙长 0.5~1.0 cm。花期 2—3 月，果期 3—4 月。

产于南京、句容，常见，生于落叶林下潮湿处。江苏省 2019 年新发表物种。

地生、附生或较少为腐生草本,极罕为攀缘藤本。地生与腐生种类常有块茎或肥厚的根状茎,附生种类常有由茎的一部分膨大而成的肉质假鳞茎。叶基生或茎生。花葶或花序顶生或侧生;花常排列成总状花序或圆锥花序,两性;花被片 6,2 轮;中央 1 枚花瓣的形态常有较大的特化,明显不同于 2 枚侧生花瓣,称唇瓣;具合蕊柱。果实通常为蒴果,较少呈荚果状,具极多种子。

本科为世界性分布的大科,与菊科并列为被子植物最大的科之一,共 821 属 22 000~27 000 种,分布于热带及亚热带地区。我国产 198 属约 1 650 种。南京及周边分布有 8 属 9 种。

兰科
ORCHIDACEAE

兰科分种检索表

1. 叶不具关节;花粉团粉质,柔软。
  2. 叶片折扇状。
    3. 无假鳞茎,具根状茎;叶散生茎中部至上部;花粉团 2 或 4 个。
      4. 花黄色,较大,唇瓣正面具 5 条或 7 条纵褶片 ·················· **1. 金兰** *Cephalanthera falcata*
      4. 花白色,较小,唇瓣正面具 3 条纵褶片 ·················· **2. 银兰** *Cephalanthera erecta*
    3. 具假鳞茎;叶聚生植株下部基部,叶柄抱茎,花粉团 8 个 ·················· **3. 白及** *Bletilla striata*
  2. 叶片不为折扇状。
    5. 花粉团由可分的小团块组成 ·················· **4. 小花蜻蜓兰** *Platanthera ussuriensis*
    5. 花粉团不形成团块 ·················· **5. 绶草** *Spiranthes sinensis*
1. 叶通常具关节;花粉团蜡质,通常坚硬。
  6. 植株合轴生长;多具假鳞茎或肥厚的根状茎;花粉团不坚硬。
    7. 花粉团 2~4 个;叶片 1 枚;花单朵,唇瓣基部有距 ·················· **6. 独花兰** *Changnienia amoena*
    7. 花粉团 8 个;花瓣较萼片小,蕊柱常粗短 ·················· **7. 虾脊兰** *Calanthe discolor*
  6. 植株单轴生长;无假鳞茎或肥厚的根状茎;花粉团坚硬。
    8. 唇瓣基部常为盆状、盔状或囊袋状;叶互生;总状花序缩短呈伞状,具花 2~3 朵
    ·················· **8. 中华盆距兰** *Gastrochilus sinensis*
    8. 唇瓣不为上述形状;叶片 2 列互生;总状花序侧生,比叶短,具花 1~2 朵
    ·················· **9. 蜈蚣兰** *Cleisostoma scolopendrifolium*

头蕊兰属（*Cephalanthera*）

1. 金兰　头蕊兰

Cephalanthera falcata (Thunb.) Blume

地生草本。高 20~50 cm。叶 4~7 枚,叶片椭圆形至卵状披针形。花序长 3~8 cm,具花 5~10 朵;萼片菱状椭圆形,长 1.2~1.7 cm,宽 3.5~4.5 mm;花瓣黄色,与萼片相似,略短。蒴果狭椭圆状,长 2~2.5 cm,宽 5~6 mm。花期 4—5 月,果期 8—10 月。

产于南京、句容,偶见,生于山坡丛林下及山沟内。

全草入药。

2. 银兰

Cephalanthera erecta (Thunb.) Blume

地生草本。高 10~30 cm。茎下部具 2~4 枚鞘,中部以上具叶 2~4（5）枚。花序具花 3~10 朵;苞片常较小,最下面 1 枚常为叶状。花白色;萼片长圆状椭圆形;花瓣与萼片相似,稍短;唇瓣 3 裂;侧裂片不同程度围抱蕊柱;中裂片上面有 3 条纵褶片;距圆锥状,末端伸出侧萼片基部之外。花期 4—6 月,果期 8—9 月。

产于江宁,稀见,生于林下、灌丛中。

全草入药。

白及属（*Bletilla*）

3. 白及

Bletilla striata (Thunb.) Rchb. f.

多年生草本。高 18~60 cm。假鳞茎扁球形。叶 4~6 枚,叶片披针形,顶端渐尖。花序具花 3~10 朵,不分枝或极罕分枝;花粉红色或紫红色;萼片狭长圆形;花瓣较萼片稍宽;唇瓣较萼片及花瓣稍短,中裂片顶端截平或微凹,边缘皱缩。蒴果圆柱状,两端尖。花期 4—5 月,果期 7—10 月。

产于南京、句容,稀见,生于湿润疏林下。

假鳞茎入药。可栽培供观赏。国家二级重点保护野生植物。

舌唇兰属（*Platanthera*）

4. 小花蜻蜓兰　东亚舌唇兰

Platanthera ussuriensis (Regel) Maxim.

多年生草本。高 20~55 cm。茎较纤细,直立。基部具 1~2 枚筒状鞘;鞘之上具叶,下部的 2~3 枚叶较大,狭长圆形或匙形,直立伸展。总状花序具 10~20 余朵较疏生的花;花较小,淡黄绿色,花瓣直立;唇瓣向前伸展,多少向下弯曲,中裂片舌状;距细圆筒状,下垂。花期 7—8 月,果期 9—10 月。

产于丹徒、句容等地,稀见,生于湿润山坡。

绶草属（*Spiranthes*）

5. 绶草　盘龙参

Spiranthes sinensis (Pers.) Ames

多年生草本。高 15~45 cm。茎直立,基部簇生数条肉质根。叶 2~8 枚,叶片稍肉质,下部条状倒披针形,上部苞片状。穗状花序具多数螺旋状排列的小花;花粉红色或紫红色;萼片几等长,中萼片与花瓣合成兜状;唇瓣长圆形,中部以上具皱波状啮齿,基部浅囊状,囊内具 2 凸起。花期 4—6 月。

产于南京及周边各地,偶见,生于林缘草地、路边草地或沟边草丛中。

带根全草入药。

独花兰属（*Changnienia*）

6. 独花兰　长年兰

Changnienia amoena S. S. Chien

多年生草本。植株连花葶高可达 20 cm。假鳞茎宽卵球形，肉质。叶片顶端短渐尖，基部圆形或近截形，背面紫红色，两面散生不规则紫色斑点。花葶紫色；花大，白色而带淡紫色或浅红色晕；花瓣狭倒卵状披针形，略歪斜，顶端钝；唇瓣略短于花瓣，3 裂，有紫红色斑点，基部有角状稍弯曲的距。花期 4 月，果期 8—9 月。

产于句容，稀见，生于山坡疏林下腐殖质丰富的土壤中或沿山谷荫蔽之处。

全草或根入药。国家二级重点保护野生植物。

虾脊兰属（*Calanthe*）

7. 虾脊兰

Calanthe discolor Lindl.

多年生草本。高 30~40 cm。根状茎不明显；假鳞茎粗短，近圆锥形，具鞘 3~4 枚。叶 3 枚，近基生，椭圆状长圆形，有柄，基部抱茎。花葶长 18~30 cm；总状花序疏生花 10 朵左右；萼片及花瓣褐紫色，开展；花瓣倒披针形；唇瓣白色，扇形；距圆筒形，伸直或稍弯曲。花期 4—5 月，果期 7—9 月。

产于南京、句容，稀见，生于山坡林下的沃土中。

可栽培供观赏。

盆距兰属（*Gastrochilus*）

8. 中华盆距兰

Gastrochilus sinensis Z. H. Tsi

常绿附生草本。茎匍匐状，细长。叶绿色，带紫红色斑点，互生，与茎交成 90 度角；叶片长圆形或椭圆形，长 1~2 cm，宽 5~7 mm。总状花序缩短成伞状，具花 2~3 朵；花柄连同子房黄绿色带紫红色斑点；花小，开展，黄绿色带紫红色斑点；花瓣近倒卵形；前唇肾形，顶端宽凹缺，后唇近圆锥形。花期 4 月。

产于南京、句容、丹徒等地，偶见，生于阴湿山坡岩石上。

隔距兰属（*Cleisostoma*）

9. 蜈蚣兰

Cleisostoma scolopendrifolium (Makino) Garay

常绿附生草本。茎细长，匍匐分枝，多节，节上生根。叶 2 列互生，叶片小而短，革质，两侧对折成半圆柱形。总状花序侧生，比叶短，具花 1 或 2 朵；萼片与花瓣近白色至淡红色；花瓣近似萼片，稍短；唇瓣白色带黄色斑点，3 裂；距近球形。蒴果长倒卵状。花期（4）6—7 月，果期 9—10 月。

产于南京、句容、镇江等地，偶见，生于山坡石壁或树干上。

全草入药。

据新版《江苏植物志》以及 *Flora of China*，本种属于钻柱兰属 *Pelatantheria scolopendrifolia*（Makino）Aver.，本图志仍按照《中国植物物种名录 2022 版》暂时不做变动。

鸢尾科
IRIDACEAE

多年生、稀一年生草本。地下部分通常具根状茎、球茎或鳞茎。叶多基生，少为互生，具平行脉。花两性，色泽鲜艳美丽，辐射对称，少为左右对称，单生、数朵簇生或多花组成总状、穗状、聚伞及圆锥花序；花被裂片6，2轮排列；雄蕊3；花柱1；子房下位，3室。蒴果，成熟时室背开裂。种子多数，半圆形或为不规则的多面体。

共74属1 750~1 800种，广布于全球各地。我国产5属约68种。南京及周边分布有2属6种。

鸢尾科分种检索表

1. 根状茎圆柱形，很少为块状；花紫色、黄色等；花柱分枝扁平，花瓣状。
  2. 外花被裂片上有附属器。
    3. 花茎分枝总状排列·······································**1. 蝴蝶花** *Iris japonica*
    3. 花茎不分枝，或有1~2个侧枝 ·························**2. 小鸢尾** *Iris proantha*
  2. 外花被裂片上无附属器。
    4. 花茎二歧状分枝··································**3. 野鸢尾** *Iris dichotoma*
    4. 花茎非二歧状分枝或无明显花茎。
      5. 花被管细长，长7~9 cm，外花被裂片狭倒披针形，长4.0~5.5 cm ·······**4. 华夏鸢尾** *Iris cathayensis*
      5. 花被管短，长3~5 mm，外花被裂片倒卵状匙形 ··············**5. 马蔺** *Iris lactea*
1. 根状茎为不规则块状；花橙红色；花柱圆柱形，柱头3浅裂，不为花瓣状·······**6. 射干** *Belamcanda chinensis*

鸢尾属（*Iris*）

1. 蝴蝶花　日本鸢尾

Iris japonica Thunb.

多年生草本。具直立根状茎和纤细的横走根状茎。叶基生，暗绿色，长30~40 cm。花茎直立，高于叶片，高60 cm，顶生稀疏总状聚伞花序，分枝5~12个；苞片3~5，叶状，花淡蓝色或蓝紫色，直径4.5~5.0 cm。蒴果椭圆状柱形，长2.5~3.0 cm。花期3—4月，果期5—6月。

产于南京、句容等地，偶见，生于林边。

常见栽培供观赏。

2. 小鸢尾

Iris proantha Diels

植株矮小。根状茎横走。叶片硬而直,线形披针形至线状,长 5~13 cm,宽 2~3 mm。花茎短,顶生 1 花;花淡蓝紫色,后变黄白色;花被管细弱,长 3~5 cm,外花被片倒卵状匙形,长约 2 cm,内面有深黄色纵褶和蓝紫色斑点,内花被片短,直立,倒卵状长圆形。蒴果近球状。花期 4—5 月。

产于南京城区、江宁、浦口等地,偶见,生于向阳干燥的林下、路边草丛中。

3. 野鸢尾　白射干

Iris dichotoma Pall.

多年生草本。叶片在花茎基部互生或基生，剑形，长 15~30 cm。花茎实心，高 40~60 cm，花序生于分枝顶端；花浅蓝色或蓝紫色，有棕褐色的斑纹；花被管甚短，外花被裂片宽倒披针形，内花被裂片狭倒卵形；花柱分枝扁平，花瓣状。蒴果圆柱形，果皮黄绿色，革质。种子暗褐色，有小翅。花期 7—8 月，果期 8—9 月。

产于南京城区、浦口、江宁、六合、盱眙等地，常见，生于干旱土坡和疏林下。

4. 华夏鸢尾

Iris cathayensis Migo

多年生草本。植株密丛簇生。根粗壮。叶基生，质地柔软，灰绿色，条形，长 30~40 cm。花茎不伸出地面；花蓝紫色，花被管细长，顶端略膨大，长 7~9 cm；外花被裂片狭倒披针形，长 4.0~5.5 cm，内花被裂片条形或狭倒披针形，长 4~5 cm；花药蓝色，比花丝长。花期 4 月，果期 8 月。

产于南京、镇江等地，偶见，生于开阔的山坡草地上。

5. 马蔺　白花马蔺
Iris lactea Pall.

多年生密丛草本。根状茎粗壮,木质。叶基生,灰绿色,条形或狭剑形,长约 50 cm,宽 4~6 mm。花茎光滑,高 3~10 cm;苞片 3~5;花乳白色或淡紫色,直径 5~6 cm;花梗长 4~7 cm;花被管甚短,长 3~5 mm。蒴果长椭圆状柱形。花期 5—6 月,果期 6—9 月。

产于句容、镇江,偶见,生于山野路旁。

本种常见栽培供观赏。

射干属（*Belamcanda*）

6. 射干
Belamcanda chinensis (L.) Redouté

直立草本。高约 1 m。叶片剑形,互生,无中脉。花茎花序二歧状、伞房状聚伞花序,每分枝的顶端聚生数朵花;花橙红或橘黄色,表面有深红色斑点;花被片 6,2 轮排列,外轮花被裂片倒卵形,内轮较外轮花被裂片略短而狭。蒴果倒卵状,成熟时果瓣外翻。花期 7—9 月,果期 10 月。

产于南京及周边各地,常见,生于林缘、山坡草地。

根状茎入药。可栽培供观赏。

据最新研究,射干属已被并入鸢尾属中,并以 *Iris domestica* (L.) Goldblatt & Mabb. 作为学名。本图志仍遵从 *Flora of China* 的观点使用射干属 *Belamcanda*。

阿福花科
ASPHODELACEAE

【APG Ⅳ系统的阿福花科，由传统广义百合科中独立的芦荟科、山菅兰科、萱草科、黄脂木科等数个科合并而来】

多年生具短的根状茎或少数的大型肉质草本。叶多披针形、卵形和长条形，亦见多汁且厚圆锥形，螺旋状排列或2列状。花序为穗状、圆锥状、总状或聚伞花序，通常顶生；花被片3+3,2轮排列，离生或不同程度合生；雄蕊6，稀3；子房上位，稀半下位,3室，稀1室。果实为蒴果，少浆果。

共41属约910种，分布于全球热带及温带地区。我国产4属17种。南京及周边分布有1属2种。

萱草属（*Hemerocallis*）分种检索表

1. 花橘黄色至橘红色；无香气 ·· **1. 萱草** *H. fulva*
1. 花淡黄色；有香气 ·· **2. 黄花菜** *H. citrina*

1. 萱草

Hemerocallis fulva (L.) L.

多年生草本。高40~150 cm。基生叶嫩绿色，秋后不变色，长条形。花茎直立，中空，高60~100 cm；花序具花6~10朵，组成双蝎尾状聚伞花序；花橘黄色至橘红色；花被管长2~4 cm，上部开展而反卷，花被裂片下部一般有橘红色或紫色的斑块。花期6—8月。

产于南京及周边各地，常见，生于山沟边或林下阴湿处。栽培或野生。

块根入药。常见栽培供观赏。

2. 黄花菜

Hemerocallis citrina Baroni

多年生草本。植株较高大,高 30~45 cm。基生叶深绿色,叶 7~20 枚,宽线形,长 50~130 cm,宽常 1~2 cm,较花茎短。花茎高 1~2 m;螺状聚伞花序圆锥状,花多达数十朵;花被淡黄色;花被管长 3~5 cm,外轮裂片倒披针形,内轮长椭圆形,宽 2~3 cm。蒴果椭圆状钝三棱形,长约 2.5 cm。花果期 8—10 月。

产于南京及周边各地,偶见,生于山坡、山谷草丛中。栽培或野生。

花蕾可食用,鲜食有毒。

石蒜科
AMARYLLIDACEAE

【APG Ⅳ 系统的石蒜科，由传统石蒜科的绝大部分属，以及原属广义百合科的百子莲属、葱属等组成】

多年生或一年生植物。多数陆生，偶见水生或附生。通常具鳞茎；富含生物碱。叶通常无柄，披针形到椭圆形，2 叶或螺旋状排列；有时基部具鞘并形成假茎，通常无毛。花序通常为伞形花序，由 2 至多数的小花组成，花有相同或相似的花被片 6，子房上位（葱亚科）或下位（石蒜亚科）。花常大而华丽，无柄或具花梗。蒴果。

共 77 属约 1 460 种，广布于全球各地。我国产 9 属约 187 种。南京及周边分布有 2 属 11 种 1 变种。

石蒜科分种检索表

1. 子房上位；茎无节；叶互生。
 2. 叶片宽不超过 1 mm，线形 ···························· **1. 细叶韭** *Allium tenuissimum*
 2. 叶片宽 2 mm 以上，不为线形。
  3. 鳞茎近球形；花序内有珠芽；叶片半圆柱状线形 ········ **2. 薤白** *Allium macrostemon*
  3. 鳞茎狭卵形；花序内无珠芽；叶片圆柱状线形，具 3 棱 ····· **3. 球序韭** *Allium thunbergii*
1. 子房下位；花序常具佛焰苞状的膜质总苞。
 4. 花辐射对称，花被裂片顶部稍下弯，基部边缘皱缩或不皱缩。
  5. 花被裂片基部边缘皱缩，花黄色；春季出叶 ··········· **4. 安徽石蒜** *Lycoris anhuiensis*
  5. 花被基部边缘不皱缩。
   6. 花淡紫色，顶部蓝色，花被筒长 1.0~1.5 cm ········ **5. 换锦花** *Lycoris sprengeri*
   6. 花白色，花被筒长 4~6 cm ···················· **6. 长筒石蒜** *Lycoris longituba*
 4. 花左右对称，花被裂片下弯，边缘皱缩。
  7. 秋出叶；雄蕊显著长于花被。
   8. 花玫瑰红色或亮红色。
    9. 花亮红色；叶片宽 5 mm ················· **7. 石蒜** *Lycoris radiata*
    9. 花玫瑰红色；叶片宽 10 mm ··············· **8. 玫瑰石蒜** *Lycoris × rosea*
   8. 花黄色或白色。
    10. 叶片剑形，长约 60 cm，宽 2 cm；花黄色 ····· **9. 忽地笑** *Lycoris aurea*
    10. 叶片舌状，深绿色，长约 30 cm；花白色 ···· **10. 江苏石蒜** *Lycoris × houdyshelii*
  7. 春出叶；雄蕊短于花被或等长；花黄色 ··············· **11. 中国石蒜** *Lycoris chinensis*

葱属（*Allium*）

1. 细叶韭

Allium tenuissimum L.

多年生草本。鳞茎近圆柱状,干膜质或纤维状,簇生。基生叶少数,近圆柱状,长 20~35 cm,短于花葶或近等长,线形,宽 1 mm 以内。花茎圆柱状,下部被叶鞘;总苞单侧开裂,宿存;伞形花序半球状,松散;花被片白色或淡红色;花丝为花被片长度的 2/3,基部合生并与花被片贴生;子房卵球状,花柱不伸出花被外。花期 8—9 月。

产于南京城区、江宁、盱眙等地,偶见,生于山坡岩石上。

2. 薤白　小根蒜　密花小根蒜

Allium macrostemon Bunge

多年生草本。鳞茎近球状,直径 1.0~1.5 cm。基生叶数片,半圆柱状线形,中空,长 20~40 cm,宽 2~4 mm。花茎高 30~60 cm;伞形花序杂有肉质珠芽,珠芽暗紫色;花数朵至多朵;花被片粉红色,稀为白色,卵状长圆形,长 4~5 mm,宽 1.2~2.0 mm;子房近球状。花期 5—6 月。

产于南京及周边各地,极常见,生于山坡、路旁、田野或荒地。鳞茎入药。可食用。

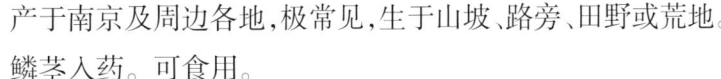

3. 球序韭

Allium thunbergii G. Don

多年生草本。鳞茎常单生。基生叶为三棱状线形，背面具 1 纵棱，呈龙骨状隆起，长 15~30 cm，宽 2~6 mm，腹面内凹。花茎中生，中空，圆柱状，高 30~70 cm；伞形花序，花密集；花红色至紫色；花被片卵状椭圆形至椭圆形，顶端钝圆，长 4~6 mm，宽 2.0~3.5 mm。花期 9—10 月。

产于南京及周边各地，常见，生于山坡林下或岩石上。

旧版《江苏植物志》所载球序韭实为朝鲜韭 *A. sacculiferum* Maxim.，江苏不产。

石蒜属（*Lycoris*）

4. 安徽石蒜

Lycoris anhuiensis Y. Hsu & G. J. Fan

多年生草本。高 40~60 cm。鳞茎卵状椭圆形，直径 3.0~4.5 cm。早春出叶；叶带状，长约 35 cm，宽 1.5~2.0 cm。花茎高约 60 cm；伞形花序具花 4~6 朵；花黄色，辐射对称；花被裂片倒卵状披针形，较反卷开展，基部微皱缩，花被筒长 2.5~3.5 cm；雄蕊与花被裂片近等长；花柱略伸出花被外。花期 7—8 月。

产于浦口、镇江等地，偶见，生于山坡阴湿处。

可栽培供观赏。

5. 换锦花

Lycoris sprengeri Comes ex Baker

多年生草本。高 40~60 cm。鳞茎卵状,直径约 3.5 cm。早春出叶;叶绿色,舌状,长约 30 cm,宽约 1 cm,顶端钝。花茎高约 60 cm;伞形花序具花 4~8 朵;花淡紫色,花被片顶端常带蓝色,倒披针形,边缘不皱缩,花被筒长 1.0~1.5 cm;雄蕊与花被近等长;花柱略伸出花被外。花期 8—9 月。

产于浦口、江宁等地,稀见,生于山坡阴湿处。

本种可栽培供观赏。

最新研究认为,南京以东的华东沿海地区此前鉴定为本种的材料,实际为一新类群"海滨石蒜 *L. insularis* S. Y. Zhang & J. W. Shao";南京以西的居群则仍处理为本种。南京位于两种类型分布的过渡地区,长江两岸零星分布的居群具体为哪一种,需要进一步观察鉴定。

6. 长筒石蒜

Lycoris longituba Y. Hsu & G. J. Fan

多年生草本。高 40~80 cm。鳞茎卵球状,直径约 4 cm。早春出叶;叶披针形,长约 38 cm,宽约 1.5~2.5 cm。花茎高 60~80 cm;伞形花序具花 5~7 朵;花白色,辐射对称;花被裂片顶端稍反卷,边缘不皱缩,花被筒长 4~6 cm;雄蕊略短于花被;花柱伸出花被外。花期 7—8 月。

产于南京、镇江等地,稀见,生于山坡。

可栽培供观赏。

（变种）黄长筒石蒜

var. *flava* Y. Hsu & X.L. Huang

本变种花黄色，其他特征同原变种。

产于江宁，稀见，生于山坡。

本种可栽培供观赏。

7. 石蒜

Lycoris radiata (L'Hér.) Herb.

多年生草本。高 20~30 cm。鳞茎近球状，直径 1~3 cm。秋季出叶；叶长约 15 cm，宽约 0.5 cm，顶端钝，深绿色。花茎高约 30 cm；伞形花序具花 4~7 朵；花鲜红色，左右对称；花被裂片狭倒披针形，高度反卷和皱缩；雄蕊显著伸出花被外，长度是花被的 2 倍左右。花期 8—9 月，果期 10 月。

产于南京及周边各地，极常见，生于林缘、路旁、荒山的山地阴湿处。

鳞茎供药用，毒性较大。可栽培供观赏。

8. 玫瑰石蒜

Lycoris × rosea Traub & Moldenke

多年生草本。高 20~30 cm。鳞茎近球形,直径 2.5 cm。秋出叶;叶片带状,长 20 cm,顶端圆。花茎高 30 cm,淡玫瑰红色;伞形花序顶生,具花 5 朵;花玫瑰红色;花被裂片披针形,长 5 cm 左右,略反卷和皱缩。花期 8—9 月,果期 10 月。

产于江宁,稀见,生于荫蔽山坡和岩石山坡。

可栽培供观赏。

9. 忽地笑

Lycoris aurea (l'Hér.) Herb.

多年生草本。高 50~60 cm。鳞茎卵状,直径 5~6 cm。秋季出叶;叶长约 60 cm,宽约 2 cm。花茎高约 60 cm;伞形花序具花 4~8 朵;花大,橘黄色或鲜黄色,左右对称;花被裂片背面具淡绿色条纹,倒披针形,高度反卷和皱缩,花被筒长 1.2~1.5 cm;雄蕊略伸出花被外。蒴果。花期 8—9 月,果期 10 月。

产于南京、句容等地,偶见,生于山坡水沟阴湿处。

鳞茎供医用。可栽培供观赏。

10. 江苏石蒜

Lycoris × houdyshelii Traub

多年生草本。高 20~30 cm。鳞茎近球状，直径约 3 cm。叶舌状，长约 30 cm，宽约 1.2 cm。花茎高约 30 cm；伞形花序具花 4~7 朵；花白色，左右对称；花被裂片倒披针形，背面具有绿色中肋，高度皱缩和反卷，花被筒长约 0.8 cm，绿色；雄蕊显著伸出花被外，长度是花被的 1.3 倍左右。花期 9 月。

产于句容等地，稀见，生于阴湿山坡处。

可栽培供观赏。

11. 中国石蒜

Lycoris chinensis Traub

多年生草本。高 50~60 cm。鳞茎卵球状，直径约 4 cm。春季出叶；叶带状，顶端钝，长约 35 cm，宽约 2 cm。花茎高约 60 cm；伞形花序具花 5~6 朵；花黄色，左右对称；花被裂片背面具淡黄色中肋，倒披针形，高度反卷和皱缩，花被筒长 1.7~2.5 cm；雄蕊多短于花瓣。花期 7—8 月，果期 9 月。

产于南京及周边各地，常见，生于山地阴湿处。

可栽培供观赏。

3. 禾叶山麦冬
Liriope graminifolia (L.) Baker

常绿丛生草本。根细，根状茎短，具地下走茎。叶长 30~50（60）cm，宽 2~3（4）mm，近全缘，但顶端边缘具细齿。花葶通常稍短于叶；总状花序具花数朵；花通常 2~5 朵簇生于苞片腋内；花被片矩圆形，白色或淡紫色。种子近球形或卵圆形，直径4~5 mm，成熟时蓝黑色。花期6—8月，果期9—11月。

产于南京、句容等地，常见，生于林下。

4. 山麦冬　土麦冬
Liriope spicata Lour.

常绿丛生草本。植株有时丛生。根状茎短，木质，具地下走茎。叶片线形，长 15~55 cm，宽 3~7 mm，顶端钝或急尖，具脉 5 条。花葶常几等长于叶，连花序长 15~60 cm；总状花序花较多；花淡紫色，常 2~5 朵簇生于苞片腋内，花被片近长圆形。种子球状，直径 5~6 mm，黑色。花期6—8月，果期9—10 月。

产于南京及周边各地，常见，生于山坡、林下、草丛中。

5. 短葶山麦冬　阔叶山麦冬

Liriope muscari (Decne.) L. H. Bailey

　　常绿丛生草本。根细长，分枝多。叶密集成丛，革质；叶片较宽，镰刀状，长 18~60 cm，宽 0.6~2.0 cm 或更宽，具明显横脉。花葶常长于叶，连花序长 25~80 cm；总状花序花多而密；花 3~8 朵簇生于苞片腋内；花被片近矩圆形，红紫色。种子球状，直径 6~7 mm，黑紫色。花期 7—8 月，果期 9—10 月。

　　产于南京及周边各地，常见，生于山坡林下阴湿处。

黄精属（*Polygonatum*）

6. 多花黄精　囊丝黄精

Polygonatum cyrtonema Hua

　　多年生草本。高 40~80 cm。根状茎肥厚，常呈结节状膨大。茎常具叶 10~15 枚。叶互生，叶片椭圆形，两面无毛，叶背灰白色。花序梗长 1~4 cm；花单生或花序具（1）2~7（14）花成伞形；筒状花黄绿色，长 1.8~2.5 cm，口部几不收缩，裂片长 3~4 mm。浆果球状，蓝黑色，直径约 1 cm。花期 4—5 月，果期 6—8 月。

　　产于浦口、句容，常见，生于山坡林下或草丛中。

　　根状茎做"黄精"入药。

7. 玉竹

Polygonatum odoratum (Mill.) Druce

多年生草本。高 30~60 cm。根状茎横走。叶互生,卵状椭圆形或椭圆形,有时为长椭圆形,长 4~13 cm,宽 2~5 cm;叶背面有白粉,平滑;叶柄短或几无柄,稍抱茎。花序梗长 1.0~1.5 cm 或更长,具花 1~3 朵;筒状花白色,长 1.5~2.0 cm,裂片带绿色,长约 3 mm。浆果球状,直径约 1 cm。花期 4—5 月,果期 8—9 月。

产于南京及周边各地,常见,生于山坡草丛中或林下阴湿处。

根状茎做"玉竹"入药。

吉祥草属（*Reineckea*）

8. 吉祥草

Reineckea carnea (Andrews) Kunth

常绿草本。茎直径 2~3 mm,蔓延于地面。叶常簇生在匍匐根状茎顶端,披针形至线状披针形,长 10~40 cm,宽 0.5~2.0 cm 或更宽,顶端渐尖。花茎紫红色,连花序高 5~12 cm;穗状花序长 3~8 cm;花淡紫红色,芳香,花被管长约 4 mm。浆果球状,直径 6~10 mm,熟时鲜红色。花果期 7—11 月。

产于南京、句容,常见,生于林下或阴湿处。

全草入药。可栽培供观赏。

沿阶草属（*Ophiopogon*）

9. 麦冬 沿阶草

Ophiopogon japonicus (Thunb.) Ker Gawl.

常绿草本。根较粗,须根顶端或中部膨大成纺锤状块根,地下走茎细长。叶片线形,长 10~40 cm,宽 1.5~4.0 mm。花茎短于叶;总状花序长 2.0~5.5 cm,具花数朵至十数朵;花成对着生或单生于苞片腋内,花被片白色或淡紫色;子房半下位。种子球状,直径约 7 mm,深蓝色。花期 6—7 月,果期 11 月。

产于南京及周边各地,极常见,生于溪边、沟旁或林下。

块根做"麦冬"入药。

天门冬属（*Asparagus*）

10. 天门冬 天冬

Asparagus cochinchinensis (Lour.) Merr.

多年生草本。攀缘植物。高可达 2 m。茎平滑,常弯曲。叶状枝 1~3 个或更多簇生。退化叶三角状,顶端长尖,基部有木质倒生刺;线形,扁平。花淡黄绿色,长约 3 mm,1 至数朵,常 2 朵与叶状枝同生一簇。浆果直径 6~7 mm,熟时红色,有 1 颗种子。花期 5 月,果期 8 月。

产于南京及周边各地,常见,生于山坡或河边。

块根做"天冬"入药。

一年生或多年生草本。茎有明显的节和节间。叶互生,有明显的叶鞘;叶鞘开口或闭合。花通常在蝎尾状聚伞花序上,聚伞花序单生或集成圆锥花序,顶生或腋生;花两性,极少单性;萼片3,常为舟状或龙骨状;花瓣3,分离;雄蕊6;子房3室,或退化为2室。果为蒴果,稀浆果。

共35属约650种,分布于全球热带及暖温带地区。我国产16属约62种。南京及周边分布有3属6种。

鸭跖草科
COMMELINACEAE

鸭跖草科分种检索表

1. 花单生或蝎尾状聚伞花序,顶生或腋生,果为蒴果。
  2. 总苞片佛焰苞状。
    3. 佛焰苞边缘分离。
      4. 佛焰苞心形,蒴果2室 ·········· **1. 鸭跖草** *Commelina communis*
      4. 佛焰苞披针形,蒴果3室 ·········· **2. 竹节菜** *Commelina diffusa*
    3. 佛焰苞下部连合,呈风帽状 ·········· **3. 饭包草** *Commelina benghalensis*
  2. 总苞片有或无,即使有亦不为佛焰苞状。
    5. 水生或沼生;花序常具花1朵 ·········· **4 水竹叶** *Murdannia triquetra*
    5. 陆生;花序常具花数朵 ·········· **5. 裸花水竹叶** *Murdannia nudiflora*
1. 数个聚伞花序组成圆锥花序,顶生;果为浆果状,蓝色或黑色 ·········· **6. 杜若** *Pollia japonica*

鸭跖草属(*Commelina*)

1. 鸭跖草

Commelina communis L.

一年生披散草本。高20~60 cm。茎多分枝,基部匍匐,节上生根。单叶,互生;叶片卵状披针形,几无柄。总苞片佛焰苞状,佛焰苞展开后为心形;聚伞花序,下面一枝具1朵不孕花,上面一枝具花3~4朵;花瓣深蓝色,内面具爪2枚。蒴果椭圆状,2室,2片裂。花果期6—10月。

产于南京及周边各地,极常见,生于路旁、田埂、山坡、林缘阴湿处。

全草入药。

2. 竹节菜

Commelina diffusa Burm. f.

一年生披散草本。茎匍匐，多分枝。叶片披针形，仅鞘口及一侧有刚毛。花序自基部2叉分枝，1枝具长梗，具1~4朵不育花，另1枝具短梗，具3~5朵可育花；总苞片与叶对生，卵状披针形，长1~4 cm，折叠，外面无毛或被短硬毛。蒴果3室，种子具粗网状纹饰。花果期5—11月。

产于江宁等地，偶见，生于水边草丛中。江苏省分布新记录种。

全草入药。

3. 饭包草　火柴头

Commelina benghalensis L.

多年生披散草本。高20~35 cm。茎大部分匍匐，节上生根。叶有明显的叶柄；叶片卵状椭圆形，顶端急尖或钝。总苞片漏斗状，与叶对生；花序下面1枝具细长梗，具1~3朵不孕花，伸出佛焰苞，上面1枝具花数朵，结实，不伸出佛焰苞；花瓣蓝色，圆形。蒴果椭圆状。花期6—10月。

产于南京及周边各地，极常见，生于山坡路边、田埂较湿处。

全草入药。

水竹叶属（*Murdannia*）

4. 水竹叶

Murdannia triquetra (Wall. ex C. B. Clarke) G. Brückn.

多年生水生或沼生草本。高 30~60 cm。具长而横走的根状茎。茎肉质，基部匍匐。叶无柄；竹叶形或片条状披针形，长 2~7 cm，宽 6~7 mm，稍折叠或平展。花序常具花 1 朵，生于分枝顶端的叶腋内；花瓣倒卵圆形，粉红色、紫红色或蓝紫色。蒴果三棱状矩圆形，长 5~7 mm。花果期 8—11 月。

产于南京城区、江宁、句容，偶见，生于稻田、湿地或浅水旁。

全草做猪饲料。可入药。

5. 裸花水竹叶

Murdannia nudiflora (L.) Brenan

多年生草本。高 30~60 cm。根须状，纤细。茎多条自基部发出，披散，下部节上生根。叶茎生，有时有 1~2 枚条形的基生叶。蝎尾状聚伞花序数个，组成顶生圆锥花序，或仅单个；聚伞花序有数朵密集排列的花，具纤细而长达 4 cm 的总梗；花瓣紫色。蒴果三棱状卵圆形。花果期 6—10 月。

产于南京及周边各地，偶见，生于水塘或溪流岸边，水田边缘亦有。

杜若属（*Pollia*）

6. 杜若

Pollia japonica Thunb.

多年生草本。高 30~90 cm。茎上升或直立,不分枝。叶常聚集于茎顶;叶片长椭圆形。顶生圆锥花序由轮生的蝎尾状聚伞花序组成,2 轮之间较疏离,有长总梗,梗有白色细钩状毛,花序远伸出叶;花瓣白色,倒卵状匙形。果圆球状,成熟时暗蓝色。花期 6—7 月,果期 8—10 月。

产于南京及周边各地,偶见,生于山谷林下阴湿处。

根入药。

多年生或一年生水生或沼生草本。直立或漂浮。叶通常2列；叶片宽线形至披针形、卵形甚至宽心形，具平行脉，浮水、沉水或露出水面。有的种类叶柄充满通气组织，膨大呈葫芦状。花序为顶生总状、穗状或聚伞圆锥花序，生于佛焰苞状叶鞘的腋部；花被片6，2轮排列，花瓣状；子房上位，3室。蒴果或小坚果。

共6属约33种，广布于全球热带及温带地区。我国产2属5种。南京及周边分布有2属2种。

雨久花科 PONTEDERIACEAE

雨久花科分种检索表

1. 叶片卵形、倒卵形至肾圆形；叶柄基部具膨大呈葫芦状的气囊 ············ **1. 凤眼莲** *Eichhornia crassipes*
1. 叶片卵形至卵状披针形；叶柄基部无气囊 ············ **2. 鸭舌草** *Monochoria vaginalis*

凤眼莲属（*Eichhornia*）

1. 凤眼莲　水葫芦　凤眼蓝
Eichhornia crassipes (Mart.) Solms

浮水草本。高20~60 cm。叶片倒卵形、卵形至肾圆形，光滑；叶柄基部略带紫红色，具膨大呈葫芦状的气囊。花茎单生，穗状花序具花6~12朵；花被6裂，紫蓝色，上部的裂片较大，在蓝色的中央有一鲜黄色斑点。蒴果卵状。花期7—10月，果期8—11月。

产于南京及周边各地，常见，生于水塘、沟渠中。入侵种。

雨久花属（*Monochoria*）

2. 鸭舌草

Monochoria vaginalis (Burm. f.) C. Presl

水生草本。高 20~30 cm，全株光滑无毛。茎斜升或直立。叶片卵形至卵状披针形，长 2.5~7.5 cm，宽 1~5 cm，顶端渐尖至短尖，基部浅心形或圆形。总状花序从叶鞘内抽出，但不超过叶的长度；具花（1）3~6 朵；花蓝色，略带红色；雄蕊 6。蒴果卵状，长不到 1 cm。花期 7—9 月，果期 9—10 月。

产于南京及周边各地，常见，生于水田中或水塘边。

本种可栽培供观赏。

多年生草本,稀一年生,常具有芳香、横走或块状的根状茎。茎直立,基部通常具鞘。叶基生或茎生,叶片较大,常为披针形或椭圆形;叶鞘顶端有明显的叶舌。花单生或组成穗状、总状或圆锥花序,生于具叶的茎上或单独由根状茎发出;花常为两性,两侧对称;花被片6,2轮,外轮萼状,内轮花冠状,基部合生成管状,上部具3裂片,通常位于后方的一花被裂片较两侧的大;退化雄蕊2或4,外轮的2枚呈花瓣状,内轮的2枚连合成一唇瓣;发育雄蕊1,花药2室;子房下位,花柱1,丝状,柱头漏斗状,具缘毛。蒴果室背开裂或不规则开裂,或肉质不开裂呈浆果状。种子球形,或有棱角,有假种皮,胚乳丰富。

共59属约1 300种,分布于全球热带、亚热带地区。我国产21属约257种。南京及周边分布有1属1种。

姜科
ZINGIBERACEAE

姜属(*Zingiber*)

1. 蘘荷　阳荷

Zingiber mioga (Thunb.) Roscoe

多年生草本。高60~120 cm。根状茎不明显,根末端膨大成块状。叶片椭圆状披针形,两面无毛。穗状花序椭圆形;花序梗无或明显;苞片红色,具紫色脉纹;花萼一侧开裂;花冠筒较萼片长,裂片披针形,淡黄色;唇瓣卵形,中部黄色,边缘白色。蒴果成熟时3瓣裂,内果皮鲜红色。花期7—8月,果期9—11月。

产于句容,偶见,生于林缘或草丛中。

根状茎可入药。嫩花序可做蔬菜食用。

香蒲科
TYPHACEAE

【APG Ⅳ 系统的香蒲科，并入了传统的黑三棱科】

多年生沼生、水生或湿生草本。根状茎横走。叶 2 列，互生；条形叶直立或斜上。花序穗状、总状或圆锥状；花单性，雌雄同株；花被有或无；雄花具雄蕊 1~3，雌花子房上位，1 室，胚珠 1 枚。果实纺锤形、椭圆形等。

共 2 属约 30 种，分布于全球热带至温带地区。我国产 2 属约 24 种。南京及周边分布有 2 属 3 种。

香蒲科分种检索表

1. 花紧密排列成蜡烛状的穗状花序。
  2. 雄性花序和雌性花序紧密相连 ······················· **1. 香蒲** *Typha orientalis*
  2. 雄性花序和雌性花序远离，不连接 ··············· **2. 水烛** *Typha angustifolia*
1. 花紧密排列成头状花序······················**3. 黑三棱** *Sparganium stoloniferum*

香蒲属（*Typha*）

1. 香蒲

Typha orientalis C. Presl

多年生挺水植物。高约 1.5 m。叶片扁平，狭长线形，宽 5~8 mm，光滑无毛；叶鞘抱茎，有白色膜质边缘。雄花序较雌花序细瘦而短；雌花序圆柱形，长 5~15 cm；雄花具雄蕊 3；雌花柱头匙状披针形。小坚果椭圆状至长椭圆状。种子褐色，微弯。花果期 5—8 月。

产于南京及周边各地，常见，生于山麓和平原河谷地带。

花粉入药，称"蒲黄"。

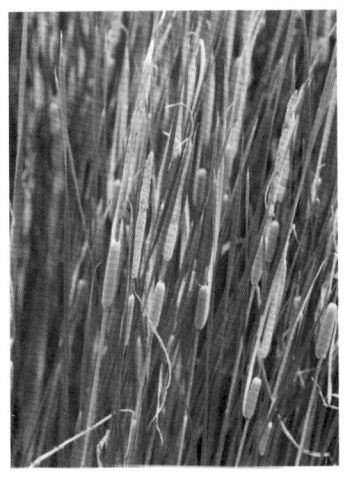

2. 水烛

Typha angustifolia L.

多年生挺水植物。高 1~3 m。叶片线形，宽 0.4~0.9 cm，下部背面凸形；叶鞘抱茎。雌雄穗状花序远离；雄花序短于雌花序；雌花序长 15~30 cm，基部具 1 枚常宽于叶片的叶状苞片，花后脱落。小坚果长椭圆状，长约 1.5 mm，具褐色斑点，纵裂。种子深褐色。花果期 6—9 月。

产于南京及周边各地，常见，生于池塘边缘和河岸浅水处。

用于水边绿化。花粉入药，亦称"蒲黄"。

黑三棱属（*Sparganium*）

3. 黑三棱

Sparganium stoloniferum (Buch.-Ham. ex Graebn.) Buch. -Ham. ex Juz.

多年生水生或沼生草本。高 50~100 cm。具卵球形块茎。茎直立，伸出水面。叶片线形，下部三棱形。花序由叶腋抽出，具 3~7 个侧枝，每个侧枝上部生 7~11 个雄性头状花序，下部生 1 或 2 个雌性头状花序；雄花花被片长 1~2 mm；雌花花被片长 5~7 mm。花期 6—7 月，果期 7—8 月。

产于南京城区、浦口和六合等地，稀见，生于池塘或湖边。

块茎入药，称"三棱"。

谷精草科
ERIOCAULACEAE

一年生或多年生草本。湿生或水生。叶基生或螺旋状着生于茎上；叶片狭窄，质薄。头状花序具总苞片，单个或数个丛生于细长的花葶上；花小，单性；花被片 4~6，2 轮；萼片离生，或多少合生成管状或佛焰苞状；花瓣常有柄，离生或合生，稀缺。蒴果膜质，室背开裂。种子小，平滑或有纹饰。

共 7 属 1 100~1 200 种，广泛分布于全球的热带和亚热带地区。我国产 1 属约 33 种。南京及周边分布有 1 属 1 种。

谷精草属（*Eriocaulon*）

1. 谷精草

Eriocaulon buergerianum Körn.

一年生草本。高 5~20 cm。叶基生；叶片长披针状条形，具横格。花葶多数，长短不一，高可达 30 cm；花序成熟时近球形，禾秆色；总苞片倒卵形或近圆形，麦秆黄色，背面上部被白色棒状毛；苞片上部密生白色短毛；花序托具长柔毛；雄蕊 6，花药黑色；子房 3 室，花柱分枝 3。种子长椭圆球形。花果期 9—10 月。

产于江宁等地，偶见，生于溪沟、田边水沟或沼泽地。

带花序梗的花序入药。

多年生或稀为一年生草本,极少为灌木状。根状茎直立或横走。茎多丛生,圆柱形或压扁。叶全部基生成丛而无茎生叶,或具茎生叶数片;叶片线形、圆筒形、披针形、扁平或稀为毛鬃状。花序圆锥状、聚伞状或头状,顶生、腋生或有时假侧生;花单生或集生成穗状或头状,头状花序往往再组成圆锥状、总状、伞状或伞房状等各式复花序;整个花序下常具叶状总苞片 1~2;花被片 6。果实通常为室背开裂的蒴果,稀不开裂。种子卵球形、纺锤形或倒卵形。

共 8 属 360~400 种,广布于全球各地。我国产 2 属约 101 种。南京及周边分布有 2 属 5 种。

灯芯草科
JUNCACEAE

灯芯草科分种检索表

1. 叶鞘闭合,叶片具白色长毛 ······ **1. 多花地杨梅** *Luzula multiflora*
1. 叶鞘常开展,叶片无毛。
  2. 叶片退化成芒刺状,总苞片生于顶端,花序假侧生,雄蕊 3。
    3. 植株瘦弱,茎直径 1.5 mm 以下;株高 20~60 cm ······ **2. 野灯芯草** *Juncus setchuensis*
    3. 植株高大,茎直径 1.5 mm 以上;株高 40~100 cm ······ **3. 灯芯草** *Juncus effusus*
  2. 叶片不为芒刺状,总苞片不生于顶端,花序顶生。
    4. 叶片无隔膜;雄蕊 6 ······ **4. 翅茎灯芯草** *Juncus alatus*
    4. 叶片具隔膜;雄蕊 3 ······ **5. 笄石菖** *Juncus prismatocarpus*

地杨梅属(*Luzula*)

1. 多花地杨梅

Luzula multiflora (Ehrh.) Lej.

多年生草本。高 25~45 cm。茎直立,密丛生。叶基生和茎生;茎生叶 1~3 枚;叶片线状披针形。花序常由 5~12 个头状花序组成复聚伞花序;各头状花序具长短不等的花序梗;头状花序半球形,具花 3~8 朵,花几无柄;花被片披针形。蒴果倒卵状。花期 4—7 月,果期 7—8 月。

产于南京及周边各地,偶见,生于山坡草地或林缘。

灯芯草属（*Juncus*）

2. 野灯芯草

Juncus setchuensis Buchenau

多年生草本。高 20~60 cm。茎丛生, 直立, 圆柱状, 有明显的纵沟, 直径 1.0~1.5 mm, 充满白色髓心。叶全为低出叶, 鳞片状, 包围在茎基部; 叶片退化为芒刺状。聚伞花序假侧生; 花多朵排列, 疏散或紧密; 花淡绿色; 花被片卵状披针形。蒴果卵状, 比花被片长。花期5—7月, 果期6—9月。

产于南京及周边各地, 常见, 生于山沟、林下阴湿地、溪旁、道旁的浅水处。

3. 灯芯草

Juncus effusus L.

多年生草本。高 40~100 cm。茎丛生, 直立, 圆柱形, 淡绿色, 具纵条纹, 直径（1.0）1.5~3.0（4.0）mm, 茎内充满白色的髓心。叶全部为低出叶, 呈鞘状或鳞片状, 包围在茎的基部; 叶片退化为刺芒状。聚伞花序假侧生; 总苞片圆柱形, 生于顶端, 似茎的延伸; 花淡绿色。蒴果长圆形或卵形。花期4—7月, 果期6—9月。

产于南京及周边各地, 常见, 生于水边或湿地。

4. 翅茎灯芯草　翅灯芯草

Juncus alatus Franch. & Sav.

多年生草本。高 11~45 cm。根状茎短而横走;茎直立,扁平,有狭翅。基生叶多枚,茎生叶 1~2 枚;叶片扁平,顶端尖锐。头状花序由 4~7 朵花组成,再由 6~20 个头状花序组成复聚伞花序,花序分枝常 3 个;总苞片叶状,花被片披针形。蒴果三棱圆柱状。花期 5—6 月,果期 6—9 月。

产于南京及周边各地,常见,生于湿地边缘。

5. 笄石菖　水茅草　江南灯芯草

Juncus prismatocarpus R. Br.

多年生草本。高 17~65 cm。茎丛生,直立或斜上,有时平卧,圆柱形或稍扁,直径 1~3 mm。叶基生和茎生,短于花序;基生叶少;茎生叶 2~4 枚;叶片线形,通常扁平,长 10~25 cm,宽 2~4 mm。花序由 5~20(30)个头状花序组成,再组成顶生复聚伞花序;头状花序半球形至近圆球形;叶状总苞片常 1,线形,短于花序。蒴果三棱状圆锥形。花期 3—6 月,果期 7—8 月。

产于南京及周边各地,常见,生于水边或湿地。

莎草科
CYPERACEAE

多年生草本，少一年生。多数具根状茎。大多具三棱形的秆。叶基生和秆生。花序多种多样，有穗状花序、圆锥花序、总状花序、头状花序或长侧枝聚伞花序；小穗单生，簇生或排列成穗状或头状，具花2至数朵；花两性或单性，多雌雄同株，鳞片覆瓦状螺旋排列或2列；雄蕊3，少有1~2，花柱单一，柱头2~3。果实为小坚果，三棱形。

共94属5 000~5 300种，广布于全球各地。我国产36属约907种。南京及周边分布有13属80种4变种。

莎草科分属检索表

1. 花单性或两性；小坚果无苞片形成的果囊包裹。
　2. 花两性，小坚果下面无盘。
　　3. 鳞片螺旋状排列；存在下位刚毛或下位刚毛趋向减退。
　　　4. 小穗两性花多数。
　　　　5. 花柱基部不膨大。
　　　　　6. 花序下苞片1~5，禾叶状，扁平。
　　　　　　7. 小穗长10~18 cm；鳞片外面被毛；小坚果长约3 mm ……………… **1. 三棱草属** *Bolboschoenus*
　　　　　　7. 小穗长3~7 mm；鳞片外面无毛；小坚果长约2 mm ……………… **2. 藨草属** *Scirpus*
　　　　　6. 花序下苞片1，三棱形或近圆柱形，为秆延伸而成。
　　　　　　8. 秆散生；具伸长的根状茎 ………………………………………… **3. 水葱属** *Schoenoplectus*
　　　　　　8. 秆丛生；无伸长的根状茎 ………………………………………… **4. 萤蔺属** *Schoenoplectiella*
　　　　5. 花柱基部膨大。
　　　　　9. 有叶片存在；小穗多数，很少1个；下位刚毛退化。
　　　　　　10. 花柱基不脱落 ……………………………………………………… **5. 球柱草属** *Bulbostylis*
　　　　　　10. 花柱基脱落 ……………………………………………………… **6. 飘拂草属** *Fimbristylis*
　　　　　9. 无叶片；小穗单生；下位刚毛多4~8，少退化 …………………… **7. 荸荠属** *Eleocharis*
　　　4. 小穗仅中上部有1~3朵两性花 ………………………………………… **8. 刺子莞属** *Rhynchospora*
　　3. 鳞片成2列排列；下位刚毛退化。
　　　11. 叶片背面具龙骨，小穗轴常具翅，柱头3，稀为2；小坚果三棱状 ……… **9. 莎草属** *Cyperus*
　　　11. 叶片背面不为龙骨状，小穗轴无翅，柱头2；小坚果凸镜状。
　　　　12. 小穗鳞片2个以上，小穗轴与鳞片宿存 ……………………………… **10. 扁莎属** *Pycreus*
　　　　12. 小穗鳞片1~2个，小穗与小穗轴连同脱落 …………………………… **11. 水蜈蚣属** *Kyllinga*
　2. 花单性，极少两性，小坚果下面具盘 …………………………………………… **12. 珍珠茅属** *Scleria*
1. 花单性；小坚果被苞片形成的果囊完全包裹 …………………………………… **13. 薹草属** *Carex*

1. 三棱草属（*Bolboschoenus*）分种检索表

1. 柱头3；花序呈简单聚伞花序 ………………………………………………………… **1. 荆三棱** *B. yagara*
1. 柱头2；聚伞花序短缩为头状 ………………………………………………………… **2. 扁秆荆三棱** *B. planiculmis*

1. 荆三棱

Bolboschoenus yagara (Ohwi) Y. C. Yang & M. Zhan

多年生草本。高 70~120 cm。根状茎粗而长,匍匐,顶端生球状块茎。秆高大,粗壮,锐三棱形,具秆生叶。叶片扁平。叶状苞片 3~5,长于花序;聚伞花序简单,具 3~4 个辐射枝;小穗卵状长圆球形,密生多数花;鳞片先端略有撕裂状缺刻,具长芒;柱头 3,稀 2。小坚果倒卵球形,三棱状。花果期 5—7 月。

产于南京、句容等地,偶见,生于湖河边、浅水沼泽。

2. 扁秆荆三棱   扁秆藨草

Bolboschoenus planiculmis (F. Schmidt) T. V. Egorova

多年生草本。高 25~100 cm。具匍匐根状茎和块茎。秆较细,三棱形。具秆生叶。叶鞘长 5~16 cm;叶片扁平,向顶部渐狭。叶状总苞片 1~3;长侧枝聚伞花序短缩成头状,常具 1~6 个小穗;小穗长圆状卵形,花多数;柱头 2。小坚果扁,两面稍凹或稍凸。花果期 5—8 月。

产于南京周边,偶见,生于河湖岸边湿地、浅水沼泽。

块茎入药。

2. 藨草属（*Scirpus*）分种检索表

1. 鳞片卵状披针形至披针形，红褐色，长 2.5~3.0 mm ···················· 1. 华东藨草 *S. karuisawensis*

1. 鳞片三角状至长圆状卵形，锈色，长 1.5 mm ···················· 2. 庐山藨草 *S. lushanensis*

1. 华东藨草

Scirpus karuisawensis Makino

多年生草本。秆粗壮，不明显三棱形，高 80~150 cm，具秆生叶和基生叶。叶状总苞片 1~4，长于花序；长侧枝聚伞花序 2~4 或有时仅 1 个，侧生长侧枝聚伞花序具 5 至数个辐射枝；5~10 个小穗聚合成头状，着生于辐射枝顶端；小穗长圆形或卵形；柱头 3。小坚果倒卵形，扁三棱状，具短喙。花果期 9—11 月。

产于南京及周边各地，偶见，生于河旁、溪边近水处。

全草入药。

2. 庐山藨草　茸球藨草

Scirpus lushanensis Ohwi

多年生草本。高 1.0~1.5 m。根状茎粗短，无匍匐根状茎。秆粗壮，单生，钝三棱形，具秆生叶和基生叶。叶短于秆。叶状苞片 2~4，通常短于花序；多次复出长侧枝聚伞花序；小穗褐红色，单生，或 2~4 个成簇顶生，椭圆形或近球形；柱头 3。小坚果倒卵形，扁三棱状。花期 6—7 月，果期 8—9 月。

产于南京及周边各地，偶见，生于近水湿地。

3. 水葱属（*Schoenoplectus*）分种检索表

1. 小穗单生 ·· **1. 细匍匐茎水葱** *S. lineolatus*
1. 小穗多个簇生。
    2. 秆高度低于 1 m，锐三棱形；花序长辐射枝 1 回；鳞片棕黄色 ·················· **2. 三棱水葱** *S. triqueter*
    2. 秆高度超过 1 m，圆柱形；花序长辐射枝 1 至多回；鳞片褐色或紫褐色 ········ **3. 水葱** *S. tabernaemontani*

1. 细匍匐茎水葱

Schoenoplectus lineolatus (Franch. & Sav.) T. Koyama

    多年生草本。高 7~25 cm。根状茎细长，匍匐。秆散生，近圆柱形，基部具 1~2 叶鞘，无叶片。苞片 1，似秆的延长；小穗单一，假侧生，具花 10 余朵，无柄；鳞片长圆形，边缘常为白色半透明，下位刚毛 4~5，长为小坚果的 1 倍，具倒刺；花柱长，柱头 2。小坚果平凸状，具光泽。花果期 4—10 月。

    产于江宁等地，偶见，生于滩涂沙地上。江苏省分布新记录种。

2. 三棱水葱　藨草

Schoenoplectus triqueter (L.) Palla

多年生草本。高 20~100 cm。秆散生,粗壮,三棱形。叶片扁平。总苞片 1,为秆延长而成,三棱形;简单长侧枝聚伞花序假侧生,有 1~8 个辐射枝;每辐射枝顶端有 1~8 个簇生的小穗;小穗长圆形或卵形,密生多数花;花被刚毛 3~5;柱头 2,细长。小坚果平凸状。花果期 6—9 月。

产于南京及周边各地,常见,生于水沟、水塘、山溪边或沼泽地。

朱鑫鑫　供图　　朱鑫鑫　供图

3. 水葱

Schoenoplectus tabernaemontani (C. C. Gmel.) Palla

多年生草本。高 1~2 m。秆圆柱状,基部具 3~4 个叶鞘,管状,膜质,最上面 1 个叶鞘具叶片。叶片线形。总苞片 1,钻状;长侧枝聚伞花序复出,假侧生,具 4~13 或更多辐射枝;小穗 1~3 个簇生于辐射枝顶端,花多数;花被刚毛 6;雄蕊 3,柱头 2,稀 3。小坚果双凸状。花果期 6—9 月。

产于南京及周边各地,常见,生于浅水中。

全草入药。可栽培供观赏。

4. 萤蔺属（*Schoenoplectiella*）分种检索表

1. 秆三棱形，偶具翅；小坚果扁三棱状；花被刚毛长于小坚果 ······················· **1. 水毛花** *S. mucronata*
1. 秆圆柱形；小坚果双凸状，卵球形；花被刚毛短于或等于小坚果 ·················· **2. 萤蔺** *S. juncoides*

1. 水毛花

Schoenoplectiella mucronata (L.) J. Jung & H. K. Choi

多年生草本。高 50~130 cm。秆丛生，稍粗壮，锐三棱形，基部具 2 个叶鞘。秆延长为总苞片 1；小穗 2~20 个，聚集成头状，假侧生，顶端近急尖或钝圆，花多数；鳞片近革质；花被刚毛 6，雄蕊 3，柱头 3。小坚果扁三棱状。花果期 5—8 月。

产于南京及周边各地，常见，生于水塘边、沼泽地、溪边草地、湖边等。

根入药。

2. 萤蔺

Schoenoplectiella juncoides (Roxb.) Lye

多年生草本。高 18~70 cm。根状茎短。秆丛生，圆柱形，基部具 2~3 个鞘。无叶片。秆延长为总苞片 1；小穗 3~7 个聚成头状，假侧生，长圆状卵形或卵形，花多数；鳞片卵形，顶端骤缩成短尖，近纸质；雄蕊 3，柱头 2，稀 3。小坚果双凸状，长约 2 mm 或更长。花果期 8—11 月。

产于南京及周边各地，常见，生于潮湿路边、荒地及水田、池塘边、沼泽地。

全草入药。

5. 球柱草属（*Bulbostylis*）

1. 丝叶球柱草

Bulbostylis densa (Wall.) Hand.-Mazz.

一年生草本。高 7~23 cm。无根状茎。秆丛生，细，无毛。叶纸质，线形；叶鞘薄膜质，仅顶端具长柔毛。苞片 2~3，线形，很细；长侧枝聚伞花序近复出或简单，具 1 个或稀为 2~3 个散生小穗；顶生小穗无柄，具花 7~17 朵或更多；雄蕊 2。小坚果倒卵形，三棱状。花果期 4—12 月。

产于南京及周边各地，偶见，生于山坡、路边等处。

6. 飘拂草属（*Fimbristylis*）分种检索表

1. 柱头 2~3；花柱稍压扁或不压扁，顶端无缘毛。
  2. 秆下部叶鞘具叶片；小穗鳞片排列疏松。
    3. 秆丛生；无根状茎。
      4. 鳞片锈色；小坚果无乳头状凸起 ·················· **1. 烟台飘拂草 F. stauntonii**
      4. 鳞片黄绿色；小坚果有乳头状凸起 ········· **2. 疣果飘拂草 F. dipsacea var. verrucifera**
    3. 秆非丛生；具短根状茎；总苞片叶状；鳞片黄绿色 ·········· **3. 扁鞘飘拂草 F. complanata**
  2. 秆下部具 1~3 无叶片的鞘；小穗鳞片排列紧密。
    5. 叶片两侧压扁，剑形；小穗近球状；鳞片长 1.0~1.3 mm，卵形，棕褐色 ········· **4. 水虱草 F. littoralis**
    5. 叶片扁平线状；小穗常伸长；鳞片宽卵形，褐色或红褐色 ············· **5. 拟二叶飘拂草 F. diphylloides**
1. 柱头 2；花柱压扁，顶端有缘毛。
  6. 小穗圆柱形。
    7. 小穗数个至多数。
      8. 根状茎不明显；雄蕊 1~2；小坚果具长圆形网纹 ············· **6. 两歧飘拂草 F. dichotoma**
      8. 根状茎短粗，横走；雄蕊 3；小坚果具六角形网纹 ········· **7. 结壮飘拂草 F. rigidula**
    7. 小穗常 1 个，稀 2 个；总苞片 1，长于花序，有时缺 ·········· **8. 双穗飘拂草 F. subbispicata**
  6. 小穗具棱。
    9. 小坚果表面具网纹，无光泽 ················· **9. 复序飘拂草 F. bisumbellata**
    9. 小坚果光滑，具光泽 ······················· **10. 夏飘拂草 F. aestivalis**

1. 烟台飘拂草　复伞飘拂草

Fimbristylis stauntonii Debeaux & Franch.

　　一年生草本。高 4~40 cm。无根状茎。秆丛生,扁三棱形,基部有少数叶。叶短于秆,平展。叶状总苞片 2~3,稍短或稍长于花序;小总苞片鳞片状或钻状,基部宽,具芒;长侧枝聚伞花序复出或简单;小穗单生于辐射枝顶端,长圆形或宽卵形,柱头 2~3。小坚果近圆筒状。花果期 7—10 月。

　　产于南京及周边各地,偶见,生于水边或杂草丛中。

2. 疣果飘拂草

Fimbristylis dipsacea var. *verrucifera* (Maxim.) T. Koyama

　　一年生草本。高 3~15 cm。秆茂密丛生,无根状茎。叶较秆短得多,毛发状,柔软,内卷或近于平张,鞘锈褐色。苞片 3~10,毛发状;长侧枝聚伞花序简单或近于复出,有少数至多数小穗,辐射枝 3~10 个不等长;小穗单生,长圆形或圆卵形;有多数花,柱头 2。小坚果狭长圆形,两侧有乳头状凸起。花期 5 月,果期 8—9 月。

　　产于江宁、溧水等地,偶见,生于滩涂、水边或湿地。江苏省分布新记录种。

3. 扁鞘飘拂草

Fimbristylis complanata (Retz.) Link

多年生草本。高 10~70 cm。秆散生，四棱形或扁三棱形。花序以下有时具翅，基部有多数叶。叶短于秆，平展，厚纸质。总苞片 2~4，远较花序短；长侧枝聚伞花序大型，具 3~4 个辐射枝，小穗多数；辐射枝扁，粗糙；小穗单生，卵状披针形，具花 5~13 朵，柱头 3。小坚果钝三棱状。花果期 7—10 月。

产于南京及周边各地，常见，生于山谷潮湿处、草地、小溪边。

4. 水虱草　日照飘拂草

Fimbristylis littoralis Gaudich.

一年生或多年生短命草本。高(1.5)10~60 cm。无根状茎。秆丛生，扁四棱形。叶侧扁，套褶，剑形。刚毛状总苞片 2~4，具膜质边，较花序短；长侧枝聚伞花序多次复出；辐射枝 3~6 个；小穗单生于辐射枝顶端，顶端极钝；鳞片膜质，卵形；柱头 3。小坚果钝三棱状，草黄色。花果期 5—10 月。

产于南京及周边各地，常见，生于田边、山坡、路旁、水边。全草入药。

5. 拟二叶飘拂草　面条草

Fimbristylis diphylloides Makino

一年生或多年生短命草本。高 15~50 cm。秆丛生,扁四棱形,基部具 1~2 个无叶的鞘。叶几等长于秆,平展。刚毛状总苞片 4~6;长侧枝聚伞花序近复出,辐射枝 4~8 个;小穗单生于辐射枝顶端,近急尖或钝,密生多数花;柱头 2~3。小坚果三棱状或为不等双凸状。花果期 6—9 月。

产于南京及周边各地,偶见,生于田边、溪旁、田埂、山沟潮湿处。

6. 两歧飘拂草　飘拂草

Fimbristylis dichotoma (L.) Vahl

一年生或多年生短命草本。高 15~50 cm。秆丛生。叶线形,略短于秆。叶状总苞片 3~4;长侧枝聚伞花序复出,疏散或紧密;小穗单生于辐射枝顶端,长圆形、卵形或椭圆形,花多数;柱头 2。小坚果双凸状。花果期 7—10 月。

产于南京及周边各地,偶见,生于稻田、湖旁、河边潮湿处。

全草入药。

7. 结壮飘拂草　硬飘拂草

Fimbristylis rigidula Nees

多年生草本。高 15~50 cm。根状茎粗短。秆成横列疏丛生，扁圆柱形。叶短于秆，平展。叶状总苞片 3~5；长侧枝聚伞花序复出，具 3~6 个辐射枝；辐射枝长短不一；小穗单生于第 1 级、第 2 级辐射枝的顶端，花多数，鳞片排列紧密；柱头 2。小坚果近椭圆形。花果期 4—6 月。

产于南京及周边各地，偶见，生于山坡林下或路旁荒地上。

根入药。

8. 双穗飘拂草　山蔺

Fimbristylis subbispicata Nees

一年生草本。高 7~60 cm。无根状茎。秆丛生，细弱，扁三棱形，灰绿色，基部具少数叶。叶短于秆，宽约 1 mm，稍坚挺，平展。总苞片无或仅 1，直立，线形，长于花序；小穗常 1 个，顶生，稀 2 个，卵形、长圆状披针形或长圆状卵形，长 8~30 mm，宽 4~8 mm，花多数；鳞片螺旋状排列，膜质，宽卵形、卵形或近椭圆形；柱头 2。小坚果圆倒卵形，扁双凸状，长 1.5~1.7 mm。花期 6—8 月，果期 9—10 月。

产于南京及周边各地，偶见，生于山坡、沼泽、沟旁近水处。

9. 复序飘拂草

Fimbristylis bisumbellata (Forssk.) Bubani

一年生草本。高 4~20 cm。无根状茎。秆密丛生,较细弱,扁三棱形。叶短于秆,宽 0.7~1.5 mm。叶状苞片 2~5,近于直立,长侧枝聚伞花序复出或多次复出,松散,具 4~10 个辐射枝;小穗单生于第 1 级或第 2 级辐射枝顶端,长圆状卵形、卵形或长圆形,长 2~7 mm;鳞片稍紧密螺旋状排列,膜质,柱头 2。小坚果宽倒卵形,双凸状。花果期 7—11 月。

产于南京及周边各地,偶见,生于河滩、池塘边或水边。

10. 夏飘拂草

Fimbristylis aestivalis (Retz.) Vahl

一年生草本。高 3~12 cm。无根状茎。秆密丛生,纤细,扁三棱形,平滑,基部具少数叶。苞片 3~5,短于或等长于花序,丝状,长侧枝聚伞花序复出,疏散,具 3~7 个辐射枝;小穗单生于第 1 级或第 2 级辐射枝顶端;鳞片稍紧密螺旋状排列;花柱长而扁平。小坚果倒卵形,双凸状,长约 0.6 mm。花期 5—8 月。

产于高淳,偶见,生于河滩或低洼地。江苏省分布新记录种。

7. 荸荠属（*Eleocharis*）分种检索表

1. 秆常粗壮,干后节部明显;小穗圆柱形或狭椭圆形,与秆等宽;鳞片革质坚硬……………………… **1. 荸荠** *E. dulcis*
1. 秆纤细,节部不明显;小穗卵球形,稀圆柱形,常比秆粗;鳞片膜质。
  2. 柱头 3。
    3. 秆短,极纤细,毛发状;小穗仅几朵花;小坚果具网纹…………………………… **2. 牛毛毡** *E. yokoscensis*
    3. 秆稍粗壮,圆柱状,伸长;小穗具多数花;小坚果三棱状,光滑 ………… **3. 透明鳞荸荠** *E. pellucida*
  2. 柱头 2。
    4. 小坚果顶端缢缩部分不为花柱基的基部掩盖;花柱基狭圆锥形 …………… **4. 江南荸荠** *E. migoana*
    4. 小坚果顶端缢缩部分被花柱基的基部掩盖;宿存花柱基宽卵形
    ……………………………………………………… **5. 具刚毛荸荠** *E. valleculosa* var. *setosa*

1. 荸荠

Eleocharis dulcis (Burm. f.) Trin. ex Hensch.

多年生草本。高 15~60 cm。匍匐茎纤细,顶端生扁球形块茎。秆丛生。秆基部具 2~3 个叶鞘,叶鞘近膜质;无叶片。小穗顶生,圆柱形,花多数;小穗基部 2 枚鳞片内无花,抱小穗基部 1 周,其余鳞片具花 1 朵,疏松排列;柱头 3。小坚果宽倒卵形,双凸状。花果期 5—10 月。

产于南京及周边各地,常见,生于河湖岸边、水田或田边。

块茎可食用。

2. 牛毛毡

Eleocharis yokoscensis (Franch. & Sav.) Tang & F. T. Wang

多年生草本。高 2~12 cm。匍匐根状茎纤细。秆多数,极纤细。叶鳞片状。小穗卵形,顶端钝,长 3 mm,花数朵,淡紫色;柱头 3。小坚果狭长圆柱形,无棱,顶端缢缩;花柱基稍膨大,圆锥状,直径约为小坚果宽的 1/3。花果期 4—11 月。

产于南京及周边各地,常见,生于田边和塘边潮湿处。

全草入药。

3. 透明鳞荸荠

Eleocharis pellucida J. Presl & C. Presl

一年生或多年生短命草本。高 5~30 cm 或更高。无根状茎。秆少数或多数,丛生或密丛生,细弱。无叶片,仅秆基部有 2 个叶鞘,鞘下部带紫红色,上部绿色,鞘口几平。小穗狭椭圆形,苍白色,密生少数至多数花;柱头 3。小坚果倒卵形,三棱状,各棱具狭边。花果期 4—11 月。

产于南京及周边各地,常见,生于稻田、水边湿地。

（变种）稻田荸荠

var. *japonica* (Miq.) Tang & F. T. Wang

本变种的秆较短，小坚果不足 1 mm ；宿存花柱基常略伸长。

产于溧水等地，偶见，生于稻田、浅水边。

4. 江南荸荠

Eleocharis migoana Ohwi & T. Koyama

多年生草本。高 20~50 cm。具匍匐根状茎。秆密丛生。无叶片，仅小穗基部有 2 个叶鞘。小穗长圆状披针形，顶端近急尖或钝，淡血红色，花极多；基部 2 枚鳞片内无花，其余鳞片全有花，长圆状披针形，顶端近急尖，淡血红色；柱头 2。小坚果倒卵形，双凸状，淡黄色。花果期 4—8 月。

产于南京、宝应等地，常见，生于山坡湿地草丛中。

5. 具刚毛荸荠
Eleocharis valleculosa var. *setosa* Ohwi

一年生草本。高 6~50 cm。有匍匐根状茎。秆单生或丛生。无叶片,秆基部有 1~2 个长叶鞘,鞘膜质,鞘下部紫红色,鞘口平。小穗线状披针形,密生极多数两性花;基部 2 枚鳞片内无花;花被刚毛 4,长度明显超过小坚果;柱头 2。小坚果圆倒卵形,双凸状,淡黄色。花果期 6—8 月。

产于南京及周边各地,偶见,生于塘边水湿处、浅水中。

8. 刺子莞属（*Rhynchospora*）分种检索表

1. 叶宽 0.5~1.0 mm；小穗长 3.5 mm ·· **1. 细叶刺子莞** *R. faberi*
1. 叶宽 1.5~3.0 mm；小穗长 8 mm 左右 ··· **2. 华刺子莞** *R. chinensis*

1. 细叶刺子莞

Rhynchospora faberi C. B. Clarke

多年生草本。高 20~40 cm。根状茎极短，具密而细的须根。秆丛生，直立，纤细，三棱形，直径 0.5~1.0 mm，基部具无叶片的鞘，鞘淡黄色。叶基生和少数秆生，纤细如毫发。圆锥花序由顶生和 3~4 个侧生长侧枝聚伞花序所组成；柱头 2。小坚果倒卵状圆形或宽倒卵形。花果期 8—10 月。

产于南京及周边各地，偶见，生于水边湿地。

2. 华刺子莞

Rhynchospora chinensis Nees & Meyen

多年生草本。高 25~120 cm。秆丛生，直立，纤细，三棱形。叶秆生和基生，狭线形。总苞片狭线形，叶状；圆锥花序由 3~5 个顶生和侧生伞房状长侧枝聚伞花序组成，具多数小穗；小穗常 2~9 个簇生成头状；两性花 2~5 朵，仅最下面 1 朵结实；柱头 2。小坚果宽椭圆状倒卵形。花果期 5—10 月。

产于南京及周边各地，稀见，生于沼泽或潮湿处。

9. 莎草属（*Cyperus*）分种检索表

1. 小穗轴具关节,小穗常从关节处脱落。
 2. 小穗轴上具多数关节,每一关节均易脱落 ……………………………… **1. 断节莎** *C.odoratus*
 2. 小穗轴上具少数关节,小穗较少脱落 ……………………………… **2. 砖子苗** *C. cyperoides*
1. 小穗轴连续,无关节。小穗轴不脱落。
 3. 花序轴极短;小穗掌状或束状生于花序轴上,花序球形或头状。
  4. 长侧枝聚伞花序具伸长的辐射枝,偶具 2 级以上分枝。
   5. 小坚果三棱状,偶背面压扁。
    6. 多年生草本,秆高 30~150 cm;鳞片长 2 mm;小坚果长 0.7~11.0 mm … **3. 风车草** *C. involucratus*
    6. 一年生或多年生草本;鳞片长 1.0~1.4 mm;小坚果长 0.2~0.3 mm。
     7. 小穗多数,呈密集头状;鳞片扁圆形,两侧深紫红色,中间淡黄色……… **4. 异型莎草** *C. difformis*
     7. 小穗略少,呈疏松头状;鳞片宽卵形,两侧黄绿色,中间紫褐色或褐色…… **5. 褐穗莎草** *C. fuscus*
   5. 小坚果呈双凸状、椭圆球状至卵球状 ……………………………… **6. 水莎草** *C. serotinus*
  4. 长侧枝聚伞花序紧缩成头状,具极短辐射枝,偶 1~2 枚伸长。
   8. 鳞片螺旋状排列……………………………………………… **7. 旋鳞莎草** *C. michelianus*
   8. 鳞片 2 列排列。
    9. 鳞片长圆状披针形,具稍长的芒尖,小坚果近三棱状……… **8. 矮莎草** *C. pygmaeus*
    9. 鳞片宽卵形,具短芒,小坚果平凸状 ……………………… **9. 白鳞莎草** *C. nipponicus*
 3. 花序轴明显;小穗生于穗状辐射枝顶端。
  10. 小穗轴具翅;花柱中等至长,偶较短。
   11. 具匍匐根状茎和块茎;鳞片覆瓦状排列 ……………………**10. 香附子** *C. rotundus*
   11. 无匍匐茎或无根状茎;鳞片较疏松排列;植株高大。
    12. 穗状花序有总柄,小穗长圆状披针形,扁平 …………… **11. 高秆莎草** *C. exaltatus*
    12. 穗状花序无总柄;小穗线形或线状披针形……………… **12. 头状穗莎草** *C. glomeratus*
  10. 小穗轴无翅或具极窄透明狭翅;花柱极短。
   13. 穗轴长,小穗排列疏松。
    14. 复出长侧枝聚伞花序;小穗近直立或斜向开展。
     15. 小穗轴无翅;鳞片顶端具极短芒 ……………………………**13. 碎米莎草** *C. iria*
     15. 小穗轴具透明狭翅;鳞片顶端具 1 mm 的芒 …………… **14. 具芒碎米莎草** *C.microiria*
    14. 简单长侧枝聚伞花序;小穗近平展,鳞片暗血红色,顶端圆……… **15. 三轮草** *C. orthostachyus*
   13. 穗轴短;小穗排列紧密 ……………………………………**16. 扁穗莎草** *C. compressus*

1. 断节莎

Cyperus odoratus L.

　　一年生或多年生草本。高 30~120 cm。秆粗壮,三棱形,下部具叶,基部膨大呈块茎。叶短于秆,宽 4~10 mm。苞片 6~8,展开,下面的苞片长于花序;长侧枝聚伞花序大,疏展,复出或多次复出,具 7~12 个第 1 级辐射枝,每个第 1 级辐射枝具多个第 2 级辐射枝;穗状花序长圆状圆筒形,长 2~3 cm,宽 1.5 cm,具多数小穗,具花 6~16 朵;小穗轴具或多或少关节,坚硬,具宽翅;柱头 3。小坚果长圆形或倒卵状长圆形,三棱状。花期 6—7 月。

　　产于江宁、溧水、浦口,偶见,生于湖边湿地。江苏省分布新记录种。

2. 砖子苗

Cyperus cyperoides (L.) Kuntze

　　多年生草本。高 10~60 cm。根状茎短。秆疏丛生,锐三棱形。叶片几与秆等长,下部常折合。叶状总苞片 5~8,斜展;长侧枝聚伞花序简单,具 6~12 个或更多辐射枝,辐射枝长短不等,具 1~5 个穗状花序;穗状花序小穗多数;雄蕊 3,柱头 3,细长。小坚果三棱状。花果期 4—10 月。

　　产于南京及周边各地,常见,生于山坡阳处、路旁草地、溪边以及林下。

　　全草入药。

3. 风车草

Cyperus involucratus Rottb.

多年生草本。高 30~150 cm。秆稍粗壮,钝三棱形。叶状总苞片 14~24,近等长;多次复出长侧枝聚伞花序具多数第 1 级辐射枝,每个第 1 级辐射枝具 4~10 个第 2 级辐射枝;小穗 3~9 个,密集于第 2 级辐射枝上端,具花 8~36 朵;鳞片密覆瓦状排列;雄蕊 3,柱头 3。小坚果近三棱状。花果期 5—12 月。

产于南京及周边各地,偶见,生于池塘、水边。栽培或逸生。

茎叶入药。可栽培供观赏。

4. 异型莎草

Cyperus difformis L.

一年生草本。高 5~65 cm。具须根。秆丛生,扁三棱形。叶片短于秆,折合或平展。叶状总苞片 2,长于花序;长侧枝聚伞花序简单,具 3~9 个辐射枝;头状花序球形,密聚极多数小穗;鳞片膜质,排列稍松,顶端圆;雄蕊 2,柱头 3,短。小坚果三棱状,几与鳞片等长。花果期 7—10 月。

产于南京及周边各地,极常见,生于稻田、浅水中或水边潮湿处。

带根全草入药。

5. 褐穗莎草

Cyperus fuscus L.

一年生草本。高 6~30 cm。秆丛生，细弱，扁锐三棱形，基部具少数叶。叶片几与秆等长，有时向内折合或平展。叶状总苞片 2~3，长于花序；长侧枝聚伞花序复出，具 3~5 个第 1 级辐射枝；小穗 5~10 余个密聚成近头状花序，具花 8~24 朵；雄蕊 2，柱头 3。小坚果三棱状。花果期 7—10 月。

产于南京及周边各地，偶见，生于稻田或沟边潮湿处。

朱鑫鑫　供图

朱鑫鑫　供图

朱鑫鑫　供图

6. 水莎草

Cyperus serotinus Rottb.

多年生草本。高 35~100 cm。根状茎长。秆散生，粗壮，扁三棱形。叶少，基部折合。叶状总苞片常 3，较花序长 1 倍多；复出长侧枝聚伞花序具 4~7 个第 1 级辐射枝，第 1 级辐射枝上具 1~5 个第 2 级辐射枝；穗状花序具 5~17 个小穗；雄蕊 3，柱头 2。小坚果双凸状。花果期 7—10 月。

产于南京及周边各地，偶见，生于浅水中、水边或路旁潮湿处。

全草入药。

7. 旋鳞莎草

Cyperus michelianus (L.) Delile

　　一年生草本。高 2~25 cm。秆密丛生,扁三棱形。叶片短于或长于秆,平展或有时对折。叶状总苞片 3~6,远较花序长;长侧枝聚伞花序呈头状,具极多数密集的小穗;小穗披针形或卵形,具花 10~20 余朵;雄蕊 2,稀 1,柱头 2~3。小坚果长圆球形,三棱状,长为鳞片的 1/3~1/2。花果期 6—9 月。

　　产于南京及周边各地,常见,生于水边潮湿空地、路旁。全草入药。

8. 矮莎草

Cyperus pygmaeus Rottb.

　　一年生草本。高 12~18 cm。秆丛生,扁三棱形。叶片短于秆,上部边缘及背面中肋上具疏小刺。叶状总苞片 4~7,长于花序;长侧枝聚伞花序聚缩成头状,小穗密集;鳞片 2 列,长圆状披针形;雄蕊常为 1,花柱短,柱头 2,稀 3。小坚果近三棱状,长为鳞片的 2/3~3/4。花果期 10—11 月。

　　产于南京以南地区,生于池塘边缘、水边潮湿处。

9. 白鳞莎草

Cyperus nipponicus Franch. & Sav.

一年生草本。高 5~20 cm。秆密丛生,扁三棱形。叶通常短于或等长于秆,平展或有时对折。叶状总苞片 3~5,较花序长数倍;长侧枝聚伞花序缩短成头状,具多数密生的小穗;鳞片呈稍疏的 2 列排列;雄蕊 2,花柱长,柱头 2。小坚果平凸圆球形,或有时近于凹凸状,长为鳞片的 1/2。花果期 6—11 月。

产于句容、丹徒、高淳,常见,生于路边草丛、山坡湿地、溪边或池塘边。

10. 香附子

Cyperus rotundus L.

多年生草本。高 15~95 cm。秆稍细弱,锐三棱形。叶较多;叶片短于秆,平展。叶状总苞片 2~5;长侧枝聚伞花序复出或简单,具 2~10 个辐射枝;穗状花序陀螺形,具 3~10 个小穗;小穗线形,斜展,具花 8~28 朵;鳞片稍密覆瓦状排列;雄蕊 3,柱头 3。小坚果三棱状。花果期 5—11 月。

产于南京及周边各地,极常见,生于山坡、荒地、草丛中或水边潮湿处。

块茎入药,称"香附"。

11. 高秆莎草

Cyperus exaltatus Retz.

多年生草本。高 100~150 cm。根状茎短。秆粗壮，钝三棱形，平滑。叶几与秆等长。叶状总苞片 3~6；长侧枝聚伞花序复出或多次复出；穗状花序具柄，圆筒形，长 2~5 cm；小穗轴具狭翅；鳞片稍密覆瓦状排列；雄蕊 3，花药线形；花柱细长，柱头 3。小坚果倒卵形或椭圆形，三棱状。花果期 6—11 月。

产于南京，偶见，生于水边。

12. 头状穗莎草　球形莎草

Cyperus glomeratus L.

一年生草本。高 30~95 cm。秆散生，粗壮，钝三棱形。叶片短于秆；叶鞘长，红棕色。叶状总苞片 3~4，较花序长；复出长侧枝聚伞花序具 3~8 个辐射枝；穗状花序无总柄，小穗极多，排列极密；鳞片排列疏松，近长圆形；雄蕊 3，柱头 3。小坚果三棱状，长为鳞片的 1/2。花果期 6—10 月。

产于南京及周边各地，常见，生于水边和阴湿草丛中。全草入药。

13. 碎米莎草

Cyperus iria L.

　　一年生草本。高 8~85 cm。秆丛生,扁三棱形。叶片短于秆,平展或折合。叶状总苞片 3~5,下面的 2~3 枚常长于花序;长侧枝聚伞花序复出,具 4~9 个辐射枝,每个辐射枝具 5~10 个或更多穗状花序;穗状花序具 5~22 个小穗;小穗与鳞片排列疏松;雄蕊 3,柱头 3。小坚果三棱状。花果期 6—10 月。

　　产于南京及周边各地,常见,生于田间、山坡、路旁阴湿处。

　　全草入药。

14. 具芒碎米莎草　小碎米莎草

Cyperus microiria Steud.

　　一年生草本。高 20~60 cm。秆丛生,锐三棱形。叶片短于秆,平展。叶状总苞片 3~4,长于花序;长侧枝聚伞花序复出,具 5~9 个辐射枝;穗状花序具多数小穗;小穗排列稍稀,斜展;鳞片排列疏松,宽倒卵形,顶端圆,长约 1.5 mm;雄蕊 3,柱头 3。小坚果倒卵形。花果期 8—10 月。

　　产于南京及周边各地,常见,生于水边、路旁潮湿处。

15. 三轮草

Cyperus orthostachyus Franch. & Sav.

一年生草本。高 8~65 cm。秆细弱,扁三棱形。叶片短于秆,平展,边缘具密刺。叶状总苞片常 3;长侧枝聚伞花序简单,具 4~9 个辐射枝,辐射枝长短不等;穗状花序具 5~30 个小穗;小穗排列稍疏松,具花 6~40 朵;雄蕊 3,柱头 3。小坚果顶端短尖,三棱状。花果期 8—10 月。

产于南京及周边各地,偶见,多生于稻田、水边潮湿处。

全草入药。

16. 扁穗莎草

Cyperus compressus L.

一年生丛生草本。高 5~25 cm。根为须根。秆纤细,锐三棱形,灰绿色;叶鞘紫褐色。苞片 3~5,叶状,长于花序;长侧枝聚伞花序简单,具(1)2~7 个辐射枝,辐射枝最长达 5 cm;穗状花序近于头状;花序轴很短,具 3~10 个小穗;小穗排列紧密,斜展,具花 8~20 朵;柱头 3,较短。小坚果倒卵形,三棱状。花果期 7—12 月。

产于南京及周边各地,常见,生于水边、潮湿的田边。

10. 扁莎属（*Pycreus*）分种检索表

1. 鳞片黄褐色、红褐色或暗紫红色；鳞片两侧无宽槽······················**1. 球穗扁莎** *P. flavidus*

1. 鳞片中间黄绿色，边缘褐红色；鳞片两侧有宽槽······················**2. 红鳞扁莎** *P. sanguinolentus*

【据当前主流观点，扁莎属依然被划入广义的莎草属 *Cyperus*，本图志仍按照《中国植物物种名录 2022 版》暂时不做变动】

1. 球穗扁莎

Pycreus flavidus (Retz.) T. Koyama

一年生草本。高 7~50 cm。秆丛生，钝三棱形。叶少，短于秆。苞片 2~4，细长，较长于花序；简单长侧枝聚伞花序具 1~6 个辐射枝；每个辐射枝具 2~20 个小穗；小穗密聚于辐射枝上端呈球形，辐射展开，线状长圆形或线形，极压扁；鳞片稍疏松排列，两侧黄褐色、红褐色或暗紫红色，具白色透明的狭边。小坚果倒卵形，顶端有短尖。花果期 6—11 月。

产于南京及周边各地，常见，生于田边、水边潮湿处。

2. 红鳞扁莎

Pycreus sanguinolentus (Vahl) Nees

一年生草本。高 5~50 cm。秆密,扁三棱形,丛生。叶稍多;叶片常短于秆,平展。叶状总苞片 2~5;简单长侧枝聚伞花序具 3~5 个辐射枝;花序近头状,由 4~12 个或更多小穗密聚成短穗状花序;鳞片疏松覆瓦状排列;雄蕊 3,柱头 2。小坚果双凸状,长为鳞片的1/2~3/5。花果期7—12月。

产于南京及周边各地,偶见,生于向阳山谷、河旁低湿处、田边、浅水中。

全草入药。

11. 水蜈蚣属（*Kyllinga*）

【据当前主流观点，水蜈蚣属依然被划入广义的莎草属 *Cyperus*，本图志仍按照《中国植物物种名录 2022 版》暂时不做变动】

1. 短叶水蜈蚣

Kyllinga brevifolia Rottb.

多年生草本。高 2~30 cm。秆散生，扁三棱形，具 4~5 个圆筒状叶鞘。叶片柔弱，平展。叶状总苞片 3；穗状花序单一，卵球形，具极多数密生的小穗；小穗披针形，压扁，具花 1~2 朵；鳞片膜质；雄蕊 1~3，柱头 2。小坚果扁双凸状，约为鳞片的 1/2。花果期 5—10 月。

产于南京及周边各地，常见，生于山坡荒地、路旁草丛、田边草地和溪边。

全草入药。

（变种）**无刺鳞水蜈蚣**　光鳞水蜈蚣

var. *leiolepis* (Franch. & Sav.) H. Hara

本变种最长的总苞片斜展至平展。小穗较宽，稍肿胀。鳞片背面的龙骨状凸起上无刺，顶端无短尖或具直的短尖。

产于南京及周边各地，常见，生于路旁、草坡、溪边。

12. 珍珠茅属（*Scleria*）分种检索表

1. 两性小穗占多数；小穗 2~3 个聚生成簇状，花序为一间断的穗状花序 ……… **1. 纤秆珍珠茅** *S. pergracilis*

1. 两性小穗占少数；由顶生和 1~3 个侧生支圆锥花序组成圆锥花序 ……………… **2. 高秆珍珠茅** *S. terrestris*

1. 纤秆珍珠茅

Scleria pergracilis (Nees) Kunth

一年生草本。高 10~30 cm。秆丛生，直立，纤细，三棱形，直径约 0.5 mm。叶秆生和基生，具鞘，极细。穗状花序 2.5~8.5 cm；小穗 2~3 个聚生成簇状，间断穗状排列；小穗多为两性，卵形，长 3~4 mm；柱头 3，细尖。小坚果近球形，略三棱状，顶端细尖，直径约 1 mm。花果期 8—10 月。

产于句容等地，偶见，生于山谷草丛中。

有浓烈的柠檬油香味，可驱除蚊虫。

2. 高秆珍珠茅

Scleria terrestris (L.) Fassett

多年生草本。高 60~150 cm。秆散生，三棱形。叶线形，长 30~40 cm，宽 6~10 mm，纸质；近秆基部的 2~3 个鞘紫红色。圆锥花序由顶生和 1~3 个侧生枝圆锥花序组成；雄小穗鳞片长 2~3 mm，厚膜质；雌小穗常生于分枝基部；柱头 3。小坚果近卵形或球形，略三棱状。花果期 5—10 月。

产于南京及周边各地，偶见，生于田边、路旁、山坡等处。

全草入药。

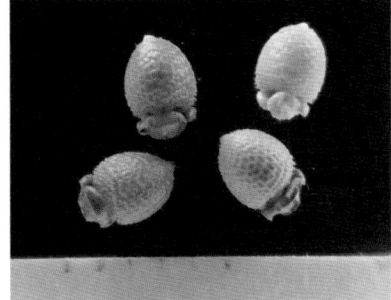

13. 薹草属（*Carex*）分种检索表

1. 小穗单性,偶单性兼两性,1 至数个生于苞腋内,稀穗状;柱头常 3,稀 2。
  2. 果囊三棱状;柱头 3。
    3. 果囊具短喙或无喙;喙口截形、微凹或具 2 齿。
      4. 总苞片具短苞叶;果囊草质;花柱基加厚成僧帽状;小坚果顶端加厚成环盘。
        5. 下部总苞片具长 3~7 cm 的鞘,质硬;总苞片全部或部分刚毛状。
          6. 雄小穗具短柄,基部位于雌小穗的下方;果囊长 2.0~2.5 mm。
            7. 雄小穗灰褐色;雌小穗线状至线状圆柱形,宽 2~3 mm ···················· **1. 灰帽薹草** *C. mitrata*
            7. 雄小穗灰绿色;雌小穗卵球形至宽椭圆形,宽 3 mm 以上 ········· **2. 青绿薹草** *C. breviculmis*
          6. 雄小穗具长柄,基部位于雌小穗的上方;果囊长 3.0~3.5 mm········· **3. 江苏薹草** *C. kiangsuensis*
        5. 下部总苞片具长 1~3 cm 的鞘;总苞片叶状;果囊近无喙。
          8. 多数小穗帚状;雄小穗线状圆柱形 ····························· **4. 三穗薹草** *C. tristachya*
          8. 小穗总状;雄小穗圆柱状卵形。
            9. 雌小穗卵球状、圆柱状或长卵球状;果囊具微毛,近无喙 ············· **5. 无喙囊薹草** *C. davidii*
            9. 雌小穗圆柱形或线形;果囊密被毛;喙圆锥状···············**6. 豌豆形薹草** *C. pisiformis*
      4. 总苞片佛焰苞状,无苞叶;果囊膜质;花柱基部加厚或稍加厚;小坚果顶端不加厚;果囊短于鳞片,具
        短喙,喙口截形 ··································· **7. 大披针薹草** *C. lanceolata*
    3. 果囊具长或中等长度的喙,稀短喙;喙口具长或短 2 齿,或极短的齿,稀截形。
      10. 叶片无横隔细脉。
        11. 小坚果棱不缢缩或无刻痕;花柱基不加厚。
          12. 雌小穗花疏生,稀密集;总苞片具鞘;果囊倒卵球形或披针形,脉不明显。
            13. 雌小穗长圆球状,具雌花 4~6 朵;果囊倒卵球形;柱头短于果囊
                ··························· **8. 宝华山薹草** *C. baohuashanica*
            13. 雌小穗圆柱状,具雌花多数;果囊披针形;柱头长于果囊 ··· **9. 卷柱头薹草** *C. bostrychostigma*
          12. 雌小穗花密集;总苞片无或具极短鞘;果囊后期叉开,具明显的脉。
            14. 雌花鳞片具长芒;果囊平展或稍反折,成熟时暗褐色或褐绿色。
              15. 雄小穗线状;雌花鳞片短于果囊的一半,顶端无芒或短尖。
                16. 果囊近直立或稍斜展,卵状长圆形,长 4 mm;雄蕊 3
                  ·················· **10. 狭穗薹草** *C. ischnostachya*
                16. 果囊近水平张开,倒卵状椭圆形,长 3 mm;雄蕊 1
                ·············· **11. 肿胀果薹草** *C. subtumida*
              15. 雄小穗圆柱形;雌花鳞片长超过果囊的 2/3,顶端具短尖或长芒。
                17. 果囊宽倒卵状球形,长约 3 mm,顶端急缩成短喙 ········ **12. 亚澳薹草** *C. brownii*
                17. 果囊长圆状卵球形,长 5~6 mm,顶端具渐狭的长喙 ··· **13. 横果薹草** *C. transversa*
            14. 雌花鳞片具短尖或无尖,稀具芒;果囊斜展,黄绿色或草绿色。
              18. 小穗常集中在秆的上部;雄小穗棍棒状,雌小穗长圆形 ··· **14. 细根茎薹草** *C. radicina*
              18. 小穗不集中在秆的上部,间距大;雌雄小穗均为长圆柱状或长圆形。
                19. 雌小穗长 3~7 cm;果囊顶端喙较短;叶片宽 5~12 mm ······· **15. 签草** *C. doniana*
                19. 雌小穗长 1.0~2.5 cm;果囊顶端喙中等长;叶片宽 2~5 mm **16. 日本薹草** *C. japonica*
        11. 小坚果棱常缢缩或具刻痕,稀不缢缩;花柱基加厚,扁平。
          20. 雌小穗花密集;小坚果常中部缢缩或不缢缩。
            21. 小坚果中部缢缩;果囊被毛 ···················· **17. 弯喙薹草** *C. laticeps*
            21. 小坚果中部不缢缩;果囊无毛 ················· **18. 相仿薹草** *C. simulans*
          20. 雌小穗疏生数朵花;小坚果棱不缢缩················· **19. 线柄薹草** *C. filipes*

（续表）

13. 薹草属（*Carex*）分种检索表

10. 叶片具横隔细脉。
    22. 果囊无毛。
        23. 果囊后期平展或极叉开,扁三棱状,具长喙,淡黄绿色,无毛 … **20.** 弓喙薹草 *C. capricornis*
        23. 果囊斜展,长于鳞片,膨胀三棱状;顶端渐狭成中等长而稍宽的喙…… **21.** 阿齐薹草 *C. argyi*
    22. 果囊被硬毛或柔毛。
        24. 雌花鳞片卵形或宽卵形,具短尖;果囊钝三棱状。
            25. 叶片宽 6~12 mm;果囊倒卵球状,三棱状不明显 …………… **22.** 舌叶薹草 *C. ligulata*
            25. 叶片宽 3~4 mm;果囊近菱形,三棱状明显 ………… **23.** 杯鳞薹草 *C. poculisquama*
        24. 雌花鳞片卵状披针形,具锐尖;果囊长圆状披针 …………… **24.** 锥囊薹草 *C. raddei*
2. 果囊双凸状或平凸状;柱头 2。
  26. 雌小穗多数密集;总苞片无鞘。
    27. 果囊口部截形或微凹;小穗近无柄或基部小穗有长柄 ………… **25.** 灰化薹草 *C. cinerascens*
    27. 果囊口部全缘或 2 齿;小穗下垂,具柄………… **26.** 二形鳞薹草 *C. dimorpholepis*
  26. 雌小穗稀疏,具花数朵;总苞片具鞘。
    28. 雌花鳞片被褐色条纹;小穗较多,长 15~30 mm ………… **27.** 褐果薹草 *C. brunnea*
    28. 雌花鳞片红棕色;小穗 3~4 个,长 8~15 mm…………**28.** 仙台薹草 *C. sendaica*
1. 小穗两性,无柄,多数,密集排列为穗状花序;柱头常 2,稀 3。
  29. 小穗雄雌顺序,稀全雄或全雌,稀雌雄异株。
    30. 根状茎短,直立,秆丛生;果囊边缘加厚。
      31. 全株密生锈色点线;果囊无疣状凸起。
        32. 果囊具宽而不整齐的翅………………………………… **29.** 翼果薹草 *C. neurocarpa*
        32. 果囊无翅…………………………………………… **30.** 尖嘴薹草 *C. leiorhyncha*
      31. 全株不密生点线;果囊具紫红色凸起疣点………………… **31.** 短苞薹草 *C. paxii*
    30. 根状茎长,匍匐;果囊边缘不加厚,具狭翅,无毛,具少数锈点 …………**32.** 单性薹草 *C. unisexualis*
  29. 小穗雌雄顺序。
    33. 叶片狭窄,宽 2 mm 以下,柱头 3;密集穗状花序 ………… **33.** 穹隆薹草 *C. gibba*
    33. 叶片略宽,宽 2 mm 以上,柱头 2;疏松穗状花序 ………… **34.** 书带薹草 *C. rochebrunii*

1. 灰帽薹草

Carex mitrata Franch.

多年生草本。高 10~30 cm。根状茎短。秆纤细,钝三棱形,光滑。基部叶鞘褐色,叶长于秆。基部总苞片刚毛状,短于花序;小穗 3~4 个,上部稍聚集,最下部的 1 个稍远离,雄小穗顶生,线形;雌小穗侧生,线状圆柱形。果囊卵状纺锤形,钝三棱状,上部收缩成圆锥状的喙;柱头 3。花果期 4—5 月。

产于南京,偶见,生于山坡林下。

2. 青绿薹草

Carex breviculmis R. Br.

多年生草本。高 8~40 cm。根状茎短。秆丛生,纤细,三棱形。叶短于秆。最下部总苞片叶状,长于花序;小穗 2~5 个,上部密集,雄小穗顶生,长圆形,近无柄;雌小穗侧生,卵球形至宽椭圆形,花稍密。果囊倒卵形,钝三棱状,顶端具圆锥状的短喙。小坚果紧包于果囊中;柱头 3。花果期 3—6 月。

产于南京及周边各地,常见,生于山坡林下及路旁杂草中。

3. 江苏薹草

Carex kiangsuensis Kük.

多年生草本。高 20~45 cm。根状茎短。秆丛生,纤细,扁三棱形。叶短于秆,平展。总苞片刚毛状,短于花序;小穗 3~4 个,疏离,雄小穗顶生,棒状;雌小穗侧生,狭圆柱形,花稍密。果囊卵状长圆形,三棱状,上部渐狭成圆锥状的喙,喙口全缘。小坚果紧包于果囊中;柱头 3。花果期 4—5 月。

产于南京及周边各地,偶见,生于山坡林缘、路边草丛中。

4. 三穗薹草

Carex tristachya Thunb.

多年生草本。高 20~45 cm。秆丛生,纤细,钝三棱形。叶短于或近等长于秆,宽 2~4(5)mm。小穗 4~6 个,上部接近,排成帚状,雄小穗顶生,线状圆柱形;雌小穗侧生,圆柱形,长 1.0~3.5 cm,宽 2~3 mm;雌花鳞片椭圆形或长圆形。果囊长于鳞片,直立,卵状纺锤形,三棱状,长 3.0~3.2 mm,膜质,绿色,具多条脉;花柱基部膨大呈圆锥状;柱头 3。花果期 3—5 月。

产于句容、江宁、溧水等地,偶见,生于山坡路边、林下潮湿处。

5. 无喙囊薹草

Carex davidii Franch.

多年生草本。高 20~65 cm。根状茎斜伸。秆丛生，钝三棱形，纤细。叶短于秆。总苞片短叶状，短于花序；小穗 3~5 个，远离，雄小穗顶生，棒状圆柱形；雌小穗侧生，卵球状、圆柱状或长卵球状，花稍密。果囊椭圆形，三棱状，近无喙。小坚果紧包于果囊中，柱头 3。花果期 4—6 月。

产于南京，偶见，生于山坡草地、林缘。

6. 豌豆形薹草

Carex pisiformis Boott

多年生草本。高 15~50 cm。根状茎短或具匍匐茎。秆丛生，纤细，扁三棱形。叶短于或长于秆，宽 2~3（4）mm。小穗 2~4 个，远离，雄小穗顶生，窄圆柱形，长 1.5~2.0 cm；雌小穗侧生。果囊长于或近等长于鳞片，钝三棱状，长约 3 mm，淡黄绿色，上部渐狭成圆锥状的喙，喙口具 2 齿。小坚果紧包于果囊中，卵形，三棱状，顶端缢缩成环盘；柱头 3。花果期 5—6 月。

产于南京、句容等地，偶见，生于山坡林下、路边。

7. 大披针薹草　披针薹草

Carex lanceolata Boott

多年生草本。高 10~35 cm。根状茎粗壮,斜升。秆密丛生,纤细,扁三棱形。叶平展,质软。总苞片佛焰苞状;小穗 3~6 个,疏离;雄小穗顶生,线状圆柱形;雌小穗侧生 2~5 个,长圆状,具花 5~10 余朵;小穗柄常不伸出苞鞘外。果囊倒卵状长圆形,钝三棱状,膜质,具短喙;柱头 3。花果期 4—7 月。

产于南京及周边各地,稀见,生于林下、山坡、林缘或路边。全草入药。

8. 宝华山薹草

Carex baohuashanica Tang & F. T. Wang ex L. K. Dai

多年生草本。高 50~60 cm。根状茎短,木质。秆丛生,较细,扁三棱形。叶短于秆。下面的总苞片叶状,上面的钻形;小穗 3~4 个,单生于总苞片鞘内,小穗间距长,雄小穗顶生,长圆柱形;雌小穗侧生。果囊近直立,倒卵球形,三棱状,顶端具长喙。小坚果顶端具宿存的花柱基部;柱头 3。花果期 3—4 月。

产于句容,稀见,生于山谷林下、林缘。

9. 卷柱头薹草　柔薹草

Carex bostrychostigma Maxim.

　　多年生草本。高 20~50 cm。根状茎长，木质。秆密丛生，稍细弱，钝三棱形。叶短于秆。小穗 5~8 个，单生于总苞片鞘内，雄小穗顶生，线状圆柱形；雌小穗侧生，狭圆柱形，花多数，疏生。果囊近直立，长于鳞片，狭披针形，三棱状，上部渐狭成长喙。小坚果紧包于果囊内；柱头 3。花果期 5—7 月。

　　产于南京、句容等地，稀见，生于山地、路旁、林下、沼泽地、沟边。

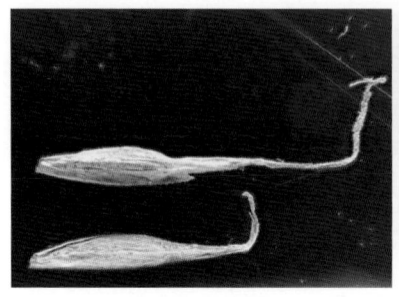

10. 狭穗薹草　珠穗薹草

Carex ischnostachya Steud.

　　多年生草本。高 30~60 cm。根状茎粗短，木质。秆丛生，较细，三棱形。基部具多数叶。总苞片叶状，长于顶端小穗；小穗 4~5 个，下面 1~2 个稍疏离；雄小穗顶生，线形；其余 3 或 4 个为雌小穗，狭圆柱形。果囊近直立，顶端渐狭成中等长的喙。小坚果较紧包于果囊内；柱头 3。花果期 4—5 月。

　　产于南京及周边各地，常见，生于山坡路旁、草丛、水边湿地。

11. 肿胀果薹草

Carex subtumida (Kük.) Ohwi

多年生草本。高 45~75 cm。根状茎短,具匍匐地下茎。秆丛生,三棱形。叶稍短于秆,平展。总苞片叶状,远较小穗长;小穗 4~6 个,下面的 1~2 个疏离;雄小穗顶生,线形;其余为雌小穗,长圆柱形。果囊后期水平展开,不明显三棱状,顶端急狭成短喙。小坚果椭圆形;柱头 3。花果期 4—5 月。

产于南京及周边各地,常见,生于山坡路旁、草丛、水边湿地。

12. 亚澳薹草　亚大薹草

Carex brownii Tuck.

多年生草本。高 30~60 cm。根状茎短。秆丛生,三棱形。秆长于叶,平展。总苞片叶状,长于秆;小穗 3~4 个,较疏离,雄小穗顶生,线形;雌小穗侧生,长圆状圆柱形,花多数,密生。果囊斜展,成熟时近水平展开,宽倒卵状球形,膜质,褐绿色。小坚果包于果囊内,较松弛;柱头 3。花果期 4—5 月。

产于南京及周边各地,常见,生于林下、山坡及路旁潮湿处。

根入药。

13. 横果薹草　柔菅
Carex transversa Boott

多年生草本。高 30~60 cm。根状茎短。秆丛生，锐三棱形。叶短于秆，平展。总苞片叶状，长于小穗；小穗 3~5 个，下部的小穗较疏离；雄小穗顶生，狭圆柱形；雌小穗侧生，近长圆形，密生多数花。果囊斜展，长圆状卵球形，顶端渐狭成长喙。小坚果稍松包于果囊内；柱头 3。花果期 4—5 月。

产于句容、南京等地，常见，生于山坡林下、草丛中或阴湿处。

14. 细根茎薹草
Carex radicina C. P. Wang

多年生草本。高 30~50 cm。根状茎短，具细长的地下匍匐茎。叶长于秆，宽 6~8 mm。苞片叶状，长于小穗；小穗 3~4 个，较集中生于秆的上端，最下面的小穗稍远离。小坚果稍松包于果囊内，近菱形，三棱状，长约 1.5 mm；花柱基部稍增粗；柱头 3，细长，果期时宿存。

产于南京、句容，偶见，生于林下、林缘阴湿处或山谷湿地。

15. 签草　芒尖薹草

Carex doniana Spreng.

多年生草本。高 30~60 cm。根状茎短，具细长的地下匍匐茎。秆较粗壮，扁锐三棱形，棱上粗糙。叶稍长或近等长于秆，宽 5~12 mm。小穗 3~6 个，下面的 1~2 个小穗间距稍长，上面的较密集，生于秆的上端，雄小穗顶生；雌小穗侧生。果囊后期近水平展开，长于鳞片，长圆状卵形，稍鼓胀三棱状，顶端渐狭成较短而直的喙。小坚果稍松包于果囊内，倒卵形，三棱状；柱头 3，细长，果期不脱落。花果期 4—7 月。

产于南京及周边各地，常见，生于沟边、溪边、林下和草丛中潮湿处。

16. 日本薹草

Carex japonica Thunb.

多年生草本。高 20~40 cm。根状茎短，具细长地下匍匐茎。秆较细，扁锐三棱形。上面的叶长于秆。苞片叶状，下面的长于小穗，上面的 1~2 个短于小穗。果囊斜展，长于鳞片，椭圆状卵形或卵形，稍鼓胀三棱状，顶端急缩成中等长的喙。小坚果稍疏松包于果囊中，椭圆形或倒卵状椭圆形，三棱状；花柱基部稍增粗；柱头 3。花果期 5—8 月。

产于南京及周边各地，稀见，生于林下。

17. 弯喙薹草

Carex laticeps C. B. Clarke ex Franch.

多年生草本。高 30~40 cm。根状茎短，木质，具匍匐茎。秆纤细，三棱形。叶短于秆，平展，边缘反卷。总苞片短叶状；小穗 2~3 个，雄小穗顶生 1 个，棍棒状；侧生 1~2 个雌小穗，长或短圆柱形，花密生。果囊长于鳞片，倒卵形，三棱状，上部急缩成长喙。小坚果紧包于果囊中；柱头 3。花果期 3—4 月。

产于南京及周边各地，偶见，生于山坡林下、路旁、沟边。

朱鑫鑫　供图

18. 相仿薹草

Carex simulans C. B. Clarke

多年生草本。高 30~70 cm。根状茎粗硬，木质。秆侧生，钝三棱形。叶短于秆，宽 3~5 mm。苞片短叶状，具长鞘。小穗 3~4 个，彼此远离，雄小穗顶生 1 个，圆柱形，长 3~6 cm；侧生小穗大部分为雌花，圆柱形，长 1.5~4.5 cm；小穗柄直立。果囊稍长于鳞片，斜展。小坚果疏松包于果囊中，卵形，三棱状；花柱基部增粗，柱头 3。花果期 3—5 月。

产于句容，常见，生于山坡路旁或林下。

19. 线柄薹草　丝柄薹草

Carex filipes Franch. & Sav.

多年生草本。高 30~55 cm。根状茎短或稍长。秆扁三棱形,平滑,基部叶鞘无叶片,紫红色。叶短于秆,平张,先端渐尖,柔软。苞片叶状,短于花序,具长鞘。花稀疏,常 3~6 朵;小穗 3~4 个,小穗柄长 3~6 cm,丝状,下垂。果囊长于鳞片,卵形或椭圆形,三棱状。小坚果宽倒卵形或卵形,三棱状,禾秆色;花柱基部不增大,柱头 3。花果期 3—5 月。

产于南京,稀见,生于路边、湿润草丛等地。

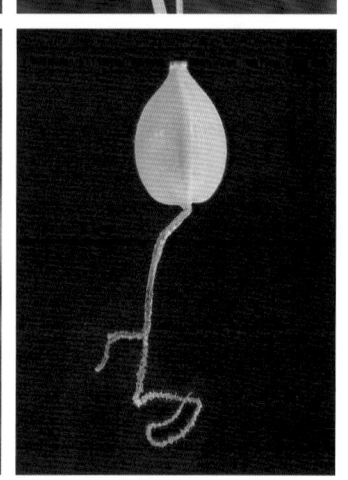

20. 弓喙薹草　羊角薹草

Carex capricornis Meinsh. ex Maxim.

多年生草本。高 30~70 cm。根状茎短。秆丛生,粗壮,三棱形。叶长于秆,平展,稍坚挺。小穗 3~5 个,密集于秆的上端,雄小穗顶生,棍棒形;雌小穗侧生,长圆状卵形,密生多数花。果囊平展或极叉开,狭披针形,扁三棱状,顶端渐狭成长喙。小坚果疏松包于果囊内;柱头 3,较短。花果期 5—8 月。

产于南京等地,偶见,生于河边、湖边以及沼泽地或潮湿处。

朱鑫鑫　供图

21. 阿齐薹草　红穗薹草
Carex argyi H. Lév. & Vaniot

多年生草本。高 30~60 cm。根状茎具地下匍匐茎。秆光滑，三棱形。叶短于秆，平展。总苞片叶状，顶生 2~4 个雄小穗，线状圆柱形；其余小穗为雌小穗，长圆柱形，多数花，密生。果囊斜展，长于鳞片，鼓胀三棱状，顶端渐狭成中等长的喙。小坚果包于果囊内；柱头 3。花果期 4—6 月。

产于南京及周边各地，偶见，生于溪边、沟边等潮湿处。

22. 舌叶薹草
Carex ligulata Nees

多年生草本。高 35~70 cm。根状茎粗短，木质，无地下匍匐茎。秆疏丛生，三棱形，较粗壮，基部包以红褐色无叶片的鞘。上部的叶长于秆，下部的叶片短。苞片叶状，长于花序。果囊近直立，长于鳞片，顶端急狭成中等长的喙，喙口具 2 短齿。小坚果紧包于果囊内；柱头 3。花果期 5—7 月。

产于南京及周边各地，常见，生于水边湿地。

23. 杯鳞薹草　杯颖薹草

Carex poculisquama Kük.

多年生草本。高 30~50 cm。根状茎短。秆密丛生,三棱形,较细。上部的叶长于秆,下部的短于秆。苞片叶状,近等长或长于花序;雄小穗顶生,线形;雌小穗侧生,狭圆柱形。果囊斜展,菱状椭圆形。小坚果为果囊所紧包,三棱状,长约 3 mm;花柱短,基部稍增粗,柱头 3。花果期 5—6 月。

产于南京及周边各地,稀见,生于沟边、池塘边等潮湿地。

张思宇　供图

张思宇　供图

林秦文　供图

24. 锥囊薹草

Carex raddei Kük.

多年生草本。高 35~100 cm。根状茎长而粗壮。秆疏丛生,锐三棱形,较粗壮坚挺,平滑,基部具红褐色无叶片的鞘。叶短于秆,具小横隔脉,顶生 2~3 个雄小穗,近于无柄;其余为雌小穗,长圆状圆柱形,长 3~5 cm。果囊斜展,长于鳞片,长圆状披针形,稍鼓胀三棱状。小坚果疏松包于果囊内,宽卵形,三棱状;柱头 3。花果期 6—7 月。

产于南京、宝应等地,偶见,生于河边湿地或浅水中。

25. 灰化薹草

Carex cinerascens Kük.

多年生草本。高 25~60 cm。根状茎短，具长的匍匐茎。秆丛生，锐三棱形。最下部的苞片叶状，长于或等长于花序，无鞘，其余的刚毛状。小穗 3~5 个，顶生 1~2 个雄小穗，狭圆柱形，长 2~5 cm；其余为雌小穗。果囊长于鳞片，卵形，长 3 mm，膜质，灰色、淡绿色或黄绿色。小坚果稍紧包于果囊中，倒卵状长圆形；柱头 2。花果期 4—5 月。

产于南京、镇江等地，偶见，生于河边湿地。

张思宇 供图　　　　张思宇 供图

26. 二形鳞薹草　　垂穗薹草

Carex dimorpholepis Steud.

多年生草本。高 35~80 cm。根状茎短。秆丛生，锐三棱形。叶等长于秆，平展，边缘稍反卷。下部的 2 枚总苞片叶状，上部的刚毛状；小穗顶端 1 个雌雄顺序；雌小穗侧生，上部 3 个基部具雄花。果囊长于鳞片，略扁，红褐色，密生乳头状凸起和锈点，顶端急缩成短喙，喙口全缘；柱头 2。花果期 4—6 月。

产于南京及周边各地，常见，生于河滩沙地及草地、池沼中。

27. 褐果薹草　褐薹草　栗褐薹草

Carex brunnea Thunb.

多年生草本。高 40~70 cm。根状茎短,无地下匍匐茎。秆密丛生,细长,锐三棱形。叶长于或短于秆。小穗排列稀疏。果囊近于直立,长于鳞片,扁平凸状,基部急缩成短柄,顶端急狭成短喙,喙长不及 1 mm。小坚果紧包于果囊内,近圆形,扁双凸状,黄褐色;花柱基部稍增粗,柱头 2。花果期 8—11 月。

产于南京及周边各地,极常见,生于路边及林下。

28. 仙台薹草　锈鳞薹草

Carex sendaica Franch.

多年生草本。高 10~35 cm。根状茎细长,具地下匍匐茎。秆密丛生,细弱,三棱形。叶基生。小穗 3~4 个,单生于苞片鞘内,长圆形,长 8~15 mm,具几朵至 10 余朵较密生的雌花。果囊近于直立,长于鳞片,平凸状,基部急缩成短柄,上部急狭成短喙,喙长不及 1 mm。小坚果紧包于果囊内,近圆形,扁平凸状;柱头 2。花果期 8—10 月。

产于南京及周边各地,偶见,生于灌木丛中、山坡阴处、草丛中、山沟边或岩石缝中。

29. 翼果薹草　头状薹草

Carex neurocarpa Maxim.

多年生草本。高 15~100 cm。根状茎短,木质。秆丛生,粗壮,扁钝三棱形,光滑。叶长于秆,平展。下部的总苞片叶状,显著长于花序;小穗多数,雄雌顺序,卵形;穗状花序紧密,圆柱形。果囊长于鳞片,宽卵形,稍扁,顶端急缩成喙。小坚果疏松包于果囊中;柱头 2。花果期 6—8 月。

产于南京及周边各地,常见,生于水边湿地或草丛中。

30. 尖嘴薹草

Carex leiorhyncha C. A. Mey.

多年生草本。高 20~80 cm。根状茎短,木质。全株密生锈色点线,秆丛生,叶短于秆,宽 3~5 mm。小穗多数,卵形,长 5~12 mm,宽 4~6 mm,雄雌顺序。果囊长于鳞片,披针状卵形或长圆状卵形,平凸状,长 3.5~4.0 mm。小坚果疏松包于果囊中,椭圆形或卵状椭圆形;花柱基部不膨大,柱头 2。花果期 6—7 月。

产于南京及周边各地,偶见,生于山坡草地、湿地、林缘或路旁。

31. 短苞薹草

Carex paxii Kük.

多年生草本。高 12~55 cm。根状茎短,斜生。秆丛生,直立,三棱形。叶短于或长于秆。穗状花序长圆柱形,长 3.0~6.5 cm。果囊稍长于鳞片,卵状圆锥形,微双凸状,近革质,淡黄棕色,近顶端两面均有紫红色的小疣状凸起,顶端渐狭为喙,喙口 2 齿裂。小坚果疏松包于果囊中,卵形或近椭圆形,双凸状。花果期 6—9 月。

产于南京周边,偶见,生于山坡湿地。

32. 单性薹草

Carex unisexualis C. B. Clarke

多年生草本。高 15~50 cm。根状茎匍匐,细长。秆扁三棱形。叶短于秆。雌雄异株,稀同株;小穗 15~30 个,单性,稀雄雌顺序,雌小穗长圆状卵形;雄小穗长圆形。果囊长于鳞片,卵形,平凸状,膜质,苍白色或淡绿色,顶端渐狭成喙。小坚果疏松包于果囊中;柱头 2。花果期 4—6 月。

产于南京及周边各地,偶见,生于池塘、池沼湿地或杂草中。

33. 穹隆薹草

Carex gibba Wahlenb.

多年生草本。高 20~60 cm。根状茎短, 木质。秆丛生, 直立, 三棱形。叶等长于秆, 平展, 柔软。总苞片叶状, 长于花序。小穗长圆形, 雌雄顺序, 花密生; 穗状花序上部小穗较接近, 基部 1 个小穗有分枝。果囊长于鳞片, 倒卵形, 平凸状, 顶端急缩成短喙。小坚果紧包于果囊中; 柱头 3。花果期 4—8 月。

产于南京及周边各地, 常见, 生于田边、路旁、林下及山坡。

34. 书带薹草

Carex rochebrunii Franch. & Sav.

多年生草本。高 25~50 cm。根状茎短, 粗壮, 木质。秆丛生, 纤细, 三棱形。叶短于秆, 质软, 平展。下部的总苞片叶状, 长于花序; 小穗 5~10 个, 长圆形, 雌雄顺序, 基部的小穗疏离。果囊长于鳞片, 卵状披针形, 平凸状, 绿黄色, 顶端渐狭成长喙。小坚果紧包于果囊中, 具小尖头; 柱头 2。花果期 5—6 月。

产于南京及周边各地, 常见, 生于林下、路旁、水边或湿润草地。

木本或草本。绝大多数为须根。茎多为直立,但亦有匍匐蔓延乃至如藤状,一般明显地具有节与节间 2 部分。单叶互生,常以 1/2 叶序交互排列为 2 行,一般可分 3 部分:叶鞘、叶舌和叶片,常为窄长的带形,亦有长圆形、卵圆形、卵形或披针形等形状。风媒花;花常无柄,在小穗轴上交互排列为 2 行,再组合成各式复合花序。果实通常多为颖果,其果皮质薄而与种皮愈合。

本科为全球分布的大科,为被子植物第五大科,共 797 属约 11 000 种,广布于全球各地。我国产 241 属约 1 923 种。南京及周边分布有 72 属 128 种 6 变种 1 亚种。

禾本科
POACEAE

禾本科分属检索表

1. 竿木质;叶鞘和叶片之间有短柄。
  2. 竹竿通常矮小,高 2 m 以内。
    3. 竿每节 3~5 分枝 ·· **1. 鹅毛竹属** *Shibataea*
    3. 竿每节 1 分枝 ·· **2. 箬竹属** *Indocalamus*
  2. 竹竿高大,高 3 m 以上。
    4. 竿每节 3 分枝,偶 1~2 枝;节间在中下部具纵沟槽,上部仍为圆筒形 ······ **3. 业平竹属** *Semiarundinaria*
    4. 竿每节 2 分枝,偶具 3 分枝;节间在分枝一侧具贯穿全长的纵沟槽 ············ **4. 刚竹属** *Phyllostachys*
1. 秆草质;叶鞘和叶片之间无短柄。
  5. 小穗两侧压扁,脱节于颖片之上;小花多数,少数仅 1 朵花;顶生小花后有一延伸的小穗轴。
    6. 小穗有长柄,圆锥花序开展,稀近无柄而组成紧缩的总状花序或圆锥花序。
      7. 小穗有 2 至多朵小花,如为 1 朵小花,外稃具多条脉。
        8. 小穗有 1 至多朵小花,小花全为两性或雌雄异株。
         9. 第 2 颖片短于第 1 朵小花,若较长,则小穗常无光泽;外稃如有芒,则芒劲直。
          10. 外稃的基盘和背部有长短不等的露出颖片外的柔毛;高大。
           11. 地下茎节间缩短,秆壁厚而硬;叶片基部宽而几成耳状抱茎 ············ **5. 芦竹属** *Arundo*
           11. 地下茎节间长;秆壁薄;叶片基部窄而不成耳状抱茎 ············ **6. 芦苇属** *Phragmites*
          10. 外稃的基盘和背部无毛,如有毛,则不露出颖片外;一般为中小型禾草。
           12. 叶片披针形,有显著横脉;小穗最下 1 朵小花为两性 ············ **7. 淡竹叶属** *Lophatherum*
           12. 叶片宽或狭线形,无小横脉;小穗下部 2 至数朵小花为两性。
             13. 顶生穗形总状花序 ·············· **8. 短柄草属** *Brachypodium*
             13. 紧密或开展的圆锥花序。
               14. 叶片易自与叶鞘连接处脱落;上部叶鞘内有隐藏小穗 ··· **9. 隐子草属** *Cleistogenes*
               14. 叶片不易自叶鞘顶端脱落;叶鞘内无隐藏小穗。
                 15. 外稃具 3 条脉,草质或膜质,两侧略压扁 ·············· **10. 画眉草属** *Eragrostis*
                 15. 外稃具 5 至数条脉。
                   16. 外稃具 5~9 或更多条脉;叶鞘全部关闭或中部以上关闭。
                     17. 小穗顶端具短柔毛,下部细弱弯曲,常自弯转处脱落 ··· **11. 臭草属** *Melica*
                     17. 小穗脱节于颖片之上和各小花之间。
                       18. 水生或沼生植物;外稃有平行脉;内稃沿脊无毛或具毛
                        ·· **12. 甜茅属** *Glyceria*

禾本科分属检索表

18. 陆生植物；外稃背有脊或圆形，内稃沿脊具硬纤毛 …… **13. 雀麦属 Bromus**
16. 外稃具 5 条脉；叶鞘不关闭，稀有中部以上关闭。
19. 外稃顶端延伸成芒；雄蕊 3 ……………………………… **14. 羊茅属 Festuca**
19. 外稃顶端钝而截平，无芒 ……………………………… **15. 早熟禾属 Poa**
9. 第 2 颖片与第 1 朵小花等长，若较短，则小穗具光泽；外稃有芒，膝曲而基部扭转。
20. 小穗多少有光泽，长 4~9 mm；颖片具 1~3 条脉。
21. 圆锥花序紧缩，外稃无芒，或有短小直芒………………… **16. 落草属 Koeleria**
21. 圆锥花序开展；外稃背部有外曲的长芒 ……………… **17. 三毛草属 Sibirotrisetum**
20. 小穗无光泽，长 8~25 mm；颖片具 7~11 条脉 ……… **18. 燕麦属 Avena**
8. 小穗有 2~3 朵小花，杂性，其中 1 朵顶生小花为两性 ……………… **19. 虉草属 Phalaris**
7. 小穗仅具花 1 朵，外稃具 1~5 条脉。
22. 圆锥花序紧缩，组成头状、穗状或圆柱状。
23. 小穗脱节于颖片之上。
24. 圆锥花序圆柱形；外稃无芒，无毛；颖片有明显而粗壮的脊……… **20. 梯牧草属 Phleum**
24. 圆锥花序穗形；外稃基盘有长柔毛，背中部以上有芒 …… **21. 拂子茅属 Calamagrostis**
23. 小穗脱节于颖片之下。
25. 颖片有芒，与外稃基部两边缘分离，具内稃 ……………… **22. 棒头草属 Polypogon**
25. 颖片无芒，与外稃基部两边缘连合，无内稃 ……………… **23. 看麦娘属 Alopecurus**
22. 圆锥花序狭窄或开展，但绝不组成头状、穗状或圆柱状。
26. 颖片不等长，有时极退化，短于外稃。
27. 外稃有芒；秆细弱，外稃具 3 条脉 …………………… **24. 乱子草属 Muhlenbergia**
27. 外稃无芒。
28. 植株高大；叶舌长达 2.5 cm；小穗脱节于颖片之下……… **25. 显子草属 Phaenosperma**
28. 植株较矮瘦；叶舌短，纤毛状，或无叶舌；小穗脱节于颖片之上… **26. 鼠尾粟属 Sporobolus**
26. 颖片几等长于外稃，或略长于外稃。
29. 外稃主脉在顶端靠合，成熟后紧密包裹颖果。
30. 外稃具 1 长芒 ……………………………………… **27. 长旗草属 Patis**
30. 外稃无芒………………………………………………… **28. 粟草属 Milium**
29. 外稃具平行脉，在成熟后疏松包裹颖果，或几不包裹。
31. 小穗轴延伸于内稃之后，有长柔毛 ………………… **29. 野青茅属 Deyeuxia**
31. 小穗轴不延伸于内稃之后，或仅有极短小痕迹，无毛………… **30. 剪股颖属 Agrostis**
6. 小穗无柄，排列于穗轴两侧组成穗状花序；或极短的柄，排列于穗轴一侧，组成穗状花序或穗形总状花序。
32. 顶生穗状花序，小穗无柄，排列于穗轴的两侧。
33. 小穗两颖片均存在，侧生小穗外稃侧面对向穗轴 ……… **31. 披碱草属 Elymus**
33. 除顶生小穗外，其余小穗第 1 颖片缺，侧生小穗以其外稃背腹面对向穗轴 … **32. 黑麦草属 Lolium**
32. 总状或穗状花序，小穗有短柄或无柄，排列于穗轴的一侧；花序单生或数枚组成指状或圆锥状。
34. 小穗具 2 至数朵两性小花。
35. 圆锥花序由多数细弱穗形的总状花序组成；小穗具 2 至数朵小花… **33. 千金子属 Leptochloa**
35. 穗状花序较粗壮，常数个组成指状或近指状排列于秆顶，偶有单一顶生。
36. 穗状花序无顶生小穗，外稃顶端具短芒 ………………… **34. 穇属 Eleusine**
36. 穗状花序具顶生小穗；外稃顶端无芒 ……… **35. 龙爪茅属 Dactyloctenium**

（续表）

禾本科分属检索表

34. 小穗具 1 朵两性小花。

  37. 花序指状;小穗脱节于颖片之上。

    38. 外稃有芒;除两性花外,尚有 2~3 朵退化小花 ·············· **36. 虎尾草属** *Chloris*

    38. 外稃无芒;每小穗仅有 1 朵两性小花,稀 2 朵 ·············· **37. 狗牙根属** *Cynodon*

  37. 花序狭长圆锥状;小穗脱节于颖片之下 ·············· **38. 菵草属** *Beckmannia*

5. 小穗圆筒形或背腹压扁,少两侧压扁,脱节于颖片之下,若脱节于颖片之上,则为背腹压扁;顶生小花之后,无延伸的小穗轴。

  39. 小穗的两颖片退化成半月形的颖片,或完全退化。

    40. 小穗明显两侧压扁;结实小花的稃片和颖片退化 ·············· **39. 假稻属** *Leersia*

    40. 小穗微有压扁或略似圆筒形;小穗单性 ·············· **40. 菰属** *Zizania*

  39. 小穗的两颖片发达,少数种类无第 1 颖片或微小。

    41. 第 2 朵小花的外稃和内稃质地坚硬,较内外颖厚。

      42. 第 2 朵小花的外稃常无芒,基盘亦无毛;小穗多颖片之下脱落。

        43. 穗轴不延伸至顶生小穗之后;花序中无不育小枝。

          44. 小穗组成紧缩或开展的圆锥花序。

            45. 小穗脱节于颖片之上;第 1 朵小花为雄性或两性,与第 2 朵小花内外稃质地相同

            ·············· **41. 柳叶箬属** *Isachne*

            45. 小穗脱节于颖片之下;第 1 朵小花为雄性或中性,比第 2 朵小花内外稃质地薄。

              46. 圆锥花序紧缩成圆柱状;第 2 颖片基部膨大,呈囊状 ··· **42. 囊颖草属** *Sacciolepis*

              46. 圆锥花序松散开展;第 2 颖片基部不膨大成囊状·············· **43. 黍属** *Panicum*

          44. 小穗偏向穗轴一侧,组成穗状花序或穗形总状花序,再由这些花序组成指状、总状或圆锥花序。

            47. 第 1 颖片或第 1 外稃有芒,如无芒,则第 2 内外稃顶端不同程度分离。

              48. 叶片长卵形至披针形;小穗颖片有芒,第 1 颖片芒最长

              ·············· **44. 求米草属** *Oplismenus*

              48. 叶片长条形;小穗颖片无芒或几无芒,第 1 外稃有芒或芒状尖头

              ·············· **45. 稗属** *Echinochloa*

            47. 第 1 颖片及第 1 外稃无芒;第 2 外稃紧抱其内稃,顶端不分离。

              49. 小穗基部有环状或球状基盘 ·············· **46. 野黍属** *Eriochloa*

              49. 小穗基部无上述基盘。

                50. 穗状或近穗状花序 3 至数枝在主序轴上组成总状·············· **47. 雀稗属** *Paspalum*

                50. 穗状或近穗状花序 2 至数枝组成指状排列于秆顶·············· **48. 马唐属** *Digitaria*

        43. 穗轴延伸至顶生小穗之后成 1 刚毛或花序中有不育小枝形成的刚毛。

          51. 穗轴延伸至顶生小穗之后成 1 刚毛 ·············· **49. 伪针茅属** *Pseudoraphis*

          51. 花序中有不育小枝形成的刚毛。

            52. 小穗成熟脱落后,刚毛宿存于穗轴上 ·············· **50. 狗尾草属** *Setaria*

            52. 小穗成熟后脱落,刚毛随小穗一起脱落,不宿存。

              53. 刚毛组成的总苞不愈合 ·············· **51. 狼尾草属** *Pennisetum*

              53. 刚毛部分愈合成球状刺苞 ·············· **52. 蒺藜草属** *Cenchrus*

      42. 第 2 朵小花的外稃常具芒,基盘常有毛;小穗颖片之上脱落 ········ **53. 野古草属** *Arundinella*

    41. 第 2 朵小花的外稃和内稃为透明膜质,较内外颖薄。

      54. 小穗仅具花 1 朵;第 1 颖片常微小或完全退化·············· **54. 结缕草属** *Zoysia*

（续表）

禾本科分属检索表

54. 小穗常具花 2 朵,第 1 颖片长。
　55. 小穗常两性,部分种类有单性小穗,均混生在同一穗轴上。
　　56. 小穗在穗轴上成对生长,同形,均可成熟。
　　　57. 圆锥花序,开展或紧密;2 小穗均有柄,如 1 小穗无柄,则与穗轴节间一起脱落。
　　　　58. 穗轴各节常带着小穗一起脱落。
　　　　　59. 小穗有芒;秆常空心;植株中等大 ················· **55. 大油芒属** *Spodiopogon*
　　　　　59. 小穗常无芒;秆常实心;植株高大粗壮 ············· **56. 甘蔗属** *Saccharum*
　　　　58. 小穗先自柄上脱落,穗轴各节逐步脱落。
　　　　　60. 秆多少中空;圆锥花序紧密组成圆柱状,分枝近基部生小穗
　　　　　　 ·· **57. 白茅属** *Imperata*
　　　　　60. 秆实心;大型松散圆锥花序,由多个总状花序组成,高大
　　　　　　 ·· **58. 芒属** *Miscanthus*
　　　57. 总状花序,在秆顶组成指状;2 小穗均可育,有柄和无柄各 1。
　　　　61. 叶片披针形;秆蔓生 ····························· **59. 莠竹属** *Microstegium*
　　　　61. 叶片线形;秆直立 ································· **60. 黄金茅属** *Eulalia*
　　56. 同节上小穗不同形,无柄小穗可成熟,有柄小穗不育;如同形,则均不育。
　　62. 穗轴节间和小穗柄细长,偶上端变粗或肿胀。
　　　63. 总状花序少数至多数组成伞房状或圆锥状的指状花序,无舟形佛焰苞。
　　　　64. 秆直立粗壮,叶片线形;总状花序组成伞房状或圆锥状的指状花序。
　　　　　65. 总状花序常指状排列。
　　　　　　66. 秆草质,基部多分蘖,上部分枝少;总状花序组成伞房状的指状花序;
　　　　　　　 穗轴多节 ······································· **61. 孔颖草属** *Bothriochloa*
　　　　　　66. 秆略坚硬,上部分枝;总状花序圆锥状;穗轴具 1~5 节
　　　　　　　 ··· **62. 细柄草属** *Capillipedium*
　　　　　65. 总状花序排列呈圆锥状,花序轴延伸 ············· **63. 高粱属** *Sorghum*
　　　　64. 秆细弱,基部横卧;叶片卵状披针形或披针形;总状花序在秆顶排成指状花
　　　　　序;无柄小穗第 2 外稃常分裂,几达基部 ············· **64. 荩草属** *Arthraxon*
　　　63. 总状花序成对或单生于主秆或分枝顶端,其下有或无舟形佛焰苞。
　　　　67. 总状花序在主秆或分枝的顶端单生,无舟形佛焰苞
　　　　　 ·· **65. 裂稃草属** *Schizachyrium*
　　　　67. 总状花序多少为舟形佛焰苞所包裹,总状花序组成伪圆锥花序。
　　　　　68. 植株有香味;舟形佛焰苞内具成对的总状花序 ··· **66. 香茅属** *Cymbopogon*
　　　　　68. 植株无香味;舟形佛焰苞内具单一的总状花序 ··· **67. 菅属** *Themeda*
　　62. 穗轴节间和小穗柄短粗,三棱状、圆柱状,或扁宽而顶端膨大。
　　　69. 总状花序 2 枚合生,紧贴一起成圆柱状 ············· **68. 鸭嘴草属** *Ischaemum*
　　　69. 总状花序单生秆顶,或数枚总状花序组成指状、圆锥或伞房花序。
　　　　70. 穗轴每节上的 2 小穗同形 ····················· **69. 牛鞭草属** *Hemarthria*
　　　　70. 穗轴每节上的 2 小穗不同形。
　　　　　71. 总状花序圆柱形;无柄小穗嵌入凹穴 ·········· **70. 筒轴茅属** *Rottboellia*
　　　　　71. 总状花序略压扁,有背腹之分;无柄小穗不嵌入穗轴
　　　　　　 ·· **71. 蜈蚣草属** *Eremochloa*
　55. 小穗单性,雌雄小穗位于同一花序,雌小穗位于基部 ········· **72. 薏苡属** *Coix*

1. 鹅毛竹属 (*Shibataea*)

1. 鹅毛竹　倭竹

Shibataea chinensis Nakai

根状茎复轴混生。高可达 1 m。竿直立,表面光滑无毛,稍带紫色或淡绿色;竿每节 3~5 分枝,淡绿色并略带紫色;竿环甚隆起;箨鞘纸质,早落;箨舌发达;箨耳及鞘口毛均无;箨片小,锥状。每枝仅具 1 叶,偶有 2 叶,叶缘有小锯齿。笋期 5—6 月,花期 4—5 月。

产于南京,偶见,生于山坡路旁。疑为栽培或逸生。

2. 箬竹属 (*Indocalamus*)

1. 阔叶箬竹

Indocalamus latifolius (Keng) Mcclure

竿高可达 2 m。每节 1 分枝,被微毛,节下方较密;箨鞘硬纸质,背部常具棕色疣基小刺毛或白色柔毛,边缘具棕色纤毛;箨耳无或不明显,疏生粗糙短毛;箨舌截形,先端无毛或有时具短毛而呈流苏状;箨片直立,线形或狭披针形。叶片长圆状披针形,叶背多少有微毛,叶缘生有小刺毛。笋期 4—5 月。

产于江宁及以南地区,偶见,生于林缘、山谷或疏林下。

叶可用于包粽子。

3. 业平竹属（*Semiarundinaria*）

1. 短穗竹

Semiarundinaria densiflora (Rendle) T. H. Wen

高可达 3~4（6）m。根状茎为复轴混生型，竿散生，每节具 3 分枝；竿环隆起，箨环下具白粉；箨鞘绿黄色，有淡黄色或白色纵条纹和稀疏刺毛；箨耳发达，边缘具繸毛；箨舌微弧形；箨片披针形，稍外展。小枝具 2~5 枚叶；叶片长卵状披针形。花序紧密成丛；小穗具 5~7 朵小花。笋期 4—5 月。

产于南京及周边各地，偶见，生于低山丘陵路旁。

朱鑫鑫 供图

4. 刚竹属（*Phyllostachys*）分种检索表

1. 竿箨的箨片常反折；根状茎无通气道；假小穗不密集组成头状。
  2. 竿箨无箨耳；新竿节下有 1 圈较厚的白粉 ·································· **1. 金竹** *P. sulphurea*
  2. 竿箨有发育微弱箨耳，有发达的肩毛 ·································· **2. 毛竹** *P. edulis*
1. 竿箨的箨片不反折；根状茎有通气道；假小穗密集组成头状。
  3. 竿箨有发育微弱的箨耳或无箨耳 ·································· **3. 水竹** *P. heteroclada*
  3. 竿箨有发达的箨耳 ·································· **4. 篌竹** *P. nidularia*

1. 金竹

Phyllostachys sulphurea (Carrière) Rivière & C. Rivière

高 6~15 m。竿直径 4~10 cm；新竿绿色,无毛；箨环微隆起；箨鞘背面呈乳黄色又不同程度带灰色,无毛,有绿色脉纹,微被白粉；箨耳及鞘口繸毛均缺；箨舌绿黄色,截形或拱形,边缘生白色或淡绿色纤毛；箨片狭三角形至带状,外翻。末级小枝具 2~5 枚叶；叶片披针形。笋期 5 月中旬。

产于句容,偶见,生于山区疏林下。南京周边各地农村房前屋后有栽培。

笋供食用,味微苦。

2. 毛竹

Phyllostachys edulis (Carrière) J. Houz.

高可达 20 m。根状茎单轴散生。竿直径达 20 cm；老竿无毛；箨环有毛；竿环平,箨环凸起；箨鞘背面紫褐色,具黑褐色斑点及密生棕色刺毛；繸毛发达,箨耳微小；箨舌宽短,强隆起呈尖拱形；箨片长三角形,较短,绿色。末级小枝具 2~4 枚叶；叶片披针形。笋期 4 月,花期 5—8 月。

产于南京及周边各地,常见,生于山坡。常见栽培。

朱鑫鑫　供图

3. 水竹

***Phyllostachys heteroclada* Oliv.**

高可达 6 m。竿直径 3 cm；竿环在较细的竿中则明显隆起高于箨环；分枝接近于水平开展；箨鞘背面深绿色带紫色；箨耳小，明显可见；箨舌低，微凹呈拱形，边缘生白色短纤毛；箨片直立，三角形。末级小枝具 2 枚叶，花枝呈紧密的头状，着生于有叶小枝的顶端。果实未见。笋期 5 月，花期 4—8 月。

产于南京及周边各地，常见，生于丘陵岗坡沟边、农村河边。

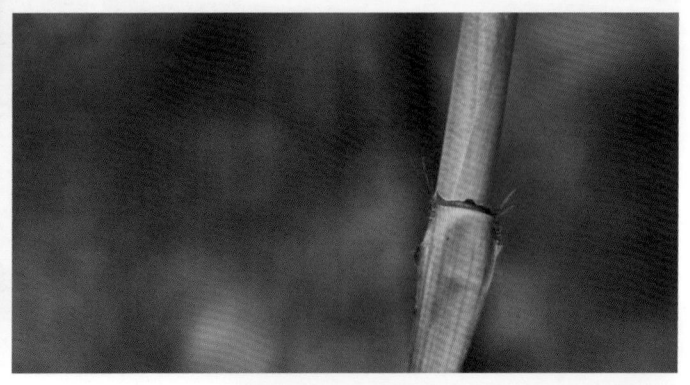

4. 篌竹

***Phyllostachys nidularia* Munro**

高 1~8 m。竿直径 1~4 cm；节间最长可达 30 cm，幼竿被白粉；箨环最初有棕色刺毛；箨鞘薄革质；箨耳大，由箨片下部两侧扩大而成；箨舌宽，微拱形；箨片三角形，绿紫色，直立。末级小枝仅具 1 枚叶，呈带状披针形。花枝呈紧密的头状。笋期 4—5 月，花期 4—8 月。

产于南京及周边各地，常见，生于山坡、沟边或平原水边。

5. 芦竹属（*Arundo*）

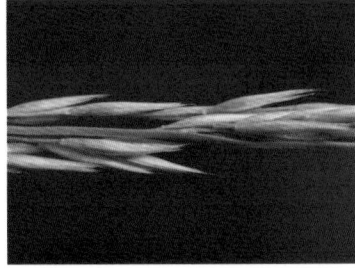

1. 芦竹

Arundo donax L.

多年生草本。高 2~6 m。具发达根状茎。秆直立,具多数节,坚韧,上部的节常有分枝。叶鞘长于节间,无毛;叶片扁平,抱茎。圆锥花序极大型,分枝直立,稠密,小穗具小花 2~4 朵;颖片披针形,几等长;外稃的主脉延伸成 1~2 mm 的短芒;内稃长约为外稃之半。花果期 9—12 月。

产于南京及周边各地,常见,生于河岸、沟边。

6. 芦苇属（*Phragmites*）

1. 芦苇

Phragmites australis (Cav.) Trin. ex Steud.

多年生草本。高 1~3 m。秆直立,具 20 多节。叶鞘下部短于上部;叶片长披针形。圆锥花序大型,分枝多数,着生稠密下垂的小穗;小穗柄长 2~4 mm,小穗长约 12 mm,具花 4 朵;颖片有 3 条脉,第 1 颖片长 4 mm,第 2 颖片长约 7 mm;第 1 不孕外稃雄性;内稃长约 3 mm。颖果长约 1.5 mm。花果期 7—11 月。

产于南京及周边各地,极常见,生于池沼、河岸、道旁的湿润处。

7. 淡竹叶属（*Lophatherum*）

1. 淡竹叶

Lophatherum gracile Brongn.

多年生草本。高 40~100 cm。秆直立,疏丛生,具 5 或 6 节。叶鞘光滑或一边有纤毛;叶片披针形,具横脉。圆锥花序分枝开展或斜升,小穗狭披针形;颖片顶端钝,常具 5 条脉;第 1 外稃长 6~7 mm,宽约 3 mm,具 7 条脉;内稃较短。颖果长椭圆状。花果期 6—10 月。

产于南京及周边各地,常见,生于山坡下或荫蔽处。茎叶入药。

8. 短柄草属（*Brachypodium*）

1. 短柄草

Brachypodium sylvaticum (Huds.) P. Beauv.

多年生草本。高 50~80 cm。秆直立,有 5~7 节。叶片长 10~36 cm,宽 2~10 mm。穗形总状花序着生 10 余枚小穗;穗轴节间长 1~2 cm;小穗圆筒形,具 5~12 朵小花;颖片披针形,第 1 颖片具 5 或 7 条脉,长 6~10 mm,第 2 颖片具 7 或 9 条脉,长 10~14 mm;内稃短于外稃,顶端钝圆或截平。花果期 7—9 月。

产于南京及周边各地,偶见,生于山坡林下或林边。

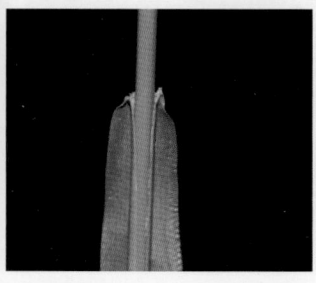

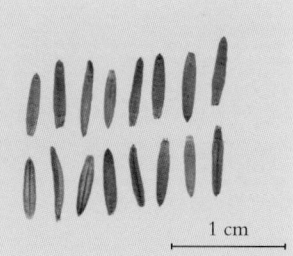

1 cm

9. 隐子草属（*Cleistogenes*）

1. 朝阳隐子草

Cleistogenes hackelii (Honda) Honda

多年生草本。高 30~60 cm。秆丛生。叶鞘短于或长于节间；叶片两面均无毛，内卷或扁平。圆锥花序开展，常每节有 1 分枝，小穗具 2~4 朵小花；颖片薄似膜质，具 1 条脉，第 1 颖片长 1.0~2.5 mm，第 2 颖片长 2~4 mm；外稃边缘及顶端带紫色；内稃与外稃近等长。花果期 7—11 月。

产于南京及周边各地，常见，生于路边和山坡。

10. 画眉草属（*Eragrostis*）分种检索表

1. 花序长度短于植株一半。小穗轴节间不逐节掉落。
  2. 叶片内卷，宽 1~3（5）mm；小穗柄无腺点。
    3. 花序较开展；颖片顶端钝，长 0.5~1.2 mm·······················**1. 画眉草** *E. pilosa*
    3. 花序紧缩成穗状；颖片顶端尖或稍尖，长 1.0~1.8 mm··········**2. 秋画眉草** *E. autumnalis*
  2. 叶片常扁平，宽 2.5~6.0 mm；小穗柄具腺点。
    4. 基部叶鞘两侧压扁；小穗长圆状披针形，紫黑色·················**3. 知风草** *E. ferruginea*
    4. 基部叶鞘稍压扁或不压扁；小穗长圆形或卵形，绿白色。
      5. 小穗宽 2~3 mm；外稃长 2.0~2.2 mm ··················**4. 大画眉草** *E. cilianensis*
      5. 小穗宽 1.5~2.0 mm；外稃长 1.5~2.0 mm ··················**5. 小画眉草** *E. minor*
1. 花序长度超过植株一半，小穗轴节间逐节掉落 ·····················**6. 乱草** *E. japonica*

1. 画眉草

Eragrostis pilosa (L.) P. Beauv.

    一年生草本。高 20~60 cm。秆基部膝曲或直立，常具 4 节。叶鞘稍压扁；叶片线形扁平或卷缩。圆锥花序较开展；小穗具小花 3~14 朵；颖片顶端钝或第 2 颖片稍尖，第 1 颖片长 0.5~0.8 mm，第 2 颖片长 1.0~1.2 mm；第 1 外稃长 1.5~2.0 mm；内稃呈弓形弯曲，长 1.2~1.5 mm。颖果长圆形。花果期 8—11 月。

    产于南京及周边各地，常见，生于荒芜田野。

    全草入药。

2. 秋画眉草

Eragrostis autumnalis Keng

一年生草本。高 15~40 cm。秆基部常膝曲而倾斜。叶鞘压扁,鞘口常有长柔毛或无毛;叶舌退化为 1 圈毛;叶片内卷,叶面粗糙。圆锥花序较紧缩,分枝直立或上升,小穗具小花 4~10 朵;颖片顶端稍尖或尖,具 1 条脉;外稃卵状披针形,侧膜明显而突出;内稃较外稃迟落或宿存。花果期 7—11 月。

产于南京及周边各地,偶见,生于路旁草地。可做饲料。

3. 知风草

Eragrostis ferruginea (Thunb.) P. Beauv.

多年生草本。高 30~80 cm。秆丛生,直径约 4 mm。叶鞘两侧极压扁;叶片内卷或扁平,较坚韧,上部叶超出花序之上。圆锥花序开展,分枝单生或 2~3 个聚生,小穗具 7~12 朵小花;颖片披针形;外稃卵状披针形;颖片与外稃自下向上脱落;内稃宿存或迟落。颖果棕红色。花果期 7—11 月。

产于南京及周边各地,极常见,生于路边、山坡草地。

4. 大画眉草

Eragrostis cilianensis (All.) Janch.

一年生草本。高 20~90 cm。新鲜时有鱼腥味。秆粗壮。叶片内卷或扁平。圆锥花序长圆形，分枝粗壮，单生；小穗卵状长圆形，具 5 至数朵小花；颖片顶端尖，具 1 或 3 条脉；第 1 外稃长 2.0~2.2 mm，宽约 1 mm；内稃宿存，稍短于外稃。颖果近圆形，直径约 0.7 mm。花果期 7—10 月。

产于南京及周边各地，偶见，生于荒芜平地。

5. 小画眉草

Eragrostis minor Host.

一年生草本。高 15~50 cm。秆纤细，膝曲上升，丛生，具 3~4 节。叶鞘较节间短，疏松包秆；叶片线形，平展或卷缩。圆锥花序开展而疏松，每节有 1 分枝；小穗长圆形，具小花 3~16 朵；颖片锐尖；第 1 外稃长约 2 mm，广卵形；内稃长约 1.6 mm。颖果红褐色，近球形。花果期 6—9 月。

产于南京及周边各地，偶见，生于荒野、草地与路旁。

6. 乱草

Eragrostis japonica (Thunb.) Trin.

　　一年生草本。高 30~100 cm。秆膝曲丛生或直立,具 3~4 节。叶鞘光滑,大多长于节间;叶片内卷或扁平。圆锥花序长圆形,小穗卵圆形,具小花 4~8 朵;颖片近等长,顶端钝,具 1 条脉,长 0.5~0.8 mm;外稃卵圆形;内稃与外稃近等长。颖果棕红色并透明,卵圆形。花果期 7—10 月。

　　产于南京及周边各地,偶见,生于田野、路旁、河边或低湿处。

11. 臭草属（*Melica*）分种检索表

1. 圆锥花序分枝细长，直立或上升；顶端不育小花外稃 1 枚···················· **1. 广序臭草** *M. onoei*
1. 圆锥花序分枝短，常紧缩成总状和穗状，少数舒展；顶端不育小花外稃聚集组成棒状。
  2. 小穗长 7~10 mm，具 2 朵孕性小花；外稃粗糙·················· **2. 大花臭草** *M. grandiflora*
  2. 小穗长 4~7 mm，具 2~4 朵孕性小花；外稃有粒状凸起 ·················· **3. 臭草** *M. scabrosa*

1. 广序臭草

Melica onoei Franch. & Sav.

多年生草本。高 75~100 cm。秆少数丛生，直径 2.0~3.5 mm，有 10 余节。叶鞘闭合几达鞘口，紧密包茎，长于节间；叶片扁平。圆锥花序初紧缩，后开展，每节有 2~3 分枝；小穗柄细弱，常具 2 朵孕性小花，有光泽；颖片顶端尖，薄膜质，第 1 颖片长 2~3 mm，第 2 颖片长 3.0~4.5 mm。花果期 7—10 月。

产于南京及周边各地，偶见，生于山坡或林下。

可做粗质饲料。

2. 大花臭草

Melica grandiflora Koidz.

多年生草本。高 30~60 cm。秆常少数丛生,较细弱,直立,有 5~7 节。叶片扁平或干后卷折。圆锥花序狭窄,常退化成总状,长 3~10 cm;花序轴具少数小穗;小穗柄细长,直立;第 1 颖片长 4~6 mm,第 2 颖片长 5~7 mm;外稃卵形,具 7 或 9 条脉,硬膜质。花果期 4—7 月。

产于南京及周边各地,常见,生于林下或湿地。

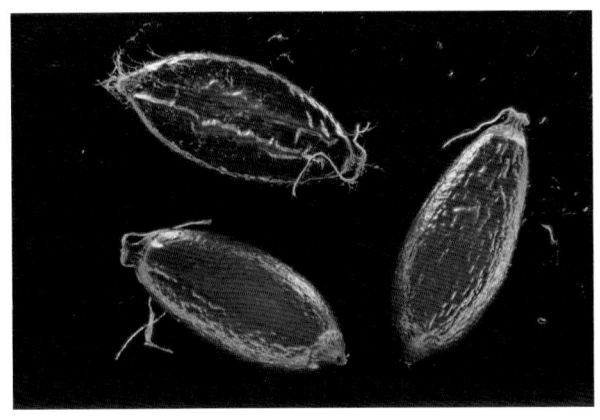

3. 臭草

Melica scabrosa Trin.

多年生草本。高 30~70 cm。秆丛生。叶片柔软,扁平。圆锥花序狭窄;小穗具 2~4 朵孕性小花,淡绿色或乳白色;小穗轴节间长约 1 mm,光滑;颖片几等长,长 4~7 mm,膜质;外稃草质,第 1 外稃长 4.5~6.0 mm;内稃倒卵形,短于外稃或与外稃相等;雄蕊 3。颖果褐色,纺锤形。花果期 5—8 月。

产于南京及周边各地,偶见,生于山坡草地、荒芜山野或田野。

12. 甜茅属（*Glyceria*）

1. 甜茅

Glyceria acutiflora subsp. *japonica* (Steud.) T. Koyama & Kawano

多年生草本。高 40~70 cm。秆柔软,常单生。叶鞘常长于节间,闭合几达顶端;叶片扁平。圆锥花序退化几成总状,狭窄,基部隐藏于叶鞘内;分枝着生 2~3 个小穗,上部各节仅具 1 个有短柄的小穗;小穗线形,具 5~12 朵小花;颖片边缘干膜质,雄蕊 3。颖果长圆形,具腹沟。花果期 4—6 月。

产于南京及周边各地,偶见,生于稻田、溪流、沟渠等湿地。

13. 雀麦属 (*Bromus*) 分种检索表

1. 第 1 颖片仅具 1 条脉 ··· **1. 疏花雀麦** *B. remotiflorus*
1. 第 1 颖片具 3~9 条脉。
  2. 小穗幼时圆筒形,成熟后压扁;外稃顶端具 5~10 mm 的芒 ····························· **2. 雀麦** *B. japonicus*
  2. 小穗两侧极压扁;外稃顶端无芒或仅有小尖头 ································ **3. 扁穗雀麦** *B. catharticus*

1. 疏花雀麦

Bromus remotiflorus (Steud.) Ohwi

多年生草本。高 60~120 cm。秆直立,有 6~7 节。叶鞘关闭至鞘口;叶片长 20~45 cm,宽 5~8 mm。圆锥花序开展,每节有 2~4 分枝,成熟时下垂;小穗暗绿色,具 5~10 朵小花,幼时圆筒状,成熟后压扁;颖片窄披针形,第 1 颖片长 4~7 mm,第 2 颖片长 8~10 mm;外稃披针形。花果期 5—8 月。

产于南京及周边各地,常见,生于山坡林下及河岸边。

2. 雀麦

Bromus japonicus Thunb.

一年生或二年生草本。高 30~100 cm。秆直立。叶片长 5~70 cm，宽 2~8 mm。圆锥花序开展，下垂，每节有 3~7 分枝，向下弯垂；分枝细，上部着生 1~4 个小穗；小穗成熟后压扁，具 7~14 朵小花；颖片披针形，第 1 颖片长 5~6 mm，第 2 颖片长 7~9 mm；外稃卵圆形。花果期 5—7 月。

产于南京及周边各地，常见，生于山坡、荒野或路边。

3. 扁穗雀麦

Bromus catharticus Vahl

一年生或二年生草本。高达 100 cm。秆直立。叶片线状披针形，长达 40 cm，宽 4~7 mm。圆锥花序开展，疏松；小穗常具 6~7 朵小花，极压扁；颖片披针形，第 1 颖片长约 1 cm，第 2 颖片长 1.2~1.5 cm；外稃有 11 或 12 条脉，第 1 外稃长 1.7~1.9 cm；内稃窄小，长约为外稃的 1/2；雄蕊 3。花果期 4—5 月。

产于南京及周边各地，常见，生于路边荒地。

14. 羊茅属(*Festuca*)分种检索表

1. 颖片卵圆形,长 1~2 mm;外稃具芒 ·· **1. 小颖羊茅** *F. parvigluma*
1. 颖片披针形,长 3~4 mm;外稃无芒 ································ **2. 苇状羊茅** *F. arundinacea*

1. 小颖羊茅

Festuca parvigluma Steud.

多年生草本。高 30~60 cm。有细而短的根状茎。秆细弱,无毛,平滑。叶鞘基部有毛或光滑;叶舌干膜质,叶片长 7.5~35.0 cm,宽 2~5 mm。圆锥花序柔软下垂;小穗轴微粗糙,具 3~5 朵小花;颖片卵圆形,顶端稍钝或尖,第 1 颖片具 1 条脉,第 2 颖片具 3 条脉;外稃光滑无毛。花果期 4—7 月。

产于南京及周边各地,常见,生于田野和树荫下。

2. 苇状羊茅

Festuca arundinacea Schreb.

多年生草本。高 80~100 cm。植株较粗壮,秆直立,平滑无毛。叶鞘通常平滑无毛;叶舌长 0.5~1.0 mm,平截。圆锥花序疏松开展,长 20~30 cm,分枝粗糙;小穗绿色带紫色,成熟后呈麦秆黄色。颖果长约 3.5 mm。花期 7—9 月。

产于南京及周边各地,常见,生于路边荒地。栽培或逸生。

15. 早熟禾属（*Poa*）分种检索表

1. 一年生或二年生；无根状茎；秆柔软短小。
  2. 花序分枝粗壮而光滑；小穗基盘无绵毛；叶鞘中部以下常闭合⋯⋯⋯⋯⋯ **1. 早熟禾 *P. annua***
  2. 花序分枝细长而粗糙；小穗基盘有绵毛；叶鞘闭合⋯⋯⋯⋯⋯⋯**2. 白顶早熟禾 *P. acroleuca***
1. 多年生；有匍匐根状茎或丛生。
  3. 小穗具花 2~3 朵⋯⋯⋯⋯⋯⋯⋯⋯⋯⋯⋯⋯⋯⋯⋯**3. 普通早熟禾 *P. trivialis***
  3. 小穗具花 3~6 朵。
    4. 圆锥花序开展；外稃近顶端处常稍带紫色⋯⋯⋯⋯⋯⋯**4. 法氏早熟禾 *P. faberi***
    4. 圆锥花序紧缩；外稃近顶端处常带黄铜色⋯⋯⋯⋯⋯**5. 硬质早熟禾 *P. sphondylodes***

1. 早熟禾

Poa annua L.

一年生或二年生草本。高 8~30 cm，全体无毛。秆柔软，直立或倾斜。叶鞘光滑，稍压扁；叶片扁平或对折，柔软。圆锥花序开展，每节有 1~3 个分枝；小穗卵形，具小花 3~5 朵；颖片质薄，第 1 颖片具 1 条脉，第 2 颖片具 3 条脉；外稃卵圆形；内稃稍短于外稃或与外稃等长。颖果纺锤形。花期 4—5 月，果期 6—7 月。

产于南京及周边各地，极常见，生于路边及草地。

2. 白顶早熟禾

Poa acroleuca Steud.

一年生或二年生草本。高 25~45 cm。秆直立，具 3~4 节。叶鞘闭合，光滑；叶片柔软，光滑。圆锥花序金字塔形，细弱下垂，每节着生 2~5 个分枝；小穗粉绿色，具 2~4 朵小花；颖片质薄，披针形，第 1 颖片具 1 条脉，第 2 颖片具 3 条脉；外稃长圆形，内稃较外稃稍短。颖果纺锤形。花果期 3—7 月。

产于南京及周边各地，极常见，生于林边或阴湿处。

3. 普通早熟禾

Poa trivialis L.

多年生草本。高 20~100 cm。秆丛生，基部倾卧地面或着土生根而具匍匐茎；具 3 或 4 节。叶鞘粗糙，与叶片近等长；叶片扁平。圆锥花序椭圆形柱状，每节具 4~5 个分枝；小穗柄极短，具小花 2~3 朵；颖片脊部粗糙，下部颖片窄，第 2 颖片长 2.2~3.0 mm；外稃长约 2.5 mm；内稃近等长于外稃。花果期 5—7 月。

产于南京及周边各地，偶见，生于山坡草地湿润处。

4. 法氏早熟禾　华东早熟禾

Poa faberi Rendle

多年生草本。高 45~60 cm。秆疏丛生。叶鞘常逆向粗糙，短于节间；叶片扁平。圆锥花序灰绿色，每节有 2 至数个分枝，顶端稍下垂；小穗倒卵状披针形，蓝色或绿色，具 3~4 朵小花；颖片披针形；外稃披针形；内稃稍短于外稃。花果期 4—8 月。

产于句容，偶见，生于路边及林下阴湿处。

5. 硬质早熟禾

Poa sphondylodes Trin.

多年生草本。高 30~60 cm。秆直立，丛生，有 3~4 节。叶鞘无脊，长于叶片；叶片扁平。圆锥花序紧缩几成穗状，主轴各节具 4~5 个分枝；小穗着生于侧枝基部，具小花 4~6 朵；颖片披针形，第 1 颖片稍短于第 2 颖片；外稃披针形，第 1 外稃长约 3 mm；内稃与外稃等长。颖果长约 2 mm。花果期 5—8 月。

产于江宁等地，常见，生于山坡、草地。

16. 落草属（*Koeleria*）

1. 落草

Koeleria macrantha (Ledeb.) Schult.

多年生草本。高 25~50 cm。秆密丛,有 2~3 节,直立。叶鞘无毛或被短柔毛,在秆基处碎裂呈纤维状;叶片线形,灰绿色,常扁平或内卷。圆锥花序穗状,下部间断;小穗无毛,具小花 2~3 朵,稀为 4~5 朵;颖片长圆状披针形或倒卵状长圆形,第 1 颖片具 1 条脉,第 2 颖片具 3 条脉;外稃披针形。花期 5—8 月。

产于南京及周边各地,偶见,生于山坡、草地和路旁。

17. 三毛草属（*Sibirotrisetum*）

1. 三毛草

Sibirotrisetum bifidum (Thunb.) Barberá

多年生草本。高 30~60 cm。秆直立或基部膝曲,有 2~5 节。叶鞘松弛,无毛,常短于节间;叶片柔软,扁平。圆锥花序长圆形,褐绿色或黄绿色,分枝细而平滑,每节多枚,上升或稍开展,小穗具小花 2~3 朵;颖片膜质,不相等;外稃背部粗糙,顶端 2 裂;内稃透明膜质,甚短于外稃。花果期 4—7 月。

产于南京及周边各地,偶见,生于林荫及潮湿草地。

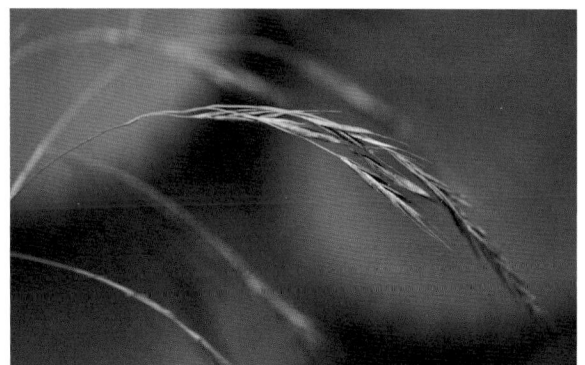

18. 燕麦属（*Avena*）

1. 野燕麦

Avena fatua L.

一年生草本。高 60~120 cm。秆直立,无毛,光滑,有 2~4 节。叶片扁平,长 11~30 cm,宽 4~12 mm。圆锥花序长 10~25 cm,开展;小穗具小花 2~3 朵,长 18~25 mm。颖片草质,常有 9 条脉,第 1 颖片和第 2 颖片几相等;外稃质地坚硬,第 1 外稃长 15~20 mm。颖果被淡棕色柔毛,长 6~8 mm。花果期 4—9 月。

产于南京及周边各地,常见,生于荒野、路边或田间。

南京及周边尚分布有一变种光稃野燕麦 *A. fatua* var. *glabrata* Peterm.,其外稃光滑无毛,其他性状均同原变种。当前倾向于不再区分此变种。

19. 虉草属（*Phalaris*）

1. 虉草

Phalaris arundinacea L.

多年生草本。高 60~140 cm。秆通常单生或少数丛生，有 6~8 节。叶鞘无毛；叶舌薄膜质，长 2~3 mm；叶片扁平。圆锥花序紧密狭窄，长 8~15 cm，分枝直向上举，密生小穗；小穗长 4~5 mm。花果期 6—8 月。

产于南京及周边各地，常见，生于水边湿地。

20. 梯牧草属（*Phleum*）

1. 鬼蜡烛

Phleum paniculatum Huds.

一年生草本。高 10~45 cm。秆丛生，有 3~5 节。叶鞘松弛或紧密，短于节间，常无毛；叶片扁平，柔软。圆锥花序紧密，组成窄的圆柱状，长 2~10 cm，宽 4~8 mm，黄绿色；小穗楔状倒卵形；颖片具 3 条脉；外稃卵形，长 1.5~2.0 mm，具 5 条脉；内稃与外稃几等长。颖果长约 1 mm。花果期 5—8 月。

产于南京及周边各地，偶见，生于潮湿地。

21. 拂子茅属 (*Calamagrostis*)

1. 拂子茅

Calamagrostis epigejos (L.) Roth

多年生草本。高 45~100 cm。具根状茎。秆直立。叶鞘稍粗糙或平滑,短于或基部长于节间;叶片边缘内卷或扁平。圆锥花序挺直,圆筒形,较密接,但有间断;小穗线形,稍带淡紫色或灰绿色;两颖片几等长;外稃透明膜质,长约为颖片之半;内稃长约为外稃的 2/3。果期 5—9 月。

产于南京及周边各地,常见,生于低湿之地。

22. 棒头草属（*Polypogon*）分种检索表

1. 颖片的芒和小穗近等长···**1. 棒头草** *P. fugax*

1. 颖片的芒长 3~7 mm，为小穗的 2~4 倍··············**2. 长芒棒头草** *P. monspeliensis*

1. 棒头草

Polypogon fugax Nees ex Steud.

　　一年生草本。高 10~75 cm。秆丛生，基部膝曲。叶鞘无毛，大都短于节间；叶片扁平。圆锥花序穗状，长圆形或卵形，较疏松；分枝长可达 4 cm；小穗长约 2.5 mm；颖片几等长，长圆形；外稃光滑，长约 1 mm；雄蕊 3。颖果椭圆形，一面扁平。花果期 4—9 月。

　　产于南京及周边各地，极常见，生于潮湿处。

2. 长芒棒头草

Polypogon monspeliensis (L.) Desf.

　　一年生草本。高 20~60 cm。秆直立或基部膝曲，有 4~5 节。叶鞘微粗糙，疏松抱基，大多短于节间；叶片长 6~13 cm，宽 3~9 mm。圆锥花序穗状，长 2~10 cm，宽 5~20 mm（包括芒）；小穗淡灰绿色，长 2.0~2.5 mm；颖片倒卵状长圆形；外稃光滑。颖果倒卵状长圆形。花果期 5—10 月。

　　产于南京及周边各地，偶见，生于潮湿处。

23. 看麦娘属（*Alopecurus*）分种检索表

1. 圆锥花序瘦小,小穗长 2~3 mm·· **1. 看麦娘** *A. aequalis*
1. 圆锥花序粗壮,小穗长 5~6 mm··· **2. 日本看麦娘** *A. japonicus*

1. 看麦娘

Alopecurus aequalis Sobol.

　　一年生草本。高 15~40 cm。秆少数丛生,节处常膝曲,细瘦。叶鞘光滑,短于节间;叶片扁平。圆锥花序圆柱状,灰绿色,长 2~7 cm,宽 3~6 mm;小穗椭圆形或卵状长圆形,长 2~3 mm;颖片膜质;外稃膜质,等大或稍长于颖片。颖果长约 1 mm。花果期 4—8 月。

　　产于南京及周边各地,极常见,生于田边或潮湿处。

2. 日本看麦娘

Alopecurus japonicus Steud.

　　一年生草本。高 20~50 cm。秆多数直立、丛生或基部膝曲,有 3~4 节。叶鞘疏松抱茎;叶片柔软,蓝绿色。圆锥花序圆柱状,黄绿色;小穗卵形至长圆形,长 5~6 mm;颖片草质;外稃略长于颖片;芒长 8~12 mm,近稃体基部伸出。颖果半椭圆形,长 2.0~2.5 mm。花果期 2—5 月。

　　产于南京及周边各地,极常见,生于麦田或草地。

24. 乱子草属（*Muhlenbergia*）分种检索表

1. 颖片顶端常钝,无脉或第 2 颖片顶端尖且具 1 脉 ················· **1. 乱子草** *M. huegelii*
1. 颖片顶端尖,有 1 条脉;秆基部俯卧,着土后节上生根 ················· **2. 日本乱子草** *M. japonica*

1. 乱子草

Muhlenbergia huegelii Trin.

多年生草本。高 70~90 cm。秆质较硬,稍扁,直立。叶鞘疏松;叶片扁平,狭披针形。圆锥花序稍疏松开展,有时下垂,每节簇生数分枝;小穗灰绿色,有时带紫色,披针形,长 2~3 mm;颖片薄膜质,第 1 颖片较短;外稃与小穗等长,具铅绿色斑纹。花果期 7—10 月。

产于南京,偶见,生于山谷和河岸潮湿处。

2. 日本乱子草

Muhlenbergia japonica Steud.

多年生草本。高 15~50 cm。秆基部倾斜或横卧,节部着土即生根。叶鞘光滑,无毛;叶片狭披针形。圆锥花序狭窄,稍弯曲,每节有 1 个分枝;小穗长约 2.5 mm,灰绿而带紫黑色;颖片膜质,稍带紫色或白色;外稃与小穗等长,具铅绿色斑纹,有时带紫色;芒常为紫色,细弱,直立。花果期 7—11 月。

产于南京,偶见,生于阴湿处。

25. 显子草属（*Phaenosperma*）

1. 显子草

Phaenosperma globosum Munro ex Benth.

多年生草本。高 1.0~1.5 m。秆少数丛生或多单生,直立,有 4~5 节。叶鞘光滑,常短于节间,无毛;叶片宽条形,常反卷。圆锥花序长达 40 cm,分枝在下部者多轮生,长达 10 cm;小穗背腹压扁,两颖不等长。颖果长约 3 mm,黑褐色,表面有皱纹。花果期 5—9 月。

产于南京及周边各地,常见,生于山坡林下。

26. 鼠尾粟属（*Sporobolus*）

1. 鼠尾粟

Sporobolus fertilis (Steud.) Clayton

多年生草本。高 60~100 cm。秆直立,丛生,质较坚硬。叶鞘疏松包秆;叶片质较硬,常内卷。圆锥花序紧缩,常间断,或稠密近穗形;小穗长约 2 mm,灰绿色且略带紫色;颖片膜质,第 1 颖片长约 0.5 mm,第 2 颖片卵圆形或卵状披针形,长 1.0~1.5 mm。囊果成熟后红褐色。花果期 5—11 月。

产于南京及周边各地,常见,生于田野、路边和山坡草地。

27. 长旗草属（*Patis*）

1. 长旗草 大叶直芒草

Patis coreana (Honda) Ohwi

多年生草本。高可达 1 m。秆直立,单生或少数丛生,有 7 或 8 节,直径 2~3 mm。叶片扁平,长 10~35 cm,宽 10~18 mm。圆锥花序狭窄,直立,长 20~35 cm;两颖片几等长,长 13~15 mm,披针形;外稃长 10~12 mm;内稃有 2 条脉与外稃同质;花药顶端无毛,长约 7 mm。花果期秋季。

产于南京及周边各地,偶见,生于山坡林下及路旁。

28. 粟草属（*Milium*）

1. 粟草

Milium effusum L.

多年生草本。高 60~120 cm。秆质地较软,光滑无毛。叶鞘松弛,无毛;叶片条状披针形,质软而薄,长 5~20 cm,宽 3~10 mm。圆锥花序疏松开展,长 10~20 cm,每节多数簇生;小穗椭圆形,灰绿色或带紫红色,长 3.0~3.5 mm;颖片纸质,有 3 条脉;外稃软骨质。花果期 5—7 月。

产于南京及周边各地,偶见,生于林下及阴湿草地。

29. 野青茅属（*Deyeuxia*）分种检索表

1. 叶舌较短，1~2 mm；外稃基盘的毛长不及稃的 1/5 ··· **1. 疏穗野青茅** *D. effusiflora*

1. 叶舌较长，4~13 mm；外稃基盘的毛长为稃的 1/5~2/5 ··· **2. 野青茅** *D. pyramidalis*

【据最新研究，野青茅属已被并入拂子茅属 *Calamagrostis*，本图志仍按照《中国植物物种名录 2022 版》暂时不做变动】

1. 疏穗野青茅　疏花野青茅

Deyeuxia effusiflora Rendle

多年生草本。高 60~100 cm。秆丛生。叶鞘无毛；叶舌长 1~2 mm；叶片扁平或基部折卷。圆锥花序开展，稀疏，长 12~20 cm，宽 3~8 cm，在中部以上分出小枝；小穗长 4.5~5.0 mm；第 1 颖片稍长于第 2 颖片；外稃基盘两侧的毛短于稃的 1/5，芒膝曲，自外稃的近基部伸出。花果期 8—11 月。

产于南京及周边各地，常见，生于山坡路旁或疏林下。

新版《江苏植物志》所载 *D. pyramidalis* var. *laxiflora*（Rendle）Q. X. Liu（疏花野青茅）即为本种。

2. 野青茅

Deyeuxia pyramidalis (Host) Veldkamp

多年生草本。高 80~120 cm。秆丛生。叶鞘光滑无毛；叶舌长 4~13 mm；叶片扁平或基部折卷。圆锥花序开展，较疏松，长 10~20 cm，宽 3~9 cm，在中部以上分出小枝；小穗长 4~5 mm；第 1 颖片稍长于第 2 颖片，边缘具纤毛；外稃基盘两侧的毛长为稃的 1/5~2/5，芒膝曲，自外稃的近基部伸出。花果期 9—11 月。

产于南京城区、江宁、浦口等地，常见，生于山坡草地及路旁。

新版《江苏植物志》所载有 4 个变种：纤毛野青茅、长舌野青茅、北方野青茅、粗壮野青茅。按照 *Flora of China* 的处理，本种是一个形态十分多样的复合种，有许多的地方变型，本图志不再区分种下单位。

30. 剪股颖属（*Agrostis*）分种检索表

1. 内稃显著，有 2 条脉，长为外稃的 2/3~3/4 ⋯⋯⋯⋯⋯⋯⋯⋯⋯⋯⋯ **1.巨序剪股颖** A. gigantea
1. 内稃小，无脉，长为外稃的 1/3~1/2。
　　2. 外稃具稍扭曲或细直的芒；花序宽 2~6 cm ⋯⋯⋯⋯⋯⋯⋯ **2.台湾剪股颖** A. sozanensis
　　2. 外稃无芒；叶鞘短于节间；花序宽 3~8 cm ⋯⋯⋯⋯⋯⋯⋯ **3.华北剪股颖** A. clavata

1. 巨序剪股颖

Agrostis gigantea Roth

　　多年生草本。高 60~130 cm。秆直立或下部的节常膝曲而倾斜上升，有 4~6 节，平滑，直径 1.0~1.5 mm。叶鞘无毛，多短于节间；叶片扁平。圆锥花序尖塔形，疏松开展，小穗长 2.0~2.5 mm；两颖片等长，或第 1 颖片稍长；外稃顶端钝圆，无芒；内稃长为外稃的 2/3~3/4，有 2 条脉，长圆形。花果期夏秋季。

　　产于南京及周边各地，常见，生于潮湿的山坡或山谷等处。

2. 台湾剪股颖

Agrostis sozanensis Hayata

　　多年生草本。高 30~60 cm。植株有根状茎。秆丛生，基部稍倾斜上升或直立，直径 1.0~1.5 mm，有 3~5 节。叶鞘无毛；叶片内卷或扁平。圆锥花序疏松开展，每节有 2~4 个分枝，小穗长 2.0~2.5 mm，绿色或有时带紫色；两颖片几等长；外稃长 1.5~1.8 mm；内稃长约 0.5 mm。花果期夏秋季。

　　产于南京及周边各地，常见，生于潮湿地。

3. 华北剪股颖

Agrostis clavata Trin.

　　多年生草本。高 20~80 cm。有细弱根状茎。秆丛生，柔弱，无毛，常有 2~4 节。叶鞘疏松抱茎，一般短于节间，无毛；叶片扁平。圆锥花序狭窄，花后开展，每节有 2~5 分枝；小穗浅绿色或带紫色；两颖片几等长，或第 1 颖片稍长于第 2 颖片。颖果扁平，纺锤状。花果期 4—7 月。

　　产于南京及周边各地，常见，生于山坡、田野、潮湿地。

31. 披碱草属(*Elymus*)分种检索表

1. 内稃长圆状披针形,与外稃近等长。
  2. 颖片的脉密接,显著隆起;外稃边缘狭膜质 ·· **1. 山东鹅观草** *E. shandongensis*
  2. 颖片的脉疏离,不显著隆起;外稃边缘宽膜质。
    3. 外稃接近边缘处有长纤毛 ··· **2. 杂交鹅观草** *E. hybridus*
    3. 外稃边缘处无纤毛 ··· **3. 鹅观草** *E. kamoji*
1. 内稃倒卵状披针形,长约为外稃的 2/3 ································· **4. 纤毛鹅观草** *E. ciliaris*

1. 山东鹅观草　山东披碱草

Elymus shandongensis B. Salomon

多年生草本。高 60~90 cm。秆疏丛生,直径 2~4 mm,有 4~7 节。叶片扁平或边缘内卷,长 10~25 cm,宽 0.4~0.8 mm。穗状花序每节具 1 个小穗,每小穗具 5~8 朵小花;颖片宽长圆状披针形,第 1 颖片长 5~7 mm,第 2 颖片长 7~9 mm;外稃长圆状披针形;内稃等长或稍短于外稃。花果期 5—8 月。

产于南京及周边各地,偶见,生于路边或山坡草地。

2. 杂交鹅观草 杂交披碱草
Elymus hybridus (Keng) S. L. Chen

多年生草本。高约 90 cm。秆直立或基部稍倾斜。基部叶鞘常为棕色或带紫色；叶片扁平，长 15~25 cm。穗状花序下垂，长约 27 cm；外稃长圆状披针形，边缘宽膜质、透明，近边缘处有较长的纤毛，先端具长芒，芒稍粗糙，劲直或上部稍曲折，长 2~3 cm。花期 3 月，果期 5—6 月。

产于南京及周边各地，常见，生于水边、山坡林下。

3. 鹅观草 柯孟披碱草
Elymus kamoji (Ohwi) S. L. Chen

多年生草本。高 30~100 cm。秆基部倾斜或直立。叶片常扁平，长 5~40 cm，宽 3~13 mm。穗状花序长 7~20 cm，下垂；小穗绿色，具小花 3~10 朵，长 13~15 mm（芒除外）；颖片长圆状披针形至卵状披针形，第 1 颖片长 4~6 mm，第 2 颖片长 5~9 mm（芒除外）；外稃披针形。花果期 4—7（11）月。

产于南京及周边各地，常见，生于山坡、路边、林下和湿润草地。

4. 纤毛鹅观草　纤毛披碱草

Elymus ciliaris (Trin. ex Bunge) Tzvelev

多年生草本。高 40~80 cm。秆无毛。叶片扁平，长
10~27 cm，宽 3~10 mm。穗状花序稍下垂；小穗常绿色，长
15~22 mm（芒除外），具小花 7~10 朵；颖片长圆状披针形，
有明显 5 或 7 条脉，边缘与边脉上有纤毛；外稃长圆状披
针形，第 1 外稃顶端延伸成反曲的芒，长 10~30 mm；内稃
长度为外稃的 2/3。花果期 4—8 月。

产于南京及周边各地，常见，生于路旁及林缘。

（变种）日本纤毛草　竖立鹅观草

var. *hackelianus* (Honda) G. H. Zhu & S. L. Chen

本变种颖片边缘不
具纤毛；外稃背部粗糙，稀
可具短毛，边缘具短纤毛。
花果期 5—6 月。

产于南京及周边各
地，常见，生于路边旷地或
山坡草丛中。

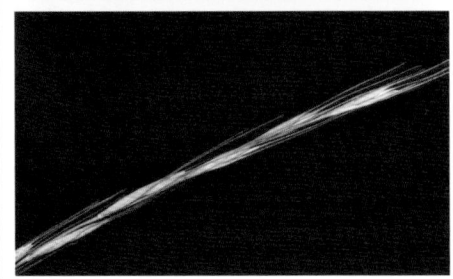

32. 黑麦草属（*Lolium*）分种检索表

1. 多年生。小穗具花 7~17 朵。
  2. 外稃有芒，长达 5 mm ·· **1. 多花黑麦草** L. multiflorum
  2. 外稃无芒 ··· **2. 黑麦草** L. perenne
1. 一年生。小穗具花 4~5 朵 ··· **3. 毒麦** L. temulentum

1. 多花黑麦草

Lolium multiflorum Lam.

越年生或短期多年生草本。秆直立或基部倾卧节上生根，高 50~130 cm，具 4~5 节。叶鞘疏松；叶片扁平，长 10~20 cm。穗形总状花序直立或弯曲，长 15~30 cm；穗轴柔软；小穗具小花 10~15 朵；外稃具长 5 mm 以上细芒。花果期 7—8 月。

产于南京及周边各地，常见，生于草丛。栽培或逸生。

2. 黑麦草

Lolium perenne L.

多年生草本。高 30~90 cm。具细弱根状茎。秆丛生,具 3~4 节。叶片线形,长 5~20 cm,宽 3~6 mm,柔软。穗形穗状花序直立或稍弯,长 10~20 cm;外稃长圆形,顶端无芒,或上部小穗具短芒。颖果长约为宽的 3 倍。花果期 5—7 月。

产于南京及周边各地,常见,生于草丛。栽培或逸生。

3. 毒麦

Lolium temulentum L.

一年生草本。高 20~120 cm。秆无毛,有 3~4 节,成疏丛。叶鞘大部长于节间,疏松;叶片质地较薄,扁平。穗状花序长 10~15 cm,宽 1~1.5 cm;小穗具 4~5 朵小花;颖片质地较硬;外稃质地薄,第 1 外稃具长达 1 cm 的芒;内稃约等长于外稃。颖果长为宽的 2~3 倍。花果期 6—7 月。

产于南京及周边各地,偶见,生于麦田内。

33. 千金子属（*Leptochloa*）分种检索表

1. 多年生；小穗近圆柱形，长 6~10 mm；外稃具短芒 ·················· **1. 双稃草** *L. fusca*
1. 一年生；小穗侧面压扁，长 1.5~4.0 mm；外稃无芒。
  2. 叶片和叶鞘无毛；圆锥花序开展，曲折；小穗具花 3~7 朵 ········· **2. 千金子** *L. chinensis*
  2. 叶片和叶鞘具柔毛；圆锥花序直立，纤细；小穗具花 2~4 朵 ········· **3. 虮子草** *L. panicea*

1. 双稃草

Leptochloa fusca (L.) Kunth

多年生草本。高 20~90 cm。秆膝曲上升或直立。叶鞘无毛；叶片常内卷。圆锥花序分枝长 4~10 cm；小穗常间距远，灰绿色，近圆柱状，具 5~10 朵小花；颖片披针形，第 1 颖片龙骨状，第 2 颖片狭长圆形；外稃狭长圆形；内稃沿上脊具短缘毛。颖果长圆形至椭圆形。花果期 6—9 月。

产于南京及周边各地，偶见，生于潮湿之地，有时生于盐碱地。

2. 千金子

Leptochloa chinensis (L.) Nees

　　一年生草本。高 30~90 cm。秆直立,外倾或膝曲。叶鞘无毛;叶片扁平或多少折卷。圆锥花序开展,稍弯曲;小穗褐绿色或紫色,长圆形至狭椭圆形,侧扁,具 3~7 朵小花;外稃顶端钝,长圆形至椭圆形。颖果长圆球形,长约 1 mm。花果期 8—11 月。

　　产于南京及周边各地,常见,生于潮湿之地。

3. 虮子草

Leptochloa panicea (Retz.) Ohwi

一年生草本。高 30~80 cm。秆丛生，上升，纤细。叶鞘疏生有疣基的柔毛；叶片扁平，薄。圆锥花序；小穗紫绿色或灰绿色，椭圆形，具 2~4 朵小花；第 1 颖片披针形，第 2 颖片狭长圆形；外稃长圆形至椭圆形，龙骨状。颖果宽椭圆形，微具三棱状。花果期 7—10 月。

产于南京及周边各地，极常见，生于田野、园圃。

34. 穇属（*Eleusine*）

1. 牛筋草

Eleusine indica (L.) Gaertn.

一年生草本。高 15~90 cm。根系极发达。秆丛生，基部倾斜，向四周开展。叶鞘两侧压扁，有脊；叶片卷折或扁平。穗状花序 2 至数枚指状着生秆顶；小穗具小花 3~6 朵；颖片披针形；第 1 外稃长 3~4 mm，卵形；内稃短于外稃。花果期 6—10 月。

产于南京及周边各地，极常见，多生于荒芜之地、路边。全草入药。

35. 龙爪茅属（*Dactyloctenium*）

1. 龙爪茅

Dactyloctenium aegyptium (L.) Willd.

一年生草本。高 15~60 cm。秆直立或基部横卧地面,于节处生根且分枝。叶鞘松弛,边缘被柔毛;叶舌膜质,长 1~2 mm,顶端具纤毛;叶片扁平,长 5~18 cm,宽 2~6 mm。穗状花序 2~7 枚指状排列于秆顶,长 1~4 cm,宽 3~6 mm;第 2 颖片顶端具短芒,芒长 1~2 mm。花果期 5—10 月。

产于浦口,稀见,生于路边荒地。江苏省分布新记录种。

36. 虎尾草属（*Chloris*）

1. 虎尾草

Chloris virgata Sw.

一年生草本。高 20~70 cm。秆基部膝曲或直立，无毛，光滑。叶鞘光滑，松弛抱秆，最上者常肿胀而包藏花序。穗状花序，5 至 10 余枚呈指状着生于秆顶；颖片膜质，具短芒，第 1 颖片长约 1.8 mm，第 2 颖片略短于小穗或与小穗等长；第 1 外稃纸质，两侧压扁；内稃稍短于外稃。颖果纺锤状。花果期 6—10 月。

产于南京及周边各地，常见，生于路旁、荒野、沙地或屋檐上。

37. 狗牙根属（*Cynodon*）

1. 狗牙根

Cynodon dactylon (L.) Pers.

多年生草本。高 10~30 cm。具根状茎。秆细，坚韧，下部匍匐地面，节上常生不定根。叶互生，下部节间短缩似对生；叶鞘有脊；叶片线形。穗状花序，小穗带紫色或灰绿色，常具 1 朵小花；颖片有膜质边缘，两颖片几等长或第 2 颖片稍长；外稃草质；内稃与外稃近等长。颖果长圆柱状。花果期 5—10 月。

产于南京及周边各地，极常见，生于路旁和草地。

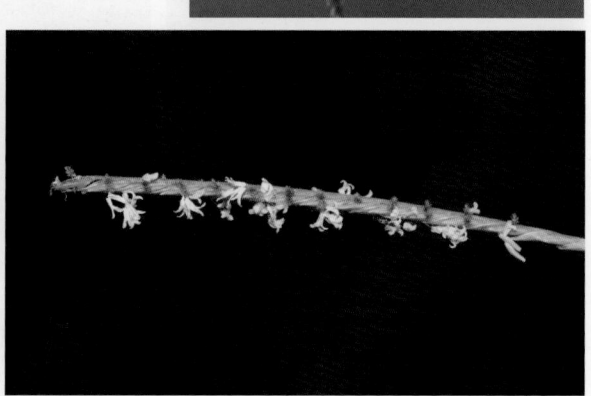

38. 茵草属（*Beckmannia*）

1. 茵草

Beckmannia syzigachne (Steud.) Fernald

一年生草本。高 15~90 cm。秆丛生,质软,有 2~4 节。叶鞘无毛,多长于节间;叶片扁平。圆锥花序;小穗扁平,灰绿色,圆形,常具小花 1 朵;颖片两侧扁平,草质;外稃披针形,有 5 条脉,常具伸出颖外之短尖头;花药黄色,长约 1 mm。颖果黄褐色,长圆形,顶端具丛生短毛。花果期 4—9 月。

产于南京及周边各地,极常见,生于水旁潮湿之处。

39. 假稻属（*Leersia*）

1. 假稻

Leersia japonica (Honda) Honda

多年生草本。高 60~80 cm。秆丛生。叶鞘常短于节间,平滑或粗糙。圆锥花序轮廓卵球状至椭圆状,分枝有角棱,斜升或直立,常不再分枝,近基部即着生小穗;小穗披针形长圆状;外稃有 5 条脉,主脉隆起成脊;内稃有 3 条脉,主脉有刺毛;雄蕊 6,花药长约 3 mm。花果期 5—10 月。

产于南京及周边各地,常见,生于池塘、水田、沟渠。

40. 菰属（*Zizania*）

1. 菰　茭白

Zizania latifolia (Griseb.) Hance ex F. Muell.

多年生高大草本。高 1~2 m。具匍匐根状茎。秆直立，基部节上有不定根，粗壮。叶鞘肥厚，长于节间，基部常有横脉；叶片宽大，扁平。圆锥花序分枝多簇生，开花时上举；雄小穗两侧压扁；雌小穗圆筒状。颖果圆柱状，长 9~12 mm。花果期秋季。

产于南京及周边各地，常见，生于湖沼、水塘。栽培或野生。

颖果、根状茎入药。秆基部被黑穗菌寄生而肥嫩膨大，称"茭瓜"或"茭白"，可做蔬菜食用。

41. 柳叶箬属(*Isachne*)

1. 柳叶箬

Isachne globosa (Thunb.) Kuntze

多年生草本。高 30~60 cm。秆丛生,下部常倾卧。叶鞘光滑;叶片细条状披针形。圆锥花序卵圆形,分枝开展或斜升;每一分枝着生 1~3 个小穗,小穗椭圆状圆球形;两颖片近等长;第 1 朵小花为雄花,较第 2 朵小花稍窄而长,内外稃质地较软;第 2 朵小花为雌花,广椭圆形。颖果近球状。花果期 7—10 月。

产于南京及周边各地,常见,生于低湿处。

42. 囊颖草属(*Sacciolepis*)

1. 囊颖草

Sacciolepis indica (L.) Chase

一年生草本。高 20~70 cm。秆直立或基部膝曲。叶鞘常无毛,短于节间,常松弛;叶片细条形。圆锥花序紧缩成圆筒状;小穗卵状披针形,带紫色或灰绿色;第 1 颖片长为小穗的 1/2~2/3,第 2 颖片与小穗等长,背部囊状;第 1 内稃短小或退化;第 2 外稃光滑。颖果椭圆形。花果期 7—10 月。

产于江宁、溧水、句容等地,常见,生于稻田旁或潮湿处。

43. 黍属（*Panicum*）

1. 糠稷

Panicum bisulcatum Thunb.

一年生草本。高 0.5~1.0 m。秆基部倾斜或直立,节上可生根。叶鞘松弛;叶片狭披针形。圆锥花序长达 30 cm,分枝细,斜向外或水平开展;小穗椭圆形,长 2~3 mm;第 1 颖片近三角形,长为小穗的 1/3~1/2,第 2 颖片与第 1 外稃同形;第 1 内稃不存在,第 2 朵小花外稃椭圆形。花果期 9—11 月。

产于南京周边各地,常见,生于荒野潮湿处。

南京周边尚有洋野黍（*P. dichotomiflorum* Michx.）归化。

44. 求米草属（*Oplismenus*）

1. 求米草

Oplismenus undulatifolius (Ard.) P. Beauv.

一年生草本。高 30~50 cm。秆直立,基部横卧地面,节处生根。叶鞘遍布有疣基的刺毛;叶片披针形,长 2~8 cm,宽 6~18 mm,常皱而不平。圆锥花序,长 2~10 cm;小穗卵球状,长 3.5~4.0 mm,簇生于主轴或部分孪生。花果期 7—11 月。

产于南京周边各地,极常见,生于山野林下或阴湿处。

45. 稗属（*Echinochloa*）分种检索表

1. 植株直立；第 2 外稃近革质，无芒或有芒；常生于稻田中。
  2. 小穗长 3.0~3.5 mm，第 1 颖片长为小穗的 1/3~1/2 ·································· **1. 硬稃稗** E. glabrescens
  2. 小穗长 3.5~5.0 mm，第 1 颖片长为小穗长的 1/2~3/5 ·································· **2. 水田稗** E. oryzoides
1. 植株基部略倾卧；第 2 外稃草质；常生于路边荒地、水沟和稻田边。
  3. 圆锥花序直立或稍弯。
    4. 花序轴上密生疣基长刚毛；小穗卵状椭圆形，顶端渐尖具短芒·································· **3. 稗** E. crus-galli
    4. 花序轴上无疣基长刚毛；小穗卵形，顶端急尖或无芒·································· **4. 光头稗** E. colona
  3. 圆锥花序柔软，下垂或下弯；芒长 3~5 cm ·································· **5. 长芒稗** E. caudata

1. 硬稃稗

Echinochloa glabrescens Munro ex Hook. f.

一年生草本。高 50~120 cm。秆基部稍倾斜而展开或直立。叶鞘光滑，无毛；叶片细条形。圆锥花序狭窄；小穗淡绿色；第 1 颖片长为小穗的 1/3~1/2，第 2 颖片与小穗等长；第 1 朵小花中性，其外稃革质，内稃膜质；第 2 外稃革质，光滑，边缘包着同质的内稃。颖果阔椭圆形，长约 3 mm。花果期夏秋季。

产于南京及周边各地，常见，生于溪边或湿地。

2. 水田稗

Echinochloa oryzoides (Ard.) Fritsch

一年生草本。高可达 1 m，直径达 8 mm。秆粗壮直立。叶鞘及叶片均光滑无毛；叶片扁平，线形。圆锥花序，其上分枝常不具小枝；小穗卵状椭圆形，通常无芒或具长不达 0.5 cm 的短芒；颖片草质，第 1 颖片三角形，长为小穗的 1/2~3/5，第 2 颖片等长于小穗；第 1、第 2 外稃革质。花果期 7—10 月。

产于南京及周边各地，常见，生于水边低洼处、稻田。

3. 稗

Echinochloa crus-galli (L.) P. Beauv.

一年生草本。高50~130 cm。秆基部倾斜或膝曲。叶鞘疏松裹茎，平滑，无毛；无叶舌；叶片线形。圆锥花序长9~18 cm，主轴较粗壮，有角棱而粗糙；小穗长约3 mm（芒除外）；第1颖片三角形，长约为小穗的1/3~1/2，第2颖片顶端渐尖成小尖头；第1外稃革质；第1内稃与外稃等长。花果期夏秋季。

产于南京及周边各地，极常见，生于水田、沼泽或路边。

（变种）无芒稗

var. *mitis* (Pursh) Peterm.

一年生草本。高 50~120 cm。秆粗壮，直立。叶片长 20~30 cm，宽 0.5~1.2 cm。花序长10~20 cm，总状花序开展或上升，常再分枝，僵硬，挺直；小穗长约 3 mm，无芒或芒小于 5 mm。花果期 6—9 月。

产于南京及周边各地，常见，生于路旁、溪边。

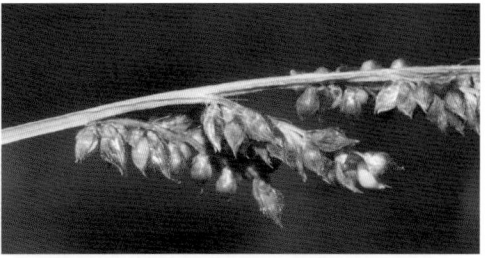

（变种）**西来稗**

var. zelayensis (Kunth) Hitchc.

一年生草本。高 50~75 cm。叶片长 5~20 mm，宽 4~12 mm。圆锥花序直立，长 11~19 cm，分枝上不再分枝；小穗卵状椭圆形，长 3~4 mm，顶端具小尖头而无芒。花果期 6—9 月。

产于南京及周边各地，常见，生于溪边、稻田。

4. 光头稗

Echinochloa colona (L.) Link

一年生草本。高可达 60 cm。秆上升或直立。叶鞘压扁；叶片扁平，细条形。圆锥花序狭窄；小穗卵形；第 1 颖片三角形，长约为小穗的 1/2，第 2 颖片与第 1 外稃等长而同形，顶端具小尖头；第 1 朵小花常两性或中性；内稃稍短于外稃；第 2 外稃长约 2 mm，边缘内卷，包着同质的内稃。花果期 7—11 月。

产于南京及周边各地，常见，生于田野、湿地或水田。

2. 圆果雀稗

Paspalum scrobiculatum var. *orbiculare* (G. Forst.) Hack.

多年生草本。高 30~90 cm。叶片长披针形至狭条形，两面常无毛。总状花序长 3~10 cm，2~10 枚相互间距排列于长 2~3 cm 的主轴上，指状，开展或直立；小穗常单生于穗轴一侧，覆瓦状排列成 2 行；第 1 颖片不存在，第 2 颖片与第 1 外稃等长，有 3~5 条脉；第 2 外稃等长于小穗。花果期 6—11 月。

产于南京及周边各地，偶见，生于山坡、路边和田野。

 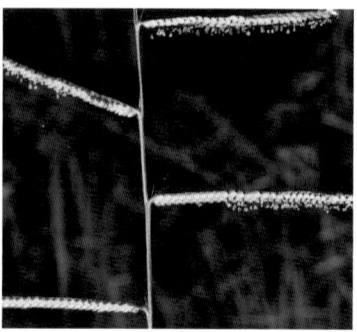

3. 双穗雀稗

Paspalum distichum L.

多年生草本。高 20~50 cm。有根状茎。秆粗壮，横卧地面，节上易生根。叶鞘短于节间；叶片披针形，质地较柔薄。总状花序 2 枚，位于秆顶，小穗 2 行排列，椭圆形；第 1 颖片不存在或微小，第 2 颖片与第 1 外稃等长；第 1 外稃有 3~5 条脉；第 2 朵小花等长于小穗，外稃草质。花果期 5—9 月。

产于南京及周边各地，常见，生于潮湿的沟旁、水边与田野。

4. 毛花雀稗

Paspalum dilatatum Poir.

多年生草本。高 40~90 cm。秆丛生,初平卧,后直立,粗壮。叶片长 10~40 cm,宽 5~10 mm,无毛。总状花序长 5~8 cm,4~7 枚组成总状着生于长 4~10 cm 的主轴上,组成大型圆锥花序,分枝腋间具长柔毛;小穗卵形,长 3.0~3.5 mm,表面散生短毛,边缘具长纤毛。花期 7—8 月,果期 9—10 月。

产于南京周边,偶见,生于荒坡或路旁。江苏省分布新记录种。

48. 马唐属 (*Digitaria*) 分种检索表

1. 第 2 颖片几等长于小穗;第 2 朵小花成熟后黑褐色。
  2. 小穗具棒状毛且先端膨大,具微小的第 1 颖片 ························· **1. 止血马唐 D. ischaemum**
  2. 小穗具柔毛,第 1 颖片不存在 ································· **2. 紫马唐 D. violascens**
1. 第 2 颖片长为小穗的 1/2 或 3/4;第 2 朵小花成熟后灰绿色。
  3. 高 40~100 cm;总状花序 3~10 枚,在秆顶组成指状;小穗长 3.0~3.5 mm。
    4. 第 1 外稃边缘及第 2 颖片有长纤毛 ·················· **3. 毛马唐 D. ciliaris var. chrysoblephara**
    4. 第 1 外稃边缘及第 2 颖片无长纤毛 ·················· **4. 马唐 D. sanguinalis**
  3. 高 10~30 cm;总状花序 2~3 枚生于秆顶;小穗长 5 mm ·················· **5. 红尾翎 D. radicosa**

1. 止血马唐

Digitaria ischaemum (Schreb.) Muhl.

一年生草本。高 30~40 cm。秆细弱。叶鞘有脊,除基部外均短于节间;叶片扁平,基部稍呈心形或圆形。总状花序 2~4 枚着生于秆顶;小穗 2~3 个着生各节;第 1 颖片微小,第 2 颖片等长或稍短于小穗且较狭窄;第 1 外稃有 5 条脉,脉间及边缘有棒状柔毛;第 2 朵小花与小穗等长。花果期 7—11 月。

产于南京及周边各地,偶见,生于河边、田岸和荒野湿润地。

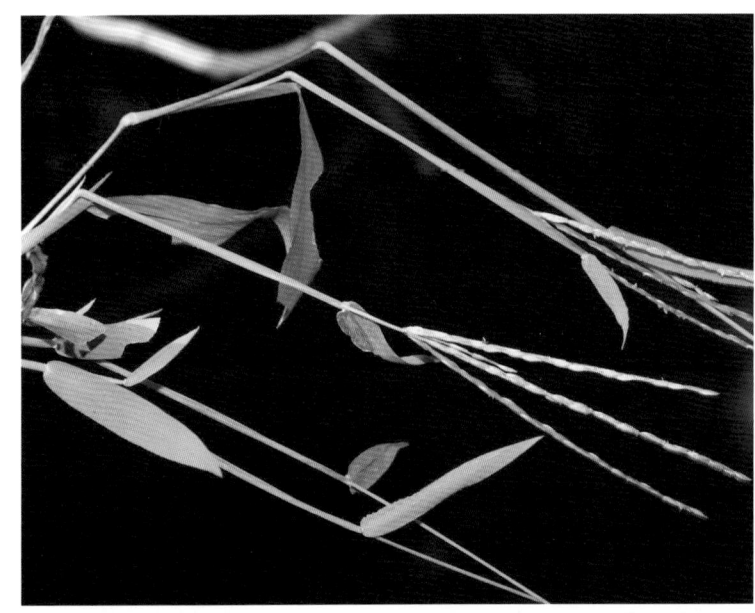

2. 紫马唐

Digitaria violascens Link

　　一年生草本。高 20~70 cm。叶鞘短于节间，无毛；叶片条状披针形，无毛或上面基部及鞘口具柔毛。总状花序 4~7 枚，组成指状排列于茎顶；小穗椭圆形，2~3 枚生于各节；第 1 颖片缺，第 2 颖片稍短于小穗，有 3 条脉；第 1 外稃与小穗等长，第 2 外稃紫褐色。花果期 7—10 月。

　　产于南京及周边各地，偶见，生于山坡草地、荒野或路边草丛中。

3. 毛马唐

Digitaria ciliaris var. *chrysoblephara* (Fig. & De Not.) R. R. Stewart

一年生草本。高 30~100 cm。秆基部倾卧,着土后节上易生根。叶鞘多短于节间;叶片线状披针形。总状花序 4~10 枚,组成指状排列于秆顶;小穗披针形,孪生于穗轴一侧;第 1 颖片小,第 2 颖片披针形,脉间及边缘生柔毛;第 1 外稃脉间与边脉间具柔毛及疣基刚毛,第 2 外稃淡绿色,等长于小穗。花果期 6—10 月。

产于南京及周边各地,偶见,生于山坡草地。

4. 马唐

Digitaria sanguinalis (L.) Scop.

一年生草本。高 40~100 cm。秆基部常倾斜,着土后节上易生根。叶鞘常疏生有疣基的软毛;叶片线状披针形。总状花序 3~10 枚,组成指状排列于秆顶;小穗披针形;第 1 颖片钝三角形,长约 0.2 mm,第 2 颖片长为小穗的 1/2~3/4,狭窄;第 1 外稃与小穗等长,中央 3 条脉明显;第 2 朵小花灰绿色。花果期 6—10 月。

产于南京及周边各地,极常见,生于草地和荒野。

5. 红尾翎　短叶马唐

Digitaria radicosa (J. Presl) Miq.

一年生草本。高 10~30 cm。秆基部横卧，下部节上生根。叶鞘短于节间；叶片线状披针形。总状花序 2~3（4）枚着生于秆顶；小穗狭披针形，长约 5 mm，为宽的 4~5 倍；第 1 颖片微小或仅留痕迹，第 2 颖片长为小穗 1/3~2/3；第 1 外稃与小穗等长；第 2 朵小花与第 1 外稃等长或比第 1 外稃稍短，黄色，厚纸质。花果期 7—10 月。

产于南京及周边各地，常见，生于荒野或路边。

49. 伪针茅属（*Pseudoraphis*）

1. 瘦脊伪针茅

Pseudoraphis sordida (Thwaites) S. M. Phillips & S. L. Chen

多年生水生草本。高 20~40 cm。秆细弱，蔓延，多分枝。叶片较短小，线状披针形，长 1~5 cm，宽 2~4 mm。圆锥花序基部包藏于叶鞘内，长 2~5 cm，分枝多直立；仅 1 小穗；第 1 朵小花具雄蕊 2。花果期秋季。

产于江宁、高淳、溧水等地，偶见，生于浅水岸边。

50. 狗尾草属（*Setaria*）分种检索表

1. 圆锥花序疏松、狭窄,主轴无毛,分枝斜向上升;多年生。
 2. 叶片披针形,有明显的纵向皱褶,基部狭窄呈柄状 ················· **1. 皱叶狗尾草** S. plicata
 2. 叶片线状披针形,无纵向皱褶,基部圆形,不狭窄呈柄状 ················· **2. 莩草** S. chondrachne
1. 圆锥花序紧密成圆柱状,主轴密生柔毛;分枝不明显;一年生。
 3. 花序主轴上的分枝有 3 至数个发育良好的小穗;刚毛绿色、紫色或黄褐色。
  4. 圆锥花序下垂,长 5~15 cm;刚毛绿色,少淡紫色 ················· **3. 大狗尾草** S. faberi
  4. 圆锥花序直立或稍弯垂,长 2~15 cm;刚毛绿色、褐色到紫色 ················· **4. 狗尾草** S. viridis
 3. 花序主轴上的分枝有 1 个发育良好的小穗;刚毛金黄色或稍带紫色 ············· **5. 金色狗尾草** S. pumila

1. 皱叶狗尾草

Setaria plicata (Lam.) T. Cooke

 多年生草本。高80~130 cm。秆直立或基部倾斜。叶鞘的鞘口及边缘常有纤毛;叶片披针形,较薄,有纵向皱褶。圆锥花序,分枝斜向上升;小穗卵状披针形;第1颖片长为小穗的1/4~1/3,第2颖片长为小穗的1/2~3/4;第1朵小花常雄性;第1外稃与小穗等长;第1内稃膜质。花果期 7—10 月。

 产于南京及周边各地,常见,生于山谷和山坡草地。

2. 莩草

Setaria chondrachne (Steud.) Honda

多年生草本。高 60~120 cm。具鳞片状的根状茎。秆基部匍匐或直立。叶片薄,线状披针形。圆锥花序长披针形,有离散而上举的分枝;小穗椭圆形;第 1 颖片长为小穗的 1/3~1/2,第 2 颖片长约为小穗的 3/4;第 1 朵小花中性;第 1 外稃与小穗等长;第 1 内稃短于外稃;第 2 朵小花与第 1 外稃等长。花果期 8—10 月。

产于南京及周边各地,常见,生于路旁、林下或阴湿处。

3. 大狗尾草

Setaria faberi R. A. W. Herrm.

一年生草本。高 50~120 cm。秆粗壮而高大。叶鞘松弛;叶片条状披针形,基部钝圆,顶端渐尖细长。圆锥花序圆柱状,常垂头;小穗椭圆形;第 1 颖片长为小穗的 1/3~1/2,第 2 颖片长为小穗的 3/4;第 1 外稃与小穗等长;第 2 朵小花顶端尖,与小穗等长。颖果椭圆形,顶端尖。花果期 7—10 月。

产于南京及周边各地,常见,生于荒野及山坡。

4. 狗尾草

Setaria viridis (L.) P. Beauv.

一年生草本。高 10~100 cm。秆基部膝曲或直立。叶鞘松弛;叶片扁平,线状披针形。圆锥花序基部稍疏离或紧密呈圆柱状,直立或稍弯垂;小穗顶端钝,椭圆形;第 1 颖片长约为小穗的 1/3,第 2 颖片几与小穗等长;第 1 外稃与小穗等长,第 2 外稃椭圆形。颖果灰白色。花果期 5—10 月。

产于南京及周边各地,极常见,生于荒野、道旁。

秆、叶入药。亦可做饲料。

5. 金色狗尾草

Setaria pumila (Poir.) Roem. & Schult.

一年生草本。高 20~90 cm。秆基部倾斜膝曲或直立,近地面节上可生根。叶鞘光滑,无毛;叶片狭披针形。圆锥花序圆柱形,直立,刚毛金黄色或稍带紫色;小穗顶端尖;第 1 颖片长约为小穗的 1/3,第 2 颖片长约为小穗的 1/2;第 1 朵小花雄性或中性;第 1 外稃与小穗等长;第 2 朵小花两性。花果期 6—10 月。

产于南京及周边各地,常见,生于路旁、荒野。

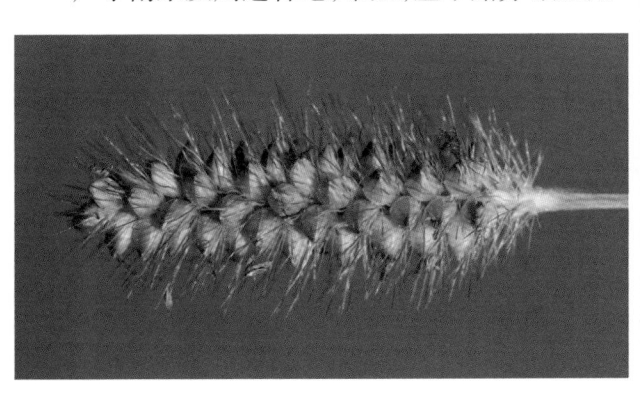

51. 狼尾草属（*Pennisetum*）分种检索表

1. 株高 30~120 cm；花序轴刚毛淡绿色或紫色 ················· **1.** 狼尾草 *P. alopecuroides*
1. 株高 2~4 m；花序轴刚毛金黄色 ································· **2.** 象草 *P. purpureum*

1. 狼尾草

Pennisetum alopecuroides (L.) Spreng.

多年生草本。高 30~120 cm。秆丛生，直立。叶鞘两侧压扁；叶片细条形。圆锥花序直立；小穗线状披针形，常单生；第 1 颖片微小或缺，第 2 颖片长为小穗的 1/3~1/2，卵状披针形；第 1 朵小花中性，第 1 外稃草质，边缘常包着第 2 朵小花；第 2 外稃与小穗等长。颖果长圆形，长约 3.5 mm。花果期 8—10 月。

产于南京及周边各地，常见，生于田岸、路旁或山坡、林边。

2. 象草

Pennisetum purpureum Schumach.

丛生大型草本。高 2~4 m。叶鞘光滑或具疣毛；叶片线形，扁平，质硬，长 20~50 cm。圆锥花序长 10~30 cm，主轴密生长柔毛，刚毛金黄色、淡褐色或紫色；小穗披针形，长 5~8 mm，单生或 2~3 个簇生。花果期 8—10 月。

产于南京及周边各地，偶见，生于水边和湿地边缘。栽培或逸生。

52. 蒺藜草属（*Cenchrus*）

1. 蒺藜草

Cenchrus echinatus L.

一年生草本。高约 50 cm。基部膝曲或横卧，于节处生根。叶鞘松弛，压扁具脊；叶舌短小，具长约 1 mm 的纤毛；叶片线形或狭披针形，质较软。总状花序直立，长 4~8 cm；刺苞呈稍扁圆球形，每刺苞内具小穗 2~4（6）个，小穗椭圆状披针形。颖果椭圆状扁球形。花果期夏季。

产于六合、盱眙等地，偶见，生于干旱草坡。

朱鑫鑫 供图

53. 野古草属（*Arundinella*）分种检索表

1. 叶片有疣毛，秆有白色疣毛及疏长柔毛；第 2 外稃无毛 ··· **1. 野古草** *A. hirta*
1. 叶片、秆和花序轴等均无毛；第 2 外稃顶端有 1 长芒 ································· **2. 刺芒野古草** *A. setosa*

1. 野古草　毛秆野古草

Arundinella hirta (Thunb.) Tanaka

　　多年生草本。高 90~150 cm。有横走根状茎。秆直立，质较坚硬。叶鞘被疣毛或无毛，边缘具纤毛；叶片顶端长渐尖。圆锥花序开展或稍紧缩；小穗长 3.5~5.0 mm；颖片有（3）5（7）条明显而稍隆起的脉，第 1 颖片长为小穗的 1/2~2/3，第 2 颖片与小穗等长或稍短于小穗；第 1 朵小花雄性；第 2 外稃无毛。花果期 8—11 月。

　　产于南京及周边各地，常见，生于山坡草地、树荫下或潮湿处。

2. 刺芒野古草

Arundinella setosa Trin.

多年生草本。高 40~150（190）cm。秆较硬。叶鞘无毛至具长刺毛。圆锥花序疏展，分枝细长而互生；孪生小穗柄分别长约 2 mm 及 5 mm；第 2 颖片有 5 条脉；第 1 朵小花中性或雄性；外稃长 3.8~4.6 mm；内稃长 3.6~5.0 mm；第 2 外稃卵状披针形至披针形。颖果褐色，长卵球状。花果期8—11月。

产于南京及周边各地，偶见，生于山坡草地、灌木丛中。

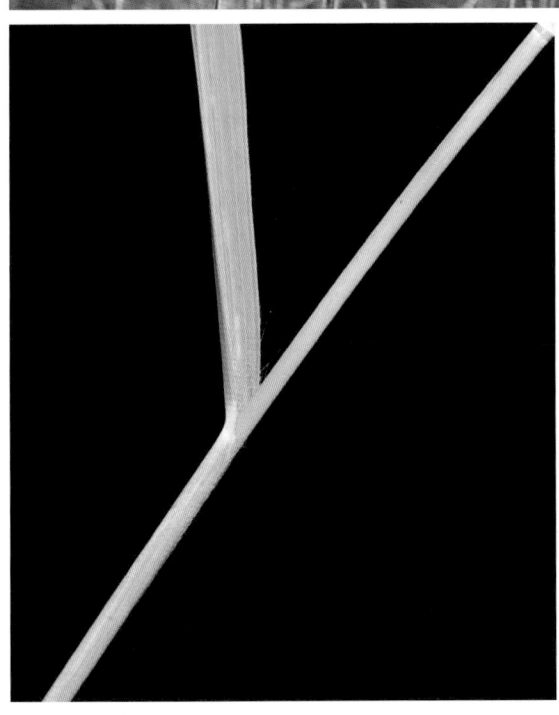

54. 结缕草属（*Zoysia*）分种检索表

1. 小穗长（2.0）3.0~3.5 cm,卵圆形 ·· **1. 结缕草** Z. *japonica*

1. 小穗长 4~6 cm,披针形 ·· **2. 中华结缕草** Z. *sinica*

1. 结缕草

Zoysia japonica Steud.

多年生草本。具横走根状茎,须根细弱。秆直立,高 15~20 cm,基部常有宿存枯萎的叶鞘。叶鞘无毛;叶片扁平或稍内卷,长 2.5~5.0 cm。总状花序穗状,长 2~4 cm,宽 3~5 mm;花柱 2,柱头帚状,开花时伸出稃体外。颖果卵形,长 1.5~2.0 mm。花果期 5—8 月。

产于南京及周边各地,偶见,生于路旁。

2. 中华结缕草

Zoysia sinica Hance

多年生草本。高 10~30 cm。具横走根状茎。秆直立。叶鞘长于或上部短于节间;叶片扁平或边缘常内卷。总状花序穗形,伸出叶鞘外;小穗排列稍疏;颖片披针形或卵状披针形,紫褐色或黄褐色;外稃膜质;雄蕊 3;花柱 2。颖果棕褐色,长椭圆形。花果期 5—10 月。

产于南京及周边各地,偶见,生于河岸和路旁。

国家二级重点保护野生植物。

55. 大油芒属(*Spodiopogon*)分种检索表

1. 双生小穗,1个具长柄,1个具短柄;小穗熟后自柄上脱落 ⋯⋯⋯⋯⋯⋯⋯⋯⋯ **1. 油芒** *S. cotulifer*

1. 双生小穗,1个具柄,1个无柄;成熟小穗随穗轴逐节脱落 ⋯⋯⋯⋯⋯⋯⋯⋯⋯ **2. 大油芒** *S. sibiricus*

1. 油芒

Spodiopogon cotulifer (Thunb.) Hack.

多年生草本。高 60~100 cm。有根状茎。秆直立,不具分枝,节稍膨大,节下被白粉。叶鞘疏松包秆,鞘口具柔毛;叶片阔线形。圆锥花序开展,顶端下垂;小穗线状披针形;第1颖片草质,有 7~9 条脉,第 2 颖片有 7 条脉;第 1 朵小花仅存外稃;第 2 朵小花结实,芒自第 2 外稃裂片间伸出。花果期 8—10 月。

产于南京及周边各地,常见,生于山坡、山谷草地和荒芜田野。

2. 大油芒

Spodiopogon sibiricus Trin.

多年生草本。高约 1 m。秆直立,具 7~9 节。叶鞘除在顶端外,大多长于节间;叶舌截平;叶片宽线形。圆锥花序长圆形,分枝近轮生;小穗草黄色至灰绿色;两颖片几等长,第 1 颖片遍体被较长的柔毛,第 2 颖片两侧压扁;有柄小穗的第 2 颖片遍生柔毛,有 5~7 条脉;第 1 朵小花雄性,有雄蕊 3。花果期秋季。

产于南京及周边各地,常见,生于山坡、路旁。

56. 甘蔗属（*Saccharum*）分种检索表

1. 基盘的柔毛与小穗近等长；花序穗轴非逐节脱落 ·· **1. 河八王** *S. narenga*
1. 基盘的柔毛长于小穗；花序穗轴逐节脱落。
  2. 颖片有毛；花序轴及秆无毛 ··· **2. 斑茅** *S. arundinaceum*
  2. 颖片无毛；花序轴及秆有毛 ··· **3. 甜根子草** *S. spontaneum*

1. 河八王

Saccharum narenga (Nees ex Steud.) Wall. ex Hack.

多年生草本。高 1~3 m。秆直立，直径 10 mm；节与花序下有丝状柔毛。叶鞘有疣毛；叶片线状长条形。圆锥花序狭窄，长 25~30 cm，宽 2~4 cm，每节有 2~4 枚分枝；小穗长圆状披针形，长约 3 mm；第 1 外稃长圆形，几与颖片等长，第 2 外稃较狭窄。花果期 8—11 月。

产于南京及周边各地，偶见，生于山坡草地。

2. 斑茅

Saccharum arundinaceum Retz.

多年生草本。高 2~4 m。秆丛生，粗壮，直径可达 2 cm，具多数节。叶片线状披针形。圆锥花序大型，稠密，主轴无毛，每节着生 2~4 枚分枝，分枝 2~3 回；小穗披针形，长 3.5~4.0 mm；两颖片几等长；第 1 外稃及第 2 外稃顶端尖或有小尖头，第 2 内稃长约为外稃的一半。花果期 6—11 月。

产于南京及周边各地，偶见，生于山坡和河岸草地。

3. 甜根子草

Saccharum spontaneum L.

多年生草本。高 1~2 m。具发达横走的长根状茎。秆直立，中空，具多数节。叶鞘长于节间；叶片边缘呈锯齿状，较粗糙。圆锥花序长 20~40 cm，稠密；总状花序轴节间长约 5 mm；两颖片长近相等，第 1 颖片扁平，第 2 颖片舟形；第 1 外稃卵状长圆形，第 2 外稃狭窄而稍短。花果期 7—10 月。

产于南京、句容、镇江，偶见，生于河沟边。

57. 白茅属（*Imperata*）

1. 大白茅

Imperata cylindrica var. *major* (Nees) C. E. Hubb.

多年生草本。高 25~80 cm。具粗壮的长根状茎。秆直立,具 1~3 节。叶鞘聚集于秆基,远长于节间;基生叶扁平,秆生叶窄线形,常内卷。圆锥花序圆柱状,分枝短缩密集;小穗长 3~5 mm;两颖片几等长;第 1 外稃长为颖片的 2/3,第 2 外稃与其内稃长近相等,长约为颖片一半。花果期 5—9 月。

产于南京及周边各地,常见,生于路旁、山坡、草地。

根状茎入药,称"白茅根"。

58. 芒属（*Miscanthus*）分种检索表

1. 基盘有短毛,长不及小穗2倍;小穗有芒。
   2. 花序主轴延伸至花序中部以上,叶片宽15~30 mm ··················· **1. 五节芒** *M. floridulus*
   2. 花序主轴延伸至花序中部以下,叶片宽6~10 mm ··················· **2. 芒** *M. sinensis*
1. 基盘有丝状柔毛,长为小穗的2倍;小穗无芒 ··················· **3. 荻** *M. sacchariflorus*

1. 五节芒

Miscanthus floridulus (Labill.) Warb. ex K. Schum. & Lauterb.

多年生草本。高2~4 m。秆无毛,节下常有白粉。叶鞘无毛。圆锥花序长30~50 cm,主轴显著延伸,几达花序的顶端;小穗卵状披针形,长3.0~3.5 mm;第1颖片顶端钝,第2颖片舟形;第1外稃长圆状披针形,稍短于颖片,第2外稃有一疏松扭转而膝曲的芒,芒长（5）7~11 mm。花果期5—11月。

产于南京及周边各地,常见,生于山坡、草地及河边。

根状茎入药。

2. 芒

Miscanthus sinensis Andersson

多年生苇状草本。高 1~2 m。秆在花序以下疏生柔毛或无毛。叶鞘无毛;叶片线形。圆锥花序直立,全展开呈扇形;小穗披针形,黄色,有光泽;第 1 颖片具 3~4 条脉,第 2 颖片常有 1 条脉;第 1 外稃长圆形,第 2 外稃明显短于第 1 外稃,芒长 9~10 mm。颖果长圆形,暗紫色。花果期 7—11 月。

产于南京及周边各地,常见,生于山坡或荒芜的田野。

幼茎入药。秆皮可造纸和制草鞋,秆穗也可制作扫帚。

3. 荻

Miscanthus sacchariflorus (Maxim.) Benth. & Hook. f. ex Franch.

多年生草本。秆高可达 4 m,直径约 2 cm。叶片的长短与宽窄随秆的高矮而变异。圆锥花序扇形,长 20~30 cm;小穗无芒,藏于白色丝状毛内,基盘上的白色丝状毛远长于小穗;第 1 颖片的 2 脊缘有白色长丝状毛,第 2 颖片舟形,稍短于第 1 颖片。花果期 8—10 月。

产于南京及周边各地,极常见,生于干燥的山坡至湿润的滩地。

59. 莠竹属（*Microstegium*）分种检索表

1. 双生小穗有柄,1个具长柄,1个具短柄;第1颖片芒长1 cm ·················· **1. 日本莠竹** *M. japonicum*

1. 双生小穗,1个具长柄,1个几无柄;第1颖片芒长1.5~2.0 cm ·················· **2. 竹叶茅** *M. nudum*

1. 日本莠竹

Microstegium japonicum (Miq.) Koidz.

　　一年生蔓生草本。高约50 cm。秆下部节上生根,膝曲。叶鞘短于节间;叶片卵状披针形。总状花序4或5枚互生于主轴上;总状花序轴节间长4~5 mm,每节着生短柄小穗和长柄小穗各1个,小穗同形;第1颖片宽约1 mm,披针形,第2颖片舟形;芒自第2外稃顶端伸出,长约1 cm。花果期6—9月。

　　产于南京及周边各地,偶见,生于林缘沟边、山坡路旁。

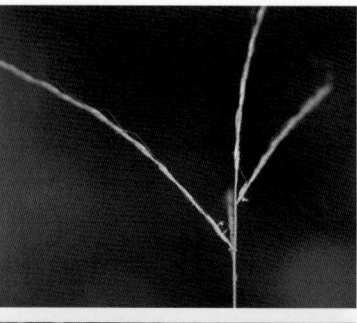

2. 竹叶茅

Microstegium nudum (Trin.) A. Camus

　　一年生草本。高30~70 cm。秆纤弱,下部匍卧地面,节上可生根,向上抽花枝。叶鞘边缘常有纤毛;叶片披针形。总状花序2~5枚生于主轴上;无柄小穗披针形,长4.0~4.5 mm;第1颖片披针形,第2颖片顶端渐尖;第2外稃极狭,顶端延伸成芒,芒长1.5~2.0 cm,伸出小穗之外;内稃披针形,稍短于颖片。花果期8—11月。

　　产于南京及周边各地,常见,生于阴湿的山谷和沟边。

60. 黄金茅属（*Eulalia*）分种检索表

1. 基部叶鞘密生棕黄色柔毛；第 1 颖片背部无小刺状纤毛，脊间 2 条脉在顶端不汇合…… **1. 金茅** *E. speciosa*

1. 基部叶鞘无棕黄色柔毛；第 1 颖片背部有小刺状纤毛，脊间 2 条脉在顶端汇合…**2. 四脉金茅** *E. quadrinervis*

1. 金茅

Eulalia speciosa (Debeaux) Kuntze

多年生草本。高约 1 m。秆直立，常在花序下被白色柔毛。基部叶鞘密生棕黄色柔毛，中上部叶鞘无毛；叶片扁平或边缘内卷，叶面有白粉。总状花序 5~8 枚，棕色至淡黄棕色；无柄小穗长圆形；第 1 颖片顶端稍钝；第 2 外稃较狭，长约 3 mm，芒长约 15 mm。花果期 7—10 月。

产于南京及周边各地，偶见，生于山坡草地。

2. 四脉金茅

Eulalia quadrinervis (Hack.) Kuntze

多年生草本。高 60~120 cm。秆基部常具鳞片状叶。叶片长 10~20 cm，叶背常粉绿。总状花序 3 或 4 枚，淡黄色，花序轴节间被白色纤毛；无柄小穗长圆状披针形，长 5~6 mm；第 1 颖片顶端尖而成膜质，第 2 颖片顶端尖，稍长于第 1 颖片；第 1 朵小花退化仅留 1 外稃，几等长于颖片，长圆状披针形。花果期 8—10 月。

产于南京及周边各地，偶见，生于山坡草丛。

朱鑫鑫 供图

61. 孔颖草属（*Bothriochloa*）

1. 白羊草

Bothriochloa ischaemum (L.) Keng

多年生草本。高 30~80 cm。秆丛生，直立或基部膝曲，有 3 至多节。叶鞘多密集于基部而相互跨覆，常短于节间；叶片线状狭条形。总状花序 4 至多枚簇生于秆顶，组成指状；无柄小穗长圆状披针形；第 1 颖片草质，第 2 颖片舟形；第 2 外稃退化成线形，芒长 10~15 mm，第 2 内稃退化。花果期 7—10 月。

产于南京城区、江宁、溧水等地，常见，生于山坡、草地或路边干旱处。

62. 细柄草属（*Capillipedium*）

1. 细柄草

Capillipedium parviflorum (R. Br.) Stapf

多年生草本。高 30~100 cm。秆簇生，纤细。叶鞘有毛或光滑；叶片扁平，线形。圆锥花序常紫色，小枝为具 1~3 节的总状花序；无柄小穗第 1 颖片背腹压扁，第 2 颖片舟形；第 1 外稃长为颖片的 1/4~1/3，第 2 外稃线形，顶端具 1 膝曲的芒，芒长 1.0~1.5 cm；有柄小穗等长或短于无柄小穗，无芒。花果期 8—11 月。

产于南京及周边各地，偶见，生于山坡、草地、路旁。

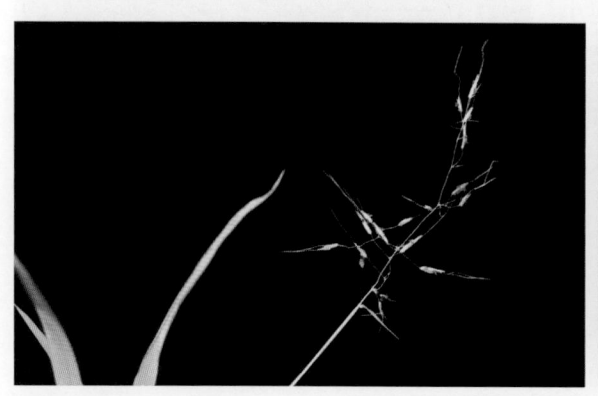

63. 高粱属（*Sorghum*）分种检索表

1. 秆节密生环状髯毛，圆锥花序的分枝单纯不再分枝 ………………………………………… **1. 光高粱** *S. nitidum*
1. 秆节光滑无毛或微具柔毛，但不为环状；圆锥花序的分枝再分枝……………………………… **2. 石茅** *S. halepense*

1. 光高粱

Sorghum nitidum (Vahl) Pers.

多年生草本。高 60~150 cm。秆直立，节密生灰白色毛环。叶鞘紧密抱茎；叶片线形，边缘具向上的小刺毛。圆锥花序长圆形，松散，分枝近轮生；无柄小穗卵状披针形，两颖片均近革质，第 1 颖片背部略扁平，第 2 颖片略呈舟形；第 1 外稃稍短于颖片。颖果长卵球状，棕褐色。花果期夏秋季。

产于南京及周边各地，偶见，生于山坡、草地、路旁。

朱鑫鑫 供图

2. 石茅

Sorghum halepense (L.) Pers.

多年生草本。高 50~150 cm。根状茎发达。叶鞘无毛，或基部节上微有柔毛；叶舌硬膜质，顶端近截平，无毛；叶片线形至线状披针形，长 25~70 cm，宽 0.5~2.5 cm。圆锥花序长 20~40 cm，宽 5~10 cm，分枝细弱，斜升；每一总状花序具 2~5 节；无柄小穗椭圆形或卵状椭圆形，被短柔毛。花期 6—7 月，果期 7—9 月。

产于南京及周边各地，偶见，生于水边或江边湿地。江苏省分布新记录种。

64. 荩草属（*Arthraxon*）分种检索表

1. 穗轴节间有白色纤毛；无柄小穗第 1 颖片边缘具篦齿状疣基钩毛 ·················· **1. 矛叶荩草** *A. prionodes*

1. 穗轴节间无毛；无柄小穗第 1 颖片边缘具疣基粗毛 ·················· **2. 荩草** *A. hispidus*

1. 矛叶荩草　茅叶荩草

Arthraxon prionodes (Steud.) Dandy

多年生草本。高 45~60 cm。秆基部横卧或直立，常分枝。叶鞘有疣毛或无毛；叶片卵状披针形。总状花序 2 枚，指状排列于秆顶；有柄小穗雄性，无芒；无柄小穗长圆状披针形；第 1 颖片淡绿色或顶端带紫色，第 2 颖片比第 1 颖片薄；第 1 外稃长圆形，第 2 外稃背面近基部有 1 膝曲的芒。花果期 8—11 月。

产于南京及周边各地，常见，生于荒野、路旁或阴湿处。

2. 荩草

Arthraxon hispidus (Thunb.) Makino

一年生草本。高 30~60 cm。秆细弱,基部节着地易生根。叶鞘短于节间;叶片卵状披针形,基部抱秆。总状花序细弱,2~10 枚组成指状簇生于秆顶;无柄小穗两侧压扁;第 1 颖片草质,包住第 2 颖片的 2/3;第 1 外稃长为第 1 颖片的 2/3,长圆形,第 2 外稃与第 1 外稃等长。颖果长圆球状。花果期 8—11 月。

产于南京及周边各地,极常见,生于山坡、草地和阴湿处。

65. 裂稃草属（*Schizachyrium*）

1. 裂稃草

Schizachyrium brevifolium (Sw.) Nees ex Buse

一年生草本。高 10~70 cm。秆直立,基部常平卧或倾斜。叶鞘松弛,压扁;叶片线形或长圆形。总状花序细弱,下面托以鞘状苞片;无柄小穗线状披针形,长约 3 mm;第 1 颖片近革质,第 2 颖片舟形;外稃透明膜质,第 1 外稃线状披针形,第 2 外稃短于第 1 颖片的 1/3。花果期 8—11 月。

产于南京周边各地,偶见,生于阴湿处和山坡草地。

朱鑫鑫 供图

66. 香茅属（*Cymbopogon*）分种检索表

1. 无柄小穗长 5.5 mm，芒长 12 mm ·· **1. 橘草** *C. goeringii*
1. 无柄小穗长 2~4 mm，芒长 7~8 mm ··· **2. 扭鞘香茅** *C. tortilis*

1. 橘草

Cymbopogon goeringii (Steud.) A. Camus

多年生草本。高 60~100 cm。秆丛生，叶鞘无毛，上部的短于节间。伪圆锥花序长狭窄；佛焰苞长 1.5~2.0 cm，总状花序长 1.5~2.0 cm，向后反折；无柄小穗长圆状披针形，长约 5.5 mm；第 1 颖片背部扁平；第 2 外稃长约 3 mm，芒从顶端 2 裂齿间伸出，芒长约 12 mm。花果期 7—10 月。

产于南京及周边各地，常见，生于山坡草地。

2. 扭鞘香茅

Cymbopogon tortilis (J. Presl) A. Camus

多年生草本。高 50~120 cm。密丛型,具香味,秆直立。基部叶鞘多破裂反卷,内侧呈红棕色;叶片线形。伪圆锥花序较大而密集,狭窄;总状花序长 8~18 mm,其下托以长 12~15 mm 的佛焰苞,成熟时又开并向下反折;无柄小穗 2~4 mm;第 2 外稃长约 1.5 mm,芒长 7~8 mm。花果期 7—10 月。

产于南京以南丘陵地区,偶见,生于山坡、草丛、林边。

67. 菅属（*Themeda*）

1. 黄背草   阿拉伯黄背草

Themeda triandra Forssk.

多年生草本。高 0.5~1.5 m。秆簇生,直立。叶片线形,叶背常粉白色。大型伪圆锥花序多回复出,由具佛焰苞的总状花序组成;佛焰苞舟状,总状花序有 7 个小穗;1 个无柄两性小穗纺锤形;两颖片革质,等长;第 2 外稃退化为芒的基部,芒长 3~6 cm。颖果长圆球状。花果期 6—11 月。

产于南京及周边各地,常见,生于山坡、路旁等荒瘠土地。

68.鸭嘴草属（*Ischaemum*）分种检索表

1. 叶片密生柔毛，边缘粗糙；无柄小穗第 1 颖片有 2~4 条间断横皱纹 ············· **1.粗毛鸭嘴草** *I. barbatum*
1. 叶片被疏毛或无毛；无柄小穗第 1 颖片无横皱纹。
  2. 植株基部倾伏，有柄小穗有膝曲的芒 ······························· **2.细毛鸭嘴草** *I. ciliare*
  2. 植株基部直立或膝曲，但不倾伏，有柄小穗无芒或具细直芒，无柄小穗有膝曲的芒
  ··· **3.有芒鸭嘴草** *I. aristatum*

1. 粗毛鸭嘴草

Ischaemum barbatum Retz.

    多年生草本。高 70~100 cm。秆基部膝曲或直立。叶鞘密生柔毛或无毛；叶片披针形。总状花序孪生于秆顶，直立，相互紧贴成圆柱状；无柄小穗长 5~7 mm；第 2 颖片与第 1 颖片等长；第 1 朵小花雄性；外稃与内稃等长；第 2 朵小花两性，外稃透明膜质，较第 2 颖片短 1/4~1/3。颖果卵球状。花果期 7—10 月。

    产于南京及周边各地，偶见，生于山坡草地。

2. 细毛鸭嘴草

Ischaemum ciliare Retz.

多年生草本。高 40~50 cm。秆基部平卧至斜升或直立。叶鞘疏生疣毛。总状花序 2(3 或 4) 枚孪生于秆顶,开花时常互相分离;无柄小穗倒卵状矩圆形;第 1 颖片革质,长 4~5 mm,第 2 颖片较薄,舟形,等长于第 1 颖片;第 1 朵小花雄性,外稃纸质,第 2 朵小花两性,外稃较短。花果期夏秋季。

产于南京及周边各地,偶见,生于山坡草丛、路旁及旷野草地。

3. 有芒鸭嘴草

Ischaemum aristatum L.

一年生草本。高 60~80 cm。秆直立或下部膝曲。叶鞘常疏生柔疣毛;叶片披针形。总状花序孪生于秆顶,长 4~6 cm;无柄小穗披针形,长 7~8 mm;第 1 颖片顶端钝,第 2 颖片与第 1 颖片等长,舟形;第 1 外稃稍短于第 1 颖片,第 2 外稃较第 1 外稃短 1/5~1/4。花果期 7—10 月。

产于南京及周边各地,偶见,生于路边、山坡。

69. 牛鞭草属（*Hemarthria*）

1. 大牛鞭草

Hemarthria altissima (Poir.) Stapf & C. E. Hubb.

多年生草本。高可达 1 m。有长而横走的根状茎。叶片线形。总状花序簇生或单生，长 6~10 cm；无柄小穗卵状披针形，长 5~8 mm；第 1 颖片革质，等长于小穗，第 2 颖片厚纸质；第 1 朵小花仅存膜质外稃，第 2 朵小花两性，外稃膜质，长卵形；内稃薄膜质，长约为外稃的 2/3。花果期 6—10 月。

产于南京及周边各地，常见，生于湿润河滩、田边、路旁及草地等处。

70. 筒轴茅属（*Rottboellia*）

1. 光穗筒轴茅

Rottboellia laevispica Keng

多年生草本。高可达 1 m。秆直径 3~5 mm。叶片质地软薄，长 15~40 cm，宽 8~16 mm。总状花序稍压扁或圆柱状，长达 20 cm；无柄小穗两性，长圆状披针形，长 7~10 mm；第 1 颖片背面扁平，第 2 颖片舟形，等长于第 1 颖片；第 1 朵小花雄性，第 2 朵小花两性；两稃膜质，近等长。花果期秋季。

产于南京及周边各地，偶见，生于山坡林下阴湿处。

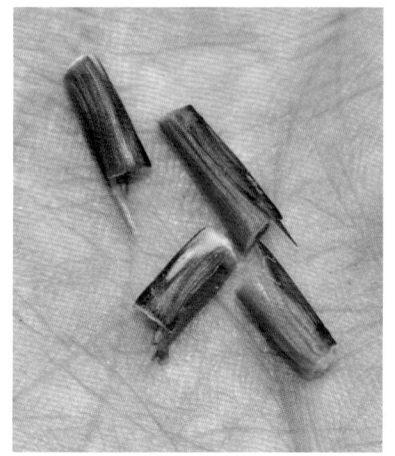

71. 蜈蚣草属（*Eremochloa*）

1. 假俭草

Eremochloa ophiuroides (Munro) Hack.

多年生草本。高可达 30 cm。有横走的匍匐茎。秆向上斜升。叶鞘压扁，多密集跨生于秆基；叶片扁平。总状花序单生于秆顶，常镰刀状弯曲，背腹压扁；小穗单生，无柄小穗长圆形，背腹压扁，常呈覆瓦状排列于总状花序轴的一侧；第 1 颖片与小穗等长。花果期 6—10 月。

产于南京及周边各地，偶见，生于潮湿草地和山坡路旁。

72. 薏苡属（*Coix*）

1. 薏苡

Coix lacryma-jobi L.

一年生或多年生草本。高 1.0~1.5（2.0）m。秆粗壮，多分枝，具 10 多节。叶鞘短于其节间；叶片条状披针形。总状花序腋生成束，下垂，具长梗；雌小穗位于花序下部，外面包以骨质念珠状总苞；第 1 颖片卵圆形，顶端渐尖呈喙状，包围着第 2 颖片及第 1 外稃；雄小穗着生于总状花序上部。花果期 6—12 月。

产于南京及周边各地，偶见，生于沟边、山谷、田野、屋旁。野生或栽培。

果实入药，秆叶可造纸，嫩叶做饲料。骨质总苞可用于制作首饰、工艺品及装饰品，可制成珠串以及门帘等。

多年生沉水草本。无根。茎漂浮。叶 4~12 枚轮生,1~4 次二叉分枝,条形。花单性,雌雄同株,微小,单生叶腋;无花被;雄花有雄蕊 10~20;雌蕊有心皮 1,子房 1 室。坚果革质,卵形或椭圆形,边缘有或无翅,先端有长刺状宿存花柱。种子 1 枚。

共 2 属 6~7 种,广布于全球各地。我国产 1 属 3 种。南京及周边分布有 1 属 1 种。

金鱼藻科
CERATOPHYLLACEAE

金鱼藻属(*Ceratophyllum*)

1. 金鱼藻

Ceratophyllum demersum L.

多年生沉水草本。茎分枝。叶(4)6~10(12)枚为 1 轮;叶片 1~2 回二歧分裂,末回裂片线状,边缘有刺状齿。花直径约 2 mm;雄花有苞片 12;雌花有苞片 9~10。坚果卵圆形,长 4~6 mm,宽约 2 mm,光滑,边缘无翅,有长刺 3,基部 2 刺向下斜伸。秋季开花。

产于南京及周边各地,极常见,生于池塘、湖泊中。

全草入药。

罂粟科
PAPAVERACEAE

草本或稀为亚灌木、小灌木或灌木。一年生、二年生或多年生。主根明显。基生叶通常莲座状，茎生叶互生，稀上部对生或近轮生状，全缘或分裂；有时具卷须；无托叶。花单生或组成总状花序、聚伞花序或圆锥花序；花两性；萼片 2 或不常为 3~4；花瓣长通常 2 倍于花萼，4~8 枚排列成 2 轮；雄蕊多数；子房上位。果为蒴果。种子细小，球形、卵圆形或近肾形。

共 47 属约 800 种，分布于北半球温带地区、中南美洲及非洲东南部。我国产 19 属约 480 种。南京及周边分布有 2 属 9 种。

罂粟科分种检索表

1. 1~2 回三出羽状复叶或 2 回三出分裂；蒴果卵形、长圆形或线形。
  2. 子叶 1；有块茎。
    3. 茎下部具 2 枚以上低出叶，鳞片状，块茎不呈圆球形·······················**1. 夏天无** *Corydalis decumbens*
    3. 茎下部具 1 枚鳞片状低出叶，块茎球形。
      4. 距圆筒状，下弯；蒴果椭圆形，下垂 ·····································**2. 全叶延胡索** *Corydalis repens*
      4. 距圆筒状，上弯；蒴果线形··**3. 延胡索** *Corydalis yanhusuo*
  2. 子叶 2；无块茎。
    5. 花黄色；距囊状膨大。
      6. 果实念珠状；苞片下部具齿 ··**4. 黄堇** *Corydalis pallida*
      6. 果实非念珠状；苞片全缘 ··**5. 小花黄堇** *Corydalis racemosa*
    5. 花青紫色、粉红色或红紫色，距筒状或尖钻形。
      7. 花下苞片卵形，全缘或微齿裂；蒴果线形。
        8. 距尖，钻状，距长为花瓣长度的 1.5 倍，斜向上方 ·················**6. 地锦苗** *Corydalis shearceri*
        8. 距短，筒状，距长为花瓣长度的 1/3，向下弯·······················**7. 紫堇** *Corydalis edulis*
      7. 花下苞片楔形或菱形，三出或深羽裂，蒴果长椭圆状线形·············**8. 刻叶紫堇** *Corydalis incisa*
1. 单叶，掌状分裂；蒴果扁平，倒卵形···**9. 博落回** *Macleaya cordata*

紫堇属（*Corydalis*）

1. 夏天无　伏生紫堇

Corydalis decumbens (Thunb.) Pers.

多年生草本。高 10~30 cm。茎细弱,由块茎上抽出数茎或单生,不分枝。具叶 2~3 枚;叶面深绿色,叶背绿白色;2 回三出复叶,基生叶有长柄。总状花序具花 3~10 朵;花瓣近淡紫色或白色至浅蓝色,上花瓣长 1.4~1.7 cm,瓣片上翘;距长 6~7 mm,稍向上弯曲或直,下花瓣宽匙形,顶端凹。花果期 2—5 月。

产于南京及周边各地,常见,生于丘陵或低山山坡草地。

块茎入药。

2. 全叶延胡索

Corydalis repens Mandl & Muehld.

多年生草本。高 8~14（20）cm。全株无毛。茎细弱。每枝常具叶 2 枚,互生;叶具长柄,2~3回三出全裂,末端裂片长圆形或椭圆形。总状花序,花少而稀疏;花淡蓝、白色或浅紫色,瓣片顶端内凹;距圆筒状,下弯,6~9 mm,距长占上花瓣全长的 2/3。蒴果椭圆形,下垂。花果期 4—5 月。

产于句容,常见,生于山坡林缘及路边。

江苏、浙江、安徽等地方植物志中所记载的"全叶延胡索",经笔者实地观察,其叶片、苞片、块茎等形态均与我国东北地区所产种类不尽相同。因此,华东地区鉴定为本种的类群,有待进一步观察研究。

3. 延胡索　元胡

Corydalis yanhusuo (Y. H. Chou & Chun C. Hsu) W. T. Wang ex Z. Y. Su & C. Y. Wu

　　多年生草本。高 9~20 cm。块茎球形，黄色，直径 0.6~2.0 cm。茎多单生。叶为 2~3 回三出全裂，裂片狭长卵形或披针形，顶端钝，全缘。总状花序长 3~6 cm；花瓣紫色，上花瓣长 1.5~2.5 cm；距圆筒形，下花瓣前端与上花瓣相似，瓣片与距均上弯。蒴果线形，具 1 列种子。花果期 4—6 月。

　　产于南京及周边各地，常见，生于路旁或山坡上。

　　块茎为著名的中药，称"元胡"。

4. 黄堇

Corydalis pallida (Thunb.) Pers.

　　丛生草本。高 18~60 cm。植株无毛，绿色。茎具棱。基生叶莲座状，花期枯萎；茎生叶 2 回羽状全裂，末回羽片 3 深裂，菱形或卵形。总状花序长 5~12 cm；苞片线形至狭卵形；花瓣淡黄色；距圆筒形，长 6~8 mm，占花瓣全长的 1/3。蒴果念珠状，长达 3 cm。花果期 4—5 月。

　　产于南京周边，常见，生于丘陵或沟边潮湿处。

5. 小花黄堇

Corydalis racemosa (Thunb.) Pers.

一年生草本。高 20~50 cm。直根细长。灰绿色。茎具棱,枝与叶对生。叶为2回羽状全裂,2回羽片2~3对,羽片常3深裂,卵圆形。总状花序长 3~10 cm,花多而密,后渐疏离;花瓣黄色,长 6~9 mm,顶端常近圆;距短,囊状。蒴果线状,长 2~3 cm。花果期2—9月。

产于南京、句容等地,常见,生于多石处、墙边或山地沟边。

全草有毒,能杀虫;供药用。

6. 地锦苗　尖距紫堇

Corydalis sheareri S. Moore

多年生草本。高 15~40 cm。茎有时带紫红色,通常在上部分枝。基生叶和茎下部叶有长柄,长 10~30 cm,叶片卵状三角形,2回羽状全裂。总状花序长 4~10 cm;花瓣淡紫色或粉红色;距尖钻形,长 1~2 cm,末端尖,为花瓣长的 1.5 倍。蒴果近线形,长约 2.5 cm。花果期3—6月。

产于南京,偶见,生于沟边、河边或林下阴湿处。

7. 紫堇

Corydalis edulis Maxim.

一年生灰绿色草本。高 10~30 cm。叶片近三角形,2 回羽状全裂。总状花序长 3~10 cm;花瓣粉红色,上、下花瓣前端红紫色,渐变为紫色,宽展,外翻;上花瓣距圆筒形,末端向下弯曲,长达 5 mm。蒴果线形,长约 3 cm,下垂,顶端渐细呈长喙状。花果期 4—7 月。

产于南京及以南地区,常见,生于池塘、路边、墙缝、林下等潮湿地方。

全草和根入药。

8. 刻叶紫堇

Corydalis incisa (Thunb.) Pers.

　　一年生或二年生灰绿色草本。高可达 60 cm。茎直立。叶互生；叶片 2~3 回羽裂，裂片菱状长圆形，小裂片顶端有缺刻状齿。总状花序长 3~10 cm；花瓣紫蓝或紫红，前端紫色；距圆筒形，长 0.7~1.1 cm，末端钝，向下弯曲，下花瓣基部稍呈囊状。蒴果顶端有长喙，长椭圆状线形。花果期 4—9 月。

　　产于南京及周边各地，极常见，生于较阴湿的沟旁、林下、山坡路边或多石处。

　　全草入药。

博落回属（*Macleaya*）

9. 博落回

Macleaya cordata (Willd.) R. Br.

　　多年生高大草本。高 1~2 m。全株被白粉，折断后有黄色乳状汁液流出。茎直立，圆柱形，中空。单叶，互生；叶片宽卵形或近圆形，叶背有白粉。圆锥花序长 15~40 cm；萼片 2，舟状，黄白色；无花瓣；雄蕊 20~36。蒴果扁平，下垂，成熟后红色，表面被白粉。花果期 6—11 月。

　　产于南京、句容等地，常见，生于山野丘陵、低山草地或林边。

　　全草有毒，供药用。

木质藤本,很少为直立灌木。茎缠绕或攀缘。叶互生,掌状或三出复叶,少为羽状复叶。花辐射对称,单性,雌雄同株或异株,少杂性,通常组成总状花序或伞房状的总状花序,少为圆锥花序;萼片 6,花瓣状;花瓣 6,蜜腺状;雄蕊 6;心皮 3,很少 6~9。果为肉质的蓇葖果或浆果。

共 10 属约 40 种,分布于东亚及南美洲西南部。我国产 8 属 32 种。南京及周边分布有 1 属 1 种 1 亚种。

木通科
LARDIZABALACEAE

木通属(*Akebia*)分种检索表

1. 叶通常有小叶 5 枚,偶 6~8 枚 ·······················**1. 木通** A. *quinata*
1. 叶通常有小叶 3 枚,偶 4~5 枚 ···············**2. 白木通** A. *trifoliata* subsp. *australis*

1. 木通　八月炸

Akebia quinata (Houtt.) Decne.

落叶木质藤本。茎纤细,缠绕。掌状复叶有 5 枚小叶;小叶片椭圆形或倒卵形,全缘,顶端圆或微凹。总状花序生于短枝叶腋,基部具雌花 1~2 朵,上部具雄花 4~10 朵;雄花萼片 3,淡紫色,雄蕊 6;雌花萼片 3,暗紫色。果长椭圆形或圆形,成熟时暗红色。种子多数。花期 4—5 月,果期 6—8 月。

产于南京及周边各地,极常见,生于灌木丛、林缘和沟谷中。

藤茎和果实可入药,后者被称为"预知子"。

2. 白木通

Akebia trifoliata subsp. *australis* (Diels) T. Shimizu

落叶木质藤本。掌状复叶互生或在短枝上簇生；小叶 3 枚，纸质或薄革质，卵形至阔卵形，长 4.0~7.5 cm，宽 2~6 cm，先端通常钝或略凹入。总状花序自短枝上簇生叶中抽出，下部具雌花 1~2 朵，上部具雄花 15~30 朵；萼片 3，淡紫色。果长圆形，长 6~8 cm，直径 2~4 cm。花期 4—5 月，果期 7—8 月。

产于句容、溧水等地，偶见，生于山坡林中或草地边缘。

攀缘或缠绕藤本,稀直立灌木或小乔木。叶螺旋状排列,单叶,稀复叶,常具掌状脉。聚伞花序,或由聚伞花序再组成圆锥花序式、总状花序式或伞形花序;花通常小而不鲜艳,单性;雌雄异株;花瓣通常 2 轮,每轮通常 3 片;雄蕊 2 至多数;子房上位,1 室。核果。

共 75 属约 450 种,分布于全球热带及亚热带地区。我国产 19 属约 81 种。南京及周边分布有 3 属 4 种。

防己科
MENISPERMACEAE

防己科分种检索表

1. 叶片不为盾状,卵状长圆形或卵形至倒心形 ·················· **1. 木防己** *Cocculus orbiculatus*
1. 叶片盾状。
  2. 叶片全缘;心皮 1。
    3. 根圆柱形,雄花序为复伞状聚伞花序 ················ **2. 千金藤** *Stephania japonica*
    3. 根不规则团块状,雄花序头状,总状排列 ·············· **3. 金线吊乌龟** *Stephania cephalantha*
  2. 叶片有浅裂;心皮 2~4 ····························· **4. 蝙蝠葛** *Menispermum dauricum*

木防己属（*Cocculus*）

1. 木防己

Cocculus orbiculatus (L.) DC.

草质或近木质缠绕藤本。叶片近革质至纸质,形状多变,卵状长圆形或卵形至倒心形,有时 3~5 裂。聚伞状或总状圆锥花序顶生或腋生,长可达 10 cm;花被黄色;雄花具小苞片 1~2,萼片 6,花瓣 6;雌花萼片和花瓣与雄花相同。核果近球形,蓝黑色,有白粉。花期 6 月,果期 9—10 月。

产于南京及周边各地,极常见,生于山坡路旁、灌丛、疏林中。

根入药。

千金藤属（*Stephania*）

2. 千金藤

Stephania japonica (Thunb.) Miers

　　木质藤本。根圆柱形。叶片纸质,三角状阔卵形或三角状近圆形,顶端钝,有小凸尖,叶背粉白色,掌状脉7~9条。复伞状聚伞花序腋生,通常有伞梗4~8;小聚伞花序近无柄,密集而组成头状;花黄绿色;雄花花瓣3或5,稍肉质;雌花萼片和花瓣3~5。核果近球形,熟时红色。花期6—7月,果期8—9月。

　　产于南京及周边各地,常见,生于路旁、沟边及山坡林下。

　　根和茎入药。

3. 金线吊乌龟

Stephania cephalantha Hayata

　　草质缠绕藤本。块根不规则团块状。叶片明显盾状着生,通常宽稍大于长,全缘或微波状,叶面深绿色,叶背粉白色。头状聚伞花序再组成总状,腋生;雄花花瓣3~5,雄蕊6;雌花花瓣3~5,无退化雄蕊。核果近球形,成熟时呈紫红色;果核马蹄形,背部两侧有小横肋状雕纹。花期6—7月,果期8—10月。

　　产于句容,偶见,生于山坡、沟谷林缘或路旁、溪边灌丛中。

　　块根入药。

蝙蝠葛属 (*Menispermum*)

4. 蝙蝠葛

Menispermum dauricum DC.

落叶草质藤本。叶片卵圆形或圆肾形,近膜质或纸质,边缘有 3~9 浅裂,很少近全缘。圆锥花序腋生,花序梗长 2~3 cm,具花数朵至 20 余朵。雄花萼片 4~8,膜质,绿黄色,倒卵状椭圆形至倒披针形,花瓣 6~8 或更多,肉质;雌花退化雄蕊 6~12。核果紫黑色。花期 6—7 月,果期 8—9 月。

产于南京及周边各地,常见,生于山坡丛林中或攀缘于岩石上。

根状茎入药,称"北豆根"。

小檗科
BERBERIDACEAE

灌木或多年生草本,稀小乔木。常绿或落叶。茎具刺或无。叶互生,稀对生或基生,单叶或 1~3 回羽状复叶。花序顶生或腋生,花单生、簇生或组成总状花序、穗状花序、伞形花序、聚伞花序或圆锥花序;花两性,辐射对称,花被通常 3 基数,偶 2 基数;萼片 6~9,常花瓣状;花瓣 6;子房上位,1 室。浆果、蒴果、蓇葖果或瘦果。种子 1 至数枚。

共 19 属约 650 种,分布于北温带地区、热带非洲及南美洲。我国产 11 属约 338 种。南京及周边分布有 1 属 1 种。

十大功劳属（*Mahonia*）

1. 阔叶十大功劳
Mahonia bealei (Fortune) Carrière

常绿灌木。高 1~2 m。叶互生;1 回羽状复叶,厚革质,边缘略反卷,卵形,每侧有 2~8 斜展的刺状粗锯齿,齿端具刺尖。总状花序直立,长 6~15 cm,6~9 个簇生茎顶;花黄色。浆果卵圆形,长约 10 mm,直径 6~9 mm,成熟时蓝黑色,表面被白粉。花期 9 月至翌年 3 月,果期 4—6 月。

产于南京及周边各地,常见,生于路旁,多栽培于公园及庭院。常逸为野生。

全株供药用。

多年生或一年生草本,少有灌木或木质藤本。叶通常互生或基生,单叶或复叶,通常掌状分裂;叶脉掌状,偶尔羽状,网状连结。花两性,少有单性,雌雄同株或雌雄异株,单生或组成各种聚伞花序或总状花序;萼片下位,4~5,或较多,或较少,绿色,或花瓣状;花瓣存在或不存在;心皮分生,少有合生,多数、少数或1。果实为蓇葖果或瘦果,少数为蒴果或浆果。

共 59 属约 2 500 种,分布于全世界各地,但是多数在北温带地区,特别是在亚洲东部。我国产 38 属约 1 030 种。南京及周边分布有 9 属 23 种 9 变种。

毛茛科 RANUNCULACEAE

毛茛科分属检索表

1. 蓇葖果,胚珠多数。
  2. 花两侧对称;圆锥状花序或总状花序。
    3. 2 个花瓣分离;退化雄蕊 2;心皮 3~7 ·················· **1. 翠雀属 Delphinium**
    3. 2 个花瓣合生;无退化雄蕊;心皮 1 ·················· **2. 乌头属 Aconitum**
  2. 花辐射对称;聚伞花序;三出复叶·················· **3. 天葵属 Semiaquilegia**
1. 瘦果;胚珠 1。
  4. 基生叶和茎生叶均有。
    5. 茎叶对生;多攀缘,少直立;花柱果期羽毛状 ·················· **4. 铁线莲属 Clematis**
    5. 茎叶互生;直立;花柱果期不伸长。
      6. 萼片绿色;有花瓣,多黄色、白色 ·················· **5. 毛茛属 Ranunculus**
      6. 萼片花瓣状,白色、黄色、蓝紫色,无花瓣·················· **6. 唐松草属 Thalictrum**
  4. 仅有基生叶。
    7. 花柱较长,果期呈羽毛状 ·················· **7. 白头翁属 Pulsatilla**
    7. 花柱短,果期不呈羽毛状。
      8. 苞片远离花,叶片状 ·················· **8. 银莲花属 Anemone**
      8. 苞片靠近花,萼片状 ·················· **9. 獐耳细辛属 Hepatica**

1. 翠雀属（*Delphinium*）

1. 还亮草

Delphinium anthriscifolium Hance

一年生草本。高 20~78 cm。叶片三角状卵形或菱状卵形，2 回羽状全裂，羽片 2~4 对。总状花序着生于分枝顶端或茎端，具花 1~15 朵；花堇色到淡蓝紫色；萼片狭椭圆形或椭圆形，长约 8 mm；距长约 1 cm；花瓣 2，不等 3 裂，瓣片斧形，2 深裂至近基部。蓇葖果长 1.0~1.5 cm。花期 3—5 月。

产于南京及周边各地，极常见，生于山坡、山沟杂木林中或草丛中。

全草入药。

（变种）**卵瓣还亮草**

var. *savatieri* (Franch.) Munz

本变种退化雄蕊的瓣片卵形，顶端微凹或 2 裂达中部，有时全缘。

产地和生境同还亮草。

2. 乌头属（*Aconitum*）

1. 乌头

Aconitum carmichaelii Debeaux

多年生草本。高 50~200 cm。茎直立,茎下部叶花期枯萎;中部叶具长柄,叶片五角形,几近全裂或 3 全裂。顶生总状花序,花序轴、花柄密生反曲细柔毛;小苞片线形;萼片蓝紫色,上片高盔状;花瓣无毛,有长爪;距长 1.0~2.5 mm,通常拳卷。蓇葖果长 1.5~1.8 cm。花期 9—10 月,果期 10—11 月。

产于南京城区、浦口、句容等地,常见,生于山地草丛中或林边。

根入药,称"川乌"。

（变种）深裂乌头

var. *tripartitum* W. T. Wang

本变种叶片掌状分裂不达基部（距基部 0.5~1.5 cm）,基部呈截状心形或宽心形,中央裂片顶端急尖,裂片稍短阔。

产于南京周边,偶见,生于林下。

3. 天葵属（*Semiaquilegia*）

1. 天葵　千年老鼠屎

Semiaquilegia adoxoides (DC.) Makino

细弱草本。高 10~30 cm。花序茎 1~5 cm，有分枝。基生叶多数，掌状三出复叶，小叶片倒卵状菱形或扇状菱形，常近全裂或深 3 裂；茎生叶与基生叶相似，略小，具短柄。花直径 4~6 mm；萼片白色，常带淡紫色，狭椭圆形；花瓣淡黄色，匙形。蓇葖果卵状长椭圆形。花期 3—4 月，果期 4—5 月。

产于南京及周边各地，极常见，生于路边及山坡林下阴湿处。

块根称"天葵子"，为常用中药材。

4. 铁线莲属(*Clematis*)分种检索表

1. 雄蕊无毛;萼片开展;复叶。
  2. 花单生叶腋;花柄上有 1 对叶状苞片。
    3. 萼片 5~7,通常 6 ·· **1. 短柱铁线莲** *C. cadmia*
    3. 萼片 4 ·· **2. 毛萼铁线莲** *C. hancockiana*
  2. 多花,聚伞或圆锥状花序。
    4. 植株为藤本。
      5. 叶为三出复叶。
        6. 小叶片革质,窄卵形或披针形,全缘 ························· **3. 山木通** *C. finetiana*
        6. 小叶片纸质,宽卵形,边缘有缺刻状粗锯齿或牙齿 ········· **4. 女萎** *C. apiifolia*
      5. 叶非三出复叶,或仅茎上部三出复叶。
        7. 1 回羽状复叶,小叶 5,偶 6~7。
          8. 小叶边缘常有数个粗锯齿或牙齿;瘦果小,长 4 mm ··· **5. 毛果铁线莲** *C. peterae* var. *trichocarpa*
          8. 小叶全缘;瘦果长 5~9 mm。
            9. 萼片顶端尖或凸尖;叶片干后变黑色 ··········· **6. 威灵仙** *C. chinensis*
            9. 萼片顶端截形或钝;叶片干后不变黑色 ········· **7. 圆锥铁线莲** *C. terniflora*
        7. 2 回或 1 回羽状复叶,基部 1 对小叶 3 裂 ··········· **8. 太行铁线莲** *C. kirilowii*
    4. 植株为直立草本 ··· **9. 长冬草** *C. hexapetala* var. *tchefouensis*
1. 雄蕊有毛;萼片直立或斜展;单叶 ····························· **10. 单叶铁线莲** *C. henryi*

1. 短柱铁线莲

Clematis cadmia Buch.-Ham. ex Hook. f. & Thomson

多年生攀缘草质藤本。2 回三出复叶或 2 回羽状复叶,1 回羽片 3~5 枚。花单生叶腋;花柄长 10 cm,中部有 1 对叶状苞片;苞片宽卵形或卵形,全缘;花白色带紫,直径 3~6 cm;萼片 5~7,平展。瘦果窄椭圆形或菱形,红棕色,宿存花柱喙状。花期 4—5 月,果期 6 月。

产于南京、句容、丹阳等地,偶见,生于山坡林边、溪沟边或路旁。

2. 毛萼铁线莲

Clematis hancockiana Maxim.

多年生木质藤本。长 1~2 m。茎圆柱形,节部常膨大。1 回羽状复叶,茎上部叶常为三出复叶,有 3~9 枚小叶;小叶片卵状披针形至宽卵形,顶端钝尖,边缘全缘。花单生叶腋;萼片 4,蓝紫色或紫红色,开花以后常反卷。瘦果扁平。花期 5 月,果期 6 月。

产于江宁,偶见,生于路边及疏林下。

蒋 纯 供图

3. 山木通

Clematis finetiana H. Lév. & Vaniot

半常绿木质藤本。三出复叶,茎下部有时单叶;小叶片革质,披针形或窄卵形,顶端渐尖,基部浅心形至圆形。聚伞花序或成假总状花序,顶生或腋生,具花 1~5（7）朵;萼片 4~6,平展,白色。瘦果镰状纺锤形,被柔毛;宿存花柱有黄棕色羽状毛。花期 4—6 月,果期 9—10 月。

产于江宁等南京南部丘陵地区,偶见,生于山坡或路边。

全株入药。

4. 女萎

Clematis apiifolia DC.

多年生攀缘木质藤本。三出复叶；小叶片纸质，宽卵形，通常有不明显的3浅裂，边缘有牙齿或缺刻状粗锯齿。圆锥状聚伞花序，多花；萼片4，白色，开展，倒卵状长椭圆形。瘦果纺锤形或长卵形，长3.5~4.5 mm；宿存花柱羽毛状，长0.8~1.5 cm。花期6—9月，果期9—10月。

产于南京及周边各地，常见，生于山坡、路边或溪沟边灌丛中。

根、茎或全株入药。

5. 毛果铁线莲

Clematis peterae var. *trichocarpa* W. T. Wang

多年生攀缘草质藤本。1回羽状复叶，有5枚小叶；小叶片狭卵形、卵形或椭圆状卵形，顶端渐尖至急尖，基部微心形或圆形，边缘疏生1至数个牙齿，偶全缘。圆锥状聚伞花序密生柔毛，顶生或腋生；萼片4，白色，开展。瘦果卵形，稍扁；宿存花柱长1~2 cm，白色，羽毛状。花期5—9月，果期8—11月。

产于江宁、句容、镇江等地，偶见，生于山地灌丛中。

6. 威灵仙　铁脚威灵仙

Clematis chinensis Osbeck

多年生木质藤本。羽状复叶具 5 枚小叶；小叶片纸质，卵状披针形至卵形，顶端渐尖至急尖，有小尖头，基部圆形至宽楔形或浅心形，全缘。圆锥状聚伞花序顶生及腋生；萼片 4，白色，平展，狭倒卵形至倒卵状长圆形，长 6~13 mm。瘦果椭圆形；宿存花柱长 1.8~4.0 cm，羽毛状。花期 6—9 月，果期 9—10 月。

产于南京城区、浦口、六合等地，常见，生于山坡、山谷林中或路旁。

根及根状茎入药。

（变种）毛叶威灵仙

var. *vestita* (Rehder & E. H. Wilson) W. T. Wang

本变种分枝或多或少密生柔毛；小叶常较厚而小，叶背密生短柔毛；萼片长 6~9 mm，宽 2~3 mm。

产于南京、句容等地，偶见，生于山坡林下。

7. 圆锥铁线莲　黄药子　铜脚威灵仙
Clematis terniflora DC.

多年生攀缘木质藤本。1回羽状复叶,通常有5~7枚小叶;小叶片通常狭卵形至宽卵形,顶端急尖或钝。圆锥状聚伞花序,多花,腋生或顶生;萼片4,白色,平展,长椭圆形或狭倒卵形,长0.5~1.5 cm;雄蕊无毛。瘦果近扁平,橙黄色,被柔毛;宿存花柱羽毛状。花期6~8月,果期9—11月。

产于南京及周边各地,常见,生于山地、丘陵。

根入药。

8. 太行铁线莲
Clematis kirilowii Maxim.

多年生木质藤本。1~2回羽状复叶,有5~11枚小叶或更多,茎基部1对小叶3裂;小叶裂片革质,卵圆形至卵形。总状、圆锥状聚伞花序或聚伞花序;花单生或具花3至数朵,腋生或顶生;花直径1.5~2.5 cm;萼片4~6。瘦果卵形至椭圆形,扁,长约5 mm。花期6—8月,果期8—9月。

产于南京城区、浦口等地,偶见,生于疏林内。

9. 长冬草　小叶光萼铁线莲　大叶光萼铁线莲

Clematis hexapetala var. *tchefouensis* (Debeaux) S. Y. Hu

　　多年生直立草本。株高 30~60 cm。叶片近革质,干后常变暗黑色,1~2 回羽状全裂,裂片线状披针形,全缘;两面无毛或叶背疏被长柔毛;网脉凸出。聚伞花序腋生或顶生,有时单生;萼片白色,常为 6,除边缘密生柔毛,其余无毛。瘦果倒卵形,密生柔毛;宿存花柱羽毛状。花期 6—8 月,果期 8—9 月。

　　产于盱眙等南京以北丘陵山地,偶见,生于草坡或路旁。根入药。

10. 单叶铁线莲

Clematis henryi Oliv.

　　木质藤本。单叶;叶片卵状披针形,长 10~15 cm,基部浅心形。聚伞花序腋生,常只具 1 朵花,稀 2~5 朵花;花钟状,直径 2.0~2.5 cm;萼片 4,较肥厚,白色或淡黄色,卵圆形或长方卵圆形。瘦果狭卵形。花期 10 月至翌年 2 月,果期翌年 3—4 月。

　　产于句容,稀见,生于林下。

南京周边尚分布有吴兴铁线莲(*C. huchouensis* Tamura),生于河岸荒地。

5. 毛茛属（*Ranunculus*）分种检索表

1. 瘦果卵球形或稍扁,长 1~2 mm,宽为厚的 1~3 倍。
  2. 一年生草本;瘦果多而小,喙短呈点状·····················**1. 石龙芮** R. sceleratus
  2. 一年生或多年生草本;喙直伸或弯。
    3. 植物体高大;瘦果聚集成长圆形的聚合果 ···············**2. 茴茴蒜** R. chinensis
    3. 植物体矮小;瘦果聚合成扁圆形。
      4. 根块状,纺锤形 ·····································**3. 猫爪草** R. ternatus
      4. 根条状,肥厚 ·····································**4. 肉根毛茛** R. polii
1. 瘦果扁平,长 2~5 mm,宽为厚的 5 倍以上。
  5. 一年生草本;瘦果有刺 ·································**5. 刺果毛茛** R. muricatus
  5. 多年生草本;瘦果无刺。
    6. 基生叶三出复叶;花托有柔毛。
      7. 茎常匍匐;萼片反折 ·······················**6. 扬子毛茛** R. sieboldii
      7. 茎常直立;萼片平展 ·······················**7. 禺毛茛** R. cantoniensis
    6. 基生叶 3 深裂不达基部;花托少毛或无毛 ···········**8. 毛茛** R. japonicus

1. 石龙芮

Ranunculus sceleratus L.

　　一年生草本。高 20~50 cm。茎直立。茎下部叶和基生叶有长柄;叶片五角形、宽卵形至近肾形,3 深裂,基部心形。伞房状复单歧聚伞花序;花直径约 8 mm;萼片椭圆形;花瓣黄色,与萼片几等长,狭倒卵形。聚合果长圆形,长约 1 cm;瘦果倒卵球形,稍扁。花果期 5—8 月。

　　产于南京及周边各地,常见,生于溪沟边或湿地,有时亦生于水中。

　　全草入药。

2. 茴茴蒜

Ranunculus chinensis Bunge

一年生或多年生草本。高 15~50 cm。叶为三出复叶；叶片宽卵形；叶片多 1~2 回深裂，小裂片狭长，有少数不规则锯齿。花序顶生，具花 3 朵至多数；花直径 6~7 mm；萼片 5，反折；花瓣 5，黄色，宽椭圆形或倒卵形。聚合果长圆形，长 10~13 mm。花期 4—9 月。

产于南京及周边各地，常见，生于溪边或湿润草地。

全草入药。为有毒植物。

3. 猫爪草 小毛茛

Ranunculus ternatus Thunb.

多年生草本。肉质小块根数个，形似猫爪。茎细弱，高 5~15 cm。基生叶为三出复叶；小叶片无柄，菱形，2~3 裂。单花，顶生，直径 1.0~1.5 cm；萼片 5，宽卵形或卵形，长达 4 mm；花瓣 5，黄色，椭圆形或倒卵形。瘦果卵状球形，无毛，果喙短。花期 3—5 月。

产于南京及周边各地，极常见，生于田边、草地、林缘、草坡及路边潮湿地。

块根入药。

（变种）细裂猫爪草

var. *dissectissimus* (Migo) Hand.-Mazz.

　　本变种基生叶无菱形小叶，均为条形裂叶，裂片稍狭；茎生叶条形，亦较狭。

　　产于南京及周边各地，常见，生于林缘、路旁、田边、草地及山坡潮湿处。

4. 肉根毛茛　　上海毛茛

Ranunculus polii Franch. ex Hemsl.

　　多年生草本。高 8~15 cm。须根条状肥厚，肉质。茎渐上升或匍匐地上；茎节着地生须根，另成新株。基生叶有长柄；叶片通常 2 回三出羽裂。花单生于枝顶端或茎顶，直径约 1.6 cm；萼片 5，长卵形，长约 3.5 mm，背面疏生柔毛；花瓣 5，黄色或上部略显白色，倒卵形。瘦果被毛或光滑。花期 4—8 月。

　　产于南京城区、六合、句容，偶见，生于山区潮湿地。

5. 刺果毛茛

Ranunculus muricatus L.

一年生草本。生于阴湿地的植株高可达 40 cm。近无毛。单叶；叶片近圆形，3 浅裂至 3 深裂；有长 2~12 cm 的叶柄。茎生叶与花对生；萼片 5，窄卵形，稍反曲；花瓣 5，黄色，宽卵形至狭倒卵形。聚合果球形，直径约 1 cm；瘦果扁平，倒卵圆形或椭圆形。花期 3—4 月。

产于南京及周边各地，常见，生于草地、田边或庭院杂草丛中。归化种。

6. 扬子毛茛

Ranunculus sieboldii Miq.

多年生草本。茎长达 50 cm。茎常匍匐；茎与叶柄密生白色开展糙毛，基部更密。叶为三出复叶；叶片宽卵形。花黄色，直径 8~12 mm；萼片 5，反折，狭卵形，长 4~6 mm；花瓣 5，近椭圆形或窄倒卵形。聚合果球形，直径约 1 cm；瘦果无毛。花期 3—10 月。

产于南京及周边各地，常见，生于路边、溪边、山地阴湿处。

叶供药用。

7. 禺毛茛

Ranunculus cantoniensis DC.

多年生草本。高 20~65 cm。叶多为三出复叶;叶片宽卵形;小叶片菱状卵形或宽卵形,其中顶生小叶 3 裂,侧生小叶不等 2~3 深裂。花序顶生;具花 4~10 朵,直径 10~15 mm;萼片 5,窄卵形,平展,长 3~4 mm;花瓣 5,黄色,倒卵形或窄椭圆形。聚合果球形,直径约 1 cm。花果期 4—11 月。

产于南京及周边各地,常见,生于沟边或水田边。

全草为外用药。

8. 毛茛

Ranunculus japonicus Thunb.

多年生草本。高 20~60 cm。须根多。茎有伸展的白色柔毛。基生叶和茎下部叶有长柄,长可达 20 cm;叶片心状五角形,3 深裂,中间裂片倒卵形或宽菱形,再 3 浅裂;茎生叶渐小,中部叶有短柄,上部叶无柄,3 深裂。花直径约 2 cm;萼片 5,卵形;花瓣 5,黄色。瘦果扁平。花期 4—8 月。

产于南京及周边各地,常见,生于沟边、田野、路边、山坡杂草丛中。

全草为外用药。

6. 唐松草属（*Thalictrum*）分种检索表

1. 小叶片狭楔状三角形、楔状倒卵形或线状披针形；花序圆锥状… **1. 短梗箭头唐松草** *T. simplex* var. *brevipes*
1. 顶生小叶倒卵形、菱形或近圆形，花序伞房状或聚伞状。
  2. 单歧聚伞花序排成伞房状圆锥形；萼片 4，绿白色或淡堇色 ················· **2. 华东唐松草** *T. fortunei*
  2. 花序伞房状；萼片 4，白色，早落 ················· **3. 瓣蕊唐松草** *T. petaloideum*

1. 短梗箭头唐松草

Thalictrum simplex var. *brevipes* H. Hara

    多年生草本。高 50~100 cm。无毛。基生叶为 2~3 回三出羽状复叶；茎上部为 2 回羽状复叶；小叶片楔状倒卵形、狭楔状三角形或线状披针形，顶端常 3 浅裂或 2 裂。花序圆锥状；花直径约 6 mm；萼片 4，早落；心皮 3~8，无柄，柱头箭头形，宿存。瘦果狭橄榄形。花期 6—7 月，果期 7—8 月。

    产于南京、镇江，偶见，生于长江岸边草丛中。

    全草入药。

2. 华东唐松草

Thalictrum fortunei S. Moore

多年生草本。高可达 70 cm。无毛。2~3 回三出复叶；顶生小叶片近圆形至倒卵形，叶背粉绿色，不明显 3 浅裂，裂片顶端有缺刻状钝齿，基部圆形、楔形至近心形。单歧聚伞花序组成伞房状圆锥形；萼片 4，绿白色或淡堇色，倒卵形。瘦果圆柱状长圆形。花期 3—5 月，果期 7—8 月。

产于南京、句容等地，常见，生于山坡丘陵或山沟林下阴湿处。

根入药。

（变种）珠芽华东唐松草

var. *bulbiliferum* B. Chen & X. J. Tian

本变种于花谢之后在植株茎节的大部分叶腋处形成 3~10 mm 的珠芽。珠芽具数个圆锥状大小不一的根原基。

产于句容，偶见，生于林下、溪边阴湿处。

最新观察研究认为，不同地区的华东唐松草植株在花末期以及果期都会有珠芽产生，因此当前倾向于将其作为 *T. fortunei* 的异名处理。本图志仍按照《中国植物物种名录 2022 版》暂时不做变动。

3. 瓣蕊唐松草

Thalictrum petaloideum L.

多年生草本。高 18~80 cm。无毛。上部分枝。叶 3~4 回三出或羽状复叶；小叶较小，形态变异较大，顶生小叶菱形、倒卵形或近圆形，3 裂或不裂，裂片全缘。花序伞房状；萼片 4，白色，早落；雄蕊多数，花柱明显。瘦果卵形，无柄；花柱宿存，约 1 mm。花期 6—7 月，果期 7—8 月。

产于浦口、六合，常见，生于山坡草地。

根入药。

7. 白头翁属（*Pulsatilla*）

1. 白头翁

Pulsatilla chinensis (Bunge) Regel

多年生草本。高可达 30 cm。密被白色长柔毛。叶基生，数枚；叶柄长；叶片宽卵形，3 全裂，裂片倒卵形。花葶 1~2 条；总苞片通常 3；萼片 6，紫色，狭卵形或卵形，长 3.0~4.5 cm。聚合果头状，直径 9~12 cm；瘦果扁纺锤形，有白色羽状毛。花期 3—5 月，果期 6—7 月。

产于南京城区、江宁、浦口、六合、盱眙等地，常见，生于山坡草地、山谷或田野间。

根供药用。可栽培供观赏。

8. 银莲花属（*Anemone*）

1. 鹅掌草　林荫银莲花

Anemone flaccida F. Schmidt

多年生草本。基生叶 1~2 枚；有长柄；叶片草质，心状五角形，长 3.0~7.5 cm，宽 5~10 cm，3 全裂。花茎高 15~40 cm；总苞片 3，生于花茎上部，叶状；花 1~3 朵，直径 2.0~2.5 cm；萼片 5~6，白色，微带粉红，长 0.7~1.0 cm，椭圆形或倒卵形。瘦果密被柔毛，长圆形。花期 4 月，果期 7—8 月。

产于南京城区、浦口、镇江、句容，常见，生于山坡草地或山谷林下。

根状茎入药。

9. 獐耳细辛属（*Hepatica*）

1. 獐耳细辛

Hepatica nobilis var. *asiatica* (Nakai) H. Hara

多年生草本。高 8~18 cm。基生叶 3~6 枚；有长柄；叶片正三角状宽卵形，基部深心形，顶端钝或微钝。花葶 1~6 条；萼片 6~11，堇色、粉红色或白色，狭长圆形，长 0.8~1.4 cm，宽 0.3~0.6 cm，顶端钝。瘦果卵球形，长 0.4 cm，被长柔毛；宿存花柱短。花期 3—5 月，果期 5—6 月。

产于句容，稀见，生于山坡路旁或杂木林下草丛中。

清风藤科 SABIACEAE

乔木、灌木或攀缘木质藤本，落叶或常绿。叶互生，单叶或奇数羽状复叶；无托叶。花两性或杂性异株。通常排成腋生或顶生的聚伞花序或圆锥花序，有时单生；萼片 5，很少 3~4；花瓣 5，很少 4；雄蕊 5，稀 4，与花瓣对生；子房上位，无柄，通常 2 室，很少 3 室。核果。

共 4 属 80~100 种，分布于美洲热带及亚洲热带、亚热带地区。我国产 3 属约 46 种。南京及周边分布有 2 属 3 种 1 变种 1 亚种。

清风藤科分种检索表

1. 落叶藤本。
　2. 叶片顶端钝尖；花瓣黄绿色 ·························· **1. 清风藤** *Sabia japonica*
　2. 叶片顶端渐尖或尾尖；花瓣深紫色 ·············· **2. 鄂西清风藤** *Sabia campanulata* subsp. *ritchieae*
1. 落叶乔木。
　3. 叶为单叶。
　　4. 叶片中部以下渐狭并下延，叶基楔形 ············· **3. 细花泡花树** *Meliosma parviflora*
　　4. 叶片基部圆钝，不下延；边缘刺状齿在中部以上，下部全缘
　　　　 ····················· **4. 柔毛泡花树** *Meliosma myriantha* var. *pilosa*
　3. 奇数羽状复叶 ························ **5. 红柴枝** *Meliosma oldhamii*

清风藤属（*Sabia*）

1. 清风藤

Sabia japonica Maxim.

落叶藤本。嫩枝绿色。叶片纸质，卵形或卵状椭圆形，基部钝圆，顶端短钝尖；叶柄长 2~5 mm，落叶时其基部常残留枝上而呈针刺状。花小，单生叶腋；先叶开放；花瓣 5，倒卵形，淡黄绿色。核果通常仅 1 心皮成熟，分果爿肾形或近圆形，基部常偏斜。花期 3—4 月，果期 5—8 月。

产于江宁、句容等地，常见，生于山沟、谷坡或林边灌丛中。

茎藤及叶供药用。

2. 鄂西清风藤

Sabia campanulata subsp. *ritchieae* (Rehder & E. H. Wilson) Y. F. Wu

落叶藤本。小枝淡黄绿色。叶片纸质,卵形、长圆状椭圆形或长圆状卵形,长 4~8 cm,宽 3~5 cm,顶端尾尖或渐尖,基部圆钝或楔形,叶背灰绿色,侧脉 4~5 对,近叶缘网结。花单生叶腋;与叶同时开放;花瓣 5,倒卵形,深紫色。分果爿宽倒卵形,长约 7 mm。花期 4—5 月,果期 7 月。

产于句容,偶见,生于山地林中。

泡花树属 (*Meliosma*)

3. 细花泡花树

Meliosma parviflora Lecomte

落叶小乔木。高可达 10 m。树皮灰褐色,呈不规则片状剥落。单叶互生;叶片纸质,宽倒卵形,先端近圆形,具短尖头,中部以下渐狭,基部明显下延,上部边缘有疏离的浅波状小齿。圆锥花序顶生或在近枝顶腋生,不下垂;花小,白色,密集;萼片 5,花瓣 5,外面 3 枚近圆形,里面 2 枚很小,2 裂至中部。核果球形,成熟时红色。花期 6—7 月,果期 9—11 月。

产于句容,稀见,生于溪边或丘陵林中。

4. 柔毛泡花树

Meliosma myriantha var. *pilosa* (Lecomte) Y. W. Law

落叶乔木。高可达 20 m。叶为单叶,倒卵状椭圆形、长圆形或倒卵状长圆形;边缘刺状齿常在中部以上,下部全缘;侧脉每边 10~20 对,直达齿端。圆锥花序顶生,直立;萼片 4~5;外面 3 片花瓣近圆形。核果倒卵形或球形,直径 4~5 mm。花期夏季,果期 5—9 月。

产于句容,偶见,生于山坡林间。

5. 红柴枝　　南京珂楠树　　红枝柴

Meliosma oldhamii Miq. ex Maxim.

乔木。高可达 20 m。奇数羽状复叶,小叶 7~15 枚;近对生或对生;叶片纸质,卵状披针形或卵状椭圆形,顶端渐尖,基部近圆形或钝。圆锥花序顶生或着生于枝条上部的叶腋,直立;花瓣 5,白色,外面 3 片较大,近圆形,里面 2 片较小。核果球形,成熟时黑色。花期 6 月,果期 8—9 月。

产于南京及周边各地,常见,生于湿润的山地林中。

袁　颖　供图

常绿或落叶乔木。叶互生,掌状分裂,具掌状脉或羽状脉,边缘全缘或有锯齿。花单性,雌雄同株,无花瓣;雄花多数,排成头状或穗状花序,再组成总状花序;无萼片;雄蕊多而密集。雌花多数,聚生在圆球形头状花序上,有苞片1;退化雄蕊有或无;子房下位或半下位,2室。头状果序圆球形,有蒴果多数;蒴果木质,室间裂开为2片;种子多数。

共1属15~17种,分布于中北美洲、南亚、东亚至东南亚地区。我国产1属约13种。南京及周边分布有1属1种。

草树科
ALTINGIACEAE

【APG Ⅳ 系统的草树科,由传统上划入金缕梅科的枫香树属组成】

枫香树属(*Liquidambar*)

1. 枫香树

Liquidambar formosana Hance

落叶乔木。高可达40 m。树干耸直。叶片纸质,常为掌状3裂(萌芽枝的叶片常为5~7裂),掌状脉5~7条。雄花常总状花序,雄蕊多数;雌花头状花序,有细长花序梗。球形果序,聚合果状,直径2.5~4.5 cm,下垂;蒴果木质。花期4—5月,果期10月。

产于南京及周边各地,常见,生于平原、丘陵或山坡的向阳沃土上。

果实入药,称"路路通"。可栽培做行道树。

金缕梅科
HAMAMELIDACEAE

常绿或落叶乔木和灌木。叶互生,全缘或有锯齿,或为掌状分裂,具羽状脉或掌状脉。花排成近头状花序、穗状花序或总状花序,两性,或单性而雌雄同株,稀雌雄异株,有时杂性;异被,或缺花瓣,少数无花被;萼裂片 4~5;花瓣与萼裂片同数;雄蕊 4~5,或更多;子房半下位或下位,2 室。果为蒴果,常室间及室背裂开为 4 片,外果皮木质或革质,内果皮角质或骨质。

共 27 属 80~120 种,分布于中北美洲、非洲中东部及亚洲东部地区。我国产 15 属约 61 种。南京及周边分布有 2 属 2 种。

金缕梅科分种检索表

1. 常绿灌木;花两性;花瓣 4,条形,白色 ·············· **1. 檵木** *Loropetalum chinense*
1. 落叶乔木;雄全同株;花瓣钻形,绿色 ·············· **2. 牛鼻栓** *Fortunearia sinensis*

檵木属（*Loropetalum*）

1. 檵木

Loropetalum chinense (R. Br.) Oliv.

常绿灌木,稀为小乔木。高 2~5（12）m。小枝被锈色星状毛。叶片革质,卵形,基部偏斜而圆,叶背密生星状柔毛,全缘。花 3~8 朵簇生,组成头状花序;萼筒有星状毛,萼齿卵形;花瓣 4,白色,线状条形,长 1~2 cm。蒴果褐色,近卵形,有星状毛。花期 5 月,果期 8 月。

产于江宁、句容、溧水等地,常见,生于山坡矮林间。

可栽培供观赏。

牛鼻栓属（*Fortunearia*）

2. 牛鼻栓

Fortunearia sinensis Rehder & E. H. Wilson

乔木。高可达 9 m。有裸芽。叶片倒卵形,边缘具尖锐齿。雄花和两性花分别生于顶生总状花序的上部和下部;两性花先于叶开放或与叶同放;花瓣钻形,短于萼齿;花药红色;花柱 2,外曲,淡红色;雄花组成柔荑状。蒴果木质,室间及室背开裂。花期 3—4 月,果期 7—8 月。

产于南京及周边各地,常见,生于山坡杂木林中。

茶藨子科
GROSSULARIACEAE

【APG Ⅳ 系统的茶藨子科，由传统划入虎耳草科的茶藨子属组成】

落叶，稀常绿或半常绿灌木。枝平滑无刺或有刺。叶具柄，单叶互生，稀丛生，常 3~5（7）掌状分裂。花两性或单性而雌雄异株，5 数，稀 4 数；总状花序，有时花数朵组成伞房花序或几无总梗的伞形花序，或花数朵簇生，稀单生；萼片 5（4），常呈花瓣状，直立、开展或反折；花瓣 5（4）；雄蕊 5（4），与萼片对生，与花瓣互生；子房下位，极稀半下位。果实为多汁的浆果；种子多数。

共 1 属 150~160 种，分布于北半球温带、寒带及南美洲安第斯山脉地区。我国产 1 属约 64 种。南京及周边分布有 1 属 1 种 1 变种。

茶藨子属（*Ribes*）

1. 簇花茶藨子

Ribes fasciculatum Siebold & Zucc.

落叶灌木。高可达 1.5 m。叶片三角状圆形，基部截形至浅心形，3~5 裂，裂片宽卵圆形，顶端稍钝或急尖，边缘具粗钝单锯齿。伞形花序，花序梗近无；花单性，雌雄异株；雄花序具花 2~9 朵；雌花 2~6 朵，簇生，稀单生；花萼黄绿色；花瓣很小。浆果近圆球状。花期 4—5 月，果期 7—9 月。

产于南京、句容等地，常见，生于山坡林下、路边。

（变种）**华蔓茶藨子** 华茶藨

var. chinense Maxim.

本变种枝、叶两面和花柄均被较密的柔毛；叶片较大，宽可达 10 cm，冬季常不凋落；花瓣卵形，较小，柱头 2 裂。

产于南京城区、浦口、镇江等地，常见，生于山坡林缘。

根入药。

虎耳草科
SAXIFRAGACEAE

【APG Ⅳ 系统的虎耳草科，为拆分出扯根菜科、茶藨子科、绣球科等 10 余个小科，并调整少数类群分类位置后的狭义虎耳草科】

草本（通常为多年生）。单叶或复叶，互生。通常为聚伞状、圆锥状或总状花序，稀单花；花两性，稀单性；萼片 5，花被片 4~5，稀 6~10；花冠辐射对称，稀两侧对称，花瓣一般离生；雄蕊（4）5~10，或多数；子房上位，半下位至下位。蒴果为主，稀为蓇葖果。

共 40 属 500~540 种，分布于北半球亚热带、温带、寒带及南美洲安第斯山脉地区。我国产 15 属 312 种。南京及周边分布有 1 属 1 种。

虎耳草属（*Saxifraga*）

1. 虎耳草

Saxifraga stolonifera Curtis

多年生常绿草本。高 14~45 cm。植株有细长的匍匐茎，带红紫色。叶常数枚基生；密生长柔毛；叶片肾形或阔卵形。圆锥花序基生；花稀疏，花两侧对称；萼片 5，不等大；花瓣 5，白色，3 小 2 大，前者卵形，常有红斑点，后者位于下面，披针形。蒴果卵球状，有 2 喙。花果期 4—11 月。

产于南京城区、句容、溧水等地，常见，生于林下、灌丛、草甸和阴湿石隙。

全草入药。可栽培供观赏。

草本、半灌木或灌木。常有肥厚、肉质的茎、叶；无毛或有毛。叶互生、对生或轮生，常为单叶。常为聚伞花序，或为伞房状、穗状、总状或圆锥状花序，有时单生；花两性，或为单性而雌雄异株，花各部常为5或5的倍数；花瓣分离，或多少合生；雄蕊1轮或2轮；心皮常与萼片或花瓣同数。蓇葖果有膜质或革质的皮，稀为蒴果。

共 35 属约 1 400 种，广布于全球各地。我国产 13 属 242 种。南京及周边分布有 3 属 11 种。

景天科
CRASSULACEAE

景天科分种检索表

1. 心皮分离，有柄或基部渐狭。
  2. 莲座叶顶端两侧边缘具流苏状齿；花梗具花 1~3 朵 ·············· **1. 瓦松** *Orostachys fimbriata*
  2. 莲座叶顶端两侧边缘具不规则细齿；花梗具花 1 朵 ·············· **2. 晚红瓦松** *Orostachys japonica*
1. 心皮合生，无柄，基部不渐狭。
  3. 叶片全缘，无锯齿。
    4. 叶腋间无珠芽。
      5. 叶片线形或线状披针形。
        6. 叶轮生，稀对生，叶长 2.0~3.5 cm ·············· **3. 佛甲草** *Sedum lineare*
        6. 叶互生，叶长 0.5~1.5 cm ·············· **4. 藓状景天** *Sedum polytrichoides*
      5. 叶片长圆状线形、倒卵状披针形和倒卵状匙形。
        7. 叶片常 3~4 枚轮生，少对生。
          8. 萼片无距；叶片披针形或宽线形 ·············· **5. 爪瓣景天** *Sedum onychopetalum*
          8. 萼片有距；叶片倒披针形或倒卵状匙形。
            9. 多年生；叶片长 15~30 mm；高 10~25 cm ·············· **6. 垂盆草** *Sedum sarmentosum*
            9. 一年生；叶片长 7~10 mm；高 10 cm 以下 ·············· **7. 红籽佛甲草** *Sedum erythrospermum*
        7. 叶互生或对生。
          10. 植株高度 5~10 cm；苞片倒披针形 ·············· **8. 细小景天** *Sedum subtile*
          10. 植株高度 10~25 cm；苞片倒卵形 ·············· **9. 圆叶景天** *Sedum makinoi*
    4. 叶腋间有卵圆形肉质珠芽 ·············· **10. 珠芽景天** *Sedum bulbiferum*
  3. 叶片边缘有不整齐锯齿 ·············· **11. 费菜** *Phedimus aizoon*

瓦松属（*Orostachys*）

1. 瓦松

Orostachys fimbriata (Turcz.) A. Berger

二年生草本。高 10~20（40）cm。花茎常不分枝。基生叶莲座状，叶片条形，顶端增大，边缘具流苏状齿。总状花序顶生，紧密，或下部分枝呈金字塔状；花瓣 5，红色，披针状椭圆形，长 5~7 mm；花药紫色。小蓇葖果 5 枚，长圆球状，长 5 mm；喙细长。花期 8—9 月，果期 9—10 月。

产于南京及周边各地，偶见，生于岩石上或屋顶旧瓦缝中。

全草入药，具小毒。

2. 晚红瓦松

Orostachys japonica A. Berger

多年生肉质草本。花茎高 17~25 cm。莲座状的叶片狭匙形，顶端长渐尖，肉质，有软骨质的刺，边缘不呈流苏状。茎下部生叶；叶片条形至披针形。总状花序，紧密；萼片 5，卵形或长卵形，长约 2 mm，宽 1 mm；花瓣 5，白色，披针形，长 0.6~1.8 mm。小蓇葖果，长圆球状。花期 9—10 月。

产于南京及周边各地，常见，生于岩石上或溪沟旁。

全草入药，有小毒。

景天属（*Sedum*）

3. 佛甲草

Sedum lineare Thunb.

多年生草本。高 10~20 cm。3 叶轮生，少对生或 4 叶轮生；叶片线形，基部有短距，无柄，顶端钝尖。花序聚伞状，顶生，宽 4~8 cm；萼片 5，线状披针形；花瓣 5，黄色，披针形。小蓇葖果略叉开，长 4~5 mm。花期 4—5 月，果期 6—7 月。

产于南京、句容等地，常见，生于山坡石缝中、低山阴湿处或河边。

全草入药。可栽培供观赏。

4. 藓状景天

Sedum polytrichoides Hemsl.

多年生草本。高 5~10 cm。茎带木质。叶互生;叶片线形至线状披针形,顶端急尖,基部有距,全缘。花序聚伞状,有 2~4 条分枝;花少数;花柄短;萼片 5,卵形,长 1.5~2.0 mm,基部无距,急尖;花瓣 5,黄色,狭披针形。蓇葖果星芒状叉开,基部 1.5 mm 处合生。花期 7—8 月,果期 8—9 月。

产于南京,偶见,生于山坡岩石上。

5. 爪瓣景天

Sedum onychopetalum Fröd.

多年生草本。植株无毛,带紫色。不育枝细,近直立,高 2~4 cm,密生叶;花茎数枝丛生。叶无柄,对生或 3~4 枚轮生,宽线形或披针形。聚伞花序蝎尾状,顶生,多花;花无梗;萼片 5,基部无距;花瓣 5,黄色,披针形,上部狭成爪状。蓇葖果有种子多枚。花期 4—6 月,果期 7—8 月。

产于南京,常见,生于潮湿的岩石上、石缝中及山沟流水处。

6. 垂盆草

Sedum sarmentosum Bunge

多年生草本。匍匐,节上生根,不育枝细;花茎直立,长 10~25 cm。3 叶轮生;叶片倒披针形至长圆形,顶端近急尖,基部渐狭,有距。聚伞花序,有 3~5 条分枝;花少;萼片 5,长圆形至披针形,基部有距;花瓣 5,黄色,长圆形至披针形。花期 5—7 月,果期 7—8 月。

产于南京及周边各地,常见,生于路边、山坡岩石上。亦有栽培。

全草入药。

7. 红籽佛甲草

Sedum erythrospermum Hayata

一年生草本。高可达 8 cm。茎细弱,分枝叉开呈披散状。3 叶轮生或对生,稀互生;叶片倒卵状匙形,长 7~10 mm,宽 3~5 mm,顶端钝或圆,基部渐狭,有距,全缘。聚伞花序,2 条分枝;花疏生;萼片 5,倒披针形,长 3.5 mm,宽 2 mm;花瓣 5,披针形。种子狭椭圆球状。

产于句容,偶见,生于山区。

新版《江苏植物志》记载江苏有分布,野外未拍摄到确切照片。暂录于此,有存疑。

8. 细小景天

Sedum subtile Miq.

多年生草本。高5~10 cm。茎绿色,分枝多。叶3~5枚对生或轮生,叶片倒卵形;茎上的叶互生,叶片倒披针形,顶端钝。花序聚伞状,有2~3条分枝,每枝上有3至数朵花;萼片5,基部有短距;花瓣5,黄色;雄蕊10,长4 mm。小蓇葖果成熟时星芒状展开。花期4—6月,果期9月。

产于南京,偶见,生于山坡林下阴湿石上。

9. 圆叶景天

Sedum makinoi Maxim.

多年生草本。高10~25 cm。全体无毛。茎下部节上生根,上部直立。叶对生;叶片倒卵形至倒卵状匙形,顶端钝圆,基部渐狭,基部有短距,具假叶柄。聚伞状花序,宽8~18 cm;花枝二歧分枝;花无柄;萼片5,基部有短距;花瓣5,黄色,披针形,顶端渐尖。小蓇葖果斜展。花期6—7月,果期8—9月。

产于南京,常见,生于山谷林下阴湿处。

10. 珠芽景天

Sedum bulbiferum Makino

多年生草本。高 7~25 cm。茎细弱,下部常横卧;叶腋常有卵圆形小珠芽着生。茎基部叶常对生,上部叶互生;下部叶卵状匙形,顶端钝,上部叶匙状倒披针形。花序聚伞状,分枝 3,常再二歧分枝;萼片 5,倒披针形至披针形,有短距;花瓣 5,黄色,披针形至长圆形。花期 4—5 月,果期 7—9 月。

产于南京及周边各地,常见,生于山坡沟边阴湿处。

全草入药。

费菜属(*Phedimus*)

11. 费菜　景天三七

Phedimus aizoon (L.) 't Hart

多年生草本。高 20~50 cm。茎 1~3 条,直立。叶互生;叶片坚实,肉质,椭圆状披针形、卵状倒披针形至狭披针形,边缘有不整齐的锯齿。聚伞花序水平分枝,平展;多花;萼片 5,条形;花瓣 5,黄色,长圆形至椭圆状披针形。小蓇葖果星芒状排列。种子椭圆球状。花期 6—7 月,果期 8—9 月。

产于南京及周边各地,常见,生于山坡岩石上或草丛中。野生或栽培。

根或全草入药。

扯根菜科
PENTHORACEAE

【APG Ⅳ系统的扯根菜科，由传统划入虎耳草科的扯根菜属组成】

多年生草本。茎直立。叶互生，膜质，略肉质，狭披针形或披针形。螺状聚伞花序；花两性；萼片5（8）；花瓣5（8），或不存在；雄蕊2轮，10（16）；心皮5（8）。蒴果5（8）枚，浅裂，裂瓣先端喙形，成熟后喙下环状横裂；种子多数，细小。

共1属约2种，分布于东亚及北美洲东部地区。我国产1属1种。南京及周边分布有1属1种。

扯根菜属（*Penthorum*）

1. 扯根菜

Penthorum chinense Pursh

多年生草本。高 15~80 cm。根和茎均常呈紫红色。茎稀基部分枝，上部疏生黑褐色腺毛。叶互生；叶片披针形或狭椭圆形，长 4~11 cm，宽 0.6~1.2 cm，边缘有细重锯齿。聚伞花序长 1.5~4.0 cm，具多花；花萼黄绿色；花瓣常无。蒴果红紫色，顶端有5短喙，呈星状斜展。花果期8—10月。

产于南京及周边各地，常见，生于潮湿处。

全草入药。

多年生草本，少一年生。水生或陆生，雌雄同株或异株。茎匍匐、上升或直立。叶轮生、对生或互生，生于水中的常篦齿状开裂。花微小，辐射对称，两性或单性，腋生，单生或簇生，或组成顶生穗状、伞房和圆锥花序；萼筒与子房合生；花瓣 2~4；雄蕊长 1 或 2 倍于萼片；子房下位。果实为坚果或核果状，有时具翅。

共 9 属 145~150 种，广布于全球各地。我国产 2 属约 14 种。南京及周边分布有 2 属 4 种。

小二仙草科
HALORAGACEAE

小二仙草科分种检索表

1. 水生草本；叶片轮生或对生，无柄，叶片羽裂；穗状花序；花瓣 2~4。
  2. 穗状花序腋生或顶生，开花前伸出水面 ·············· **1. 穗状狐尾藻** *Myriophyllum spicatum*
  2. 花腋生，生于伸出水面的叶腋处。
    3. 茎单一；沉水叶羽裂，裂片线形；挺水叶不分裂 ·············· **2. 乌苏里狐尾藻** *Myriophyllum ussuriense*
    3. 茎多分枝；沉水叶丝状全裂，挺水叶羽状全裂·············· **3. 狐尾藻** *Myriophyllum verticillatum*
1. 陆生草本；叶对生，有柄，卵形，不分裂；花瓣 4~8 ·············· **4. 小二仙草** *Gonocarpus micranthus*

狐尾藻属（*Myriophyllum*）

1. 穗状狐尾藻

Myriophyllum spicatum L.

多年生沉水草本。茎圆柱形，长可达 2.5 m。叶通常 4~6 枚轮生；叶片羽状全裂。穗状花序腋生顶生，长达 10 cm；花单性、两性或杂性，雌雄同株；花小，通常 4 朵轮生于花序轴上；花萼很小，4 深裂，萼筒极短；雄花花瓣 4，粉红色，近匙形；雌花无花瓣。果具宽卵球状。花期 4—9 月。

产于南京及周边各地，常见，生于池塘、湖沼或稻田中。

全草入药。

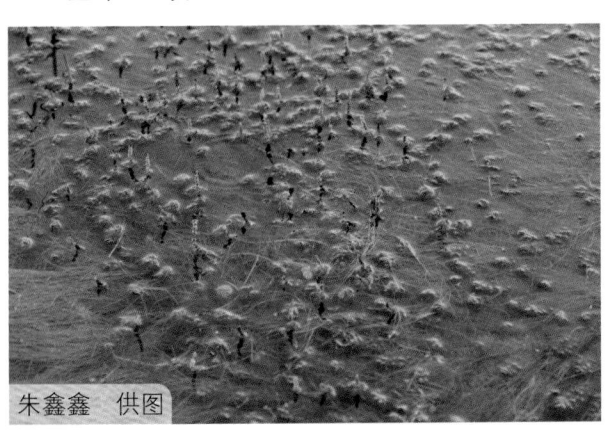

朱鑫鑫 供图

2. 乌苏里狐尾藻
Myriophyllum ussuriense (Regel) Maxim.

多年生水生草本。茎通常单一。沉水叶轮生, 3~4 枚; 叶片宽披针形, 深羽裂, 裂片线形; 茎上部叶不分裂。花单性, 雌雄异株; 单生叶腋; 雄花花萼苞片状, 有 4 裂片; 花瓣 4, 窄倒卵形, 长约 2.5 mm; 雌花花萼与子房愈合成壶状, 花瓣早落。果卵球状。花期 5—6 月, 果期 6—8 月。

产于南京及周边各地, 稀见, 生于小池塘或沼泽地中。

3. 狐尾藻　轮叶狐尾藻
Myriophyllum verticillatum L.

多年生较粗壮沉水草本。茎圆柱形, 长可达 40 cm。叶通常 4 枚轮生, 沉水叶长 4~5 cm, 互生, 丝状全裂; 水上叶鲜绿色, 披针形, 长约 1.5 cm。雌雄同株或杂性; 花单生于水上叶腋内, 每轮具花 4 朵, 花瓣 4; 雄花花萼 4; 雌花花瓣舟状。果宽卵球状, 长约 3 mm。花期 5—6 月, 果期 7—8 月。

产于南京及以南地区, 常见, 生于池塘、湖沼及水沟中。

全草入药。

小二仙草属（*Gonocarpus*）

4. 小二仙草

Gonocarpus micranthus Thunb.

多年生细柔草本。高 10~30 cm。茎下部直立或平卧。叶小，对生；叶片卵形，顶端钝尖或钝，边缘有锯齿，叶背常紫红色；茎上部的叶幼时互生，渐成苞片状。顶生圆锥花序，由总状花序组成；花两性，极小；花瓣 4~8，淡红色。核果极小，近球状。花期 5—7 月，果期 6—10 月。

产于南京、句容，偶见，生于荒坡、沙地。

全草入药。

葡萄科
VITACEAE

攀缘木质或草质藤本,具有卷须;或直立灌木,无卷须。单叶、羽状或掌状复叶,互生。花小,两性或杂性同株或异株,组成伞房状多歧聚伞花序、复二歧聚伞花序或圆锥状多歧聚伞花序,4~5基数;萼片碟形或浅杯状,细小;花瓣与萼片同数,分离或凋谢时呈帽状黏合脱落;雄蕊与花瓣对生;子房上位,通常2室,每室有胚珠2。果实为浆果,有种子1~4枚。

共17属约950种,分布于全球热带及温带地区。我国产13属约173种。南京及周边分布有4属12种5变种1亚种。

葡萄科分属检索表

1. 草质藤本···**1. 乌蔹莓属** Causonis
1. 木质藤本。
  2. 卷须可膨大呈吸盘状;有长短枝之分·······························**2. 地锦属** Parthenocissus
  2. 卷须顶端分叉或否,不膨大呈吸盘状,无长短枝之分。
    3. 单叶;花瓣顶端黏合;聚伞圆锥花序·························**3. 葡萄属** Vitis
    3. 单叶或复叶;花瓣分离;非圆锥花序························**4. 蛇葡萄属** Ampelopsis

1. 乌蔹莓属 (*Causonis*)

1. 乌蔹莓

Causonis japonica (Thunb.) Raf.

草质藤本。卷须2~3叉分枝。叶具5枚小叶,鸟足状;中央小叶片椭圆状披针形或长椭圆形,侧生小叶较小,侧脉5~9对;叶柄达10 cm。复二歧聚伞花序,假顶生或腋生;花萼碟形;花瓣外侧被乳突状毛。浆果近圆球状,成熟时黑色,有光泽。花期6—7月,果期8—9月。

产于南京及周边各地,极常见,生于沟谷、山坡、路边、草丛或灌丛中。

根或全草入药。

2. 地锦属（*Parthenocissus*）分种检索表

1. 单叶和三出复叶并存,单叶分裂或不分裂 ·· **1. 地锦** *P. tricuspidata*
1. 掌状五出复叶··· **2. 绿叶地锦** *P. laetevirens*

1. 地锦　爬山虎

Parthenocissus tricuspidata (Siebold & Zucc.) Planch.

木质藤本。小枝无毛；卷须 5~9 分枝,幼时顶端膨大呈圆球形,遇附着物时扩大呈吸盘状。叶片异型。多歧聚伞花序生于短枝上,长达 13 cm,主轴不明显,花序梗长达 3.5 cm；花萼碟形；花瓣长椭圆形。果实圆球状,直径 1.0~1.5 cm,熟时蓝黑色,常被白粉。花期 5—8 月,果期 9—11 月。

产于南京及周边各地,极常见,生于岩石、树干或墙壁上。栽培或野生。

根和茎枝入药。可用于绿化。

2. 绿叶地锦　绿叶爬山虎　亮绿爬山虎

Parthenocissus laetevirens Rehder

木质藤本。小枝具明显纵棱；卷须 5~10 分枝。叶为掌状五出复叶；小叶片倒卵状长椭圆形或倒卵状椭圆形,叶面呈显著泡状隆起。圆锥状多歧聚伞花序,长 6~15 cm,假顶生；花序梗长达 4 cm；花萼全缘,碟形；花瓣椭圆形。果实圆球状,直径约 0.8 cm,熟时蓝黑色。花期 7—8 月,果期 9—11 月。

产于句容等地,常见,生于山坡灌丛、沟谷,常攀缘于树干或崖石壁上。

可用于立体绿化。

3. 葡萄属（*Vitis*）分种检索表

1. 小枝上有皮刺或腺毛，皮刺在老茎上变为瘤状凸起。
  2. 小枝密生皮刺；叶背沿脉及脉腋有锈色柔毛 ·················· **1. 锈毛刺葡萄** *V. davidii* var. *ferruginea*
  2. 小枝密生柔毛和长腺毛；叶背有黄棕色柔毛和腺毛 ·················· **2. 秋葡萄** *V. romanetii*
1. 小枝无皮刺和腺毛，老茎略光滑。
  3. 叶背绿色或淡绿色，无毛或略被柔毛，绝不密被柔毛。
    4. 叶片基部浅心形或近截形，叶片具不规则锯齿 ·················· **3. 葛藟葡萄** *V. flexuosa*
    4. 叶片不分裂或 3 浅裂。
      5. 叶片卵圆形，基部宽心形；网脉凸起不明显·················· **4. 华东葡萄** *V. pseudoreticulata*
      5. 叶片心形或卵状椭圆形，叶背被蛛丝状褐色柔毛；网脉明显凸起·················· **5. 网脉葡萄** *V.wilsoniae*
  3. 叶背为密集的白色或锈色蛛丝状毛或毡状柔毛覆盖。
    6. 叶片不分裂或 3 浅裂，边缘具小锯齿 ·················· **6. 桑叶葡萄** *V. heyneana* subsp. *ficifolia*
    6. 叶片 3 或 5（7）深裂或浅裂，边缘粗锯齿。
      7. 叶片不明显分裂或 3 浅裂·················· **7. 蘡薁** *V. bryoniifolia*
      7. 叶片 3~5（7）深裂或浅裂 ·················· **8. 小叶葡萄** *V.sinocinerea*

1. 锈毛刺葡萄

Vitis davidii var. *ferruginea* Merr. & Chun

    木质藤本。卷须 2 叉分枝。叶片卵圆形，顶端急尖或短尾尖，基部心形，边缘有锐细锯齿，不分裂或不明显 3 浅裂，叶背沿脉被锈色短柔毛及蛛丝状柔毛，有时脉腋兼有锈色短簇毛。聚伞圆锥花序，花绿色；花萼碟形，不明显 5 浅裂。浆果圆球状，熟时紫红色或紫色。花期4—6月，果期7—10月。

    产于南京、句容等地，偶见，生于山坡杂木林中。

    根入药。

2. 秋葡萄

Vitis romanetii Rom. Caill.

木质藤本。卷须 2（3）叉分枝。叶片宽卵圆形或卵圆形,顶端不裂或 3~5 浅裂,基部深心形,边缘有粗锯齿或小牙齿,网脉明显凸起;叶柄长达 7 cm。聚伞圆锥花序,长可达 13 cm,花序梗长 3.5 cm;花萼全缘,碟形,无毛。浆果圆球状,直径约 1 cm,熟时紫黑色。花期 4—6 月,果期 7—9 月。

产于南京、句容等地,偶见,生于山坡林中或灌丛中。

茎或茎的流液可入药。果可食或供酿酒。

3. 葛藟葡萄

Vitis flexuosa Thunb.

木质藤本。卷须 2 叉分枝。叶片宽卵圆形、卵圆形、卵状椭圆形或三角状卵圆形,顶端渐尖或急尖,基部近截形或浅心形,边缘具不整齐锯齿;叶柄长达 7 cm。聚伞圆锥花序疏散;花萼浅碟形,边缘波状浅裂。浆果圆球状,直径约 1 cm。花期 3—5 月,果期 7—11 月。

产于句容等地,常见,生于山坡、沟谷、田边、灌丛或林中。

根、茎的流液、叶和果实均可入药。

4. 华东葡萄

Vitis pseudoreticulata W. T. Wang

　　木质藤本。卷须 2 叉分枝。叶片宽卵圆形或肾状卵圆形，不明显 3 浅裂或不分裂，顶端短渐尖或急尖，基部宽心形，边缘具微不整齐锯齿，网脉不明显凸起。聚伞圆锥花序疏散，长 5~11 cm；花萼碟形，萼齿不明显。浆果圆球状，直径约 1 cm，成熟时紫黑色。花期 4—6 月，果期 6—10 月。

　　产于南京、句容等地，偶见，生于山坡荒地、河边、灌丛或林中。

5. 网脉葡萄

Vitis wilsoniae H. J. Veitch

　　木质藤本。卷须 2 叉分枝。小枝被稀疏褐色蛛丝状柔毛。叶心形或卵状椭圆形，长 7~16 cm，宽 5~12 cm，叶背沿脉被褐色蛛丝状柔毛。圆锥花序疏散，基部分枝发达，长 4~16 cm。果圆球形，直径 0.7~1.5 cm，成熟时蓝黑色，有白粉。花期 5—6 月，果期 7—11 月。

　　产于南京，偶见，生于向阳山坡。

6. 桑叶葡萄

Vitis heyneana subsp. *ficifolia* (Bunge) C. L. Li

　　木质藤本。卷须 2 叉分枝,密被柔毛。叶卵圆形、长卵状椭圆形或五角状卵形,叶片 3 浅裂至中裂,或兼有不裂叶;基出脉 3~5 条;叶柄长 2.5~6.0 cm,密被蛛丝状柔毛。圆锥花序疏散,分枝发达;花萼碟形,边缘近全缘;花瓣呈帽状黏合脱落,花盘 5 裂。花期 5 月,果期 9 月。

　　产于南京城区、江宁、句容等地,常见,生于山坡、沟谷灌丛或疏林中。

7. 蘡薁

Vitis bryoniifolia Bunge

　　木质藤本。卷须 2 叉分枝。叶片三角状卵圆形、宽卵圆形或卵状椭圆形,分裂不明显或 3 浅裂,边缘具缺刻状粗齿;叶柄长达 4.5 cm。聚伞圆锥花序,长达 12 cm;花序梗长达 2.5 cm;花萼近全缘,碟形。浆果圆球状,直径达 0.8 cm,成熟时紫红色或紫色。花期 4—8 月,果期 6—10 月。

　　产于南京及周边各地,极常见,生于丘陵山地的山坡、沟谷、林缘或灌丛。

　　全株均可入药。

8. 小叶葡萄

Vitis sinocinerea W. T. Wang

　　木质藤本。卷须不分枝或 2 叉分枝，小枝圆柱形，疏被短柔毛和稀疏蛛丝状柔毛。每隔 2 节间断与叶对生。叶卵圆形，长 3~8 cm，3~5（7）深裂或浅裂，顶端急尖，基部浅心形或近截形，边缘每侧有 5~9 个锯齿。圆锥花序小，狭窄，长 3~6 cm。果实成熟时紫褐色，直径 0.6~1.0 cm。花期 4—6 月，果期 7—10 月。

　　产于南京、句容周边，偶见，生于山坡、路旁。

4. 蛇葡萄属（*Ampelopsis*）分种检索表

1. 单叶。
  2. 叶片心状或肾状五角形，3~5 浅裂或中裂，叶片无毛 ·························· **1. 葎叶蛇葡萄** *A. humulifolia*
  2. 叶片宽卵形，3 浅裂或不裂，叶片被柔毛 ························· **2. 蛇葡萄** *A. glandulosa*
1. 复叶。
  3. 掌状复叶，3 或 5 枚小叶；叶轴具翅 ················· **3. 掌裂蛇葡萄** *A. delavayana* var. *glabra*
  3. 掌状复叶，3 枚小叶；叶轴无翅 ························· **4. 白蔹** *A. japonica*

1. 葎叶蛇葡萄

Ampelopsis humulifolia Bunge

    木质藤本。卷须 2 叉分枝。小枝有纵棱。单叶；叶片 3 或 5 浅裂或中裂，稀兼有不裂，叶背粉绿色，叶面无毛。多歧聚伞花序，花序梗长 3~6 cm；花萼边缘波状，碟形；花瓣卵状椭圆形。果实圆球状，直径 0.6~1.0 cm，有种子 2~4 枚。花期 5—7 月，果期 7—9 月。

    产于南京、句容等地，偶见，生于灌丛、沟谷、山坡、林缘或疏林中。

    根皮入药。

2. 蛇葡萄

Ampelopsis glandulosa (Wall.) Momiy.

木质藤本。卷须 2~3 叉分枝。单叶；叶片纸质，宽卵形，常 3 浅裂，小枝上部叶片常不分裂。聚伞花序与叶对生；花萼浅裂；花瓣卵状三角形或长圆形，花柄和花萼均被锈色柔毛或短柔毛。浆果圆球状或肾状，直径 6 mm，熟时蓝黑色。花期 5—6 月，果期 8—9 月。

产于南京及周边各地，常见，生于山坡、路旁或灌丛中。

茎、叶和根入药。

（变种）光叶蛇葡萄

var. *hancei* (Planch.) Momiy.

本变种花枝上的叶片常不分裂。小枝、叶柄和叶片无毛或叶背沿脉被极稀疏短柔毛。花期 4—6 月，果期 8—10 月。

产于南京、镇江等地，偶见，生于山坡、路旁或灌丛中。

（变种）**异叶蛇葡萄**

var. heterophylla (Thunb.) Momiy.

本变种小枝、叶柄及花柄疏被柔毛。叶片卵形或心形,深裂或 3 或 5 中裂,稀浅裂,常混生有不裂叶;叶面无毛,叶背沿脉疏被短柔毛。花序梗、花萼疏被短柔毛;花瓣近无毛。花期 4—6 月,果期 7—10 月。

产于南京,常见,生于山坡、路旁或灌丛中。

根皮入药。种子油可制肥皂。

（变种）**牯岭蛇葡萄**

var. kulingensis (Rehder) Momiy.

本变种植株微被短柔毛或无毛。叶片心状五角形或肾状五角形,明显 3 浅裂,裂片三角形,上部两侧角明显外倾,基部浅心形,边缘具不整齐锯齿。花期 5—6 月,果期 8—9 月。

产于南京、句容,偶见,生于山坡疏林或路旁。

根和茎入药。

3. 掌裂蛇葡萄　光叶草葡萄

Ampelopsis delavayana var. *glabra* (Diels & Gilg) C. L. Li

木质藤本。卷须 2~3 叉分枝，相隔 2 节间断与叶对生。植株无毛。叶为掌状，3~5 枚小叶。多歧聚伞花序与叶对生；萼片边缘呈波状浅裂，碟形；花瓣 5，卵状椭圆形，长 1.3~2.3 mm。果实近球形，直径 0.8 cm。花期 5—6 月，果期 8—9 月。

产于南京城区、六合、句容等地，偶见，生于路边荒地和草坡。

4. 白蔹

Ampelopsis japonica (Thunb.) Makino

木质藤本。卷须顶端不分枝或有短分叉。掌状复叶具 3 枚小叶；小叶片边缘深羽裂或具深锯齿而不分裂；掌状 5 枚小叶中中央小叶片和侧生小叶片深裂至基部。聚伞花序，长达 8 cm；花萼 5 浅裂，碟形；花瓣宽卵圆形。果实圆球状，直径约 1 cm，成熟时蓝色或白色。花期 5—6 月，果期 9—10 月。

产于南京及周边各地，常见，生于山坡、路旁、疏林或荒地。块根入药。

乔木、灌木、亚灌木或草本。直立或攀缘,常有能固氮的根瘤。常绿或落叶。叶通常互生,稀对生,常为 1~2 回羽状复叶,少数为掌状复叶或 3 枚小叶、单小叶,或单叶,罕可变为叶状柄。花两性,稀单性,辐射对称或两侧对称,通常排成总状花序、聚伞花序、穗状花序、头状花序或圆锥花序;花被 2 轮;萼片(3~)5(6);花瓣(0~)5(6),常与萼片的数目相等,分为翼瓣、旗瓣和龙骨瓣;雄蕊通常 10,有时 5 或多数(含羞草亚科),分离或连合成管,单体或二体雄蕊;雌蕊通常由单心皮所组成,子房上位,1 室。果为荚果,形状多样,成熟后沿缝线开裂或不裂,或断裂成含单粒种子的荚节。

本科为世界性分布的大科,为被子植物第三大科,共 813 属 19 325~19 560 种,广布于全球各地。我国产 220 属约 1 974 种。南京及周边分布有 42 属 73 种 2 变种 4 亚种。

豆科
FABACEAE

【APG Ⅳ 系统的豆科,包括了传统狭义的含羞草科、云实科、蝶形花科(部分传统分类系统列为广义豆科的 3 个亚科)】

豆科分属检索表

1. 花辐射对称,花瓣镊合状排列 ······ **1. 合欢属** *Albizia*
1. 花两侧对称,花瓣覆瓦状排列。
  2. 花稍两侧对称,假蝶形花冠,雄蕊 7 或 10,离生。
    3. 乔木或藤状灌木;2 回羽状复叶或 1 回偶数羽状复叶。
      4. 乔木;花冠淡绿色或绿白色。
        5. 植株无刺;花较大,圆锥花序;荚果肥厚 ······ **2. 肥皂荚属** *Gymnocladus*
        5. 植株有刺;花小,总状花序呈穗形;荚果扁平 ······ **3. 皂荚属** *Gleditsia*
      4. 藤状灌木;花冠黄色 ······ **4. 云实属** *Biancaea*
    3. 一年生或多年生亚灌木状草本;1 回偶数羽状复叶。
      6. 花萼离生,羽状复叶小叶 8~50 对 ······ **5. 山扁豆属** *Chamaecrista*
      6. 花萼部分合生,羽状复叶小叶 2~10 对 ······ **6. 决明属** *Senna*
  2. 花明显两侧对称;蝶形花冠,雄蕊 10,合生成二体或者单体,稀分离。
    7. 花丝全部分离,或在基部部分连合。
      8. 奇数羽状复叶,花萼通常具 5 短齿,近等长。
        9. 荚果圆柱形,种子间缢缩成串珠状。
          10. 灌木或亚灌木状草本;总状花序(江苏野生种类) ······ **7. 苦参属** *Sophora*
          10. 乔木;圆锥花序(江苏野生种类) ······ **8. 槐属** *Styphnolobium*
        9. 荚果扁平,平顺,种子间不缢缩。
          11. 荚果扁平,稍厚;花丝仅基部合生 ······ **9. 马鞍树属** *Maackia*
          11. 荚果极扁平;花丝合生成二体。
            12. 荚果长圆形,不开裂;花丝呈 5+5 的二体 ······ **10. 黄檀属** *Dalbergia*
            12. 荚果长椭圆形,2 瓣裂;花丝呈 9+1 的二体 ······ **11. 刺槐属** *Robinia*
      8. 掌状 3 枚小叶,花萼通常深裂成 5 裂片 ······ **12. 野决明属** *Thermopsis*
    7. 花丝全部或大部分连合,雄蕊单体或二体。
      13. 木质藤本。
        14. 子房具柄,有毛 ······ **13. 紫藤属** *Wisteria*

（续表）

豆科分属检索表

14. 子房几无柄或具短柄,无毛 ·· **14. 夏藤属** *Wisteriopsis*

13. 灌木、草质藤本或草本。

  15. 花萼下部筒状、钟状或浅杯状,顶部 5 裂,或略呈二唇形。

    16. 子房具胚珠 1,荚果具 1 枚种子。

      17. 复叶具 3 枚小叶,花组成圆锥花序或总状花序。

        18. 灌木或亚灌木;花多数;侧脉不达叶边。

          19. 苞片宿存,花梗无关节;每苞片内 2 朵花 ·············· **15. 胡枝子属** *Lespedeza*

          19. 苞片早落,花梗具关节;每苞片内 1 朵花 ········· **16. 筅子梢属** *Campylotropis*

        18. 草本;花 1~2 朵,腋生;侧脉直达叶边 ·············· **17. 鸡眼草属** *Kummerowia*

      17. 复叶具 11~25 枚小叶,花密集,组成顶生穗状花序 ············· **18. 紫穗槐属** *Amorpha*

    16. 子房具多数胚珠,荚果具种子多数,稀 1~2 枚。

      20. 荚果横向断裂或缢缩成荚节,每节 1 枚种子。

        21. 荚节腹缝线和背缝线均平直 ·························· **19. 小槐花属** *Ohwia*

        21. 荚节腹缝线平直,背缝线弯曲。

          22. 荚节背缝线波状,或荚节间稍缢缩,荚节矩形········· **20. 细蚂蟥属** *Leptodesmia*

          22. 荚节背缝线深凹入,几达腹缝线,荚节三角形····· **21. 长柄山蚂蟥属** *Hylodesmum*

      20. 荚果不横向断裂,荚节间不缢缩或略缢缩。

        23. 掌状或羽状复叶,小叶 3 枚。

          24. 直立草本。

            25. 羽状 3 枚小叶;总状花序。

              26. 荚果短直,长圆形或卵圆形 ·············· **22. 草木樨属** *Melilotus*

              26. 荚果卷成螺旋状或弯曲成马蹄状········· **23. 苜蓿属** *Medicago*

            25. 掌状 3 枚小叶;头状或短缩成总状花序········· **24. 车轴草属** *Trifolium*

          24. 缠绕草质藤本。

            27. 花萼和叶背没有腺点。

              28. 花柱圆柱形,无髯毛。

                29. 旗瓣和翼瓣短于龙骨瓣 ·············· **25. 油麻藤属** *Mucuna*

                29. 旗瓣、翼瓣和龙骨瓣长度相近,多夏绿或一年生。

                  30. 花在花轴着生处无节瘤。

                    31. 花萼钟状,5 深裂,上面 2 萼齿合生,旗瓣大

                       ·· **26. 大豆属** *Glycine*

                    31. 花萼筒状,5 萼齿,不整齐,各瓣近等长。

                      32. 花萼倾斜,截形;花冠黄色·············· **27. 山黑豆属** *Dumasia*

                      32. 花萼不倾斜,非截形;花冠白色、紫红色或红色

                       ·· **28. 两型豆属** *Amphicarpaea*

                  30. 花在花轴着生处常凸出成节或隆起如瘤········· **29. 葛属** *Pueraria*

              28. 花柱膨大,压扁或线形,卷曲或弯曲,常具髯毛 ········· **30. 豇豆属** *Vigna*

            27. 花萼和叶背有黄色腺点。

              33. 荚果线状或线状长圆形;胚珠多数 ········· **31. 野扁豆属** *Dunbaria*

              33. 荚果扁平,长圆形或圆形;胚珠 1~2 ········· **32. 鹿藿属** *Rhynchosia*

        23. 羽状复叶,小叶多于 3 枚。

          34. 灌木或亚灌木状。

（续表）

豆科分属检索表

1. 合欢属（*Albizia*）分种检索表

1. 山槐   山合欢

Albizia kalkora (Roxb.) Prain

 落叶乔木。高 4~15 m。羽片 2~4 对，小叶 5~14 对；小叶片长圆状卵形或长圆形；总叶柄基部以及叶轴顶端具 1 枚腺体。头状花序 2~3 个；花冠初期白色，后变黄色，中下部连合成管状，中上部裂片披针形。荚果扁平，带状，长 7~17 cm，宽 1.5~3.0 cm。花期 5—7 月，果期 9—11 月。

 产于南京及周边各地，常见，生于溪沟边、路旁和山坡林中。

 根和茎的皮入药。可供绿化之用。

2. 合欢

Albizia julibrissin Durazz.

落叶乔木。高可达 16 m。树冠呈开展伞房状。羽片 4~12 对，小叶 10~30 对；小叶片长圆形或条形，长 6~12 mm；总叶柄近基部及叶轴顶端 1 对羽片着生处各具 1 腺体。头状花序着生于枝端，组成圆锥花序；花冠粉红色；雄蕊显著伸出花冠外。荚果带状，下垂，扁平，长 9~15 cm。果期 8—10 月。

产于南京及周边各地，常见，生于荒山坡、溪边疏林或林缘、平原。

树干、枝、叶及花入药。

2. 肥皂荚属（*Gymnocladus*）

1. 肥皂荚

Gymnocladus chinensis Baill.

落叶乔木。高可达 20 m。2 回偶数羽状复叶，长 20~25 cm；羽片 6~10 对，互生或对生；小叶 20~26 对，互生；小叶片长椭圆形至长圆形。圆锥花序顶生；花杂性；花瓣白色或稍带紫色。荚果膨胀或扁平，长椭圆形，长 7~10 cm，宽 4~6 cm，顶端有短喙，肥厚，无毛。花期 4—5 月，果期 8—10 月。

产于南京、句容，偶见，生于山坡杂木林中、岩石边或村旁。

荚果入药。

3. 皂荚属（*Gleditsia*）分种检索表

1. 刺不粗壮，长 1.5~6.5 cm；荚果扁薄，长 3~6 cm，种子 1~3 枚 ·························· **1.** 野皂荚 *G. microphylla*
1. 刺粗壮，长 5~16 cm；荚果长 10~30 cm，种子多数。
  2. 刺圆柱形；荚果肥厚，不扭曲，表面光滑 ························· **2.** 皂荚 *G.sinensis*
  2. 刺基部扁平；荚果薄，常不规则扭曲，表面有泡状凸起 ·········· **3.** 山皂荚 *G. japonica*

1. 野皂荚

Gleditsia microphylla D. A. Gordon ex Y. T. Lee

落叶小乔木。高 2~7 m。刺长针形。1~2 回羽状复叶，长 7~16 cm；小叶 5~12 对，薄革质，长椭圆形至斜卵形。花杂性；簇生，绿白色，组成顶生的圆锥花序或穗状花序；花序长 5~12 cm。荚果斜椭圆形或斜长圆形，扁薄，长 3~6 cm，宽 1~2 cm，深褐色至红棕色。花期 6—7 月，果期 7—10 月。

产于南京、盱眙等地，偶见，生于杂木林中。

2. 皂荚

Gleditsia sinensis Lam.

落叶乔木。高可达 15 m。刺红褐色，圆柱形，粗壮，长可达 16 cm。1 回偶数羽状复叶簇生，长 10~20 cm；小叶 6~14 枚，长椭圆形、长卵形至卵状披针形。总状花序顶生或腋生；花杂性；花瓣 4，白色、黄白色或浅绿色。荚果刀鞘状长条形，不扭转，扁平。花期 4—5 月，果期 9—10 月。

产于南京及周边各地，常见，生于路边、沟旁、村舍旁的向阳处。

荚果与棘刺入药，称"大皂角""皂角刺"。荚果煎汁可代肥皂。

3. 山皂荚

Gleditsia japonica Miq.

落叶乔木或小乔木。高可达 25 m。刺粗壮，略扁，紫褐色至棕黑色，常分枝，长 2~15 m。1~2 回羽状复叶（具羽片 2~6 对），长 11~25 cm；小叶 3~10 对，顶端常圆钝，有时微凹。花黄绿色，组成穗状花序；花序顶生或腋生。荚果扁平，带形，长 20~35 cm。花期 4—6 月，果期 6—11 月。

产于南京及周边各地，常见，生于山坡林中、路旁和村落旁。

4. 云实属（*Biancaea*）

1. 云实

Biancaea decapetala (Roth) O. Deg.

　　落叶攀缘灌木。树皮暗红色。枝、叶轴和花序密生倒钩状刺,被柔毛。2 回羽状复叶;小叶 12~24 枚,长椭圆形。总状花序顶生,长 15~30 cm,直立,具多花;花冠黄色,倒卵形或圆形。荚果扁平,长椭圆形,栗褐色,木质,长 6~12 cm,顶端具喙尖。花期 5 月,果期 8—10 月。

　　产于南京及以南丘陵地区,常见,生于山坡岩石旁及灌木丛中。

　　根、茎、果实入药。可栽培供观赏。

5. 山扁豆属（*Chamaecrista*）分种检索表

1. 雄蕊 10,或其中 3 个退化。
  2. 小叶 40~100 对,小叶片长 3~4 mm ·················· **1. 含羞草山扁豆** *C. mimosoides*
  2. 小叶 14~25 对,小叶片长 8~13（15）mm ·················· **2. 大叶山扁豆** *C. leschenaultiana*
1. 雄蕊 4（5）·················· **3. 豆茶山扁豆** *C. nomame*

1. 含羞草山扁豆　含羞草决明

Chamaecrista mimosoides (L.) Greene

一年生或多年生亚灌木状草本。高可达 60 cm。羽状复叶,长 4~8 cm,小叶 40~100 对;小叶片线状镰形,两侧不对称;叶柄上端和最下 1 对小叶的下方有 1 枚圆盘状腺体。花序腋生,具花 1 至数朵;花瓣黄色,不等大,略长于花萼;雄蕊 10。荚果镰形,扁平,长 2.5~5.0 cm,宽约 4 mm。花果期 8—10 月。

产于南京、句容,常见,生于山坡草丛或灌丛下。

全株入药。

2. 大叶山扁豆

Chamaecrista leschenaultiana (DC.) O. Deg.

一年生至多年生亚灌木状草本。高 30~80 cm。茎直立,分枝,嫩枝密生黄色柔毛。叶长 3~8 cm,在叶柄的上端有 1 枚圆盘状腺体;小叶 14~25 对,线状镰形。花序腋生,具花 1 至数朵;花冠橙黄色;雄蕊 10。荚果扁平,长 2.5~5.0 cm,宽约 5 mm。花期 6—8 月,果期 9—11 月。

产于南京及周边各地,偶见,生于荒地、草坡。

刘 昂 供图

刘 昂 供图

刘 昂 供图

3. 豆茶山扁豆　豆茶决明

Chamaecrista nomame (Makino) H. Ohashi

一年生草本。高 25~60 cm。茎直立。1 回偶数羽状复叶,互生,叶长 4~8 cm;小叶 8~28 对,小叶长披针形或镰状披针形,叶柄上端有黑褐色盘状无柄腺体。花小,多单生叶腋;花瓣 5,黄色;雄蕊 4(5)。荚果带状长圆形,扁平,长 3~8 cm,宽约 5 mm。花期 6—8 月,果期 8—10 月。

产于南京及周边各地,偶见,生于山坡和荒野草丛中。

叶可代茶饮用。全草入药。

6. 决明属（*Senna*）

1. 钝叶决明

Senna obtusifolia (L.) H. S. Irwin & Barneby

一年生亚灌木状草本。高 0.5~1.5 m。全体被短柔毛。茎基部木质化。羽状复叶；小叶通常 3 对，最下面 1 对小叶间的叶轴具 1 枚钻形腺体。花通常 2 朵腋生；花瓣黄色，最下 2 枚稍长，具瓣柄。荚果细长，近四棱柱形，顶端有长喙。种子多数，有光泽，近菱形，两侧各有 1 条线形斜凹纹。花期 6—9 月，果期 10—12 月。

产于南京及周边各地，常见，生于山坡、荒野。各地常栽培，多有逸生。

种子入药。

本种长期以来与决明 *S. tora* (L.) Roxb. 相混淆，经过笔者对中药资源市场的调查以及野外观察可知，当前我国栽培且逸生较广的种为钝叶决明。2 种的外形较相似，决明一般在下面 2 对小叶间各具 1 枚腺体，种子两侧各有 1 条宽广的浅黄棕色带。

7. 苦参属（*Sophora*）

1. 苦参

Sophora flavescens Aiton

多年生亚灌木或草本。高 1~2 m。复叶长 20~25 cm；小叶 15~29 枚，近对生或互生；小叶披针形或椭圆形，长 3~6 cm。总状花序顶生，长 15~25 cm，花多数；花冠淡黄色或白色，旗瓣倒卵状匙形，翼瓣强烈皱褶。荚果长 5~8 cm，种子间微缢缩，呈不明显的串珠状。花果期6—9月。

产于南京及周边各地，常见，生于向阳山麓、郊野、山坡、路边及溪沟边。

根、种子入药。有毒。

（变种）**毛苦参**

var. *kronei* (Hance) C. Y. Ma

本变种的枝、叶及小叶柄密被毛，荚果成熟时被毛仍十分明显。

产于南京，偶见，生于山坡灌丛中。

8. 槐属（*Styphnolobium*）

1. 槐　国槐

Styphnolobium japonicum (L.) Schott

　　落叶乔木。高 20 m 以上。树皮成块状深裂。二年生枝绿色，皮孔明显。羽状复叶长 15~25 cm；小叶 7~17 枚；托叶条形，常呈镰状弯曲，早落；小叶卵状长圆形，叶背疏生短柔毛。圆锥花序顶生；花冠乳白色；雄蕊不等长，基部连合。荚果黄绿色，肉质，密接串珠状。花期 7—8 月，果期 9—10 月。

　　产于南京及周边各地，常见，生于土壤湿润肥沃、阳光充足处。栽培或野生。

　　花蕾、果实可入药，称"槐花""槐角"。亦为绿化优良树种。

　　本种于园林、医药上应用较广泛，相应的物种描述大多将其划入传统定义的苦参属 *Sophora*。

9. 马鞍树属（*Maackia*）

1. 光叶马鞍树

Maackia tenuifolia (Hemsl.) Hand.-Mazz.

　　落叶灌木或小乔木。高 2~8 m。羽状复叶长 12~16 cm；常有小叶 5 枚，稀 7 枚；顶生小叶椭圆形或倒卵形，长达 10 cm，近邻两侧小叶长椭圆形或椭圆形，长 4~8 cm，顶端钝或尖。总状花序顶生，长达 10 cm；花冠白色。荚果条状椭圆形，扁平，微呈镰状弯曲。花期 4—5 月，果期 8—9 月。

　　产于浦口、江宁、句容，偶见，生于山坡丛林中。

　　根、叶或豆荚入药。

袁　颖　供图

10. 黄檀属（*Dalbergia*）

1. 黄檀

Dalbergia hupeana Hance

落叶乔木。高 10~17 m。树皮灰黄色,呈薄片状脱落。羽状复叶长 15~25 cm;小叶 9~11 枚,小叶片宽椭圆形或长圆形,长 3.0~5.5 cm,顶端钝,微缺。圆锥花序生于上部叶腋间或顶生;花冠黄白色,略带紫纹;雄蕊 10,二体。荚果长圆状梭形,极扁平,长 3~7 cm。花期 5 月,果期 9—10 月。

产于南京周边各地,常见,生于灌木丛中、山林或多石山坡、山沟旁。

根、树皮和叶入药。

11. 刺槐属（*Robinia*）

1. 刺槐　洋槐

Robinia pseudoacacia L.

落叶乔木。高 10~25 m。树皮褐色,有纵裂纹。羽状复叶长 10~25 cm,互生;小叶 7~25 枚,常对生;小叶片卵形或椭圆形。总状花序腋生,长 10~20 cm,下垂,花多数;花冠白色,芳香。荚果扁平,条状长矩圆形。花期 4—6 月,果期 8—9 月。

产于南京及周边各地,常见,生于山坡、路旁。逸生较多。

水土保持树种。做绿化树栽培。花可食用。

12. 野决明属（*Thermopsis*）

1. 霍州油菜　小叶野决明

Thermopsis chinensis Benth. ex S. Moore

多年生草本。高约 50 cm。茎直立。小叶 3 枚，线状披针形或倒卵形，基部楔形，顶端细尖，钝圆。总状花序顶生，长 10~30 cm；花冠黄色，花瓣均具长瓣柄。荚果披针状线形。花期 4—5 月，果期 6—7 月。

产于南京及周边各地，常见，生于路边荒坡。药草园常有栽培。

13. 紫藤属（*Wisteria*）

1. 紫藤

Wisteria sinensis (Sims) Sweet

落叶藤本。茎左旋。嫩枝被白色柔毛。羽状复叶长 15~25 cm；小叶 7~13 枚，常为 11 枚；小叶片纸质，卵状披针形至卵状长圆形。总状花序出自去年短枝的顶芽或腋芽，腋生或顶生，下垂，长 15~30 cm；先叶开花；花冠蓝紫色。荚果稍扁，倒披针形，长 10~15 cm，下垂，密生黄色柔毛。花期 3—4 月，果期 5—8 月。

产于南京及周边各地，常见，生于山坡林下或路边灌丛中。

荚果、种子和茎皮有小毒。可栽培供观赏。

14. 夏藤属（*Wisteriopsis*）

1. 江西夏藤　　江西鸡血藤　　江西崖豆藤

Wisteriopsis kiangsiensis (Z. Wei) J. Compton & Schrire

落叶藤本。羽状复叶；小叶 5 或 7 枚；托叶条形，基部距突不明显。总状花序，有时呈圆锥状，腋生，几与复叶等长；花冠白色或绿白色，旗瓣长圆形，无毛；子房具短柄。荚果黑褐色，条形，无毛，扁平，顶端具弯喙，基部渐狭，具 5~7 枚种子。种子双凸镜状。花期 6—8 月，果期 9—10 月。

产于句容、丹徒等地，稀见，生于山地、旷野、林缘或疏林及灌丛中。

15. 胡枝子属（*Lespedeza*）分种检索表

1. 植株无闭锁花。
  2. 花淡黄绿色；叶鲜绿色 ………………………………………… **1. 绿叶胡枝子** *L. buergeri*
  2. 花红紫色。
    3. 花萼深裂；裂片为萼筒长的 2~4 倍 ……………………… **2. 日本胡枝子** *L. thunbergii*
    3. 花萼深裂至中部；小叶顶端急尖至长渐尖 …………… **3. 宽叶胡枝子** *L. pseudomaximowiczii*
1. 植株具闭锁花。
  4. 灌木或小灌木；茎直立；小叶倒卵形、长圆形等。
    5. 总花梗粗壮。
      6. 植株密生黄褐色柔毛；闭锁花簇生叶腋呈球形 ……… **4. 柔毛胡枝子** *L. tomentosa*
      6. 植株被白色粗硬毛或柔毛，叶面近无毛。
        7. 旗瓣基部有紫斑。
          8. 小叶楔形或线状楔形，顶端截形，花萼短于花冠一半。
            9. 花冠白色或淡黄色，翼瓣和旗瓣密被毛 ………… **5. 截叶铁扫帚** *L. cuneata*
            9. 花冠粉红或淡紫色，翼瓣和旗瓣无毛 ………… **6. 红花截叶铁扫帚** *L. lichiyuniae*
          8. 小叶顶端圆，花萼超过花冠一半 ……………… **7. 阴山胡枝子** *L. inschanica*
        7. 旗瓣基部无紫斑；小叶倒卵状长圆形或卵形 ……… **8. 中华胡枝子** *L. chinensis*
    5. 总花梗纤细。
      10. 总花梗毛发状；花黄白色 ……………………………… **9. 细梗胡枝子** *L. virgata*
      10. 总花梗略粗；花紫色 ………………………………… **10. 多花胡枝子** *L. floribunda*
  4. 多年生草本，茎常匍匐，小叶宽倒卵形或倒卵圆形 …………… **11. 铁马鞭** *L. pilosa*

1. 绿叶胡枝子

Lespedeza buergeri Miq.

    落叶灌木。高可达 3 m。小枝常呈"之"字形弯曲。羽状复叶具 3 枚小叶；小叶片卵状披针形或卵状椭圆形，长 3~7 cm。总状花序，长于叶或与叶近等长；花冠淡黄绿色，旗瓣与翼瓣基部常带紫色，旗瓣倒卵形，翼瓣较旗瓣短，基部有爪，龙骨瓣长于旗瓣。荚果扁，长圆状卵形。花果期 6—10 月。

    产于南京及周边各地，偶见，生于山坡、林缘、路旁或旷野。

    根和叶入药。可栽培供观赏。

2. 日本胡枝子

Lespedeza thunbergii (DC.) Nakai

落叶灌木。高 1~2 m。羽状复叶具 3 枚小叶；小叶片椭圆长圆形或椭圆形，长 1.5~9.0 cm。腋生总状花序单一，或数个组成圆锥状，比叶长，长 6~15 cm；花冠紫红。荚果扁，倒卵状长圆形或倒卵状，稍偏斜，长 5~12 mm。花期 7—9 月，果期 9—10 月。

产于南京及周边各地，偶见，生于山坡林下或杂草丛中。

可栽培供观赏。

（亚种）美丽胡枝子

subsp. *formosa* (Vogel) H. Ohashi

本亚种为亚灌木。小叶片叶面被短柔毛或几无毛。花冠长为花萼的 3~4 倍，萼齿近等于或稍短于萼筒。

产于南京及周边各地，偶见，生于山坡林缘或灌丛中。

可做观赏植物。

3. 宽叶胡枝子

Lespedeza pseudomaximowiczii D. P. Jin, Bo Xu bis & B. H. Choi

落叶直立灌木。高可达 4 m。羽状复叶具 3 枚小叶；小叶片宽椭圆形或卵状椭圆形，长 2.5~5.0 cm，宽 1.5~3.5 cm，叶面暗绿色；侧生小叶较小。总状花序，比叶长，或在枝端数枚组成圆锥花序；花冠紫红色，旗瓣倒卵形，顶端微凹。荚果扁，卵状椭圆形，长可达 10 mm。花期 7—8 月，果期 9—10 月。

产于南京、句容等地，常见，生于干旱的山坡林缘。

可栽培供观赏。

4. 柔毛胡枝子　山豆花

Lespedeza tomentosa (Thunb.) Maxim.

落叶灌木。高可达 1 m。全体密被黄褐色柔毛。羽状复叶具 3 枚小叶；小叶片卵状长圆形或长圆形，长 3~6 cm，叶背密生黄褐色柔毛或柔毛。总状花序，于茎顶端腋生或顶生，显著比叶长；花序梗粗壮，长 4~8 cm；花冠黄白色或黄色。荚果稍扁，倒卵状椭圆形。花期 7—9 月，果期 9—11 月。

产于南京及周边各地，常见，生于山坡灌丛中。

本种为优良饲料，也是山区绿化和水土保持植物。茎皮纤维供制绳或造纸。

5. 截叶铁扫帚

Lespedeza cuneata (Dum. Cours.) G. Don

多年生直立亚灌木或草本。高 30~100 cm。羽状复叶具 3 枚小叶；小叶密集；小叶片线状楔形或楔形，长 10~35 mm，叶背密生白色柔毛。腋生总状花序，较叶短，具花 2~4 朵；花冠淡黄色或白色，旗瓣基部有紫斑。荚果细小，近圆形或斜卵形，长约 2 mm。花果期 6—10 月。

产于南京及周边各地，常见，生于山坡或路旁杂草中。

根及全株入药。可作为荒山绿化和水土保持植物，并为铅、锌污染土壤的修复植物。

6. 红花截叶铁扫帚

Lespedeza lichiyuniae T. Nemoto, H. Ohashi & T. Itoh

半灌木或多年生草本。高 50~120 cm。茎上升或直立。小叶狭倒卵形，顶生小叶长 0.7~2.8 cm，宽 0.2~0.8 cm。总状花序腋生；花冠淡紫色或粉红色，圆形至宽椭圆形，基部有深紫色斑点，旗瓣淡紫白色，倒卵形至狭倒卵形；闭锁花簇生叶腋。荚果椭圆形。花期 8—9 月，果期 10—11 月。

产于南京城区、浦口、句容等地，偶见，生于荒坡。

7. 阴山胡枝子　　白指甲花

Lespedeza inschanica (Maxim.) Schindl.

　　小灌木。高 50~80 cm。茎直立，小枝有毛。羽状复叶具 3 枚小叶；小叶片长圆形或倒卵状长圆形，顶端圆，叶面无毛，叶背有短柔毛。总状花序，与叶近等长，具花 2~6 朵；花序梗短；花萼长 5~6 mm，5 深裂，裂片披针形；花冠白色，旗瓣基部带大紫斑，花期反卷；闭锁花簇生叶腋。荚果短于宿存萼片。花果期 9—11 月。

　　产于南京、句容等地，偶见，生于路旁或山坡林下。

8. 中华胡枝子

Lespedeza chinensis G. Don

　　落叶小灌木。高可达 1 m。羽状复叶具 3 枚小叶；小叶倒卵状长圆形或卵形，边缘略反卷。腋生总状花序，长不超出叶，花少；花萼常为花冠的一半；花冠白色，翼瓣和旗瓣等长，龙骨瓣较旗瓣长；闭锁花簇生于茎下部叶腋。荚果扁，卵圆形，基部稍偏斜，顶端具喙。花果期 8—10 月。

　　产于南京、句容等地，偶见，生于路边草丛、林缘或灌丛中。

　　全株或根可入药。

9. 细梗胡枝子

Lespedeza virgata (Thunb.) DC.

　　小灌木。高 50~100 cm。小枝纤细。羽状复叶具 3 枚小叶；顶生小叶片卵状长椭圆形或椭圆形；叶面光滑，叶背贴生柔毛。总状花序，花通常 3 朵；花序梗细长，长于叶；花柄极短；花萼钟状；花冠黄白色或白色，基部有紫斑，翼瓣较短，龙骨瓣长于或近等于翼瓣。荚果稍扁。花果期 7—10 月。

　　产于南京及周边各地，常见，生于路旁或山坡丛林中。

　　全株入药。

10. 多花胡枝子

Lespedeza floribunda Bunge

小灌木。高 60~100 cm。茎自基部多分枝。羽状复叶具 3 枚小叶；小叶片长倒卵形或倒卵形，顶端微凹、钝圆或截形，有短尖。总状花序腋生，长于叶，花多；花序梗纤细且长；花冠紫色，旗瓣短于龙骨瓣。荚果稍扁，卵状菱形，长约 5 mm，宽约 3 mm。花期 8—9 月，果期 9—10 月。

产于南京及周边各地，常见，生于干旱草坡或山坡林中。

本种可做饲料和绿肥。根入药。可栽培供观赏。

11. 铁马鞭

Lespedeza pilosa (Thunb.) Siebold & Zucc.

多年生草本。高 60~80 cm。全株密生长柔毛。枝细长，茎常匍匐地面。羽状复叶具 3 枚小叶；小叶片倒卵圆形或宽倒卵形，长 1.0~3.5 cm，顶端截形或圆形。总状花序比叶短；花冠白色或黄白色，旗瓣基部有紫色斑点。荚果稍扁，卵圆形，顶端有长喙，密生白色长粗毛。花期 7—9 月，果期 9—10 月。

产于南京及周边各地，常见，生于荒山草坡或山坡林下。

全株入药。

16. 笎子梢属（*Campylotropis*）

1. 笎子梢

Campylotropis macrocarpa (Bunge) Rehder

小灌木。高可达 2 m。羽状复叶具 3 枚小叶；顶生小叶片椭圆形或卵形，长 3.0~6.5 cm，宽 1.5~4.0 cm，顶端微凹或圆；侧生小叶较小。总状花序腋生，长 4~10 cm；花冠近粉红色或紫红色，长 1.0~1.2 cm。荚果扁，斜椭圆形，长约 1.2 cm，脉纹明显，顶端有短喙。花果期 6—9 月。

产于南京及周边各地，常见，生于山沟、山坡、林缘或疏林下。

根、枝、叶可入药。

17. 鸡眼草属（*Kummerowia*）分种检索表

1. 茎和分枝上有倒生向下的白色细毛；小叶顶端圆形 ·················· **1. 鸡眼草** *K. striata*

1. 茎及枝上被疏生向上的白毛；小叶顶端微凹或近平截 ·················· **2. 长萼鸡眼草** *K. stipulacea*

1. 鸡眼草

Kummerowia striata (Thunb.) Schindl.

　　一年生草本。茎平卧或直立。常铺地分枝而呈匍匐状，长 5~30 cm，茎和分枝上有倒生向下的白色细毛。羽状复叶具 3 枚小叶；小叶片纸质，倒卵状长椭圆形或长椭圆形。花 1~2 朵腋生；花冠紫色或粉红色，露出花萼外。荚果扁，卵状圆形，顶端稍急尖。花期 8—9 月。

　　产于南京及周边各地，常见，生于山坡、路旁、田边的杂草丛中。

　　全草入药。

2. 长萼鸡眼草　掐不齐

Kummerowia stipulacea (Maxim.) Makino

　　一年生草本。高 5~30 cm。茎多分枝，茎及枝上被疏生向上的白毛。小叶片宽倒卵形或倒卵形，顶端近平截或微凹，基部楔形。花常 1~3 朵；花冠略呈紫色或淡紫色，较龙骨瓣短，翼瓣狭披针形，与旗瓣近等长，龙骨瓣上面有暗紫色斑点。荚果扁，卵状椭圆形，露出宿存花萼外。花果期 7—9 月。

　　产于南京及周边各地，常见，生于路旁、山坡、林下和田边杂草丛中。

　　全株入药。

18. 紫穗槐属（*Amorpha*）

1. 紫穗槐

Amorpha fruticosa L.

落叶灌木。高 1~4 m。丛生。嫩枝密被短柔毛。叶互生，奇数羽状复叶具 11~25 枚小叶，长 10~15 cm；小叶椭圆形或卵形。穗状花序常 1 至数个于枝端腋生和顶生；旗瓣紫色，心形，无翼瓣和龙骨瓣。荚果下垂，微弯曲，长 6~10 mm，宽 2~3 mm。花果期 5—10 月。

产于南京及周边各地，常见，生于河边、路旁。归化种。

19. 小槐花属（*Ohwia*）

1. 小槐花

Ohwia caudata (Thunb.) H. Ohashi

直立灌木或亚灌木。高可达 1 m。羽状小叶 3 枚；顶生小叶宽披针形。总状花序顶生或腋生，花序轴密被柔毛并混生钩状毛；每节生 2 朵花；花冠绿白色或浅黄白色，有明显脉纹，龙骨瓣有爪。荚果细条形，扁平，腹、背缝线在节处缢缩，荚节长椭圆形，有 4~6 节。花期 7—9 月，果期 10 月。

产于南京、句容，常见，生于山坡林下或草地。

全株入药。

20. 细蚂蟥属（*Leptodesmia*）

1. 小叶细蚂蟥　小叶三点金草

Leptodesmia microphylla (Thunb.) H. Ohashi & K. Ohashi

多年生平卧或直立草本。高 10~40 cm。茎通常红褐色，纤细。羽状复叶具 3 枚小叶；小叶片长椭圆形或倒卵状长椭圆形。总状花序顶生或腋生，具花 6~10 朵；花冠小，淡粉红色，旗瓣倒卵状圆形，基部狭，龙骨瓣与翼瓣等长。荚果扁平，长 1.2 cm，通常 3~4 节，荚节近半圆形。花期 5—9 月，果期 9—11 月。

产于南京城区、六合、句容等地，偶见，生于山坡林下及路边草丛中。

全草或根可入药。

21. 长柄山蚂蝗属(*Hylodesmum*)分种检索表

1. 羽状复叶,具5~7枚小叶;荚节斜三角形 ···················· **1. 羽叶长柄山蚂蝗** *H. oldhamii*
1. 羽状3枚小叶;荚节略呈半倒卵形 ···················· **2. 长柄山蚂蝗** *H. podocarpum*

1. 羽叶长柄山蚂蝗

Hylodesmum oldhamii (Oliv.) H. Ohashi & R. R. Mill

　　多年生草本。高 0.6~1.2 m。茎直立。羽状复叶,具5~7枚小叶;小叶片椭圆状披针形或披针形,长 4~10 cm。总状花序顶生,组成疏松的圆锥花序,长达 40 cm;花单生或2~3朵丛生;花冠紫红色。荚果扁平,荚节斜三角形,长 1.0~1.5 cm。花期8—9月,果期9—10月。

　　产于句容,偶见,生于山谷、沟边和林下。

　　全株入药。

2. 长柄山蚂蝗　圆菱叶山蚂蝗

Hylodesmum podocarpum (DC.) H. Ohashi & R. R. Mill

　　直立草本。高 0.5~1.0 m。羽状3枚小叶;顶生小叶片菱状倒卵形或宽倒卵形,最宽处在叶片的中上部。圆锥花序顶生或总状花序腋生,结果时延长至 40 cm;花长约 4 mm。荚果扁平,长约 1.6 cm,通常2节,很少1或3节,荚节略呈半倒卵形。花期7—9月,果期8—10月。

　　产于南京及周边各地,常见,生于山地林下或草坡上。

　　根和叶入药。

　　南京尚分布有2个亚种。

（亚种）**宽卵叶长柄山蚂蟥**

subsp. *fallax* (Schindl.) H. Ohashi & R. R. Mill

本亚种茎被短柔毛；顶生小叶宽卵形，顶端渐尖，基部宽楔形或圆，最宽处在叶片中下部。

产于南京及周边各地，常见，生于林下、路边等处。

（亚种）**尖叶长柄山蚂蟥**

subsp. *oxyphyllum* (DC.) H. Ohashi & R. R. Mill

本亚种茎无毛；顶生小叶披针状菱形或椭圆状菱形，顶端渐尖，基部楔形，最宽处在叶片中部。

产于南京及周边各地，常见，生于林下。

22. 草木樨属（*Melilotus*）分种检索表

1. 花白色；果实先端尖；托叶尖刺状 ···································· **1. 白花草木樨** *M. albus*
1. 花黄色；果实先端钝圆；托叶非刺状。
  2. 花长于 3.5 mm；托叶镰状条形，全缘或基部具 1 齿 ················ **2. 草木樨** *M. officinalis*
  2. 花短于 3 mm；托叶披针形，基部具 2~3 齿 ·················· **3. 印度草木樨** *M. indicus*

1. 白花草木樨　白香草木樨

Melilotus albus Medik.

    一年生或二年生草本。高 60~210 cm。茎直立。三出羽状复叶；小叶倒披针状长圆形或长圆形，疏生浅锯齿；托叶尖刺状，全缘。腋生总状花序，长 9~20 cm，排列疏松；花冠白色，旗瓣椭圆形，稍长于翼瓣，龙骨瓣与翼瓣等长或比翼瓣稍短。荚果椭圆形至长圆形，长 3.0~3.5 mm，具尖喙。花期 5—7 月，果期 7—9 月。

    产于南京及周边各地，偶见，生于田边、路旁荒地及湿润沙地。栽培或野生。

    茎叶为优良的家畜饲草及绿肥。

2. 草木樨　黄香草木樨

Melilotus officinalis (L.) Lam.

一年生或二年生草本。高 40~200 cm。茎直立。三出羽状复叶；小叶倒卵形、倒披针形至线形，顶端截形或钝圆；托叶镰状条形，全缘或基部具 1 齿。总状花序长 6~15 cm，腋生；花较大，长 3.5~7.0 mm；花冠黄色，旗瓣与翼瓣近等长，龙骨瓣稍短或三者均近等长。荚果卵形，长 3~5 mm。花期 5—9 月，果期 6—10 月。

产于南京及周边各地，偶见，生于路旁、山坡、河岸、沙地。栽培或野生。

茎叶为优质牧草及绿肥。

3. 印度草木樨

Melilotus indicus (L.) All.

一年生或二年生草本。高 20~50 cm。三出羽状复叶；小叶倒卵状楔形，近等大，先端钝或平截，有时微凹，边缘 2/3 以上具细锯齿；托叶披针形，基部具 2~3 细齿。总状花序细；花小，长 2~3 mm；花冠黄色，旗瓣与翼瓣、龙骨瓣近等长。荚果卵球形，长 2~3 mm。花期 3—5 月，果期 5—6 月。

产于南京及周边各地，偶见，生于溪边、荒野、村旁草地中。栽培或野生。

茎叶为优良的绿肥、牧草和饲料。

23. 苜蓿属（*Medicago*）分种检索表

1. 荚果螺旋状卷曲，常旋转1圈以上，有种子2枚。
  2. 荚果无刺，花冠暗紫色或淡黄色 ··· **1. 苜蓿** *M. sativa*
  2. 荚果有刺，花黄色。
    3. 叶面光滑；荚果螺旋盘状，托叶不整齐叶裂 ························· **2. 南苜蓿** *M. polymorpha*
    3. 叶片被毛，荚果球形，托叶近全缘 ································· **3. 小苜蓿** *M. minima*
1. 荚果肾状，有种子1枚 ·· **4. 天蓝苜蓿** *M. lupulina*

1. 苜蓿　紫苜蓿

Medicago sativa L.

    多年生草本。高30~80 cm。茎丛生、直立以及平卧。羽状三出复叶；小叶倒长卵形、长卵形至线状卵形。花序头状或总状，长1.0~2.5 cm，具花5~30朵；花冠淡黄色或暗紫色，花瓣均具长瓣柄，旗瓣长圆形，翼瓣较龙骨瓣略长。荚果螺旋状旋转2~4（6）圈。花期5—7月，果期6—8月。

    产于南京及周边各地，常见，生于荒地。栽培或野生。

2. 南苜蓿　多型苜蓿

Medicago polymorpha L.

一年生或二年生草本。高约 30 cm。茎稍直立或匍匐。小叶片倒心形或阔倒卵形。总状花序具花 2~10 朵；花序梗纤细，挺直，通常比叶长；花冠黄色。荚果盘状，旋转 1.5~2.5 圈，直径约 0.6 cm，边缘具钩刺。花果期 3—5 月。

产于南京及周边各地，极常见，生于田野、山边、路边，适于排水良好的壤土和沙质壤土。

全株和根可入药。嫩茎可食用。

3. 小苜蓿

Medicago minima (L.) Bartal.

一年生或多年生草本。高 5~20 cm。全体有白色柔毛。茎匍匐状，多分枝。小叶片倒卵形，几等大。总状花序短缩，头状，具花 1~8 朵；花序梗纤细，挺直，长于叶；花冠淡黄色，长 3~4 mm。荚果盘曲成球形，旋转 3~5 圈，直径约 0.4 cm。花果期 4—5 月。

产于南京及周边各地，常见，生于荒坡、草地或路旁。

根入药。

4. 天蓝苜蓿

Medicago lupulina L.

一年生或多年生草本。高 20~60 cm。全体有疏柔毛或腺毛。茎稍匍匐或直立。小叶片卵形至宽倒卵形。总状花序短缩,头状,具花 10~25 朵;花序梗比叶长,密被毛;花冠黄色,长约 2 mm,花瓣稍长于花萼。荚果肾状,表面具弧状脉纹,无刺,被疏毛,成熟时黑色。花果期 4—7 月。

产于南京及周边各地,常见,生于旷野。耐干旱,抗寒力也较强。

全草入药。

24. 车轴草属(*Trifolium*)

1. 白车轴草

Trifolium repens L.

多年生草本。高 10~30 cm。全体无毛。茎匍匐,蔓生。掌状 3 枚小叶,叶柄长 10~30 cm;小叶片倒心形或倒卵形,长 1.2~2.5 cm,宽 1~2 cm,顶端微凹或圆。花序顶生,圆球状或头状,具 20~50 朵小花;有长花序梗,较叶长;花长 0.7~1.2 cm;花冠淡红色或白色。荚果扁平,长圆状。花果期 5—10 月。

产于南京及周边各地,极常见,生于路边、荒地。野生或栽培。

全草可入药。为农田有害杂草。

25. 油麻藤属（*Mucuna*）

1. 褶皮油麻藤　褶皮藜豆　宁油麻藤

Mucuna lamellata Wilmot-Dear

夏绿缠绕藤本。藤长达 5 m。羽状复叶具 3 枚小叶；顶生小叶片长卵形或菱状卵形；侧生小叶斜卵形，顶端短急尖。总状花序腋生，长 7~27 cm，通常每节具花 3 朵；花冠紫黑色，长约 4 cm，旗瓣长圆状卵形，长 2.0~2.5 cm，翼瓣长圆形，龙骨瓣细长。荚果扁平，长 7~14 cm。花果期 5—8 月。

产于南京、句容等地，常见，生于山坡灌丛中。

种子有毒。可栽培供观赏。

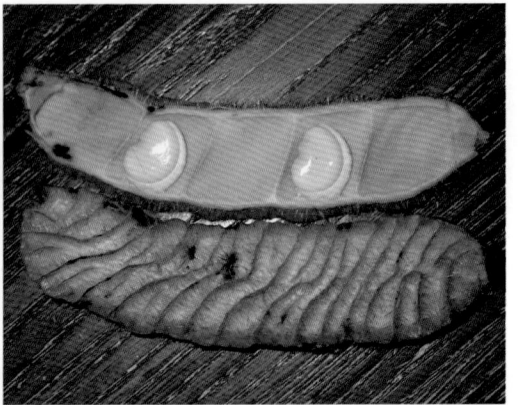

26. 大豆属（*Glycine*）

1. 野大豆

Glycine soja Siebold & Zucc.

一年生缠绕草本。茎细瘦。羽状复叶具 3 枚小叶；顶生小叶片卵状披针形或卵圆形。总状花序腋生，具花 1~7 朵；花小，长约 5 mm；花冠紫红色，旗瓣近圆形，翼瓣斜倒卵形，龙骨瓣短。荚果长圆形，稍扁，稍弯，长约 3 cm，种子间稍缢缩。花期 7—8 月，果期 8—10 月。

产于南京及周边各地，常见，生于林缘、路边草丛中或荒地。

全草入药。国家二级重点保护野生植物。重要农作物野生近缘种。

27. 山黑豆属(*Dumasia*)

1. 山黑豆

Dumasia truncata Siebold & Zucc.

攀缘状缠绕草本。茎纤细,长 1~3 m。羽状复叶具 3 枚小叶;托叶小,线状披针形,具 3 脉;小叶膜质,长卵形或卵形,通常长 3~6 cm。总状花序腋生,纤细,长 1~4 cm;花萼管状;花冠黄色或淡黄色。种子通常 3~5 枚,扁球形,黑褐色。花期 8—9 月,果期 10—11 月。

产于句容等地,偶见,生于林边、路边等处。

28. 两型豆属(*Amphicarpaea*)

1. 两型豆　　三籽两型豆

Amphicarpaea edgeworthii Benth.

一年生缠绕草本。茎纤细,密生淡黄色柔毛。羽状复叶具 3 枚小叶;顶生小叶片扁卵形或菱状卵形。花二型,2~7 朵组成总状花序,腋生,淡紫色或花冠白色。果稍扁,二型,茎上部的荚果为倒卵状长圆形或长圆形,长 2.0~3.5 cm,生于茎下部的果实近球状,仅 1 枚种子。花果期 8—11 月。

产于南京及周边各地,常见,生于林缘或杂草间。

全草可入药。

29. 葛属（ *Pueraria* ）

1. 葛　葛麻姆　野葛

Pueraria montana var. *lobata* (Willd.) Maesen & S. M. Almeida ex Sanjappa & Predeep

　　粗壮草质藤本。茎可达 10 m 以上。全株被黄褐色长硬毛。羽状复叶具 3 枚小叶；顶生小叶片菱状卵形，长 5.5~19.0 cm，宽 4.5~18.0 cm，边缘 3 浅裂。总状花序长 15~30 cm，花密集生长于中上部；花冠顶端 2 裂，紫红色。荚果扁平，长椭圆形，长 5~10 cm，密生黄褐色长硬毛。花期 8—9 月，果期 9—10 月。

　　产于南京及周边各地，极常见，生于山坡或疏林中。

　　根和花可入药，称"葛根""葛花"。

30. 豇豆属（*Vigna*）分种检索表

1. 托叶基生,卵形或卵状披针形,基部心形或耳状 ··· **1. 野豇豆** *V. vexillata*
1. 托叶盾状着生,披针形 ·· **2. 贼小豆** *V. minima*

1. 野豇豆

Vigna vexillata (L.) A. Rich.

多年生蔓生或攀缘草本。羽状复叶具 3 枚小叶;小叶膜质,形状变化大,披针形至卵形,长 4~9（15）cm,宽 2.0~2.5 cm。花序腋生,由 2~4 朵生于花序轴顶部的花组成近伞形花序;旗瓣黄色、粉红色或紫色,翼瓣紫色,龙骨瓣白色或淡紫色。荚果直立,线状圆柱形。花期 7—9 月。

产于南京及周边各地,常见,生于荒坡。

2. 贼小豆　山绿豆

Vigna minima (Roxb.) Ohwi & H. Ohashi

一年生缠绕草本。茎纤细。羽状复叶具 3 枚小叶；小叶的形状和大小变化较大，卵状披针形、卵形、线形或披针形，顶端急尖或钝，基部圆形或宽楔形。总状花序柔弱；通常具花 3~4 朵；花冠黄色，旗瓣极外弯，近圆形，长约 1 cm，宽约 8 mm；龙骨瓣具长而尖的耳。荚果圆柱形。花果期 8—10 月。

产于南京及周边各地，常见，生于荒坡、路边等处。

31. 野扁豆属（*Dunbaria*）

1. 野扁豆　毛野扁豆

Dunbaria villosa (Thunb.) Makino

多年生缠绕草质藤本。全体有锈色腺点。茎细弱，密生短柔毛。羽状复叶具小叶 3 枚；顶生小叶片大，近三角形或菱形，顶端急尖或渐尖，基部圆形。总状花序腋生，长可达 6 cm；具花 2~7 朵，花长约 2 cm；花冠黄色，旗瓣圆形，长 1~3 cm。荚果扁条状，长约 4 cm。花果期 8—10 月。

产于南京城区、六合、江宁、句容等地，常见，生于草丛或灌木丛中。

全株或种子可入药。

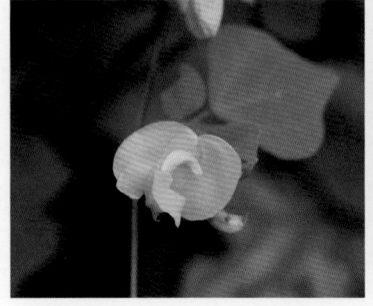

32. 鹿藿属（*Rhynchosia*）分种检索表

1. 顶生小叶顶端钝,叶背和茎密被灰色至淡黄色柔毛 ························· **1. 鹿藿** *R. volubilis*

1. 顶生小叶顶端渐尖或急尾状渐尖,疏被柔毛 ·················· **2. 渐尖叶鹿藿** *R. acuminatifolia*

1. 鹿藿

Rhynchosia volubilis Lour.

缠绕草质藤本。茎密被灰色至淡黄色柔毛。叶为羽状或有时近指状 3 枚小叶;顶生小叶片菱形或倒卵状菱形,顶端钝,基部宽楔形或圆,两面密生灰白色长柔毛。总状花序长 1.5~4.0 cm,簇生叶腋;花冠黄色。荚果长椭圆形,稍扁,红褐色,长约 1.5 cm,宽约 8 mm。花期 7—10 月,果期 8—11 月。

产于南京及周边各地,常见,生于土坡地和杂草中。

茎叶或根入药,功效各异。嫩茎叶为良好绿肥,也可做家畜饲料。

2. 渐尖叶鹿藿

Rhynchosia acuminatifolia Makino

多年生缠绕藤本。茎纤细。羽状复叶具小叶 3 枚；顶生小叶片宽椭圆形或卵形。总状花序腋生，长 1~3 cm，具密集的花；花冠黄色，长 8~10 mm，长于花萼，花瓣近等长。荚果长圆形，扁平，红褐色，种子间略缢缩。花期 7—9 月，果期 8—10 月。

产于南京及周边各地，常见，生于山坡杂木林下草丛中。

根、茎或叶可入药。

 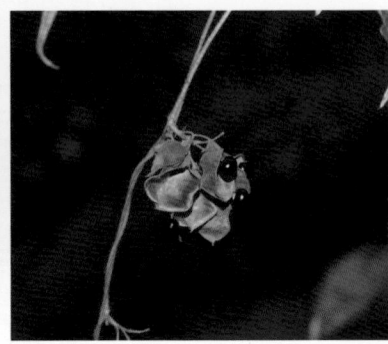 

33. 田菁属（*Sesbania*）

1. 田菁

Sesbania cannabina (Retz.) Poir.

一年生草本。高 2.0~3.5 m。茎绿色。羽状复叶具小叶 20~30（40）对，近对生或对生，线状长圆形。总状花序长 3~10 cm，疏松，具花 2~6 朵；总花梗及花梗纤细，下垂；花冠黄色。荚果细长，长圆柱形，长 12~22 cm，宽 2.5~3.5 mm，喙尖。花果期 7—12 月。

产于南京及周边各地，常见，生于荒地、湿地边缘、路边。

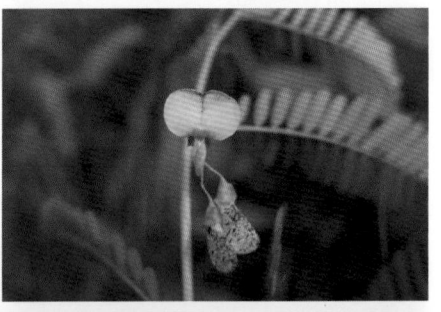

34. 木蓝属（*Indigofera*）分种检索表

1. 花大，花冠长 10~18 mm。
   2. 花有毛，其余无毛 ·· **1. 华东木蓝** *I. fortunei*
   2. 花有毛，枝叶、花序轴被白色丁字毛，荚果有毛 ············· **2. 苏木蓝** *I. carlesii*
1. 花小，花冠长 4~7 mm。
   3. 复叶长 3~6 cm；花序长于复叶；荚果长 1.5~3.0 cm ············· **3. 河北木蓝** *I. bungeana*
   3. 复叶长 15~20 cm；花序短于复叶；荚果长 3.5~6.0 cm ············· **4. 多花木蓝** *I. amblyantha*

1. 华东木蓝

Indigofera fortunei Craib

落叶灌木。高可达 1 m。除花外，全株无毛。羽状复叶具小叶 7~15 枚，对生；小叶卵形、卵状椭圆形或披针形。总状花序长 10~13 cm，腋生，常短于叶柄；花冠紫红色或粉红色，旗瓣倒阔卵形，长约 10 mm。荚果细圆柱状，长 3~6 cm。花期 5 月，果期 6—7 月。

产于南京及周边各地，常见，生于山坡丛林中、郊野、溪边及草坡。

根入药。叶烘干后可代茶饮。可供观赏。

2. 苏木蓝

Indigofera carlesii Craib

　　落叶灌木。高可达 1.5 m。茎圆柱形。羽状复叶通常具小叶 7（5、9）枚；小叶片坚纸质，倒椭圆形或卵状椭圆形，长 2~4 cm，顶端钝圆。总状花序腋生，长 10~20 cm；花冠粉红色或玫瑰红色。荚果细圆柱状，褐色，长 3~5 cm。花期 5 月，果期 6—7 月。

　　产于南京及周边各地，偶见，生于山坡灌木林中。根入药。可栽培供观赏。

3. 河北木蓝　马棘

Indigofera bungeana Walp.

　　小灌木。高 1~3 m。多分枝。羽状复叶长 3~6 cm；小叶（2）3~5 对，对生，椭圆形、倒卵形或倒卵状椭圆形，长 1.0~2.5 cm。总状花序，花开后较复叶长，长 3~11 cm，花密集；花冠淡红色或紫红色。荚果线状圆柱形，长 1.5~3.0 cm。花期 5—8 月，果期 9—10 月。

　　产于南京及周边各地，常见，生于山坡林缘及疏林下。

　　新版《江苏植物志》记载的马棘 *I. pseudotinctoria* Matsum. 即为本种。本图志据 *Flora of China* 给予归并。

4. 多花木蓝

Indigofera amblyantha Craib

直立灌木。高 0.8~2.0 m。羽状复叶长 15~20 cm；小叶 3~4（5）对，对生，稀互生，形状、大小变异较大，通常为卵状长圆形、椭圆形或近圆形，长 1.0~3.7（6.5）cm，宽 1~2（3）cm。总状花序腋生，长达 11（15）cm；花冠淡红色。荚果棕褐色，线状圆柱形。花期 5—7 月，果期 9—11 月。

产于南京，偶见，生于灌丛中。

35. 锦鸡儿属（*Caragana*）

1. 锦鸡儿

Caragana sinica (Buc' hoz) Rehder

落叶灌木。高 1~2 m。小叶 4 枚，羽状排列；托叶硬化成针刺状；小叶片长圆状倒卵形或倒卵形。花单生；花冠黄色，常带红色，长 2.8~3.0 cm，旗瓣狭长倒卵形，翼瓣稍长于旗瓣，龙骨瓣稍短于翼瓣，白色。荚果圆筒状，稍扁，下垂，长 3.0~3.5 cm，宽约 5 mm。花果期 4—6 月。

产于南京及周边地区，偶见，生于山间林下。

花可入药。可栽培供观赏。

36. 米口袋属（*Gueldenstaedtia*）

1. 米口袋　少花米口袋

Gueldenstaedtia verna (Georgi) Boriss.

多年生草本。茎缩短，长 2~3 cm。全株被白色柔毛。复叶丛生于短茎上，具小叶 11~21 枚，卵形、椭圆形或长椭圆形；小叶片线形或披针形。花冠紫红色，旗瓣卵形，长约 1.3 cm，翼瓣长约 1 cm，龙骨瓣短，长 0.5~0.6 cm。荚果圆筒状。花期 4—5 月，果期 6—7 月。

产于南京及以北丘陵地区，常见，生于山坡草地及路边。

全草入药。为良好的饲用植物。

37. 黄芪属（*Astragalus*）

1. 紫云英

Astragalus sinicus L.

二年生草本。高 10~30 cm。匍匐。奇数羽状复叶具小叶 7~13 枚；小叶倒卵形或椭圆形，顶端微凹或钝圆。总状花序具花 5~10 朵，伞形；花冠紫红色。荚果线状长圆形，长 12~20 mm，宽约 4 mm；具短喙。花期 2—6 月，果期 3—7 月。

产于南京及周边各地，常见，生于田埂及水边湿地。野生或栽培。

本种为良好的绿肥植物。

38. 甘草属（*Glycyrrhiza*）

1. 刺果甘草

Glycyrrhiza pallidiflora Maxim.

多年生草本。高 1.0~1.5 m。茎直立，基部木质化，有棱，密被黄色鳞片状腺体。奇数羽状复叶具小叶 5~13 枚；小叶片边缘具钩状细齿，两面密被鳞毛状腺点。总状花序，花密集成长圆状；花冠淡紫色。荚果卵球状，顶端具尖喙，表面密生尖硬刺。具种子 2 枚，圆肾状，黑色。花果期 6—9 月。

产于盱眙、宝应、仪征等南京以北地区，偶见，生于田边、路边、河沟边、草丛中。

本种可做牧草，亦为良好的固沙植物。

39. 野豌豆属（*Vicia*）分种检索表

1. 叶轴顶端具卷须。
　2. 花序梗短或不明显···**1. 救荒野豌豆 V. sativa**
　2. 花序梗较长且明显。
　　3. 花序具花 1~4 朵。
　　　4. 叶轴顶端卷须单一；花蓝紫色；种子 4 枚·························**2. 四籽野豌豆 V. tetrasperma**
　　　4. 叶轴顶端卷须分叉；花白色或淡紫色；种子 1~2 枚 ·················**3. 小巢菜 V. hirsuta**
　　3. 花序具花 5 朵以上。
　　　5. 多年生蔓生草本；植株无毛或近无毛；荚果肿胀··················**4. 广布野豌豆 V. cracca**
　　　5. 茎直立或攀缘，被毛；叶背有白色短柔毛；荚果扁平 ·······**5. 大叶野豌豆 V. pseudo-orobus**
1. 叶轴顶端偶有卷须，仅具小刺尖 ·····································**6. 歪头菜 V. unijuga**

1. 救荒野豌豆　大巢菜　箭舌豌豆
Vicia sativa L.

　　一年生或二年生草本。长 40~80 cm。全体被毛。茎攀缘或斜升。羽状复叶长 2~10 cm，具小叶 4~8 对，叶轴顶端卷须有 2~3 分枝；小叶片倒卵形或长椭圆形。花近无柄，1 或 2 朵生叶腋；花冠红色或紫色，长 1.8~3.0 cm，旗瓣长倒卵圆形，顶端微凹，龙骨瓣最短。荚果扁，长圆柱状。花果期 3—9 月。

　　产于南京及周边各地，极常见，生于山坡杂草丛或麦田中。

　　全草或种子入药。花期为蜜源。

（亚种）窄叶野豌豆

subsp. *nigra* (L.) Ehrh.

本亚种小叶片长圆状楔形至线形，顶端圆钝、微尖或截形。花较小，长 10~18 mm。荚果成熟后黑色，种子间不缢缩。花期 3—6 月，果期 3—9 月。

产于南京及周边各地，常见，生于杂草丛中。

全草可入药。

2. 四籽野豌豆

***Vicia tetrasperma* (L.) Schreb.**

一年生缠绕草本。羽状复叶长 2~4 cm，卷须常单一，稀二叉；小叶 3~6 对，互生或近对生；小叶长圆形或线形。总状花序腋生，具花 1~2 朵，着生于细长的花序梗顶端；花小，长约 6 mm；花冠蓝紫色。荚果扁平，长圆形，长约 1 cm。花期 3—5 月，果期 5—8 月。

产于南京及周边各地，常见，生于田边、荒地上。

全草可入药。

3. 小巢菜

Vicia hirsuta (L.) Gray

一年生草本。高 15~90 cm。茎细柔,蔓生或攀缘。羽状复叶具小叶 4~8 对,互生或近对生;叶轴顶端卷须分枝;小叶片线状披针形。总状花序腋生,明显短于叶,具花 2~5 朵;花冠淡紫色或白色。荚果扁平,长圆形,长 7~10 mm。花期 4—5 月,果期 4—8 月。

产于南京及周边各地,常见,生于田野间。

全草入药。

4. 广布野豌豆

Vicia cracca L.

多年生蔓生草本。高可达 1.5 m。茎有棱。羽状复叶具小叶 4~12 对;叶轴顶端卷须有 2~3 分枝;小叶片狭披针形或长圆形。总状花序腋生,与叶等长或稍长于叶,具花 10~40 朵,密集;花冠蓝色或紫色。荚果肿胀,长圆形,长 1.5~2.5 cm,两端急尖。花果期 5—10 月。

产于南京及周边各地,极常见,生于田边、山坡上。

茎叶入药。嫩茎叶可做蔬菜。

5. 大叶野豌豆　假香野豌豆

Vicia pseudo-orobus Fisch. & C. A. Mey.

多年生草本。高 50~200 cm。茎直立或攀缘。羽状复叶长 2~17 cm,具小叶 2~5 对;叶轴顶端卷须有 2~3 分枝;小叶片卵形或卵状长圆形。总状花序腋生,长 5~18 cm,较叶长,通常具花 15~30 朵;花冠紫色,翼瓣、旗瓣及龙骨瓣几等长。荚果扁平,长圆形,长约 3 cm。花期 7—9 月,果期 8—10 月。

产于浦口,偶见,生于山坡、灌木丛下。

全草入药。

6. 歪头菜

Vicia unijuga A. Br.

多年生直立草本。高可达 1 m。茎四棱状。羽状复叶具小叶 1 对;叶轴顶端具细针刺,偶有卷须。总状花序腋生,长 4.5~7.0 cm,明显长于叶,具花 8~20 朵,密集着生于花序轴上部一侧;花冠紫色或蓝色。荚果扁平,长椭圆形,长 3~4 cm。花期 7—9 月,果期 8—10 月。

产于南京及周边各地,常见,生于山坡或路旁。

全草入药。

40. 土圞儿属（*Apios*）

1. 土圞儿

Apios fortunei Maxim.

多年生草质藤本。块根椭球形或纺锤形。茎被倒向的短硬毛。羽状复叶具小叶 3~7 枚；顶生小叶宽卵形，侧生小叶常为斜卵形。总状花序长 8~20 cm；旗瓣宽倒卵形，淡绿色或黄绿色，翼瓣淡紫色，龙骨瓣初时内卷成 1 管，先端弯曲，后旋卷，黄绿色。荚果条形，具多数种子。花期 6—8 月，果期 9—10 月。

产于江宁及以南丘陵地区，偶见，生于向阳山坡林缘或灌草丛中，常缠绕于其他植物之上。

块根可入药。

41. 合萌属 (*Aeschynomene*)

1. 合萌　田皂角

Aeschynomene indica L.

一年生亚灌木状直立草本。高 30~100 cm。羽状复叶互生,小叶 20~30 对或更多;小叶片线状长圆形。总状花序腋生,比叶短,具花 1~4 朵;花冠黄色,具紫色条纹,旗瓣近圆形,无爪,翼瓣呈半月形,有爪。荚果长条形,扁平,有 4~8(10)荚节。花果期 8—11 月。

产于南京及周边各地,常见,生于水田边、旷野、溪河边或低湿草丛中。

种子有毒。

42. 猪屎豆属 (*Crotalaria*)

1. 农吉利　野百合

Crotalaria sessiliflora L.

一年生直立草本。高 20~100 cm。单叶互生;叶形变异较大,通常为线状披针形、线状长圆形或线状,两端渐尖,长 3~8 cm,叶背密被柔毛,叶面近无毛。总状花序腋生、顶生或密生枝端形似头状,具花 1 至数朵;花冠紫蓝色或蓝色。荚果短圆柱状,长约 1 cm。花期 8—9 月,果期 9—10 月。

产于南京及周边各地,偶见,生于山坡草地、路边或灌木丛中。

全草入药。

远志科 POLYGALACEAE

一年生或多年生草本，或灌木或乔木，罕为寄生小草本。单叶互生、对生或轮生，具柄或无柄，叶片纸质或革质，全缘，具羽状脉。花两性，白色、黄色或紫红色，组成腋生或顶生的总状花序、圆锥花序或穗状花序；萼片 5，常呈花瓣状；花瓣 5，中间 1 枚常内凹，龙骨瓣状，顶端背面常具 1 流苏状或蝴蝶结状附属物；雄蕊通常 8；子房上位，通常 2 室。果实或为蒴果，2 室，或为翅果、坚果，通常具种子 2 枚。

共 32 属约 950 种，广布于全球各地。我国产 5 属约 53 种。南京及周边分布有 1 属 3 种 1 变种。

远志属（*Polygala*）分种检索表

1. 叶片卵状披针形或长椭圆形。
  2. 总状花序与叶对生或腋生；花丝全部合生成鞘 ·················· **1. 瓜子金** *P. japonica*
  2. 总状花序腋外生或假顶生；花丝下部合生成鞘 ·················· **2. 西伯利亚远志** *P. sibirica*
1. 叶片条形、窄披针形或线状披针形。
  3. 叶片条形；主根粗壮；蒴果倒卵圆形················· **3. 远志** *P. tenuifolia*
  3. 叶片窄披针形；主根细弱；蒴果近圆球形················· **4. 狭叶香港远志** *P. hongkongensis* var. *stenophylla*

1. 瓜子金

Polygala japonica Houtt.

多年生草本。高 15~30 cm。茎丛生。单叶，互生；叶片长椭圆形或卵状披针形，长 1~3 cm。总状花序与叶对生或腋生，最上的花序低于茎顶；花瓣 3，白色或紫色，基部合生，侧瓣长圆形，龙骨瓣舟状，具流苏状附属物。蒴果扁平，广卵圆形，顶端凹。花期 4—5 月，果期 5—7 月。

产于南京及周边各地，常见，生于山坡草丛、路边。

根入药。

2. 西伯利亚远志　卵叶远志

Polygala sibirica L.

多年生草本。高 10~30 cm。茎直立,丛生。单叶,互生;下部叶片卵圆形,上部叶片椭圆状披针形或披针形,顶端钝圆。总状花序假顶生或腋外生,通常高出茎顶;花瓣 3,蓝紫色,龙骨瓣较侧瓣长,具流苏状附属物。蒴果扁平,倒心形,具狭翅及缘毛。花期 4—7 月,果期 5—8 月。

产于南京周边,偶见,生于山坡林缘或草丛中。

根可入药。

3. 远志

Polygala tenuifolia Willd.

多年生草本。高 15~50 cm。茎多数丛生,倾斜或直立。单叶互生,叶片纸质,条形,长 1~3 cm,全缘,反卷。总状花序顶生,细弱,长 5~7 cm,通常略俯垂,花少;花瓣 3,紫色,龙骨瓣较侧瓣长,具流苏状附属物。蒴果圆形,直径约 4 mm,顶端微凹,具狭翅。花果期 5—9 月。

产于盱眙,偶见,生于草地、路边。

4. 狭叶香港远志

Polygala hongkongensis var. *stenophylla* Migo

直立草本至亚灌木。高 15~50 cm。茎枝细。单叶互生,叶片膜质或纸质,叶狭披针形。花瓣 3,白色或紫色;侧瓣长 3~5 mm;龙骨瓣盔状,长约 5 mm,顶端具流苏状鸡冠状附属物;雄蕊 8,花丝 4/5 以下合生成鞘。蒴果近圆形。花期 5—6 月,果期 6—7 月。

产于江宁、句容等地,偶见,生于石壁旁、路旁和沟边等处。

草本、灌木或乔木。落叶或常绿,有刺或无刺。叶互生,稀对生,单叶或复叶,多具明显托叶。花两性,稀单性。通常整齐,周位花或上位花;萼片和花瓣同数,通常 4~5,覆瓦状排列;雄蕊 5 至多数,稀 1 或 2,花丝离生,稀合生;心皮 1 至多数,离生或合生。果实为蓇葖果、瘦果、梨果或核果,稀蒴果。种子无胚乳,子叶肉质。

共 99 属 2 000~3 000 种,分布于世界各地,北温带地区较多。我国产 58 属约 1 132 种,产于全国各地。南京及周边分布有 17 属 47 种 10 变种。

蔷薇科
ROSACEAE

蔷薇科分属检索表

1. 果实为开裂的蒴果或蓇葖果。
  2. 果实为蒴果;种子有翅;花大,直径 2 cm 以上 ················· **1. 白鹃梅属** *Exochorda*
  2. 果实为蓇葖果;花小,直径 2 cm 以下。
    3. 心皮 1~2;有托叶,早落;圆锥花序 ················· **2. 野珠兰属** *Stephanandra*
    3. 心皮 5,稀 3~4;无托叶;花序多样 ················· **3. 绣线菊属** *Spiraea*
1. 果实不开裂,梨果、浆果、聚合果和核果等。
  4. 梨果或浆果,稀核果;子房下位,稀上位;心皮(1)2~5。
    5. 成熟心皮硬骨质。
      6. 叶片全缘,枝条无刺 ················· **4. 枸子属** *Cotoneaster*
      6. 叶片边缘有锯齿或分裂;枝通常有刺 ················· **5. 山楂属** *Crataegus*
    5. 成熟心皮革质、纸质或软骨质。
      7. 复伞房花序,花多 ················· **6. 石楠属** *Photinia*
      7. 伞形或总状花序,花少,偶单生。
        8. 果实有石细胞,表面有斑点 ················· **7. 梨属** *Pyrus*
        8. 果实无石细胞,表面无斑点 ················· **8. 苹果属** *Malus*
  4. 瘦果、蔷薇果或聚合果;子房上位,稀下位。
    9. 草本、亚灌木或灌木;聚合果、瘦果等;单叶或复叶。
      10. 灌木。
        11. 枝条有皮刺,复叶或单叶互生;花 5 数。
          12. 小核果相互聚合成聚合果 ················· **9. 悬钩子属** *Rubus*
          12. 瘦果,着生于花托杯内,花托熟时肉质 ················· **10. 蔷薇属** *Rosa*
        11. 枝条无皮刺,单叶对生;花 4 数 ················· **11. 鸡麻属** *Rhodotypos*
      10. 草本。
        13. 花 5 数,有花瓣。
          14. 总状花序;无副萼,心皮 2;瘦果 1~2 枚 ················· **12. 龙牙草属** *Agrimonia*
          14. 非总状花序,或单生;有副萼,心皮多少;瘦果多数。
            15. 基生叶奇数羽状复叶,顶叶为假羽状复叶;宿存花柱长 ················· **13. 路边青属** *Geum*
            15. 三出复叶,羽状复叶或鸟足状复叶;无宿存花柱。
              16. 三出复叶;果托肉质膨大;副萼大于萼片 ················· **14. 蛇莓属** *Duchesnea*
              16. 羽状复叶或鸟足状复叶,少三出复叶;果托干燥 ················· **15. 委陵菜属** *Potentilla*
        13. 花 4 数,无花瓣 ················· **16. 地榆属** *Sanguisorba*
    9. 乔木或灌木;核果;心皮 1;单叶 ················· **17. 李属** *Prunus*

1. 白鹃梅属（*Exochorda*）

1. 白鹃梅

Exochorda racemosa (Lindl.) Rehder

落叶小乔木。高可达 5 m。全体无毛。叶片长椭圆形、椭圆形或长圆状倒卵形，长 3.5~6.5 cm，宽 1.5~3.5 cm，基部楔形或宽楔形，顶端圆钝或急尖，全缘。总状花序具花 6~10 朵；花直径 2.5~3.5 cm；花瓣白色，长约 1.5 cm，倒卵形，顶端钝，基部缢缩成短爪。蒴果倒卵球状。花期 3—4 月，果期 7—8 月。

产于南京城区、江宁、句容等地，常见，生于山坡、路边或灌木丛中。

根皮或树皮可入药。优良观赏树种。

2. 野珠兰属（*Stephanandra*）

1. 野珠兰　华空木

Stephanandra chinensis Hance

落叶灌木。高可达 1.5 m。叶片长椭圆形至卵形，长 5~7 cm，宽 2~3 cm，顶端尾尖或渐尖，基部圆形或近心形，稀为宽楔形，边缘有重锯齿，常浅裂，基部 1 对裂片稍大；叶柄长 6~8 mm。圆锥花序疏散，花序各部无毛；花瓣倒卵形，稀长圆形，白色。蓇葖果近球状。花期 5 月，果期 7—8 月。

产于南京城区、江宁等地，常见，生于路旁或灌木丛中。

根入药。

3. 绣线菊属 (*Spiraea*) 分种检索表

1. 叶片菱状卵形或倒卵形,有缺刻状锯齿;叶背密被黄色柔毛 ·························· **1. 中华绣线菊** *S. chinensis*
1. 叶片近圆形,基部圆形,顶端 3 浅裂;叶背无毛 ···················· **2. 绣球绣线菊** *S. blumei*

1. 中华绣线菊

Spiraea chinensis Maxim.

落叶灌木。高可达 3 m。叶片倒卵形或菱状卵形,长 2.5~6.0 cm,宽 1.5~3.0 cm,顶端圆钝或急尖,基部圆形或宽楔形,边缘有缺刻状粗锯齿,偶不明显 3 浅裂,叶脉明显下陷。伞形花序着生于二年生枝上的短枝顶端,具花序梗;花瓣白色,近圆形。蓇葖果开张;萼片宿存,直立。花期 4—5 月,果期 6—9 月。

产于南京及周边各地,偶见,生于山坡灌丛、山谷溪边、田野路旁。

根可入药。可栽培供观赏。

2. 绣球绣线菊

Spiraea blumei G. Don

落叶灌木。高可达 2 m。除花萼内侧外,其余各部均无毛。小枝细瘦。叶片近圆形,顶端圆钝或微尖,基部圆形,叶面绿色,叶背浅蓝绿色。伞形花序着生于去年生枝上的短枝顶端;花瓣白色,宽倒卵形,顶端微凹。花期 4—6 月,果期 8—10 月。

产于南京、句容等地,常见,生于向阳山坡、路旁或灌丛。

根及根皮入药。可栽培供观赏。

4. 枸子属（*Cotoneaster*）

1. 华中枸子

Cotoneaster silvestrii Pamp.

　　落叶灌木。高可达 2 m。小枝呈拱形弯曲, 棕红色。叶片椭圆形至卵形, 长 1.5~3.5 cm, 宽 1.0~2.5 cm, 顶端钝或急尖, 基部宽楔形至圆形。聚伞花序具花 3 朵以上; 花直径约 1 cm; 花瓣白色, 平展, 近圆形, 顶端微凹。梨果红色, 近球状, 直径约 8 mm。花期 5—6 月, 果期 8—9 月。

　　产于南京城区、浦口等地, 偶见, 生于山地杂木林中。

　　可栽培供观赏。

5. 山楂属（*Crataegus*）分种检索表

1. 灌木；叶片宽倒卵形，顶端 3 裂；叶缘锯齿尖锐 ·················· **1. 野山楂** *C. cuneata*
1. 小乔木；叶片卵形，上部 2~4 浅裂；叶缘锯齿圆钝 ·················· **2. 湖北山楂** *C. hupehensis*

1. 野山楂

Crataegus cuneata Siebold & Zucc.

　　落叶灌木。高可达 1.5 m。分枝密，通常具细刺。叶片宽倒卵形至倒卵状长圆形，边缘有不规则重锯齿。伞房花序具花 5~7 朵；花直径约 1.5 cm；花瓣近圆形或倒卵形，长 6~7 mm，白色。果实扁球形或近球形，红色或黄色，常具有宿存反折萼片或 1 苞片。花期 5—6 月，果期 9—11 月。

　　产于南京城区、浦口、句容、溧水等地，常见，生于灌木丛中。

　　果可食用。可栽培供观赏。

2. 湖北山楂

Crataegus hupehensis Sarg.

　　落叶乔木、小乔木或灌木。高可达 8 m。叶片卵形至卵状椭圆形，长 4~10 cm，宽 4~7 cm，顶端短渐尖，边缘有圆钝锯齿。伞房花序具多花；花瓣白色，卵形；雄蕊 20；花药紫色。果实深红色，近球形，直径约 2 cm，表皮有斑点，顶端萼片宿存，反折。花期 5—6 月，果期 8—9 月。

　　产于南京、句容等地，偶见，生于山坡、山谷杂木林中。

　　果实可食。园林绿化树种。

6. 石楠属（*Photinia*）分种检索表

1. 常绿乔木;叶片革质,长椭圆形,全缘或有锯齿 ················· **1.石楠** *P. serratifolia*
1. 落叶小乔木;叶片纸质。
  2. 伞房花序或复伞房花序,超 10 朵花。
    3. 花序梗和花柄无毛;侧脉 9~14 对;复伞房花序 ········· **2.中华石楠** *P. beauverdiana*
    3. 花序梗和花柄被白色长柔毛;侧脉 5~7 对;伞房花序 ········· **3.毛叶石楠** *P. villosa*
  2. 花序近伞形,2~9 朵花;萼筒几无毛 ················· **4.小叶石楠** *P. parvifolia*

1. 石楠

Photinia serratifolia (Desf.) Kalkman

常绿灌木或小乔木。高 6~12 m。叶片革质,长倒卵形、长椭圆形或倒卵状椭圆形,疏生细腺锯齿。复伞房花序花密而多,顶生;花直径 6~8 mm;花瓣白色,近圆形。果近球状,红色,后变紫褐色,直径 3~6 mm。花期 4—5 月,果期 10 月。

产于南京及以南各地,常见,生于山坡杂木林中。

叶或带叶嫩枝、果和根均可入药。园林绿化树种。

2. 中华石楠

Photinia beauverdiana C. K. Schneid.

落叶灌木或小乔木。高可达 10 m。小枝无毛。叶片纸质，倒卵状长圆形、长圆形或卵状披针形。复伞房花序，多花；花瓣白色，卵形或倒卵圆形。果倒卵球状，密生疣点，紫红色，长 7~8 mm，顶端有宿存萼片。花期 5 月，果期 7—8 月。

产于南京、句容等地，常见，生于山坡或山谷杂木林中。

根和叶可入药。

（变种）短叶中华石楠

var. brevifolia Cardot

本变种叶卵形、椭圆形或倒卵形，长 3~6 cm，顶端短尾状渐尖，基部圆，侧脉常 6~8 对，不明显。花柱 3，合生。

产于南京城区、江宁、句容一带，偶见，生于山坡或山谷林中。

3. 毛叶石楠

Photinia villosa (Thunb.) DC.

落叶灌木或小乔木。高可达 5 m。全株被毛。叶片长椭圆形、倒卵形或椭圆形。伞房花序具花 10~20朵；花白色，近圆形。果熟时黄红色或红色，卵球状或椭圆球状，长 0.8~1.0 cm，直径 6~8 mm，萼片宿存，直立。花期 4 月，果期 8—9 月。

产于南京、句容等地，常见，生于山坡灌丛中。

根和果入药。

4. 小叶石楠

Photinia parvifolia (E. Pritz.) C. K. Schneid.

落叶灌木。高可达 3 m。小枝纤细无毛。叶片椭圆状卵形或菱状卵形。花序近伞形，无花序梗，具花 2~9 朵，生于侧枝顶端；花瓣白色，近圆形，顶端钝，基部具极短爪。果熟时橘红色，卵球状或椭圆球状，长 0.9~1.2 cm，无毛，花萼直立，宿存。花期 4—5 月，果期 7—8 月。

产于南京周边，常见，生于山坡灌木丛中。

根入药。可做绿化树种。

7. 梨属（*Pyrus*）分种检索表

1. 叶缘有粗锐齿；果期萼片宿存 ······························· **1. 杜梨** *P. betulifolia*

1. 叶缘有细钝齿或全缘；果期萼片脱落 ·························· **2. 豆梨** *P. calleryana*

1. 杜梨　棠梨

Pyrus betulifolia Bunge

落叶乔木。高可达 10 m。枝常有刺，整株密生灰白色柔毛。叶片菱状卵形至椭圆状卵形，顶端渐尖，基部宽楔形，稀近圆形，边缘有粗锐齿。伞形总状花序具花 10~15 朵；花瓣白色，宽卵形，顶端圆钝。果梗细长；果近圆球状，直径 0.5~1.0 cm，褐色，有浅色斑点，萼片宿存。花期 4 月，果期 8—9 月。

产于南京及周边各地，偶见，生于山坡、坡地向阳处。野生或栽培。

可栽培供观赏。

2. 豆梨

Pyrus calleryana Decne.

落叶乔木。高可达 8 m。小枝粗壮，圆柱形，二年生枝条灰褐色。叶宽卵形或卵形，稀长椭圆状卵形。伞形总状花序具花 6~12 朵；花序梗、花柄无毛；花柄长 1.5~3.0 cm；花托杯无毛；花瓣白色，卵形，基部具短爪。果近圆球状，直径 1.0~1.5 cm，褐色，有斑点，萼片脱落。花期 4 月，果期 8—9 月。

产于南京及周边各地，常见，生于山地杂木林中。野生或栽培。

可做观赏树种。

8. 苹果属（*Malus*）分种检索表

1. 花萼果期脱落；叶缘锯齿尖锐 ··· **1. 湖北海棠** *M. hupehensis*

1. 花萼果期宿存；叶缘锯齿圆钝 ··· **2. 光萼海棠** *M. leiocalyca*

1. 湖北海棠

Malus hupehensis (Pamp.) Rehder

落叶小乔木。高可达 8 m。叶片卵形至卵状椭圆形，顶端渐尖，基部近圆形至宽楔形，边缘有细锐齿。伞房花序具花 3~7 朵；花瓣粉红色或白色，倒卵形；雄蕊 20。果椭圆球状或圆球状，直径约 1 cm，黄绿色或稍带红色，萼片几乎全部脱落。花期 4—5 月，果期 8—9 月。

产于南京、句容等地，偶见，生于山坡杂木林中或路旁。野生或栽培。

嫩叶及果实入药。可栽培供观赏。

2. 光萼海棠　光萼林檎

Malus leiocalyca S. Z. Huang

　　灌木或小乔木。高可达 10 m。叶片卵状椭圆形至椭圆形,叶缘有圆钝锯齿。花序近伞形,具花 5~7 朵;花瓣白色,基部有短爪,倒卵形;雄蕊 30,稍短于花瓣。果球状,直径 1.5~3.0 cm,黄红色,顶端有长筒,筒长 5~8 mm,萼片宿存,反折。花期 5 月,果期 8—9 月。

　　产于南京周边,偶见,生于山坡向阳处或林缘。

　　本种可栽培供观赏。

9. 悬钩子属（*Rubus*）分种检索表

1. 单叶。
  2. 灌木；托叶基部与叶柄合生。
    3. 掌状 5 深裂；花单生 ·· **1. 掌叶覆盆子** *R. chingii*
    3. 叶片有浅裂、波状齿或锯齿，非深裂。
      4. 托叶基部与叶柄合生 ·· **2. 山莓** *R. corchorifolius*
      4. 托叶基部与叶柄离生。
        5. 顶生圆锥花序或伞房花序；叶片近圆形，顶端圆钝 ··············· **3. 灰白毛莓** *R. tephrodes*
        5. 顶生总状花序 ·· **4. 木莓** *R. swinhoei*
  2. 藤状灌木；托叶基部与叶柄离生 ···································· **5. 高粱薦** *R. lambertianus*
1. 复叶。
  6. 花单生枝顶 ·· **6. 蓬蘽** *R. hirsutus*
  6. 伞房花序顶生或腋生。
    7. 小叶 3~5 枚；花红色或紫红色；伞房花序顶生或腋生 ··············· **7. 茅莓** *R. parvifolius*
    7. 小叶 5~7 枚；花淡红色；伞房花序顶生 ··············· **8. 插田薦** *R. coreanus*

1. 掌叶覆盆子　华东覆盆子

***Rubus chingii* Hu**

    落叶灌木。高可达 3 m。单叶；叶片近圆形，具掌状脉，掌状（3）5（7）深裂，菱状卵形或椭圆形，边缘有重锯齿。花单生叶腋或侧枝顶端；花瓣椭圆形或卵状长圆形，白色。聚合果近圆球状，直径 1.5~2.0 cm，成熟时红色，密被灰白色柔毛。花期 3—4 月，果期 5—6 月。

    产于南京城区、浦口、江宁、高淳、溧水等地，常见，生于山坡、路旁、疏林下或灌木丛中。

    果实入药，称"覆盆子"。

2. 山莓

Rubus corchorifolius L. f.

　　落叶灌木。高 1~3 m。单叶;叶片卵状披针形或卵形,基部浅心形、心形,稀平截或近圆形,叶缘不分裂或有时 3 浅裂,边缘有不整齐重锯齿。花单生或 3 朵着生于短枝顶端,亦有腋生;花瓣椭圆形或长圆形,白色。聚合果圆球状或卵球状,直径达 1.2 cm,成熟时红色,密被柔毛。花期 4—5 月,果期 5—6 月。

　　产于南京及周边各地,极常见,生于山坡、路边、沟谷、疏林下或灌丛中。

　　果实、根和叶均可入药,功效各异。果可食。

3. 灰白毛莓

Rubus tephrodes Hance

　　攀缘灌木。高 3~4 m。枝密被灰白色柔毛。单叶;近圆形,长宽各 5~8(11)cm,顶端急尖或圆钝,基部心形,边缘有明显 5~7 个圆钝裂片和不整齐锯齿;托叶小,离生,脱落,深条裂或梳齿状深裂。大型圆锥花序顶生;花直径约 1 cm;花萼外密被灰白色柔毛;花瓣小,白色,近圆形至长圆形。果实球形,较大,直径达 1.4 cm,紫黑色,无毛。花期 6—8 月,果期 8—10 月。

　　产于南京周边,偶见,生于山坡、路旁或灌丛。疑为栽培或逸生。

4. 木莓

Rubus swinhoei Hance

　　落叶或半常绿灌木。高 1~4 m。单叶；叶形变化较大，自宽卵形至长圆披针形，长 5~11 cm，宽 2.5~5.0 cm，边缘有不整齐粗锐齿，稀缺刻状；托叶卵状披针形。总状花序，花常 5~6 朵；花瓣白色，宽卵形或近圆形。果实球形，直径 1.0~1.5 cm，由多数小核果组成，无毛，成熟时由绿紫红色转变为黑紫色。花期 5—6 月，果期 7—8 月。

　　产于南京周边，偶见，生于林下。

5. 高粱蔗

Rubus lambertianus Ser.

　　半常绿藤状灌木。单叶；叶片纸质，卵形或宽卵形，顶端渐尖，基部深心形，边缘 3~5 浅裂或呈波状，有细锯齿。圆锥花序顶生，生于小枝上部叶腋的花序常近总状；花序梗、花萼和花柄均被灰白色柔毛；花瓣倒卵形，白色。聚合果近圆球状，成熟时红色。花期 8—9 月，果期 10—11 月。

　　产于南京及周边各地，极常见，生于山沟、路旁、疏林下或灌丛中。

　　根、叶入药。种子可榨油，富含不饱和脂肪酸。

6. 蓬蘽

Rubus hirsutus Thunb.

半常绿灌木。高可达 2 m。枝、叶柄和花柄均被腺毛、柔毛和稀疏小皮刺。复叶具 3~5 枚小叶；小叶片宽卵形或卵形，边缘有不整齐尖锐重锯齿。花单生于侧枝顶端，稀腋生；花萼与萼片外面密被腺毛和柔毛；花瓣倒卵形或近圆形，白色。聚合果近圆球状，成熟时鲜红色。花期 4 月，果期 5—6 月。

产于南京及周边各地，极常见，生于荒地、山坡、疏林下或灌丛中。

根和叶可入药。果可食。

7. 茅莓

Rubus parvifolius L.

　　落叶蔓生状灌木。植株各部分被柔毛、稀疏钩状小皮刺或针刺。复叶具 3（5）枚小叶；小叶片菱状倒卵形或宽卵形，顶端急尖或圆钝，边缘具不整齐或缺刻状的粗圆重锯齿，叶背密被灰白色柔毛。伞房花序；花瓣卵圆形或长圆形，红色或紫红色。聚合果卵球状，成熟时红色。花期 5—6 月，果期 7—8 月。

　　产于南京及周边各地，常见，生于丘陵、向阳山坡、路旁或灌木丛中。

　　地上部分和根可入药。

（变种）**腺花茅莓**

var. *adenochlamys* (Focke) Migo

　　本变种枝、叶柄、花序梗、花柄和花萼均有紫褐色腺毛，或有时仅花萼有稀疏紫褐色腺毛。

　　产地和生境同茅莓。

8. 插田藨　高丽悬钩子

Rubus coreanus Miq.

落叶或半常绿蔓状灌木。高可达 3 m。枝红褐色,常被白粉,具钩状扁平皮刺。复叶具 5~7 枚小叶;小叶片菱状卵形、宽卵形或卵形,顶生小叶有时 3 浅裂。伞房花序;萼片卵状披针形,花后反折;花瓣倒卵形,淡红色至深红色。聚合果近球状,成熟时深红色至紫黑色。花期 5—6 月,果期 7—8 月。

产于南京及周边各地,常见,生于山坡、路旁或灌丛中。

（变种）毛叶插田藨

var. tomentosus Cardot

本变种具 5~7（9）枚小叶,叶背密被灰白色短柔毛,沿脉被柔毛。

产于南京、句容等地,常见,生境与原变种相同。

10. 蔷薇属（*Rosa*）分种检索表

1. 羽状复叶具小叶 5~9 枚。
  2. 伞房花序多花；花直径 2~3 cm ······························ **1. 野蔷薇** *R. multiflora*
  2. 花单生，白色；花直径 5.0~7.5 cm ··················· **2. 硕苞蔷薇** *R. bracteata*
1. 羽状复叶具小叶 3~5 枚。
  3. 托叶大部分与叶柄合生 ································ **3. 悬钩子蔷薇** *R. rubus*
  3. 托叶仅基部与叶柄合生。
    4. 花柄和萼筒密生细刺；花单生，直径 5~9 cm ······· **4. 金樱子** *R. laevigata*
    4. 萼筒无刺；复伞房花序，花直径 2.0~2.5 cm ······· **5. 小果蔷薇** *R. cymosa*

1. 野蔷薇　多花蔷薇

Rosa multiflora Thunb.

    落叶攀缘灌木。小枝有皮刺。羽状复叶具小叶 5 或 7（9）枚；小叶片倒卵形、长圆形或卵形，长 1.5~5.0 cm，宽 0.8~2.0 cm，边缘有锐齿。圆锥状伞房花序，顶生；花直径约 2 cm，花瓣白色，宽倒卵形，顶端微凹。果圆球状或卵球状，直径达 0.8 cm。花期 5—7 月，果期 9—10 月。

    产于南京及周边各地，极常见，生于山谷、山坡、林缘及灌丛中。亦有栽培。

    花可提制芳香油，为日用品香精。

（变种）**粉团蔷薇**

var. *cathayensis* Rehder & E. H. Wilson

本变种花为粉红色。

产于南京及周边各地，常见，生于林下。

可栽培供观赏。

2. 硕苞蔷薇

Rosa bracteata J. C. Wendl.

常绿灌木。高可达 5 m，铺散。羽状复叶具 5~9（13）枚小叶；小叶片革质，倒卵形或椭圆形。花单生或数朵集生于小枝顶端；苞片叶状，宽卵形；萼片宽卵形，花后反折；花直径可达 7.5 cm，花瓣白色，倒卵形。果球状，成熟时橙红色，密被淡黄褐色柔毛。花期 4—5 月，果期 9—11 月。

产于南京、句容，偶见，生于山坡、路边和灌丛中。

果实可入药。

3. 悬钩子蔷薇

Rosa rubus H. Lév. & Vaniot

匍匐灌木。高5~6 m。皮刺短粗、弯曲。通常具小叶5枚，近花序偶有3枚；小叶片卵状椭圆形、倒卵形或圆形，长3~6（9）cm；托叶大部分贴生于叶柄，离生部分披针形，先端渐尖，全缘常带腺体。花10~25朵，组成圆锥状伞房花序；花瓣白色，倒卵形。果近球形，直径8~10 mm，猩红色至紫褐色，有光泽，花后萼片反折，以后脱落。花期4—6月，果期7—9月。

产于江宁，稀见，生于路旁或杂木林中。

朱鑫鑫 供图

4. 金樱子

Rosa laevigata Michx.

常绿攀缘灌木。羽状复叶具3（5）枚小叶；小叶片革质，倒卵形、椭圆状卵形或披针状卵形；叶柄和叶轴有腺毛和皮刺。花单生叶腋；花直径约7 cm，花瓣白色，宽倒卵形，顶端微凹。果倒卵球状或梨形，成熟时紫褐色，密生刺毛。花期4—6月，果期7—11月。

产于南京城区、江宁、溧水、句容等地，常见，生于向阳山坡、路旁或灌丛中。

果、叶、根、花均可入药。可栽培供观赏。

5. 小果蔷薇

Rosa cymosa Tratt.

落叶或半常绿攀缘灌木。高可达 5 m。羽状复叶具 3~5（7）枚小叶；小叶片卵状披针形或椭圆形，长 2.5~6.0 cm，宽 0.8~2.5 cm，顶端渐尖，基部近圆形，边缘具尖锐细锯齿。复伞房花序，顶生；花瓣白色，倒卵形，顶端凹缺。果圆球状，直径约 0.6 cm，成熟时红色至黑褐色。花期 5—6 月，果期 7—11 月。

产于南京及周边各地，常见，生于丘陵、山坡、路旁、溪边或灌木丛中。

根、茎、叶、花和果均可入药，功效多样。

（变种）**毛叶山木香**

var. puberula T. T. Yu & T. C. Ku

本变种小枝、皮刺、叶柄、叶轴和叶片两面均密被或疏被短柔毛。

产于南京、句容等地，常见，生于山坡、路旁或灌木丛中。

11. 鸡麻属（*Rhodotypos*）

1. 鸡麻

Rhodotypos scandens (Thunb.) Makino

落叶灌木。高 1~3 m。老枝紫褐色，幼枝绿色。叶片卵状椭圆形或卵形，长 4~11 cm，宽 2~6 cm，基部圆形或微心形，顶端渐尖，边缘具尖锐重锯齿。花单生于新枝顶端；花直径 3~5 cm；萼片 4；花瓣 4，倒卵形，白色。核果斜椭圆球状，长约 8 mm，成熟时褐色或黑色；萼宿存。花期 4—5 月，果期 6—9 月。

产于浦口、句容、丹徒等地，偶见，生于山坡、疏林下或山沟荫蔽处。

果和根可入药。可栽培供观赏。

12. 龙牙草属（*Agrimonia*）分种检索表

1. 龙牙草　仙鹤草

Agrimonia pilosa Ledeb.

多年生草本。高可达 1.2 cm。茎、叶柄、花序轴均被开展的短柔毛和长柔毛。叶具 7~9 枚小叶,稀 5 枚;小叶片倒卵状椭圆形、倒卵形或倒卵状披针形。穗状总状花序,顶生;花瓣长圆形,黄色。瘦果陀螺状,被疏柔毛,顶端有数层钩刺,成熟后靠合。花果期 5~11 月。

产于南京及周边各地,常见,生于灌丛、溪边、山坡、路旁、草地、林缘或疏林下。

地上部分入药,称"仙鹤草"。

2. 托叶龙牙草

Agrimonia coreana Nakai

多年生草本。高 70~100 cm。茎被疏柔毛及短柔毛。叶为间断奇数羽状复叶;具小叶 3~4 对;小叶菱状椭圆形或倒卵状椭圆形,长 2~6 cm,宽 1.5~3.0 cm。花序极为疏散,花间距 1.5~4.0 cm;花序轴纤细;花瓣黄色,倒卵长圆形,雄蕊 17~24。果实圆锥状半球形,外面有 10 条肋。花果期 7—8 月。

产于句容,偶见,生于山坡或路边草丛。

13. 路边青属（*Geum*）

1. 柔毛路边青　柔毛水杨梅

***Geum japonicum* var. *chinense* F. Bolle**

多年生草本。高 25~60 cm。基生叶为羽状复叶；小叶片 1~2 对；顶生小叶片特大，宽卵形或卵形；茎下部叶常 3 枚小叶，茎上部叶为单叶，常 3 浅裂；茎生叶的托叶草质，边缘有不整齐粗锯齿。花序疏散；花直径达 1.8 cm；花瓣近圆形，黄色。聚合果椭圆球状或卵球状。花果期 5—10 月。

产于南京及周边各地，常见，生于沟边、路旁或草丛中。

全草、根和花均可入药，功效各异。

14. 蛇莓属（*Duchesnea*）

1. 蛇莓

***Duchesnea indica* (Andrews) Teschem.**

多年生草本。匍匐茎长达 1 m。被柔毛。三出复叶；小叶片倒卵形或菱状长圆形；基生叶托叶宽披针形或窄卵形，全缘。花单生叶腋；萼片卵形，副萼片较萼片大，倒卵形，顶端有数个锯齿；花直径 1.5~2.5 cm；花瓣倒卵形，黄色；花托在果期增大，果成熟时鲜红色，有光泽，直径 1~2 cm。花期 4—5 月，果期 5—8 月。

产于南京及周边各地，极常见，生于山坡、河岸、路边、草丛、沟边或田埂上。

全草入药。可做地被植物栽培。

据最新研究，本属已并入委陵菜属 *Potentilla*，本图志仍按照《中国植物物种名录 2022 版》暂时不做变动。

15. 委陵菜属（*Potentilla*）分种检索表

1. 羽状复叶。
  2. 花单生叶腋···**1. 朝天委陵菜** *P. supina*
  2. 聚伞花序。
    3. 叶背密生白色柔毛,白色柔毛完全覆盖叶背。
      4. 基生叶 5~9 枚,边缘有缺刻状锯齿 ··················**2. 翻白草** *P. discolor*
      4. 基生叶 15~31 枚,深羽裂 ·····························**3. 委陵菜** *P. chinensis*
    3. 叶背有绢状毛,绢状毛不覆盖叶背 ··············**4. 莓叶委陵菜** *P. fragarioides*
1. 三出复叶或掌状复叶。
  5. 花单生叶腋,基生叶为鸟足状 5 枚小叶 ··············**5. 匍匐委陵菜** *P. reptans*
  5. 聚伞花序。
    6. 基生叶 5 枚小叶,茎生叶 3~5 枚小叶;花托无毛 ··············**6. 蛇含委陵菜** *P. kleiniana*
    6. 基生叶三出复叶;花托有毛 ··························**7. 三叶委陵菜** *P. freyniana*

1. 朝天委陵菜

Potentilla supina L.

一年生或二年生草本。高可达 50 cm。基生叶为羽状复叶,具 5~11（13）枚小叶,顶端 1~2 对小叶基部下延至叶轴;小叶片倒卵形、椭圆形或倒卵状长圆形。茎下部的花常单生叶腋,花常数朵组成伞房状聚伞花序;生于茎顶端的花直径 6~8 mm;花瓣黄色,倒卵形。瘦果长圆球状。花果期 4—10 月。

产于南京及周边各地,常见,生于山坡、路旁、水沟边或草丛中。

全草入药。

（变种）**三叶朝天委陵菜**

var. *ternata* Peterm.

本变种植株分枝极多,矮小铺地或微上升;基生小叶常 3 枚,顶生小叶有短柄或几无柄,常 2~3 深裂或不裂。

产于南京城区、江宁、溧水、句容等地,常见,生于空旷地、田野、湿地等处。

2. 翻白草

Potentilla discolor Bunge

多年生草本。高可达 45 cm。各部分均密被灰白色或白色绵毛。基生叶为羽状复叶,小叶 5~9（11）枚,小叶片长圆状披针形或长圆形,叶面疏被白色绵毛或近无毛;茎生叶常为三出复叶。聚伞花序疏散;花直径 1~2 cm;花瓣黄色,倒卵形。瘦果近肾状,光滑。花果期 5—9 月。

产于南京及周边各地,常见,生于山坡、路旁或草丛中。

全草入药。

3. 委陵菜

Potentilla chinensis Ser.

多年生草本。高可达 70 cm。基生叶为大头羽状复叶,具 15~31 枚小叶;小叶片长圆状披针形或长圆形,长 1~6 cm,宽 0.8~1.5 cm,边缘深羽裂,叶背密被白色柔毛,沿脉被白色绢状长柔毛。聚伞花序伞房状;花直径约 1 cm;萼片卵状三角形;花瓣黄色。瘦果卵球状。花果期 4—10 月。

产于南京及周边各地,常见,生于向阳山坡、疏林下或路旁草丛中。

带根全草有凉血止痢、清热解毒的功效。

4. 莓叶委陵菜　雉子筵

Potentilla fragarioides L.

多年生草本。高可达 30 cm。基生叶为羽状复叶,具 5~7(9)枚小叶;小叶片椭圆形、倒卵形或长椭圆形,长 0.5~7.0 cm,宽 0.4~3.0 cm,顶端圆钝或急尖;茎生叶多为三出复叶。伞房状聚伞花序疏散,顶生;花直径 1.0~1.7 cm;花瓣黄色,倒卵形。瘦果近肾状。花期 4—6 月,果期 6—8 月。

产于南京城区、浦口、句容等地,常见,生于山坡、路旁或草丛中。全草入药。

5. 匍匐委陵菜

Potentilla reptans L.

多年生草本。基生叶为鸟足状 5 枚小叶，两侧生小叶浅裂至深裂达基部，有时不分裂，边缘常具不整齐或缺刻状锯齿，叶背和叶柄伏生绢状柔毛，稀被疏柔毛。花期 4—5 月，果期 6—9 月。

产于南京、句容等地，偶见，生于山坡、路旁或草丛中。

全草入药。

（变种）绢毛匍匐委陵菜　绢毛细蔓委陵菜

var. *sericophylla* Franch.

本变种叶为三出掌状复叶，边缘 2 枚小叶浅裂至深裂，小叶叶背及叶柄伏生绢状柔毛。花果期 4—9 月。

产于南京、句容、扬州等地，偶见，生于路旁、草坡等处。

6. 蛇含委陵菜　蛇含

Potentilla kleiniana Wight & Arn.

　　一年生、二年生或多年生宿根草本。茎上升或匍匐。基生叶为近鸟足状 5 枚小叶；小叶片长圆状倒卵形或倒卵形，长 1~5 cm，宽 0.5~2.0 cm，顶端圆钝，基部楔形；茎上部叶为 3 枚小叶，茎下部叶为鸟足状 5 枚小叶。聚伞花序集生于枝顶；花直径约 1 cm；花瓣黄色，倒卵形。瘦果近圆球状。花果期 4—9 月。

　　产于南京及周边各地，常见，生于山坡、路旁、水沟边或草丛中。

　　带根全草可入药。

7. 三叶委陵菜

Potentilla freyniana Bornm.

多年生草本。多具细长纤匍茎。花茎纤细，上升或直立。基生叶为掌状 3 枚小叶；小叶片长圆形、卵形或椭圆形，基部楔形，边缘有锯齿；茎生小叶与基生小叶相似，小。顶生疏散的伞房状聚伞花序；花直径约 1 cm；花瓣黄色，长圆状倒卵形。瘦果卵球状。花果期 3—6 月。

产于南京、句容等地，常见，生于山坡、路旁或草丛中。

全草入药。

（变种）中华三叶委陵菜

var. *sinica* Migo

本变种茎和叶柄被开展较密柔毛。小叶片菱状卵形或宽卵形，边缘具圆钝齿，两面被开展或微开展柔毛，柔毛沿叶脉较密；花茎或匍茎上托叶卵圆形，全缘，稀顶端 2 裂。花果期 4—5 月。

产于南京及周边各地，常见，生于山坡、路旁、水沟边或草丛中。

16. 地榆属（*Sanguisorba*）分种检索表

1. 萼片紫红色；花丝丝状 ·· **1. 地榆** *S. officinalis*

1. 萼片白色或粉红色；花丝扁平 ··· **2. 宽蕊地榆** *S. applanata*

1. 地榆

Sanguisorba officinalis L.

多年生草本。高 1~2 m。茎无毛。基生叶具小叶 2~9 对，小叶片长圆状卵形或卵形，顶端常圆钝，基部微心形或心形，边缘有圆钝齿；茎生叶较少。穗状花序卵圆形或圆柱形，直立，长 1~4 cm；萼片紫红色，宽卵形或椭圆形。瘦果包藏于宿存花托杯内，具 4 棱。花果期 7—10 月。

产于南京及周边各地，常见，生于山坡、路边草丛、田边、灌丛或疏林下。

根可入药。

（变种）**长叶地榆**

var. *longifolia* (Bertol.) T. T. Yu & C. L. Li

本变种基生叶小叶带状长圆形至带状披针形，基部微心形、圆形至宽楔形。花穗长圆柱形，长 2~6 cm，雄蕊与萼片近等长。花果期 8—11 月。

产于南京及周边各地，偶见，生于路边、林下。

2. 宽蕊地榆

***Sanguisorba applanata* T. T. Yu & C. L. Li**

多年生草本。高 75~120 cm。茎几无毛。下部叶为羽状复叶，具小叶 3~5 对；小叶片卵形、椭圆形或长圆形，长 1.5~5.0 cm，宽 1~4 cm，顶端圆钝；托叶半圆形。萼片粉红色或白色，椭圆形；雄蕊 4，扁平。花果期 7—10 月。

产于南京，稀见，生于疏林下或山路边。

17. 李属（*Prunus*）分种检索表

1. 花单生，或 2~4 朵簇生；果侧面具纵沟纹。
  2. 叶芽 3 枚并生，幼叶对折，果核具明显横向沟纹与空穴 ·························· **1. 桃** *P. persica*
  2. 叶芽单生，幼叶席卷状 ··· **2. 李** *P. salicina*
1. 花组成伞形、伞房花序，稀单生。
  3. 腋芽单生。
    4. 萼片反折，短于被丝托 ·· **3. 迎春樱桃** *P. discoidea*
    4. 萼片近平展，与被丝托近等长 ·· **4. 大叶早樱** *P. itosakura*
  3. 腋芽 3 枚并生，中间为花芽，两侧为叶芽。
    5. 萼片直立或开展；叶柄长 2 mm，叶背密生柔毛 ······················ **5. 麦李** *P. glandulosa*
    5. 萼片开展或直立；叶柄长 5~10 mm，叶片两面无毛 ·················· **6. 毛樱桃** *P. tomentosa*

【本图志按照《中国植物物种名录 2022 版》，使用广义李属的概念。南京及周边的类群包含新版《江苏植物志》的李属 *Prunus*、桃属 *Amygdalus*、樱属 *Cerasus*】

1. 桃

Prunus persica (L.) Batsch

乔木。高 3~8 m。叶片长圆状披针形、椭圆状披针形或倒卵状披针形，具 1 至数枚腺体。花单生，先花后叶，直径 2.5~3.5 cm；花梗极短或几无梗；花瓣长圆状椭圆形至宽倒卵形，多粉红色，稀白色。果实形状和大小不一。花期 3—4 月，果期 8—9 月。

产于南京及周边各地，常见，生于路边、林下。栽培或野生。

果实可食用。可栽培供观赏。

2. 李 嘉应子

Prunus salicina Lindl.

乔木。高可达 12 m。叶片倒卵形或长圆状披针形,仅叶背脉间簇生柔毛。花 2~4 朵,常 3 朵簇生,先叶开放;花柄长 1.0~1.5 cm;被丝托钟状;萼片长圆状卵形,无毛;花瓣白色。核果卵球状,果柄着生处的果体基部内陷,下部有沟,果核有皱纹。花期 3—4 月,果期 7—8 月。

产于南京及周边各地,偶见,生于路边、林下。栽培或野生。

果实可食用,果实、根、根皮、叶、树胶、种子和花均可入药。亦可做庭园绿化树种。

3. 迎春樱桃

Prunus discoidea (T. T. Yu & C. L. Li) Z. Wei & Y. B. Chang

乔木。高可达 10 m。叶片、苞片和托叶等的边缘或锯齿顶端均有小盘状腺体。叶片长椭圆形,顶端尾尖或骤尖。伞形花序具花 2 朵,少 1 朵或 3 朵,先叶开放;被丝托钟状管形,外面被疏柔毛;萼片长圆形,反折,短于被丝托;花瓣淡粉红色或粉红色。核果红色,直径约 1 cm。花期 3 月,果期 5 月。

产于南京城区、江宁等地,偶见,生于山谷林中。

可栽培供观赏。

4. 大叶早樱　野生早樱

Prunus itosakura Siebold

落叶乔木。高可达 10 m。叶片卵形至卵状长圆形,边缘具细锐齿或重锯齿;托叶褐色,比叶柄短,边缘具疏腺齿。花叶同放,伞形花序具花 2~3 朵;被丝托管状,微呈壶形,颈部稍缢缩,外面伏生白色疏柔毛;萼片长宽卵形,与被丝托近等长;花瓣淡红色。核果黑色,卵球形。花期 4 月,果期 5—6 月。

产于句容,偶见,生于山谷林中或溪沟边。

5. 麦李

Prunus glandulosa Thunb.

灌木或小乔木。高可达 2 m。叶片长椭圆形、卵状长椭圆形至长椭圆状披针形，顶端多急尖，基部阔楔形。花腋生，1~2 朵，与叶同放或稍先于叶；花瓣白色或粉红色，倒卵形，直径约 1.5 cm；雄蕊 30；雄蕊稍短于花柱。核果近球状，红色或紫红色，直径 1.0~1.3 cm。花期 3—4 月，果期 5—6 月。

产于南京及周边各地，常见，生于山坡或灌丛中。

种仁入药。观赏树种。

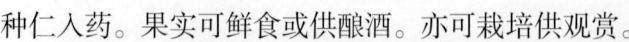

6. 毛樱桃

Prunus tomentosa Thunb.

灌木或小乔木。高可达 3 m。嫩枝有柔毛。叶片椭圆形、倒卵形或卵形，边缘有重锐齿或单锯齿。1~2 朵花，与叶同放或先叶开放；萼片开展或直立，三角状卵形；花瓣白色或微带红色，倒卵形；雄蕊比花瓣短。核果深红色，近球状，直径 1.0~1.2 cm。花期 3—5 月，果期 5—9 月。

产于南京、句容等地，常见，生于向阳山坡、路边或丛林中。

种仁入药。果实可鲜食或供酿酒。亦可栽培供观赏。

常绿或落叶直立灌木或攀缘状藤本。全株被银白色或褐色鳞片，枝有刺或无刺。单叶，互生；叶片全缘，羽状脉；无托叶。花两性或单性，整齐，无花瓣，单朵或数朵组成腋生的伞形花序或短总状花序；花萼管状，4 裂；雄蕊与萼片同数；子房上位，1 室；花柱单一；柱头不分裂；花盘不明显。瘦果或浆果，为增厚肉质的萼筒所包围，呈核果状。

共 3 属 90 种，分布于欧亚大陆至东南亚地区及北美洲。我国产 2 属约 74 种。南京及周边分布有 1 属 6 种。

胡颓子科
ELAEAGNACEAE

胡颓子属（*Elaeagnus*）分种检索表

1. 常绿灌木；叶片革质。
  2. 叶片宽椭圆形或倒卵状椭圆形；叶背侧脉明显凸起，顶端骤渐尖·················· **1. 宜昌胡颓子** *E. henryi*
  2. 叶片椭圆形；叶背侧脉不明显，顶端短尖或圆钝················· **2. 胡颓子** *E. pungens*
1. 落叶或半常绿灌木；叶片纸质。
  3. 落叶灌木；花期春夏季，果期当年夏秋。
    4. 果实椭圆形或长椭圆形，花单生；果柄长 15 mm 以上。
      5. 叶片、叶柄及花萼具星状柔毛 ················· **3. 毛木半夏** *E. courtoisii*
      5. 叶片、叶柄及花萼无毛 ················· **4. 木半夏** *E. multiflora*
    4. 果实卵圆形或近球形，花簇生；果柄近直立，短于 10 mm ················· **5. 牛奶子** *E. umbellata*
  3. 落叶或半常绿灌木；花期秋季，果期翌年春季················· **6. 佘山羊奶子** *E. argyi*

1. 宜昌胡颓子

Elaeagnus henryi Warb. ex Diels

常绿直立灌木。高可达 5 m。枝具棘刺。叶片革质，宽椭圆形或倒卵状椭圆形，先端骤尖，叶面深绿色，叶背密被银白色和少数褐色鳞片。花单生或数朵组成总状花序着生于短枝上；花淡白色，密被鳞片，长 6~8 mm。果实长圆球状，长约 1.8 cm，熟时红色。花期 10—11 月，果期翌年 4 月。

产于句容，偶见，生于疏林下。

根、茎、叶入药。

2. 胡颓子

Elaeagnus pungens Thunb.

常绿直立灌木。高可达 4 m。枝常具棘刺。叶片革质,椭圆形或宽椭圆形,先端短尖或圆钝,叶面深绿色,叶背被银白色和散生褐色鳞片。花 1~3 朵生于叶腋的短枝上;花白色或淡白色,密被鳞片。果实椭圆形,长达 1.4 cm,幼时被褐色鳞片,成熟时红色。花期 9—12 月,果期翌年 4—6 月。

产于南京及周边各地,常见,生于山坡、路旁或林缘。

常栽培供观赏。

3. 毛木半夏

Elaeagnus courtoisii Belval

落叶灌木。高可达 3 m。枝无刺,幼枝密被黄色星状柔毛。叶纸质,倒披针形或倒卵形,先端急尖或钝圆,叶面幼时被星状柔毛,叶背被星状柔毛及白色鳞片。花黄白色,单生于新枝基部叶腋。果实椭圆形或长圆形,成熟时红色,密被锈色或银白色鳞片和星状柔毛;果柄直伸,长 30~40 mm。花期 4 月,果期 8—9 月。

产于南京及周边各地,常见,生于疏林下。

新版《江苏植物志》并未收录本种。调查整理工作中发现,木半夏 *E. multiflora* Thunb. 的部分标本及照片,形态特征上应该是本种的误定。南京及周边可能 2 种都有分布。

4. 木半夏

Elaeagnus multiflora Thunb.

落叶灌木。高可达 3 m。通常无刺，小枝密被锈褐色鳞片。叶片纸质，椭圆形或卵形，叶背密被银白色鳞片并散生褐色鳞片，侧脉两面均不甚明显。花白色，单生于新枝基部叶腋；花萼筒圆筒形，在子房上端收缩。果实长椭圆形，密被锈色鳞片；果梗花后伸长且下垂，长 15~40 mm。花期 4—5 月，果期 6—7 月。

产于南京及周边各地，常见，生于山坡、沟谷阔叶林下及灌丛中。

果可鲜食、制糖、制酒，也可入药。

5. 牛奶子

Elaeagnus umbellata Thunb.

落叶灌木。高可达 4 m。枝常具棘刺。叶片纸质，卵状椭圆形、椭圆形或倒卵状披针形，叶面幼时被白色星状短柔毛或鳞片，叶背密被银白色和少数褐色鳞片。花单生或簇生于新枝基部；花淡黄白色，密被银白色鳞片。果实近球形或卵圆球状，成熟时红色；果柄直立，长达 10 mm。花期 4—5 月，果期 7—8 月。

产于南京及周边各地，常见，生于向阳山坡、疏林下、灌丛、荒坡或沟谷。

根和叶入药。

6. 佘山羊奶子 佘山胡颓子

Elaeagnus argyi H. Lév.

落叶或半常绿灌木。高可达 3 m。枝常具棘刺。叶片纸质，大小不等，发于春秋两季，春季叶片较小，秋季叶片较大，叶面幼时被银白色鳞片。花常数朵簇生于新枝基部组成伞形总状花序；花棕红色或淡黄色。果实长圆形或倒卵状矩圆形，成熟时红色；果柄长约 10 mm。花期10 月，果期翌年 4~5 月。

产于南京城区、浦口、句容，偶见，生于山坡、路旁或林缘。

果实可食。

乔木、灌木或藤状灌木。枝有刺或无刺。单叶,互生、对生或近对生;叶片全缘或具锯齿,羽状脉或基出脉;托叶小,早落或宿存,有时成刺状。花两性或单性,稀杂性,雌雄异株,常组成聚伞、聚伞总状或穗状圆锥花序,有时单生或簇生;花小,整齐,常5基数,稀4基数;花萼钟状或筒状;花瓣较小,基部常具爪,着生于萼筒上,稀无花瓣;雄蕊与花瓣对生;花盘杯状或盘状;子房上位或下位,每室具1胚珠。核果、浆果状核果、蒴果或坚果,萼筒宿存。种子具沟或无沟,或基部具孔状开口。

共67属约925种,广布于全球各地。我国产16属约161种。南京及周边分布有8属12种2变种。

鼠李科
RHAMNACEAE

鼠李科分属检索表

1. 乔木、灌木或攀缘灌木;叶边缘具锯齿。
 2. 核果,浆果状,具2~4分核。
  3. 小枝常具托叶刺;叶片具羽状脉;花序轴不膨大。
   4. 灌木或小乔木;花单生或数朵簇生,聚伞花序或总状花序。
    5. 芽具数个鳞片,花多4基数 ······ **1. 鼠李属 Rhamnus**
    5. 顶芽裸露,无鳞片,花5基数 ······ **2. 裸芽鼠李属 Frangula**
   4. 藤状灌木;花10朵以上,呈穗状或穗状圆锥花序 ······ **3. 雀梅藤属 Sageretia**
  3. 小枝无托叶刺;叶片具基出3条脉;花序轴结果时膨大扭曲 ······ **4. 枳椇属 Hovenia**
 2. 核果,无分核。
  6. 小枝无托叶刺;叶具羽状脉 ······ **5. 猫乳属 Rhamnella**
  6. 小枝有托叶刺;叶具基出脉。
   7. 核果肉质,无翅 ······ **6. 枣属 Ziziphus**
   7. 核果木质,具翅 ······ **7. 马甲子属 Paliurus**
1. 藤状或攀缘灌木;叶全缘 ······ **8. 勾儿茶属 Berchemia**

1. 鼠李属(*Rhamnus*)分种检索表

1. 小枝对生或近对生。
 2. 小枝、花柄及花萼均被毛 ······ **1. 圆叶鼠李 R. globosa**
 2. 小枝、花柄及花萼均无毛。
  3. 叶片狭椭圆形、倒卵状椭圆形或长圆形,叶柄无毛 ······ **2. 冻绿 R. utilis**
  3. 叶片倒卵状椭圆形至倒卵形,叶柄被毛 ······ **3. 薄叶鼠李 R. leptophylla**
1. 小枝互生 ······ **4. 皱叶鼠李 R. rugulosa**

1. 圆叶鼠李

Rhamnus globosa Bunge

落叶灌木。高可达 2 m。芽具鳞片。小枝对生或近对生，幼时密被短柔毛，枝顶端和分叉处具针刺。叶在长枝上对生或近对生，在短枝上簇生；叶片纸质，倒卵状圆形、卵圆形或近圆形。花 3~20 朵簇生于短枝或枝下部叶腋；花 4 数。核果近圆球形，成熟时黑色。花期 4—5 月，果期 9—10 月。

产于南京及周边各地，常见，生于山坡杂木林或灌丛中。

茎、叶或根皮均可入药。

2. 冻绿

Rhamnus utilis Decne.

落叶灌木或小乔木。高 2~4 m。芽具鳞片。小枝对生或近对生，无毛，顶端常有针刺。叶片狭椭圆形、倒卵状椭圆形或长圆形；叶柄无毛。花数朵聚生于小枝下部或簇生叶腋；花 4 数；花柄和花萼均无毛。核果圆球状，熟时黑色。花期 4—5 月，果期 8—10 月。

产于南京、句容等地，偶见，生于山地灌木丛中。

3. 薄叶鼠李

Rhamnus leptophylla C. K. Schneid.

灌木或小乔木。高可达 5 m。芽具鳞片。小枝对生或近对生,无毛,枝顶端常具针刺。叶在长枝上对生或近对生,在短枝上簇生;叶片倒卵状椭圆形至倒卵形;叶柄被短柔毛。雌雄异株;花数朵簇生于短枝端或长枝下部叶腋;花 4 数;花柄和花萼均无毛。核果球形,成熟时黑色。花期 3—5 月,果期 5—10 月。

产于南京,偶见,生于阴湿坡林下。

根、果及叶均可入药。

4. 皱叶鼠李

Rhamnus rugulosa Hemsl.

灌木。高 1 m 以上。老枝深红色或紫黑色,互生,枝端有针刺。叶厚纸质,通常互生,或数枚在短枝端簇生,倒卵状椭圆形、倒卵形或卵状椭圆形,稀卵形或宽椭圆形,长 3~10 cm。花单性;雌雄异株;黄绿色。种子矩圆状倒卵圆形,褐色。花期 4—5 月,果期 6—9 月。

产于浦口、句容等地,偶见,生于山坡灌丛中。

2. 裸芽鼠李属（*Frangula*）

1. 长叶冻绿

Frangula crenata (Siebold & Zucc.) Miq.

灌木或小乔木。高 2~7 m。芽裸露,密被锈色柔毛。枝无刺。叶互生;叶片长圆形、椭圆形、倒卵状圆形或倒卵状椭圆形;叶柄密被柔毛。聚伞花序腋生;花 5 数。核果倒卵状圆球形或圆球形,成熟时黑色、红色或紫黑色。花期 5—6 月,果期 9—10 月。

产于南京城区、浦口、句容,常见,生于山地林中或灌丛。

3. 雀梅藤属（*Sageretia*）

1. 雀梅藤　对节刺

Sageretia thea (Osbeck) M. C. Johnst.

直立或攀缘灌木。小枝对生或近对生,有刺。叶近对生或互生;叶片椭圆形或卵状椭圆形,叶背无毛或沿脉被柔毛。穗状花序或圆锥状穗状花序,疏散,顶生或腋生;花序轴密被短柔毛;花无柄。核果近圆球状,熟时紫黑色或黑色。花期 7—10 月,果期翌年 4—5 月。

产于南京及周边各地,常见,生于山坡、路旁和林缘。

叶可代茶,也可入药。常做盆景材料。

（变种）**毛叶雀梅藤**

var. *tomentosa* (C. K.Schneid.) Y. L. Chen & P. K. Chou

　　本变种的叶片卵形、矩圆形或卵状椭圆形，叶背幼时被柔毛，后渐脱落。

　　产于南京及周边各地，偶见，生于山坡、路旁或灌丛中。

4. 枳椇属（*Hovenia*）

1. 枳椇　南枳椇　拐枣

Hovenia acerba Lindl.

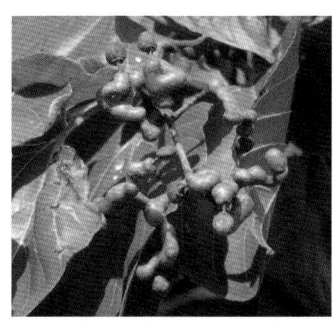

　　落叶乔木。高可达 25 m。嫩枝、幼叶及叶柄初时被棕色柔毛，后渐脱落。叶片椭圆状卵圆形、宽卵圆形或心形，具基出 3 条脉。花排成对称的二歧式聚伞圆锥花序；花瓣黄绿色，椭圆状匙形，基部具短爪。浆果状核果近圆球状；果序轴明显膨大，扭曲，肉质。花期 5—7 月，果期 8—10 月。

　　产于南京及周边各地，常见，生于山坡林缘或疏林中，庭院宅旁常有栽培。

　　膨大果序轴可食用，民间常用果序轴浸制"拐枣酒"。

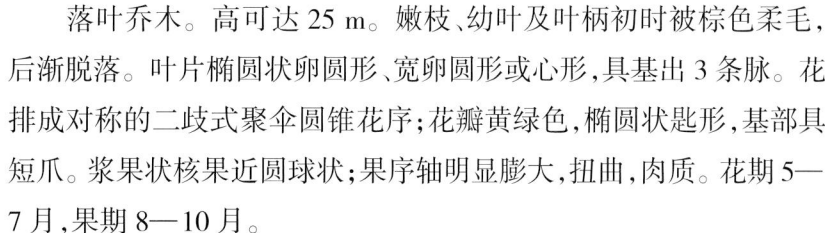
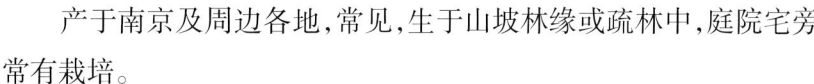
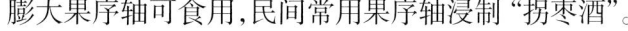

5. 猫乳属（*Rhamnella*）

1. 猫乳

Rhamnella franguloides (Maxim.) Weberb.

　　落叶灌木或小乔木。高 2~9 m。叶片倒卵状长圆形、倒卵状椭圆形或长椭圆形；叶柄密被柔毛。聚伞花序，腋生；花序梗短或近无梗；花瓣黄绿色，宽倒卵圆形，顶端微凹。核果椭圆柱状，成熟时橙红色或红色。花期 5—7 月，果期 7—10 月。

　　产于南京及周边各地，偶见，生于路旁、山坡或灌木林中。

　　成熟果实或根可入药。

6. 枣属（*Ziziphus*）

1. 酸枣

Ziziphus jujuba var. *spinosa* (Bunge) Hu ex H. F. Chow

　　落叶灌木。高 1.5~2.5 m。枝有长枝、短枝及无芽小枝，具 2 个托叶刺。叶片椭圆形至卵状披针形，长 1.5~3.5 cm，宽 0.6~1.2 cm，先端钝或圆，叶面无毛，叶背无毛或沿脉被疏微毛，具短柄。花瓣黄绿色，基部有爪。核果近圆球形或长圆球形，具薄的中果皮，味酸，果核两端钝。

　　产于南京及周边各地，常见，生于路边、山顶、灌丛。

　　种子入药，称"酸枣仁"。

7. 马甲子属（*Paliurus*）分种检索表

1. 花序被毛；核果杯状，小，周围具栓质厚窄翅 ·············· **1. 马甲子** *P. ramosissimus*
1. 花序无毛；核果草帽状，大，周围具革质宽翅 ·············· **2. 铜钱树** *P. hemsleyanus*

1. 马甲子

Paliurus ramosissimus (Lour.) Poir.

落叶灌木。高 2~6 m。幼枝密被短柔毛。叶片宽卵圆形、卵状椭圆形或近圆形；叶柄基部具 2 个托叶针刺。聚伞花序腋生，被黄色柔毛；花瓣黄绿色。核果杯状，周围具栓质厚窄翅。花期 5—8 月，果期 9—10 月。

产于南京及周边各地，偶见，生于山地林中。

根、枝、叶、花及果均可入药。种子榨油，供制烛。

2. 铜钱树

Paliurus hemsleyanus Rehder

落叶乔木或小乔木,稀灌木。高可达 15 m。叶片宽椭圆形、卵状椭圆形。聚伞花序或聚伞圆锥花序,顶生或兼有腋生,无毛;花瓣黄绿色。核果草帽状,周围具革质宽翅,成熟时红褐色或紫红色。花期 5 月,果期 9—10 月。

产于南京、句容等地,常见,生于山坡、路边或疏林中。

8. 勾儿茶属（*Berchemia*）分种检索表

1. 多花勾儿茶

Berchemia floribunda (Wall.) Brongn.

落叶藤状或直立灌木。枝长达 7 m。小枝上部叶片卵状椭圆形、卵圆形或卵状披针形，全缘；小枝下部叶片较大，椭圆形，长达 11 cm。聚伞圆锥花序，顶生，有分枝；花瓣倒卵圆形。核果椭圆柱状。花期 7 月，果期翌年 6—7 月。

产于南京城区、江宁、句容等地，常见，生于山谷、山坡林下或灌丛中。

茎、叶或根入药。

2. 牯岭勾儿茶

Berchemia kulingensis C. K. Schneid.

落叶藤状或攀缘灌木。枝长达 3 m。叶片卵状长圆形或卵状椭圆形，全缘。聚伞总状花序，顶生，常无分枝，稀窄聚伞圆锥花序；花瓣绿色，倒卵圆形。核果椭圆柱状，成熟时红色至黑紫色。花期 6 月，果期翌年 5—6 月。

产于南京、丹徒等地，偶见，生于山谷灌丛、林缘或疏林中。

根或藤入药。

榆科
ULMACEAE

【APG Ⅳ 系统的榆科，不包括划入大麻科的朴属等数个传统划入榆科的属】

乔木或灌木。单叶，互生，基部对称或偏斜，叶脉羽状；托叶早落。单被花，两性或单性，雌雄异株或同株；花被裂片 4~8；雄蕊与花被片同数而对生；子房上位，常 1 室，胚珠倒生。果实常为翅果，稀为核果或具带翅的坚果。

共 7 属约 60 种，分布于美洲、欧亚大陆、热带非洲。我国产 3 属约 28 种。南京及周边分布有 3 属 7 种。

榆科分种检索表

1. 枝具棘刺···**1. 刺榆** *Hemiptelea davidii*
1. 枝无棘刺。
  2. 翅果。
    3. 花果期在春季。
      4. 果核位于翅果中部或近中部···**2. 榆树** *Ulmus pumila*
      4. 果核位于翅果上部或近凹缺处。
        5. 叶片长椭圆形或卵状椭圆形，两面均密被毛；果核位于翅果顶端凹缺处 ···**3. 琅琊榆** *Ulmus chenmoui*
        5. 叶片椭圆形或倒卵状椭圆形，两面仅幼时被毛，后渐脱落无毛；果核位于翅果中部或近中部偏上处
        ···**4. 红果榆** *Ulmus szechuanica*
    3. 花果期在秋季···**5. 榔榆** *Ulmus parvifolia*
  2. 核果。
    6. 小枝灰褐色，密被柔毛；叶片背面密被柔毛·····················**6. 大叶榉树** *Zelkova schneideriana*
    6. 小枝紫褐色，无毛或疏被短柔毛；叶片两面无毛，或背面沿脉疏被柔毛 ······**7. 榉树** *Zelkova serrata*

刺榆属（*Hemiptelea*）

1. 刺榆

Hemiptelea davidii (Hance) Planch.

落叶乔木。高可达 18 m。常呈灌木状。小枝有坚硬棘刺。叶片椭圆形，顶端圆钝或急尖，基部圆形或浅心形，边缘有整齐粗锯齿，侧脉近平行。花 1~4 朵生于小枝的苞腋和下部的叶腋。小坚果黄绿色，翅顶端渐缩成喙状，喙常分叉。花期 4—5 月，果期 9—10 月。

产于南京、句容、盱眙等地，常见，生于山坡、路旁或栽培于村落周边。

榆属（*Ulmus*）

2. 榆树

Ulmus pumila L.

落叶乔木。高可达 25 m。叶片椭圆形或椭圆状披针形，叶缘有单锯齿。花数朵簇生组成聚伞花序；花被钟形，4~5 裂。翅果近圆形或宽倒卵形，顶端凹缺，果核位于翅果中部或近中部，极少接近凹缺处。花期 3 月上旬，果期 4 月上旬。

产于南京及周边各地，常见，生于山坡丘陵，常见于村落房屋前后。

果、树皮和叶入药。嫩果和幼叶可食用或做饲料。

3. 琅琊榆

Ulmus chenmoui W. C. Cheng

落叶乔木。高可达 20 m。叶片长椭圆形或卵状椭圆形，顶端短尾尖或尾尖，基部楔形、圆形或近心形，叶缘有重锯齿，叶面密被硬毛，叶背密被柔毛。花于早春先叶开放，簇生于二年生枝上。翅果窄倒卵形、椭圆形或近梨形，果核位于翅果顶端凹缺处。花期 3—4 月，果期 4 月下旬。

产于句容，偶见，生于石灰岩山区。

4. 红果榆

Ulmus szechuanica W. P. Fang

落叶乔木。高可达 25 m。小枝有时具不规则木栓翅。叶片椭圆形或倒卵状椭圆形，先端骤尖或渐尖，基部偏斜，叶缘有重锯齿。花于早春先叶开放，簇生于二年生枝上。翅果近圆形或倒卵状圆形，果核位于翅果中部或近中部偏上处。花期 2—4 月，果期 4 月。

产于南京、句容等地，偶见，生于平原和低山林中。

朱仁斌　供图

5. 榔榆

Ulmus parvifolia Jacq.

乔木。高可达 25 m。树皮呈鳞片状剥落。叶片披针状卵形，稀卵形或倒卵形，先端短尖或钝，基部偏斜。花秋季开放；花数朵簇生于当年生枝叶腋。翅果椭圆形或卵状椭圆形，顶端深凹，果核位于翅果中上部。花果期 8—10 月。

产于南京及周边各地，常见，生于平原、山丘、山坡。耐旱喜光，适应性广。

根、皮及嫩叶入药。叶可制土农药。绿化树种。

榉属（*Zelkova*）

6. 大叶榉树

Zelkova schneideriana Hand.-Mazz.

乔木。高可达35 m。小枝灰褐色。叶片卵形至椭圆状卵形，先端渐尖，基部稍偏斜，边缘有锯齿，叶面粗糙，叶背密被柔毛。雄花数朵簇生于新枝下部叶腋；雌花单生或数朵簇生于新枝上部叶腋。核果斜卵状圆锥形，被柔毛。花期4月，果期9—11月。

产于南京及周边各地，偶见，生于山坡土层较肥厚的林中。野生或栽培。

为优良的园林观赏树种。国家二级重点保护野生植物。

7. 榉树

Zelkova serrata (Thunb.) Makino

乔木。高可达30 m。小枝紫褐色。叶片长卵形、椭圆状披针形或狭卵形，顶端渐尖或尾尖，基部稍偏斜，边缘有锯齿，齿端具短尖头。雄花数朵簇生于新枝下部叶腋；雌花单朵或数朵簇生于新枝上部叶腋。核果斜卵状圆锥形，被柔毛。花期4月，果期9—10月。

产于南京、句容等地，偶见，生于林中。栽培或野生。

树皮和叶入药。优良绿化树种。

大麻科
CANNABACEAE

【APG Ⅳ 系统的大麻科，从传统定义的桑科中独立，且并入了传统划入榆科的朴属、糙叶树属、青檀属等】

乔木或灌木，稀为草本或草质藤本。单叶，互生或对生，基部对称或偏斜，叶脉羽状、基出脉3条或掌状分裂；托叶早落，稀成托叶环。单被花，两性或单性，雌雄同株或异株；花瓣裂片4~8，稀无花被；雄蕊与花被裂片同数而对生；子房上位，常1室，胚珠1，倒生，花柱2。果实为核果，稀为瘦果或具带翅的坚果。

共9属约140种，广布于全球热带和温带地区。我国产7属约27种。南京及周边分布有4属7种。

大麻科分种检索表

1. 乔木。
　2. 核果，无翅。
　　3. 叶片侧脉直达叶缘···**1. 糙叶树** *Aphananthe aspera*
　　3. 叶片侧脉不达叶缘。
　　　4. 叶片顶端渐尖或尾尖。
　　　　5. 叶柄远短于果柄。
　　　　　6. 果常2个并生叶腋，成熟时黄色或橘红色 ··················**2. 紫弹树** *Celtis biondii*
　　　　　6. 果常单个生叶腋，成熟时蓝黑色或黑色 ··················**3. 黑弹树** *Celtis bungeana*
　　　　5. 叶柄与果柄长短近相等······································**4. 朴树** *Celtis sinensis*
　　　4. 叶片顶端平截，具长尾尖 ······································**5. 大叶朴** *Celtis koraiensis*
　2. 坚果，具翅 ··**6. 青檀** *Pteroceltis tatarinowii*
1. 缠绕草质藤本 ··**7. 葎草** *Humulus scandens*

糙叶树属（*Aphananthe*）

1. 糙叶树

Aphananthe aspera (Thunb.) Planch.

落叶乔木。高可达25 m。叶片卵形至狭卵形，具三出脉，侧脉6~10对，直达叶缘，两面均有糙伏毛。雄花组成聚伞状伞房花序；雌花单生于新枝顶端或上部叶腋；花被片条状披针形。核果近球形、椭圆形或卵球形，熟时紫黑色，长约8 mm。花期3—5月，果期10月。

产于南京及周边各地，常见，生于山坡林中、溪沟边。

叶可做土农药，治棉蚜。

朴属（*Celtis*）

2. 紫弹树

Celtis biondii Pamp.

　　落叶乔木。高可达 18 m。叶片宽卵形、卵形或卵状椭圆形,顶端渐尖或尾尖,基部稍偏斜,中上部边缘有浅齿;叶柄长 3~8 mm。果序通常有 2 果,腋生;总序梗极短;核果近球形,成熟时黄色或橘红色,常 2 个并生叶腋,稀 3 个生叶腋;果柄长 9~18 mm。花期 4—5 月,果期 8—10 月。

　　产于南京、句容等地,常见,生于山地灌丛林中或石灰岩地区。

　　果实榨油,可制肥皂和润滑油。

3. 黑弹树

Celtis bungeana Blume

　　落叶乔木。高可达 10 m。叶片长卵形、长圆形、卵形或卵状椭圆形,顶端渐尖,基部阔楔形或近圆形,有时稍偏斜,边缘中部以上疏生浅齿或全缘;叶柄长 5~10 mm。核果球形或卵球形,成熟时蓝黑色或黑色,常单生叶腋,稀 2 个生叶腋;果柄长 1.0~2.8 cm。花期 4—5 月,果期 10 月。

　　产于南京及周边各地,偶见,生于平原或向阳山地。

　　茎干入药。可做绿化树栽培。

4. 朴树

Celtis sinensis Pers.

落叶乔木。高可达 20 m。当年生小枝密被柔毛。叶片阔卵形或卵状椭圆形，近全缘或中部以上有圆齿，基出脉 3 条；叶柄长 3~10 mm。雄花簇生于当年生枝下部叶腋；雌花单生于枝上部叶腋，稀 1~3 朵聚生。核果近球形，成熟时黄色或橙黄色；果柄与叶柄近等长。花期 4—5 月，果期 10 月。

产于南京及周边各地，极常见，生于平原、山坡。

根皮入药。可做行道树。

5. 大叶朴

Celtis koraiensis Nakai

落叶乔木。高可达 15 m。小枝无毛。叶片倒卵形、阔倒卵形或卵形，顶端平截，具长尾尖，基部宽楔形、近圆形或微心形，边缘有粗锯齿；叶柄长 5~15 mm。核果椭圆状球形或近球形，成熟时橙黄色或深褐色，单生叶腋；果柄较叶柄长。花期 4 月，果期 8—9 月。

产于盱眙，偶见，生于山坡、溪谷及林中。

果实榨油，可制肥皂和润滑油。

青檀属（*Pteroceltis*）

6. 青檀

Pteroceltis tatarinowii Maxim.

　　落叶乔木。高 20 m 以上。树皮不规则长片状脱落。叶片卵形或椭圆形,顶端渐尖,基部宽楔形或圆形,稍不对称,边缘有锐齿。坚果近方形或近圆形,周围有薄翅;果柄长 1~2 cm,被短柔毛。花期 3—5 月,果期 8—10 月。

　　产于南京及周边各地,偶见,生于石灰岩山地和沟滩、溪旁。

　　皮可造纸。亦可做绿化树种栽培。

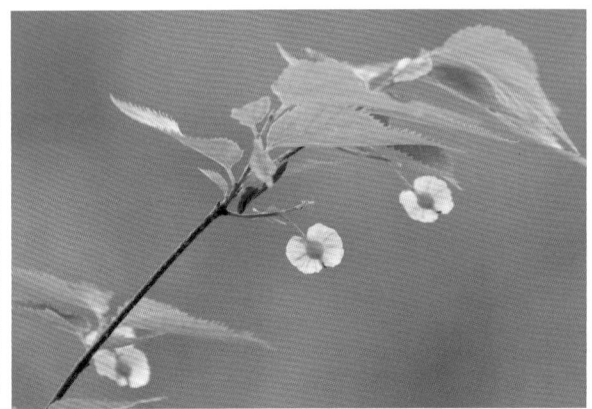

葎草属（*Humulus*）

7. 葎草　拉拉藤

Humulus scandens (Lour.) Merr.

　　多年生草质缠绕藤本。茎和叶柄均具倒生刺毛。叶片肾状五角形,掌状深裂,裂片 5~7,稀 3 裂,边缘有粗锯齿,两面均有粗糙刺毛。雌雄异株;花序腋生或顶生;雄花序圆锥状;雌花集成短穗状花序。瘦果淡黄色,扁圆形;苞片大,卵形,宿存。花期 5—8 月,果期 8—10 月。

　　产于南京及周边各地,极常见,生于废墟、林缘、沟边、路旁或荒地。

　　全草入药。

桑科
MORACEAE

乔木或灌木，藤本，稀为草本。通常具乳液，有刺或无刺。叶互生，稀对生，全缘或具锯齿，分裂或不分裂，叶脉掌状或为羽状。花小，单性；雌雄同株或异株；无花瓣；花序腋生，总状、圆锥状、头状、穗状或壶状，稀为聚伞状。雄花花被片 2~4；雌花花被片 4，稀更多或更少，宿存；子房 1。果为瘦果或核果，围以肉质变厚的花被，或藏于其内形成聚花果，或隐藏于壶形花序托内壁，形成隐花果，或陷入发达的花序轴内，形成大型的聚花果。

共 51 属 1 100~1 200 种，分布于全球热带及温带地区。我国产 12 属 152 种。南京及周边分布有 5 属 9 种 1 变种。

桑科分种检索表

1. 木本植物。
  2. 落叶灌木或乔木。
    3. 叶片全缘或 3 裂，枝有长刺，雌雄花序均为头状花序·····················**1. 柘** *Maclura tricuspidata*
    3. 叶片有锯齿或不同程度分裂；枝无刺；雄花序为柔荑花序。
      4. 聚花果圆筒形；苞片卵形，花被不显著。
        5. 雌花具明显的花柱。
          6. 叶片边缘有粗齿，齿端具刺芒 ························**2. 蒙桑** *Morus mongolica*
          6. 叶缘具缺刻状深裂，粗齿，齿端无刺芒························**3. 鸡桑** *Morus australis*
        5. 雌花花柱不明显或无。
          7. 叶面无毛，叶背脉腋有簇毛 ····························**4. 桑** *Morus alba*
          7. 叶面有伏生刚毛，叶背密生白色柔毛 ···············**5. 华桑** *Morus cathayana*
      4. 聚花果球形；苞片棍棒状，宿存，花被筒状。
        8. 乔木；枝粗直；叶柄 3~8 cm；果实直径 3 cm 左右 ···············**6. 构** *Broussonetia papyrifera*
        8. 灌木或蔓生灌木；枝纤细；叶柄 0.5~2.0 cm；果实直径 1 cm 左右 ········**7. 楮** *Broussonetia monoica*
  2. 常绿匍匐或攀缘藤本。
    9. 叶一型；隐花果球形或倒卵状球形，直径 4~10 mm·············**8. 爬藤榕** *Ficus sarmentosa* var. *impressa*
    9. 叶二型；隐花果，长约 5 cm，直径约 3 cm ·····················**9. 薜荔** *Ficus pumila*
1. 一年生草本；叶片薄纸质，卵形或宽卵形·····················**10. 水蛇麻** *Fatoua villosa*

橙桑属（*Maclura*）

1. 柘

Maclura tricuspidata Carrière

落叶灌木或小乔木。高可达 8 m。幼枝有硬刺。叶片卵形、倒卵形或菱状卵形，长 3~12 cm，宽 3~7 cm，基部楔形或圆形，全缘或偶 3 裂。雌雄异株；花组成球形头状花序，单生或成对腋生。聚花果近球形，直径约 2.5 cm，肉质，橙红色。花期 5—6 月，果期 9—10 月。

产于南京及周边各地，极常见，生于阳光充足的荒地、山坡林缘和路旁。

根入药，称"穿破石"。

桑属（*Morus*）

2. 蒙桑

Morus mongolica (Bureau) C. K. Schneid.

小乔木或灌木。高 3~8 m。树皮灰褐色，纵裂。叶片卵形至长椭圆状卵形，顶端渐尖、尾状渐尖或短尾尖，基部心形或平截，边缘有粗齿，齿端有刺芒尖或不明显，尖刺长约 2 mm。雄花序长约 3 cm；雌花序长 1.0~1.5 cm；柱头 2，外弯。果红色或近紫黑色。花期 4—5 月，果期 6 月。

产于南京、句容，偶见，生于向阳山坡、灌丛、疏林中。

根皮入药。果可食。

3. 鸡桑

Morus australis Poir.

灌木或小乔木。高 4~8 m。叶片卵形或宽卵形,基部截形或近心形,不分裂或 3~5 裂,叶缘具多个不规则缺刻状深裂,边缘具粗锯齿,锯齿顶端无刺芒尖。雄花序长 1.0~1.5 cm;雌花序球形,具明显花柱,密被白色长柔毛。桑葚果短椭圆形,长不及 2.5 cm,成熟时红色或暗紫色。花期 3—4 月,果期 4—5 月。

产于南京及周边各地,常见,生于荒地、石灰岩的石壁或山坡上。根或根皮入药。果实可食用。

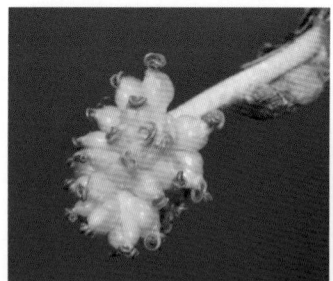

4. 桑

Morus alba L.

小乔木或灌木。高可达 15 m。树皮灰黄色或黄褐色。叶片卵形至阔卵形,顶端尖或钝,边缘有锯齿或多种分裂,叶面无毛,叶背脉腋有簇毛。花单性,异株;腋生柔荑花序;雄花序长 2.0~3.5 cm,密被白色柔毛;雌花序长 1~2 cm,花柱不明显。桑葚果成熟时紫红色或黑色。花期 4—5 月,果期 6—7 月。

产于南京及周边各地,常见,生于山林中和路旁。栽培或野生。

根、茎皮、叶和果均可入药。果实可食用。

5. 华桑

Morus cathayana Hemsl.

　　落叶乔木。高可达 8 m。叶互生,纸质,卵形或阔卵形,长 5~20 cm,顶端短尖或长渐尖,边缘有粗钝齿;叶背密被白色柔毛。花单性,雌雄同株而异枝,均为腋生穗状花序;雄花序长 3~5 cm;雌花序长 2 cm,花柱不明显。聚花果窄圆柱形,长 2~3 cm,白色、红色或黑色。花期 5 月,果期 8—9 月。

　　产于江宁、句容,偶见,生于向阳的山坡和沟旁。抗旱力较强,且能耐盐碱。

构属（*Broussonetia*）

6. 构

Broussonetia papyrifera (L.) L'Hér. ex Vent.

乔木。高可达 16 m。树皮平滑。叶片阔卵形，不分裂或 3~5 深裂，基生叶脉三出式。花雌雄异株。雄花花序为腋生下垂的柔荑花序，长 3~8 cm；雌花花序头状。聚花果球形，直径约 3 cm，成熟时橙红色，肉质。花期 4—5 月，果期 6—9 月。

产于南京及周边各地，极常见，生于荒地、田园、沟旁以及城镇边缘地带。

树皮入药，也可造纸。先锋树种。

7. 楮 小构树

Broussonetia monoica Hance

灌木。高 2~4 m。有乳汁。枝条斜上,细长。叶片卵状椭圆形或卵状披针形,顶端渐尖或尾尖。花雌雄同株。雄花花序头状球形,直径 0.8~1.0 cm;雌花花序球形,生于当年生枝上部叶腋,直径 5~6 mm。聚花果球形,直径 0.5~1.0 cm,肉质,成熟时红色。花期 3—4 月,果期 5—7 月。

产于南京、句容等地,偶见,生于山坡、灌丛或次生林、林缘及塘边。

根及叶入药。

榕属(*Ficus*)

8. 爬藤榕

Ficus sarmentosa var. *impressa* (Champ. ex Benth.) Corner

常绿攀缘或匍匐藤本。枝光滑。叶片革质,披针形或椭圆状披针形,长 3~9 cm,宽 1~3 cm,顶端渐尖,基部圆钝至楔形,叶面光滑,深绿色,叶背灰白色至浅灰褐色,网脉凸起。隐花果单生或成对腋生,或簇生于老枝上;球形或倒卵状球形,直径 4~10 mm。花期 4—5 月,果期 6—7 月。

产于南京周边,偶见,生于石灰岩陡坡、城墙或屋墙上。

根和茎入药。

9. 薜荔　鬼馒头

Ficus pumila L.

常绿攀缘或匍匐灌木。小枝有棕色柔毛。叶二型；无花序托枝上的叶片小而薄，心状卵形，基部斜；生花序托枝上的叶片较大而厚，革质，卵状椭圆形，长 3~9 cm，顶端钝。隐花果单生叶腋；雌花果近球形，长约 5 cm，直径约 3 cm，果顶端平截。花期 6 月，果期 10 月。

产于南京及周边各地，极常见，生于树干、岩石或墙壁上。根、茎、叶及果入药。果实可做凉粉。

水蛇麻属（*Fatoua*）

10. 水蛇麻

Fatoua villosa (Thunb.) Nakai

一年生直立草本。高 15~60 cm。植株被柔毛。茎纤细。叶片薄纸质，卵形或宽卵形，长 6~10 cm，宽 3~5 cm，基部宽，近圆形或浅心形。雌雄花混生，组成腋生的头状复聚伞花序；雄花花被片 4，雄蕊 4；雌花花被片 4~6，宿存。瘦果小，斜扁球形，三棱状。花期 5—8 月，果期 9—10 月。

产于南京及周边各地，常见，生于园圃、路旁和荒地上。

南京高等植物图志

下册

刘兴剑　陆耕宇　任全进　孙起梦　主编

江苏凤凰科学技术出版社 · 南京

图书在版编目（CIP）数据

南京高等植物图志：上、下册 / 刘兴剑等主编. --
南京：江苏凤凰科学技术出版社，2024.7
ISBN 978-7-5713-4090-2

Ⅰ.①南… Ⅱ.①刘… Ⅲ.①高等植物—南京—图集
Ⅳ.①Q949.4-64

中国国家版本馆CIP数据核字(2024)第028243号

南京高等植物图志（上、下册）

主　　　编	刘兴剑　陆耕宇　任全进　孙起梦
责 任 编 辑	沈燕燕
助 理 编 辑	滕如淦
责 任 校 对	仲　敏
责 任 设 计	徐　慧
责 任 监 制	刘文洋

出 版 发 行	江苏凤凰科学技术出版社
出版社地址	南京市湖南路1号A楼，邮编：210009
排　　　版	南京紫藤制版印务中心
印　　　刷	南京新世纪联盟印务有限公司

开　　　本	889 mm×1 194 mm　1/16
总 印 张	63.75
总 插 页	8
总 字 数	1 620 000
版　　　次	2024年7月第1版
印　　　次	2024年7月第1次印刷

标 准 书 号	ISBN 978-7-5713-4090-2
总 定 价	658.00元（精）

图书若有印装质量问题，可随时向我社印务部调换。

《南京高等植物图志》（上、下册）编写人员

主　编　刘兴剑　江苏省中国科学院植物研究所
　　　　陆耕宇　浙江药科职业大学
　　　　任全进　江苏省中国科学院植物研究所
　　　　孙起梦　江苏省中国科学院植物研究所

副主编　董丽娜　中山陵园管理局
　　　　杨　军　江苏省中国科学院植物研究所
　　　　武建勇　生态环境部南京环境科学研究所
　　　　张光富　南京师范大学

编　委　褚晓芳　江苏省中国科学院植物研究所
　　　　顾子霞　江苏省中国科学院植物研究所
　　　　乔娟娟　浙江药科职业大学
　　　　沈佳豪　江苏省中国科学院植物研究所
　　　　田　梅　江苏省中国科学院植物研究所
　　　　王淑安　江苏省中国科学院植物研究所
　　　　熊豫宁　江苏省中国科学院植物研究所
　　　　张芬耀　浙江省森林资源监测中心

致 读 者

社会主义的根本任务是发展生产力，而社会生产力的发展必须依靠科学技术。当今世界已进入新科技革命的时代，科学技术的进步已成为经济发展、社会进步和国家富强的决定因素，也是实现我国社会主义现代化的关键。

科技出版工作肩负着促进科技进步、推动科学技术转化为生产力的历史使命。为了更好地贯彻党中央提出的"把经济建设转到依靠科技进步和提高劳动者素质的轨道上来"的战略决策，进一步落实中共江苏省委、江苏省人民政府作出的"科教兴省"的决定，江苏凤凰科学技术出版社有限公司（原江苏科学技术出版社）于1988年倡议筹建江苏省科技著作出版基金。在江苏省人民政府、江苏省委宣传部、江苏省科学技术厅（原江苏省科学技术委员会）、江苏省新闻出版局负责同志和有关单位的大力支持下，经江苏省人民政府批准，由江苏省科学技术厅（原江苏省科学技术委员会）、凤凰出版传媒集团（原江苏省出版总社）和江苏凤凰科学技术出版社有限公司（原江苏科学技术出版社）共同筹集，于1990年正式建立了"江苏省金陵科技著作出版基金"，用于资助自然科学范围内符合条件的优秀科技著作的出版。

我们希望江苏省金陵科技著作出版基金的持续运作，能为优秀科技著作在江苏省及时出版创造条件，并通过出版工作这一平台，落实"科教兴省"战略，充分发挥科学技术作为第一生产力的作用，为全面建成更高水平的小康社会、为江苏的"两个率先"宏伟目标早日实现，促进科技出版事业的发展，促进经济社会的进步与繁荣做出贡献。建立出版基金是社会主义出版工作在改革发展中新的发展机制和新的模式，期待得到各方面的热情扶持，更希望通过多种途径不断扩大。我们也将在实践中不断总结经验，使基金工作逐步完善，让更多优秀科技著作的出版能得到基金的支持和帮助。

这批获得江苏省金陵科技著作出版基金资助的科技著作，还得到了参加项目评审工作的专家、学者的大力支持。对他们的辛勤工作，在此一并表示衷心感谢！

江苏省金陵科技著作出版基金管理委员会

目　录

　　草本、亚灌木或灌木,稀乔木或攀缘藤本。有时有刺毛。茎常富含纤维,有时肉质。叶互生或对生,单叶。花极小,单性,稀两性;花序雌雄同株或异株,由若干小的团伞花序组成,聚伞状、圆锥状、总状、伞房状、穗状、串珠式穗状、头状。雄花花被片 4~5,覆瓦状排列或镊合状排列;雄蕊与花被片同数。雌花花被片 5~9。果实为瘦果,有时为肉质核果状,常包被于宿存的花被内。

　　共 57 属约 1 300 种,广布于全球各地。我国产 27 属约 548 种。南京及周边分布有 5 属 9 种。

荨麻科
URTICACEAE

荨麻科分种检索表

1. 叶片无螫毛或刺毛。
　2. 雌蕊无花柱;柱头画笔头状;有退化雄蕊。
　　3. 直立草本,叶片长 1~9 cm ················**1. 透茎冷水花 Pilea pumila**
　　3. 纤细小草本,近匍匐,高 3~17 cm ···········**2. 小叶冷水花 Pilea microphylla**
　2. 雌蕊大部有花柱,柱头多样;无退化雄蕊。
　　4. 半灌木。高 1~2 m。
　　　5. 叶互生 ·······························**3. 苎麻 Boehmeria nivea**
　　　5. 叶对生。
　　　　6. 叶片顶端不明显 3 裂,穗状花序分枝少 ·····**4. 野线麻 Boehmeria japonica**
　　　　6. 叶片顶端明显 3 裂,穗状花序多分枝 ·····**5. 八角麻 Boehmeria platanifolia**
　　4. 多年生草本。茎匍匐、铺地或倾斜 ··········**6. 糯米团 Gonostegia hirta**
1. 叶片有螫毛。
　7. 柱头线形;叶片的钟乳体点状 ·············**7. 珠芽艾麻 Laportea bulbifera**
　7. 柱头画笔头状;叶片的钟乳体条形。
　　8. 雄花序高于叶片;茎较粗壮,直立 ·········**8. 花点草 Nanocnide japonica**
　　8. 雄花序短于或等平于叶片;茎柔软,常倾伏 ···**9. 毛花点草 Nanocnide lobata**

冷水花属（*Pilea*）

1. 透茎冷水花

Pilea pumila (L.) A. Gray

一年生草本。高 20~50 cm。茎肉质,新鲜时透明,无毛,分枝或不分枝。同对的叶近等大;叶片卵形或宽卵形。花雌雄同株或异株,常同序,组成短而紧密的聚伞花序;雄花花被片 2,稀 3~4,雄蕊 2,雌花花被片 3,退化雄蕊 3。瘦果三角状卵形。花期 6—8 月,果期 8—10 月。

产于南京、句容等地,常见,生于溪边、山谷阴湿处。

2. 小叶冷水花

Pilea microphylla (L.) Liebm.

纤细小草本。高 3~17 cm。近匍匐,无毛。茎肉质,多分枝。同对的叶不等大;叶片小,倒卵形至匙形,全缘,稍反曲。花雌雄同株,有时同序;聚伞花序密集组成近头状;雄花花被片 4,卵形;雌花花被片 3,稍不等长。瘦果卵形,长约 0.4 mm。花期夏秋季,果期秋季。

产于南京周边,常见,生于溪边和路边、石缝等阴湿处。归化种。全草入药。可做盆景覆盖材料。

苎麻属（*Boehmeria*）

3. 苎麻

Boehmeria nivea (L.) Gaudich.

落叶半灌木。高 1~2 m。全株密生开展的长硬毛和贴伏的短糙毛。叶互生；叶片草质，宽卵形或近圆形。雌雄同株；团伞花序组成圆锥状；雌花序位于雄花序之上，雌团伞花序直径 0.5~2.0 mm，有多数密集的雌花；雄花花被片 4，狭椭圆形；雌花花被管状。瘦果椭圆形，长约 1.5 mm。花果期 7—10 月。

产于南京及周边各地，极常见，生于山谷林边、路边或草坡。

根入药。

4. 野线麻 大叶苎麻 薮苎麻

Boehmeria japonica (L. f.) Miq.

多年生草本。高 1.0~1.5 m。茎密被白色短伏毛。叶对生；叶片纸质，卵形，顶端骤尖，不明显 3 裂，基部宽楔形或近圆形，边缘具粗大的锯齿。雌雄异株；团伞花序组成穗状，单生叶腋；雄团伞花序直径约 1.5 mm；雌团伞花序直径 2~4 mm。瘦果倒卵球形，长约 1 mm。花果期 6—9 月。

产于南京及周边各地，常见，生于林下或路旁、沟边、山地灌丛、疏林中。

叶入药。

5. 八角麻 悬铃木叶苎麻

Boehmeria platanifolia (Franch. & Sav.) C. H. Wright

多年生草本或亚灌木。高 1.0~1.5 m。密生细伏毛。叶对生，轮廓近圆形、宽卵形或扁五角形，叶片顶端 3 裂，裂片骤尖或尾尖。团伞花序直径 1.0~2.5 mm，组成长穗状、圆锥状分枝或不分枝；雄花花被片 4；雌花花被片椭圆形，长约 0.5 mm。果狭倒卵形。花果期 6—9 月。

产于南京及周边各地，常见，生于溪旁或山坡林边阴湿处。

根、叶入药。

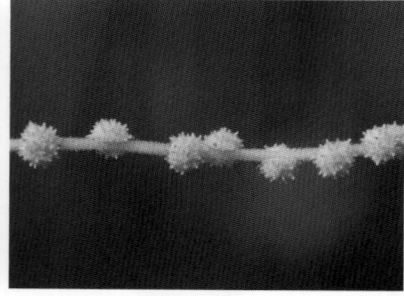

糯米团属（*Gonostegia*）

6. 糯米团

Gonostegia hirta (Blume) Miq.

多年生草本。茎匍匐、铺地或倾斜，长 50~150 cm。叶对生；叶片披针形、狭披针形至长卵形。花小；淡绿色；雌雄同株，稀异株；团伞花序，簇生叶腋；雄花花被片 5，分生；雄蕊 5；雌花花被片菱状狭卵形，顶端有小齿 2；柱头有密毛。瘦果卵形，黑色，完全为花被管所包裹。花果期 7—9 月。

产于南京、句容等地，偶见，生于山坡林下潮湿处及沟边。

根及全草入药。

艾麻属（*Laportea*）

7. 珠芽艾麻

Laportea bulbifera (Siebold & Zucc.) Wedd.

多年生草本。高 50~110 cm。茎下部多少木质化。珠芽 1~3 个，常生于不生长花序的叶腋。叶卵形至披针形，有时宽卵形，长（6）8~16 cm，基出脉 3 条，有螫毛。花序雌雄同株，稀异株；圆锥状；雄花花被片 5；雌花具梗，花被片 4，不等大，柱头线形。花期 6—8 月，果期 8—11 月。

产于句容、溧水等地，偶见，生于湿润路边、树林旁。

花点草属（*Nanocnide*）

8. 花点草

Nanocnide japonica Blume

多年生草本。高 10~25 cm。茎直立。叶片三角形至扇形，长宽几相等，有螫毛，基出脉 3~5 条。花淡紫色；雄花花序为多回二歧聚伞花序，长过于叶；雌花花序生于雄花序下部的叶腋，雌花被 4 深裂，柱头画笔头状。瘦果卵形，有点状凸起。花期 4—5 月，果期 6—7 月。

产于南京、句容等地，常见，生于田边或山坡溪旁阴湿地。全草入药。

9. 毛花点草

Nanocnide lobata Wedd.

　　一年生或多年生草本。高 5~20 cm。茎丛生，具倒生柔毛。叶片宽卵形至三角状卵形，基出脉 3~5 条，有刺毛。雄花花序常生于枝的上部叶腋，雄花淡绿色；雌花花序组成团聚伞花序，生于枝的顶部叶腋，雌花被片绿色。瘦果卵形，具宿存花被片。花期 4—6 月，果期 6—8 月。

　　产于南京、句容等地，常见，生于山野或平原地区阴湿处，常成片生长。

　　全草入药。

常绿或落叶乔木,稀灌木。单叶互生,全缘或齿裂;托叶早落。花单性同株,稀异株,风媒或虫媒;花被片 1 轮,4~8,基部合生;雄蕊 4~12;雌花 1~3(5)朵聚生于一壳斗内。雄花序下垂或直立;雌花序直立,花单朵散生或 3 至数朵聚生成簇,分生于总花序轴上组成穗状。由总苞发育而成的壳斗脆壳质、木质、角质或木栓质,形状多样,每壳斗有坚果 1~3(5)枚;坚果有棱角或浑圆。

共 10 属 900~1 000 种,分布于除非洲中南部外的全球各地。我国产 6 属约 322 种。南京及周边分布有 4 属 11 种 1 变种。

壳斗科
FAGACEAE

壳斗科分种检索表

1. 雄花序直立;每壳斗内有种子 1~3 枚。
  2. 落叶乔木;无顶芽 ································· **1. 茅栗** *Castanea seguinii*
  2. 常绿乔木;有顶芽。
    3. 叶 2 列,坚果被壳斗完全包被 ················ **2. 苦槠** *Castanopsis sclerophylla*
    3. 叶螺旋排列,坚果部分被壳斗包被 ············· **3. 柯** *Lithocarpus glaber*
1. 雄花序下垂;每壳斗内有种子 1 枚。
  4. 树皮纵裂;小苞片鳞片不结合成同心圆环带;落叶。
    5. 叶缘锯齿尖锐,齿端有刺芒;坚果来年成熟。
      6. 叶背有灰白色或灰黄色细柔毛 ············· **4. 栓皮栎** *Quercus variabilis*
      6. 叶背光滑,初有毛,后脱落,几无毛。
        7. 壳斗外小苞片全部开展并反曲 ············· **5. 麻栎** *Quercus acutissima*
        7. 壳斗外小苞片中部以下不开展,仅上部反曲 ··· **6. 小叶栎** *Quercus chenii*
    5. 叶缘有波状齿,齿端无刺芒;坚果当年成熟。
      8. 壳斗的小苞片披针形,红棕色,柔软反曲或直立 ··· **7. 槲树** *Quercus dentata*
      8. 壳斗内的小苞片三角形鳞片状,紧贴坚果。
        9. 叶背密生星状柔毛;叶片倒卵形为主。
          10. 叶柄长 3~5 mm;小枝密生灰褐色柔毛 ··· **8. 白栎** *Quercus fabri*
          10. 叶柄长 1~3 cm;小枝无毛 ··············· **9. 槲栎** *Quercus aliena*
        9. 叶背近无毛或有稀疏的紧贴灰白色柔毛;叶片长椭圆状倒卵形 ··· **10. 枹栎** *Quercus serrata*
  4. 树皮光滑;小苞片鳞片结合成多条同心圆环带 ······ **11. 青冈** *Quercus glauca*

栗属（*Castanea*）

1. 茅栗 野栗 毛栗
Castanea seguinii Dode

　　落叶小乔木。高 4~6 m。叶片长椭圆形或椭圆状倒卵形，边缘疏生粗锯齿。雄花序直立，3~5 朵花簇生；雌花序常生于雄花序基部。壳斗近球形具针刺；通常有坚果 1~3 枚；坚果较小，扁球形，直径 1.0~1.5 cm，褐色。花期 5—7 月，果期 9—11 月。

　　产于江宁、句容、盱眙等地，常见，生于丘陵山地。喜阳，耐瘠。

锥属（*Castanopsis*）

2. 苦槠
Castanopsis sclerophylla (Lindl. & Paxton) Schottky

　　常绿乔木。高可达 15 m。树皮深灰色，纵裂。叶 2 列，长椭圆形、椭圆状卵形或倒卵状椭圆形，边缘全部或中部以上有锯齿。壳斗杯形，幼时全包坚果，成熟时包围坚果 3/5~4/5，直径 12~15 mm；小苞片鳞片状凸起，环带 4~6，熟时不规则开裂；坚果 1（2~3）枚，褐色，近球形。花期 5 月，果熟期 10 月。

　　产于南京周边，偶见，生于向阳干旱处。

　　坚果含淀粉，浸水脱涩后可做豆腐供食用，称"苦槠豆腐"。

柯属（*Lithocarpus*）

3. 柯　石栎

Lithocarpus glaber (Thunb.) Nakai

　　乔木。高达 15 m。小枝、芽、叶柄、嫩叶叶背及叶面中脉、花序轴均密被灰黄色细柔毛。叶片革质，全缘或近顶端两侧各具 1~3 浅裂齿。雄穗状花序多个组成圆锥花序或单穗腋生。壳斗浅碗状，包被坚果基部，密被灰白色细柔毛；坚果椭圆球形，有光泽，略被白粉。花期 8—9 月，果期翌年 9—11 月。

　　产于南京以南丘陵山区，偶见，生于针阔叶混交林阳坡林中。

　　本种可做造林及绿化观赏树种。

栎属（*Quercus*）

4. 栓皮栎

Quercus variabilis Blume

　　落叶乔木。高可达 30 m。树皮灰褐色，深纵裂。小枝无毛。叶片椭圆状披针形或椭圆状卵形，边缘有刺芒状锯齿，叶背密生灰白色星状细柔毛。壳斗杯状，包围坚果 1/2 左右；小苞片顶端粗刺状，反曲；坚果近球形或宽卵圆形，直径 1.3~1.5 cm。花期 3—4 月，果期翌年 9—10 月。

　　产于南京及周边各地，极常见，生于丘陵山地，喜土层深厚、排水良好的山坡。

　　壳斗含单宁酸，可做染料、提取栲胶及制活性炭。造林树种。

5. 麻栎

Quercus acutissima Carruth.

落叶乔木。高可达 25 m。树皮暗灰色，深纵裂。幼枝密生灰黄色柔毛，后脱落。叶片长圆状披针形或长卵形，基部近圆或阔楔形，边缘有锯齿，齿端刺芒状；侧脉 13~18 对；两面同色。壳斗杯形，含苞片径 2~4 cm，包围坚果 2/3 以上；坚果卵球形或长卵形，直径 1.5~2.0 cm。花期 4 月，果期翌年 10 月。

产于南京及周边各地，极常见，生于土壤肥厚、排水良好的山坡。叶及树皮入药。造林树种。

6. 小叶栎

Quercus chenii Nakai

落叶乔木。高可达 30 m。树皮暗褐色，浅纵裂，无木栓层。小枝幼时连同叶片贴生脱落性黄褐色柔毛。叶片纸质，叶缘波状起伏，具芒状锯齿，叶背浅绿色。壳斗碗状，包被坚果 1/4~1/3；苞片二型，在缘部者钻形，反卷，其余鳞片状，紧贴壳斗壁，被细柔毛；坚果顶端具微毛。花期 4—5 月，果期翌年 9—10 月。

产于浦口及南京以南地区，偶见，生于低山丘陵。

7. 槲树

Quercus dentata Thunb.

　　落叶乔木。高可达 25 m。树皮深灰色,深纵裂。小枝密生灰黄色星状柔毛。叶片倒卵形或倒卵状椭圆形,顶端和边缘有波状钝齿 4~10。雄花序着生于新枝叶腋;雌花序生于新枝顶端。壳斗杯状;小苞片披针形,柔软反曲或直立;坚果卵圆形或宽椭圆形。花期 5 月,果期 10 月。

　　产于南京、句容以北丘陵山区,常见,生于山地林中。

　　树皮和壳斗可提取栲胶。叶可饲养柞蚕。

8. 白栎

Quercus fabri Hance

　　落叶乔木或灌木状。高可达 20 m。树皮白色浅纵裂。小枝密生灰褐色柔毛及条沟。叶片倒卵形或椭圆状倒卵形,基部窄楔形或窄圆形,边缘有波状钝齿 6~10 个。壳斗杯形,直径约 1 cm,包围坚果 1/3;小苞片鳞片状,排列紧密;坚果卵状椭圆形或近圆柱形,长约 2 cm。花期 4 月,果熟期 10 月。

　　产于南京及周边各地,常见,生于丘陵山地。喜阳,耐瘠薄。

　　壳斗和树皮可提取栲胶。

9. 槲栎

Quercus aliena Blume

　　落叶乔木。高可达 20 m。树皮暗灰色，较厚，深纵裂。叶片椭圆状倒卵形或倒卵形，基部宽楔形或近圆形，边缘有波状钝齿 10~15 个；侧脉 10~15 对；叶背密生灰褐色星状细柔毛。壳斗杯状，直径 1~2 cm，外被紧密鳞状苞片；坚果卵圆形或椭圆形，上部圆钝，直径 1.5 cm。花期 4 月，果熟期 10 月。

　　产于南京及周边各地，常见，生于丘陵山区。喜阳，耐瘠薄土壤。

　　本种为造林树种之一。

（变种）锐齿槲栎

var. *acutiserrata* Maxim. ex Wenz.

　　本变种叶片较狭长，长椭圆形或长椭圆状卵形，长 10~20 cm，宽 4~10 cm，边缘具上弯锐齿，齿端有腺点；侧脉 14~18 对；叶背密生灰白色星状柔毛。

　　产于南京及周边各地，常见，生于山谷坡地、杂木林中或林缘，较原变种分布广泛。

　　花果期及用途同槲栎。

10. 枹栎 短柄枹栎

Quercus serrata Murray

落叶乔木。高可达 25 m。叶片在小枝上分散,长椭圆状倒披针形或长椭圆状倒卵形,顶端渐尖或短尖,基部宽楔形,边缘有粗尖锯齿 7~12 个,并有小腺点;侧脉 7~12 对。壳斗杯状,包围坚果 1/4~1/3;小苞片三角形鳞片状;坚果椭圆形,直径 0.8~1.2 cm,顶端渐尖。花期 4 月,果熟期 10 月。

产于南京及周边各地,常见,生于山地林中或林缘。

壳斗及树皮含单宁酸。

新版《江苏植物志》记载有短柄枹栎 *Q. serrata* var. *brevipetiolata* (A. DC.) Nakai,后者叶片常集生于小枝顶端。本志据 *Flora of China* 的处理,将其并入枹栎中。

11. 青冈　青冈栎

Quercus glauca Thunb.

常绿乔木。高可达 20 m。树皮淡灰色。叶片革质，长椭圆形或椭圆状卵形，边缘中上部有锯齿。雄花序长 5~6 cm；雌花序长 1.5~3.0 cm，具花 2~3 朵。壳斗碗状，包围坚果 1/3~1/2，直径约 1 cm；小苞片合生成多条同心环带；坚果椭圆形或长卵圆形，稍带紫黑色。花期 4 月，果熟期 10 月。

产于南京、句容、扬州等地，常见，生于丘陵山区，喜湿润、肥沃土壤。

种子含淀粉，可酿酒或浆纱。壳斗及树皮含单宁酸。

落叶或半常绿乔木或小乔木。芽裸露或具芽鳞,常 2~3 枚重叠,生叶腋。叶互生或稀对生,奇数或稀偶数羽状复叶;小叶对生或互生。花单性,雌雄同株;风媒;花序单性或稀两性;雄花序为柔荑花序,雄蕊 3~40 枚;雌花序穗状,顶生,具少数雌花而直立,或有多数雌花组成柔荑花序。果实假核果或坚果状。

共 10 属约 60 种,主要分布于北半球热带至温带地区。我国产 8 属约 22 种。南京及周边分布有 3 属 3 种。

胡桃科
JUGLANDACEAE

胡桃科分种检索表

1. 果序椭圆形,球果状 ·· **1. 化香树** *Platycarya strobilacea*
1. 果序非球果状。
  2. 果实坚果状,具果翅 ··· **2. 枫杨** *Pterocarya stenoptera*
  2. 果实核果状,无果翅 ·· **3. 胡桃楸** *Juglans mandshurica*

化香树属(*Platycarya*)

1. 化香树

Platycarya strobilacea Siebold & Zucc.

落叶小乔木。高 2~8 m。奇数羽状复叶,互生,小叶 7~23 枚,从顶向基部渐小;小叶片薄革质,卵状披针形或长椭圆状披针形,边缘有重锯齿。花单性;雌雄同序,雄花序在上,雌花序在下,长约 2 cm。果序椭圆形,球果状。小坚果扁平,直径约 5 mm。花期 5—6 月,果期 7—10 月。

产于南京及周边各地,常见,生于向阳山地杂木林中。

根皮、树皮、叶和果实为制栲胶的原料。

枫杨属（*Pterocarya*）

2. 枫杨
Pterocarya stenoptera C. DC.

　　落叶乔木。高可达 30 m。偶数羽状复叶，互生；叶轴有翅；小叶 10~25 枚，小叶无柄，长椭圆形，长 8~12 cm，宽 2~3 cm。雄柔荑花序单生于去年生枝的叶痕内，下垂；雌柔荑花序顶生。果序长 15~40 cm，下垂。果实长椭圆形，长约 6 mm，果翅 2。花期 4—5 月，果期 7—9 月。

　　产于南京及周边各地，极常见，生于溪边、河滩等低湿地以及山脚林缘，耐水性强。

　　根、叶和果实均可入药。用于水边绿化。

胡桃属（*Juglans*）

3. 胡桃楸　野核桃　华东野核桃
Juglans mandshurica Maxim.

　　落叶乔木。高可达 25 m。奇数羽状复叶；小叶 15~23 枚，长椭圆形，边缘具细锯齿。雄性柔荑花序长 9~20 cm；雌性穗状花序具 4~10 朵雌花；花被片披针形或线状披针形。果序长 10~15 cm，俯垂，通常具 5~7 枚果实。果实核果状，无果翅，直径 3~5 cm。花期 5 月，果期 8—9 月。

　　产于南京、句容等地，偶见，生于林下。

　　果肉可食用。

　　新版《江苏植物志》记载有野核桃 *J. cathayensis* Dode 及变种华东野核桃 *J. cathayensis* var. *formosana*（Hayata）A. M. Lu & R. H. Chang，即指本种。

落叶乔木或灌木。单叶,互生,叶缘具重锯齿或单齿,较少具浅裂或全缘;叶脉羽状,侧脉直达叶缘或在近叶缘处向上弓曲相互网结;托叶分离,早落。花单性,雌雄同株,风媒;雄花序顶生或侧生,春季或秋季开放;雄蕊 2~20;雌花序为球果状、穗状、总状或头状,直立或下垂。果序球果状、穗状、总状或头状。果为坚果。

桦木科
BETULACEAE

共 8 属 125~150 种,主要分布于北半球地区。我国产 6 属约 105 种。南京及周边分布有 2 属 3 种。

桦木科分种检索表

1. 果为具翅小坚果,果苞木质,果序球果状。
　2. 叶片阔卵形至倒卵形,顶端急尖,基部近心形····················· **1. 江南桤木** *Alnus trabeculosa*
　2. 叶片狭椭圆形至长椭圆状披针形,顶端渐尖,基部楔形················· **2. 日本桤木** *Alnus japonica*
1. 果为小坚果,果苞叶状,果序总状····················· **3. 宝华鹅耳枥** *Carpinus oblongifolia*

桤木属（*Alnus*）

1. 江南桤木

Alnus trabeculosa Hand.-Mazz.

落叶乔木。高可达 10 m。叶片阔卵形至倒卵状,长 4~8 cm,宽 2.5~5.0 cm,顶端急尖,基部近心形,边缘疏生不规则细齿。雄花序多个簇生。果序球果状,椭圆形;果苞木质;带翅小坚果椭圆形,果翅厚纸质,宽为果的 1/4。花期 3—6 月,果期 7—8 月。

产于南京、句容等地,偶见,生于河沟边。

木材淡红褐色,耐水湿,可供建筑和制作家具。长江以南地区护堤及低湿地造林树种。

2. 日本桤木

Alnus japonica (Thunb.) Steud.

　　落叶乔木。高可达 20 m。叶片狭椭圆形至长椭圆状披针形,顶端渐尖、骤渐尖或骤短尖,基部楔形或稍圆,疏生细齿。雌花序椭圆状,长约 2 cm。果苞木质,长 3~5 mm;小坚果倒卵形,长 2~3 mm,果翅纸质,宽约为果的 1/4。花期 3—6 月,果期 7—8 月。

　　产于南京、句容等地,偶见,生于沟旁灌丛中。

　　果序及树皮可提取栲胶。

鹅耳枥属（*Carpinus*）

3. 宝华鹅耳枥

Carpinus oblongifolia (Hu) Hu & W. C. Cheng

　　乔木。高可达 12 m。树皮灰褐色。小枝暗紫色,幼枝密被黄色柔毛,后脱落。叶片椭圆形至卵状长圆形,长 3.5~7.0 cm,宽 2.5~3.5 cm,顶端尖或稍钝,基部圆形或近心形,边缘具不规则重锯齿;侧脉 12~14 对。果序长 6.5~8.0 cm;果苞叶状,外缘有不规则小齿。花期 5—7 月,果期 7—8 月。

　　产于句容,偶见,生于山谷林中。

　　草质或木质藤本,极稀为灌木或乔木状。茎通常具纵沟纹,匍匐或借助卷须攀缘。具卷须或极稀无卷须。叶互生;叶片不分裂,或掌状浅裂至深裂,稀为鸟足状复叶。花单性(罕两性),雌雄同株或异株;单生、簇生,或组成总状花序、圆锥花序或近伞形花序;雄花花萼辐状,5裂,雄蕊5或3;雌花花萼与花冠同雄花。果实大型至小型,常为肉质浆果或果皮木质。种子常多数,稀少至1枚。

　　共101属940~980种,大多数分布于全球热带和亚热带,少数种类散布到温带地区。我国产34属约167种。南京及周边分布有6属8种1变种。

葫芦科
CUCURBITACEAE

葫芦科分种检索表

1. 叶片单叶,分裂或不分裂。
　2. 雄蕊5。
　　3. 花小,黄绿色,直径0.7~1.0 cm;蒴果卵形 ·················· **1. 盒子草** *Actinostemma tenerum*
　　3. 花黄色,雌花直径达4 cm;浆果椭圆形至近球形 ·················· **2. 南赤瓟** *Thladiantha nudiflora*
　2. 雄蕊3。
　　4. 花小,长5 mm;果实小,直径2 cm以内 ·················· **3. 马㼎儿** *Zehneria japonica*
　　4. 花大,2 cm以上;果实2 cm以上。
　　　5. 花瓣边缘细裂,呈流苏状。
　　　　6. 叶背密生短柔毛;种子2室 ·················· **4. 王瓜** *Trichosanthes cucumeroides*
　　　　6. 叶背无密生短柔毛;种子1室。
　　　　　7. 果瓤墨绿色;花萼裂片狭卵形或条形 ·················· **5. 长萼栝楼** *Trichosanthes laceribractea*
　　　　　7. 果瓤黄色;花萼裂片披针形、条形或钻形 ·················· **6. 栝楼** *Trichosanthes kirilowii*
　　　5. 花冠裂片全缘;花萼裂片钻状;卷须不分叉 ·················· **7. 马㼎瓜** *Cucumis melo* var. *agrestis*
1. 叶片由5~7枚小叶组成鸟足状。
　8. 卷须顶端2叉状;果实球形,浆果 ·················· **8. 绞股蓝** *Gynostemma pentaphyllum*
　8. 卷须不分叉;果实钟状,蒴果 ·················· **9. 喙果绞股蓝** *Gynostemma yixingense*

盒子草属（*Actinostemma*）

1. 盒子草

Actinostemma tenerum Griff.

　　一年生攀缘草本。茎细长，疏被柔毛。叶形变异大，心状戟形至披针状三角形，长 4~8 cm，宽 2.5~5.0 cm，边缘波状。卷须细，2 叉。总苞片叶状，3 裂，长 5 mm；花序轴细弱，长 2~12 cm；花小、黄绿色。果实绿色，长 1.5~2.5 cm，直径 1~2 cm，自近中部盖裂，果盖锥形。花期 7—9 月，果期 9—11 月。

　　产于南京及周边各地，常见，生于水边草丛中。

　　全草和种子入药。

赤瓟属（*Thladiantha*）

2. 南赤瓟

Thladiantha nudiflora Hemsl.

　　一年生攀缘草本。全株密生柔毛状硬毛。茎有深沟棱。卷须 2 裂。叶片质地稍硬，卵状心形至圆心形。雄花聚伞花序，花冠黄色，裂片近长圆形，长 1.0~1.5 cm；雌花单生，花柄细，花萼和花冠同雄花，直径达 4 cm。果实红色，椭圆形至球形，直径 2~5 cm。花期 6—8 月，果期 9—10 月。

　　产于扬州、南京、句容等地，常见，生于山谷林下或灌丛中。

　　块根、叶和果实入药。

马㼝儿属（*Zehneria*）

3. 马㼝儿　马㼝儿　老鼠拉冬瓜

Zehneria japonica (Thunb.) H. Y. Liu

一年生攀缘或平卧草本。茎细弱。卷须不分裂。叶片膜质,三角形或三角状心形,不分裂或3~5浅裂。雌雄同株;雄花花冠白色至淡黄色,裂片椭圆状卵形;雌花与雄花在同一叶腋内单生,稀双生,花冠宽钟形。果实卵形至近球形,长1.0~1.5 cm,熟时橘红色或红色。花期9月,果期10月。

产于南京及周边各地,常见,生于水沟旁及山沟边灌丛中。

叶或根入药。

栝楼属（*Trichosanthes*）

4. 王瓜

Trichosanthes cucumeroides (Ser.) Maxim.

多年生攀缘草本。全株被柔毛。卷须顶端2裂。叶片宽卵形或圆形，通常3~5掌状浅裂或中裂，基出掌状脉5~7条。雌雄异株；雄花花冠白色，裂片长圆状卵形，顶端流苏状；雌花单生。果实长圆形；两端钝圆，具喙，成熟时橙红色。花期5—8月，果期8—10月。

产于盱眙、句容等地，偶见，生于沟旁、草丛或灌木林中。

根、种子可入药。种子可食用。

5. 长萼栝楼

Trichosanthes laceribractea Hayata

攀缘草本。茎具纵棱及槽。单叶互生，叶片纸质，形状变化较大，轮廓近圆形或阔卵形，长5~19 cm，宽4~18 cm，常3~7浅至深裂。花雌雄异株；雄花花冠白色，边缘具纤细长流苏；雌花单生。果实球形至卵状球形，径5~8 cm，成熟时橙黄色至橙红色，平滑，果瓤墨绿色。花期7—8月，果期9—10月。

产于南京及周边各地，常见，生于路旁、田边、荒野。栽培或逸生。

种子为"吊瓜籽"的来源，为重要的经济作物。本种近年江苏省内多有栽培，新版《江苏植物志》并未收录。

6. 栝楼　瓜蒌

Trichosanthes kirilowii Maxim.

多年生攀缘草本。茎被白色伸展柔毛；卷须顶端2~5裂。叶片近圆形或心形，通常 3~5（7）掌状浅裂或中裂，或不分裂而仅有不等大的粗齿，裂片常再浅裂，边缘有疏锯齿或缺刻状。雌雄异株；雄花花冠白色，裂片倒卵形，顶端流苏状；雌花单生。果实近球形，熟时橙红色，光滑，果瓤黄色。花期5—8月，果期8—10月。

产于南京及周边各地，常见，生于向阳山坡、山脚、石缝、田野草丛中。

根（天花粉）、果（瓜蒌）、果皮（瓜蒌皮）和种子（瓜蒌子）入药。

黄瓜属（*Cucumis*）

7. 马𤬪瓜

Cucumis melo var. *agrestis* Naudin

一年生匍匐或攀缘草本。植株纤细。卷须纤细，单一，不分叉。叶片厚纸质，近圆形或肾形，长宽均 3~8 cm。花较小，双生或 3 朵聚生；花萼筒狭钟形，密被白色长柔毛；花冠黄色；子房密被微柔毛和糙硬毛。果实小，长圆形、球形或陀螺状，有香味，不甜，果肉极薄。花果期夏季。

产于南京及周边各地，常见，生于田边、荒野。栽培或逸生。

绞股蓝属（*Gynostemma*）

8. 绞股蓝

Gynostemma pentaphyllum (Thunb.) Makino

草质攀缘藤本。卷须纤细,常 2 裂。叶片膜质或纸质,常由 5~7 枚小叶组成鸟足状;小叶片卵状长圆形或披针形。雄花圆锥花序分枝多,长 10~30 cm,花冠淡绿或白色;雌花圆锥花序较小。果球形,成熟时黑色,光滑,不开裂,直径5~8 mm。花期3—11月,果期4—12 月。

产于扬州、南京、句容等地,极常见,生于山沟旁丛林下。

全草可入药。

9. 喙果绞股蓝

Gynostemma yixingense (Z. P. Wang & Q. Z. Xie) C. Y. Wu & S. K. Chen

多年生攀缘草本。长可达 10 m。叶膜质,小叶 5 或 7 枚组成鸟足状,中央小叶长 4~8 cm,侧生小叶较小。卷须丝状,单 1。花雌雄异株;雄花组成圆锥花序;雌花簇生叶腋,花色淡绿。蒴果钟形,顶端具长达 5 mm 的长喙 3 枚。种子阔心形。花期8—9月,果期9—10 月。

产于南京、句容等地,稀见,生于山坡林下。

常绿或落叶乔木、灌木或藤状灌木及匍匐小灌木。偶具刺。单叶对生或互生,少为 3 叶轮生并类似互生。花两性或杂性;有限聚伞花序 1 至多次分枝;花 4~5 数,花萼花冠分化明显;花冠具 4~5 分离花瓣,少为基部贴合,常具明显肥厚花盘,雄蕊与花瓣同数;子房上位至半下位,中轴胎座。多为蒴果,亦有核果、翅果或浆果。种子多少被肉质具色假种皮包围,稀无假种皮,胚乳肉质丰富。

共 102 属 1 280~1 400 种,广布于全球各地。我国产 17 属约 273 种。南京及周边分布有 2 属 7 种。

卫矛科
CELASTRACEAE

卫矛科分种检索表

1. 叶互生,落叶藤状灌木。
  2. 叶大,厚纸质,长 9~16 cm;小枝有 4~6 棱 ·················· **1. 苦皮藤** *Celastrus angulatus*
  2. 叶小,叶膜质,长 3~12 cm;小枝圆柱形。
    3. 叶片圆形至倒卵形;冬芽卵圆形,长 1~3 mm ·················· **2. 南蛇藤** *Celastrus orbiculatus*
    3. 叶片阔卵形;冬芽长卵形,长 3~12 mm ·················· **3. 大芽南蛇藤** *Celastrus gemmatus*
1. 叶对生;乔木、灌木或攀缘灌木。
  4. 落叶乔木或灌木。
    5. 乔木或小乔木,枝条光滑;叶柄长 1.0~2.8 cm ·················· **4. 白杜** *Euonymus maackii*
    5. 灌木,枝条具木栓翅;叶柄长 1~3 mm ·················· **5. 卫矛** *Euonymus alatus*
  4. 常绿攀缘灌木或半常绿小乔木。
    6. 常绿攀缘灌木,有气生根 ·················· **6. 扶芳藤** *Euonymus fortunei*
    6. 半常绿小乔木,无气生根 ·················· **7. 肉花卫矛** *Euonymus carnosus*

南蛇藤属（*Celastrus*）

1. 苦皮藤

Celastrus angulatus Maxim.

落叶藤状灌木。小枝有 4~6 纵棱,皮孔密而明显。叶片厚纸质,宽椭圆形、宽卵形或近圆形,顶端有短尾尖,基部圆形至近楔形。聚伞状圆锥花序顶生;花冠黄绿色,直径约 5 mm;花瓣长圆形。果序长达 20 cm;蒴果黄色,近球状。花期 5—6 月,果熟期 8—10 月。

产于南京、句容、盱眙,常见,生于山地丛林及山坡上。

根皮和茎皮为强力杀虫剂。根和根皮入药。

2. 南蛇藤

Celastrus orbiculatus Thunb.

落叶藤状灌木。茎长 12 m。小枝圆柱形,有多数皮孔。叶形变化较大；叶片近圆形至倒卵形。聚伞花序腋生,或在枝端组成圆锥状而与叶对生,花序长 1~3 cm；具花 1~3 朵；雌雄异株；花黄绿色；雄花较雌花大。蒴果近球状,棕黄色,直径 0.8~1.0 cm；花柱宿存。花期 5—6 月,果熟期 9—10 月。

产于南京及周边各地,极常见,生于山沟灌木丛中。

根、茎和叶入药。

3. 大芽南蛇藤

Celastrus gemmatus Loes.

落叶藤状灌木。小枝近圆柱形,皮孔多,散生。冬芽大,长卵形圆锥状,较硬,长可达 12 mm。叶片阔卵形。聚伞花序顶生或腋生；具花 3~10 朵；花杂性；花瓣淡黄色。蒴果球状,直径约 1 cm,有细长的宿存花柱。种子具红色假种皮。花期 5—6 月,果熟期 9—10 月。

产于南京及周边各地,常见,生于山坡灌丛及树林内。

根、茎及叶入药。

卫矛属（*Euonymus*）

4. 白杜　丝绵木

Euonymus maackii Rupr.

　　落叶小乔木。高 4~8 m。叶片卵状椭圆形、卵圆形或椭圆状披针形。聚伞花序腋生；具花 3~7 朵；花 4 数；萼片近半圆形；花瓣长圆形，黄绿色；花药紫红色。蒴果倒圆锥状，果皮粉红色，4 浅裂，直径约 1 cm。花期 5—6 月，果期 9—10 月。

　　产于南京及周边各地，常见，生于山坡林下。

　　根和树皮入药。可栽培供观赏。

5. 卫矛

Euonymus alatus (Thunb.) Siebold

　　灌木。高 2~3 m。有 2 或 4 排木栓质的阔翅。叶片倒卵形至椭圆形。聚伞花序；常具花 3 朵；花 4 数，直径 5~7 mm；花瓣黄绿色，近圆形；雄蕊着生于花盘边缘，花丝极短。蒴果棕紫色，4 深裂，裂片椭圆状。花期 4—6 月，果期 9—10 月。

　　产于南京及周边各地，常见，生于山间杂木林下、林缘或灌丛中。

　　木翅入药，称"鬼箭羽"。可供园林观赏。

6. 扶芳藤

Euonymus fortunei (Turcz.) Hand.-Mazz.

常绿或半常绿攀缘灌木。下部茎、枝常匍地或附着他物而随处生多数细根。叶片卵形至椭圆状卵形,薄革质。聚伞花序腋生;具花 5~17 朵;花 4 数;萼片半圆形;花瓣近圆形,绿白色。蒴果近球状,直径约 1 cm,稍有 4 浅凹,成熟时淡红色。种子卵球状,有鲜红色假种皮。花期 5—7 月,果期 10 月。

产于南京及周边各地,常见,生于林缘、村庄,绕树、爬墙或匍匐石上。

园林应用于岩石园等处。

南京及句容等地尚分布有胶州卫矛(胶东卫矛)*E. kiautschovicus* Loes.,后者常直立,花黄绿色。*Flora of China* 现已将其并入扶芳藤,或处理为扶芳藤的品种。本志依据《中国植物物种名录 2022 版》不再区分两种。

7. 肉花卫矛　厚萼卫矛

Euonymus carnosus Hemsl.

半常绿小乔木。高可达 8 m。叶片厚纸质到革质，椭圆形或长圆状椭圆形到卵形或倒卵状椭圆形，长 6~13 cm，基部楔形或渐狭。聚伞花序疏散；花 4 数，直径 10~12 mm；花瓣黄色或棕绿色，圆形。蒴果四棱形。种子椭圆形，暗褐色。 花期 5—7 月，果期 9—11 月。

产于南京、句容，偶见，生于林边阴湿处。

酢浆草科
OXALIDACEAE

一年生或多年生草本，极少为灌木或乔木。具根状茎或鳞茎状块茎，通常肉质，或有地上茎。指状或羽状复叶或小叶萎缩而成单叶，基生或茎生。花两性，辐射对称，单花或组成近伞形花序或伞房花序，少有总状花序或聚伞花序；萼片5；花瓣5；雄蕊10，2轮，5长5短，外转与花瓣对生，花丝基部通常连合。果为开裂的蒴果或肉质浆果。种子通常为肉质。

共5属780~880种，分布于全球热带及温带地区。我国产3属约21种。南京及周边分布有1属1种。

酢浆草属（*Oxalis*）

1. 酢浆草

Oxalis corniculata L.

多年生草本。高10~35 cm。全体有疏柔毛。茎细弱，多分枝，匍匐或斜升。叶基生或茎上互生；掌状复叶有3小叶；小叶片倒心形，顶端微凹，基部宽楔形。花1至数朵组成腋生的伞形花序；花瓣黄色，倒卵形，微向外反卷。蒴果近圆柱状，5棱，有短柔毛。花果期4—8月。

产于南京及周边各地，极常见，生于山坡、林缘、路边或田野、房前屋后。

全草入药。

小乔木、灌木或草本。单叶，全缘，对生或有时轮生。花序各式，聚伞状，或伞状，或为单花。花两性或单性；轮状排列或部分螺旋状排列，通常整齐；子房下位。花两性：萼片（2）4~5（6），覆瓦状排列或交互对生；花瓣（2）4~5（6），离生；雄蕊多数，离生或成4~5（10）束。果为蒴果、浆果或核果。种子1至多枚。

共10属约540种，广布于全球各地。我国产4属约73种。南京及周边分布有1属4种。

金丝桃科 HYPERICACEAE

金丝桃属（*Hypericum*）分种检索表

1. 花大，直径 2.5~3.0 cm，花柱 5 裂 ·· **1. 黄海棠** *H. ascyron*
1. 花小，直径 2 cm 以下；花柱 3 裂。
  2. 叶片基部半抱茎。
    3. 花小，直径 5 mm 左右；叶片小，长 1 cm 左右 ·········· **2. 地耳草** *H. japonicum*
    3. 花大，直径 1.5 cm 左右；叶片大，长 1.0~2.5 cm ·········· **3. 赶山鞭** *H. attenuatum*
  2. 叶片基部连合为一体 ··· **4. 元宝草** *H. sampsonii*

1. 黄海棠　湖南连翘　红旱莲

Hypericum ascyron L.

多年生草本。高 80~100 cm。茎有 4 棱。叶片披针形、长圆状披针形或卵状披针形，顶端圆钝或急尖，基部楔形或心形且抱茎，两面都有黑色小斑点，全缘。聚伞花序顶生；花多达 30 余朵；花大，直径 2.5~3.0 cm；花瓣 5，金黄色。蒴果大，圆锥形，长约 2 cm，5 裂。花果期 8—9 月。

产于南京城区、浦口、句容等地，常见，生于山坡林下或草丛中。

地上部分入药，称"红旱莲草"。可开发成绿化植物。

2. 地耳草

Hypericum japonicum Thunb.

一年生或多年生草本。高 15~40 cm。茎直立或披散，纤细，有 4 棱。叶片卵形，顶端尖或钝，基部心形抱茎。聚伞花序顶生；花小，直径 5 mm；花瓣白色、淡黄色至橙色；雄蕊 5~30，不成束，基部连合。蒴果长圆形，长约 4 mm，与宿存的萼片等长。花期 5—6 月，果期 6—10 月。

产于南京、句容等地，常见，生于田间或山坡潮湿处。

全株入药，称"田基黄"。可栽培供观赏。

3. 赶山鞭

Hypericum attenuatum Fisch. ex Choisy

多年生草本。高达 70 cm。茎圆柱形，散生黑色腺点或斑点。叶片卵状长圆形、卵状披针形或长圆状倒卵形，顶端钝，基部渐狭或微心形，稍抱茎，两面生黑色腺点。聚伞花序顶生；花萼、花瓣及花药都有黑色腺点；花瓣 5，淡黄色，直径 1.5 cm 左右。蒴果卵圆形或卵状长椭圆形。花期 7—8 月，果期 9—10 月。

产于南京及周边各地，常见，生于路旁、阴湿处或山坡杂草中。

民间将叶晒干代茶。全草入药。

4. 元宝草

Hypericum sampsonii Hance

多年生草本。高可达 1 m。叶对生,基部完全合生为一体,茎贯穿其中心;叶片长椭圆状披针形,两叶稍向上展开而呈元宝状,两面均散布黑色腺体及透明腺点。聚伞花序伞房状,顶生;花小,黄色;萼片、花瓣各 5;雄蕊多数,3 束。蒴果锥状卵圆形,具 3 果爿,长约 8 mm。花果期 6—7 月。

产于南京、句容等地,常见,生于山坡草丛或路旁阴湿处。

全草入药。可栽培供观赏。

董菜科
VIOLACEAE

多年生草本、半灌木或小灌木。单叶,通常互生,少对生;托叶小或叶状。花两性或单性,少有杂性,辐射对称或两侧对称,单生或组成腋生,或顶生的穗状、总状或圆锥状花序,有小苞片 2,有时有闭花受精花;萼片 5;花瓣 5,覆瓦状或旋转状,异形,下面 1 枚通常较大,基部囊状或有距;雄蕊 5;子房上位,完全被雄蕊覆盖,1 室,由 3~5 心皮连合构成。果实为沿室背弹裂的蒴果或为浆果状。种子无柄或具极短的种柄,种皮坚硬,有光泽。

共 28 属 1 000~1 100 种,广布于全球各地。我国产 3 属约 113 种。南京及周边分布有 1 属 15 种。

董菜属(*Viola*)分种检索表

1. 植株无地上茎;叶均基生,多呈莲座状。
　2. 叶片基部浅心形至深心形。
　　3. 叶片两面密被白色短柔毛;果实球形,密被白色短柔毛·············· **1. 球果董菜** *V. collina*
　　3. 叶片两面无毛或疏被柔毛;果实椭圆形或长圆形,通常无毛。
　　　4. 托叶下部 1/2~2/3 部分与叶柄合生。
　　　　5. 花白色或近白色。
　　　　　6. 花白色;叶片长三角形,基部浅心形,托叶离生部分线状披针形,全缘··· **2. 白花董菜** *V. lactiflora*
　　　　　6. 花近白色;叶片卵状心形,基部深心形,托叶离生部分披针形,疏生小齿
　　　　　　······················· **3. 西山董菜** *V. hancockii*
　　　　5. 花淡紫色、红紫色或暗紫色 ·············· **4. 长萼董菜** *V. inconspicua*
　　　4. 托叶仅基部与叶柄合生。
　　　　7. 花淡紫色;叶片宽卵形,叶面绿色,叶背淡绿色,稍带紫红色············ **5. 犁头草** *V. japonica*
　　　　7. 花紫红色;叶片三角状卵形,叶面暗绿色,叶背紫红色 ············ **6. 紫背董菜** *V. violacea*
　2. 叶片基部楔形、截形、圆形或微心形。
　　8. 托叶褐色,叶片箭状披针形或线状披针形,基部常呈戟状,不下延或稍下延于叶柄
　　　 ·················· **7. 戟叶董菜** *V. betonicifolia*
　　8. 托叶白色或淡绿色,叶片长椭圆形至广披针形或三角状卵形,基部明显下延于叶柄。
　　　9. 花白色;叶柄长是叶片的 2~3 倍 ·············· **8. 白花地丁** *V. patrinii*
　　　9. 花紫董色或淡紫色;叶片稍短于或稍长于叶柄。
　　　　10. 叶卵圆形,基部不下延于叶柄或不明显下延,距末端钝圆,微向上弯··· **9. 早开董菜** *V. prionantha*
　　　　10. 叶披针形,基部明显下延于叶柄,距细管状,稍向下弯曲·············· **10. 紫花地丁** *V. philippica*
1. 植株具地上茎,叶基生和茎生。
　11. 地上茎直立。
　　12. 叶片两面密被褐色腺点;托叶边缘具流苏状齿。
　　　13. 茎生叶菱状长卵形或菱形,基部楔形并下延成狭翅;果实近球形 ··· **11. 庐山董菜** *V. stewardiana*
　　　13. 茎生叶心状卵形,基部心形,不下延成狭翅;果实椭圆形。
　　　　14. 茎、叶和托叶均有柔毛;花的窄距长 1~2 mm;托叶边缘具撕裂状长齿
　　　　　 ·················· **12. 鸡腿董菜** *V. acuminata*
　　　　14. 茎、叶和托叶均无毛;花的窄距长达 6~7 mm;托叶边缘具栉状流苏齿
　　　　　 ·················· **13. 紫花董菜** *V. grypoceras*
　　12. 叶片无褐色腺点;托叶全缘,偶有稀疏小齿·············· **14. 如意草** *V. arcuata*
　11. 地上茎匍匐或具匍匐枝,叶片基部楔形或截形,下延成翅柄 ·············· **15. 七星莲** *V. diffusa*

1. 球果堇菜　毛果堇菜

Viola collina Besser

多年生草本。高 4~9 cm。植株无茎。叶呈莲座状；叶片宽卵形或近圆形，顶端钝或圆，两面密被白色短柔毛；叶柄具狭翅。花有长柄；花瓣基部微带白色，侧瓣里面有须毛，基部附属物不显著。蒴果球形，直径约 8 mm，密生白色柔毛；成熟时果柄常下弯接近地面。花期 2—4 月，果期 8 月。

产于南京及周边各地，极常见，生于丘陵山地林缘。全草入药。

2. 白花堇菜

Viola lactiflora Nakai

多年生草本。高 10~18 cm。无地上茎。根状茎垂直或斜生。叶呈莲座状；叶片长三角形，顶端钝，基部浅心形或平截，具圆齿。花白色；花瓣倒卵形，侧瓣里面有须毛，下方花瓣末端具筒状距；距长约 5 mm。蒴果椭圆形，顶端常有宿存花柱，长 6~9 mm，无毛。花果期 3—5 月。

产于南京及周边各地，偶见，生于疏林下和路边。

3. 西山堇菜

Viola hancockii W. Becker

多年生草本。高 10~15 cm。无地上茎。叶呈莲座状；叶片卵状心形，顶端钝或急尖，基部深心形，具整齐的钝齿。花大，长达 2 cm，近白色；萼片披针形或宽披针形；花瓣长圆状倒卵形，侧瓣里面近基部有须毛；距筒状，长 6~8 mm。果长圆形，长 0.7~1.0 cm。花果期 3—5 月。

产于南京城区、浦口、句容，偶见，生于山坡林下、林缘或溪沟边草丛中。

4. 长萼堇菜

Viola inconspicua Blume

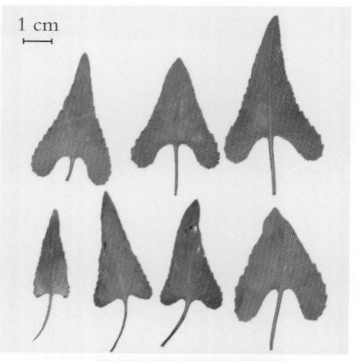

多年生草本。高 8~15 cm。无地上茎。叶呈莲座状；叶片通常三角状卵形或舌状三角形，顶端渐尖，基部宽心形，稍下延于叶柄。花淡紫色、红紫色或暗紫色，有深条纹；萼片披针形；花瓣长圆状倒卵形，侧瓣里面有须毛；距管状，长 2.5~3.0 mm。蒴果椭圆形，长 8~10 mm。夏季闭合花的果较大。花果期 3—11 月。

产于南京及周边各地，极常见，生于丘陵山区、城市郊野及公园草地。

全草入药。

本种叶于花后期极增大，基部两侧垂片明显。

5. 犁头草　心叶堇菜

Viola japonica Langsd. ex DC.

多年生草本。高 10~20 cm。无地上茎。叶呈莲座状；叶片宽卵形，顶端钝，基部心形或浅心形，边缘有锯齿。花淡紫色；上方与侧方花瓣内面无毛，下方花瓣长倒心形，顶端微凹；距圆筒状，长约 5 mm。蒴果长圆形，长 6~10 mm。花期 3—4 月，果期 5—8 月。

产于南京及周边各地，极常见，生于山地丘陵林缘带。全草入药。

旧版《江苏植物志》所载心叶堇菜 *V. cordifolia* W. Becker 实为本种的误定。

6. 紫背堇菜

Viola violacea Makino

多年生草本。高 5~15 cm。无地上茎。叶呈莲座状；叶片三角状卵形或卵状长三角形，顶端尖或钝圆，基部心形，边缘具钝粗锯齿，叶面暗绿色，叶背紫红或淡紫色；叶柄有窄翅。花红紫色或淡紫色，直径约 1.5 cm；花瓣长椭圆倒卵形；距向上弯曲，纤细，长 5~7 mm。果实椭圆形。花期 3—4 月，果期 4—5 月。

产于句容、溧水、高淳，偶见，生于山坡路边草地。

1 cm

7. 戟叶堇菜　箭叶堇菜　尼泊尔堇菜

Viola betonicifolia Sm.

多年生草本。高 8~20 cm。无地上茎。叶呈莲座状；叶片三角状卵形或线状披针形，顶端尖或钝圆，基部截形或略带心形，有时稍呈戟形。花白色或淡紫色，有深色条纹；侧方花瓣长圆状倒卵形，里面基部密生须毛；距管状，长 2~6 mm，粗短，直线稍上弯。蒴果椭圆形，长约 1 cm，无毛。花果期 3—9 月。

产于南京及周边各地，极常见，生于丘陵山地与城乡草地。

全草入药。可供观赏。

8. 白花地丁

Viola patrinii DC. ex Ging.

多年生草本。高 10~25 cm。无地上茎。叶呈莲座状;叶片呈三角状卵形或狭卵形,顶端圆钝,基部截形或楔形,下延于叶柄,边缘有浅圆齿;托叶膜质,长 1.5~2.5 cm,2/3~4/5 与叶柄合生。花有长柄;花白色,带淡紫色脉纹,倒卵形或长圆状倒卵形;距细管状,长 4~8 mm,末端圆。蒴果长圆形,无毛。花果期 4—9 月。

产于南京及周边各地,稀见,生于河岸、湖边等湿地。可能随土壤带入南京。

全草入药。

9. 早开堇菜

Viola prionantha Bunge

多年生草本。高 5~10 cm。无地上茎。叶多数,均基生;叶片顶端稍尖或钝,基部微心形、截形或宽楔形,稍下延;果期叶片显著增大。花大,紫堇色或淡紫色,喉部色淡并有紫色条纹,里面基部通常有须毛,下方花瓣连距长 14~21 mm,距长 5~9 mm。蒴果长椭圆形,长 5~12 mm。花果期 4 月—9 月。

产于南京及周边各地,偶见,生于路旁、庭园、荒野。栽培或逸生。

全草入药。

10. 紫花地丁　光瓣堇菜

Viola philippica Cav.

　　多年生草本。高 5~12 cm。无地上茎。叶呈莲座状；叶形多变，披针形居多，基部截形、楔形或稍呈心形，稍下延于叶柄。萼片卵状披针形；花瓣倒卵形或长圆状倒卵形；距细管状，长约 7 mm。蒴果椭圆形，长 6~10 mm，无毛。花期 3—4 月，有时 10 月也开花。

　　产于南京及周边各地，极常见，生于丘陵岗地等较开阔的地带。

　　全草入药。

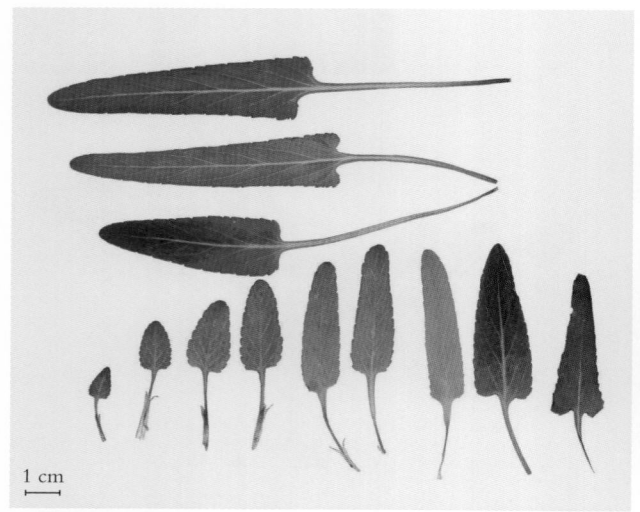

11. 庐山堇菜

Viola stewardiana W. Becker

　　多年生草本。地下茎部分横卧；地上茎丛生。基生叶呈莲座状；叶片三角状卵形或菱状卵形；茎生叶长卵形或菱形，长达 4.5 cm；叶柄具狭翅。花淡紫色，生于茎上部叶腋；花瓣顶端明显微缺，侧瓣内面基部无须毛；距长约 6 mm，向下弯曲，末端钝。蒴果长椭圆形。花期 4—7 月，果期 5—9 月。

　　产于句容，偶见，生于路边杂木林下、山坡草丛或溪边石缝中。

12. 鸡腿堇菜

Viola acuminata Ledeb.

多年生草本。高 10~40 cm。被柔毛。通常无基生叶；叶片心形或卵状心形，顶端渐尖，基部心形，具钝齿和缘毛，两面密生褐色腺点。花淡紫色或近白色；花柄长于叶；萼片线状披针形；距长 1.5~3.5 mm，呈囊状，末端钝。蒴果椭圆形，有黄褐色腺点。花果期 5—9 月。

产于句容，偶见，生于林下、林缘、灌丛或山坡草丛中。

全草入药。嫩叶可做蔬菜。

本种与紫花堇菜 *V. grypoceras* A. Gray 相似，但本种开花时无基生叶，下花瓣距较短，且柱头顶端具有多数乳突，可与之相区别。

1 cm

13. 紫花堇菜

Viola grypoceras A. Gray

多年生草本。地上茎高可达 30 cm。基生叶叶片心形或近圆心形,顶端钝尖或圆,基部心形,边缘有钝齿;茎生叶叶片三角状心形或卵状心形。花由茎基或茎生叶的腋部抽出;花淡紫色,侧瓣内面无须毛;距长囊状,直或略弯,长 6~7 mm。蒴果椭圆形,长约 7 mm,有棕色腺点。花期 4 月。

产于南京及周边各地,常见,生于水边草丛或林下湿地。

全草入药。

本种在南京及周边地区较鸡腿堇菜 *V. acuminata* Ledeb. 广布,花期时基生叶宿存,距长 6~8 mm;花柱无乳头状凸起。

14. 如意草　董菜

Viola arcuata Blume

多年生草本。高 10~20 cm。地上茎常多条丛生。叶片宽心形或肾形，顶端圆钝，基部宽心形，边缘有浅波状圆齿。花小，淡紫色或白色，生于茎生叶腋；有长柄；侧瓣具暗紫色条纹，内面基部疏生短须毛，下方花瓣较小；距短囊状，长约 2 mm。蒴果椭圆形，无毛。花期 4—5 月，果期 5—8 月。

产于南京以南地区，偶见，生于湿草地、草坡、田野、屋边。

全草入药。

15. 七星莲　蔓茎董菜

Viola diffusa Ging.

一年生草本。全株有糙毛或白色柔毛。匍匐茎顶端具莲座状叶丛。叶片卵形或卵状椭圆形，顶端钝或稍尖，基部通常截形或楔形，少浅心形，明显下延于叶柄上部。花淡紫色或白色；侧瓣内面无须毛；花瓣的距短，长约 2 mm。蒴果长椭圆形，无毛，顶端常具宿存花柱。花期 4—5 月，果期 5—8 月。

产于南京及周边各地，常见，生于沟旁、田边、林下等湿润肥沃处。

全草入药。

落叶乔木，或直立、垫状和匍匐灌木。单叶互生，稀对生，不分裂或浅裂，全缘，有锯齿或齿牙。花单性，雌雄异株，罕有杂性；柔荑花序，直立或下垂，先叶开放，或与叶同时开放，花着生于苞片与花序轴间；雄蕊2至多数；雌蕊由2~4（5）心皮合成，子房1室，侧膜胎座，花柱不明显至很长，柱头2~4裂。蒴果2~4（5）瓣裂。种子微小，种皮薄。

共50属约1 350种，广布于全球各地。我国产16属约396种。南京及周边分布有4属9种。

杨柳科
SALICACEAE

【APG Ⅳ 系统的杨柳科，包括狭义杨柳科以及传统划入大风子科的柞木属、山拐枣属等部分属】

杨柳科分种检索表

1. 圆锥花序或腋生总状花序。
  2. 常绿乔木或灌木，枝有刺；叶脉羽状 ·········· **1. 柞木** *Xylosma congesta*
  2. 落叶乔木，枝无刺；叶脉掌状 ·········· **2. 山拐枣** *Poliothyrsis sinensis*
1. 柔荑花序。
  3. 花序下垂；苞片边缘细裂或齿缺；顶芽发达。
    4. 叶卵形；叶柄扁，顶端有1对显著腺体 ·········· **3. 响叶杨** *Populus adenopoda*
    4. 叶菱状倒卵形，叶柄圆，顶端无腺体 ·········· **4. 小叶杨** *Populus simonii*
  3. 花序直立；苞片全缘；无顶芽。
    5. 叶片较宽大，椭圆形、卵形等，长4~10 cm，宽2.0~3.5 cm。
      6. 叶片边缘具腺齿；托叶较大，半心形 ·········· **5. 腺柳** *Salix chaenomeloides*
      6. 叶片边缘无腺齿；托叶小或无 ·········· **6. 紫柳** *Salix wilsonii*
    5. 叶片披针形或线状披针形。
      7. 雌花序长1.0~2.5 cm。
        8. 雄蕊5，少数3~4；雌花序长1 cm ·········· **7. 南京柳** *Salix nankingensis*
        8. 雄蕊2；雌花序长2 cm ·········· **8. 旱柳** *Salix matsudana*
      7. 雌花序长3~7 cm；雄蕊3，极少数2、4或5 ·········· **9. 三蕊柳** *Salix nipponica*

柞木属（*Xylosma*）

1. 柞木

Xylosma congesta (Lour.) Merr.

乔木或小乔木。高 2~15 m。枝有刺。叶片革质,卵形至长椭圆状卵形。总状花序腋生;花小,淡黄色或绿黄色;雄花雄蕊多数,花丝较萼片长数倍;雌花花盘圆盘状,边缘浅波状。浆果球形,成熟时黑色,直径 3~5 mm,顶端有宿存花柱。花期 5 月,果期 9 月。

产于南京及周边各地,偶见,生于村落周边。

叶入药。耐寒常绿树种,可栽培做绿化树种。

山拐枣属（*Poliothyrsis*）

2. 山拐枣

Poliothyrsis sinensis Oliv.

落叶乔木。高可达 15 m。树皮灰褐色,浅裂。叶片厚纸质,卵圆形至卵状长圆形,顶端渐尖,基部圆形或浅心形,边缘有 2~4 个圆形紫色腺体。花单性;雌雄同序;雌花在 1/3 的上端,比雄花稍大。蒴果长 0.8~3.2 cm,3 果爿交错分裂,外果皮革质,内果皮木质。花期 6—7 月,果期 9—10 月。

产于句容一带,偶见,生于石灰岩山坡杂木林中。

杨属(*Populus*)

3. 响叶杨

Populus adenopoda Maxim.

　　落叶乔木。高 20~30 m。树冠卵圆形。叶片卵形或卵圆形,顶端渐尖或尾尖,基部截形或心形,叶面暗绿色,有光泽;叶柄扁,顶端有 1 对显著的腺体。雄花花序长 6~10 cm;雌花花序长 5~6 cm,花序轴密生短柔毛。果序长 12~16 cm;蒴果长卵圆形,长 4~6 mm。花期 3—4 月,果期 4—5 月。

　　产于南京城区、江宁、句容等地,偶见,生于山坡树林中。

4. 小叶杨

Populus simonii Carrière

　　落叶乔木。高可达 20 m。叶片菱状倒卵形,中部以上较宽,长 3~12 cm,宽 2~8 cm,基部楔形或阔楔形,叶面亮绿色,叶背灰绿色或微白色;叶柄圆柱形。雄花花序长 2~7 cm;雌花花序长 3~6 cm。果序长约 10 cm;蒴果小,2~3 瓣裂。花期 3—5 月,果期 4—6 月。

　　产于南京周边,偶见,生于山区和平原,通常栽植于河岸或村舍近旁。

朱鑫鑫　供图

柳属（*Salix*）

5. 腺柳　河柳

***Salix chaenomeloides* Kimura**

　　落叶乔木或小乔木。小枝红褐色或褐色。叶片长椭圆形或长圆状披针形，基部楔形，少圆形，叶面绿色，叶背苍白或灰白色；叶柄淡红色，顶端有腺体。花序长 4~6 cm；雄花花序的雄花腺体 2，雄蕊 3~5；雌花花序的雌花腺体 1。蒴果卵形，长约 3 mm。花期 4 月，果期 5 月。

　　产于南京及周边各地，常见，生于溪边沟旁，耐水湿。

　　树皮含鞣质。枝条供编织。木材可做器具和火柴杆。纤维可搓绳。亦可用于河岸绿化。

6. 紫柳

***Salix wilsonii* Seemen**

　　落叶乔木。高可达 13 m。枝条暗褐色。叶片宽椭圆形、卵形或卵状长椭圆形，基部楔形至圆形，边缘具圆齿或圆状锯齿，顶端急尖至渐尖，叶面绿色，叶背苍白。花、叶同放。雄花花序具梗，花排列疏松，雄蕊 3~5（6）；雌花花序长 2~4 cm。蒴果卵状椭圆形。花期 3—4 月，果期 5 月。

　　产于南京、句容，常见，生于平原、河岸的水边。

7. 南京柳

Salix nankingensis C. Wang & S. L. Tung

　　落叶灌木或小乔木。枝条深紫褐色,小枝红褐色。叶片披针形或长圆状披针形,长 2~8 cm,宽 1~2 cm,基部阔楔形或近圆形,边缘有细腺齿,顶端渐尖。雄花花序长 2~3 cm,苞片黄绿色,腺体 2,雄蕊 5,少数 3~4;雌花花序长 1 cm。花期 3 月,果期 5—6 月。

　　产于南京,稀见,生于水边或山边。

　　本种可用于河岸绿化。

8. 旱柳

Salix matsudana Koidz.

落叶乔木。高可达 18 m。树冠广圆状。叶片披针形，基部狭圆形，边缘具腺齿，顶端长渐尖，叶面绿色，有光泽，叶背有白粉或苍白色。雌雄花的背、腹面均有腺体 2；雄花花序圆筒状，长 1~3 cm，雄蕊 2；雌花花序长约 2 cm，基部具 3~5 枚小叶。蒴果长约 3 mm。花期 4 月，果期 4—5 月。

产于南京及周边各地，常见，生于平地或低洼处。栽培或野生。

9. 三蕊柳　日本三蕊柳

Salix nipponica Franch. & Sav.

　　落叶灌木或乔木。叶片宽长圆状披针形、披针形或倒披针形，长 7~10 cm，宽 1.5~3.0 cm，基部圆形或楔形，边缘有腺齿；叶柄长 5~10 mm，顶部常有 2 个腺体。雄花花序长 3~7 cm，基部有全缘的小叶，雄花背、腹面有腺体 2，雄蕊 3，极少数 2、4 或 5；雌花花序长 3~7 cm。花期 4 月，果期 5 月。

　　产于南京及周边各地，偶见，生于路边、溪旁或树林中。

　　嫩叶和树皮可做黄色染料。

大戟科
EUPHORBIACEAE

【APG Ⅳ 系统的大戟科，调整了部分传统划入大戟科的属，独立为叶下珠科等类群】

乔木、灌木或草本。木质根，稀为肉质块根。通常无刺。常有乳状汁液，白色，稀为淡红色。叶互生，少有对生或轮生，单叶，稀为复叶，或叶退化呈鳞片状；具羽状脉或掌状脉；叶柄基部或顶端有时具有 1~2 枚腺体；托叶 2。花单性，雌雄同株或异株，通常为聚伞或总状花序；花瓣有或无；花盘环状或分裂成为腺体状。果为蒴果，或为浆果状或核果状。种子常有显著种阜，胚乳丰富，肉质或油质。

本科为世界性分布的大科，为被子植物第七大科，共 230 属 5 600~6 400 种，广布于全球各地。我国产 59 属约 270 种。南京及周边分布有 7 属 21 种。

大戟科分属检索表

1. 草本植物。
  2. 穗状或总状花序；植物体无乳汁。
    3. 顶生总状花序，雄花有花瓣；多年生 ························· **1. 地构叶属** *Speranskia*
    3. 腋生穗状花序，雄花无花瓣；一年生 ······················· **2. 铁苋菜属** *Acalypha*
  2. 杯状聚伞花序；植物体有乳汁 ······························· **3. 大戟属** *Euphorbia*
1. 木本植物。
  4. 花小，无花瓣；蒴果。
    5. 植物体被毛；叶片有粗锯齿。
      6. 叶互生，有细柔毛；雄蕊 8 ····················· **4. 山麻秆属** *Alchornea*
      6. 叶互生或对生，有星状毛；雄蕊 20 以上 ·········· **5. 野桐属** *Mallotus*
    5. 植物体无毛；叶片全缘 ······························· **6. 乌桕属** *Triadica*
  4. 花大，花瓣 5，直径 3 cm；核果 ··························· **7. 油桐属** *Vernicia*

1. 地构叶属（*Speranskia*）

1. 地构叶

Speranskia tuberculata (Bunge) Baill.

多年生草本或亚灌木。高 25~50 cm。茎直立。叶纸质，披针形或卵状披针形，顶端渐尖，尖头钝，基部阔楔形或圆形。总状花序长 6~15 cm，上部具 20~30 朵雄花，下部具 6~10 朵雌花；雄花 2~4 朵生于苞腋；雌花 1~2 朵生于苞腋，花瓣与雄花相似。蒴果扁球形。花果期 5—9 月。

产于盱眙、六合等地，常见，生于荒地山坡。

2. 铁苋菜属（*Acalypha*）分种检索表

1. 花序短于 1 cm；雌花苞片长 5 mm，5 深裂 ················· **1. 裂苞铁苋菜** A. supera
1. 花序长于 1 cm；雌花苞片长 10 mm 以上，具齿 ············· **2. 铁苋菜** A. australis

1. 裂苞铁苋菜　短穗铁苋菜

Acalypha supera Forssk.

朱鑫鑫　供图

　　一年生草本。高 20~80 cm。全株被短柔毛和散生的毛。叶膜质，卵形、阔卵形或菱状卵形，长 2.0~5.5 cm。雌雄花同序；花序 1~3 个腋生，长 5~9 mm；雌花苞片 3~5，长约 5 mm，掌状深裂，苞腋具 1 朵雌花；雄花密生于花序上部。蒴果直径 2 mm。花期 6—11 月，果期 7—12 月。

　　产于句容，偶见，生于湿润山坡、路旁。

2. 铁苋菜　海蚌含珠

Acalypha australis L.

　　一年生草本。高 20~50 cm。叶片膜质，长卵圆形、近菱状卵圆形或阔披针形，基出脉 3 条。雌雄花同序；花序腋生，稀顶生；雄花生于花序上部，组成穗状或头状；雌花苞叶 1~2（4），卵状心形，花后增大。苞腋具雌花 1~3 朵。蒴果直径 4 mm，具 3 个分果片。花果期 4—12 月。

　　产于南京及周边各地，极常见，生于平原、山坡较湿润耕地和空旷草地。

　　全草入药。

3. 大戟属（*Euphorbia*）分种检索表

1. 总苞腺体有花瓣状附属物。
  2. 茎斜生或近直立,叶片大。
    3. 茎无毛;蒴果无毛 ·· **1. 大地锦草** E. nutans
    3. 茎有褐色毛;蒴果有毛 ·· **2. 飞扬草** E. hirta
  2. 茎匍匐,叶片小。
    4. 蒴果有毛;叶片边缘有细锯齿。
      5. 总苞裂片 4;种子具 3 棱;茎无毛 ···················· **3. 地锦草** E. humifusa
      5. 总苞裂片 5;种子具 4 棱;茎被毛。
        6. 叶面绿色,中部具 1 长圆形紫色斑点;蒴果密被柔毛 ············ **4. 斑地锦草** E. maculata
        6. 叶面绿色,中部无紫斑;蒴果棱上被柔毛 ············ **5. 匍匐大戟** E. prostrata
    4. 蒴果无毛;叶片边缘全缘或近全缘。
      7. 总苞裂片撕裂状,腺体附属物不明显 ·················· **6. 小叶大戟** E. makinoi
      7. 总苞裂片 4,具明显腺体附属物 ·························· **7. 匍根大戟** E. serpens
1. 总苞腺体无花瓣状附属物。
  8. 腺体近圆形、半圆形、圆肾形或盘状,无角。
    9. 腺体半圆形或圆肾形。
      10. 蒴果和子房平滑,无瘤状凸起;种子近球状或卵球状。
        11. 根肥大纺锤形;总苞光滑;苞叶 2 枚 ············ **8. 月腺大戟** E. ebracteolata
        11. 根线状条形;总苞被毛;苞叶 2~3 枚 ············ **9. 湖北大戟** E. hylonoma
      10. 蒴果和子房被锥形瘤状凸起;种子长球形 ············ **10. 大戟** E. pekinensis
    9. 腺体盘状 ··· **11. 泽漆** E. helioscopia
  8. 腺体片状,有角。
    12. 叶片椭圆形至倒卵状披针形;根状茎长,有不定根 ············ **12. 钩腺大戟** E. sieboldiana
    12. 叶片狭条形至卵圆形;根状茎无 ························ **13. 乳浆大戟** E. esula

1. 大地锦草　美洲大戟

Euphorbia nutans Lag.

一年生草本。高 30~70 cm。叶对生;叶片长圆形,长 1~3 cm。聚伞花序簇生叶腋;总苞倒圆锥形,腺体 4;附属物扁平,白色或红色。蒴果三棱状卵形,直径 2.0~2.5 mm。种子卵球形。花期 7 月,果期 10 月。

产于南京及周边各地,偶见,生于旷野荒地,耐瘠薄。归化种。

2. 飞扬草

Euphorbia hirta L.

一年生草本。高 30~60 cm。茎单一,自中部向上分枝或不分枝。叶对生,披针状长圆形、长椭圆状卵形或卵状披针形,长 1~5 cm,基部略偏斜。花序多数,于叶腋处密集成头状;总苞钟状,高与直径各约 1 mm,被柔毛,边缘 5 裂,裂片三角状卵形;腺体 4,近于杯状。蒴果三棱状。花果期6—12 月。

产于南京,偶见,生于路旁或草丛。

3. 地锦草

Euphorbia humifusa Willd.

一年生草本。茎匍匐,自基部以上多分枝。叶对生;叶片矩圆形或椭圆形,顶端钝圆,基部偏斜,边缘常于中部以上具细锯齿。花序单生叶腋;总苞陀螺状;矩圆形腺体 4;雄花数朵;雌花 1 朵。蒴果三棱卵球状,成熟时分裂为 3 个分果爿;花柱宿存。花果期5—10 月。

产于南京及周边各地,常见,生于沙丘、原野、路旁、田间、山坡。全草入药。常见杂草。

4. 斑地锦草

Euphorbia maculata L.

一年生草本。根纤细。茎匍匐,长 10~17 cm,被白色疏柔毛。叶对生;叶片长椭圆形至肾状长圆形,顶端钝,基部偏斜;叶面绿色,中部常具有 1 个长圆形的紫色斑点。花序单生叶腋;腺体 4,黄绿色;雄花 4~5 朵;雌花 1 朵。蒴果三角状卵球形,成熟时分裂为 3 个分果爿。花果期 4—9 月。

产于南京及周边各地,极常见,生于平原或低山坡的路旁。

全草入药。常见杂草。

5. 匍匐大戟

Euphorbia prostrata Aiton

一年生草本。长 15~19 cm。茎匍匐,被毛。叶对生;叶片椭圆形至倒卵圆形,长 3~8 mm,宽 2~5 mm,顶端圆,基部偏斜,边缘全缘或具不规则的细锯齿。花序常单生叶腋;腺体 4;雄花数朵;雌花 1 朵,花柱 3,柱头 2 裂。蒴果三棱状,长和直径约 1.5 mm。花期 4—10 月。

产于南京及周边各地,极常见,生于路旁、屋旁和荒地灌丛。

叶可入药。常见杂草。

6. 小叶大戟

Euphorbia makinoi Hayata

　　一年生草本。长 5~10 cm。茎匍匐，自基部多分枝。叶对生；叶片椭圆状卵圆形，顶端圆，基部偏斜，不对称，近圆形，全缘或近全缘。花序单生；总苞近狭钟状；腺体 4；雄花 3~4 朵；雌花 1 朵。蒴果三棱状球形，成熟时分裂为3 个分果爿。花果期 5—10 月。

　　产于南京周边，常见，生于低海拔的干旱山坡、平原、荒野路旁。

7. 匍根大戟

Euphorbia serpens Kunth

　　一年生草本。长 15~20 cm。茎匍匐。叶对生,矩圆形,长 2~5 mm。总苞陀螺状至钟状,高 0.5~0.7 mm;腺体 4,肾圆形,附属物白色,较腺体长而宽。雄花 3~5 朵,苞叶线形;雌花明显伸出总苞外。种子长圆状卵形,长 0.9~1.1 mm。花果期 3—5 月。

　　产于南京,偶见,生于荒野路边。

8. 月腺大戟　　无苞大戟

Euphorbia ebracteolata Hayata

　　多年生草本。高 30~50 cm。主根肥大,纺锤形,姜黄色。茎疏被白色长柔毛。叶片倒披针形,先端钝圆。总苞叶 3~8 枚,同茎生叶,苞叶 2 枚;多歧聚伞花序顶生或腋生;总苞钟状,内面无毛;腺体 4,侧生于总苞边缘;雄花多数;雌花 1 朵,子房无毛,花柱 3。蒴果球形,平滑,无毛。花期 4—5 月,果期 6—7 月。

　　产于南京及周边各地,常见,生于山坡、草丛、林缘。

　　据 *Flora of China*,本种是甘肃大戟 *E. kansuensis* Prokh. 的误定。但本种茎具白色柔毛,而与甘肃大戟明显不同。本志仍延续旧版《江苏植物志》的处理(新版《江苏植物志》本种的形态描述仍然是甘肃大戟,因此参考旧版《江苏志植物志》描述更为准确)。

9. 湖北大戟

Euphorbia hylonoma Hand.-Mazz.

多年生草本。高 50~100 cm。主根线状条形，直伸。叶片长圆形至椭圆形，顶端圆。总苞叶 3~5 枚，同茎生叶，苞叶 2~3 枚。花序单生于二歧分枝顶端；总苞钟状；腺体 4，圆肾形；雄花多朵；雌花 1 朵，花柱 3，分离，柱头 2 裂。蒴果球状，光滑，成熟时分裂为 3 个分果片。花期 4—7 月，果期 6—9 月。

产于南京及周边各地，常见，生于山沟、山坡、灌丛、疏林等处。

茎、根、叶入药。

10. 大戟　京大戟

Euphorbia pekinensis Rupr.

多年生草本。高 40~80 cm。茎单生或自基部多分枝，每个分枝上部又具 4~5 分枝。叶互生；叶片椭圆形至披针形。总苞叶 4~7 枚；苞叶 2 枚，近卵圆形。花序单生于二歧分枝顶端；总苞杯状；腺体 4；雌花 1 朵；花柱 3。蒴果球状，被瘤状凸起，花柱宿存。花期 5—8 月，果期 6—9 月。

产于南京及周边各地，常见，生于草丛、山坡、荒地、路旁、林缘。

根入药，称"京大戟"。

11. 泽漆

Euphorbia helioscopia L.

一年生草本。高 10~50 cm。茎直立。叶互生；叶片倒卵形或匙形，顶端具齿。总苞叶 5 枚，倒卵状长圆形，总伞辐 5；苞叶 2 枚，卵圆形。花序单生；总苞钟状；腺体 4；雄花数朵，明显伸出总苞外；雌花 1 朵。蒴果三棱阔圆球状，光滑，无毛，成熟时分裂为 3 个分果爿。花果期 4—10 月。

产于南京及周边各地，极常见，生于路旁、山沟、山坡和荒野。全草入药。全株有毒。

12. 钩腺大戟

Euphorbia sieboldiana C. Morren & Decne.

多年生草本。高 40~70 cm。叶互生；叶片椭圆形至倒卵状披针形，顶端钝尖或渐尖。总苞叶 3~5 枚，椭圆形或卵状椭圆形；苞叶 2 枚，肾状圆形。总苞杯状，边缘 4 裂；腺体 4，新月形；雄花多数；雌花 1 朵，花柱 3。蒴果三棱球状，光滑，成熟时分裂为 3 个分果爿，花柱宿存。花果期 4—9 月。

产于句容等地，偶见，生于灌丛、林缘、山坡、林下、草地。

根状茎入药。

13. 乳浆大戟

Euphorbia esula L.

　　多年生草本。高 30~60 cm。茎单生或丛生。叶片狭条形至卵圆形,顶端尖或钝尖。总苞叶 3~5 枚,与茎生叶同形;苞叶 2 枚,常肾形。花序单生于二歧分枝的顶端;总苞钟状,边缘 5 裂;腺体 4,新月形;雌花 1 朵;花柱 3,分离,柱头 2 裂。蒴果三棱球状。花果期 4—10 月。

　　产于南京及周边各地,常见,生于林下、路旁、山坡、荒地、河沟边。

　　全株入药。全草有毒。

4. 山麻杆属（*Alchornea*）

1. 山麻杆

Alchornea davidii Franch.

　　落叶灌木。高 1~5 m。叶片薄纸质,阔卵圆形或近圆形,基部心形、浅心形或近截平,边缘具粗锯齿或具细齿,齿端具腺体,基部具斑状腺体 2 或 4,基出脉 3 条。雄花序穗状,雄花 5~6 朵簇生于苞腋;雌花序总状,顶生,具花 4~7 朵。蒴果近球状,具 3 圆棱。花期 3—5 月,果期 6—7 月。

　　产于盱眙、句容等地,偶见,生于向阳坡灌木丛中。

　　叶、茎、皮入药。春叶紫红色,用于园林观赏。

5. 野桐属（*Mallotus*）分种检索表

1. 叶背密被白色星状柔毛,叶面稍稀疏 ························· **1. 白背叶** M. apelta
1. 叶背被星状毛,叶面几无毛 ························· **2. 野梧桐** M. japonicus

1. 白背叶　白背叶野桐　白叶野桐

Mallotus apelta (Lour.) Müll. Arg.

灌木或小乔木。高 1~4 m。叶互生。叶片阔卵圆形或卵形,稀心形,基出脉 3 条;基部近叶柄处有褐色斑状腺体 2。花雌雄异株;雄花序为圆锥花序或穗状花序;雌花序穗状;雄花萼裂片 4;雌花萼裂片 3~5;花柱 3~4。蒴果近球状,密生长 5~10 mm 的线形软刺。花期 6—9 月,果期 8—11 月。

产于南京及周边各地,极常见,生于山坡或山谷灌丛中。

根、叶可入药。

2. 野梧桐

Mallotus japonicus (L. f.) Müll. Arg.

小乔木或灌木。高 2~4 m。嫩枝具纵棱。叶互生,纸质,形状多变,卵形或卵圆形,叶面几无毛,叶背疏被褐色星状毛;基出脉 3 条。花雌雄异株;花序总状或下部常具 3~5 分枝;雄花在每苞叶内具花 3~5 朵;雌花在每苞叶内具花 1 朵。蒴果近扁球形,密被有星状毛的软刺和红色腺点。花期 4—6 月,果期 7—8 月。

产于句容、浦口周边,常见,生于路边和林缘。

6. 乌桕属（*Triadica*）

1. 乌桕

Triadica sebifera (L.) Small

乔木。高可达 15 m，具乳汁。叶互生；叶片纸质，菱形、菱状卵圆形或稀有菱状倒卵圆形，顶端具长短不等的尖头，基部阔楔形或钝，全缘；叶柄顶端具 2 腺体。花单性，雌雄同株，聚集成顶生总状花序。蒴果梨状，成熟时黑色。种子扁球状，黑色，外被白色蜡质假种皮。花果期 5—10 月。

产于南京及周边各地，极常见，生于水边、路边和疏林内。栽培或野生。

树皮、根皮和叶片均可入药。著名秋色叶植物。

7. 油桐属 (*Vernicia*)

1. 油桐

Vernicia fordii (Hemsl.) Airy Shaw

落叶乔木。高可达 10 m。叶卵圆形，长 8~18 cm，顶端短尖，基部截平至浅心形，全缘，稀 1~3 浅裂；掌状脉 5 (~7) 条；叶柄顶端有 2 枚扁平、无柄腺体。花雌雄同株，先叶或与叶同时开放；花瓣白色，有淡红色脉纹，顶端圆形。核果近球状，直径 4~8 cm，果皮光滑。花期 3—4 月，果期 8—9 月。

产于浦口、句容、溧水等地，常见，生于路边、林边、荒坡。栽培或野生。

叶下珠科
PHYLLANTHACEAE

【 APG Ⅳ 系统的叶下珠科，由传统大戟科中独立的部分属组成 】

乔木、灌木或草本。无乳汁。单叶，互生，通常在侧枝上排成 2 列，呈羽状复叶，全缘；羽状脉。花通常小、单性，雌雄同株或异株，单生、簇生，或组成聚伞、团伞、总状或圆锥花序；花梗纤细；无花瓣；雄花萼片（ 2 ）3~6；雄蕊 2~6；雌花萼片与雄花同数或较多；子房通常 3 室。蒴果。种子多三棱状。

共 67 属约 2 100 种，广布于全球热带及温带地区。我国产 16 属约 147 种。南京及周边分布有 4 属 10 种。

叶下珠科分种检索表

1. 花有花瓣和花盘；萼片 5，雄蕊 5 ·· **1. 雀儿舌头** *Leptopus chinensis*
1. 花无花瓣；有花盘或无花盘。
  2. 花有花盘；果实为蒴果，浆果状，核果状；雄花无退化雌蕊。
    3. 草本，果实为蒴果。
      4. 蒴果表面有鳞片状凸起。
        5. 叶片近革质，线状披针形、长圆形或狭椭圆形；果梗丝状，长 5~12 mm
          ··· **2. 黄珠子草** *Phyllanthus virgatus*
        5. 叶片纸质，因叶柄扭转而呈羽状排列，长圆形或倒卵形；果梗短，长 2~4 mm
          ··· **3. 叶下珠** *Phyllanthus urinaria*
      4. 蒴果表面光滑 ·· **4. 蜜甘草** *Phyllanthus ussuriensis*
    3. 木本，果实为浆果。
      6. 果期萼片宿存 ·· **5. 青灰叶下珠** *Phyllanthus glaucus*
      6. 果期萼片脱落 ·· **6. 落萼叶下珠** *Phyllanthus flexuosus*
  2. 花无花盘；果实为蒴果，扁球状。
    7. 萼片 6；子房 3~15 室。
      8. 蒴果与叶片无毛 ·· **7. 湖北算盘子** *Glochidion wilsonii*
      8. 蒴果与叶片被毛。
        9. 叶片和蒴果密被短柔毛；花柱和子房等长 ··························· **8. 算盘子** *Glochidion puberum*
        9. 叶片和蒴果密被长柔毛；花柱长为子房的 3 倍 ··············· **9. 毛果算盘子** *Glochidion eriocarpum*
    7. 萼片 5，子房 3 室 ·· **10. 一叶萩** *Flueggea suffruticosa*

雀舌木属（*Leptopus*）

1. 雀儿舌头

Leptopus chinensis (Bunge) Pojark.

直立灌木。高可达 3 m。叶片膜质至薄纸质,卵圆形、椭圆形或披针形。雌雄同株;花单生或 2~4 朵簇生叶腋;萼片、花瓣和雄蕊均为 5;花瓣白色;雌花花瓣倒卵形,长 1.5 mm。蒴果圆球状或扁球状,基部有宿存的萼片。花期 2—8 月,果期 6—10 月。

产于南京周边,偶见,生于林缘、灌木丛和沟谷中。

根、茎和果实均可入药。

叶下珠属（*Phyllanthus*）

2. 黄珠子草

Phyllanthus virgatus G. Forst.

一年生草本。高可达 60 cm。全株无毛。叶片近革质,条状披针形、长圆形或狭椭圆形,顶端钝或急尖,有小尖头。通常 2~4 朵雄花和 1 朵雌花同簇生叶腋;雄花直径约 1 mm;雌花花萼深 6 裂,紫红色,反卷。蒴果扁球状,有鳞片状凸起;萼片宿存。花期 4—5 月,果期 6—11 月。

产于南京及周边各地,常见,生于平原、草坡、沟边草丛或路旁灌丛中。

全草可入药。

3. 叶下珠

Phyllanthus urinaria L.

一年生草本。高 10~60 cm。叶片纸质,因叶柄扭转而呈羽状排列,长圆形或倒卵圆形,顶端圆、钝或急尖,叶背灰绿色。花雌雄同株;雄花 2~4 朵簇生叶腋;雌花单生于小枝中下部的叶腋。蒴果球状,直径 1~2 mm,红色,表面具小凸起。花期 4—6 月,果期 7—11 月。

产于南京及周边各地,常见,生于旷野平地、旱田、山地路旁或林缘。

全草入药。

4. 蜜甘草

Phyllanthus ussuriensis Rupr. & Maxim.

一年生草本。高可达 60 cm。全体无毛。茎直立。叶片纸质,椭圆形至长圆形,顶端急尖至钝,基部近圆,叶背白绿色。花雌雄同株,单生或数朵簇生叶腋;雄花萼片 4,宽卵形;雌花萼片 6,长椭圆形,果时反折,花柱 3,顶端 2 裂。蒴果扁球状,直径约 2.5 mm,平滑。花期 4—6 月,果期 7—10 月。

产于南京及周边各地,常见,生于山坡或路旁草地。

全草入药。

5. 青灰叶下珠

Phyllanthus glaucus Wall. ex Müll. Arg.

灌木。高可达 4 m。全体无毛。叶片膜质，椭圆形或长圆形，顶端急尖，有小尖头，基部钝至圆，叶背稍苍白色。雌花 1 朵与雄花数朵簇生叶腋；花直径约 3 mm；雄花萼片 6；雌花萼片 6，卵圆形，花柱 3。蒴果浆果状，直径约 1 cm，紫黑色，基部有宿存的萼片。花期 4—7 月，果期 7—10 月。

产于南京以南地区，常见，生于山地灌木丛中或稀疏林下。

根入药。

6. 落萼叶下珠

Phyllanthus flexuosus (Siebold & Zucc.) Müll. Arg.

灌木。高可达 3 m。叶片纸质，椭圆形至卵圆形，顶端渐尖或钝，基部钝至圆，叶背稍带白绿色。雄花数朵和雌花 1 朵簇生叶腋；雄花萼片 5，宽卵形或近圆形，暗紫红色，雄蕊 5；雌花直径约 3 mm，萼片 6。蒴果浆果状，扁球状，基部萼片脱落。花期 4—5 月，果期 6—9 月。

产于南京城区、溧水和句容等地，常见，生于沟边、山地疏林下、路旁或灌丛中。

全株、茎或嫩茎叶均可入药。

算盘子属（*Glochidion*）

7. 湖北算盘子

***Glochidion wilsonii* Hutch.**

灌木。高 1~4 m。枝条具棱；小枝直而开展。除叶柄外，全株均无毛。叶片纸质，披针形或斜披针形，长 3~10 cm，宽 1.5~4.0 cm。雌雄同株，簇生叶腋内；雄花生于小枝下部，雌花生于小枝上部。蒴果扁球状，直径约 1.5 cm。种子近三棱状，红色。花期 4—7 月，果期 6—9 月。

产于南京周边，偶见，生于杂木林中。

8. 算盘子

***Glochidion puberum* (L.) Hutch.**

直立灌木。高 1~5 m。叶片纸质或近革质，长圆形、长卵圆形或倒卵状长圆形，顶端钝、急尖、短渐尖或圆，基部楔形至钝。花小，雌雄同株或异株，2~5 朵簇生叶腋内。蒴果扁球状，直径 8~15 mm，成熟时带红色，顶端具环状的宿存花柱。花期 4—8 月，果期 7—11 月。

产于南京及周边各地，常见，生于山坡灌木丛中或林缘。

根、茎、叶均可入药。

9. 毛果算盘子

Glochidion eriocarpum Champ. ex Benth.

灌木。高 3~4 m。小枝密被淡黄色、扩展的长柔毛。叶片纸质,卵形、狭卵形或宽卵形,长 4~8 cm,两面均被长柔毛,叶背毛被较密。花单生或 2~4 朵簇生叶腋内;雌花生于小枝上部,雄花则生于下部;子房扁球状,密被柔毛,4~5 室。蒴果扁球状,直径 8~10 mm,密被长柔毛,顶端具圆柱状稍伸长的宿存花柱。花果期 5—10 月。

本种于南京及周边地区的分布存疑,经笔者野外及标本观察,本地区果实毛被较密集的类群依然在算盘子 *G. puberum*(L.)Hutch. 这一种的变异范围内。本种的实际分布地应该更靠近我国华南及西南地区。

白饭树属（*Flueggea*）

10. 一叶萩

Flueggea suffruticosa (Pall.) Baill.

灌木。高 1~3 m。叶片纸质,椭圆形或长椭圆形,顶端急尖至圆钝,基部楔形,全缘或有不整齐的波状齿或细锯齿。雌雄异株;花腋生;雄花 3~18 朵,簇生;雌花萼片 5,椭圆形至卵形,近全缘,花柱 3。蒴果三棱扁球状,直径约 5 mm,3 片裂,基部常有宿存的萼片。花期 3—8 月,果期 6—11 月。

产于南京及周边各地,常见,生于山坡灌丛中或山沟、路边。

叶、花和果实可入药。

牻牛儿苗科
GERANIACEAE

草本,稀为亚灌木或灌木。叶互生或对生,叶片通常掌状或羽裂,具托叶。聚伞花序腋生或顶生,稀花单生;花两性,整齐,辐射对称或稀为两侧对称;萼片通常5或稀为4,覆瓦状排列;花瓣5或稀为4,覆瓦状排列;子房上位,心皮(2)3~5,3~5室。果实为蒴果,每果瓣具1种子。

共6属约835种,广泛分布于全球热带及温带地区。我国产3属约63种。南京及周边分布有2属5种。

牻牛儿苗科分种检索表

1. 单叶。
  2. 多年生草本。
    3. 植株有腺毛,基生叶5深裂;茎生叶常3裂 ················ **1. 老鹳草** *Geranium wilfordii*
    3. 植株无腺毛;茎生叶常5裂,上部叶片3裂 ············ **2. 鼠掌老鹳草** *Geranium sibiricum*
  2. 一年生草本,叶互生,最上部对生;叶片圆肾形,掌状5或7裂至基部
    ······················· **3. 野老鹳草** *Geranium carolinianum*
1. 羽状复叶。
  4. 多年生草本,植株高15~50 cm ················ **4. 牻牛儿苗** *Erodium stephanianum*
  4. 一年生或二年生草本,高10~20 cm ·········· **5. 芹叶牻牛儿苗** *Erodium cicutarium*

老鹳草属(*Geranium*)

1. 老鹳草

Geranium wilfordii Maxim.

多年生草本。高30~70 cm。茎直立,单生,假二叉状分枝,密生倒向细柔毛。叶对生;基生叶圆肾形,5深裂;茎生叶常3裂,中央裂片稍大,倒卵形,有缺刻或浅裂。花序腋生及顶生,具花2朵;花瓣淡红色或白色。蒴果长约2 cm,被毛。花期6—8月,果期8—10月。

产于南京及周边各地,常见,生于山坡草丛、平原路边和树林下。

全草可入药。

2. 鼠掌老鹳草

Geranium sibiricum L.

多年生草本。高 30~70 cm。叶对生；基生叶和茎下部叶具长柄，柄长为叶片的 2~3 倍；茎下部叶肾状五角形，基部宽心形，长 3~6 cm，宽 4~8 cm，掌状 5 深裂。总花梗丝状，单生叶腋，具花 1 朵或偶具花 2 朵；花瓣倒卵形，淡紫色或白色。蒴果长 15~18 mm。花期 6—7 月，果期 8—9 月。

产于南京，偶见，生于林缘。

3. 野老鹳草

Geranium carolinianum L.

一年生草本。高 10~70 cm。茎直立或仰卧，密被倒向短柔毛。基生叶早枯；茎生叶互生或最上部对生；茎下部叶具长柄；叶片圆肾形，基部心形，掌状 5 或 7 裂至近基部。花序长于叶，每花序梗具花 2 朵；花瓣淡紫红色或白色，稍长于萼片，顶端圆形。蒴果长约 2 cm，被毛。花期 4—7 月，果期 5—9 月。

产于南京及周边各地，极常见，生于山坡平原、荒地、路边的杂草丛中。

全草入药。

牻牛儿苗属（*Erodium*）

4. 牻牛儿苗

Erodium stephanianum Willd.

多年生草本。高 15~50 cm。茎多数,分枝平铺地面或稍斜升。叶对生;叶片 2 回羽状深裂至全裂。伞形花序腋生;花序梗长于叶,长 5~15 cm;具花 2~5 朵;花瓣蓝紫色,倒卵圆形,等长或稍长于萼片。蒴果长约 4 cm,顶端具长喙,喙呈螺旋状,密被短糙毛。花期 4—8 月,果期 5—9 月。

产于南京,稀见,生于田边、山坡、路边草丛或沟边。

全草入药。

5. 芹叶牻牛儿苗

Erodium cicutarium (L.) L'Hér.

一年生或二年生草本。高 10~20 cm。茎多数,直立、斜升或蔓生。叶对生或互生;叶片矩圆形或披针形,2 回深羽裂或全裂。伞形花序腋生;常具花 2~10 朵;花瓣淡红色或紫红色,倒卵圆形。蒴果长 2~4 cm,果中轴和果瓣的喙长而极显著。花期 6—7 月,果期 7—10 月。

产于江宁、六合、盱眙等地,偶见,生于山坡草地、路边草丛中。

草本、灌木或乔木。枝通常四棱形。叶对生,稀轮生或互生,全缘。花两性,通常辐射对称,稀左右对称,单生或簇生,或组成顶生或腋生的穗状花序、总状花序或圆锥花序;花萼筒状或钟状;花瓣与萼裂片同数或无花瓣;子房上位,2~16 室。蒴果革质或膜质。种子多数,形状不一,有翅或无翅。

共 29 属约 600 种,分布于全球热带及亚热带地区,少数延伸至温带地区。我国产 13 属约 57 种。南京及周边分布有 5 属 9 种。

千屈菜科
LYTHRACEAE

【APG Ⅳ 系统的千屈菜科,合并了传统的菱科与石榴科】

千屈菜科分种检索表

1. 草本植物。
  2. 直立或倾斜草本,多近水生。
    3. 花瓣不明显或者无花瓣;花萼钟状或壶状,长宽近相等。
      4. 腋生聚伞花序、单生或稠密花束;蒴果不规则开裂。
        5. 叶片基部不呈耳状;花瓣无;花柱极短或退化 ················· **1. 水苋菜** *Ammannia baccifera*
        5. 叶片基部心状耳形;花瓣 4,紫色或白色;花柱与子房近等长 ···**2. 耳基水苋菜** *Ammannia auriculata*
      4. 花单生,或组成总状花序或穗状花序;蒴果 3~5 裂。
        6. 有花瓣;叶对生。
          7. 花序顶生;叶片近圆形;茎近圆形 ················· **3. 圆叶节节菜** *Rotala rotundifolia*
          7. 花序腋生;叶倒卵形或椭圆形;茎 4 棱形 ················· **4. 节节菜** *Rotala indica*
        6. 无花瓣;叶片轮生 ················· **5. 轮叶节节菜** *Rotala mexicana*
    3. 花瓣显著,花瓣 6,花大,宽可达 1.6 cm ················· **6. 千屈菜** *Lythrum salicaria*
  2. 一年生浮水水生草本;果三角状菱形,具 4 刺角。
    8. 叶片斜方形或三角状菱形,锯齿齿端不裂,叶背有棕色斑块 ················· **7. 细果野菱** *Trapa incisa*
    8. 叶片三角状菱形,锯齿齿端再 2 浅裂,叶背绿色带紫 ················· **8. 欧菱** *Trapa natans*
1. 木本植物;顶生圆锥花序,花大色艳 ················· **9. 紫薇** *Lagerstroemia indica*

水苋菜属（*Ammannia*）

1. 水苋菜

Ammannia baccifera L.

一年生草本。高 10~100 cm。茎多分枝,有 4 棱,略带淡紫色。叶对生;叶片披针形、倒披针形或狭倒卵形,顶端钝或短尖。聚伞花序在茎顶和侧枝上生,较密集,具花数朵,稀仅 1 朵花;花瓣无;雄蕊 4。蒴果球状,紫红色,下半部包被于宿存萼筒中,直径 1~1.5 mm。花期 8—10 月,果期 9—12 月。

产于南京及周边各地,常见,生于湿地或稻田中。

全草可入药。

2. 耳基水苋菜

Ammannia auriculata Willd.

一年生草本。高 15~60 cm。直立。叶对生,膜质,狭披针形或矩圆状披针形,基部扩大,多少呈心状耳形,半抱茎。聚伞花序腋生;通常具花 3 朵,多可至 15 朵;花瓣 4,紫色或白色,近圆形。蒴果扁球形,成熟时约 1/3 突出于萼之外,紫红色,直径 2.0~3.5 mm。花期 8—12 月。

产于江宁、句容、丹徒等地,常见,生于稻田和水塘边。

节节菜属 (*Rotala*)

3. 圆叶节节菜

Rotala rotundifolia (Buch.-Ham. ex Roxb.) Koehne

一年生或多年生草本。高 5~30 cm。匍匐地上。茎直立,紫红色,单一或具分枝,常丛生。叶对生;叶常近圆形、阔倒卵形或阔椭圆形。顶生穗状花序;花小;花瓣 4,具爪,淡紫红色,明显长于萼齿;雄蕊 4。蒴果椭圆球状,3~4 瓣裂。花果期 11 月至翌年 6 月。

产于南京及周边各地,常见,生于水田或山坡湿地。

全草可入药。

4. 节节菜

Rotala indica (Willd.) Koehne

一年生草本。高 5~40 cm。茎多分枝,略具 4 棱。叶对生;叶片倒卵形、椭圆形或近匙状长圆形,顶端近圆形或钝形而有小尖头。花排列成腋生的穗状花序,稀单生;花小;花萼 4 裂,萼筒管钟状;花瓣 4,淡红色。蒴果椭圆球状,稍有棱,常 2 瓣裂。花期 8—10 月,果期 10 月至翌年 4 月。

产于南京及周边各地,常见,生于水田或湿地。

全草可入药。

5. 轮叶节节菜

Rotala mexicana Schltdl. & Cham.

一年生小草本。高 3~10 cm。全体无毛,略带红色。节上生根。茎上部直立,露出水面。叶 3~8 片轮生或近茎枝上部的对生;叶片线形或线状披针形,长 5~10 mm。花单生叶腋,略带红色;花小;萼筒钟状;无花瓣。蒴果小,卵球状。花果期 9—12 月。

产于南京及周边各地,偶见,生于溪边浅水中。

千屈菜属（*Lythrum*）

6. 千屈菜

Lythrum salicaria L.

多年生草本或亚灌木。高可达 1.5 m。枝常具 4 棱。叶对生或 3 枚轮生,有时在茎上部互生;叶片狭卵状披针形,基部圆形或心形,有时稍抱茎。小聚伞花序组成顶生大型的穗状花序,长可达 35 cm;花瓣 6,紫红色或淡紫色。蒴果椭圆球状。花期 7—9 月,果期 10 月。

产于南京及周边各地,常见,生于水旁湿地。

全草入药。水滨观赏植物。

菱属（*Trapa*）

7. 细果野菱

Trapa incisa Siebold & Zucc.

　　一年生浮水水生草本。茎细长。浮水叶生于茎顶部，组成松散的莲座状；叶斜方形或三角状菱形，顶端圆钝或短尖，基部宽楔形。花瓣粉红色、淡紫色或白色，长 5~7 mm。果三角状菱形，具 4 个细刺状的角，果喙尖头帽状或细圆锥状。花期 5—10 月，果期 7—11 月。

　　产于南京及周边各地，稀见，生于湖泊、池塘、河湾或田沟等静水淡水水域。有栽培。

　　果、根可入药。果实可食用。国家二级重点保护野生植物。

8. 欧菱

Trapa natans L.

　　一年生浮水水生草本。茎直径 2.5~6.0 mm。浮水的叶柄长 2~18 cm，粗壮；叶三角状菱形，边缘中上部具不规则缺刻状牙齿，下部全缘。叶面光滑，暗绿色，叶背绿紫色。花瓣白色，鸡冠状。果实陀螺状，果喙四方体状到圆台状，或半圆球状。花期 5—10 月，果期 7—11 月。

　　产于南京及周边各地，极常见，生于湖泊、池塘、河流、沼泽。栽培或野生。

　　果实可食用。

紫薇属（*Lagerstroemia*）

9. 紫薇

Lagerstroemia indica L.

乔木。高可达 16 m。树皮平滑，小枝纤细，具 4 棱，略呈翅状。叶互生或有时对生，纸质，椭圆形、阔矩圆形或倒卵形。花淡红色、紫色或白色，直径 3~4 cm，常组成长达 7~20 cm 的顶生圆锥花序；花瓣 6，皱缩，具长爪。蒴果椭圆状球形或阔椭圆形，长 1.0~1.3 cm。花期 6—9 月，果期 9—12 月。

产于南京及周边各地，常见，生于庭园及荒野。栽培或野生。

常见园林观赏树种。

草本、半灌木或灌木,稀为小乔木,有的为水生草本。叶螺旋状排列或对生。花两性,稀单性,辐射对称或两侧对称,单生叶腋,或组成顶生的穗状花序、总状花序或圆锥花序。花通常4数,稀2或5数;萼片(2)4~5;花瓣(0)4~5;子房下位,(1)4~5室。果为蒴果,室背开裂、室间开裂或不开裂,有时为浆果或坚果。

共22属650~680种,广布于全球各地。我国产8属约73种。南京及周边分布有4属10种1亚种。

> **柳叶菜科**
> ONAGRACEAE

柳叶菜科分种检索表

1. 萼片和花瓣4(5);浆果或蒴果,无钩毛。
  2. 种子有种缨。
    3. 叶片边缘有细锯齿;种子顶端有白色或黄白色种缨 ··················· **1. 柳叶菜** *Epilobium hirsutum*
    3. 叶片边缘有不规则疏锯齿;种子顶端有棕色种缨 ··········· **2. 长籽柳叶菜** *Epilobium pyrricholophum*
  2. 种子无种缨。
    4. 萼片花后宿存,花柄具小苞片2枚。
      5. 叶片卵形至椭圆形,无花瓣 ··················· **3. 卵叶丁香蓼** *Ludwigia ovalis*
      5. 叶片长圆形至长圆状披针形,有花瓣。
        6. 萼片与雄蕊数量等同··················· **4. 假柳叶菜** *Ludwigia epilobioides*
        6. 萼片数量是雄蕊数量的一半。
          7. 茎无毛,横向浮水茎的节上簇生根状浮器。
            8. 叶长圆形或倒卵状长圆形,顶端锐尖或渐尖;花瓣金黄色
            ··················· **5. 黄花水龙** *Ludwigia peploides* subsp. *stipulacea*
            8. 叶倒卵形或倒卵状披针形,顶端钝圆形;花瓣白色··················· **6. 水龙** *Ludwigia adscendens*
          7. 茎被毛,无根状浮器 ··················· **7. 细果草龙** *Ludwigia leptocarpa*
    4. 萼片花后脱落,花柄无小苞片。
      9. 花瓣长0.5~1.8 cm;茎生叶具齿或深羽裂;种子不具棱角 ··········**8. 裂叶月见草** *Oenothera laciniata*
      9. 花瓣长2.5~3.0 cm;茎生叶边缘有5~19枚稀疏钝齿;种子具棱角 ····· **9. 月见草** *Oenothera biennis*
1. 萼片、花瓣和雄蕊各2;蒴果有钩毛。
  10. 花瓣白色;花序轴和花柄被毛··················· **10. 露珠草** *Circaea cordata*
  10. 花瓣粉红色;花序轴和花柄无毛··················· **11. 谷蓼** *Circaea erubescens*

柳叶菜属（*Epilobium*）

1. 柳叶菜

Epilobium hirsutum L.

多年生草本。高 50~120 cm。常自根颈平卧处生出 1 m 多长的粗壮地下匍匐根状茎。茎下部和中部的叶对生，上部的叶互生；叶片狭卵状披针形；基部无柄，略抱茎。花单生叶腋或组成总状花序；花瓣 4，淡红色或紫红色。蒴果细长圆柱状，长 5~7 cm，有短腺毛。花期 6—8 月，果期 7—10 月。

产于南京及周边各地，偶见，生于山区和田野的湿地或水边。

花、根或全草入药。

2. 长籽柳叶菜

Epilobium pyrricholophum Franch. & Sav.

多年生草本。高 25~80 cm。茎常多分枝。茎生叶对生；花序轴上的叶互生。叶片卵形至宽卵形，有时披针形。花序直立；花瓣粉红色至紫红色，倒卵形至倒心形，长 6~8 mm。蒴果细长圆柱状，长 4~6 cm，有短腺毛。花期 6—8 月，果期 8—10 月。

产于南京及周边各地，偶见，生于溪边湿地。

丁香蓼属（*Ludwigia*）

3. 卵叶丁香蓼

Ludwigia ovalis Miq.

多年生匍匐草本。全株近无毛,节上生根;茎长 50 cm,茎枝顶端上升。叶互生;叶片卵形至椭圆形,基部骤狭成具翅的柄。花单生于茎枝上部叶腋;萼片 4,卵状三角形,先端锐尖;花瓣无。蒴果近长圆形,具 4 棱,果皮木栓质,不规则室背开裂。种子每室多列,种脊明显。花期 7—8 月,果期 8—9 月。

产于南京城区、江宁等地,偶见,生于塘湖边或沼泽湿润处。

4. 假柳叶菜　丁香蓼

Ludwigia epilobioides Maxim.

一年生草本。高 20~50 cm。枝具 4 棱,略带红紫色。单叶,互生;叶片长圆状披针形,全缘。萼筒与子房合生,裂片 4~5,长约 2 mm;花瓣与萼裂片同数,黄色,稍短于萼裂片,早落。蒴果四棱圆柱状,直立或微弯,稍带紫色。种子嵌入木栓质内果皮中。花期7—10 月,果期 9—11 月。

产于南京及周边各地,常见,生于田间水旁、沼泽地。

全草入药。

旧版《江苏植物志》所载丁香蓼 *L. prostrata* Roxb. 实为本种的误订,后者种子与内果皮离生,江苏不产。

5. 黄花水龙

Ludwigia peploides subsp. *stipulacea* (Ohwi) P. H. Raven

多年生浮水或上升草本。浮水茎长 3 m 以上，直立茎高达 60 cm。无毛。叶片长圆形或倒卵状长圆形，顶端常锐尖，基部狭楔形。花单生于上部叶腋；花瓣金黄色，倒卵形，长 7~13 mm，顶端钝圆或微凹。蒴果圆筒状，浅褐色，具 10 条纵棱，长 1.0~2.5 cm。花期 5—10 月，果期 7—11 月。

产于南京及周边各地，常见，生于池塘、水田、湿地。

全草入药。水生观赏植物。

6. 水龙

Ludwigia adscendens (L.) H. Hara

多年生浮水或上升草本。浮水茎长可达 3 m。叶片倒卵形、椭圆形或倒卵状披针形，尖端常钝圆，有时近锐尖。花单生于上部叶腋；花瓣 5，乳白色或淡黄色，倒卵形，长 8~14 mm，顶端圆形或平面微凹。蒴果淡褐色，圆柱状。花期 5—8 月，果期 8—11 月。

产于高淳等地，偶见，生于水田或浅水池塘。

全草入药。

7. 细果草龙　细果毛草龙

Ludwigia leptocarpa (Nutt.) H. Hara

一年生或多年生草本。高可达 2 m。全株疏被开展的细柔毛。茎基部稍木质化。叶互生,叶片披针形或条状披针形。花通常单生叶腋;萼片和花瓣常为 5,偶 4、6 或 7;萼片三角状卵形;花瓣黄色;雄蕊数为萼片的 2 倍。蒴果条状圆柱形,长达 4 cm,表面被开展细柔毛。种子有细洼点。花果期 7—12 月。

产于南京及周边各地,常见,生于水边或水边湿地。

原产地为美洲,于全世界各地广泛归化。我国江苏南部及浙江省有归化报道。

月见草属（*Oenothera*）

8. 裂叶月见草

Oenothera laciniata Hill

一年生或多年生草本。高 10~50 cm。下部叶线状倒披针形,边缘深羽裂;茎生叶狭倒卵形或狭椭圆形,基部楔形,下部常羽裂。花序穗状,生茎枝顶部;花管黄色,盛开时稍带红色;萼片绿色或黄绿色,开放时反折;花瓣淡黄至黄色。蒴果圆柱状。花期 4—9 月,果期 5—11 月。

产于南京周边,偶见,生于路边、沙堆和林边等处。入侵种。

9. 月见草

Oenothera biennis L.

二年生粗壮草本。高 0.5~2.0 m。基生叶莲座状,叶片倒披针形;茎生的叶片椭圆形至倒披针形;花下叶呈苞片状。花单生叶腋,密集于茎、枝顶部,呈穗状;花管黄绿色;萼片绿色,开花时顶端反折;花瓣黄色,稀淡黄色。蒴果圆柱形锥状,具明显的棱。花期 5—8 月,果期 8—12 月。

产于南京及周边各地,常见,生于水边和湿润荒地。栽培或逸生。

种子、根入药。可栽培供观赏。

露珠草属（*Circaea*）

10. 露珠草

Circaea cordata Royle

一年生草本。高 20~90 cm。毛被通常较密。叶狭卵形至宽卵形,中部的长 4~11 cm。单总状花序顶生,长 5~20 cm;花瓣白色,倒卵形至阔倒卵形,长 1.0~2.4 mm。果实斜倒卵形至透镜形,长 3.0~3.9 mm。花期 6—8 月,果期 7—9 月。

产于句容、丹徒,偶见,生于林下或路边。

11. 谷蓼

Circaea erubescens Franch. & Sav.

一年生草本。株高 10~120 cm。无毛。叶披针形至卵形，稀阔卵形，长 2.5~10.0 cm，宽 1~6 cm。顶生总状花序不分枝或基部分枝，长 2~20 cm；花瓣狭倒卵状菱形至阔倒卵状菱形或倒卵形，长 0.8~1.7 mm。果实长 1.7~3.2 mm。花期 6—9 月，果期 7—9 月。

产于溧水，偶见，生于阴湿林下。

野牡丹科
MELASTOMATACEAE

草本、灌木或小乔木。直立或攀缘，陆生或少数附生。单叶，对生或轮生，叶片全缘或具锯齿，通常基出脉为 3~5（9）条，侧脉通常平行，多数，极少为羽状脉。花两性，辐射对称，通常为 4~5 数，稀 3 或 6 数；排成聚伞花序、伞形花序、伞房花序，或由上述花序组成的圆锥花序，或蝎尾状聚伞花序；花萼漏斗形、钟形或杯形；花瓣通常具鲜艳的颜色，通常呈覆瓦状排列或螺旋状排列，常偏斜。蒴果或浆果。

共 173 属 4 500~4 600 种，分布于全球热带及亚热带地区。我国产 24 属约 159 种。南京及周边分布有 1 属 1 种。

金锦香属（*Osbeckia*）

1. 金锦香

Osbeckia chinensis L.

直立草本或亚灌木。高 20~60 cm。茎四棱形。叶对生；叶片条形或条状披针形。头状花序，顶生，具花 2~10 朵；花萼无毛，裂片 4；花瓣 4，淡紫红色或粉红色，长约 1 cm，具缘毛。蒴果卵球状，紫红色，宿存萼坛状，外面无毛或具少数刺毛凸起。花期 7—9 月，果期 9—11 月。

产于南京、句容等地，偶见，生于空旷山坡草丛中。

全草入药。

乔木或灌木。叶对生或互生,奇数羽状复叶或稀为单叶;叶有锯齿。花整齐,两性或杂性,稀为雌雄异株,在圆锥花序上花少(但有时花极多);萼片5;花瓣5,覆瓦状排列;雄蕊5;子房上位,3室,稀2或4。果实为蒴果状,常为多少分离的蓇葖果或不裂的核果、浆果。种子数枚,肉质或角质。

共5属45~50种,分布于热带亚洲和美洲及北温带。我国产3属约19种。南京及周边分布有2属2种。

省沽油科
STAPHYLEACEAE

省沽油科分种检索表

1. 奇数羽状复叶,小叶3~11枚;蓇葖果 ················· **1. 野鸦椿** *Euscaphis japonica*
1. 三出羽状复叶;蒴果,膀胱状,扁平 ················· **2. 省沽油** *Staphylea bumalda*

野鸦椿属(*Euscaphis*)

1. 野鸦椿

Euscaphis japonica (Thunb.) Kanitz

落叶灌木或小乔木。高2~5 m。奇数羽状复叶;小叶3~11枚;小叶片厚纸质,卵圆形或卵状披针形,顶端渐尖,基部圆形或宽楔形,边缘有细锐齿。顶生圆锥花序,长达16 cm;花小,密集,黄白色。蓇葖果长1~2 cm,成熟时紫红色。种子近圆球状。花期5—6月,果熟期9—10月。

产于南京及周边各地,常见,生于山坡、路旁或杂木林中。

根、果和树皮均可入药。秋季观果植物。

省沽油属（*Staphylea*）

2. 省沽油

Staphylea bumalda DC.

　　落叶灌木。高可达 5 m。三出羽状复叶；小叶片椭圆形或卵圆形，顶端渐尖或短尾尖，顶生小叶片基部楔形，下延。圆锥花序着生于当年生枝顶端；花瓣倒卵状长圆形，白色。蒴果膀胱状，扁平，长 1.5~4.0 cm，顶端 2 裂。花期 4—5 月，果熟期 8—9 月。

　　产于浦口，偶见，生于山腰阔叶林下。

　　种子可提制油脂，供制皂或制漆。果、根可入药。可栽培供观赏。

乔木或灌木,稀为木质藤本或亚灌木状草本。叶互生,稀对生,单叶,掌状 3 小叶或奇数羽状复叶。花小,辐射对称;两性、单性或杂性;组成顶生或腋生的圆锥花序;花萼多少合生,3~5 裂;花瓣 3~5,分离或基部合生;心皮 1~5,子房上位,少有半下位或下位,通常 1 室,少有 2~5 室。果多为核果,外果皮薄,中果皮通常厚,内果皮坚硬,骨质、硬壳质或革质,1 室或 3~5 室,每室具种子 1 枚。

共 83 属 600~800 种,分布于全球热带、亚热带地区,少数延伸到北温带地区。我国产 18 属约 61 种。南京及周边分布有 3 属 3 种。

漆树科
ANACARDIACEAE

漆树科分种检索表

1. 叶为奇数羽状复叶。
  2. 叶轴常有狭翅;核果扁圆球状,外果皮红色·················· **1. 盐麸木** *Rhus chinensis*
  2. 叶轴无狭翅;核果斜扁圆球状,外果皮淡棕黄色·········· **2. 木蜡树** *Toxicodendron sylvestre*
1. 叶为偶数羽状复叶·································· **3. 黄连木** *Pistacia chinensis*

盐麸木属 (*Rhus*)

1. 盐麸木

Rhus chinensis Mill.

落叶小乔木或灌木。高 5~6 m。奇数羽状复叶,互生;小叶 7~13 枚;叶轴常有狭翅;小叶片卵圆形至卵状椭圆形,顶端急尖,边缘有粗锯齿。圆锥花序顶生;雄花序长达 40 cm;雌花序较短;花瓣乳白色,倒卵状长圆形,外卷。核果扁圆球状,红色。花期 8—9 月,果期 10 月。

产于南京及周边各地,极常见,生于山坡林中。

幼枝和叶上寄生的虫瘿即中药"五倍子"。

漆树属（*Toxicodendron*）

2. 木蜡树

Toxicodendron sylvestre (Siebold & Zucc.) Kuntze

落叶乔木。高可达 10 m。奇数羽状复叶,叶轴密被棕黄色柔毛;小叶 7~13 枚,对生;小叶片卵圆形、卵状椭圆形或长圆形,全缘。圆锥花序长 8~15 cm;花瓣黄色,长圆形,具暗褐色脉纹。核果斜扁圆球状,宽约 8 mm,外果皮淡棕黄色。花期 5—6 月,果熟期 10 月。

产于南京、江宁、句容等地,常见,生于向阳山坡的疏林及石砾地。

种子油可制油墨、肥皂及油漆;种皮可取蜡,供制蜡烛。树干可割漆。

黄连木属（*Pistacia*）

3. 黄连木

Pistacia chinensis Bunge

　　落叶乔木。高可达 25 m。树皮鳞片状剥落。偶数羽状复叶，互生；小叶 10~14 枚，近对生，小叶片披针形或卵状披针形。花小，先叶开放；雌雄异株；雄花组成圆锥花序，雌花组成疏松的圆锥花序。核果倒卵球状，直径约 6 mm，成熟时有胚果实紫蓝色。花期 4 月，果熟期 10—11 月。

　　产于南京及周边各地，极常见，生于山林间或栽于村舍周边。

　　叶和芽可入药。优良秋色叶树种。

无患子科
SAPINDACEAE

【APG Ⅳ 系统的无患子科，合并了传统的槭树科与七叶树科】

乔木或灌木，有时为草质或木质藤本。羽状复叶、掌状复叶或单叶，互生或对生。聚伞圆锥花序顶生或腋生；花通常小，单性、杂性或两性，辐射对称或两侧对称；雄花萼片4~5，有时6，花瓣4~5，很少6，雄蕊5~10；雌花花被和花盘与雄花相同，雌蕊由2~4心皮组成，子房上位。果为室背开裂的蒴果、具长翅坚果，或不开裂而浆果状或核果状。

共143属1 700~1 900种，分布于全球热带、亚热带及温带地区。我国产25属约160种。南京及周边分布有3属6种3亚种。

无患子科分种检索表

1. 单叶或羽状复叶具 3 枚小叶；果实为翅果。
 2. 单叶。
  3. 叶片 3 裂、5 裂或不裂；伞房花序。
   4. 叶片 5 裂，边缘全缘 ………………………………………… **1. 五角槭** *Acer pictum* subsp. *mono*
   4. 叶片 3 裂、稀 5 裂或不裂。
    5. 乔木；叶片 3 裂或不分裂，裂片近等大，边缘全缘或略有浅齿 ……… **2. 三角槭** *Acer buergerianum*
    5. 小乔木或灌木；叶片 3~5 裂明显或不明显，不等大，边缘有缺刻状重锯齿。
     6. 叶片不裂或 3 裂或 5 裂；叶背有白色稀疏毛 ……… **3. 苦条槭** *Acer tataricum* subsp. *theiferum*
     6. 叶片明显 3 裂或 5 裂；叶背无毛 ………… **4. 茶条槭** *Acer tataricum* subsp. *ginnala*
  3. 叶片不裂；花序总状 ……………………………………………… **5. 青榨槭** *Acer davidii*
 2. 羽状复叶具 3 枚小叶 ………………………………………………… **6. 建始槭** *Acer henryi*
1. 羽状复叶；果实为蒴果或核果。
 7. 奇数羽状复叶；蒴果。
  8. 1 回或不完全 2 回羽状复叶，小叶边缘有锯齿或缺刻 ………… **7. 栾** *Koelreuteria paniculata*
  8. 2 回羽状复叶，幼树有锯齿，成年树多全缘 ………………… **8. 复羽叶栾** *Koelreuteria bipinnata*
 7. 偶数羽状复叶，小叶全缘；核果 ………………………………… **9. 无患子** *Sapindus saponaria*

槭属（*Acer*）

1. 五角槭　五角枫

Acer pictum subsp. *mono* (Maxim.) H. Ohashi

落叶乔木。高 15~20 m。小枝无毛。叶片纸质,宽五边形,基部近心形或截形,通常 5 裂,中裂或浅裂,全缘。顶生圆锥状伞房花序;雄全同株;花瓣 5,椭圆状倒卵形,绿白色。翅果长 2.0~2.5 cm,果体极扁平,果翅长圆形,两翅开展成锐角或近钝角。花期 4—5 月,果熟期 8—9 月。

产于南京及周边各地,常见,生于山坡、林中。有些地区有栽培。

枝叶可入药。可栽培做行道树。

2. 三角槭　三角枫

Acer buergerianum Miq.

落叶乔木。高 5~15 m。叶片纸质,倒卵状三角形、倒三角形或椭圆形,基部近于圆形或楔形,顶端 3 裂或不裂。伞房花序顶生;花瓣淡黄色。翅果棕黄色;小坚果的果体特别凸起,有脉纹,两果翅均呈镰刀状,中部最宽,基部稍变窄,两翅开展成锐角或近钝角。花期 4—5 月,果熟期 9—10 月。

产于南京及周边各地,极常见,生于山坡林中。

种子油脂可用于制作油漆和机械润滑油等。树皮、叶可提制栲胶。可栽培做行道树。

3. 苦条槭　苦条枫

Acer tataricum subsp. *theiferum* (W. P. Fang) Y. S. Chen & P. C. de Jong

　　落叶小乔木或灌木。高 3~8 m。叶片卵形或长圆状卵形，长 5~8 cm，宽 2.5~5.0 cm，薄纸质，不裂，或不明显 3 或 5 裂，裂片具不规则尖锐重锯齿。伞房花序长约 3 cm。翅果大，果核和翅共长 2.5~3.5 cm，两果翅夹角呈锐角或直角，无毛。花期 5 月，果熟期 9 月。

　　产于南京及周边各地，常见，生于林下、路边。

　　树皮、叶和果实可提栲胶，也为黑色染料。

4. 茶条槭　茶条枫

Acer tataricum subsp. *ginnala* (Maxim.) Wesm.

　　落叶乔木或呈灌木状。高 3~10 m。叶纸质，长卵圆形或椭圆状长圆形，基部圆形或近截形，3 裂或 5 裂，中间裂片特大，顶端尖或渐尖，边缘有重钝尖锯齿或缺刻状重钝尖锯齿。伞房花序顶生，雄全杂性同株；花瓣 5，白色。翅果幼时黄绿色，熟后紫红色。花期 4—6 月，果熟期 9—10 月。

　　产于南京及周边各地，常见，生于山坡林中或林缘。

　　叶和幼枝可入药。

　　本亚种和苦条槭在江浙地区性状常有过渡，似有杂交或趋同演化现象。

5. 青榨槭

Acer davidii Franch.

落叶乔木。高 10~18 m。叶片不分裂,卵圆形或长卵圆形,顶端尖或渐尖,基部近心形或圆形,基出主脉 3~5 条,边缘有不整齐的锯齿。总状花序,下垂;花杂性,雄全同株;花瓣 5。翅果黄褐色,长 2.5~3.0 cm,果翅宽 1.0~1.5 cm,两翅开展成钝角或近水平。花期 4—5 月,果熟期 8—9 月。

产于南京及周边各地,偶见,生于山坡林中。

花可入药。可栽培做行道树。

6. 建始槭

Acer henryi Pax

落叶乔木。高 5~10 m。羽状复叶具小叶 3 枚;小叶片纸质,椭圆形或长圆状椭圆形,顶端渐尖,基部楔形,全缘或近顶端有 3~5 疏钝齿。雌雄异株;雌花和雄花均组成下垂的总状花序;花瓣 4,短小或不发育。翅果棕黄色,长 2~2.5 cm,两果翅直立或开展成锐角。花期 4—5 月,果熟期 9 月。

产于南京及周边各地,常见,生于山坡林中。

根入药。果实榨油,用于制皂。可栽培做行道树。

栾属（*Koelreuteria*）

7. 栾

Koelreuteria paniculata Laxm.

落叶乔木。高可达 15 m。1~2 回羽状复叶，具小叶 7~18 枚；小叶片宽卵圆形、卵圆形或卵状披针形，顶端短尖或短渐尖，基部近平截或钝，有锯齿。聚伞圆锥花序长达 40 cm，顶生；花瓣淡黄色，线状长圆形，花时反折。蒴果圆锥状，长达 6 cm，果爿卵形。种子近圆球状。花期 6—8 月，果期 9—10 月。

产于浦口、句容等地，常见，生于疏林内、路旁。

叶可提制蓝色染料和栲胶。花可做黄色染料。嫩叶用水泡去苦味后可做蔬菜食用，亦可药用。可栽培做行道树。

8. 复羽叶栾

Koelreuteria bipinnata Franch.

　　落叶乔木。高可达 20 m。2 回羽状复叶,具小叶 9~17 枚,互生;小叶片斜卵形,顶端短尖或短渐尖,基部宽楔形或近圆形,边缘有锯齿,有时全缘。圆锥花序长达 70 cm,顶生;花瓣黄色,长圆状披针形。蒴果椭球状或近圆球状,3 瓣裂,成熟时淡紫红色至褐色,长达 7 cm。花期 6—9 月,果期 8—10 月。

　　产于南京及周边各地,常见,生于庭园、荒野。广泛栽培或逸生。

　　叶可提栲胶。花可提制黄色染料,亦可入药。可栽培做行道树。

无患子属（*Sapindus*）

9. 无患子

Sapindus saponaria L.

落叶大乔木。高可达 20 m。嫩枝绿色，无毛。偶数羽状复叶，小叶 5~8 对，通常近对生；叶片薄纸质，长椭圆状披针形或稍呈镰形，长 7~15 cm 或更长，宽 2~5 cm。花序顶生，圆锥形；花瓣 5，披针形，有长爪。果爿近球形，直径 2.0~2.5 cm，橙黄色，干时变黑。花期春季，果期 10—11 月。

产于南京及周边各地，常见，生于庭园、屋旁、荒野。栽培或野生。

秋色叶树种，可栽培做行道树。

常绿或落叶,乔木、灌木或草本,稀攀缘性灌木。通常有油点,有或无刺。叶互生或对生;单叶或复叶。花两性或单性,稀杂性同株,3~5 基数,辐射对称;聚伞花序,稀总状或穗状花序;萼片 4~5;花瓣 4~5;雄蕊 4~5,或为花瓣数的倍数;雌蕊通常由 4~5、稀较少或更多心皮组成,子房上位,稀半下位。果实为蓇葖果、蒴果、翅果、核果,或具革质果皮、具翼或果皮稍近肉质的浆果。

共 149 属约 2 100 种。分布于全球各地,主产热带和亚热带地区。我国产 28 属约 143 种。南京及周边分布有 5 属 8 种。

芸香科
RUTACEAE

芸香科分种检索表

1. 草本,基部半木质化;1 回羽状复叶,花辐射对称 ·················· **1. 白鲜** *Dictamnus dasycarpus*
1. 乔木或灌木。
  2. 蒴果,心皮离生,果实成熟时开裂为蓇葖状。
    3. 叶对生,羽状复叶。
      4. 灌木,叶背被柔毛及粗油点 ·················· **2. 吴茱萸** *Tetradium ruticarpum*
      4. 乔木,叶背仅中脉有疏柔毛,无油点 ·················· **3. 楝叶吴萸** *Tetradium glabrifolium*
    3. 叶互生,羽状复叶或单叶。
      5. 奇数羽状复叶,枝条和叶柄通常有刺;子房每室有胚珠 2。
        6. 小叶 3~11 枚;花小,花被片 5~8。
          7. 小叶 3~7 枚;叶柄和叶轴有宽翅,小叶椭圆状披针形 ········ **4. 竹叶花椒** *Zanthoxylum armatum*
          7. 小叶 5~11 枚;叶柄和叶轴无翅或有窄翅,小叶片卵圆形 ········ **5. 野花椒** *Zanthoxylum simulans*
        6. 小叶 13~21 枚;花大,花被片 5 ·················· **6. 青花椒** *Zanthoxylum schinifolium*
      5. 单叶;枝条无刺;子房每室有胚珠 1 ·················· **7. 臭常山** *Orixa japonica*
  2. 果实为柑果;心皮合生 ·················· **8. 枳** *Citrus trifoliata*

白鲜属（*Dictamnus*）

1. 白鲜

Dictamnus dasycarpus Turcz.

多年生宿根草本。高可达 1 m。1 回羽状复叶，叶轴有窄翅；小叶 3~6 对，无柄；小叶片卵圆形至卵状披针形，边缘有细锯齿，两面密生油点。总状花序顶生；花瓣 5，白色或淡红色，倒披针形；雄蕊 10，伸出花冠外。蒴果 5 裂，裂瓣顶端有喙状尖，表面密生棕褐色油点和腺毛。花期 4—5 月，果熟期 8—9 月。

产于江宁、浦口、六合、盱眙等地，常见，生于阳面山坡灌丛或山脊。

根皮入药。枝和叶可提精油。花美丽，可栽培供观赏。

吴茱萸属（*Tetradium*）

2. 吴茱萸

Tetradium ruticarpum (A. Juss.) T. G. Hartley

落叶灌木或乔木。高 4~5 m。羽状复叶，对生，具小叶 5~13 枚；小叶长椭圆形或卵状椭圆形，被柔毛，叶背有粗大油点，全缘。雄花序花疏离，雌花序花多密集；花萼及花瓣均 5。蒴果暗紫红色，表面有粗大油点，2~4 分瓣。花期 7—8 月，果期 9—10 月。

产于句容等地，偶见，生于林下。

果实入药。可栽培供观赏。

3. 楝叶吴萸　臭辣树　臭辣吴萸

Tetradium glabrifolium (Champ. ex Benth.) T. G. Hartley

落叶乔木。高可达 20 m。小叶 7~11 枚,稀 5 枚或更多;小叶片斜卵状披针形,两侧明显不对称,全缘或具不明显细钝齿,油点不明显或稀少,仅在齿缝处可见,下面灰绿色,沿中脉疏生

柔毛,基部及小叶柄上较密。花序顶生,花多。果成熟时呈淡紫红色,4~5 瓣裂,每分果瓣种子 1 枚。花期 7—9 月,果期 10—12 月。

产于江宁、溧水,偶见,生于山坡林中或沟边。

果实入药。

花椒属(*Zanthoxylum*)

4. 竹叶花椒　竹叶椒

Zanthoxylum armatum DC.

常绿灌木或小乔木。小叶 3~7 枚;小叶片披针形或椭圆状披针形,顶端小叶较大,边缘有细小圆锯齿,叶轴背面及总柄有宽翅和皮刺。花序近腋生或同时生于侧枝之顶,具花 30 朵以内;花被片 6~8,黄绿色。蓇葖果紫红色,有少数微凸起的油点。花期 5—6 月,果熟期 8—9 月。

产于南京及周边各地,常见,生于山坡、丘陵的丛林或草丛中。

根、茎、叶、果及种子均可入药。果实可做调料。

5. 野花椒

Zanthoxylum simulans Hance

　　落叶灌木或小乔木。高 1.5~4.0 m。枝散生基部宽而扁的锐刺。小叶 5~11 枚，对生；叶轴有狭窄的叶质边缘；小叶片卵圆形或椭圆形，顶部急尖或短尖，基部楔形或钝圆；叶两面油点多。花序顶生，长 1~5 cm；花被片 5~8，淡黄绿色。蓇葖果红褐色，油点多，单个分果瓣直径约 5 mm。花期 5—6 月，果熟期 8 月。

　　产于南京及周边各地，常见，生于山坡树林或灌丛中。

　　果可做调味香料。种子可提油脂。果皮及叶可提制精油。

6. 青花椒　崖椒

Zanthoxylum schinifolium Siebold & Zucc.

　　落叶灌木。高 1~3 m。枝灰褐色，有短小皮刺。奇数羽状复叶，互生；叶轴具窄翅；小叶 13~21 枚；小叶片椭圆形或椭圆状披针形，顶端钝尖而微凹，基部楔形。伞房状圆锥花序顶生；花单性；有萼片和花瓣的分化，淡黄白色。果绿色或褐色；分果瓣顶端有短小喙状尖。花期 6—7 月，果熟期 9—10 月。

　　产于南京及周边各地，常见，生于山坡林边或灌丛中。

　　果皮可入药。果实可做调料。

臭常山属（*Orixa*）

7. 臭常山　日本常山

Orixa japonica Thunb.

　　落叶灌木或小乔木。高 1~3 m。枝、叶均有腥臭气味。叶片薄纸质、倒卵圆形或卵状椭圆形，顶端稍尖，基部宽楔形，有黄色半透明细油点。花瓣 4，黄绿色；雄花花丝线状，花药广椭圆形；雌花萼片、花瓣形状与大小均与雄花相似。蒴果瓣裂，外果皮有肋纹。花期4—6月，果熟期8—11月。

　　产于南京、句容等地，偶见，生于山坡疏林中。

　　根可入药。茎、叶有毒。

柑橘属（*Citrus*）

8. 枳　枸橘

Citrus trifoliata L.

　　落叶灌木或小乔木。高 3~6 m。分枝多且常曲折，小枝扁，棱角状，绿色，腋生枝刺多而尖锐，基部扁平。三出复叶，偶有单叶或 2 枚小叶；叶柄有翅。花单生或成对生叶腋，先叶开放；萼片和花瓣均 5；花瓣白色，匙形，覆瓦状排列。柑果圆球状，成熟时橙黄色，密被细柔毛。花期 4—5 月，果熟期 10 月。

　　产于南京及周边各地，偶见，生于庭园、屋旁。栽培或逸生。

　　根皮、花、果皮、种子及果实可入药。可栽培做绿篱。

落叶或常绿乔木、灌木。树皮通常有苦味。叶互生,有时对生,通常成羽状复叶,少数单叶。花序腋生,组成总状、圆锥状或聚伞花序,很少为穗状花序;花小,辐射对称,单性、杂性或两性;萼片 3~5;花瓣 3~5,分离;雄蕊与花瓣同数或为花瓣的 2 倍;子房 2~5 室。果为翅果、核果或蒴果,一般不开裂。

共 23 属约 109 种,分布于全球热带和亚热带地区,少数延伸至温带。我国产 3 属约 10 种。南京及周边分布有 2 属 2 种。

苦木科
SIMAROUBACEAE

苦木科分种检索表

1. 奇数羽状复叶,小叶 9~15 枚;核果;基部小叶锯齿无腺体 ·················· **1. 苦木** *Picrasma quassioides*
1. 奇数羽状复叶,小叶 13~25 枚;翅果;基部小叶锯齿有腺体 ·················· **2. 臭椿** *Ailanthus altissima*

苦木属（*Picrasma*）

1. 苦木　苦树

Picrasma quassioides (D. Don) Benn.

落叶乔木。高可达 10 m。叶、枝、皮均极苦。奇数羽状复叶,长 15~30 cm,具小叶 9~15 枚;小叶片卵状披针形或广卵圆形,顶端渐尖,基部楔形或稍圆。花雌雄异株,组成腋生的复聚伞花序;花绿色。核果卵球状,1~5 个并生,成熟后蓝绿色,萼片宿存。花期 4—5 月,果熟期 6—9 月。

产于南京城区、浦口、句容等地,常见,生于山坡林中。

根、茎和树皮可入药。

臭椿属（*Ailanthus*）

2. 臭椿

Ailanthus altissima (Mill.) Swingle

　　落叶乔木。高可达 20 m。奇数羽状复叶，长 30~50 cm，小叶 13~25 枚，对生或近对生；小叶长椭圆状卵形或披针状卵圆形，基部偏斜，边缘近基部具 1~3 对粗齿，齿端有腺体。花小，组成圆锥花序。翅果扁平，梭状长椭圆形。花期 4—5 月，果熟期 8—9 月。

　　产于南京及周边各地，常见，生于向阳山坡或灌丛中。野生或栽培。

　　根皮或树皮入药，称"椿皮"。可栽培做行道树。

乔木或灌木,稀为亚灌木。叶互生,通常羽状复叶,很少3枚小叶或单叶;小叶对生或互生,少有锯齿,基部多少偏斜。花两性或杂性异株,辐射对称,通常组成圆锥花序,偶为总状花序或穗状花序;通常5基数;花瓣4~5,少有3~7;子房上位,2~5室,少有1室;每室有胚珠1~2或更多。果为蒴果、浆果或核果,开裂或不开裂;果皮革质、木质或很少肉质。

共60属575~650种,分布于全球热带和亚热带,少数延伸至温带地区。我国产17属约44种。南京及周边分布有2属2种。

棟科
MELIACEAE

棟科分种检索表

1. 偶数羽状复叶;花瓣5,白色;种子圆锥状,一端有膜质长翅 ·········· **1. 香椿** *Toona sinensis*
1. 2~3回奇数羽状复叶;花瓣5,淡紫色;核果近球状 ·········· **2. 棟** *Melia azedarach*

香椿属(*Toona*)

1. 香椿

Toona sinensis (A. Juss.) M. Roem.

落叶乔木。高可达15 m。偶数羽状复叶,有特殊香气;小叶10~22枚,对生;小叶片长圆形或长圆状披针形,全缘或有疏小齿。圆锥花序顶生;花小;两性;有香味;花瓣白色,卵状长圆形。蒴果狭椭球状,长1.5~2.5 cm,果瓣薄。种子圆锥状,一端有膜质长翅。花期5—6月,果熟期8月。

产于南京及周边各地,常见,生于村边路旁。栽培或野生。

幼嫩芽和叶做蔬菜食用,称"香椿头",炒食或盐渍均可。树皮、根皮、叶和果实均可入药。

楝属（*Melia*）

2. 楝 苦楝

Melia azedarach L.

落叶乔木。高可达 30 m。2~3 回奇数羽状复叶，长 20~50 cm；小叶对生，卵圆形至椭圆形，长 3~7 cm，宽 2.0~3.5 cm，边缘有钝尖锯齿，深浅不一。圆锥花序；花萼 5 裂；花瓣 5，淡紫色，倒卵状匙形。核果成熟时淡黄色，近球状，直径 1.5~2.0 cm。花期 4—5 月，果熟期 10 月。

产于南京及周边各地，极常见，生于向阳旷地、路边。野生或栽培。

树皮、叶、根皮和果实均可入药；也可做植物源农药。

草本、灌木或乔木。叶互生,单叶或分裂;叶脉常掌状。花腋生或顶生,单生、簇生,聚伞花序至圆锥花序;花两性或单性,雌雄异株,辐射对称;萼片 3~5;花瓣 5,彼此分离;雄蕊多数,连合成雄蕊柱;花药 1 室;子房上位,2 至多室。果实为核果、浆果、聚合蓇葖果、蒴果,有时浆果状或翅果状蒴果。种子肾形或倒卵形。

共 253 属约 4 300 种,广布于全球各地。我国产 57 属约 260 种。南京及周边分布有 10 属 14 种 5 变种。

锦葵科 MALVACEAE

【APG Ⅳ 系统的锦葵科,合并了传统的梧桐科、椴树科、木棉科】

锦葵科分种检索表

1. 花下有总状小苞片;雄蕊花丝合生,柱状。
  2. 蒴果分裂成分果;果爿从中轴或花托脱离。
    3. 一年生或多年生草本;小苞片 3,分离 ··················· **1. 野葵** *Malva verticillata*
    3. 一年生灌木状草本;无小苞片 ····················· **2. 苘麻** *Abutilon theophrasti*
  2. 蒴果不分裂,一年生草本 ···················· **3. 野西瓜苗** *Hibiscus trionum*
1. 花下无总状小苞片;花丝分离,或基部连合成束,或花丝合生成管状。
  4. 花丝离生,或基部连合成数束;果实有棱或无棱。
    5. 蒴果;草本或亚灌木。
      6. 果实具棱 ·· **4. 甜麻** *Corchorus aestuans*
      6. 果实无棱 ·· **5. 田麻** *Corchoropsis crenata*
    5. 核果;乔木或灌木。
      7. 乔木;叶柄长 2 cm 以上;舌状苞片中下部和花序梗中下部合生。
        8. 叶片边缘锯齿长芒状 ···················· **6. 毛糯米椴** *Tilia henryana*
        8. 叶片边缘锯齿无芒。
          9. 幼枝无毛,或初有毛后脱落;叶背密被星状毛 ········ **7. 粉椴** *Tilia oliveri*
          9. 幼枝密被柔毛。
            10. 叶背密被灰白色或黄褐色星状柔毛。
              11. 花柄长 4~6 mm,苞片正面无毛,背面具星状毛 ······ **8. 辽椴** *Tilia mandshurica*
              11. 花柄长 1 cm 左右,苞片两面具星状毛 ········· **9. 南京椴** *Tilia miqueliana*
            10. 叶背疏被灰色星状柔毛,边缘有明显锯齿 ·········· **10. 毛芽椴** *Tilia tuan* var. *chinensis*
      7. 小乔木或灌木,叶柄长 1 cm;苞片早落 ········· **11. 扁担杆** *Grewia biloba*
  4. 花丝基部合生成短管状。
    12. 草本,单叶,有锯齿;蒴果球形。
      13. 花冠白色,后面粉红色;种子有鳞毛 ········· **12. 马松子** *Melochia corchorifolia*
      13. 花冠黄色;种子无毛。
        14. 分果爿 5;叶基部近心形或圆形 ········· **13. 刺黄花稔** *Sida spinosa*
        14. 分果爿 8~10;叶基部楔形 ··········· **14. 白背黄花稔** *Sida rhombifolia*
    12. 乔木,叶片掌状 3~5 裂;蓇葖果,叶状 ············· **15. 梧桐** *Firmiana simplex*

锦葵属（*Malva*）

1. 野葵　华冬葵

Malva verticillata L.

一年生或多年生草本。高可达 1 m。茎被星状柔毛。叶片肾形或圆形，通常掌状 5~7 裂，裂片三角形。花 3 至数朵生叶腋；小苞片 3；花萼杯状，裂片宽三角形；花冠白色或淡红色，稍长于花萼，瓣爪无髯毛。果扁球形，分果爿 10~11，背面无毛。花期 4~5 月，果期 6—8 月。

产于南京及周边各地，偶见，生于村旁、路边、荒地等处。

全草入药。

（变种）中华野葵

var. *rafiqii* Abedin

本变种为二年生或多年生。叶片不皱折，边缘浅裂，裂片圆形。花柄长短不等，其中最长的花柄长达 4 cm。分果爿直径 5~7 mm。

产于南京及周边各地，偶见，生于路旁或荒野。

苘麻属（*Abutilon*）

2. 苘麻

Abutilon theophrasti Medik.

一年生亚灌木状草本。高 0.5~1.5 m。全株被柔毛或星状柔毛。叶片圆心形，不分裂，顶端长渐尖，基部心形，边缘具细圆锯齿。花单生叶腋；花冠黄色，花瓣倒卵形，长约 1 cm。果半球形，直径约 2 cm，分果爿 15~20。花期 7—8 月，果期 9—10 月。

产于南京及周边各地，极常见，生于路边草丛。归化种。

种子和全草入药。

木槿属（*Hibiscus*）

3. 野西瓜苗

Hibiscus trionum L.

一年生草本。高 25~90 cm。植株常平卧。茎柔弱，被白色星状粗硬毛。茎下部的叶片圆形，不分裂，上部的叶片掌状 3~5 深裂至全裂。花单生叶腋；花萼钟形，有紫色条纹；花冠淡黄色，内面基部紫色；花瓣 5，倒卵形。蒴果长圆状球形，直径约 1 cm，分果爿 5。花果期 7—10 月。

产于盱眙等南京以北地区，偶见，生于路旁或荒坡草丛。

全草入药。

黄麻属（*Corchorus*）

4. 甜麻

***Corchorus aestuans* L.**

一年生直立草本。高可达 1 m。叶片卵形、宽卵形或狭卵形，长 2~5 cm，宽 1.0~3.5 cm，边缘有锯齿，基出脉 3~5 条。花单朵或数朵组成聚伞花序，腋生或腋外生；萼片 5，狭长圆形；花瓣 5，黄色，倒卵形。蒴果，长筒形，长 1.5~3.0 cm，有棱 6，其中 3~4 条呈翅状。花期 7 月，果熟期 9 月。

产于南京及周边各地，偶见，生于路边、田边或荒坡草丛中。

全草入药。

田麻属（*Corchoropsis*）

5. 田麻　毛果田麻

***Corchoropsis crenata* Siebold & Zucc**

一年生草本。高 0.4~1.0 m。茎被星状短柔毛。叶片卵形或狭卵形，长 2.5~6.0 cm，宽 1~3 cm，边缘有钝牙齿，基出脉 3 条。花单生叶腋；萼片 5，狭披针形；花瓣 5，黄色，倒卵形。蒴果长圆柱形，长 1~3 cm，被星状柔毛。花期 8~9 月，果熟期 10 月。

产于南京及周边各地，常见，生于丘陵、低山的干燥山坡或多石处。

全草入药。

（变种）**光果田麻**

var. hupehensis Pamp.

　　本变种茎带紫红色，被白色短柔毛和平展长柔毛。叶片较小，长 1.5~4.0 cm，宽 0.6~2.2 cm；叶柄较短，长 0.2~1.2 cm。蒴果无毛。花期 6—7 月，果期 9—10 月。

　　产于南京及周边各地，常见，生于山地、路边草丛等处。

椴属（*Tilia*）

6. 毛糯米椴

Tilia henryana Szyszyl.

　　落叶乔木。高可达 18 m。全株均被黄褐色星状毛。叶片卵圆形或宽卵形，顶端有短尾尖，基部斜心形或斜截形，边缘有锯齿，齿端由侧脉延伸成芒刺，近基部全缘，侧脉 5~6 对。聚伞花序伞房状，具花 30 朵以上；花瓣长 6~7 mm。核果倒卵形，有 5 棱，被星状毛。花期 6—7 月，果期 8—10 月。

　　产于浦口、句容，偶见，生于山坡林中。

　　花为优质蜜源。可栽培做行道树。

（变种）糯米椴

var. *subglabra* V. Engl.

本变种小枝和顶芽秃净无毛。叶背除脉腋有丛毛外，其余秃净无毛。苞片仅背面有稀疏星状柔毛。花期7月，果熟期9月。

产于南京、句容等地，偶见，生于山坡疏林或混生于落叶阔叶林中。

花为优质蜜源。可栽培做行道树。

7. 粉椴

Tilia oliveri Szyszyl.

落叶乔木。高可达14 m。幼枝无毛。叶片卵形或宽卵形，顶端骤尖或短渐尖，基部斜心形或斜截形，边缘有细锯齿，叶面无毛，叶背密被灰白色星状柔毛。聚伞花序，具花6~15朵；花瓣黄色，无毛；花柱短于花瓣。核果椭圆形，被毛，有棱或仅下半部有棱突。花期5—6月，果期8—10月。

产于句容、溧水等地，偶见，生于山坡。

可栽培做观赏植物。

8. 辽椴

Tilia mandshurica Rupr. & Maxim.

乔木。高可达 20 m。嫩枝被灰白色星状毛,顶芽有柔毛。叶卵圆形,长 8~10 cm,宽 7~9 cm,叶面无毛,叶背密被灰色星状毛。聚伞花序长 6~9 cm,具花 6~12 朵;花瓣长 7~8 mm。果实球形,有 5 条不明显的棱。花期 7 月,果期 9 月。

产于句容等地,偶见,生于林中。

9. 南京椴

Tilia miqueliana Maxim.

落叶乔木。高可达 20 m。幼枝及顶芽均密被黄褐色星状柔毛。叶卵圆形,顶端骤尖,基部心形、斜心形或斜截形,边缘有锯齿,侧脉 6~8 对。聚伞花序,具花 10~20 朵;花瓣略长于萼片,无毛。核果近球形,无棱或仅基部具 5 条不明显的棱,密被星状柔毛。花期 6—7 月,果期 8—10 月。

产于南京、句容等地,偶见,生于山坡、沟谷或疏林中。

花为优质蜜源。可栽培做行道树。

10. 毛芽椴

Tilia tuan var. *chinensis* (Szyszył.) Rehder & E.H.Wilson

落叶乔木。高可达 20 m。嫩枝及顶芽有柔毛。叶阔卵形,长 10~12 cm,宽 7~10 cm,叶背有灰色星状柔毛,基部斜截形,边缘有明显锯齿。花序具花 16~22 朵;苞片长 8~12 cm,无柄。果实球形,无棱。

产于江宁、句容,偶见,生于林中。

扁担杆属（*Grewia*）

11. 扁担杆

Grewia biloba G. Don

落叶灌木或小乔木。高可达 3 m。小枝被粗毛及星状毛。叶片狭菱状卵形或狭菱形,长 4~9 cm,宽 2~4 cm;基出脉 3 条。聚伞花序茎生;花淡黄绿色;萼片 5,狭披针形;花瓣 5,长 1.0~1.5 cm;雄蕊多数,花药白色。核果成熟时橙红色,无毛。花期 6—7 月,果期 8—9 月。

产于南京及周边各地,常见,生于丘陵、低山路边灌丛或疏林中。

根、茎、叶入药。

（变种）**小花扁担杆** 扁担木

var. *parviflora* (Bunge) Hand.-Mazz.

　　本变种叶片菱状卵形或菱形,边缘密生不整齐小齿,中部以上常有不明显浅裂;叶面疏被星状毛,叶背密被灰白色星状毛;叶柄较长。聚伞花序与叶对生,花较小。果成熟时红色。

　　产于南京及周边各地,常见,生于山坡灌丛或疏林中。

　　根、茎、叶入药。

马松子属（*Melochia*）

12. 马松子

***Melochia corchorifolia* L.**

　　亚灌木状草本。高可达 1 m。叶片卵形、长圆状卵形或披针形,几不分裂,顶端急尖或钝,基部宽三角形、圆形或近心形,边缘有细锯齿,基出脉 5 条。密集的聚伞花序或团伞花序,顶生或腋生;花瓣 5,矩圆形,白色,后变为淡红色。蒴果球形,有棱 5。花期 8—9 月。

　　产于南京及周边各地,极常见,生于山坡、路旁草丛中。

　　根、叶可入药。

黄花稔属（*Sida*）

13. 刺黄花稔

Sida spinosa L.

一年生或多年生草本。高 0.3~1.0 m。叶柄基部的茎上有钩刺状凸起。叶片卵形，长 0.5~4.0 cm。花单朵或数朵簇生叶腋或枝顶；花冠黄色，直径 1 cm。果近球形，顶端具毛；分果爿 5。种子长 1.5 cm，无毛。花期 5—7 月，果期 7—9 月。

产于南京及周边各地，极常见，生于路边。归化种。

14. 白背黄花稔

Sida rhombifolia L.

直立亚灌木。高可达 1 m。多分枝，枝被星状绵毛。叶片菱形或长圆状披针形，基部宽楔形，叶背被灰白色星状柔毛；叶柄被星状柔毛，基部无小瘤状或钩刺状凸起。花单生叶腋，花梗中部以上有关节；花萼裂片 5，三角形；花黄色。果近球形，分果爿 8~10，顶端具 2 短芒刺。花果期 7—12 月。

产于江宁，偶见，生于山坡灌丛、旷野和沟谷两岸。

梧桐属（*Firmiana*）

15. 梧桐　青桐

Firmiana simplex (L.) W. Wight

　　落叶乔木。高可达 15 m。树干挺直,树皮灰绿色,平滑。叶片心形,掌状 3~5 裂,宽 15~30 cm,裂片三角形,基部深心形,全缘,基生脉 5~7 条。圆锥花序顶生;花小,淡黄绿色;萼片 5 深裂,几达基部。蓇葖果,纸质,叶状,有毛。花期 7 月,果熟期 11 月。

　　产于南京及周边各地,常见,生于路旁、林内。野生或栽培。

　　叶、果、花、根入药。可栽培做行道树。

瑞香科
THYMELAEACEAE

落叶或常绿灌木、小乔木，稀草本。茎通常具韧皮纤维。单叶互生或对生，革质或纸质，稀草质，边缘全缘，羽状脉。花辐射对称，两性或单性，雌雄同株或异株，头状、穗状、总状、圆锥或伞形花序，有时单生或簇生，顶生或腋生；花萼通常为花冠状，白色、黄色或淡绿色，稀红色或紫色，常连合成钟状、漏斗状、筒状的萼筒，裂片 4~5；花瓣缺，或鳞片状；子房上位，心皮 2~5，合生。浆果、核果或坚果，稀为 2 瓣开裂的蒴果。

共 51 属约 800 种，广布于全球各地。我国产 9 属约 120 种。南京及周边分布有 1 属 1 种。

瑞香属（*Daphne*）

1. 芫花

Daphne genkwa Siebold & Zucc.

落叶灌木。高可达 1 m。茎多分枝。叶对生，很少互生；叶片长椭圆形、椭圆形或卵状披针形，长 3.0~4.5 cm，宽 0.9~1.5 cm。先叶开花；花 3~5 朵，簇生叶腋；花萼花瓣状，紫色、粉红色或白色；裂片 4。核果长圆球状，肉质，白色，包藏于宿存萼的下部，具 1 枚种子。花期 3—5 月，果期 6—7 月。

产于南京及周边各地，常见，生于干旱山坡路边、山顶灌丛或疏林中。

花蕾、枝皮可入药。全株亦可做土农药。可栽培供观赏。

草本,稀灌木。叶互生;掌状复叶,有小叶 3~11 枚。总状花序或伞房花序,少数单花;花两性;花冠漏斗状、钟状、坛状等;花瓣 4,分离,下部具爪;雌蕊 1,子房上位,心皮 2,花柱 1。蒴果,下部有长子房柄。种子黄棕色,肾形。

共 33 属约 300 种,广布全球热带和温带地区。我国产 5 属约 5 种。南京及周边分布有 2 属 2 种。

白花菜科
CLEOMACEAE

白花菜科分种检索表

1. 雄蕊 6;花白色至淡紫色 ·········· **1. 白花菜** *Gynandropsis gynandra*
1. 雄蕊 15~25;花鲜黄色 ·········· **2. 黄花草** *Arivela viscosa*

白花菜属(*Gynandropsis*)

1. 白花菜

Gynandropsis gynandra (L.) Briq.

朱鑫鑫 供图

一年生直立分枝草本。高可达 1 m。掌状复叶,小叶 3~7 枚;小叶倒披针形、倒卵状椭圆形或菱形。总状花序长 15~30 cm,花少数至多数;花瓣白色,少有淡黄色或淡紫色,瓣片近圆形或阔倒卵形,宽 2~6 mm。果圆柱形,斜举,长 3~8 cm。花果期 7—10 月。

产于南京及周边各地,偶见,生于路边、村旁和田野。

朱鑫鑫 供图

黄花草属（*Arivela*）

2. 黄花草

Arivela viscosa (L.) Raf.

一年生直立草本。高 0.3~1.0 m。叶为具 3~7 枚小叶的掌状复叶；小叶薄草质。花单生于茎上部，近顶端则组成总状或伞房状花序；花瓣淡黄色或橘黄色，无毛。果直立，圆柱形，劲直或稍镰弯，密被腺毛。花果期 4—7 月。

产于南京及周边各地，偶见，生于路边、荒地。

一年生、二年生或多年生植物;多数是草本,很少呈亚灌木状。植株具有各式的毛。根有时膨大成肥厚的块根。茎直立或铺散,有时茎短缩。叶有二型:基生叶呈莲座状或旋叠状;茎生叶通常互生,有柄或无柄、全缘、有齿或分裂,基部有时抱茎或半抱茎,有时呈各式深浅不等的羽裂(如大头羽裂)或羽状复叶。花整齐,两性;花多数组成总状花序,顶生或腋生;萼片 4;花瓣 4,"十"字形排列,花瓣白色、粉红色、黄色、淡紫红色或紫色;4 强雄蕊。果实为长角果 或短角果,有翅或无翅,无刺或有刺,或有其他附属物。

共 350 属 3 350~3 660 种,广布于全球各地。我国产 116 属约 539 种。南京及周边分布有 13 属 23 种。

十字花科
BRASSICACEAE

十字花科分属检索表

1. 长角果,长度大于 2 倍宽度(除风花菜以外)。
  2. 果实顶端有喙。
    3. 植株各部无星状毛·· **1. 诸葛菜属** *Orychophragmus*
    3. 植株各部密被星状毛·· **2. 曙南芥属** *Stevenia*
  2. 果实顶端喙不明显。
    4. 植株无毛或有单毛,偶尔杂有腺毛或分枝毛。
      5. 花瓣白色、粉红或淡紫色。
        6. 叶片为单叶;叶片椭圆状披针形至线状披针形 ············· **3. 花旗杆属** *Dontostemon*
        6. 基生叶偶为单叶;叶片多为羽裂或羽状复叶 ············· **4. 碎米荠属** *Cardamine*
      5. 花瓣黄色,花瓣有或无 ··· **5. 蔊菜属** *Rorippa*
    4. 植株有星状毛或分枝毛,亦偶有单毛或无毛。
      7. 叶片为单叶。
        8. 茎生叶基部抱茎;角果线形,扁平 ······························· **6. 南芥属** *Arabis*
        8. 茎生叶基部不抱茎,下延。
          9. 花瓣白色;角果线形 ··· **7. 拟南芥属** *Arabidopsis*
          9. 花瓣黄色;角果 4 棱 ··· **8. 糖芥属** *Erysimum*
      7. 叶片 2~3 回羽裂 ·· **9. 播娘蒿属** *Descurainia*
1. 短角果,长度小于 2 倍宽度。
  10. 角果无翅。
    11. 短角果倒三角形;叶片全缘或羽裂 ····································· **10. 荠属** *Capsella*
    11. 短角果卵圆形、长圆形或宽线形;单叶 ································· **11. 葶苈属** *Draba*
  10. 角果有翅。
    12. 短角果长 1~2 cm,周围有宽翅;每室种子 2 枚以上 ············· **12. 菥蓂属** *Thlaspi*
    12. 短角果长 0.5 cm 以下,顶端有窄翅;每室种子 1 枚 ············· **13. 独行菜属** *Lepidium*

1. 诸葛菜属（*Orychophragmus*）

1. 诸葛菜　二月蓝

Orychophragmus violaceus (L.) O. E. Schulz

一年生或二年生草本。高 10~50 cm。茎直立。叶形变化很大；基生叶叶片心形、肾形或近圆形；下部茎生叶叶片大头状羽裂；茎上部叶叶片狭卵形或长圆形，基部耳状抱茎。花瓣淡紫色、红紫色或白色，长卵形。长角果线形，有毛或无毛，长 5~10 cm。花期 3—4 月，果期 4—5 月。

产于南京及周边各地，常见，生于山坡或山谷的林缘、林下、灌丛以及平原的路边、空地。栽培或逸生野外。

可栽培供观赏。嫩叶焯水可食。

2. 曙南芥属（*Stevenia*）

1. 锥果芥

Stevenia maximowiczii (Palib.) D. A. German & Al-Shehbaz

一年生或二年生草本。高 20~60 cm。具三或四叉毛、星状毛，植株因被毛浓密而呈灰白色。基生叶早枯，基生叶与下部茎生叶有柄，全缘，两面密被毛。花序伞房状，果时伸长；萼片，密被星状毛；花瓣长约 3 mm。长角果连同针状花柱呈细锥状，表面的毛密，灰白色。花期 6—10 月，果期 7—10 月。

产于句容，稀见，生于山坡上、沟谷边。

3. 花旗杆属（*Dontostemon*）

1. 花旗杆

Dontostemon dentatus (Bunge) C. A. Mey. ex Ledeb.

二年生草本。高 15~50 cm。全株散生短柔毛或无毛。叶片椭圆状披针形至线状披针形，边缘有少数疏锯齿，基部渐狭或楔形。花瓣淡紫色，长 6~10 mm，倒卵形，顶端平圆。长角果线形，长 4~5 cm，宽约 1 mm；果瓣稍凸起，无毛，稍呈念珠状。花期 5—7 月，果期 7—8 月。

产于南京、盱眙，偶见，生于山坡、路边或草丛中。

4. 碎米荠属（*Cardamine*）分种检索表

1. 植株有毛或无毛；基部无匍匐茎。
  2. 羽状复叶的顶生小叶片较小，与侧生小叶类似。
    3. 基生叶有耳状托叶；果熟时果瓣自下而上弹卷开裂 ·················· **1. 弹裂碎米荠 C. impatiens**
    3. 基生叶无托叶；果熟时不弹卷开裂。
      4. 茎基部分枝多；叶柄无睫毛；果序轴明显左右弯曲 ············ **2. 弯曲碎米荠 C. flexuosa**
      4. 茎直立或倾斜；叶柄有睫毛；果序轴基本不弯曲 ············ **3. 碎米荠 C. hirsuta**
  2. 羽状复叶的顶生小叶大，为典型大头羽状复叶 ·················· **4. 安徽碎米荠 C. anhuiensis**
1. 植株光滑无毛；基部有长匍匐茎 ·················· **5. 水田碎米荠 C. lyrata**

1. 弹裂碎米荠

Cardamine impatiens L.

二年生草本。高 20~60 cm。茎直立。基生叶与茎下部叶为羽状复叶，开花前莲座状；茎上部叶半抱茎，叶片侧生小叶 4~9 对，卵形、披针形或狭披针形。花瓣白色，宽倒披针形，长近萼片 2 倍。长角果狭线形，扁平，长 2~3 cm，果熟时果瓣自下而上弹卷开裂。花期 4—5 月，果期 6 月。

产于南京及周边各地，常见，生于沟谷、路旁、山坡、阴湿地。

全草可入药。嫩叶可食。

本种分布较广，形态变异极大，本志依据《中国植物物种名录 2022 版》不再区分种下分类单元。

2. 弯曲碎米荠

Cardamine flexuosa With.

一年生或二年生草本。高 10~30 cm。全株近无毛。茎自基部多分枝,斜上呈铺散状。基生叶为羽状复叶;茎生叶有柄或无柄,侧生小叶3~5 对。花小,白色。果序梗或多或少左右弯曲;长角果线形,扁平,长 1~2 cm,宽不到 1 mm。花期3—5 月,果期4—6 月。

产于南京及周边各地,极常见,生于荒地、田边、路旁或山野。

全草入药,可食用。

根据 POWO 的植物分布数据以及《浙江植物志(新编)》的处理,本种在国内并无分布。国内鉴定为本种的标本实为 *C. occulta* Hornem.;本志据《中国植物物种名录 2022 版》仍保留本种,有待进一步观察研究。

3. 碎米荠

Cardamine hirsuta L.

一年生或二年生草本。高 15~35 cm。全株无毛或疏生柔毛。茎直立或斜升。叶为羽状复叶;顶生小叶卵圆形、肾形或肾圆形,边缘有 3~5 圆齿;侧生小叶有柄 2~5 对,形状与顶生小叶相似。花瓣倒卵形,白色,顶端圆。长角果线形,稍扁,长 3 cm。花期 2—4 月,果期 3—5 月。

产于南京及周边各地,极常见,生于路旁、水沟旁、山坡、田野湿润处。

全草供药用,可食用。

根据《中国植物物种名录 2022 版》及《浙江植物志(新编)》的处理,本种在国内并无原生分布。国内鉴定为本种的标本实为 *C. occulta* Hornem.;本志据新版《江苏植物志》处理,暂时仍保留本种,有待进一步观察研究。

4. 安徽碎米荠

Cardamine anhuiensis D. C. Zhang & J. Z. Shao

多年生草本。高 11~35 cm。疏生柔毛或无毛。茎直立。基生叶为三出复叶或单叶；茎生叶 3 或 5 枚，末端小叶卵圆形或近圆形，边缘具圆齿。萼片长圆形，基部不呈囊状；花瓣白色，匙形，先端圆形。长角果线形，瓣膜光滑，无毛。种子棕色，长圆形，无翅。花果期 3—5 月。

产于南京、句容，偶见，生于阴坡溪流边和土坡上。

5. 水田碎米荠

Cardamine lyrata Bunge

多年生草本。高 30~70 cm。全株无毛。丛生；近基部有柔而长的匍匐茎。叶片心形或圆肾形，边缘具波状圆齿或近全缘。直立茎的茎生叶无柄；大头羽状全裂，有小叶 5~9 对。总状花序顶生；花瓣白色，倒卵形，顶端平或微凹。长角果线形，长 2~3 cm。花期 4—6 月，果期 5—7 月。

产于南京、宝应、句容、高淳等地，偶见，生于水田边、溪沟边和浅水处。

幼嫩茎和叶入药。

5. 蔊菜属（*Rorippa*）分种检索表

1. 角果圆柱形或线形,长度 2 cm 以上。
  2. 花瓣黄色,匙形;种子每室 2 行 ································· **1. 蔊菜** *R. indica*
  2. 花瓣无或退化;种子每室 1 行 ····························· **2. 无瓣蔊菜** *R. dubia*
1. 角果短圆柱形、球形或长椭圆形,长 2 cm 以下。
  3. 高 60 cm 以下;角果圆柱形或椭圆形。
    4. 花几无柄,单生苞腋;果实短圆柱形 ··············· **3. 广州蔊菜** *R. cantoniensis*
    4. 花柄长 3~7 mm,无苞片;果实长椭圆形 ············ **4. 沼生焊菜** *R. palustris*
  3. 高度可达 1 m;角果球形 ································· **5. 风花菜** *R. globosa*

1. 蔊菜

Rorippa indica (L.) Hiern

    一年生草本。高可达 50 cm。茎直立或斜升。叶形变化大。基生叶和茎下部叶长 5~10 cm,倒卵状披针形,常大头状羽裂,茎上部叶向上渐小,叶片多不分裂,宽披针形。花瓣黄色,匙形,基部渐狭成爪,与萼片等长。角果细圆柱形,长 2~4 cm,宽 1.0~1.5 mm。花果期 4—9 月。

    产于南京及周边各地,极常见,生于田野、路旁、庭园或河畔。

    全草入药。嫩叶可食用。

2. 无瓣蔊菜

Rorippa dubia (Pers.) H. Hara

一年生草本。高 10~30 cm。全株无毛。茎直立或呈铺散状。基生叶和茎下部叶倒卵形或倒卵状披针形，多为大头羽裂；茎生叶卵状披针形或长圆状。萼片淡黄绿色，长圆状、披针形或线形；花瓣无或有退化花瓣。角果线形，长 2~4 cm，扁平。花果期 4—10 月。

产于南京及周边各地，常见，生于园圃、山坡路旁、河边、田野湿润处。

全草入药。

3. 广州蔊菜

Rorippa cantoniensis (Lour.) Ohwi

一年生或二年生草本。高 15~30 cm。全株无毛。基生叶有柄，叶片深羽裂或浅裂；茎生叶向上渐小，叶片羽状不规则浅裂，基部抱茎，两侧耳形。总状花序的花有叶状苞片；花几无柄，单生苞腋；花瓣黄色。短角果短圆柱形，长 6~8 mm。花期 3—4 月，果期 4—6 月。

产于南京及周边各地，常见，生于路旁、田边。

全草入药。

4. 沼生蔊菜
Rorippa palustris (L.) Besser

二年生或多年生草本。高 20~60 cm。全株无毛。茎直立。基生叶长圆形或倒卵状长圆形,深羽裂;茎生叶向上渐小,有柄或近无柄,叶片深羽裂或有齿。总状花序腋生和顶生;花瓣黄色,楔形或长倒卵形。角果长椭圆形。花期 5—7 月,果期 7—9 月。

产于句容、高淳、盱眙、扬州等地,偶见,生于田边、洼地、沼泽或河旁。

全草入药。

5. 风花菜　球果蔊菜
Rorippa globosa (Turcz. ex Fisch. & C. A. Mey.) Hayek

一年生或二年生粗壮草本。高可达 1 m。茎直立。叶片长圆形至倒卵状披针形,长 3~10 cm,宽 1~2 cm,下延成短耳状,抱茎,边缘具不整齐齿裂。总状花序多数,组成圆锥状,果期伸长;花黄色,直径 1~2 mm。角果球形,直径约 2 mm,果瓣 2,隆起。花期 5—6 月,果期 7—8 月。

产于南京及周边各地,常见,生于河岸、路旁、沟边、湿地、草丛,较旱的地方也能生长。

全草入药。

6. 南芥属（*Arabis*）

1. 匍匐南芥

Arabis flagellosa Miq.

多年生草本。高 10~15 cm。茎自基部丛出，有横走的鞭状匍匐茎。基生叶簇生，叶片倒长卵形至匙形，顶端圆钝，基部下延成具翅状的狭叶柄；茎生叶疏生，叶片倒卵形，基部略抱茎。总状花序顶生，花茎直立；花瓣白色，长椭圆形。长角果线形而扁，长约 4 cm，扁平或缢缩。花果期 3—5 月。

产于南京城区、浦口，偶见，生于林下阴湿处。

全草入药。

7. 拟南芥属（*Arabidopsis*）

1. 拟南芥　鼠耳芥

Arabidopsis thaliana (L.) Heynh.

二年生草本。高 7~40 cm。茎 1（3），直立。基生叶莲座状，叶片倒卵形、匙形或椭圆形，长 1~4（5）cm，宽 2~15 mm；茎生叶少，无柄，叶片长圆形、披针形或线形，全缘。总状花序花后伸长而疏松；萼片长圆形；花瓣白色匙形，长 2~4 mm。角果线形，长 1~2 cm。花果期 5—6 月。

产于南京及以南地区，常见，生于山坡或荒地杂草间。

8. 糖芥属（*Erysimum*）

1. 波齿糖芥　小花糖芥

Erysimum macilentum Bunge

一年生草本。高 15~50 cm。茎直立，分枝或不分枝，有棱角，具 2 叉毛。基生叶莲座状，无柄，平铺地面，叶片长（1）2~4 cm，宽 1~4 mm，有 2~3 叉毛；茎生叶披针形或线形，长 2~6 cm。总状花序顶生；花瓣浅黄色。长角果圆柱形，具 4 棱，长 2~4 cm，宽约 1 mm。花期 5 月，果期 6 月。

产于南京及周边各地，常见，生于山坡或野地。

全草入药。

9. 播娘蒿属（*Descurainia*）

1. 播娘蒿

Descurainia sophia (L.) Webb ex Prantl

一年生草本。高 30~70 cm。茎直立。叶片 2~3 回羽状全裂；茎下部叶有柄，上部叶无柄。伞房状总状花序顶生，果期极伸长；花小，多数；萼片倒卵状条形，长约 2 mm；花瓣匙形或狭倒披针形，黄色。长角果狭线形，长 2~3 cm，无毛，黄绿色。花果期 4—6 月。

产于南京及周边各地，常见，生于山坡、田野、路旁或麦田中。

种子入药，称"南葶苈子"。

10. 荠属（*Capsella*）

1. 荠

Capsella bursa-pastoris (L.) Medik.

一年生或二年生草本。高 15~40 cm。茎直立，单一或分枝。基生叶莲座状，平铺地面，叶片大头状羽裂、深裂或不整齐羽裂；茎生叶互生，叶片披针形，基部箭形，抱茎。总状花序；花小；花瓣卵形，白色。短角果倒三角形。花期多在 3—4 月，果期 5—9 月。

产于南京及周边各地，极常见，生于路边、田边和各类荒地。

带花全草供药用。幼苗可食用。

11. 葶苈属（*Draba*）

1. 葶苈

Draba nemorosa L.

一年生小草本。高 5~30 cm。茎直立。基生叶莲座状，丛生，早枯；茎生叶互生，无柄，叶片卵状披针形或长圆形，两面密生灰白色叉状毛和星状毛。花小；萼片卵形；花瓣黄色，倒卵形，顶端微凹。短角果椭圆形、长圆形或宽线形，密被短柔毛。花期 3—4 月，果期 5—6 月。

产于南京及周边各地，常见，生于路旁、田野或山坡。种子入药。

12. 菥蓂属（*Thlaspi*）

1. 菥蓂　遏蓝菜

Thlaspi arvense L.

一年生草本。高 10~50 cm。全株无毛。茎直立。茎生叶长圆状披针形，基部箭形而抱茎。总状花序顶生；花直径约 2 mm；花瓣白色，长圆状倒卵形，顶端微凹或圆钝。短角果扁平，卵形或近圆形，长 1~2 cm，顶端中部陡然凹陷，边缘有宽翅。花期 4—5 月，果期 5—6 月。

产于南京及周边各地，常见，生于路旁或田圃中。地上部分入药，亦称"苏败酱"。

13. 独行菜属（*Lepidium*）分种检索表

1. 直立草本；果实成熟时开裂。
   2. 花瓣白色，倒卵形，花瓣4，正常发育，与萼片等长 ·················· **1. 北美独行菜** *L. virginicum*
   2. 花瓣无或退化成丝状，短于花萼 ························· **2. 独行菜** *L. apetalum*
1. 匍匐或铺地草本，有臭味；果实成熟时不开裂····················· **3. 臭荠** *L. didymum*

1. 北美独行菜

Lepidium virginicum L.

    一年生或二年生草本。高 30~50 cm。茎直立。基生叶倒披针形，长 1~5 cm，羽裂或大头羽裂，边缘有锯齿；茎生叶有短柄，叶片倒卵状披针形至线状披针形，顶端急尖，边缘有锯齿。花瓣白色，倒卵形；雄蕊 2 或 4。短角果扁圆形，长 2~3 mm，无毛，顶端微凹。花期 4—5 月，果期 5—6 月。

    产于南京及周边各地，极常见，生于荒地、路旁或杂草地。

    种子入药，部分地区做"北葶苈子"入药。

2. 独行菜

Lepidium apetalum Willd.

    一年生草本。高 5~30 cm。茎直立。基生叶窄匙形，羽状浅裂或深裂，长 3~5 cm；茎上部叶片线形，有疏锯齿或全缘。萼片卵形；花瓣不存在或退化成丝状；雄蕊 2 或 4；无花柱。短角果圆形或宽椭圆形，长 2~3 mm，顶端微凹，上部有短翅。花果期 5—7 月。

    产于宝应、句容等地，常见，生于山坡、路旁、村庄周边。

    种子入药，称"北葶苈子"。

3. 臭荠　臭独行菜

Lepidium didymum L.

一年生或二年生匍匐草本。高 5~30 cm。全体有臭味。主茎短且不显明。叶为 1~2 回羽状全裂,裂片 3~5 对,线形或窄长圆形,长 4~8 mm,宽 0.5~1.0 mm。花极小,直径约 1 mm;萼片具白色膜质边缘;花瓣白色,长圆形,或无花瓣;雄蕊通常 2。短角果肾形。花期 3 月,果期 4—5 月。

产于南京及周边各地,常见,生于路边、荒地。

檀香科
SANTALACEAE

草本或灌木,稀小乔木,常为寄生或半寄生。单叶,互生或对生,有时退化呈鳞片状。花小,辐射对称,两性,单性或败育的雌雄异株,稀雌雄同株,组成聚伞花序、伞形花序、圆锥花序、总状花序、穗状花序或簇生,有时单花,腋生;花被片1轮,常稍肉质;雄花花被裂片3~4,稀5~6（8）;雌花或两性花具下位或半下位子房。核果或小坚果,具肉质外果皮和脆骨质或硬骨质内果皮。种子1枚。

共43属约950种,分布于全球各地,主产热带地区。我国产11属约59种。南京及周边分布有1属1种。

百蕊草属（*Thesium*）

1. 百蕊草
Thesium chinense Turcz.

多年生柔弱草本。高15~40 cm。全株无毛。茎丛生。叶互生;叶片近线形,顶端尖,长1.5~3.5 cm;具单脉。总状花序,顶生;多花;苞片3;花5数;花被片绿白色,花被管呈管状;雄蕊生于裂片基部。坚果椭圆球状或近球状,长2.0~2.5 mm。花期4—5月,果期6—8月。

产于南京及周边各地,常见,生于山坡路旁、溪边、田地荫蔽或潮湿处。

全草入药。

草本,稀灌木或小乔木。茎直立、平卧、攀缘或缠绕,通常具膨大的节。叶为单叶,互生,稀对生或轮生,边缘通常全缘,有时分裂;托叶通常连合成鞘状(托叶鞘),膜质,褐色或白色,顶端偏斜、截形或2裂,宿存或脱落。花序穗状、总状、头状或圆锥状,顶生或腋生;花较小,两性,稀单性,雌雄异株或雌雄同株,辐射对称;花梗通常具关节;花被片3~5深裂,覆瓦状,或花被片6,组成2轮;花盘环状子房上位,1室,心皮通常3。瘦果卵形或椭圆形,具3棱或双凸镜状,有时具翅或刺。

共45属1 100~1 200种,广布于全球各地。我国产20属约268种。南京及周边分布有7属33种2变种。

蓼科
POLYGONACEAE

蓼科分属检索表

1. 草本;茎直立或匍匐。
　2. 一年生或多年生草本;多两性花。
　　3. 花被片6;柱头画笔状;雄蕊6~8;花柱2~3 ·········· **1. 酸模属** *Rumex*
　　3. 花被片5,部分4;柱头头状。
　　　4. 叶柄具关节;花簇生或单生叶腋 ·········· **2. 萹蓄属** *Polygonum*
　　　4. 叶柄无关节;花排成穗状、总状、圆锥状和头状花序。
　　　　5. 根状茎较细,仅略粗于地上茎,或无根状茎。
　　　　　6. 瘦果3棱,明显超出宿存花被 ·········· **3. 荞麦属** *Fagopyrum*
　　　　　6. 瘦果3棱或双凸镜状,与宿存花被近等长或略超出 ·········· **4. 蓼属** *Persicaria*
　　　　5. 具远粗于地上茎的根状茎 ·········· **5. 拳参属** *Bistorta*
　2. 灌木状草本,高1~3 m;花单性,雌雄异株 ·········· **6. 虎杖属** *Reynoutria*
1. 缠绕藤本 ·········· **7. 何首乌属** *Pleuropterus*

1. 酸模属(*Rumex*)分种检索表

1. 多年生草本。
　2. 基生叶或茎下部叶箭形;花单性,雌雄异株 ·········· **1. 酸模** *R. acetosa*
　2. 基生叶为圆形、楔形或心形;花两性。
　　3. 内花被片果时宽三角状心形,边缘具刺状齿,齿长1.0~1.5 mm ·········· **2. 网果酸模** *R. chalepensis*
　　3. 内花被片果时宽心形,具网纹,边缘具不整齐的小齿,齿长0.3~0.5 mm ·········· **3. 羊蹄** *R. japonicus*
1. 一年生草本。
　4. 内花被片果时边缘全缘 ·········· **4. 小果酸模** *R. microcarpus*
　4. 内花被片果时边缘具刺状齿或针刺。
　　5. 内花被片果时狭三角形,边缘每侧具1个针刺,针刺长3~4 mm ·········· **5. 长刺酸模** *R. trisetifer*
　　5. 内花被片果时三角状卵形,边缘具刺状齿 ·········· **6. 齿果酸模** *R. dentatus*

1. 酸模

Rumex acetosa L.

多年生草本。高 30~80 cm。植株有酸味。茎直立。细弱，不分枝。基生叶箭状椭圆形或卵状长圆形，顶端急尖或圆钝，基部箭形，全缘；茎上部叶较小，叶片披针形，无柄；托叶鞘斜形。花序狭圆锥状，顶生；花单性，雌雄异株；花被片椭圆形，淡红色。瘦果椭圆形。花期 3—5 月，果期 4—7 月。

产于南京及周边各地，常见，生于路边荒地及山坡阴湿地。根或全草入药。全草有毒，浸液可做农药。

2. 网果酸模

Rumex chalepensis Mill.

多年生草本。高 40~60 cm。主根粗肥。茎直立。基生叶长圆形，长 2~10 cm；茎生叶向上渐小；托叶鞘膜质。花序生顶部或上部，呈圆锥花序状，分枝稀疏，花簇轮生；外轮花被片披针形，内轮花被片果期增大，三角状心形，具明显网纹。瘦果椭圆形，长 2~3 mm。花果期 4—7 月。

产于扬州、南京等地，稀见，生于沟边、田边、水边湿地。

根、茎入药。

3. 羊蹄

Rumex japonicus Houtt.

多年生草本。高 35~120 cm。主根粗大。茎直立,粗壮,上部不分枝。基生叶具长柄,叶片长椭圆形,长 10~30 cm;茎生叶较小,狭长圆形,有短柄;托叶鞘膜质,筒状。全株花序为狭长的圆锥状,顶生,花簇轮生;花被片淡绿色。瘦果宽卵形。花果期 4—6 月。

产于南京及周边各地,极常见,生于田边路旁、沟溪湿地及沙地。

根、叶及果实可入药。全草有毒,以根部毒性较大。

4. 小果酸模

Rumex microcarpus Campd.

一年生草本。高 40~80 cm。茎直立。上部分枝。茎下部叶长椭圆形,长 12~15 cm,宽 2~5 cm,顶端急尖,基部楔形,全缘,无毛;茎上部叶渐小;托叶鞘膜质,早落。花轮生叶腋,总状,再组成圆锥花序;花两性;花被黄绿色。瘦果卵形,具 3 锐棱,具光泽。花果期 4—7 月。

产于盱眙等地,稀见,生于河边、田边湿地。

5. 长刺酸模

Rumex trisetifer Stokes

　　一年生草本。高 30~120 cm。茎直立，粗壮。基生叶披针形或狭长圆形，两端渐狭，全缘；茎生叶：向上渐小。花簇成轮，总状，再组成圆锥状；花黄绿色；外轮花被片披针形，小，内轮花被片三角状卵形，每侧边缘的中央有 1 长刺，长 3~4 mm。瘦果卵状椭圆形。花果期 5—7 月。

　　产于南京、宝应等地，常见，生于山坡草地、水边或田边路旁阴湿地。

　　全草及根入药。

6. 齿果酸模

Rumex dentatus L.

　　一年生草本。高 30~80 cm。茎直立。基生叶和下部叶宽披针形或长圆形；茎生叶向上渐小，具短柄；托叶鞘膜质，筒状。多花轮生叶腋，在枝上组成总状花序状，全株呈大型圆锥花序状。花被黄绿色，每侧边缘常有不整齐的针刺状齿 4~5 个。瘦果卵形，黄褐色。花期 5—6 月，果期 6—7 月。

　　产于南京及周边各地，极常见，多生于沟边路旁的潮湿地带。

　　根、叶或全草入药。

2. 萹蓄属（*Polygonum*）分种检索表

1. 花梗中部具关节；雄蕊 5；托叶鞘无脉纹 ·· **1. 习见萹蓄** *P. plebeium*
1. 花梗顶部具关节；雄蕊 8；托叶鞘有显著脉纹 ·································· **2. 萹蓄** *P. aviculare*

1. 习见萹蓄　习见蓼

Polygonum plebeium R. Br.

一年生草本。高 15~30 cm。茎平卧，自基部多分枝。叶片灰绿色，狭倒卵形或匙形，全缘，无毛；托叶鞘膜质，白色，无脉纹，顶端多撕裂。花小，4~6 朵生叶腋的托叶鞘内；花被 5 深裂，粉红色；雄蕊 5，稀 4；花柱 3，稀 2，极短。瘦果宽卵形，长 2 mm 以下。花果期 5—9 月。

产于南京及周边各地，常见，生于田边、路旁、沙地或河岸边。

全草入药。

2. 萹蓄

Polygonum aviculare L.

一年生草本。高 10~40 cm。植株常被白粉。茎绿色，匍匐、斜升或直立。叶片椭圆形至披针形，顶端圆钝或急尖，基部楔形；托叶鞘膜质，下部褐色，上部白色，透明，有明显脉纹。花 1~5 朵簇生叶腋；花被片 5 深裂，裂片椭圆形，暗绿色，边缘白色或淡红色。花果期 5—9 月。

产于南京及周边各地，极常见，生于沟边湿地、田野、路旁。

地上部分入药。可提取黄色和绿色染料。

3. 荞麦属（*Fagopyrum*）

1. 金荞麦

Fagopyrum dibotrys (D. Don) H. Hara

多年生草本。高 0.5~1.0 m。全株无毛。叶片卵状三角形，顶端渐尖，基部戟形，全缘；叶柄长达 10 cm；托叶鞘筒状，膜质，褐色，偏斜。花簇排成总状花序，再组成伞房状，顶生或腋生；花柄中部具关节；花被白色，5 深裂。瘦果宽卵形，具 3 锐棱。花期 7—9 月，果期 8—10 月。

产于南京城区、浦口等地，常见，生于荒地、路旁。野生或栽培。

块根、茎、叶可入药。国家二级重点保护野生植物。

4. 蓼属（*Persicaria*）分种检索表

1. 花柱不宿存。
  2. 茎或叶柄有钩刺或短刺状凸起；叶片基部为箭形或戟形。
    3. 茎直立或斜升。
      4. 托叶鞘顶端具叶状环边。
        5. 茎几无毛；叶片宽戟形；托叶鞘顶端环状翅近全缘·················**1. 戟叶蓼** *P. thunbergii*
        5. 茎密被星状毛和倒刺；叶片狭长戟形；托叶鞘顶端环状翅具牙齿·······**2. 长戟叶蓼** *P. maackiana*
      4. 托叶鞘顶端无叶状环边。
        6. 托叶鞘顶端偏斜。
          7. 花序具漏斗状苞片，托叶鞘顶端具短缘毛 ·················**3. 稀花蓼** *P. dissitiflora*
          7. 花序苞片非漏斗状，托叶鞘顶端无毛 ·················**4. 箭头蓼** *P. sagittata*
        6. 托叶鞘顶端平截。
          8. 花序二歧分枝，花柄长于苞片 ·················**5. 长箭叶蓼** *P. hastatosagittata*
          8. 花序疏散圆锥状，花柄短于苞片 ·················**6. 小蓼花** *P. muricata*
    3. 茎攀缘状；叶片近正三角形，盾状着生，托叶鞘叶状 ·················**7. 扛板归** *P. perfoliata*
  2. 茎或叶柄无钩刺或短刺状凸起；叶片基部不为箭形或戟形。
    9. 花序穗状或圆锥状。
      10. 植株具根状茎，多年生草本。
        11. 花柱 3；花被片具腺点；苞片内具花 1~3 朵 ·················**8. 显花蓼** *P. conspicua*
        11. 花柱 2；花被片无腺点；苞片内具花 4~6 朵 ·················**9. 蚕茧草** *P. japonica*
      10. 植株无根状茎，一年生草本。
        12. 花序粗壮，圆柱形，不间断。
          13. 托叶鞘顶端平截；全株无毛或具其他类型的毛。
            14. 托叶鞘顶端无缘毛；花被 4 深裂 ·················**10. 酸模叶蓼** *P. lapathifolia*
            14. 托叶鞘顶端具缘毛；花被 5 深裂。
              15. 植株近无毛，且无腺毛。
                16. 托叶鞘疏生柔毛；花柄与苞片近等长 ·················**11. 长鬃蓼** *P. longiseta*
                16. 托叶鞘疏生硬伏毛；花柄明显伸出苞片外 ·················**12. 愉悦蓼** *P. jucunda*
              15. 全株密生黏性短腺毛和开展的长硬毛 ·················**13. 香蓼** *P. viscosa*
          13. 托叶鞘顶端具草帽状环边；全株密生长柔毛·················**14. 红蓼** *P. orientalis*
        12. 花序较细，花排列稀疏，常间断。
          17. 花被片及叶片具明显腺点。
            18. 茎无毛；叶两面密被腺点，具辛辣味·················**15. 水蓼** *P. hydropiper*
            18. 茎叶被硬伏毛；叶常具暗褐色斑纹，无辛辣味·················**16. 伏毛蓼** *P. pubescens*
          17. 花被片及叶片无腺点。
            19. 花序下部间断；植株上部及花序梗具黏液 ·················**17. 粘蓼** *P. viscofera*
            19. 花序下部间断或全部间断，植株上部及花序梗无黏液。
              20. 叶卵形或卵状披针形，先端尾状渐尖·················**18. 丛枝蓼** *P. posumbu*
              20. 叶狭披针形 ·················**19. 细叶蓼** *P. taquetii*
    9. 花序头状，单独顶生·················**20. 蓼子草** *P. criopolitana*
1. 花柱宿存，果期硬化 ·················**21. 短毛金线草** *P. neofiliformis*

1. 戟叶蓼

Persicaria thunbergii (Siebold & Zucc.) H. Gross

一年生草本。高 30~70 cm。茎直立或斜升,有棱,沿棱有倒生皮刺;下部平卧或匍匐。叶片戟形,常 3 浅裂;托叶鞘圆筒状,边缘有短缘毛,有时有一圈向外反卷的绿色叶状边缘。花序头状,再聚成聚伞状;花被片白色或淡红色;雄蕊 8;花柱 3。瘦果卵形,有 3 棱。花果期 7—10 月。

产于句容、溧水等地,偶见,生于山谷阴湿地和水边。全草入药。

2. 长戟叶蓼

Persicaria maackiana (Regel) Nakai ex T. Mori

一年生草本。高 50~90 cm。全株密被星状毛。茎、叶和托叶鞘上有倒生皮刺;茎近直立或斜升。叶片狭长戟形;托叶鞘近叶一侧开裂,基部和脉纹上有长刺毛,每裂齿顶端有一长刺毛。花序头状,顶生或腋生;花柄有腺毛;花被片淡红色。瘦果卵形,长 3.0~3.5 mm,有 3 棱。花果期 8—10 月。

产于南京及周边各地,偶见,生于山谷、路旁及河边湿地。

3. 稀花蓼

Persicaria dissitiflora (Hemsl.) H. Gross ex T. Mori

一年生草本。高 40~100 cm。直立。上部及叶柄疏生倒短刺和星状毛。叶片卵状椭圆形或卵状长三角形;托叶鞘膜质,褐色,斜舌状,基部围茎,顶端少有短缘毛。花序圆锥状;花序梗紫红色,花小,花被片粉红色或白色。瘦果近球形,细弱,密生红色腺毛。花果期 7—10 月。

产于句容、溧水等地,偶见,生于山谷、沟边或路旁。

全草入药。

4. 箭头蓼　箭叶蓼

Persicaria sagittata (L.) H. Gross

一年生草本。高 40~90 cm。茎四棱形,沿棱具倒生皮刺。叶片基部箭形,两面无毛,叶背沿中脉具倒生短皮刺,边缘无缘毛;托叶鞘膜质,偏斜,无叶状翅。花序头状,通常成对,花序梗细长,疏生短皮刺;花梗比苞片短;花被片 5 深裂,花柱 3。小坚果具 3 棱,黑色,无光泽,包于宿存花被内。花期 6—9 月,果期 8—10 月。

产于江宁,常见,生于路边湿地中、河岸及水沟边。

全草可入药。

东亚的类群亦有处理为 *P. sagittata* var. *sieboldii* (Meisn.) Nakai,本志据《中国植物物种名录 2022 版》仍将其作为单一的多态种处理。

 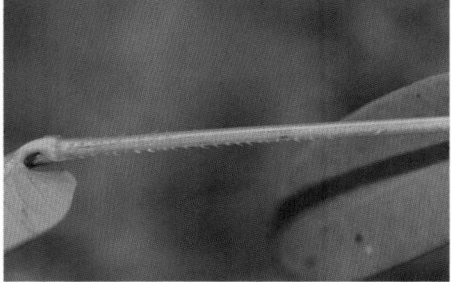 

5. 长箭叶蓼 戟状箭叶蓼

Persicaria hastatosagittata (Makino) Nakai ex T. Mori

一年生草本。高 30~80 cm。茎直立。节上生根，连同叶柄疏生倒钩刺。叶片长戟状箭形或长椭圆状披针形；托叶鞘筒状，长 1~2 cm，顶端截形，有极短缘毛。花簇排成短穗状总状花序，花序梗二歧状分枝；花序梗和花柄密生短毛及腺毛，花紧密着生，花梗长于苞片；花被片淡红色。花果期 6—10 月。

产于南京城区、江宁等地，常见，生于沟边田埂、山区阴湿处。

6. 小蓼花 小花蓼

Persicaria muricata (Meisn.) Nemoto

一年生草本。高 8~20 cm。茎基部近平卧，节部生根，具纵棱，棱上有极稀疏的倒生短皮刺。叶片卵形或长圆状卵形，基部截形、圆形或近心形；托叶鞘筒状，膜质，顶端长缘毛。总状花序呈穗状，再组成圆锥状；花序梗密被短柔毛及稀疏腺毛，花梗比苞片短；花被片白色或淡紫红色，5 深裂。花期 7—8 月，果期 9—10 月。

产于江宁，偶见，生于水沟边、溪边及田边湿地中。

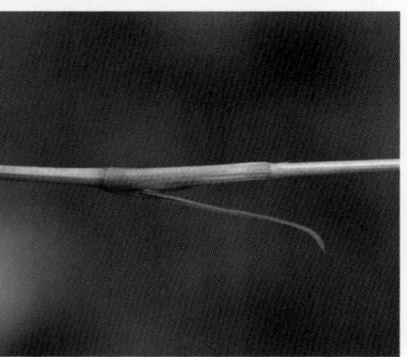

7. 扛板归

Persicaria perfoliata (L.) H. Gross

一年生攀缘草本。茎长 1~2 m。多分枝,红褐色,有棱;棱及叶柄有倒生钩刺。叶片近三角形;叶柄长,具棱和刺,盾状着生;托叶鞘叶状,草质,近圆形,穿茎。花序短穗状,单一,顶生或生于上部叶腋;花被片淡红色或白色,5 深裂;花柱 3。瘦果圆球形,蓝黑色,呈浆果状。花果期 6—10 月。

产于南京及周边各地,极常见,生于田边、山谷灌木丛中、路边或水沟边。

茎、叶入药。

8. 显花蓼

Persicaria conspicua (Nakai) Nakai ex T. Mori

多年生草本。高 35~100 cm。茎直立。叶片披针形;托叶鞘筒状,具粗伏毛,顶端有缘毛。穗状花序常单一,顶生,长 5~10 cm;苞片狭漏斗状,紫红色;花柄伸出苞外;花较大,二型,雄蕊长而花柱短或雄蕊短而花柱长;花被片淡红色,5 深裂;花柱 3。瘦果具 3 棱。花果期 9—10 月。

产于南京、句容、溧水等地,偶见,生于路旁或水沟边。

本种的分类地位多有变化,国内植物志多处理为蚕茧草的变种 *Polygonum japonicum* var. *conspicuum*,亦有观点处理为香辣蓼的亚种 *Persicaria odorata* subsp. *conspicua*。本志仍按照《中国植物物种名录 2022 版》处理为单独的种。

9. 蚕茧草
Persicaria japonica (Meisn.) H. Gross ex Nakai

多年生草本。高可达 1 m。茎直立，节部通常膨大。叶片披针形，近革质；托叶鞘筒状，密生伏毛，顶端有长缘毛。花簇排成穗状花序，长 5~12 cm；雌雄异株；花较大，二型；花被片淡红色或白色，5 深裂，裂片长约 4 mm；花柱 2。瘦果卵形，长 2~3 mm。花期 7—9 月，果期 9—11 月。

产于盱眙、南京、句容等地，常见，生于水边或路旁草丛中。

全草入药。

10. 酸模叶蓼
Persicaria lapathifolia (L.) Delarbre

一年生草本。高 30~150 cm。茎直立，节部膨大。叶片卵状宽披针形或长卵状披针形，大小变化较大；托叶鞘筒状，无毛，顶端截形。花序的花簇紧密，数个花穗组成圆锥花序状；花序梗被腺体；花被片粉红色或白色。瘦果卵形，扁平。花期 6—8 月，果期 7—10 月。

产于南京及周边各地，常见，生于路旁湿地、荒地、水边和沟边。

全草入药。有小毒。可制土农药。

（变种）**绵毛酸模叶蓼**

var. salicifolia (Sibth.) Miyabe

　　本变种叶片长披针形，叶背密生白色绵毛；茎、托叶鞘、花序梗和苞片有时被绵毛。

　　产地和生境同酸模叶蓼。

11. 长鬃蓼

Persicaria longiseta (Bruijn) Kitag.

　　一年生草本。高 30~50 cm。茎直立，节部略膨大。叶片长圆状披针形或宽披针形，基部楔形，顶端渐尖；叶面暗绿色，中部常有暗斑；托叶鞘筒形，疏生伏毛，顶端截形，有长缘毛。花序穗状，花簇密生，下部花簇常间断；花被片粉红色或紫红色；雄蕊6~8，短于花被；花柱3。瘦果三棱状。花果期5—10月。

　　产于南京及周边各地，极常见，生于路边、山坡林缘、河边湿地。

　　全草入药。

（变种）**圆基长鬃蓼**

var. rotundata (A. J. Li) Bo Li

　　本变种叶片条形或条状披针形，基部圆形或近圆形，顶端急尖；几无叶柄。

　　产于句容、溧水、宝应等地，常见，生于河边湿地、路边、山坡林缘。

12. 愉悦蓼

Persicaria jucunda (Meisn.) Migo

　　一年生草本。高 50~100 cm。茎直立或下部平卧。叶片膜质，椭圆状披针形，长 3~10 cm；托叶鞘筒状，膜质，疏生硬伏毛，顶端有长缘毛。花序穗状，长 2~6 cm，花簇排列紧密；小花柄紫红色，伸出于苞片上；花被片粉红色，长 2~3 mm；花柱 3。瘦果卵形，长约 2 mm，有 3 棱。花果期 8—11 月。

　　产于南京及周边各地，极常见，生于山坡草地、路边、山谷阴湿处。

　　全草入药。

13. 香蓼　粘毛蓼

Persicaria viscosa (Buch.-Ham. ex D. Don) H. Gross ex Nakai

　　一年生草本。全株有香气,各部位密生长毛和有柄的短腺毛,常分泌黏液。茎直立,高50~120 cm。叶片卵状披针形或椭圆状披针形;托叶鞘筒形,顶端平或稍斜,有长缘毛。穗状花序紧密;苞片绿色,内具花 3~5 朵;花被片红色。瘦果宽卵形,长约 3 mm,有 3 棱。花果期 8—10 月。

　　产于南京及周边各地,常见,生于水边、荒地和路旁湿地。

　　全草可提取芳香油。全草入药。

14. 红蓼 荭草

Persicaria orientalis (L.) Spach

一年生草本。高 1~2 m。密生开展的长柔毛。茎直立, 粗壮。叶片宽卵形或卵形; 托叶鞘筒状, 被长柔毛和长缘毛, 顶端有草质反卷的环状边。花序穗状, 粗壮, 长 2~8 cm; 花紧密, 不间断; 花较大, 有二型; 花被片淡红色或白色。瘦果近圆形, 扁平。花期 7—9 月, 果期 8—10 月。

产于南京及周边各地, 常见, 生于山谷、村庄旁或路边阴湿草地, 成片生长, 也有栽培。

果实入药, 称"水红花子"。

15. 水蓼 辣蓼

Persicaria hydropiper (L.) Delarbre

一年生草本。高 40~80 cm。植株有辣味。茎直立, 节常膨大。叶片披针形; 托叶鞘筒形, 顶端有短缘毛。总状花序呈穗状, 细长, 花簇间断; 花被片绿色, 上部淡白色或淡红色。瘦果卵形, 一面凸一面平, 少有 3 棱。花果期 9—10 月。

产于南京及周边各地, 常见, 生于田野、水边或山谷湿地。

16. 伏毛蓼　无辣蓼

Persicaria pubescens (Blume) H. Hara

　　一年生草本。高 30~80 cm。茎直立。叶片卵状披针形或椭圆状披针形,叶面中央部位有"∧"形暗褐色斑纹;叶柄粗,密被短伏毛;托叶鞘筒状,顶端平截,具长缘毛。总状花序穗状,纤细伸长,顶端下垂,花簇稀疏;花被片上部红色,下部绿色。瘦果卵状三棱状。花果期 7—10 月。

　　产于南京及周边各地,极常见,生于田边、沟边、路边、水旁等处。

　　全草入药。

17. 粘蓼

Persicaria viscofera (Makino) H. Gross ex Nakai

　　一年生草本。高 30~70 cm。茎直立,节间上部具柔毛。叶披针形或宽披针形,边缘具长缘毛;托叶鞘筒状,顶端截形,具长缘毛。总状花序穗状,细弱,顶生或腋生,花稀疏或密生,下部间断;苞片内含 3~5 朵花;花被片 4~5 深裂,淡绿色。瘦果椭圆形,具 3 棱。花期 7—9 月,果期 8—10 月。

　　产于南京周边,偶见,生于荒地。

18. 丛枝蓼

Persicaria posumbu (Buch.-Ham. ex D. Don) H. Gross

一年生草本。高 30~70 cm。茎纤细，斜上升，近基部多分枝。叶片质薄，卵形或广披针形，顶端尾尖，基部楔形或圆形，叶面常有暗斑；托叶鞘筒状，顶端平截，有长缘毛。花序穗状，细弱，线形，长 3~8 cm，花簇常间断，下部尤甚；花被片粉红色。瘦果卵形，有 3 棱。花果期 7—8 月。

产于南京及周边各地，极常见，生于水边、沟边或路边阴湿处。全草入药。

19. 细叶蓼

Persicaria taquetii (H. Lév.) Koidz.

一年生草本。高 30~50 cm。茎细弱，基部近平卧或上升。叶片狭披针形，基部狭楔形，两面近无毛；托叶鞘筒状，疏生柔毛，顶端缘毛长 3~5 mm。总状花序呈穗状，细弱，全部间断，下垂，通常数个再组成圆锥状；花被片 5 深裂，淡红色。小坚果卵球形，包于宿存花被内。花期 8—9 月，果期 9—10 月。

产于江宁，偶见，生于溪边、水边、路旁及湿地中。

20. 蓼子草

Persicaria criopolitana (Hance) Migo

一年生匍匐状草本。高 5~20 cm。全株被糙伏毛或腺毛。茎暗红色，丛生。叶片狭披针形；托叶鞘短筒状，顶端截形，具长缘毛。花密生，头状，顶生；花序梗有腺毛；花柄远伸出苞片外；花被片 5 深裂，上部淡红色，基部绿色；雄蕊 5。瘦果黑褐色。花期 7—10 月，果期 9—12 月。

产于南京城区、江宁、宝应等地，偶见，生于林下溪边、田旁或河滩，成片分布。

全草及根入药。

21. 短毛金线草

Persicaria neofiliformis (Nakai) Ohki

多年生草本。高 50~100 cm。茎直立，节稍膨大，疏生粗伏毛或少毛至无毛。叶片宽卵圆形或椭圆形；托叶鞘筒状，膜质。总状花序常数个；花序轴延伸，直挺；花排列稀疏；2~3 朵花生于苞腋内；花被片深红色，4 深裂，裂片卵形。瘦果卵形或椭圆形，顶端具硬化宿存的钩状花柱。花果期 8—10 月。

产于南京城区、江宁、溧水、句容等地，常见，生于山坡路旁、山地林缘阴湿处、沟谷溪边草丛中。

块根或全草入药。

六合、句容等地常有宽基多叶蓼 *P. paludicola* 分布，生于溪边和河岸两侧。

5. 拳参属（*Bistorta*）

1. 拳参　拳蓼

Bistorta officinalis Delarbre

多年生草本。高 50~90 cm。茎单一，直立，无毛。根状茎肥厚，木质化，弯曲，黑褐色。基生叶披针形或狭卵形，纸质，基部沿叶柄下延成翅，边缘外卷，微呈波状，叶柄长 10~20 cm；茎生叶披针形或条形，无柄；托叶鞘筒状，顶端偏斜，开裂至中部，无缘毛。总状花序呈穗状，顶生，花较紧密；花被片 5 深裂，白色或淡红色。花期 6—7 月，果期 8—9 月。

产于句容，偶见，生于山坡林下和山顶草丛中。

根状茎入药。

6. 虎杖属（*Reynoutria*）

1. 虎杖

Reynoutria japonica Houtt.

多年生灌木状草本。高 1~3 m。茎直立，粗壮，节间中空，表面散生红色或紫红色斑点。叶片近革质，宽卵状椭圆形或卵形，少数为近圆形；托叶鞘褐色，膜质，早落。圆锥花序腋生；花被片浅绿色或白色，5 深裂；花单性，雌雄异株。花期 7—9 月，果期 9—10 月。

产于南京及周边各地，常见，生于田野的沟边、路旁及山谷溪边。

根和根状茎入药。

7. 何首乌属（*Pleuropterus*）

1. 何首乌

Pleuropterus multiflorus (Thunb.) Nakai

多年生草本。全株无毛。茎缠绕。叶片卵形；托叶鞘干膜质，短筒状，偏斜。花序圆锥状，顶生或腋生；花被片绿白色或白色，5 深裂，裂片椭圆形，大小不等，结果时增大至 5~6 mm，外面 3 片肥厚，近圆形，翅顶部深凹。瘦果卵形，具 3 棱，长 2.5~3.0 mm，黑褐色。花期 8—10 月，果期 10—11 月。

产于南京及周边各地，极常见，生于山坡灌木丛、篱笆或沟边石隙。

块根及藤茎入药，称"何首乌""夜交藤"。

石竹科
CARYOPHYLLACEAE

一年生或多年生草本,稀亚灌木。茎节通常膨大,具关节。单叶对生,稀互生或轮生,全缘,基部多少连合。花辐射对称,两性,稀单性,组成聚伞花序或聚伞圆锥花序,稀单生,少数呈总状花序、头状花序、假轮伞花序或伞形花序;萼片5,稀4,草质或膜质;花瓣5,稀4,无爪或具爪,瓣片全缘或分裂;雄蕊10;雌蕊1,由2~5合生心皮构成,子房上位。果实为蒴果,长椭圆形、圆柱形、卵形或球形。种子弯生,多数或少数,稀1枚,肾形、卵形、圆盾形或圆形,微扁。

共102属2 000~2 200种,广布于世界各地。我国产40属约433种。南京及周边分布有8属20种。

石竹科分属检索表

1. 花瓣近无爪;萼片分离,少数基部连合。
　2. 花二型;具纺锤形块根 ·················· **1. 孩儿参属** *Pseudostellaria*
　2. 花非二型;植株无块根。
　　3. 花瓣2深裂或2浅裂,稀无花瓣。
　　　4. 蒴果5或6瓣裂,花柱3或5;若为5,则与萼片互生 ········ **2. 繁缕属** *Stellaria*
　　　4. 蒴果10齿裂,花柱5,与萼片对生 ············ **3. 卷耳属** *Cerastium*
　　3. 花瓣全缘,不分裂。
　　　5. 花为聚伞花序;雄蕊10 ················ **4. 无心菜属** *Arenaria*
　　　5. 花单生,雄蕊5 ···················· **5. 漆姑草属** *Sagina*
1. 花瓣明显有爪;萼片合生。
　6. 花柱3~5;萼筒膨大;花柱通常3 ············ **6. 蝇子草属** *Silene*
　6. 花柱2。
　　7. 花萼钟形、漏斗状或卵状,具5条宽纵脉或凸起成棱 ········ **7. 石头花属** *Gypsophila*
　　7. 花萼圆筒形,5齿裂,具脉7~11条 ············ **8. 石竹属** *Dianthus*

1. 孩儿参属（*Pseudostellaria*）

1. 孩儿参　异叶假繁缕

Pseudostellaria heterophylla (Miq.) Pax

多年生草本。高 5~15 cm。茎单一，直立，有短柔毛 2 行，节略膨大。叶片带肉质；茎中部以上的叶卵状披针形至长卵形；茎端通常 4 叶呈"十"字形排列。花二型，花较大，白色；萼片 5；花瓣 5，倒卵形，顶端 2~3 浅齿裂；雄蕊 10；花柱 3。蒴果卵球形。花期 4 月，果期 5 月。

产于南京及周边各地，常见，生于阴湿的山坡、林下、草丛或岩石缝内。

块根入药，称"太子参"。

2. 繁缕属（*Stellaria*）分种检索表

1. 花柱 3，蒴果 6 瓣裂。
  2. 茎有 1 行柔毛；上部叶片无柄，下部叶有长柄。
    3. 无花瓣或花瓣不明显 ··································· **1. 无瓣繁缕** *S. pallida*
    3. 花瓣显著。
      4. 雄蕊 3~5；花瓣短于萼片 ··························· **2. 繁缕** *S. media*
      4. 雄蕊 8~10；花瓣近等长于萼片 ·················· **3. 鸡肠繁缕** *S. neglecta*
  2. 茎无毛或全被柔毛；叶片近无柄。
    5. 叶片长 2~4 cm；雄蕊 10 ··························· **4. 中国繁缕** *S. chinensis*
    5. 叶片长 5~15 mm；雄蕊 5，有时更多 ············ **5. 雀舌草** *S. alsine*
1. 花柱 5，蒴果 5 瓣裂 ································· **6. 鹅肠菜** *S. aquatica*

1. 无瓣繁缕

Stellaria pallida (Dumort.) Crép.

一年生或二年生草本。高 8~20 cm。茎通常铺散，有 1 列长柔毛。叶小，叶片近卵形，长 5~8 mm，有时达 1.5 cm，顶端急尖，基部楔形，两面无毛。二歧聚伞花序；萼片披针形，长 3~4 mm；花瓣无或小，近于退化；雄蕊 3~5，稀 10；花柱极短。花期 4 月。

产于南京及周边各地，极常见，生于路边、湿润荒地、田边。

2. 繁缕

Stellaria media (L.) Vill.

　　直立或平卧的一年生或二年生草本。高 10~35 cm。茎纤细,有 1(2)列短柔毛。下部叶有长柄,叶片卵形或心形;上部叶无柄,叶片卵形,长 0.5~2.5 cm。花单生叶腋或组成顶生疏散的二歧聚伞花序;萼片 5;花瓣 5,白色,长椭圆形,2 深裂达基部,短于萼片;雄蕊 3~5;花柱 3。蒴果长圆形或卵圆形。花期 2—4 月,果期 5—6 月。

　　产于南京及周边各地,极常见,生于路边、田间、溪边。常见田间杂草。

　　全草做饲料。嫩苗做蔬菜。茎、叶及种子入药。

3. 鸡肠繁缕

Stellaria neglecta (Lej.) Weihe

　　一年生或二年生草本。高 30~80 cm。茎丛生,被 1 列柔毛。叶片卵形或狭卵形,顶端急尖,基部楔形,稍抱茎,基部边缘和两叶基间茎上被长柔毛。二歧聚伞花序顶生;萼片 5;花瓣 5,白色,2深裂,与萼片近等长;雄蕊 8~10,等长或微长于花瓣;花柱 3。蒴果卵形。花期 4—6 月,果期 6—8 月。

　　产于南京及周边各地,常见,生于林下阴湿处。常见早春杂草。全草入药。

4. 中国繁缕　华繁缕

Stellaria chinensis Regel

　　多年生草本。高可达 40 cm。茎纤细,多分枝,有时匍匐地上。叶片卵形至卵状披针形,基部圆形,全缘,常波状皱缩;叶柄短,有长柔毛。聚伞花序常生叶腋;萼片 5,披针形;花瓣白色,与萼片近等长,顶端 2 深裂;雄蕊 10;花柱 3。蒴果卵形,6 齿裂。花果期 4—6 月。

　　产于南京城区、溧水、句容等地,常见,生于水边、潮湿的山坡、路旁石缝内。

　　全草入药。

5. 雀舌草

Stellaria alsine Grimm

一年生草本。高 15~25 cm。茎纤细,丛生。叶片长卵形至卵状披针形,顶端尖,基部渐狭,全缘或浅波状。花序聚伞状,常具少数花(多为 3 朵),顶生或单生叶腋;花小,长 5~20 mm;花瓣 5,白色,短于萼片或近等长;雄蕊 5,有时更多。蒴果 6 瓣裂。花期 4—6 月,果期 6—7 月。

产于江宁、句容等地,偶见,生于溪岸、田间及路边潮湿处。

全株入药。

6. 鹅肠菜　牛繁缕

Stellaria aquatica (L.) Scop.

二年生或多年生草本。高 20~50 cm。茎上升,下部常伏生地面。叶片卵形或宽卵形,顶端急尖,基部心形,全缘或波状。顶生二歧聚伞花序,花序梗上有白色短软毛;花瓣 5,白色,2 深裂几达基部,裂片线形或线状披针形;雄蕊 10,稍短于花瓣。蒴果卵圆形,5 瓣裂。花期 4—5 月,果期 5—6 月。

产于南京及周边各地,极常见,生于荒地、路旁及较阴湿的草地。

全草入药。

3. 卷耳属（*Cerastium*）

1. 球序卷耳　粘毛卷耳

Cerastium glomeratum Thuill.

一年生草本。高 10~20 cm。茎单生或丛生,密被长柔毛。基部叶片匙形,上部叶片倒卵状椭圆形,两面均被长柔毛。聚伞花序簇生或头状;花序轴密被腺柔毛;萼片 5,披针形,长约 4 mm;花瓣 5,白色,线状长圆形,顶端 2 浅裂;花柱 5。蒴果长圆柱形。花期 3~4 月,果期 5—6 月。

产于南京及周边各地,极常见,生于山坡、荒地和草地。常见早春杂草。

4. 无心菜属（*Arenaria*）

1. 无心菜　蚤缀

Arenaria serpyllifolia L.

一年生或二年生小草本。高 10~30 cm。全株有白色短柔毛。茎丛生,密被倒生的白色短柔毛。叶小,卵形,长 3~10 mm,宽 2~5 mm。聚伞花序疏生枝端;萼片 5,披针形;花瓣 5,倒卵形,白色,全缘;雄蕊 10,短于萼片;花柱 3。蒴果卵形,6 瓣裂。花期 4—5 月,果期 5—6 月。

产于南京及周边各地,极常见,生于路旁、荒地及田野。

5. 漆姑草属（*Sagina*）

1. 漆姑草

Sagina japonica (Sw.) Ohwi

一年生或二年生小草本。高 5~20 cm。茎多数簇生，通常紧贴地面。叶片线形，长 5~20 mm。花小，单生叶腋及枝端；萼片 5，卵状椭圆形，长约 2 mm；花瓣 5，白色，狭卵形，稍短于萼片，顶端圆钝；雄蕊 5，短于花瓣。蒴果卵圆形，略长于宿存萼。花期 3—5 月，果期 5—6 月。

产于南京及周边各地，常见，生于水塘边、田间、路旁或阴湿山地。

全草可入药。

6. 蝇子草属（*Silene*）分种检索表

1. 蒴果齿裂或瓣裂。
  2. 萼筒管状,不膨大 ·· **1. 剪春罗 S. banksia**
  2. 萼筒膨大。
    3. 花单生或单歧聚伞花序;萼筒圆锥状,有 20 余条平行脉 ·········· **2. 麦瓶草 S. conoidea**
    3. 花组成聚伞花序。
      4. 花瓣 2 裂,花萼筒椭圆形 ························· **3. 女娄菜 S. aprica**
      4. 花瓣不整齐细裂,花萼筒棒状 ························· **4. 鹤草 S. fortunei**
1. 蒴果浆果状,成熟后不规则开裂 ······························· **5. 狗筋蔓 S. baccifera**

1. 剪春罗　剪夏罗

Silene banksia (Meerb.) Mabb.

多年生草本。高 50~90 cm。全株近无毛。直立。叶片椭圆状倒披针形或卵状倒披针形,长（5）8~15 cm。二歧聚伞花序通常具花数朵;花直径 4~5 cm;花瓣橙红色,爪不露出花萼。蒴果长椭圆形,长约 20 mm。花期 6—7 月,果期 8—9 月。

产于浦口,偶见,生于潮湿林下或路边。

2. 麦瓶草

Silene conoidea L.

一年生草本。高 20~60 cm。全株有腺毛。基生叶匙形;茎生叶长卵形或披针形,顶端尖锐,基部稍抱茎。圆锥花序;萼筒长 2~3 cm,结果时基部膨大,萼脉 20 条以上,密生腺毛;花瓣 5,紫红色;雄蕊 10。蒴果卵圆形或圆锥形,有光泽,有宿萼。花期 4—5 月,果期 5—6 月。

产于南京及周边各地,偶见,生于旷野、路旁及荒地上,麦田中较常见。

全草入药。可栽培供观赏。

林秦文　供图

3. 女娄菜

Silene aprica Turcz. ex Fisch. & C. A. Mey.

二年生草本。高 20~70 cm。全株密生短柔毛。叶片卵状披针形至线状披针形,无柄或下部叶基部渐狭呈叶柄状。聚伞花序伞房状,每枝具花 2~3 朵;萼筒结果后膨大成卵形或杯形,密生短柔毛;花瓣 5,粉红色或白色,2 裂,副花冠片舌状。蒴果椭圆形。花期 6—7 月,果期 7—8 月。

产于南京及周边各地,偶见,生于山坡草地、路边。

嫩苗可食,也可做牲畜饲料。全草入药。

4. 鹤草　蝇子草

Silene fortunei Vis.

多年生草本。高 50~150 cm。茎单生,节膨大。基生叶匙状披针形;茎生叶片线状披针形。聚伞状圆锥花序,顶生;小聚伞花序对生,具花 1~3 朵;萼筒细长,棒形,有纵脉 10 条,顶端 5 裂;花瓣 5,粉红色或白色。蒴果长圆形,长约 1.5 cm,顶端 6 齿裂。花期 7—9 月,果期 9—10 月。

产于南京及周边各地,常见,生于林下和山坡草丛中。全草入药。

5. 狗筋蔓

Silene baccifera (L.) Roth

多年生草本。长 50~150 cm，茎铺散，俯仰。全株被逆向短绵毛。叶片卵形、卵状披针形或长椭圆形，长 1.5~10.0 cm。圆锥花序疏松；花萼宽钟形，长 9~11 mm，草质，后期膨大呈半圆球形；花瓣白色，轮廓倒披针形。蒴果圆球形，浆果状。花期 6—8 月，果期 7—9 月。

产于南京、句容等地，偶见，生于路边、沟边等处。

7. 石头花属（*Gypsophila*）分种检索表

1. 花萼不膨大，不具凸起的棱 ·················· **1. 长蕊石头花** G. oldhamiana
1. 花萼中下部膨大，具 5 凸起的翅状棱 ·················· **2. 麦蓝菜** G. vaccaria

1. 长蕊石头花　霞草

Gypsophila oldhamiana Miq.

多年生草本。高 60~100 cm。全株光滑，通常有白粉。簇生，节明显，二歧或三歧分枝。茎生叶长圆状披针形；基出叶叶脉 3~5 条。伞房状聚伞花序顶生或腋生，排列较密集；萼筒钟形，裂片 5；花瓣粉红色或白色，倒卵形，比花萼长 1 倍。种子近肾形。花期 7—9 月，果期 8—10 月。

产于南京、盱眙等地，偶见，生于石缝和崖壁等处。

根入药。可栽培供观赏。

2. 麦蓝菜

Gypsophila vaccaria (L.) Sm.

一年生草本。高 40~70 cm。全株无毛,略被白粉。茎直立。基部叶片长椭圆形,全缘;上部叶片长椭圆状披针形,顶端尖锐,基部圆形或心形,微抱茎。疏聚伞花序顶生;萼筒卵状圆锥形;花瓣粉红色,长匙形。蒴果宽卵形或近圆球形,包于宿萼内。花期 4—5 月,果熟期 6—8 月。

产于南京及周边各地,偶见,生于荒地、路旁、田野。

种子入药,称"王不留行"。可栽培供观赏。

8. 石竹属(*Dianthus*)分种检索表

1. 小苞片广卵形,长渐尖,长为花萼 1/2 ············ **1. 石竹** D. chinensis
1. 小苞片短卵形或菱状卵形,长为花萼 1/4 以下。
　2. 萼筒细长,长 3~4 cm,绿色 ············ **2. 长萼瞿麦** D. longicalyx
　2. 萼筒较粗短,长 2.5~3.0 cm,常带红紫色 ············ **3. 瞿麦** D. superbus

1. 石竹

Dianthus chinensis L.

多年生草本。高 30~50 cm。全株无毛。茎丛生。叶片线状披针形,顶端渐尖,基部狭窄成短鞘,抱茎。花单生枝端或数朵簇生成聚伞花序;花萼圆筒形,顶端 5 裂,萼齿披针形;花瓣鲜红色、白色或粉红色,瓣片倒卵状三角形。蒴果圆筒形,包于宿萼内。花期 5—9 月,果期 7—9 月。

产于南京及周边各地,常见,生于山坡、旷野。亦见广泛栽培。

全草入药。可栽培供观赏。

2. 长萼瞿麦

Dianthus longicalyx Miq.

多年生草本。高 40~80 cm。茎直立。叶片线状披针形或披针形，顶端渐尖，基部稍狭。疏聚伞花序，花 2 朵以上；苞片 3~4 对；花萼长管状，绿色，有条纹；花瓣倒卵形或楔状长圆形，粉红色，具长爪，瓣片深裂成丝状。蒴果狭圆筒形，略短于宿存萼。花期 6—8 月，果期 8—9 月。

产于江宁、句容、溧水等地，常见，生于山地林下。

可栽培供观赏。

3. 瞿麦

Dianthus superbus L.

多年生草本。高 50~60 cm。茎丛生，无毛。叶片线状披针形或披针形，顶端渐尖，基部成短鞘，抱茎，全缘。花单生或组成疏聚伞花序；花萼圆筒状，细长；花瓣粉紫色，具长爪，包于萼筒内，瓣片宽倒卵形，顶端边缘细裂至中部或更多。蒴果圆筒形。花期 6—9 月，果期 8—10 月。

产于南京及周边各地，偶见，生于草甸、林缘、山坡、林下。

地上部分晒干后供药用。可栽培供观赏。

草本,少数攀缘藤本或灌木或小乔木。叶互生或对生,全缘,少数有微齿。花小,两性或单性同株或异株,或杂性;花簇生在叶腋内,组成疏散或密集的头状花序、穗状花序、总状花序或圆锥花序;苞片 1 及小苞片 2;花被片 3~5,膜质、干膜质、草质或肉质;子房上位,1 室。果实为胞果或小坚果,少数为浆果和盖果。种子 1 枚或数枚,扁平、凸镜状或近肾形。

共 188 属 2 300~2 500 种,广布于全球各地。我国产 71 属 269 种。南京及周边分布有 9 属 20 种 1 亚种。

苋科
AMARANTHACEAE

【APG Ⅳ 系统的苋科,合并了传统的藜科】

苋科分属检索表

1. 胞果及花被通常为干膜质;雄蕊通常基部合生,少离生。
  2. 叶对生。
    3. 茎铺散或倾斜,肉质;头状花序腋生·················· **1. 莲子草属** *Alternanthera*
    3. 茎直立,具明显节;顶生和腋生穗状花序·················· **2. 牛膝属** *Achyranthes*
  2. 叶互生。
    4. 花丝离生·················· **3. 苋属** *Amaranthus*
    4. 花丝基部杯状合生;花淡红,后白色·················· **4. 青葙属** *Celosia*
1. 胞果及花被通常为草质或肉质,不为干膜质;雄蕊通常分离。
  5. 花被片 1~5 裂,果时花被无膜质翅。
    6. 植株具强烈气味;枝有短柔毛并兼有具节的长柔毛 ·················· **5. 腺毛藜属** *Dysphania*
    6. 无强烈异味;植株有囊状毛(粉粒)。
      7. 花两性。
        8. 团伞花簇组列为较密集的穗状或圆锥状花序·················· **6. 藜属** *Chenopodium*
        8. 团伞花簇组列为稀疏的狭穗状或圆锥状花序·················· **7. 麻叶藜属** *Chenopodiastrum*
      7. 花杂性,具两性花与雌花 ·················· **8. 市藜属** *Oxybasis*
  5. 花被片 5 裂;果时背面各具一平展的膜质翅 ·················· **9. 沙冰藜属** *Bassia*

---

1. 莲子草属(*Alternanthera*)分种检索表

1. 雄蕊 3;茎实心;无花序梗·················· **1. 莲子草** *A. sessilis*
1. 雄蕊 5;茎中空;花序梗 1~6 cm ·················· **2. 喜旱莲子草** *A. philoxeroides*

1. 莲子草

Alternanthera sessilis (L.) R. Br. ex DC.

一年生草本。高 15~50 cm。茎上升或匍匐。叶对生；叶片长椭圆形或倒披针形，顶端急尖或圆钝，基部渐狭成短叶柄，边缘全缘或具不明显锯齿。头状花序 1~4，腋生；无花序梗；花被片 5，卵形，长 2~3 mm，有脉 1 条；雄蕊 3。胞果倒心形，两侧具狭翅。花果期 6—10 月。

产于南京及周边各地，偶见，生于沟边、田埂等潮湿处。嫩茎、叶可做饲料、蔬菜。全草入药。

2. 喜旱莲子草　空心莲子草　水花生

Alternanthera philoxeroides (Mart.) Griseb.

多年生草本。长 50~100 cm。茎基部匍匐，上部伸展，中空，有分枝。叶对生；叶片长圆状倒卵形或倒卵状披针形，长 2.5~6.0 cm，宽 0.8~2.0 cm，顶端急尖或圆钝，基部渐狭，全缘。头状花序腋生；花被片 5，长圆形，长 5~6 mm，几等长，白色，有光泽，无毛；雄蕊 5。花果期 6—9 月。

产于南京及周边各地，极常见，生于水沟边、田边、池塘及潮湿处。入侵种。

全草可入药。

2. 牛膝属（*Achyranthes*）分种检索表

1. 退化雄蕊顶部具流苏状缘毛···**1. 土牛膝** *A. aspera*
1. 退化雄蕊顶部钝圆或细齿状···**2. 牛膝** *A. bidentata*

1. 土牛膝

Achyranthes aspera L.

多年生草本。高 20~120 cm。茎四棱形,节部稍膨大,分枝对生。叶片纸质,宽卵状倒卵形或椭圆状矩圆形,长 1.5~7.0 cm。穗状花序顶生,直立,长 10~30 cm,花期后反折;退化雄蕊顶端具分枝流苏状长缘毛。胞果卵形,长 2.5~3.0 mm。种子卵形,不扁压,长约 2 mm。花期 6—8 月,果期 10 月。

产于南京周边,偶见,生于疏林下或路边。

2. 牛膝

Achyranthes bidentata Blume

多年生草本。高 70~110 cm。茎四棱形,节膨大。叶对生;叶片椭圆形或阔披针形,顶端渐尖或具芒尖,基部楔形或阔楔形,全缘。穗状花序腋生或顶生,长 3~10 cm;花序梗密被柔毛;花被片 5,披针形,退化雄蕊顶部钝圆或细齿状。胞果长圆形,长 2.0~2.5 mm,黄褐色。花果期 8—11 月。

产于南京及周边各地,极常见,生于山坡、田野、路旁。

根入药。

3. 苋属（*Amaranthus*）分种检索表

1. 雌花花被片稍反曲,极不等长,最外一片倒披针形,先端具芒 ················· **1. 长芒苋** A. palmeri
1. 雌花花被片直,等长或稍不等长。
  2. 叶柄基部两侧各具刺 1 枚 ························· **2. 刺苋** A. spinosus
  2. 叶柄基部两侧无刺。
    3. 花被片 5。
      4. 雄蕊 5。
        5. 茎被柔毛。
          6. 苞片顶端尖刺状;花序粗壮 ················· **3. 反枝苋** A. retroflexus
          6. 苞片顶端具芒尖;花序细弱 ················· **4. 绿穗苋** A. hybridus
        5. 茎无毛或近无毛 ···················· **5. 老鸦谷** A. cruentus
      4. 雄蕊 2,稀 3 ······················· **6. 合被苋** A. polygonoides
    3. 花被片以 3 为主,少数 2。
      7. 胞果盖裂,包裹在宿存花被内 ················· **7. 苋** A. tricolor
      7. 胞果不裂,超出宿存花被。
        8. 茎通常俯卧,顶端上升;胞果近光滑 ············· **8. 凹头苋** A. blitum
        8. 茎直立;胞果具皱纹 ················· **9. 皱果苋** A. viridis

1. 长芒苋

Amaranthus palmeri S. Watson

一年生草本。高 0.8~1.5 m。茎直立。叶片卵形至菱状卵形,茎上部者呈披针形,顶端钝、急尖或微凹。雌雄异株;穗状花序生茎和侧枝顶端;雄花花被片 5,长圆形,雄蕊 5,短于内轮花被片;雌花花被片 5,稍反曲,最外一片倒披针形,长 3~4 cm;花柱 2（3）。胞果近球形,周裂,宿存于花被内。花果期 7—10 月。

产于南京周边,偶见,生于路边、田埂等处。入侵种。

2. 刺苋

Amaranthus spinosus L.

一年生草本。高 30~100 cm。茎直立,多分枝。叶片菱状卵形或卵状披针形,长 3~12 cm,宽 1~5 cm,顶端圆钝,有微凸尖,基部楔形;叶柄长 1~8 cm,基部两侧各具刺 1 枚。雌花簇生叶腋;雄花组成顶生的圆锥花序;花被片 5。胞果长圆形,盖裂。花果期 5—10 月。

产于南京及周边各地,常见,生于田边、荒野。入侵种。

全草入药。

3. 反枝苋

Amaranthus retroflexus L.

一年生草本。高可达 100 cm。茎直立,有分枝。叶片菱状卵形或椭圆状卵形,顶端钝或微凹,具小凸尖,边缘全缘或具波状齿。花单性;由多数穗状花序组成顶生或腋生圆锥花序,粗壮;花被片 5,长圆形或长圆状倒卵形,具凸尖;苞片顶端具刺尖。胞果扁圆形,盖裂,包于宿存花被片内。花果期 6—10 月。

产于南京及周边各地,极常见,生于荒野、田间。归化种。

4. 绿穗苋

Amaranthus hybridus L.

一年生草本。高 30~50 cm。茎直立,有分枝。叶片卵形或菱状卵形,顶端急尖或微凹,有凸尖,边缘波状或具不明显锯齿。圆锥花序顶生,细长,直立或稍弯曲,由穗状花序组成,中间者最长;花被片 5,长圆状披针形,长约 2 mm;苞片顶端芒尖状。胞果卵形,长约 2 mm。花果期 7—10 月。

产于南京及周边各地,常见,生于山坡、旷地或田野。归化种。

5. 老鸦谷　繁穗苋

Amaranthus cruentus L.

一年生草本。高 100~200 cm。茎直立,具钝棱。叶片卵状长圆形或披针形,长 5~13 cm,宽 3~6 cm,全缘或波状。花单性;雌雄花混生,穗状花序粗长,再组成顶生圆锥花序;花被片 5,卵状长圆形,长 1.5~3.5 mm,顶端具显著芒刺;雄蕊 5;柱头（2）3。胞果近椭圆形。花果期 7—10 月。

产于南京及周边各地,常见,生于村旁或菜园。栽培或逸为野生。归化种。

嫩茎叶可做蔬菜;老茎在江浙地区作为制作"臭苋菜梗"的原料。

6. 合被苋

Amaranthus polygonoides L.

一年生草本。高 10~30 cm。茎直立或斜升,绿白色;通常多分枝。叶片较小,菱状卵形或长圆形,顶端微凹,有凸尖,边缘全缘或微波状,叶面中央常横生 1 条白色斑带。花单性,雌雄花混生,常簇生叶腋;花被片 5,膜质,雄蕊 2,稀 3。胞果不裂。花果期 9—10 月。

产于南京周边,偶见,生于荒地、路边、村落。入侵种。

7. 苋

Amaranthus tricolor L.

一年生草本。高 80~150 cm。茎粗壮,绿色或红色。叶片卵形、菱状卵形或披针形,顶端圆钝或尖凹,具凸尖,基部楔形,全缘或波状缘。花簇腋生,或同时具顶生花簇,下垂成穗状花序;花簇球形;花被片矩圆形,长 3~4 mm,绿色或黄绿色。胞果卵状矩圆形。花期 5—8 月,果期 7—9 月。

产于南京及周边各地,常见,生于路边、荒地。栽培或逸为野生。归化种。

嫩茎叶可做蔬菜。

8. 凹头苋

Amaranthus blitum L.

一年生草本,高可达 30 cm。茎通常伏卧上升。叶片卵形或菱形,顶端 2 裂或微缺,基部阔楔形,边缘全缘或稍呈波状。花单性或杂性;簇生叶腋,组成顶生穗状花序或圆锥花序;花被片 3,长圆形或披针形,长 1.2~1.5 mm,顶端急尖;雄蕊 3,较花被片短。胞果扁卵形,近光滑。花果期 6—10 月。

产于南京及周边各地,常见,生于路旁、田野、村宅周边。归化种。

全草入药。

9. 皱果苋

Amaranthus viridis L.

一年生草本。株高 40~80 cm。茎直立,稍分枝。叶片卵形或卵状长圆形,顶端微凹,稀圆钝,具短尖。花小,排列成腋生穗状花序,或再组成大的顶生圆锥花序;花被片 3,膜质;雄蕊 3;柱头 2~3,短小。胞果扁圆形,长约 2 mm,具皱纹,长于宿存花被片内。花果期 6—11 月。

产于南京及周边各地,极常见,生于山野、路旁。归化种。

全草入药。

4. 青葙属 (*Celosia*)

1. 青葙

Celosia argentea L.

一年生草本。高 60~100 cm。全株无毛。茎直立,有分枝。叶互生;叶片椭圆状披针形或披针形,顶端急尖或渐尖,全缘。花多数,组成顶生的塔状或圆柱状穗状花序,长 2~11 cm;花初开时淡红色,后变白色;花被片 5,披针形,白色或粉红色。胞果球形,长约 3 mm。花果期 6—10 月。

产于南京及周边各地,极常见,生于田间、山坡、荒地上。

种子入药。亦可供观赏。

5. 腺毛藜属（*Dysphania*）

1. 土荆芥

Dysphania ambrosioides (L.) Mosyakin & Clemants

　　一年生或多年生草本。高 40~100 cm。植株有强烈气味。茎直立。叶片长椭圆形至披针形，边缘有不整齐的钝齿或波状疏锯齿。花序穗状，腋生；花两性或雌性，常 3~5 朵簇生于苞腋；苞片绿色，叶状；花被裂片 5，卵形，绿色；雄蕊 5。胞果扁球形，包在宿存花被内。花果期 8—11 月。

　　产于南京及周边各地，常见，生于路旁、旷野、村旁、河岸或溪边。栽培或逸生。

　　全草含挥发油，供药用。

6. 藜属（*Chenopodium*）分种检索表

1. 叶全缘或中部以下仅具不裂的 2 裂侧裂片 ················ **1. 狭叶尖头藜** C. *acuminatum* subsp. *virgatum*
1. 叶缘多少有齿
  2. 茎高 50~120 cm；粗壮；下部叶片菱状三角形 ·· **2. 藜** C. *album*
  2. 茎高 20~60 cm；下部叶片 3 浅裂，中裂片较长，两侧近平行 ·················· **3. 小藜** C. *ficifolium*

1. 狭叶尖头藜

Chenopodium acuminatum subsp. *virgatum*
(Thunb.) Kitam.

    一年生草本。高 15~80 cm。叶片狭卵圆形至披针形，顶端钝圆或急尖，有短尖头，基部宽楔形，全缘；茎上部叶狭小。花小，8~10 朵花聚成团伞花序，再密集成穗状或圆锥花序；花被片 5，卵形，雄蕊 5。胞果扁圆形，包在五角星状的宿存花被内。花期 6—8 月，果期 8—10 月。

    产于浦口、六合，常见，生于路边。

2. 藜　白藜

Chenopodium album L.

一年生草本。高 50~120 cm。茎粗壮。叶片长 3~7 cm，有长柄；下部叶片菱状三角形；上部叶片渐小渐狭，顶端尖锐，全缘或稍有牙齿。花簇排成或密或疏的穗状圆锥花序；花小；花被裂片 5，黄绿色。胞果光滑，完全包在花被内，果皮有泡状皱纹或近平滑。花期 6—9 月，果熟期 10 月。

产于南京及周边各地，极常见，生于路旁、荒地、山坡、宅边等地。

全草入药。

3. 小藜

Chenopodium ficifolium Sm.

一年生草本。高 20~60 cm。分枝具条棱及绿色条纹。下部叶片卵状长圆形，3 浅裂，中裂片较长，两边近平行，边缘有波状齿；上部叶片渐小，狭长。由团伞花簇聚生为腋生或顶生的穗状圆锥花序，有粉粒；花被片近球形，5 深裂。胞果全部包在花被内。花期 6—7 月，果期 7—9 月。

产于南京及周边各地，常见，生于荒地、田边、路旁、沟谷、湿地。

7. 麻叶藜属（*Chenopodiastrum*）

1. 细穗藜

Chenopodiastrum gracilispicum (H. W. Kung) Uotila

一年生草本。高 30~80 cm。全株光滑无毛。叶片卵形、三角状卵形或近菱状卵形，顶端急尖或短渐尖，基部宽楔形或截形，全缘。花小；通常 2~3 朵簇生，再集成细瘦的穗状或圆锥状花序，花排列间断稀疏；花被片黄绿色，5 深裂，裂片狭倒卵形。胞果顶部扁，双凸镜形。花期 6—8 月，果期 8—10 月。

产于南京及周边各地，偶见，生于山地、丘陵、杂木林下。

8. 市藜属（*Oxybasis*）

1. 灰绿藜

Oxybasis glauca (L.) S.Fuentes, Uotila & Borsch

一年生草本。高 10~45 cm。叶片厚，带肉质，椭圆状卵形至披针形，长 2~4 cm，宽 5~20 mm，顶端急尖或钝。花两性兼有雌性；数花组成团伞状，花簇组成短穗状，常短于叶，腋生或顶生；花被裂片 3~4；雄蕊 1~2；柱头 2，极短。胞果伸出花被片。花期 6—8 月，果期 8—10 月。

产于南京及周边各地，偶见，生于路边荒地、田埂等处。

9. 沙冰藜属（*Bassia*）

1. 地肤

Bassia scoparia (L.) A. J. Scott

一年生草本。高 0.5~1.5 m。基部半木质化，多分枝。叶片线形或线状披针形，长 3~8 cm，宽 4~10 mm，两端均渐狭细，全缘。花 1~2 朵生叶腋；花被近球形，淡绿色，5 裂；花柱 2。胞果扁球形，包在草质花被内。花期 7—9 月，果期 8—10 月。

产于南京及周边各地，常见，生于荒野、宅边、路旁。
种子入药，称"地肤子"。

草本或灌木,稀为乔木。直立,稀攀缘。单叶互生,全缘。花小,两性或有时退化成单性(雌雄异株),组成总状花序、聚伞花序、圆锥花序或穗状花序,腋生或顶生;花被片 4~5,叶状或花瓣状;雄蕊数目变异大,4~5 或多数;子房上位,间或下位,心皮 1 至多数。果实肉质,浆果或核果,稀蒴果。种子小,侧扁,双凸镜状或肾形、球形。

共 3 属约 32 种,分布于美洲、非洲、亚洲的热带及温带地区。我国产 1 属约 5 种。南京及周边分布有 1 属 2 种。

商陆属(*Phytolacca*)分种检索表

1. 总状花序直立,粗壮,心皮通常 8,分离;果序直立 ························· **1. 商陆** *P. acinosa*
1. 总状花序微弯或下垂;心皮通常 10,合生;果序下垂 ··············· **2. 垂序商陆** *P. americana*

1. 商陆

Phytolacca acinosa Roxb.

多年生草本。高 0.5~1.5 m。全株光滑。茎粗壮,圆柱形,肉质,直立。叶片质地柔嫩,长椭圆形或卵状椭圆形,顶端急尖或渐尖,基部楔形,渐狭。总状花序直立,顶生或侧生;花被片通常 5,白色或黄绿色;雄蕊 8~10;心皮通常为 8,分离。果实扁球形,熟时紫黑色。花期 5—8 月,果期 6—10 月。

产于南京及周边各地,稀见,生于山坡林下、林缘、沟谷、路旁、湿润肥沃地及房前屋后。

根供药用,有毒。

2. 垂序商陆　美洲商陆

Phytolacca americana L.

　　多年生草本。高 1~2 m。全株光滑。茎直立,有时带紫红色。叶片椭圆状卵形或卵状披针形,顶端急尖,基部楔形。总状花序,梗较细,微弯或下垂,顶生或侧生;花被片通常 5,白色;雄蕊 10;心皮通常 10,合生。果序下垂;果实扁球形,熟时紫黑色。花期 6—8 月,果期 8—10 月。

　　产于南京及周边各地,极常见,生于旷野。栽培或逸生。

　　根供药用,有毒。

　　南京尚分布有近年新发表的变种华东商陆 *Phytolacca americana* var. *huadongensis* X. H. Li,其具有聚伞圆锥花序及果序,为商陆及垂序商陆的自然杂交种。

草本、灌木或乔木,有时为具刺藤状灌木。单叶,对生、互生或假轮生,全缘。花辐射对称,两性,稀单性或杂性;单生、簇生或组成聚伞花序、伞形花序;常具苞片或小苞片,有的苞片色彩鲜艳;花被单层,常为花冠状,圆筒形或漏斗状,有时钟形,下部合生成管,顶端5~10裂;雄蕊1至多数,通常3~5;子房上位,1室,内有胚珠1。瘦果球形。

共31属300~400种,分布于美洲、非洲、热带亚洲及大洋洲地区。我国产6属15种。南京及周边分布有2属2种。本科植物均非江苏原生种,对生物入侵研究有重要价值。

紫茉莉科
NYCTAGINACEAE

紫茉莉科分种检索表

1. 花大美丽;1至数朵簇生枝顶或腋生;果实球形 ·············· **1. 紫茉莉** *Mirabilis jalapa*
1. 花细小;头状聚伞圆锥花序;果实倒圆锥形 ·············· **2. 直立黄细心** *Boerhavia erecta*

紫茉莉属(*Mirabilis*)

1. 紫茉莉

Mirabilis jalapa L.

一年生草本。高可达1 m。叶片纸质,卵形或卵状三角形,长5~15 cm,全缘。花常数朵簇生于枝端;花晨夕开放;花被高脚碟状,筒长2~6 cm,檐部直径2.5~3.0 cm,5浅裂,有紫红、白或黄各色。果实卵形,黑色,有棱,表面具皱纹状疣突。花期7—9月,果期8—10月。

产于南京及周边各地,常见,生于居民区路边或村落旁。栽培或逸生。

根入药。观赏植物。

黄细心属（*Boerhavia*）

2. 直立黄细心

Boerhavia erecta L.

草本。高 20~80 cm。茎直立或基部外倾。叶片卵形、长圆形或披针形，长 1.5~3.5 cm。头状聚伞圆锥花序紧密；花被管状或钟状，有 5 条不明显的棱，中部缢缩，白色、红色或粉红色；雄蕊 2~3。果实倒圆锥形，长约 3 mm，顶端截形，无毛。花果期 8—10 月。

产于浦口，稀见，生于路边荒地。黄细心属为江苏省分布新记录。

一年生草本或多年生亚灌木,或灌木。多雌雄同株,少雌雄异株。茎直立或匍匐。单叶,互生,少对生,常基部莲座状假轮生,全缘。花序顶生或似腋生聚伞花序;花两性,少单性;花被片 5,少数 4,裂片白色、粉色至紫色;雄蕊 3~5,子房上位。蒴果,1 室。

共 11 属 85~95 种,分布于全球热带及亚热带地区。我国产 5 属约 7 种。南京及周边分布有 1 属 1 种。

粟米草科
MOLLUGINACEAE

【APG Ⅳ 系统的粟米草科,从传统广义的番杏科中独立;且继续拆分出了几个小科,成为当前重新调整的狭义粟米草科】

粟米草属(*Trigastrotheca*)

1. 粟米草

Trigastrotheca stricta (L.) Thulin

一年生草本。高 10~30 cm。植株铺散,光滑。茎上升,细长,分枝多。基生叶莲座状,倒披针形;茎生叶常 3~5 枚,假轮生或对生,披针形或线状披针形。二歧聚伞花序顶生或腋生;花被片 5,绿色。蒴果卵圆形或近球形,直径约 2 mm。花果期 8—9 月。

产于南京及周边各地,常见,生于空旷地、田边。

全草入药。

土人参科
TALINACEAE

【APG Ⅳ系统的土人参科，从传统马齿苋科中独立而来】

矮小灌木或肉质草本。通常具有块状根，有黏液，微多汁。花中小型，两性花，有时雌雄异体，少雌雄同体；萼片2，果时脱落或宿存；花瓣通常为2~5；雄蕊15~35，有时附着在花盘上；子房1室，有心皮3~5。果实多为浆果。种子多黑色（很少是深灰色），有光泽，有条纹。

共3属28种，分布于美洲及非洲地区。我国产1属1种。南京及周边分布有1属1种。

土人参属（*Talinum*）

1. 土人参　栌兰

Talinum paniculatum (Jacq.) Gaertn.

一年生或多年生直立肉质草本。高可达80 cm。全体无毛。叶互生或对生；叶片倒卵形或倒卵状长椭圆形，顶端急尖，全缘，肉质光滑。圆锥花序顶生或侧生，多分枝；花小，花柄纤细；萼片2，紫红色；花瓣5，淡紫红色，倒卵形或椭圆形。蒴果近球形，3瓣裂。花期5—7月，果期8—10月。

产于南京及周边各地，偶见，生于路旁、屋边阴湿处。栽培或逸生。

根入药。可栽培供观赏。

一年生或多年生草本,稀半灌木。单叶,互生或对生,全缘,常肉质。花两性,整齐或不整齐,腋生或顶生,单生或簇生,或组成聚伞花序、总状花序、圆锥花序;萼片2,稀5;花瓣4~5,稀更多,覆瓦状排列;雄蕊与花瓣同数;雌蕊3~5心皮合生,子房上位或半下位,1室。蒴果近膜质,盖裂或2~3瓣裂,稀为坚果。种子肾形或球形,多数,稀为2枚。

共1属约116种,广布于全球热带及温带地区,主产南半球。我国产1属约6种。南京及周边分布有1属1种。

马齿苋科
PORTULACACEAE

【APG Ⅳ 系统的马齿苋科,仅保留马齿苋属】

马齿苋属(*Portulaca*)

1. 马齿苋

Portulaca oleracea L.

一年生草本。高5~15 cm。植株肉质,无毛。茎多分枝,平卧或斜伸。叶互生,有时对生;叶片肥厚,楔状长圆形或倒卵形,顶端圆钝或截形,基部楔形,全缘。花3~5朵簇生于枝顶;午时盛放;花瓣黄色,上部5深裂,裂片倒卵状长圆形。蒴果卵球形。花期5—8月,果期6—9月。

产于南京及周边各地,极常见,生于路旁、田间。

全草入药;亦可做兽药和农药。嫩叶水焯后可食用。

绣球科
HYDRANGEACEAE

【APG Ⅳ系统的绣球科，从广义虎耳草科分出；包括原属于传统虎耳草科的溲疏属、山梅花属、绣球属、常山属等数个木本属】

亚灌木、灌木、乔木或藤蔓，常绿或落叶。叶对生，有时互生；叶柄存在或不存在；叶片单叶或呈棕榈状裂片，全缘或有锯齿，花序穗状；花两性或单性，有时具缘花；萼片4~12；花瓣4~12；雄蕊8~200；雌蕊1；心皮2~12。蒴果或浆果。每室种子1~50枚。

共22属190~220种，分布于美洲及欧亚大陆、太平洋岛屿等地。我国产11属约131种。南京及周边分布有1属1种。

绣球属（*Hydrangea*）

1. 中国绣球

Hydrangea chinensis Maxim.

灌木。高0.5~2.0 m。叶薄纸质至纸质，长圆形或狭椭圆形，顶端渐尖或短渐尖，具尾状尖头或短尖头，基部楔形。伞形或伞房状聚伞花序顶生，长和宽3~7 cm；不育花萼片3~4；孕性花萼筒杯状；花瓣黄色，椭圆形或倒披针形。蒴果卵球形。花期5—6月，果期9—10月。

产于句容、丹徒，稀见，生于阔叶林下。绣球属为江苏省新记录。

可栽培供观赏。

落叶乔木、灌木,稀攀缘,稀常绿或草本。单叶对生、互生或近于轮生,通常叶脉羽状,稀为掌状叶脉,边缘全缘或有锯齿。花两性或单性异株,圆锥、聚伞、伞形或头状等花序,有苞片或总苞片;具花3~10朵;花瓣3~10,通常白色,稀黄色、绿色及紫红色;子房下位,1~4(10)室。果为核果、翅果或浆果状核果;核骨质,稀木质。种子1~4(5)枚。

共10属约80种,分布于北半球温带,南美洲西北部,非洲、南亚、东南亚至大洋洲地区。我国产2属约39种。南京及周边分布有2属4种1变种1亚种。

山茱萸科
CORNACEAE

【APG Ⅳ 系统的山茱萸科,并入传统的八角枫科,且拆分出了桃叶珊瑚属、青荚叶属等数个属】

山茱萸科分种检索表

1. 聚伞花序腋生;基部掌状出脉 3~5(7)条。
  2. 叶片全缘 ·································· **1. 毛八角枫** *Alangium kurzii*
  2. 叶片具 3~7 裂;稀全缘。
    3. 叶片卵形或椭圆形,基部偏斜,具花 7~15 朵 ········· **2. 八角枫** *Alangium chinense*
    3. 叶片近圆形,基部不偏斜;具花 3~5 朵 ······ **3. 三裂瓜木** *Alangium platanifolium* var. *trilobum*
1. 伞形、聚伞和头状等花序;羽状脉。
  4. 头状花序,具花瓣状白色苞片 4;果实红色 ········ **4. 四照花** *Cornus kousa* subsp. *chinensis*
  4. 伞房状聚伞花序;果实黑色。
    5. 叶片长 10~18 cm,侧脉 6~8 对 ················· **5. 梾木** *Cornus macrophylla*
    5. 叶片长 4~10 cm,侧脉 4~5 对 ················· **6. 毛梾** *Cornus walteri*

八角枫属（*Alangium*）

1. 毛八角枫

Alangium kurzii Craib

　　落叶小乔木或灌木。高 5~10 m。叶片纸质，近圆形或阔卵形，顶端渐尖，基部心形或近心形，稀近圆形，偏斜，全缘，基出脉 3（5）条。1~2 回二歧聚伞花序，具花（2）5~7 朵；花萼漏斗状；花瓣 6~8，白色。核果椭圆球状或长椭圆球状，成熟后黑色。花期 5—6 月，果熟期 9 月。

　　产于江宁、浦口、句容，偶见，生于山坡疏林中。

　　侧根和须根可入药。种子可榨油，供工业用。

2. 八角枫

Alangium chinense (Lour.) Harms

　　落叶灌木或小乔木。高 3~5 m。枝条水平状展开。叶片常卵形或近圆形，顶端渐尖，基部偏斜，宽楔形或平截，全缘或稍 3~7（9）浅裂。多回二歧聚伞花序腋生，具花 7~15 朵；花瓣 6~8，条状披针形，白色，后变乳黄色。核果卵球状，熟时黑色。花期 5—7 和 9—10 月，果期 7—11 月。

　　产于南京及周边各地，常见，生于向阳山坡的林缘和沟边等处。

　　根有小毒，可入药。

3. 三裂瓜木

Alangium platanifolium var. *trilobum* (Miq.) Ohwi

小乔木或灌木。高可达 5 m。小枝略呈"之"字形。叶片近圆形,薄膜质,常 3~5 (7) 裂,基部心形,裂片顶端长渐尖,边缘全缘。聚伞花序疏松,具花 3~5 朵;花瓣 6~7,白色或黄白色,条形,长约 3 cm。核果蓝色,卵球状或椭圆球状,萼齿宿存。花期 6—7 月,果期 8—10 月。

产于浦口、句容、盱眙,偶见,生于向阳山地。

根和叶可入药;也可做农药。树皮可提制栲胶。

山茱萸属（*Cornus*）

4. 四照花

Cornus kousa subsp. *chinensis* (Osborn) Q. Y. Xiang

落叶灌木或小乔木。高 2.5~6.0 m。叶对生;叶片纸质或厚纸质,卵形或卵状椭圆形,边缘全缘或有明显的细齿,侧脉 4 或 5 对。头状花序球形,直径 7~10 mm,具花 20~40 朵;总苞片白色,稀粉红色,椭圆形至卵形。果序球状,聚合状核果,成熟时红色;果序梗纤细。花期 5—6 月,果期 8—9 月。

产于句容,偶见,生于杂木林下。

可栽培供观赏。

5. 梾木

Cornus macrophylla Wall.

乔木或灌木。高 3~9 m。叶对生,厚纸质,椭圆形、长椭圆形或长卵圆形,长 10~18 cm,宽 6~8 cm。伞房状聚伞花序顶生,连同 5~6 cm 长的粗壮总花梗在内长 10 cm,宽 10 cm;花瓣 4,白色。核果近于球形,黑色,直径 3 mm;核扁圆形,直径 2.6 mm。花期 7—8 月,果期 9—10 月。

产于南京周边,稀见,生于杂木林中。

6. 毛梾

Cornus walteri Wangerin

落叶乔木。高可达 12 m。叶对生;叶片椭圆形至长椭圆形,长 4~10 cm,宽 2~5 cm,顶端渐尖,基部楔形,侧脉 4~5 对。伞房状聚伞花序顶生,长约 5 cm,宽约 7 cm;花密;花瓣白色,长圆状披针形。核果球状,直径约 6 mm,成熟时黑色。花期 5—6 月,果熟期 8—10 月。

产于南京及以南地区,常见,生于山地的向阳山坡。

种子油为优质食用油。枝叶与果实可入药。花期为蜜源。

乔木或灌木，通常常绿。叶互生，螺旋形或2列；单叶，具叶柄，革质，边缘全缘，有锯齿；脉羽状，次级脉可见；无托叶。花序腋生，常为聚伞状；花辐射对称；两性或单性；有花梗，小苞片2；花萼5~6，离生或基部合生；花冠5，离生或在基部稍合生；雄蕊10~50或更多，退化雄蕊存在雌花中，花药基着，贴生于花冠基部，通常具长硬毛；雌蕊心皮合生，子房上位或半下位，心皮（1）3，子房（1）3室，花柱1~3，柱头2~5。果为浆果，不开裂，不规则开裂或环裂。种子下垂，可以很多，长可达10 mm。

共12属约340种，分布于中南美洲、非洲热带、东亚、东南亚、澳大利亚北部至太平洋岛屿地区。我国产7属约133种。南京及周边分布有1属1种。

五列木科
PENTAPHYLACACEAE

【APG Ⅳ系统的五列木科，并入传统划入山茶科厚皮香亚科的几个属】

枍属（*Eurya*）

1. 微毛枍

Eurya hebeclados Y. Ling

灌木或小乔木。高1.5~6.0 m。嫩枝圆柱形，连同顶芽、叶柄、花梗均密被开展的极短微柔毛。叶片革质，卵状长椭圆形，边缘有细齿。花2~5朵腋生；雄花萼片背面被微柔毛，花瓣白色，稀粉红色或淡紫色，雄蕊15；雌花花柱顶端3深裂。浆果圆球形，蓝黑色，无毛。花期1—3月，果期8—9月。

产于江宁、丹徒等地，偶见，生于山坡、沟谷溪边、林缘及路旁灌丛中。

柿科
EBENACEAE

乔木或直立灌木。不具乳汁;少数有枝刺。叶为单叶,互生,少对生,排成2列;全缘;无托叶;具羽状叶脉。花多半单生,通常雌雄异株,或为杂性;雌花腋生,单生;雄花常生在小聚伞花序上,或簇生,或单生,整齐;花萼3~7裂,在雌花或两性花中宿存,常在果时增大,花冠3~7裂;雄蕊常为花冠裂片数的2~4倍;子房上位,2~16室。浆果肉质。种子大。

共4属500~600种,分布于全球热带及亚热带,部分延伸至温带地区。我国产1属约65种。南京及周边分布有1属2种1变种。

柿属（*Diospyros*）分种检索表

1. 叶片菱状卵形至倒卵形;枝有刺 ·· **1. 老鸦柿** D. rhombifolia
1. 叶片椭圆形至长圆形;枝无刺。
　2. 叶背灰白色;果实直径1~2 cm;果实成熟由黄转蓝黑色 ················ **2. 君迁子** D. lotus
　2. 叶背淡绿色;果实直径2~5 cm;果实成熟黄色 ················ **3. 野柿** D. kaki var. silvestris

1. 老鸦柿

Diospyros rhombifolia Hemsl.

落叶小乔木或灌木。高2~8 m。枝有刺。叶片卵状菱形至倒卵形,顶端短尖或钝,基部狭楔形,叶面沿脉有黄色毛,后脱落,叶背疏生柔毛。花单生叶腋;花萼宿存,革质;花冠白色。浆果卵球状,直径约2 cm,顶端突尖,有长柔毛,成熟时橙红色或红色。花期4月,果熟期8—10月。

产于南京及周边各地,常见,生于石灰岩质山坡灌丛或林缘。

根、枝入药。果实可提取柿漆。观果树种。

2. 君迁子　黑枣柿

Diospyros lotus L.

　　落叶乔木。高 5~30 m。叶片椭圆形至长圆形,顶端急尖或渐尖,基部钝,宽楔形至近圆形,叶面深绿色,有光泽,叶背灰绿色或苍白色。雌花单生;雄花常 1~3 朵簇生叶腋;花冠淡黄色或淡红色。果实近球状或椭圆球状,直径 1~2 cm,成熟时由淡黄色渐转为蓝黑色。花期 5 月,果熟期 10—11 月。

　　产于南京及周边各地,常见,生于山坡、谷地。栽培或野生。

　　成熟果可食用,制柿饼。可入药。

3. 野柿

Diospyros kaki var. *silvestris* Makino

　　落叶乔木。高 10~14 m。叶纸质,卵状椭圆形至倒卵形或近圆形,深绿色,少光泽,叶背毛较多;小枝及叶柄密被黄褐色柔毛。花多雌雄异株;花序腋生,聚伞花序;雄花花冠钟状;雌花单生叶腋,花萼绿色;花冠淡黄白色或带紫红色。果较栽培柿树小,直径 2~5 cm。花期 5—6 月,果期 9—10 月。

　　产于南京及周边各地,常见,生于山林或山坡灌丛。

　　果实可食用。可栽培供观赏。

报春花科
PRIMULACEAE

【APG Ⅳ 系统的报春花科，并入传统的紫金牛科以及刺萝桐科】

多年生或一年生草本，稀乔木、亚灌木和藤本。茎直立、匍匐和攀爬，具互生、对生或轮生的叶。花单生或组成总状、伞形、聚伞或穗状花序，以及由上述花序组成的圆锥花序，花簇生、腋生、侧生、顶生等；花两性或杂性，稀单性，偶雌雄异株或杂性异株；花萼通常5裂，稀4或6~9裂，宿存；花冠下部合生成短筒或长筒；子房上位，稀半下位和下位，1室。蒴果或浆果状核果。种子1至多枚。

共72属2 360~2 590种，广布于全球各地。我国产20属约705种。南京及周边分布有4属14种。

报春花科分种检索表

1. 常绿灌木。
 2. 低矮倾伏灌木，高10~30 cm；有匍匐根状茎，被毛 ……………………… **1. 紫金牛** *Ardisia japonica*
 2. 直立小灌木，高1~2 m；无根状茎；无毛 ……………………… **2. 朱砂根** *Ardisia crenata*
1. 草本。
 3. 花序不呈花葶状；有茎生叶，或同时有基生叶。
  4. 叶片有锯齿 ……………………… **3. 假婆婆纳** *Stimpsonia chamaedryoides*
  4. 叶片全缘。
   5. 花冠黄色，漏斗状；花丝基部连合。
    6. 茎下部叶对生，上部叶互生；茎丛生，膝曲状 ……………………… **4. 金爪儿** *Lysimachia grammica*
    6. 叶对生或轮生。
     7. 茎直立；叶3~4枚轮生；花密生茎顶 ……………………… **5. 轮叶过路黄** *Lysimachia klattiana*
     7. 茎匍匐或膝曲状；叶对生。
      8. 茎膝曲状，上部或分枝上升。
       9. 花萼、花冠顶部有紫色腺点，花冠基部紫红色 ……………………… **6. 临时救** *Lysimachia congestiflora*
       9. 花萼、花冠有透明腺点，花冠基部非紫红色 ……………………… **7. 疏节过路黄** *Lysimachia remota*
      8. 茎匍匐状，向顶端渐细呈鞭状 ……………………… **8. 过路黄** *Lysimachia christinae*
   5. 花冠白色，偶带紫色，钟状；花丝分离。
    10. 花柱短于花冠的一半。
     11. 花序轴细弱，花疏生；花柄长1~2 mm，花冠长3~4 mm ……………………… **9. 星宿菜** *Lysimachia fortunei*
     11. 花序轴粗壮，花密集；花柄长5~10 mm，花冠长5~8 mm。
      12. 叶片宽披针形或卵状椭圆形，有黑色腺点 ……………………… **10. 矮桃** *Lysimachia clethroides*
      12. 叶片倒披针形或椭圆状披针形，无腺点 ……………………… **11. 狼尾花** *Lysimachia barystachys*
    10. 花柱伸出花冠外或与花冠等高。
     13. 茎圆柱形 ……………………… **12. 泽珍珠菜** *Lysimachia candida*
     13. 茎四棱形，具棱翅 ……………………… **13. 黑腺珍珠菜** *Lysimachia heterogenea*
 3. 花序呈花葶状；叶片全部基生 ……………………… **14. 点地梅** *Androsace umbellata*

紫金牛属（*Ardisia*）

1. 紫金牛 矮地茶 平地木
Ardisia japonica (Thunb.) Blume

　　小灌木或近灌木。高 10~30 cm。叶对生或在枝端轮生；叶片坚纸质或近革质，椭圆形或椭圆状倒卵形，长 3~7 cm。聚伞或近伞形花序，腋生或近顶生；具花 3~5 朵；花冠粉红色或白色。核果球状，鲜红色，直径 5~6 mm，有黑色腺点。花期 4—6 月，果熟期 11 月至翌年 1 月。

　　产于南京城区、浦口、句容等地，常见，生于谷底、林下、溪旁阴湿处。

　　全株入药，称"平地木"。可做木本地被观赏植物。

2. 朱砂根

Ardisia crenata Sims

常绿灌木。高 1~2 m。茎粗壮，无毛。叶片革质或坚纸质，椭圆形、椭圆状披针形至倒披针形，顶端急尖或渐尖，基部楔形，边缘具皱波状或波状齿。伞形花序或聚伞花序；花瓣白色，稀略带粉红色，盛开时反卷。果球形，直径 6~8 mm，鲜红色。花期 5—6 月，果期 10—12 月。

产于句容、丹徒、溧水等地，偶见，生于阴湿林下。

可用于观赏。

假婆婆纳属（*Stimpsonia*）

3. 假婆婆纳

Stimpsonia chamaedryoides C. Wright ex A. Gray

一年生草本。高 10~25 cm。茎丛生。基生叶椭圆形至阔卵形，顶端圆钝，基部圆形或稍呈心形；茎生叶互生，叶片宽卵形。花单生于茎上部苞片状的叶腋，组成总状花序状；花冠白色，直径约 5 mm，5 裂，裂片倒心形，顶部有凹缺。蒴果球状，短于宿存萼。花果期 4—6 月。

产于江宁、溧水，偶见，生于山脚及水田边。

全草入药。

珍珠菜属（*Lysimachia*）

4. 金爪儿

Lysimachia grammica Hance

多年生草本。高 15~35 cm。茎丛生，膝曲状。茎下部叶对生，卵形至三角状卵形；茎上部叶互生，较小，菱状卵形。花单生于茎上部叶腋；花冠黄色，长 6~9 mm，分裂至中部，裂片开展，卵形或菱状卵圆形；雄蕊长约为花冠一半。蒴果球状，直径 4~5 mm。花果期 4—10 月。

产于南京及周边各地，极常见，生于林下阴湿处、路边等。

全草入药。

5. 轮叶过路黄　轮叶排草

Lysimachia klattiana Hance

多年生草本。高 15~40 cm。茎通常 2 至数条簇生。叶 3~4 枚轮生，在茎的顶部密集，茎下部叶有时对生；叶片椭圆形或披针形。花常密集于茎顶组成伞形花序；花冠黄色，长 1.1~1.2 cm，5 深裂；裂片狭椭圆形，较花萼略长，有黑色腺条。蒴果近球状，直径约 4 mm。花果期 5—7 月。

产于南京及周边各地，常见，生于路边、山坡、疏林下和山坡阴处草丛。

全草入药。

6. 临时救　聚花过路黄

Lysimachia congestiflora Hemsl.

多年生宿根草本。茎下部匍匐，节上生根，上部及分枝上升，长6~50 cm。茎圆柱形，密被多细胞卷曲柔毛。叶对生，茎端的 2 对间距短，近密聚；叶片卵形、阔卵形以至近圆形。2~4 朵花集生茎端和枝端，组成近头状的总状花序；花冠黄色，内面基部紫红色。蒴果球形，直径3~4 mm。花期 5—6 月，果期 7—10 月。

产于浦口等地，常见，生于田埂上、水沟边和山坡林缘。

7. 疏节过路黄

Lysimachia remota Petitm.

多年生草本。高 10~38 cm。茎膝曲、直立或自倾卧的基部上升。叶对生；叶片卵形至卵状椭圆形，长 1.5~3.5 cm，顶端急尖或圆钝。花聚生于茎顶；花萼 4，分裂近达基部，裂片披针形；花冠黄色，略长于花萼。蒴果球状，褐色，直径约 3 mm。花果期 5—6 月。

产于浦口，偶见，生于山坡路边。

8. 过路黄

Lysimachia christinae Hance

多年生草本。茎长 20~60 cm。柔弱，平卧延伸，下部节间较短。叶对生，卵圆形、近圆形以至肾圆形，顶端锐尖或圆钝以至圆形。花单生于叶腋；花冠黄色，长 7~15 mm，基部合生部分长 2~4 mm，裂片狭卵形至近披针形。蒴果球形，直径 4~5 mm。花期 5—7 月，果期 7—10 月。

产于南京及周边各地，常见，生于疏林下或路边。

9. 星宿菜　红根草

Lysimachia fortunei Maxim.

多年生草本。高 30~70 cm。全株无毛，具黑色腺点。叶互生，有时近对生；叶片长椭圆形至宽披针形。总状花序顶生，细弱，长 5~24 cm；花萼深裂，裂片卵形，长 2 mm；花冠白色，长 3~4 mm，裂片椭圆形或卵状椭圆形，顶端钝。蒴果球状，直径 2~3 mm。花果期 7—10 月。

产于南京、句容等地，常见，生于林荫下、湿地草丛或溪边。

全草或带根全草入药。

10. 矮桃　珍珠菜
Lysimachia clethroides Duby

多年生草本。高 0.4~1.0 m。具匍匐根状茎；茎直立，基部带红色。叶互生；叶片椭圆形或宽披针形，顶端渐尖，基部楔形，两面疏生黑色腺点。总状花序顶生；花萼长 3~4 mm，分裂近达基部；花冠白色，长 5~8 mm，裂片长卵形，顶端圆钝。蒴果球状，直径约 2.5 mm。花果期 6—10 月。

产于南京及周边各地，常见，生于山坡林下及路旁湿润处。

全草入药。嫩叶可食。

11. 狼尾花
Lysimachia barystachys Bunge

多年生草本。高 0.3~1.0 m。全株密生柔毛。茎直立。叶互生或近对生；叶片椭圆状披针形或倒披针形。总状花序顶生，花密集，常转向一侧；花萼长 3~4 mm，分裂近基部；花冠白色，长 8~9 mm，基部合生部分长约 2 mm，裂片狭长圆形，常有暗紫色短腺条。蒴果球状。花果期 6—10 月。

产于南京周边各地，偶见，生于路边较潮湿处或山坡林下。

全草入药。

12. 泽珍珠菜

Lysimachia candida Lindl.

一年生或二年生草本。高 20~40 cm。全体无毛。茎直立,茎基部紫红色。茎生叶互生,叶片倒卵形、倒披针形或线形。总状花序顶生;花萼长 3~5 mm;花冠白色,钟状,长约 1 cm,裂片长圆形或倒卵状长圆形,顶端圆钝;雄蕊不超出花冠。蒴果球状。花果期 4—6 月。

产于南京及周边各地,极常见,生于水边或湿地草丛。

全草入药。

13. 黑腺珍珠菜

Lysimachia heterogenea Klatt

多年生草本。高 40~70 cm。全株无毛。茎直立,四棱形,棱具明显狭翅和黑色腺条。茎生叶对生,披针形至椭圆状披针形,基部耳状抱茎,茎生叶两面、苞片、花萼密布黑色腺点。总状花序生于茎顶或枝端;苞片与花梗近等长;花萼 5,深裂达基部;花冠白色;花丝与花冠近等长。蒴果球状。花果期 5—10 月。

产于江宁、盱眙等地,偶见,生于山沟边、田边或湿地草丛中。

全草入药。

点地梅属（*Androsace*）

14. 点地梅
Androsace umbellata (Lour.) Merr.

一年生或二年生草本。叶基生；叶片近圆形或卵圆形，顶端钝圆，基部浅心形至近圆形。花葶自叶丛中抽出，高 4~17 cm；伞形花序具花 3~15 朵；苞片 5~10，卵形至披针形；花萼杯状；花冠白色，筒部长约 2 mm，喉部黄色，裂片宽卵形，与花萼近等长。蒴果近球状。花果期 4—6 月。

产于南京及周边各地，极常见，生于路边或田野潮湿地。

全株或果入药。

乔木或灌木。叶革质或纸质,常绿或落叶,互生,羽状脉,全缘或有锯齿。花两性,稀雌雄异株,单生或数花簇生;有柄或无柄;萼片5至多片,脱落或宿存,有时向花瓣过渡;花瓣5至多片,基部连合,稀分离,白色,或红色及黄色;雄蕊多数,排成多列;子房上位,稀半下位,2~10室;胚珠每室2至多数。果为蒴果,种子圆形,多角形或扁平,有时具翅。

共9属250~460种,分布于中北美洲、东亚及东南亚地区。我国产6属约163种。南京及周边分布有1属2种。

山茶科
THEACEAE

【APG Ⅳ 系统的山茶科,拆分出了传统划入山茶科的厚皮香属、柃属、杨桐属等属至五列木科】

山茶属(*Camellia*)分种检索表

1. 叶片薄革质;花瓣白色,宽卵圆形,长 1.0~1.6 cm ·············· **1. 茶** *C. sinensis*
1. 叶片革质;花瓣白色,倒卵形,长 2.5~4.0 cm ·············· **2. 油茶** *C. oleifera*

1. 茶

Camellia sinensis (L.) Kuntze

灌木或小乔木。高 1~6 m。叶片薄革质,椭圆状披针形至椭圆形,顶端急尖或钝而微凹,基部楔形,边缘有浅锯齿。花直径 2.5~3.5 cm;通常单生或 2 朵腋生;花瓣 5~8,白色,宽卵圆形,长 1.0~1.6 cm。蒴果圆形或 3 瓣状。每室有 1 种子。花期 9—10 月,果期翌年 11 月。

产于南京及周边各地,常见,生于向阳开阔地。栽培或逸为野生。

根可入药。世界著名饮料。亦可做观赏树种栽培。

2. 油茶

Camellia oleifera Abel

灌木或小乔木。高可达 6 m。叶片革质，椭圆形或卵状椭圆形，顶端急尖或渐尖，基部楔形，边缘有浅锯齿，叶面深绿色，有光泽。花直径 4~8 cm；1~3 朵腋生或顶生；花瓣 5~7，白色。蒴果球形，直径约 3 cm，2~3 片裂，果片厚 3~5 mm，木质。花期 10—12 月，果期翌年 10—11 月。

产于南京及周边各地，常见，生于肥沃、带酸性的土壤中。栽培或逸为野生。

花、种子及种子油可入药。果实可榨油。可栽培供观赏。

灌木或乔木。单叶,互生,通常具锯齿、腺锯齿或全缘。花辐射对称,两性,稀杂性,排成穗状花序、总状花序、圆锥花序或团伞花序,很少单生;花通常为1枚苞片和2枚小苞片所承托;萼3~5深裂或浅裂,通常5裂,常宿存;花冠裂片分裂至近基部或中部,裂片3~11,通常5,覆瓦状排列;雄蕊通常多数,很少4~5;子房下位或半下位。果为核果,顶端冠以宿存的萼裂片,1~5室,每室有种子1枚。

共2属300~400种,分布于亚洲、大洋洲和美洲的热带和亚热带地区。我国产2属约56种。南京及周边分布有1属1种。

山矾科 SYMPLOCACEAE

山矾属(*Symplocos*)

1. 白檀

Symplocos tanakana Nakai

落叶灌木或小乔木。高3~6 m。叶片纸质,卵状椭圆形或倒卵形,顶端渐尖或尾尖,基部阔楔形,边缘有细锯齿。圆锥花序,生于新枝顶端或叶腋,长3~8 cm;花萼裂片卵形或半圆形,长2~3 mm;花冠白色,芳香。核果成熟时蓝黑色,斜卵状球形,萼宿存。花期5月,果熟期7—8月。

产于南京及周边各地,极常见,生于山坡杂木林下或荒坡草丛中。

全株入药。种子油供制油漆及制皂。

安息香科
STYRACACEAE

乔木或灌木。常被星状毛或鳞片状毛。单叶，互生，无托叶。总状花序、聚伞花序或圆锥花序，顶生或腋生；花两性，很少杂性，辐射对称；花萼杯状、倒圆锥状或钟状，通常顶端4~5齿裂；花冠合瓣，极少离瓣，裂片通常4~5，很少6~8；雄蕊常为花冠裂片数的2倍；子房上位、半下位或下位。核果而有一肉质外果皮或为蒴果，稀浆果，具宿存花萼。种子无翅或有翅。

共13属160~180种，分布于美洲热带和温带、地中海沿岸及东亚至东南亚地区。我国产11属约62种。南京及周边分布有2属4种。

安息香科分种检索表

1. 果实秤锤状，木质，宿存萼与果实不分离 ·········· **1. 秤锤树** *Sinojackia xylocarpa*
1. 果实卵球形或球形，肉质，宿存萼与果实分离。
  2. 圆锥花序或总状花序，具多花，下部常2至多朵聚生叶腋；叶片近革质。
    3. 圆锥花序，长4~8 cm，具花10余朵 ·········· **2. 垂珠花** *Styrax dasyanthus*
    3. 花单生或4~6朵组成总状花序，长4~10 cm ·········· **3. 赛山梅** *Styrax confusus*
  2. 总状花序，具花3~5朵，下部腋生单花；叶片纸质 ·········· **4. 白花龙** *Styrax faberi*

秤锤树属（*Sinojackia*）

1. 秤锤树
Sinojackia xylocarpa Hu

灌木或小乔木。高可达6 m。叶片椭圆形至椭圆状倒卵形，顶端短渐尖，基部楔形。总状聚伞花序，生于侧枝顶端，具花3~5朵；萼裂片三角形；花冠白色，直径约2.5 cm。果实秤锤状，木质，中部向顶呈宽圆锥形，下半部倒卵形，长1.5~2.0 cm，形似秤锤。花期4月下旬，果熟期10—11月。

产于句容、浦口，偶见，生于山坡路旁树林中。

优秀观赏树种。国家二级重点保护野生植物。

安息香属（*Styrax*）

2. 垂珠花

Styrax dasyanthus Perkins

落叶灌木或乔木。高可达 8 m。叶片薄革质,椭圆状长圆形至倒卵形,顶端急尖或钝尖,基部楔形或阔楔形。圆锥花序,长 4~8 cm,具花 10 余朵;花萼宿存;花冠白色,5 裂。果实卵球状或球状,密被灰黄色星状短柔毛。花期 5~6 月,果熟期 10—12 月。

产于南京、句容等地,常见,生于向阳山坡杂木林中。

叶入药。种子油可制肥皂及油漆。可栽培供观赏。

3. 赛山梅

Styrax confusus Hemsl.

落叶灌木或小乔木。高 2~8 m。叶片卵形或长椭圆形,顶端急尖,基部圆形或阔楔形。花单生或 4~6 朵组成总状花序,长 4~10 cm,腋生或顶生;花冠乳白色,裂片披针形或长圆状披针形。果实球状,表面有厚柔毛,3 瓣裂。花期 5—6 月,果熟期 9—10 月。

产于南京及周边各地,常见,生于山坡灌木丛中。

种子油可供制润滑油、肥皂和油墨等。可栽培供观赏。

4. 白花龙

Styrax faberi Perkins

　　落叶灌木。高 1~2 m。嫩枝纤细,密被星状柔毛。叶片纸质,椭圆形或长圆状披针形。总状花序顶生,具花 3~5 朵;花常下垂;花冠白色,裂片膜质,披针形,外面密被白色星状毛。果实倒卵球状或近球状,外面密被灰色星状短柔毛。花期 4—6 月,果熟期 8—10 月。

　　产于南京、句容等地,常见,生于山坡灌丛或林缘。

　　根、叶入药。种子油可制皂或做润滑油。可栽培供观赏。

猕猴桃科
ACTINIDIACEAE

乔木、灌木或藤本，常绿、落叶或半落叶。毛被发达，多样。单叶，互生，无托叶。花序腋生，聚伞式或总状式，或简化至 1 朵花单生；花两性或雌雄异株，辐射对称；萼片 5，稀 2~3；花瓣 5 或更多；雄蕊 10（13）；心皮无数或少至 3；子房多室或 3 室。果为浆果或蒴果。种子每室无数至 1 颗。

共 3 属约 360 种，分布于美洲热带、亚洲热带、东亚至大洋洲地区。我国产 3 属约 66 种。南京及周边分布有 1 属 3 种。

猕猴桃属（*Actinidia*）分种检索表

1. 毛被发达，全株被毛，果实被毛 ·················· **1. 中华猕猴桃** A. chinensis
1. 无毛，或花序、子房稍被毛；果实无毛。
  2. 萼片 2~3，稍不等形；花瓣 6~9，白色；果实顶端喙显著 ·········· **2. 对萼猕猴桃** A. valvata
  2. 萼片 2，花瓣 5~6，白色；果实顶端喙不显著 ·········· **3. 大籽猕猴桃** A. macrosperma

1. 中华猕猴桃　猕猴桃

Actinidia chinensis Planch.

大型落叶藤本。嫩枝密被灰白色柔毛、黄褐色硬毛或锈色硬刺毛；髓白色，片层状。叶近圆形或宽倒卵形，顶端钝圆或微凹。花 1~3 朵生叶腋，组成聚伞花序；花瓣 5~6，初时乳白色，后变橙黄色，宽倒卵形。浆果近球形、卵形或长圆形，长 4~6 cm，横径约 3 cm。花期 5—6 月，果熟期 8—10 月。

产于南京城区、江宁，偶见，生于山坡林缘或灌丛中。

花可提取芳香油，亦可入药。果实可食用。国家二级重点保护野生植物。

2. 对萼猕猴桃　猫人参

Actinidia valvata Dunn

中型落叶藤本。老枝紫褐色，有细小白色皮孔。叶片宽卵形至长卵形，顶端渐尖或钝，基部楔形至圆形。花稍有芳香；花序具花 2~3 朵或单花，生叶腋；花瓣 6~9，白色。果球形或长圆形，横径 2.0~2.5 cm，熟时橙黄色或橘红色，无毛及斑点，具尖喙；宿萼平展。花期 5 月，果熟期 9—10 月。

产于句容等地，偶见，生于山坡林中。

根入药。果可食。

3. 大籽猕猴桃

Actinidia macrosperma C. F. Liang

中小型落叶藤本。小枝实心，髓白色。叶片幼时膜质，老时近革质，卵形或椭圆状卵圆形，叶面绿色，偶有白斑。花常单生，直径 2~3 cm；花瓣多为 5~6，白色。果实卵圆形，长 3.0~3.5 cm，成熟时橙黄色，具乳头状喙；无宿存萼片。种子较大，长约 4 mm。花期 5 月中旬，果期 6—10 月。

产于南京及周边各地，偶见，生于山坡林缘或丘陵灌丛中。

根可做杀虫剂。国家二级重点保护野生植物。

灌木或乔木。地生或附生。通常常绿,少半常绿或落叶。叶革质,少有纸质,互生,极少假轮生,稀交互对生,全缘或有锯齿。花单生或组成总状、圆锥状或伞形总状花序,顶生或腋生;两性;花萼 4~5 裂;花瓣合生成钟状、坛状、漏斗状或高脚碟状,稀离生,花冠通常 5 裂;雄蕊为花冠裂片的 2 倍;子房上位或下位,(2)5(12)室。蒴果或浆果,少有浆果状蒴果。种子小,粒状或锯屑状。

共 125 属约 4 100 种,分布于全球温带、寒带及热带高山地区。我国产 25 属约 830 种。南京及周边分布有 2 属 3 种。

杜鹃花科
ERICACEAE

【APG Ⅳ 系统的杜鹃花科,并入传统的鹿蹄草科、水晶兰科等几个小科】

杜鹃花科分种检索表

1. 花冠漏斗状,花大;落叶灌木;蒴果。
  2. 花冠黄色或金黄色 ·················· **1. 羊踯躅** *Rhododendron molle*
  2. 花冠淡紫色 ·················· **2. 丁香杜鹃** *Rhododendron farrerae*
1. 花冠圆筒状坛形,口部收缩;常绿灌木;浆果 ·················· **3. 南烛** *Vaccinium bracteatum*

杜鹃花属(*Rhododendron*)

1. 羊踯躅　闹羊花

Rhododendron molle (Blume) G. Don

落叶灌木。高可达 1.5 m。叶片纸质,长椭圆形至椭圆状倒披针形。花 5~10 朵排成顶生的伞形总状花序,几与叶同时开放;花冠黄色或金黄色,钟状漏斗形,5 裂,裂片椭圆形或卵状长圆形,上侧 1 片较大,有淡绿色斑点;雄蕊 5。蒴果长椭圆球状,长 2.0~2.5 cm。花期 4—5 月,果熟期 7—8 月。

产于南京及周边各地,偶见,生于山坡向阳处或山顶疏林或灌丛中。

全株有毒。花入药,有大毒。可栽培供观赏。

2. 丁香杜鹃　满山红

Rhododendron farrerae Sweet

落叶灌木。高 1~3 m。上部小枝常轮生。叶 2~3 片丛生枝端；叶片厚纸质或近革质，卵形至宽卵形。花 2（3）朵簇生枝端，先叶开放；花萼 5 深裂；花冠淡紫色，漏斗状，5 深裂，裂片长圆形，上方裂片有紫红色斑点；雄蕊（8）10。蒴果圆柱状，长约 1 cm。花期 4—5 月，果熟期 7—8 月。

产于江宁、句容、丹徒、溧水，常见，生于山地稀疏灌丛中。

叶入药。可栽培供观赏。

越橘属（*Vaccinium*）

3. 南烛　乌饭树

Vaccinium bracteatum Thunb.

常绿灌木或小乔木。高 1~3 m。多分枝。叶片薄革质，卵形、椭圆形等形状，顶端短尖或渐尖，基部楔形或宽楔形，边缘有坚硬细齿。总状花序腋生或顶生；花萼钟状；花冠白色，圆筒状坛形，口部收缩。浆果球状，直径 4~6 mm，熟时紫黑色，稍被白粉。花期 6—7 月，果期 8—11 月。

产于南京及周边各地，常见，生于山坡灌丛或林下。

叶及果实可入药。在江南地区，叶片常用做"乌饭"的原料。

　　乔木、灌木或草本,有时为藤本。少数为具肥大块茎的适蚁植物。叶对生,有时轮生,有时具不等叶性,通常全缘。花序各式,均由聚伞花序复合而成,很少单花或少花的聚伞花序;花两性、单性或杂性;萼通常 4~5 裂,有时其中 1 或数个裂片明显增大成叶状,其色白或艳丽;花冠合瓣,管状、漏斗状、高脚碟状或辐状,通常 4~5 裂;子房下位,极罕上位或半下位。浆果、蒴果或核果,或干燥而不开裂,或为分果,有时为双果爿。

茜草科
RUBIACEAE

　　本科为世界性分布的大科,为被子植物第四大科,共 623 属约 13 000 种,广布于全球各地。我国产 109 属约 766 种。南京及周边分布有 12 属 17 种。

茜草科分属检索表

1. 木本植物。
　　2. 落叶乔木;头状花序组成总状花序,顶生······················1. **鸡仔木属** *Sinoadina*
　　2. 常绿或落叶灌木。
　　　　3. 常绿灌木···2. **栀子属** *Gardenia*
　　　　3. 落叶灌木。
　　　　　　4. 花组成球形头状花序;花冠紫红色 ··························3. **水团花属** *Adina*
　　　　　　4. 花单生或簇生;花冠白色或淡红色 ······················4. **白马骨属** *Serissa*
1. 草本植物。
　　5. 直立或匍匐草本;叶对生。
　　　　6. 蒴果每室有种子 2 至多枚。
　　　　　　7. 种子具棱。
　　　　　　　　8. 花序呈聚伞状···5. **耳草属** *Hedyotis*
　　　　　　　　8. 花序非聚伞状。
　　　　　　　　　　9. 花单生叶腋···6. **蛇舌草属** *Scleromitrion*
　　　　　　　　　　9. 花序伞房状···7. **水线草属** *Oldenlandia*
　　　　　　7. 种子盾状、舟状或平凸,无棱·····························8. **新耳草属** *Neanotis*
　　　　6. 蒴果每室有种子 1 枚···9. **号扣草属** *Hexasepalum*
　　5. 藤本或攀缘状草本;叶对生或轮生。
　　　　10. 有腥臭味藤本;茎无刺或钩毛;叶对生 ···············10. **鸡屎藤属** *Paederia*
　　　　10. 攀缘状或蔓生草本,少数直立;有钩毛,无异味;叶片 4 枚以上,轮生。
　　　　　　11. 叶片卵形或披针形,叶柄明显;花 5 数;浆果···········11. **茜草属** *Rubia*
　　　　　　11. 叶片线状或条状,叶柄不明显;花 4 数;双悬果···········12. **拉拉藤属** *Galium*

1. 鸡仔木属（*Sinoadina*）

1. 鸡仔木　水冬瓜

Sinoadina racemosa (Siebold & Zucc.) Ridsdale

　　落叶乔木。高 5~14 m。树皮灰色,粗糙。叶对生;叶片薄革质,卵形或宽卵形,长 9~15 cm,宽 5~10 cm,顶端短尖至渐尖,基部心形或钝,有时偏斜。花冠淡黄色;花冠裂片三角状。头状果序直径 1.0~1.5 cm;小蒴果倒卵状楔形,褐色,长约 5 mm。花期 6—7 月,果熟期 9—12 月。

　　产于南京、句容,偶见,生于山坡疏林中。

　　全株入药。

2. 栀子属（*Gardenia*）

1. 栀子

Gardenia jasminoides J. Ellis

　　常绿灌木。高 1~3 m。幼枝绿色。叶对生,有时 3 叶轮生;叶片革质,长椭圆形或倒卵状披针形。花大,芳香,通常单生于枝端或叶腋;花冠白色或乳黄色;花冠裂片 5~8,通常 6。浆果卵状至椭圆状,有 5~7 翅状纵棱,顶端有宿存萼片,橙黄色至橙红色。花期 5—8 月,果期 9—12 月。

　　产于南京、溧水、句容等地,常见,生于山坡林中或林缘。栽培或野生。

　　果、叶、根、花均可入药。花可提制芳香浸膏。果可做染料。可栽培供观赏。

3. 水团花属（*Adina*）

1. 细叶水团花　细叶水杨梅

Adina rubella Hance

　　落叶灌木。高 1~3 m。叶对生；叶片薄革质，卵状披针形或卵状椭圆形，全缘。头状花序单一，顶生或腋生；花冠淡紫红色，花冠筒长 2~3 mm，5 裂；花冠裂片三角状，花盛开时花序直径 1.5~2.0 cm；花柱显著伸出花冠。小蒴果长卵状楔形，长 3 mm。花期 6—8 月，果熟期 9—12 月。

　　产于南京及周边各地，常见，生于山溪边、山坡潮湿地或水塘边。

　　全株入药。可做绿化树种。

4. 白马骨属（*Serissa*）

1. 白马骨

Serissa serissoides (DC.) Druce

　　小灌木。高 30~100 cm。多分枝。叶片通常卵形或长圆状卵形，纸质或坚纸质，全缘，干后稍反卷；托叶膜质，先端分裂成刺毛状。花数朵簇生，无梗；萼檐 4~6 裂，裂片钻状披针形，长 3~4 mm；花冠白色，漏斗状，长约 5 mm，顶端 4~6 裂。核果小，干燥。花期 7—8 月，果期 10 月。

　　产于南京及周边各地，极常见，生于山坡灌丛及林中。

　　全株入药。

　　本种与六月雪 *S. japonica*（Thunb.）Thunb. 极相似，后者叶片常短于 1.5 cm，萼檐裂片远短于花冠。最新研究将两种合并为 *Buchozia japonica*（Thunb.）Callm.，本志仍遵照《中国植物物种名录 2022 版》维持原处理。

5. 耳草属（*Hedyotis*）

1. 金毛耳草　黄毛耳草

Hedyotis chrysotricha (Palib.) Merr.

多年生匍匐草本。长可达 30 cm。全体被金黄色硬毛。叶对生；叶片纸质，椭圆形或卵形。聚伞花序腋生，具花 1~3 朵；萼筒有柔毛；花冠白色或淡紫色，漏斗状，顶端深 4 裂，裂片长圆形。蒴果球状，成熟时不开裂，宿存萼檐裂片长 1.0~1.5 mm。花期 6—11 月，果熟期 8—12 月。

产于江宁、句容、溧水等地，常见，生于山谷林下或山坡路边。

全草入药。

6. 蛇舌草属（*Scleromitrion*）

1. 白花蛇舌草

Scleromitrion diffusum (Willd.) R. J. Wang

一年生纤弱草本。高 20~50 cm。叶对生；叶片线形，顶端短尖；侧脉不明显。花单生或成对生叶腋；花 4 数；萼筒球状，顶端有开展的 4 裂齿；花冠白色，筒状，长 3.5~4.0 mm；花冠裂片卵状长圆形，裂片 4。蒴果扁球状，直径 2.0~2.5 mm，宿存萼檐裂片长 1.5~2.0 mm。花果期 7—9 月。

产于江宁、溧水、句容，常见，生于湿润田埂、稻田、池塘边田地中。

全草入药。

本种传统置于耳草属中，学名为 *Hedyotis diffusa* Willd.。

7. 水线草属（*Oldenlandia*）

1. 水线草　伞房花耳草
Oldenlandia corymbosa L.

一年生柔弱披散草本。高 10~40 cm。直立或蔓生。叶对生，近无柄，膜质，线形；托叶膜质，鞘状。花序腋生，伞房花序式排列，具花 2~4 朵；花 4 数；花冠白色或粉红色，管形，长 2.2~2.5 mm；花冠裂片长圆形，短于冠筒。蒴果膜质，球形，直径 1.2~1.8 mm。花果期几乎全年。

产于江宁、高淳、句容等地，偶见，生于林地边缘和路边。江苏省分布新记录种。

本种传统置于耳草属中，学名为 *Hedyotis corymbosa* (L.) Lam.。

8. 新耳草属（*Neanotis*）

1. 薄叶新耳草　薄叶假耳草
Neanotis hirsuta (L. f.) W. H. Lewis

多年生披散状草本。茎多分枝，下部常匍匐，具纵棱，无毛，基部节上常生不定根。叶片卵形或卵状椭圆形，基部楔形或宽楔形，下延，边缘具短柔毛，上面无毛；叶柄无毛；托叶下部合生，上部分裂成刺毛状，无毛。花序腋生或顶生，花数朵集生成近头状，有时单生；花萼钟形；花冠白色；雄蕊和花柱稍伸出花冠筒外。蒴果近球形。种子平凸状。花期 7—9 月，果期 10 月。

产于江宁，偶见，生于山谷溪边或路旁草丛中。

9. 号扣草属（*Hexasepalum*）

1. 睫毛坚扣草　山东丰花草

Hexasepalum teres (Walter) J. H. Kirkbr.

一年生草本。高 10~30 cm。直立或斜升。叶纸质，无柄，线状披针形，长 2~4 cm，宽 3~5 mm。花单生叶腋，无梗；萼檐 4 裂；花萼裂片卵状披针形，长约 1 mm，被疏柔毛；花冠粉红色，近漏斗形，长约 4 mm，顶部 4 裂，花冠裂片长圆形。蒴果倒卵形，长 3.0~3.5 mm。花果期 8—9 月。

产于南京、江宁，偶见，生于疏林下。入侵种。

本种在 *Flora of China* 中置于双角草属 *Diodia* 中，中文名为"山东丰花草"。

10. 鸡屎藤属（*Paederia*）

1. 鸡屎藤

Paederia foetida L.

草质藤本。长 3~5 m。茎多分枝，揉碎有臭味。叶对生；叶片纸质，形状和大小变异很大，宽卵形至披针形。聚伞花序组成圆锥花序状，顶生或腋生。花萼钟状；花冠筒长约 1 cm，外面灰白色，内面紫红色；雄蕊 5。果实近球状，熟时淡黄色，直径 5~7 mm。花期 5—9 月，果期 9—11 月。

产于南京及周边各地，极常见，生于山坡林中、旷野、路边灌丛中。

全株入药。

11. 茜草属（*Rubia*）分种检索表

1. 叶通常 4 枚轮生；叶片心形至阔卵状心形，长达 6 cm ·················**1. 东南茜草** *R. argyi*
1. 叶 6 或 8 枚轮生，叶片披针形，长 2.0~3.5 cm ·················**2. 山东茜草** *R. truppeliana*

1. 东南茜草

Rubia argyi (H. Lév. & Vaniot) H. Hara ex Lauener & D. K. Ferguson

多年生草质藤本。茎、枝均有 4 直棱或 4 狭翅，棱上有倒生钩状皮刺。叶通常 4 枚轮生；叶片纸质，心形至阔卵状心形，基出脉通常 5~7 条。聚伞花序分枝组成圆锥花序式；花冠白色；花冠裂片 5，卵形至披针形。浆果近球状，直径 5~7 mm，成熟时黑色。花期 5—6 月，果期 9—10 月。

产于南京及周边各地，极常见，生于草地、路边、山坡林边或灌丛中。

2. 山东茜草　狭叶茜草

Rubia truppeliana Loes.

草本。长可达 2 m。匍匐或缠绕。茎四棱形。叶 6 或 8 枚轮生；叶片膜质或近纸质，披针形、狭卵状披针形至线状披针形；基出脉 3 条；叶柄长 10~35 mm。花序圆锥状顶生，单生；萼管球形；花冠辐状；雄蕊长约为花瓣一半；花柱 2，极短，柱头头状。花期 7—8 月。

产于盱眙，偶见，生于平原荒地、路边和沟边。

12. 拉拉藤属（*Galium*）分种检索表

1. 叶 6~10 枚轮生。
  2. 直立草本；叶缘无倒生刺毛；圆锥聚伞花序，花黄色 ·················· **1. 蓬子菜** *G. verum*
  2. 蔓生或攀缘草本；叶缘具倒生刺毛；聚伞花序，花白色。
    3. 花序具花 3~5 朵；果柄下垂，果实有短毛 ·················· **2. 麦仁珠** *G. tricornutum*
    3. 花序具花 2~10 朵；果柄直立，果实有钩毛 ·················· **3. 拉拉藤** *G. spurium*
1. 叶 4 枚，少数 5 枚轮生。
  4. 花冠 4 裂，雄蕊 4 ·················· **4. 四叶葎** *G. bungei*
  4. 花冠 3 裂，雄蕊 3 ·················· **5. 小叶猪殃殃** *G. trifidum*

1. 蓬子菜

Galium verum L.

    多年生近直立草本。高 25~45 cm。茎近四棱状。叶 6~10 枚轮生；叶片纸质，线形，长 1~6 cm，宽 1~2 mm，边缘显著反卷。圆锥状聚伞花序顶生或腋生，较大，长达 15 cm；萼筒无毛；花冠黄色，辐状；花冠裂片卵形或长圆形；花药黄色。分果球状，无毛。花期 4—8 月，果期 5—10 月。

    产于南京城区、六合、盱眙等地，偶见，生于山坡灌丛及旷野草地。

    全草入药。

2. 麦仁珠

Galium tricornutum Dandy

林秦文 供图　林秦文 供图

一年生蔓生或攀缘草本。高 10~80 cm。茎具 4 角棱,棱上有倒生细刺。叶 6~8 枚轮生;叶片纸质,带状披针形。聚伞花序腋生;常具花 3~5 朵;花小,4 数;花冠白色或绿白色,辐状。分果近球状,单生或双生,有小瘤状凸起或短毛;果柄粗壮,下垂。花期 4—6 月,果期 5—9 月。

产于南京及周边各地,稀见,生于沟边、旷野、山坡草地、麦田中。

全草入药。

3. 拉拉藤　猪殃殃

Galium spurium L.

一年生蔓生或攀缘状草本。高可达 50 cm。茎四棱状,棱上有倒生的细刺。叶常 6~8 枚轮生;叶片干燥纸质,狭倒披针形至狭倒披针状长圆形。聚伞花序顶生或腋生,具花 2~10 朵;花萼被钩毛;花冠黄绿色至白色,辐状;花冠裂片 4。果梗直立,有钩毛;分果近球状或宽肾状。花期 3—7 月,果期 4—11 月。

产于南京及周边各地,极常见,生于园圃、沟边、农田等生境中。

全草入药。

4. 四叶葎　细四叶葎

***Galium bungei* Steud.**

多年生丛生草本。高 10~50 cm。茎四棱状,无毛或稍有柔毛。叶 4 枚轮生;卵状披针形至线状披针形,叶面、中脉及叶缘常有刺状硬毛。聚伞花序顶生或腋生,具花 3 至 10 余朵;花 4 数;花冠淡黄绿色或白色,直径约 2 mm;雄蕊 4。果实近球状,通常双生,直径约 2 mm。花果期 4—10 月。

产于南京及周边各地,常见,生于田间、旷野、山地林下。

全草入药。

据 *Flora of China* 记载,江苏还分布有本种的 5 个变种。由于本种的分布十分广泛,形态变异复杂,性状多有交叉,本志依据新版《江苏植物志》处理,暂不区分种下分类单元。

5. 小叶猪殃殃　细叶猪殃殃

***Galium trifidum* L.**

多年生丛生草本。高 15~50 cm。茎纤细,具 4 棱角。叶常 4 或 5 枚轮生;叶片小,纸质,倒披针形,长 3~14 mm,顶端钝或圆,基部渐狭,无毛或近无毛;具 1 条脉。聚伞花序顶生或腋生,具花 3~4 朵;花小;花冠白色,辐状;裂片 3;雄蕊 3。果实近球状。花期 3—5 月,果期 4—8 月。

产于南京及周边各地,偶见,生于山地林下、灌丛、潮湿的草丛等生境中。

根或全草入药。

本种与小猪殃殃 *Galium innocuum* Miq. 的关系较为复杂,不同志书有不同的处理,本志暂时不做改动。

一年生或多年生草本。茎直立或斜升,有时缠绕。单叶,稀为复叶,对生,少有互生或轮生,全缘,基部合生。花序一般为聚伞花序或复聚伞花序,有时减退至顶生的单花;花两性,极少数为单性,一般4~5数,稀达6~10数;花萼筒状、钟状或辐状;花冠筒状、漏斗状或辐状,基部全缘,稀有距;子房上位,1室。蒴果2瓣裂,稀不开裂。种子小,常多数。

共107属约1 200种,广布于全球各地。我国产22属约451种。南京及周边分布有2属4种。

龙胆科
GENTIANACEAE

龙胆科分种检索表

1. 花冠裂片间具褶。
  2. 植株矮小,高15 cm以下 ·· **1. 笔龙胆** *Gentiana zollingeri*
  2. 植株略高大,高45 cm以上 ····································· **2. 条叶龙胆** *Gentiana manshurica*
1. 花冠裂片间无褶,具腺窝或腺斑。
  3. 花冠蓝紫色,花萼等于或略长于花冠 ························· **3. 北方獐牙菜** *Swertia diluta*
  3. 花冠白色,花萼短于花冠 ······································· **4. 浙江獐牙菜** *Swertia hickinii*

龙胆属 (*Gentiana*)

1. 笔龙胆

Gentiana zollingeri Fawc.

一年生或二年生草本。高可达12 cm。茎生叶密集;叶片宽卵形或宽卵状匙形。花单朵生于茎顶端,花枝短而密集,伞房状;花萼漏斗状;花冠淡蓝色,具黄绿色条纹。蒴果倒卵状长圆形,长约7 mm,顶端具宽翅,两侧具窄翅。花期3—5月,果期5—6月。

产于江宁、句容等地,偶见,生于山路边或竹林下。

2. 条叶龙胆

Gentiana manshurica Kitag.

多年生草本。高可达45 cm。茎直立,具4棱。茎下部叶片膜质,鳞片状,中部以下叶片基部连合成鞘状,抱茎;中上部叶片革质,线状披针形或线形,长 3~10 cm,宽 0.9 cm。花 1~2 朵生于茎顶端或腋生;萼筒钟状;花冠蓝紫色或紫色,钟状。蒴果内藏。花果期 8—11 月。

产于盱眙、南京、句容等地,偶见,生于路旁、山坡等处。

根入药。可供观赏。

獐牙菜属（*Swertia*）

3. 北方獐牙菜　当药

Swertia diluta (Turcz.) Benth. & Hook. f.

一年生草本。高 20~70 cm。茎具4棱,棱上具狭翅,多分枝。叶片线状披针形或线形,基出脉 1~3 条。圆锥状复聚伞花序;花萼长于或等于花冠,裂片线形;花冠淡蓝色,基部具 2 个沟状窄长圆形腺窝,边缘具流苏状长柔毛。蒴果长圆形。种子具小瘤状凸起。花果期 10—11 月。

产于南京城区、六合、浦口等地,偶见,生于山坡疏林下或草丛中。

全草入药。

4. 浙江獐牙菜　江浙獐牙菜

Swertia hickinii Burkill

一年生草本。高可达 45 cm。茎具 4 棱,棱上具狭翅,多分枝。叶片披针形或倒披针形,基出脉 1~3 条。圆锥状复聚伞花序;花柄细弱,具 4 棱;花萼短于花冠;花冠白色,具紫色条纹,卵状披针形,先端钝或渐尖,基部具 2 个囊状腺窝,边缘有流苏状毛。蒴果卵形。花果期 10—11 月。

产于南京、句容、溧水等地,偶见,生于山坡疏林下或草丛中。

全草入药。

夹竹桃科
APOCYNACEAE

【APG Ⅳ系统的夹竹桃科，并入传统的萝藦科】

乔木，直立灌木或木质藤木，也有多年生草本。具乳汁或水液。无刺，稀有刺。单叶对生、轮生，稀互生，全缘；羽状脉；叶柄顶端通常具有丛生的腺体。花两性；辐射对称，单生或多朵组成聚伞花序，有时组成伞房状或总状，顶生或腋生；花萼裂片5枚，稀4枚；花冠合瓣，高脚碟状、漏斗状、坛状、钟状、盆状，稀辐状，其基部边缘向左或向右覆盖，花冠喉部通常有副花冠、鳞片、膜质或毛状附属体；雄蕊5；子房上位，稀半下位。果实为浆果、瘦果、蒴果或菁葖果。

共398属4 000~4 500种，分布于全球热带及温带地区。我国产84属约450种。南京及周边分布有6属13种。

夹竹桃科分种检索表

1. 木本植物。
 2. 常绿木质藤本；无副花冠；菁葖果叉开，线状披针形 ·················· **1. 络石** *Trachelospermum jasminoides*
 2. 落叶蔓性灌木；花冠紫红色，副花冠环状；菁葖果圆柱状 ················· **2. 杠柳** *Periploca sepium*
1. 草本植物。
 3. 副花冠成极短的小叶片状或缺失·················· **3. 祛风藤** *Biondia microcentra*
 3. 副花冠发育健全。
  4. 花粉块下垂。
   5. 根为须根系；全株直立或下部直立，稀全部缠绕。
    6. 茎柔弱，全部缠绕 ··················**4. 毛白前** *Vincetoxicum chinense*
    6. 茎直立或至少下部直立。
     7. 花冠初开时黄白色，后渐变为黑紫色；茎上部缠绕············ **5. 变色白前** *Vincetoxicum versicolor*
     7. 花冠成熟时颜色与初开时一致；茎直立。
      8. 叶片卵圆形至卵状长圆形。
       9. 叶片基部略抱茎，茎无毛 ·················· **6. 合掌消** *Vincetoxicum amplexicaule*
       9. 叶片基部非抱茎，茎密被毛 ················· **7. 白薇** *Vincetoxicum atratum*
      8. 叶片线状披针形·················· **8. 徐长卿** *Vincetoxicum pycnostelma*
   5. 根为直根系，圆柱形或块状；茎全部缠绕，稀直立或斜升。
    10. 柱头藏于花药内。
     11. 茎直立或斜升·················· **9. 地梢瓜** *Cynanchum thesioides*
     11. 茎缠绕。
      12. 副花冠不具附属物，花冠淡黄色·················· **10. 隔山消** *Cynanchum wilfordii*
      12. 副花冠内面具附属物，花冠白色·················· **11. 折冠牛皮消** *Cynanchum boudieri*
    10. 柱头延伸成长喙，伸出花药外·················· **12. 萝藦** *Cynanchum rostellatum*
  4. 花粉块平展或稍上举·················· **13. 七层楼** *Tylophora floribunda*

络石属（*Trachelospermum*）

1. 络石

Trachelospermum jasminoides (Lindl.) Lem.

常绿木质藤本。茎长可达 10 m。具乳汁。叶片革质或近革质，椭圆形至卵状椭圆形或宽倒卵形。二歧聚伞花序腋生或顶生，圆锥状；花有香气；花萼 5 深裂；花冠白色，花冠筒中部以上扩大。蓇葖果 2 枚，叉开，无毛，线状披针形，向顶端渐尖，长约 15 cm。花期 4—7 月，果期 7—10 月。

产于南京及周边各地，极常见，生于路边或山野林中，常攀缘于墙壁、树干或岩石上。

全株有毒，叶、茎、根、果均可入药。园林中可用于藤架、墙垣等处绿化。

杠柳属（*Periploca*）

2. 杠柳

Periploca sepium Bunge

落叶蔓性灌木。长可达 1.5 m。具乳汁。除花外，全株无毛。小枝通常对生。叶卵状长圆形。花萼裂片卵圆形，长 3 mm；花冠紫红色，辐状；副花冠环状，10 裂。蓇葖果 2 枚，圆柱状，长 7~12 cm，直径约 5 mm，无毛，具有纵条纹。花期 5—6 月，果期 7—9 月。

产于盱眙等地，偶见，生于阳坡路边。

根皮、茎皮入药。

秦岭藤属（*Biondia*）

3. 祛风藤　浙江乳突果

Biondia microcentra (Tsiang) P. T. Li

缠绕藤本。茎纤细。叶薄纸质，窄椭圆状长圆形，或长圆状披针形，长 3~7 cm，宽 0.7~1.4 cm。聚伞花序假伞形状，比叶短，具花 4~6 朵；花冠黄色，近坛状，长 6 mm，直径 2.5 mm；副花冠无。蓇葖果单生，长圆状披针形，长 8.5~11.0 cm，直径 5~7 mm。花期 5—7 月，果期 7—10 月。

产于句容、丹徒、溧水等地，偶见，生于路边、疏林下。江苏省分布新记录种。

最新研究报道本属已经被并入白前属 *Vincetoxicum*，本志仍按照《中国植物物种名录 2022 版》暂时不做变动。

白前属（*Vincetoxicum*）

【新版《江苏植物志》中记载有催吐白前 *Cynanchum vincetoxicum*（L.）Pers.，经查阅标本记录，此种应为竹灵消 *Vincetoxicum inamoenum* Maxim.。本种在中山植物园内引种栽培，笔者于南京野外尚未调查发现，本志暂不予收录】

4. 毛白前

Vincetoxicum chinense S. Moore

　　多年生柔弱缠绕藤本。茎、叶、叶柄、花序梗、花梗及花萼外面均密被黄色短柔毛。叶对生，基部心形或近截形。伞形聚伞花序腋生，具花 3~9 朵；花冠紫红色或黄色；副花冠杯状，短于合蕊柱；花粉块长圆形，下垂。蓇葖果单生，披针状圆柱形，长 7~9 cm，直径约 1 cm。花期 6—7 月，果期 8—10 月。

　　产于句容，偶见，生于山坡林中、灌丛中及溪边。

5. 变色白前

Vincetoxicum versicolor (Bunge) Decne.

半灌木。茎上部缠绕,下部直立。全株被柔毛。叶对生,纸质,宽卵形或椭圆形。伞形聚伞花序腋生,具花 10 余朵;花萼外面被柔毛;花冠初呈黄白色,渐变为黑紫色;副花冠极低,比合蕊冠短。蓇葖果单生,宽披针形,长 5 cm,向顶部渐尖。花期 5—8 月,果期 7—9 月。

产于南京、盱眙等地,偶见,生于路边林缘。

根状茎可入药。

6. 合掌消 紫花合掌消

Vincetoxicum amplexicaule Siebold & Zucc.

多年生直立草本。高 50~100 cm。叶薄纸质,对生,无柄,卵圆形,顶端急尖,基部下延近抱茎。多歧聚伞花序顶生及腋生,花直径 5 mm;花冠黄绿色、棕黄色或深紫色;副花冠 5 裂,扁平。蓇葖果单生,刺刀形,长 5 cm,径 5 mm。花期春夏之间,果期秋季。

产于六合、盱眙等地,偶见,生于田边、草地、湿地及沙地草丛中。

全草入药。

7. 白薇

Vincetoxicum atratum (Bunge) Morren & Decne.

多年生直立草本。高可达 50 cm。叶卵形或卵状长圆形,两面均被白色柔毛。聚伞花序,无总花梗,具花 8~10 朵;花深紫色;花萼外面有柔毛;花冠辐状;副花冠 5 裂,裂片盾状,圆形。蓇葖果单生,向顶部渐尖,基部钝形,中间膨大,长 9 cm。花期 4—8 月,果期 6—8 月。

产于南京、盱眙等地,偶见,生于草地、荒地及林边。

根及部分根状茎供药用。

8. 徐长卿

Vincetoxicum pycnostelma Kitag.

多年生直立草本。高 50~80 m。根须状。茎通常不分枝。叶对生;叶片狭披针形至线状披针形。圆锥状聚伞花序在茎顶端腋生,具花 10 余朵;花小,花冠黄绿色,近辐状,裂片 5;副花冠裂片 5,基部增厚,顶端钝。蓇葖果单生,长角形,长 6 cm。花期 7—8 月,果期 9—11 月。

产于南京城区、句容、丹徒、盱眙等地,偶见,生于山坡路旁或草丛中。

全草及根入药。

鹅绒藤属（*Cynanchum*）

9. 地梢瓜   雀瓢

Cynanchum thesioides (Freyn) K. Schum.

　　直立或斜升半灌木。茎细圆。叶对生，长条形；叶柄短，长 2~5 mm。伞状聚伞花序腋生；花萼外面被柔毛；花冠黄绿白色，裂片 5；副花冠裂片三角状披针形，长于合蕊柱。蓇葖果纺锤形，顶端渐尖，中部膨大，长 5~6 cm，直径 2 cm。花期 7—8 月，果期 8—10 月。

　　产于南京城区、浦口、六合、盱眙，常见，生于山地草丛、荒地、沙地、田边等。

　　根入药。还可提制橡胶和树脂。

10. 隔山消

Cynanchum wilfordii (Maxim.) Hemsl.

多年生草质藤本。茎有单列毛。叶对生;叶片卵形,长 4~7 cm,顶端渐尖,基部耳垂状心形,基出脉 3~4 条。近伞房状聚伞花序,半球状,具花 15~20 朵;花冠淡黄色;副花冠裂片近四方形。蓇葖果单生,长角状,顶端尖,长约 12 cm,直径约 1 cm。花期 6—7 月,果期 7—10 月。

产于南京、句容等地,偶见,生于山坡路边草丛中。

块根入药。

11. 折冠牛皮消　飞来鹤

Cynanchum boudieri H. Lév. & Vaniot

蔓生草本。植株有乳汁。叶对生;叶片心形或卵状心形,顶端渐尖;叶柄长 3~6 cm。伞房状聚伞花序腋生;花萼裂片狭长圆形;花冠白色,裂片反折;副花冠浅杯状;柱头圆锥状,顶端 2 裂。蓇葖果双生或仅 1 个发育,长角状,顶端尖。花期 8—9 月,果期 10—11 月。

产于南京及周边各地,常见,生于路旁灌丛中或沟边湿地。

根有毒,入药。

新版《江苏植物志》记载的牛皮消 *Cynanchum auriculatum* Royle ex Wight,经查不产于本省,实为本种的误定。

12. 萝藦

Cynanchum rostellatum (Turcz.) Liede & Khanum

多年生缠绕草本。植株具乳汁。叶对生；卵状心形，顶端渐尖，基部心形；叶耳圆。总状聚伞花序腋生；花蕾圆锥状；花冠白色，有淡紫红色斑纹，近辐状；花冠裂片披针形，张开，顶端反折；副花冠杯状浅裂，着生于合蕊冠上。蓇葖果叉生，长角状纺锤形，平滑。花期7—8月，果期9—10月。

产于南京及周边各地，极常见，生于山坡、田野或路旁。

果皮、根、茎和种毛均可入药。根和茎有毒。嫩果可食。

娃儿藤属（*Tylophora*）

13. 七层楼

Tylophora floribunda Miq.

多年生缠绕藤本。植株有乳汁。茎细弱，多分枝。叶片纸质，卵状披针形；羽状脉，侧脉3~5对。聚伞花序腋生，花序梗曲折；花小，紫色，直径约2 mm；花冠5深裂，裂片卵状；副花冠裂片卵状，钝头。蓇葖果双生，长角状，平展，近一直线，长3~5 cm。花期7—8月，果熟期10月。

产于南京城区、浦口等地，偶见，生于灌木丛中、路边或疏林中。

最新研究报道本属已经被并入白前属 *Vincetoxicum*，本志仍按照《中国植物物种名录2022版》暂时不做变动。

多数为草本,较少为灌木或乔木。叶为单叶,互生,全缘或有锯齿;不具托叶。花序为聚伞花序或镰状聚伞花序,有苞片或无苞片;花两性,辐射对称;花萼大多宿存;花冠筒状、钟状、漏斗状或高脚碟状;雄蕊 5;雌蕊由 2 心皮组成,子房 2 室,每室含胚珠 2。果实为含 1~4 枚种子的核果,或为子房(2)4 裂瓣形成的(2)4 枚小坚果。种子直立或斜生。

共 142 属 2 770~2 800 种,广布于全球各地。我国产 49 属约 324 种。南京及周边分布有 5 属 9 种。

紫草科
BORAGINACEAE

紫草科分种检索表

1. 落叶乔木。
 2. 叶背沿脉被毛;果实直径 3~4 mm ·· **1. 厚壳树** *Ehretia acuminata*
 2. 叶背密生短柔毛;果实直径 10~15 mm ·· **2. 粗糠树** *Ehretia dicksonii*
1. 草本植物。
 3. 小坚果腹面不凹陷,背面 2 层凸起。
  4. 花序有叶状苞片。
   5. 茎匍匐;坚果光滑 ·· **3. 梓木草** *Lithospermum zollingeri*
   5. 茎直立;坚果具瘤状凸起 ·· **4. 田紫草** *Lithospermum arvense*
  4. 花序无苞片 ·· **5. 附地菜** *Trigonotis peduncularis*
 3. 小坚果腹面凹陷,背面沿棱突出成 2 层,外层有齿。
  6. 小坚果上部边缘有 2 层碗状凸起,外层齿裂;背面无瘤状或网纹。
   7. 小坚果上部边缘的外层凸起齿轮稍向内弯曲,不与内层紧贴 **6. 弯齿盾果草** *Thyrocarpus glochidiatus*
   7. 小坚果外层齿轮凸起直立,与内层紧贴 ·············· **7. 盾果草** *Thyrocarpus sampsonii*
  6. 小坚果 1 层凸起,或为 2 层而外层全缘;背面有瘤状凸起或有网纹。
   8. 茎具贴伏粗毛;花喉部有 5 个梯形附属物,顶端圆钝······**8. 柔弱斑种草** *Bothriospermum zeylanicum*
   8. 茎具开展糙毛;花喉部有细长的鳞片,花与苞片依次排列,各偏一侧
   ·· **9. 多苞斑种草** *Bothriospermum secundum*

厚壳树属（*Ehretia*）

1. 厚壳树

Ehretia acuminata R. Br.

落叶乔木。高 3~15 m。叶互生；叶片长椭圆状倒卵形或椭圆形，顶端短尖，基部楔形或近圆形，边缘有细锯齿，叶面无毛或疏生平伏粗毛，叶背仅脉腋有簇毛。圆锥花序顶生或腋生，有香气；花冠白色，裂片略长于管部。果实球状，直径 3~4 mm，初为红色，后变暗灰色。花期 4—5 月，果熟期 7 月。

产于南京及周边各地，常见，生于丘陵或山地林中。

可做绿化树种。

2. 粗糠树

Ehretia dicksonii Hance

落叶乔木。高可达 15 m。树皮灰褐色，纵裂。叶片狭倒卵形或椭圆形，顶端尖，叶面粗糙或密生短硬毛，叶背幼时密生短柔毛，叶缘有开展的锯齿。聚伞花序顶生，呈伞房状或圆锥状；花冠筒状钟形，白色至淡黄色，芳香，裂片 5。核果黄色，近球状，直径 1.0~1.5 cm。花期 3—5 月，果期 6—7 月。

产于南京城区、浦口、句容等地，偶见，生于山谷林中，亦见于房舍旁。

树皮入药。可栽培供观赏。

紫草属（*Lithospermum*）

3. 梓木草

Lithospermum zollingeri A. DC.

多年生匍匐草本。匍匐茎长达 30 cm。茎上有开展的糙伏毛。叶片长圆状卵形或倒卵状披针形。花序长 2~5 cm；花单生或数朵生于新枝上部叶腋；花萼 5 裂近基部；花冠紫蓝色，少白色，喉部有 5 条向筒部延伸的纵褶。小坚果斜卵球状，白色，表面有皱纹或光滑。花期 4—5 月。

产于南京及周边各地，极常见，生于山地林下或路边。

果实入药。

4. 田紫草　麦家公

Lithospermum arvense L.

二年生或多年生草本。高 13~40 cm。叶片狭披针形或倒卵状椭圆形，顶端圆钝，基部狭楔形，两面均有短糙伏毛。聚伞花序生枝上部，长可达 10 cm；花冠高脚碟状，白色或白色带紫色，长 6~7 mm，外面有毛，喉部无鳞片。小坚果灰白色，顶端狭，表面有瘤状凸起。花果期 4—7 月。

产于南京城区、江宁、浦口、盱眙等地，常见，生于山坡、路边和荒草地。

果实入药。

附地菜属（*Trigonotis*）

5. 附地菜

Trigonotis peduncularis (Trevir.) Benth. ex Baker & S. Moore

一年生或二年生草本。高 10~40 cm。细弱，直立，有平伏毛。叶片匙形、卵圆形或披针形。总状花序顶生，呈蝎尾状；花冠淡蓝色，长约 2 mm，花冠筒与花冠裂片近等长，裂片倒卵形，喉部附属物 5，白色或带黄色；雄蕊 5，不伸出花冠外。小坚果 4，斜三棱锥状四面体形。花期 4—5 月。

产于南京及周边各地，极常见，生于林下、荒地、田边和杂草丛中。全草入药。

盾果草属（*Thyrocarpus*）

6. 弯齿盾果草

Thyrocarpus glochidiatus Maxim.

二年生草本。高 10~30 cm。全株有伸展的长硬毛和短糙毛。叶片匙形或披针状长圆形。花单生于叶状苞腋，再组成总状花序状，花序长可达 15 cm；花萼裂片狭披针形，顶端钝；花冠蓝色。小坚果顶部的外层凸起齿轮稍向内弯曲，但不与内层边缘紧贴。花果期 4—7 月。

产于南京及周边各地，极常见，生于山坡草地或路旁。

7. 盾果草

Thyrocarpus sampsonii Hance

　　二年生草本。高 20~45 cm。茎直立或斜升,有开展的长硬毛和短糙毛。基生叶丛生,叶片匙形;茎生叶较小,无柄。花序长 7~20 cm;花冠淡蓝色或白色,显著比萼长,裂片近圆形,开展,喉部附属物线形,肥厚,有乳头状凸起。小坚果顶部外层的齿轮直立,与内层边缘紧贴。花期 4—5 月。

　　产于南京周边,偶见,生于路旁草地。

　　全草入药。

斑种草属（*Bothriospermum*）

8. 柔弱斑种草　细茎斑种草

Bothriospermum zeylanicum (J. Jacq.) Druce

一年生草本。高 15~30 cm。茎细弱，丛生，直立或平卧，有紧贴的粗毛。叶片卵状披针形或椭圆形。花序柔弱，细长，长 10~20 cm；花萼裂片线形或披针形，果期增大；花小，腋生或近腋生；花冠白色或浅蓝色，喉部有 5 个梯形的附属物。小坚果腹面凹陷呈纵椭圆状，表面有瘤状凸起。花期 4—5 月。

产于南京及周边各地，极常见，生于荒地或山坡草地。

全草入药。

9. 多苞斑种草

Bothriospermum secundum Maxim.

一年生或二年生草本。高 25~70 cm。茎直立，单生。叶片卵圆状披针形或卵状披针形。花有短柄，通常下垂，与苞片依次排列而各偏于一侧；萼片 5 裂至基部；花冠蓝色，喉部有 5 个细长的鳞片，鳞片顶端微凹。小坚果长约 2 mm，密生瘤状凸起，腹面有纵椭圆形的环状凹陷。花期 5—7 月。

产于南京及周边各地，常见，生于路旁或荒草地。

全草入药。

草本、亚灌木或灌木,偶为乔木,或为寄生植物。植物体常有乳汁。茎缠绕或攀缘,有时平卧或匍匐。叶互生,螺旋状排列,寄生种类无叶或退化成小鳞片;通常为单叶,全缘,或不同深度的掌状或羽裂。花通常美丽,单生叶腋,或少花至多花组成腋生聚伞花序,有时总状、圆锥状、伞形或头状;苞片成对;花整齐;两性,5 数;花萼分离或仅基部连合,有些种类在果期增大;花冠合瓣,漏斗状、钟状、高脚碟状或坛状;雄蕊与花冠裂片等数互生。通常为蒴果或不开裂的肉质浆果。种子和胚珠同数,通常三棱状。

共 69 属约 1 650 种,广布于全球各地。我国产 20 属约 139 种。南京及周边分布有 5 属 13 种 1 亚种。

旋花科 CONVOLVULACEAE

旋花科分属检索表

1. 茎缠绕,寄生草本,叶退化 ·· **1. 菟丝子属 *Cuscuta***
1. 茎匍匐或缠绕,自养植物。
  2. 茎匍匐,叶片肾状圆形;花柱 2 ································· **2. 马蹄金属 *Dichondra***
  2. 茎缠绕或匍匐伸展;花柱 1。
    3. 苞片 2,叶状,较大,完全包被花萼 ··············· **3. 打碗花属 *Calystegia***
    3. 苞片小,萼片不包藏于苞片内。
      4. 花粉粒有刺,花冠极少为黄色 ················· **4. 番薯属 *Ipomoea***
      4. 花粉粒无刺,花冠通常为黄色 ················· **5. 鱼黄草属 *Merremia***

1. 菟丝子属(*Cuscuta*)分种检索表

1. 植物体粗壮,花柱 1,顶端 2 裂;穗状花序 ····················· **1. 金灯藤 *C. japonica***
1. 植物体纤细,花柱 2;花簇生为伞形或团伞花序。
  2. 果实成熟时,宿存花冠全部包围蒴果;花冠有棱 ············· **2. 菟丝子 *C. chinensis***
  2. 果实成熟时,宿存花冠仅包围蒴果下部,花冠无棱。
    3. 花冠裂片常直立,鳞片短于花冠筒 1/2,2 深裂 ········· **3. 南方菟丝子 *C. australis***
    3. 花冠裂片常反折,鳞片与花冠筒近等长,边缘流苏状·········· **4. 原野菟丝子 *C. campestris***

1. 金灯藤　日本菟丝子

Cuscuta japonica Choisy

一年生缠绕寄生草本。茎较粗壮，无毛，多分枝，有紫色斑点。无叶。花无柄或近无柄，密生成短的穗状花序；花萼肉质，5 裂，几达基部，裂片卵圆形或近圆形，背面有紫色斑点；花冠钟状，顶端 5 浅裂，淡红色或绿白色；花柱 1，柱头 2 裂。蒴果卵球状，近基部周裂。花果期 7—9 月。

产于南京及周边各地，常见，生于水沟边或山坡路旁灌木丛中。

种子入药。是农田有害杂草。

2. 菟丝子

Cuscuta chinensis Lam.

一年生缠绕寄生草本。茎丝线状，橙黄色。无叶。花簇生；花萼杯状，5 裂；花冠白色，有棱，长为花萼 2 倍，顶端 5 裂，裂片常向外反曲；花柱 2。蒴果近球状，成熟时被花冠全部包围，通常是整齐的周裂。花果期 7—10 月。

产于南京及周边各地，常见，生于河边、山坡路旁，多寄生在豆科、菊科、蓼科等植物上。

种子含脂肪油及淀粉，又可入药。是农田有害杂草。

3. 南方菟丝子　欧洲菟丝子

Cuscuta australis R. Br.

一年生寄生草本。茎缠绕,金黄色,纤细。无叶。花序侧生,少花或多花,簇生成小伞形或小团伞花序;花萼杯状,基部连合,裂片长圆形或近圆形;花冠乳白色或淡黄色,杯状;花柱2,柱头球状。蒴果扁球状,下半部为宿存花冠包围,成熟时不规则开裂。花果期8—9月。

产于南京及周边各地,极常见,生于水沟边。

种子入药。是农田有害杂草。

4. 原野菟丝子　野地菟丝子

Cuscuta campestris Yunck.

一年生寄生草本。茎黄绿色、黄色或橙色,直径0.5~0.8 mm,光滑。花序侧生,通常紧凑球状簇生,花近无柄;花冠白色,短钟状,4~5浅裂;裂片宽三角形,顶端锐尖的或钝,通常反折;雄蕊短,长于花冠裂片;花柱2,柱头球状。蒴果扁球形,直径约3 mm。花果期6—10月。

产于南京周边,常见,生于路边、林边等处。江苏省分布新记录种。

是农田有害杂草。

2. 马蹄金属（*Dichondra*）

1. 马蹄金

Dichondra micrantha Urb.

多年生匍匐草本。植株矮小。茎细长。叶片圆形或肾形，长 5~10 mm，宽 8~18 mm，全缘，顶端宽圆形或微凹，基部阔心形。花单生叶腋；花柄短于叶柄；萼片 5；花冠钟状，黄色，深 5 裂，裂片长圆状披针形。蒴果近球状，表面有时稍有皱褶，具毛。花果期 7—9 月。

产于南京及周边各地，常见，生于草地、路边。归化种。

全草入药。常做草坪地被栽培。

3. 打碗花属（*Calystegia*）分种检索表

1. 叶片长圆形，基部截平或略有小耳，全缘································· **1. 藤长苗** *C. pellita*
1. 叶片三角形，基部心形或戟形，全缘或 2~3 裂。
 2. 平卧草本，有时缠绕；宿萼及苞片短于或等长于果实···············**2. 打碗花** *C. hederacea*
 2. 缠绕草本或匍匐；宿萼及苞片增大，包藏果实。
  3. 叶片全缘或 3 裂，裂片可达中脉长度的 1/3~1/2 ···········**3. 鼓子花** *C. silvatica* subsp. *orientalis*
  3. 叶片明显 3 裂，裂片不超过中脉长度的 1/3·················**4. 柔毛打碗花** *C. pubescens*

1. 藤长苗　毛打碗花

Calystegia pellita (Ledeb.) G. Don

多年生草本。茎缠绕或匍匐，有细棱，密被灰白色或黄褐色长柔毛。叶片披针形或长圆形，顶端钝圆或锐尖，有小尖头，全缘。花单生叶腋；苞片 2~4，长于萼片，卵形；萼片长圆形；花冠漏斗状，淡红色，长 4~6 cm，5 浅裂。蒴果球状。种子紫黑色或黑色。花期 6—9 月。

产于南京、盱眙等地，偶见，生于山坡、路边荒草地或菜园地。

全草可做牲畜饲料。全草有小毒。

据最新研究，新版《江苏植物志》所载毛打碗花 *Calystegia dahurica* (Herb.) Choisy 已与本种合并。

2. 打碗花

Calystegia hederacea Wall.

一年生草本。高 30 cm 左右。全体无毛。茎蔓生，缠绕或匍匐。叶互生；基生叶长圆形，上部叶片为三角形或戟形，基部心形或戟形。花单生叶腋；苞片 2，长于萼片；花冠漏斗状，长 2.0~3.5 cm，淡粉红色。蒴果卵球状，光滑。花期 5—10 月。

产于南京及周边各地，极常见，生于开垦后的荒地和路旁杂草地。

根入药。

3. 鼓子花　篱天剑　篱打碗花　旋花

Calystegia silvatica subsp. *orientalis* Brummitt

多年生草本。全株无毛。茎缠绕或匍匐,有细棱。叶互生;叶片正三角形,基部心形或戟形,全缘或基部具 2~3 个浅裂片。花单生叶腋;苞片卵状心形,长 1.5~2.5 cm;花柄长于叶柄;花冠漏斗状,粉红色或白色。蒴果球状,为增大的苞片和萼片包被。花期 6—7 月。

产于南京及周边各地,偶见,生于荒地及田边路旁。

全株入药。

新版《江苏植物志》所载篱打碗花 C. *sepium* (L.) R. Br. 应是本种的误定。

4. 柔毛打碗花　长裂篱打碗花　长裂旋花　缠枝牡丹

Calystegia pubescens Lindl.

多年生蔓生或攀缘草本。茎光滑或有稀疏短柔毛。叶片无毛或疏生短柔毛,基部明显 3 裂,裂片宽不超过中脉长度的 1/3。花单生叶腋;花梗短于叶;苞片通常无毛,先端钝;花冠粉色或极少白色。蒴果卵球形,长约 1 cm,为宿存苞片与萼片包被。花期 5—8 月,果期 8—10 月。

产于南京及周边各地,偶见,生于荒地。

新版《江苏植物志》所载的长裂篱打碗花 C. *sepium* var. *japonica* (Thunb.) Makino 即为本种;另载一种中文名为"缠枝牡丹",即指本种的重瓣花变型;旧版《江苏植物志》所记载的缠枝牡丹 C. *dahurica* f. *anestia* (Fernald) H. Hara 亦指此种重瓣花的变型。欧美各地有引种本种重瓣花的变型。

4. 番薯属（*Ipomoea*）分种检索表

1. 萼片卵形,具短尖,外面无毛或疏被毛。
  2. 花序梗远长于叶柄,花常淡红色或淡紫红色 ················· **1. 三裂叶薯** *I. triloba*
  2. 花序梗等长或短于叶柄,花常白色 ························· **2. 瘤梗番薯** *I. lacunosa*
1. 萼片披针形或长椭圆形,外面密被粗毛。
  3. 叶片常 3 裂至中部;外萼片条状披针形,长 2.0~2.5 cm ········· **3. 牵牛** *I. nil*
  3. 叶片常全缘;外萼片长椭圆形,长 1.1~1.6 cm ········· **4. 圆叶牵牛** *I. purpurea*

1. 三裂叶薯

Ipomoea triloba L.

    缠绕或平卧草本。叶互生;叶宽卵形至圆形,长 2.5~7.0 cm,宽 2~6 cm,全缘,有粗齿或深 3 裂,基部心形。花序腋生;花序梗较叶柄粗壮;花柄有瘤突,长 5~7 mm;外萼片长圆形;花冠漏斗状,长约 1.5 cm,无毛,淡红色或淡紫红色,冠檐裂片短而钝。蒴果球状,4 瓣裂。花果期 6—11 月。

    产于南京及周边各地,极常见,生于路边荒地。入侵种。

2. 瘤梗番薯 瘤梗甘薯
Ipomoea lacunosa L.

一年生草本。茎缠绕。叶互生；叶卵形至宽卵形，长 2~6 cm，宽 2~5 cm，全缘，基部心形，顶端具尾状尖，叶缘具 1~3 个拐角状齿。花序腋生；花序梗无毛但具明显棱，具瘤状凸起；花冠漏斗状，白色、淡红色或淡紫红色。蒴果近球形，4 瓣裂。花果期 6—11 月。

产于南京及周边各地，极常见，生于路边荒地。入侵种。

3. 牵牛 裂叶牵牛
Ipomoea nil (L.) Roth

一年生缠绕草本。全株有毛。茎细长，缠绕。叶片心形或宽卵形，长 4~15 cm，基部圆，心形，常 3 裂至中部；叶脉掌状。花序具花 1~3 朵；小苞片线形；萼片长 2.0~2.5 cm，条状披针形；花冠漏斗状，长 5~7 cm，蓝色或淡紫色，管部白色；雄蕊 5，不伸出花冠外。蒴果近球状，3 瓣裂。花期 7—9 月。

产于南京及周边各地，极常见，生于路边、田边、灌丛。栽培或逸生。归化种。

种子为常用中药。全草有毒。可栽培供观赏。

根据 *Flora of China* 等专著，*I. hederacea* Jacq. 已处理为本种的异名。后者的萼片顶端稍钝，常反折；而本种的萼片顶端尖锐，直立。二者在江浙地区的野外常相混野生，本志据《中国植物物种名录 2022 版》暂不予区别此二种。

4. 圆叶牵牛　紫牵牛

Ipomoea purpurea (L.) Roth

一年生缠绕草本。全株被粗硬毛。叶互生;叶片圆心形或宽卵状心形,基部心形,顶端尖,常全缘。花序具花 1~5 朵,组成伞形聚伞花序;苞片线形;萼片 5,长椭圆形渐尖,长 1.1~1.6 cm;花冠漏斗状,紫色、淡红色或白色,长 4~5 cm;雄蕊 5。蒴果近球状,3 瓣裂。花果期 7—9 月。

产于南京及周边各地,偶见,生于荒地、路旁。栽培并偶逸为野生。

种子入药。可栽培供观赏。

5. 鱼黄草属（*Merremia*）

1. 北鱼黄草

Merremia sibirica (L.) Hallier f.

一年生草本。全株无毛。茎缠绕,圆柱形,具细棱。叶卵状心形,先端尾状渐尖,基部心形,边缘微波状弯曲;叶柄基部常具小耳状物。花腋生;单花或数花组列成聚伞花序;花序梗具狭翅;花冠淡红色;花丝基部具细小鳞片;柱头 2 裂,裂片头状。蒴果近球形,4 瓣裂。花期 7—8 月,果期 9—10 月。

产于句容,稀见,生于山坡灌丛或路旁草丛中。

茄科
SOLANACEAE

一年生至多年生草本、半灌木或灌木。直立、匍匐、攀缘；有时具皮刺。单叶全缘、不分裂或分裂，有时为羽状复叶，多互生。花单生、簇生或为蝎尾式、伞房式、总状式、圆锥式聚伞花序，顶生、枝腋生、叶腋生或腋外生；两性或稀杂性；辐射对称或稍微两侧对称，通常5基数、稀4基数；花萼5，花后几乎不增大或极度增大，果时宿存；花冠具短筒或长筒，辐状、漏斗状、高脚碟状、钟状或坛状；雄蕊与花冠裂片同数而互生；花柱细瘦，具头状或2浅裂的柱头；中轴胎座；胚珠多数，稀少数至1枚。果实为浆果或蒴果。种子圆盘形或肾脏形。

共103属2 300~2 460种，广布于全球各地。我国产25属约123种。南京及周边分布有6属10种。

茄科分种检索表

1. 木本，直立或披散 ·· **1. 枸杞** *Lycium chinense*
1. 灌木状草本或草本，直立或攀爬。
  2. 果实为浆果。
    3. 花萼在结果时不膨大，不包围浆果。
      4. 一年生草本；花序为近伞形或短蝎尾状 ·················· **2. 龙葵** *Solanum nigrum*
      4. 多年生草本或灌木。
        5. 直立小灌木 ·································· **3. 珊瑚樱** *Solanum pseudocapsicum*
        5. 草质藤本。
          6. 全株被白色柔毛；叶戟形或琴形，稀全缘 ·············· **4. 白英** *Solanum lyratum*
          6. 全株近无毛；叶卵状披针形，全缘，少数基部3~5浅裂 ·········· **5. 野海茄** *Solanum japonense*
    3. 花萼在结果时膨大，不同程度包围浆果。
      7. 花萼5浅裂或中裂；宿萼不具明显凸起的棱。
        8. 花白色；成熟果萼火红色或橙色，直径2.5~3.5 cm ·········· **6. 酸浆** *Alkekengi officinarum*
        8. 花淡黄色，基部有紫斑；成熟果萼黄绿色，直径1.5~2.5 cm ·········· **7. 苦蘵** *Physalis angulata*
      7. 花萼5深裂至基部；宿萼具明显凸起的5粗棱 ·········· **8. 假酸浆** *Nicandra physalodes*
  2. 果实为蒴果。
    9. 果实直立；花萼筒具5棱角 ·························· **9. 曼陀罗** *Datura stramonium*
    9. 果实下垂或横向；花萼筒圆筒状 ·················· **10. 毛曼陀罗** *Datura innoxia*

枸杞属（*Lycium*）

1. 枸杞

Lycium chinense Mill.

落叶小灌木。高 0.5~1.0（2.0）m。枝细长，常弓曲下垂，有纵条纹和棘刺，刺长可达 2 cm。叶互生，或 2~4 枝簇生于短枝上；叶片纸质，卵形或卵状披针形，全缘。花单生或 2~4 朵簇生叶腋；花冠紫红或淡紫色，漏斗状。浆果卵形或长椭圆状，成熟时红色。花期 8—10 月，果熟期 10—11 月。

产于南京及周边各地，常见，生于山坡、荒地、路旁及村边。

著名的药用和食用植物，果、叶、根皮均可入药。嫩茎叶做蔬菜食用。

茄属（*Solanum*）

2. 龙葵

Solanum nigrum L.

一年生直立草本。高 40~120 cm。叶卵形，顶端短尖，基部楔形，全缘或每边具不规则的波状粗齿。伞形或短蝎尾状花序腋外生，由 3~10 朵花组成；萼小、浅杯状；花冠白色，筒部隐于萼内，长不及 1 mm，冠檐长约 2.5 mm，5 深裂，裂片卵圆形。浆果球形，直径约 8 mm，熟时暗黑色，果萼贴合果实。花果期 6—11 月。

产于南京及周边各地，极常见，生于荒地、田边及村庄周边。果实有小毒。

据报道，南京及周边尚分布有少花龙葵 *S. americanum* Mill.，但可靠的观察与标本尚不充分，暂记于此。二者较相似，后者花序近伞形，花较少，果实成熟时亮黑色，果萼明显反折。

3. 珊瑚樱

Solanum pseudocapsicum L.

　　多年生直立小灌木。高 30~60 cm。多分枝。全株无毛。叶片卵形、长圆形至披针形，全缘或波状。花小，常单生于枝侧；花萼绿色，5 裂；花冠白色，冠檐长约 5 mm，裂片 5，卵形，长约 3.5 mm。浆果近球状，直径 1.2~2.5 cm，橙红色或红色，萼宿存。花果期秋季。

　　产于溧水、句容等地，偶见，生于疏林下。栽培或逸生。

　　根可入药。可栽培供观赏。

4. 白英

Solanum lyratum Thunb.

　　多年生草质藤本。长 0.5~2.5 m。茎、叶密生有节的长柔毛。叶片多为琴形，顶端渐尖，基部常全缘或有时 3~5 深裂。聚伞花序顶生或腋外生；花疏生；花萼杯状；花冠蓝色或白色，直径约 1 cm。浆果球状，直径约 8 mm，成熟后红色。花期 7—8 月，果熟期 9—11 月。

　　产于南京周边各地，常见，生于山坡或路旁。

　　全草入药。

5. 野海茄

Solanum japonense Nakai

多年生草质藤本。长 0.5~1.2 m。全株近无毛或小枝疏生柔毛。叶片卵状披针形或宽三角状披针形,长 3~7 cm,基部圆形或楔形,边缘波状,有时 3~5 浅裂。聚伞花序顶生或腋外生;花萼浅杯状,5 裂;花冠淡紫色或白色,直径约 5 mm。浆果球状,直径约 1 cm,熟时红色。花果期 7—11 月。

产于南京、浦口、江宁、句容等地,偶见,生于水边、山坡、疏林中。

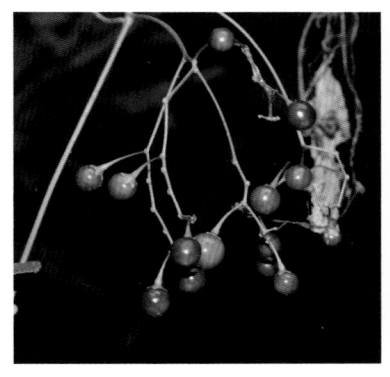  

酸浆属(*Alkekengi*)

6. 酸浆 挂金灯

Alkekengi officinarum Moench

多年生或一年生草本。高 30~80 cm。茎直立,较粗壮,节常膨大。茎下部叶互生,上部叶假对生;叶片长卵形、宽卵形或菱状卵形。花单生叶腋;花萼钟状;花冠辐状,白色,直径约 2 cm。浆果球状,直径 2.5~3.5 cm,熟时橙红色;外有膨大宿存的灯笼状果萼包围。花果期 5—11 月。

产于南京及周边各地,常见,生于村边、路旁及荒地。

本种在国内大部分省(区)定为其变种挂金灯 *A. officinarum* var. *franchetii*(Mast.)R. J. Wang;本志认为挂金灯为酸浆的地理型,与 *A. officinarum* 除被毛多少不一致外,没有明显的界限。

洋酸浆属（*Physalis*）

7. 苦蘵

Physalis angulata L.

一年生草本。高 30~50 cm。叶片卵形至卵状椭圆形，基部阔楔形或楔形，全缘或有不等大的牙齿。花萼长 4~5 mm；花冠淡黄色，喉部常有紫色斑纹，长 5~7 mm，直径 6~8 mm。果萼成熟时黄绿色，卵球状，直径 1.5~2.5 cm；浆果直径约 1.2 cm。花期 5—6 月，果期 7—12 月。

产于南京及周边各地，极常见，生于山坡林下或田边、路旁。归化种。

全草入药。

假酸浆属（*Nicandra*）

8. 假酸浆

Nicandra physalodes (L.) Gaertn.

一年生直立草本。高 50~150 cm。茎粗壮，有棱。叶片椭圆形或卵形，长 5~17 cm，边缘有不规则的波状锯齿或浅裂。花单生枝腋而与叶对生，俯垂；花冠钟状，紫蓝色，直径达 4 cm，檐部有折襞。浆果球状，黄色，直径 1.5~2.0 cm，由膨大宿存的花萼包围；宿萼具 5 粗棱。花果期 7—8 月。

产于南京及周边各地，偶见，生于荒地、屋旁。栽培或逸生。

全草入药。种子可用于制作冰粉。

曼陀罗属（*Datura*）

9. 曼陀罗　无刺曼陀罗　紫花曼陀罗

Datura stramonium L.

一年生草本或半灌木状。高 1~2 m。全体近无毛。叶片宽卵形,基部楔形,不对称。花常单生叶腋或枝叉间;花萼筒状,基部稍膨大;花冠漏斗状,长 6~10 cm,下半部带绿色,上部白色或淡紫色。蒴果直立,卵球状,表面有坚硬不等长的针刺或有时无刺而近平滑。花果期 6—11 月。

产于南京及周边各地,常见,生于屋旁、路边或草地上。栽培或逸生。

全草有毒。花、叶和种子入药。

10. 毛曼陀罗　毛叶曼陀罗

Datura innoxia Mill.

一年生直立草本。高 1~2 m。全体密生白色细腺毛和短柔毛。茎粗壮,圆柱形。叶宽卵形,长 9~20 cm,基部圆形或钝形,不对称。花单生;花萼圆筒状;花冠下部绿色,上部白色,漏斗状,花开放后呈喇叭状。蒴果斜下,近圆形或卵形,直径约 4 cm,表面密生等长针刺。花果期 9—11 月。

产于南京及周边各地,偶见,生于路边、宅院旁。栽培或逸生。

叶和花有毒。

木樨科
OLEACEAE

乔木，直立或藤状灌木。叶对生，稀互生或轮生，单叶、三出复叶或羽状复叶，稀羽裂，全缘或具齿。花辐射对称，两性，稀单性或杂性；雌雄同株、异株或杂性异株；通常聚伞花序排列成圆锥花序，或为总状、伞状、头状花序，顶生或腋生，或聚伞花序簇生叶腋，稀花单生；花萼4裂；花冠4裂，有时多达12裂，浅裂、深裂至近离生；雄蕊2，稀4；子房上位。果为翅果、蒴果、核果、浆果或浆果状核果。

共 29 属约 700 种，广布于全球热带和温带地区，主产东亚。我国产 12 属约 173 种。南京及周边分布有 4 属 8 种。

木樨科分种检索表

1. 果实为核果。
  2. 花冠裂片线状倒披针形，长 1.5~2.5 cm ┈┈┈┈┈┈┈┈┈┈┈ **1. 流苏树** *Chionanthus retusus*
  2. 花冠裂片短，长 10 mm 以下。
    3. 常绿乔木；叶片革质 ┈┈┈┈┈┈┈┈┈┈┈┈┈┈┈┈┈┈ **2. 女贞** *Ligustrum lucidum*
    3. 落叶灌木。
      4. 花柄细而明显；花冠筒短于花冠裂片 ┈┈┈┈┈┈┈┈┈ **3. 小蜡** *Ligustrum sinense*
      4. 花无柄；花冠筒长于花冠裂片。
        5. 叶薄革质，两面无毛，顶端圆钝 ┈┈┈┈┈┈┈┈┈ **4. 小叶女贞** *Ligustrum quihoui*
        5. 叶片纸质，脉上具毛，顶端渐尖 ┈┈┈┈┈┈┈┈┈ **5. 蜡子树** *Ligustrum leucanthum*
1. 果实为翅果。
  6. 叶片为单叶 ┈┈┈┈┈┈┈┈┈┈┈┈┈┈┈┈┈┈┈┈┈┈ **6. 雪柳** *Fontanesia fortunei*
  6. 叶片为复叶。
    7. 花无花冠，花与叶同时开放 ┈┈┈┈┈┈┈┈┈┈┈┈┈ **7. 白蜡树** *Fraxinus chinensis*
    7. 花具花冠，花于叶后开放 ┈┈┈┈┈┈┈┈┈┈┈┈┈ **8. 庐山梣** *Fraxinus sieboldiana*

流苏树属（*Chionanthus*）

1. 流苏树

Chionanthus retusus Lindl. & Paxton

落叶灌木或乔木。高可达 20 m。叶片革质或薄革质，长圆形、椭圆形或圆形，顶端圆钝，叶缘稍反卷。聚伞状圆锥花序，顶生于枝端；花单性，雌雄异株或为两性花；花冠白色，4 深裂，花冠筒短。果椭圆球状，被白粉，直径 6~10 mm，蓝黑色或黑色。花期 3—6 月，果期 6—11 月。

产于南京，偶见，生于阳坡或山顶阳光充足处。

叶入药，花可做茶。可做园林观赏树种栽培。

女贞属（*Ligustrum*）

2. 女贞

Ligustrum lucidum W. T. Aiton

常绿灌木或乔木。高可达 25 m。树皮灰褐色。叶片常绿，革质，卵形、长卵形或椭圆形，叶缘平坦，叶面光亮。圆锥花序顶生，长 8~20 cm，宽 8~25 cm；花萼无毛；花冠长 4~5 mm。果肾形或近肾形，深蓝黑色，成熟时红黑色，被白粉。花期 5—7 月，果期翌年 5 月。

产于南京及周边各地，常见，生于林下或路边。栽培或野生。

种子入药。可做行道树应用。

3. 小蜡

Ligustrum sinense Lour.

落叶灌木或小乔木。高 2~7 m。叶片纸质或薄革质，近卵形，叶面深绿色，叶背淡绿色，常沿中脉被短柔毛。圆锥花序顶生或腋生，塔形，长 4~11 cm；花冠长 3.5~5.5 mm，裂片长圆状椭圆形或卵状椭圆形。果近球形，径 5~8 mm。花期 3—6 月，果期 9—12 月。

产于南京及周边各地，常见，生于疏林下。栽培或野生。

4. 小叶女贞

Ligustrum quihoui Carrière

　　落叶灌木。高 1~3 m。叶片薄革质,披针形、长圆状椭圆形或椭圆形等,顶端锐尖、钝或微凹,基部狭楔形至楔形,叶缘反卷。圆锥花序顶生,长 4~22 cm;花萼无毛;花冠长 4~5 mm。果倒卵形、宽椭圆形或近球形,长 5~9 mm,径 4~7 mm,紫黑色。花期 5—7 月,果期 8—11 月。

　　产于南京及周边各地,常见,生于疏林下。野生或栽培。

5. 蜡子树

Ligustrum leucanthum (S. Moore) P. S. Green

　　落叶灌木或小乔木。高可达 3 m。叶片纸质或厚纸质,椭圆形、椭圆状长圆形至狭披针形,顶端锐尖、短渐尖而具微凸头,或钝,基部楔形至近圆形。圆锥花序着生于小枝顶端;花萼被微柔毛或无毛;花冠筒长 4~7 mm,裂片卵形,长 2~4 mm。果近球形至宽长圆形,蓝黑色。花期 6—7 月,果期 8—11 月。

　　产于南京,偶见,生于山坡林下。南京中山植物园栽培。紫金山周边有较多逸生。

雪柳属（*Fontanesia*）

6. 雪柳

Fontanesia fortunei Carrière

落叶灌木或小乔木。高可达 8 m。小枝四棱状。叶片纸质，披针形或卵状，全缘。圆锥花序顶生或腋生；花冠深裂至近基部，裂片卵状披针形，长 2~3 mm，宽 0.5~1.0 mm。果棕黄色，扁平，倒卵形至倒卵状椭圆形，长 7~9 mm，顶端微凹，边缘具窄翅。花期 4—6 月，果期 6—10 月。

产于南京及周边各地，偶见，生于溪边、水沟或林中。

根入药。枝条可编筐。可栽培供观赏。

据 *Flora of China* 以及《中国植物物种名录 2022 版》，本种处理为欧雪柳 *F. philliraeoides* Labill. 的变种或亚种，本志仍保持新版《江苏植物志》的处理。

梣属（*Fraxinus*）

7. 白蜡树

Fraxinus chinensis Roxb.

　　落叶乔木。高 10~12 m。羽状复叶长 15~25 cm；叶柄长 4~6 cm；小叶 5~7 枚，硬纸质，卵形、倒卵状长圆形至披针形，长 3~10 cm，宽 2~4 cm。圆锥花序顶生或腋生枝梢；花叶同放；花雌雄异株；雄花密集，花萼小，钟状，无花冠；雌花疏离，花萼大，桶状。翅果匙形。花期 4—5 月，果期 7—9 月。

　　产于南京及周边各地，偶见，生于杂木林中。

8. 庐山梣

Fraxinus sieboldiana Blume

　　落叶小乔木或灌木。高 2~7 m。羽状复叶长 10~15 cm；小叶片 3~5（7）枚，卵形至披针形，近全缘或中部以上有锯齿，常两面无毛。圆锥花序顶生或腋生于枝端，密被黄褐色短柔毛；杂性花，于叶后开放；雄花花萼甚小；花冠白色或淡黄色；两性花的花冠裂片较短。翅果紫色，线形。花期 4~5 月，果期 9 月。

　　产于江宁等地，偶见，生于山坡林中及沟谷、溪边。

　　可栽培供观赏。

车前科
PLANTAGINACEAE

【APG Ⅳ 系统的车前科，并入传统划入广义玄参科的腹水草属、水马齿属、石龙尾属、茶菱属、婆婆纳属、兔尾苗属等数个属】

一年生或多年生草本、亚灌木或灌木。茎匍匐、外倾、上升或直立，有时拱起、蔓生、平展、下垂、攀缘等。落叶或常绿，叶基生或茎生，对生、近对生、互生、螺旋状或轮生，有时下部对生，上部互生；叶片肉质或革质，边缘全缘到近全缘。花序腋生或顶生；穗状花序、总状花序、聚伞花序、伞房花序、聚伞圆锥花序、轮生圆锥花序；花两性，很少单性；花瓣 0 或（3）4 或 5，合生，花冠放射状或双侧对称；雌蕊心皮 1~2。蒴果。种子 1~300 枚，卵球形到椭圆形、圆筒状、球状等。

共 102 属约 1 760 种，广布于全球各地。我国产 25 属约 176 种。南京及周边分布有 9 属 19 种 1 亚种。

车前科分属检索表

1. 叶互生或基生。
　2. 茎弓曲生长；雄蕊 2 ·· **1. 腹水草属** *Veronicastrum*
　2. 叶常为基生莲座状；雄蕊 4 ·· **2. 车前属** *Plantago*
1. 叶对生或轮生，少数同株上兼有互生叶。
　3. 水生或湿生草本。
　　4. 花细小，无花被 ·· **3. 水马齿属** *Callitriche*
　　4. 花具花被，花冠二唇形。
　　　5. 花具能育雄蕊 4 ·· **4. 石龙尾属** *Limnophila*
　　　5. 花具能育雄蕊 2 ·· **5. 茶菱属** *Trapella*
　3. 陆生草本（婆婆纳属部分种湿生）。
　　6. 花组成总状或穗状花序。
　　　7. 花密集成长穗状总状花序 ··································· **6. 兔尾苗属** *Pseudolysimachion*
　　　7. 总状花序常较短而疏松，腋生或顶生 ·················· **7. 婆婆纳属** *Veronica*
　　6. 花单生叶腋。
　　　8. 花萼下方无小苞片 ·· **8. 泽番椒属** *Deinostema*
　　　8. 花萼下方具 1 对小苞片 ···································· **9. 水八角属** *Gratiola*

1. 腹水草属（*Veronicastrum*）分种检索表

1. 茎及叶片无毛，或仅棱上偶有疏毛 ································· **1. 爬岩红** *V. axillare*
1. 茎及叶片密被棕色多细胞长腺毛，毛伸直 ······················ **2. 毛叶腹水草** *V. villosulum*

1. 爬岩红

Veronicastrum axillare (Siebold & Zucc.) T. Yamaz.

多年生草本。根状茎短而横走。茎弓曲,顶端着地生根,圆柱形。叶互生;叶片纸质,无毛,卵形至卵状披针形。花序腋生,极少顶生于侧枝上,长 1~3 cm;花冠紫色或紫红色,长 4~5 mm,裂片长近 2 mm,狭三角形;雄蕊略伸出至伸出达 2 mm。蒴果卵球状,长约 3 mm。花期 7—9 月。

产于句容、溧水等地,偶见,生于阴湿林下。

可做林下观赏地被。

2. 毛叶腹水草

Veronicastrum villosulum (Miq.) T. Yamaz.

多年生草本。茎圆柱形,弓状弯曲,顶端着地生根,密被棕色多细胞长腺毛,毛伸直。叶互生;叶片常卵状菱形。花序头状,腋生;苞片披针形,密生棕色多细胞长腺毛,密生睫毛;花冠紫色或紫蓝色,长 6~7 mm;雄蕊强烈伸出。蒴果卵形,长 2.5 mm。种子黑色,球状。花期 6—8 月。

产于句容、丹徒等地,偶见,生于阴坡落叶林下。江苏省分布新记录种。

2. 车前属（*Plantago*）分种检索表

1. 叶片阔椭圆形或阔卵形，长不及宽的 2 倍；根为须根系。
　　2. 花具短梗；花药鲜时为白色 ··· **1. 车前** *P. asiatica*
　　2. 花无梗；花药鲜时为淡紫色，极少白色 ·································· **2. 大车前** *P. major*
1. 叶片长椭圆形、倒披针形或椭圆状披针形；根为直根系。
　　3. 叶片披针形、椭圆状披针形或卵状披针形。
　　　4. 叶片全缘或有极疏小齿；花序圆柱形或头状，短于 5 cm ·········· **3. 长叶车前** *P. lanceolata*
　　　4. 叶片具波状钝齿、不规则锯齿或牙齿；花序长 6 cm 以上 ·········· **4. 平车前** *P. depressa*
　　3. 叶片倒卵状披针形或倒披针形；全株被白色长柔毛 ················· **5. 北美车前** *P. virginica*

1. 车前

Plantago asiatica L.

　　多年生草本。高 20~60 cm。全体光滑或稍有短毛。根状茎短而肥厚，具多数须根。叶基生；叶片全缘或有波状浅齿，基部狭窄至叶柄。穗状花序，长 20~30 cm；花排列不紧密；花冠绿白色，冠筒与萼片约等长，裂片狭三角形。蒴果椭圆球状。花果期 4—8 月。

　　产于南京及周边各地，极常见，生于荒地、圃地或路旁。

　　全草与种子均可入药。

2. 大车前

Plantago major L.

多年生草本。高 30~70 cm。叶基生呈莲座状,平卧、斜展或直立;叶片草质或纸质,宽卵形至宽椭圆形,顶端钝尖或急尖,边缘波状或有不整齐锯齿。花序 1 至数个;穗状花序细圆柱状,长 3~30 cm;花冠白色,无毛;花药鲜时淡紫色。蒴果近球状、卵球状或宽椭圆球状,长 2~3 mm。花期 6—8 月,果期 7—9 月。

产于南京、句容、盱眙等地,常见,生于沼泽地、草甸、草地、山坡路旁、田边或荒地。

全草入药。可做花镜材料。

3. 长叶车前

Plantago lanceolata L.

多年生草本。高 30~50 cm。根出叶直立或外展,披针形或椭圆状披针形,长 5~20 cm,宽 0.5~3.5 cm,顶端尖;有明显的纵脉 3 或 5 条。全缘或具细锯齿。花序数个;穗状花序圆柱状或近头状,长 2.0~3.5(5.0)cm;花冠裂片三角状卵形。蒴果椭圆形。花果期 4—8 月。

产于南京城区、江宁,偶见,生于河边或山坡草地。

种子入药。

4. 平车前

Plantago depressa Willd.

一年生或二年生草本。高 20~50 cm。叶片椭圆状披针形或卵状披针形，顶端急尖或微钝，边缘具浅波状钝齿，纵脉 3~7 条。花序 3 至 10 余个；穗状花序细圆柱状，上部密集，基部常间断，长 6~12 cm；花冠白色，裂片极小，椭圆形，顶端有浅齿。蒴果圆锥状。花果期 4—8 月。

产于南京及周边各地，常见，生于草地、河滩、沟边、路旁。

全草入药。幼株可食用。

5. 北美车前　毛车前

Plantago virginica L.

一年生或二年生草本。高 10~30 cm。全株被白色长柔毛。叶基生呈莲座状，平卧至直立；叶片倒披针形至倒卵状披针形，边缘波状、疏生牙齿或近全缘，基部狭楔形。花序 1 至多数；穗状花序细圆柱状，长（1）3~18 cm；花冠淡黄色，冠筒等长或略长于萼片。蒴果卵球状。花期 4—5 月，果期 5—6 月。

产于南京及周边各地，极常见，生于低海拔路边、草地、湖畔。入侵种。

3. 水马齿属(*Callitriche*)

1. 水马齿　沼生水马齿

Callitriche palustris L.

一年生水生草本。长可达 40 cm。茎纤细,常多分枝。叶对生,在茎顶常密集呈莲座状,浮于水面;叶片倒卵形或倒卵状匙形,顶端圆形或微钝,基部渐狭;沉于水中的茎生叶匙形或线形,无柄。花单生叶腋。果倒卵状椭圆形,顶端圆或微凹,上部边缘具狭翅,果柄短或近无柄。花果期 7—9 月。

产于南京城区、江宁、高淳、盱眙等地,常见,生于湖泊、沼泽、水沟或水田中。

全草入药。

4. 石龙尾属(*Limnophila*)

1. 石龙尾

Limnophila sessiliflora (Vahl) Blume

多年生草本。长 10~20 cm。茎细。叶 3~8 枚,轮生,露出水面的叶常分裂或羽状全裂,长 6~15 mm,下部或沉没水中的叶分裂较多,裂片细线状。花单生叶腋;花萼狭钟状,裂片披针形;花冠紫红色或红色,长约 12 mm。蒴果圆状,花萼宿存。花期 8—10 月。

产于南京及周边各地,常见,生于浅水中、水田或潮湿处。

全草入药。

5. 茶菱属（*Trapella*）

1. 茶菱

Trapella sinensis Oliv.

多年生水生草本。根状茎横走。叶对生；叶面无毛，叶背淡紫红色；沉水叶片三角状圆形至心形。花单生叶腋内，在茎上部多为闭锁花；花冠漏斗状，白色或淡红色，花冠筒黄色，裂片 5，具细脉纹；雄蕊 2，内藏。蒴果狭长，不开裂，有 1 枚种子，顶端有锐尖、3 长 2 短的钩状附属物。花期 8—9 月，果期 10—11 月。

产于南京、句容、高邮、宝应等地，偶见，生于池塘、湖泊或浅水沟中。

6. 兔尾苗属（*Pseudolysimachion*）

1. 水蔓菁

Pseudolysimachion linariifolium subsp. ***dilatatum*** (Nakai & Kitag.) D. Y. Hong

多年生草本。高 30~90 cm。植株被细短柔毛。茎直立。叶对生，稀上部互生；叶片宽线形至卵圆形，边缘有锯齿。花密集于枝端，组成穗形总状花序；花萼 4 裂；花冠蓝紫色，少白色，4 裂。蒴果扁圆，长和宽均为 2.0~3.5 mm，顶端微凹。花果期 6—10 月。

产于南京及周边各地，偶见，生于灌丛、草地。

全草入药。叶可食。可做花境材料。

当前亦有多数观点将本属并入婆婆纳属 *Veronica* 处理。本志仍按照《中国植物物种名录 2022 版》暂时不做变动。

7. 婆婆纳属(*Veronica*)分种检索表

1. 水生或者沼生草本。
  2. 花柄与花序轴几成直角；花萼和蒴果被腺毛 ·· **1. 水苦荬** *V. undulata*
  2. 花柄与花序轴成锐角；花萼和蒴果几无毛 ······················· **2. 北水苦荬** *V. anagallis-aquatica*
1. 陆生草本。
  3. 果实不下垂；花柄极短，远短于苞片。
    4. 茎直立；叶片边缘有锯齿；花蓝紫色 ···································· **3. 直立婆婆纳** *V. arvensis*
    4. 茎披散且多分枝；叶片常全缘；花白色带淡红色 ······················ **4. 蚊母草** *V. peregrina*
  3. 果实常下垂；花柄长度长于苞片或几相等。
    5. 叶边缘及花萼裂片具长睫毛 ···························· **5. 常春藤婆婆纳** *V. hederifolia*
    5. 叶边缘及花萼裂片无长睫毛。
      6. 花柄远长于苞片 ···································· **6. 阿拉伯婆婆纳** *V. persica*
      6. 花柄与苞片近等长或稍短 ································ **7. 婆婆纳** *V. polita*

1. 水苦荬

Veronica undulata Wall.

　　一年生或两年生草本。高 15~40 cm。全体稍肉质，无毛。茎直立，圆柱状，中空。叶对生；叶片长圆状披针形或披针形。花多朵组列成疏散的总状花序；花萼深 4 裂，顶端钝，被腺毛；花冠白色、淡红色或淡蓝紫色，直径 5 mm。蒴果圆球状，被腺毛，直径约 3 mm。花果期 4—6 月。

　　产于南京及周边各地，常见，生于水边及沼泽地。

　　果实或带虫瘿的全草入药。

2. 北水苦荬

Veronica anagallis-aquatica L.

多年生草本。高 25~90 cm。全体常无毛。茎圆形,直立或基部倾卧。叶对生,半抱茎;叶片披针形或长椭圆状披针形。总状花序腋生,长 5~15 cm。花柄上升,与花序轴成锐角;花萼深 4 裂,无毛;花冠浅蓝色、淡紫色或白色。蒴果近球状,长约 3 mm,无毛,顶端微凹。花期 4—6 月。

产于南京及周边各地,常见,生于水边或湿地。

果实或带虫瘿的全草入药。

3. 直立婆婆纳

Veronica arvensis L.

一年生或二年生草本。高 10~30 cm。全体有细软毛。茎直立或下部斜生,常具白色长柔毛。叶 3~5 对;叶片卵圆状或三角状卵形,边缘有钝齿,基部圆形,上部叶无柄。总状花序长而多花,长可达 15 cm;花冠蓝色而略带紫色。蒴果广倒扁心形,宽大于长。花期 4—5 月。

产于南京及周边各地,极常见,生于路边、荒地。

全草入药。

4. 蚊母草

Veronica peregrina L.

一年生或二年生草本。高5~25 cm。全体无毛，或有腺状短柔毛。茎披散。叶对生；叶片细条形或倒披针形。总状花序顶生和腋生，长而疏松；花萼4深裂；花冠白色，略带淡红色，长2 mm，裂片长圆形至卵形。蒴果扁圆形，无毛，顶端凹入，宽大于长。花期4—5月。

产于南京及周边各地，常见，生于河旁或湿地。

果实或带虫瘿的全草入药。

5. 常春藤婆婆纳　睫毛婆婆纳

Veronica hederifolia L.

一年生或二年生草本。高10~20 cm。全株被多节长柔毛。茎基部或下部叶对生，上部叶互生；叶片宽心形或扁卵形；叶缘具睫毛。花单生于苞叶腋间；花萼4深裂，长4~5 mm；花冠淡紫色，直径2~4 mm，4深裂，裂片比花冠筒短。蒴果扁球状，无毛。花果期2—5月。

产于南京，偶见，生于空地、林缘、疏林下、路边。植物引种时无意带入而逸生。

研究认为，本种是一个复合群，由三个不同染色体倍性的半隐性种组成。南京逸生的种类，花梗上除了一行较短的毛外，还散生多数较长的柔毛，且花瓣基部颜色较浅（不呈明显的白斑状），因此在性状上更接近其中的 *V. sublobata* M. A. Fisch.。

6. 阿拉伯婆婆纳　波斯婆婆纳

Veronica persica Poir.

一年生或二年生草本。高 10~30 cm。全体有柔毛。叶在茎基部对生，上部互生；叶片卵圆形或卵状长圆形。花单生于苞腋；花冠淡蓝色，有放射状深蓝色条纹，长 4~6 mm，裂片卵形至圆形，喉部疏被毛；雄蕊短于花冠。蒴果 2 深裂，倒扁心形，宽大于长。花期 2—5 月。

产于南京及周边各地，极常见，生于田间、路旁。

全草入药。

7. 婆婆纳

Veronica polita Fr.

一年生或二年生草本。高 5~15 cm。全体疏生短柔毛。叶在茎下部对生，1~3 对，上部互生；叶片卵圆形或近圆形，边缘有圆齿。总状花序很长，疏松，顶生；花冠淡红紫色、蓝色、粉红色或白色，直径 4~5 mm，裂片圆形至卵形。蒴果近肾形，稍扁，密被柔毛。花期 3—10 月。

产于南京及周边各地，常见，生于田间路边。

全草入药。茎叶可食用。

8. 泽番椒属 (*Deinostema*)

1. 泽番椒

Deinostema violacea (Maxim.) T. Yamaz.

　　沼生一年生草本。高可达 20 cm。植株纤细。叶对生,线状钻形。花单朵腋生;花冠二唇形,上唇 2 裂,下唇 3 裂;雄蕊 4,发育雄蕊位于后方,退化雄蕊位于前方。蒴果卵状椭圆形。花果期 9—11 月。

　　产于浦口、句容、江宁等地,偶见,生于田边或近水湿地。

9. 水八角属 (*Gratiola*)

1. 水八角　白花水八角

Gratiola japonica Miq.

　　一年生草本。高 8~25 cm。茎无毛,肉质。叶基部半抱茎,长椭圆形至披针形,全缘,具不明显基出脉 3 条。花单生叶腋,无柄或近于无柄;小苞片草质;花萼 5 深裂近达基部,具薄膜质的边缘;花冠稍二唇形,白色或带黄色;雄蕊 2,下唇基部有 2 枚短棒状退化雄蕊。蒴果球形,种子具网纹。花果期 5—7 月。

　　产于句容、扬州等地,偶见,生于低海拔稻田及水边带黏性的淤泥里。

朱鑫鑫　供图

玄参科
SCROPHULARIACEAE

【APG Ⅳ 系统的玄参科，并入传统划入马钱科的醉鱼草属；多数南京及周边分布的属均拆分合并至车前科、列当科等科】

一年生或多年生草本、灌木，稀为乔木。茎匍匐或直立。叶片全部基生或兼有茎生叶，对生或互生均有；叶片椭圆形、长倒卵形、线形等。花两性，两侧对称；花萼常宿存；单生或穗状、总状、圆锥花序；花4~5数，常二唇形；雄蕊4，二强；花色黄、紫、白等色；子房2室，稀4室；蒴果，室间或室背开裂，或室轴开裂，有时孔裂或不规则开裂，稀浆果。种子多数，细小。

共60属约1900种，广泛分布于全球各地。我国产7属约72种。南京及周边分布有2属2种。

玄参科分种检索表

1. 花萼5裂，花冠二唇形 ·······················	**1. 北玄参** *Scrophularia buergeriana*
1. 花萼4裂，花冠高脚碟状 ·····················	**2. 醉鱼草** *Buddleja lindleyana*

玄参属（*Scrophularia*）

1. 北玄参

Scrophularia buergeriana Miq.

高大草本。高可达1.5 m。茎4棱。叶片卵形至椭圆状卵形，长5~12 cm。花序穗状，长达50 cm，宽不超过2 cm，除顶生花序外，常由上部叶腋发出侧生花序，聚伞花序全部互生或下部的极接近而似对生；花冠黄绿色，长5~6 mm。蒴果卵圆形，长4~6 mm。花期7月，果期8—9月。

产于南京、盱眙等地，偶见，生于山坡林下。

根入药。

醉鱼草属（*Buddleja*）

2. 醉鱼草

Buddleja lindleyana Fortune

　　落叶灌木。高可达 2 m。多分枝,小枝 4 棱具窄翅。叶对生;叶片卵形至卵状披针形,全缘或疏生波状细齿。聚伞花序穗状,顶生,常偏向一侧,下垂;花萼 4 浅裂,与花冠筒均密被棕黄色细鳞片;花冠紫色,稀白色,花冠筒稍弯曲,内面具柔毛,檐部 4 裂。蒴果长圆形,外被鳞片。花期 6—8 月,果期 10 月。

　　产于南京、句容、丹徒等地,偶见,生于向阳山坡灌木丛中及溪沟、路旁的石缝间。野生或栽培。

　　根和全草入药。全株有小毒。可做园林观赏植物。

母草科
LINDERNIACEAE

【APG Ⅳ 系统的母草科，由传统划入广义玄参科的母草属等 22 个属组成】

草本。直立、倾卧或匍匐。叶片通常对生，或下部对生，上部互生。花对生，稀单生，或组成圆锥花序、伞形花序、总状花序，腋生或顶生；花冠二唇形，上唇 2 裂；下唇大，3 裂；雄蕊 4，二强；子房 2，胚珠多数。蒴果，种子小，数量较多。

共 22 属约 220 种，广泛分布于热带地区，在北美洲及亚洲东部延伸分布至温带地区。我国产 4 属约 43 种。南京及周边分布有 1 属 4 种。

母草属（*Lindernia*）分种检索表

1. 花萼大部合生，5 浅裂 ······················· **1. 母草** *L. crustacea*
1. 花萼深裂，仅基部连合。
  2. 植株常直立；叶具基出脉 3~5 条或具平行脉。
    3. 蒴果长度与宿存萼片近等长或稍长 ············· **2. 陌上菜** *L. procumbens*
    3. 蒴果长度为宿存萼片的 2~3 倍 ············· **3. 狭叶母草** *L. micrantha*
  2. 植株常为铺散或蔓生；叶具羽状脉 ············· **4. 泥花草** *L. antipoda*

1. 母草

Lindernia crustacea (L.) F. Muell.

一年生小草本。高 8~15 cm。茎常铺散成密丛。叶片卵形或三角状卵形，顶端钝或短尖，基部宽楔形或近圆形，边缘有钝齿。花单生叶腋或在茎枝顶端组成极短的总状花序；花萼坛状；花冠紫色，上唇直立，下唇 3 裂。蒴果长椭圆球状或卵球状。花果期 7—10 月。

产于南京及周边各地，常见，生于水田和湿地边缘。

全草入药。

最新研究认为，本种应置于蝴蝶草属中，学名为 *Torenia crustacea* (L.) Cham. & Schltdl.，因此部分文献与专著将本种所属中文名改为了陌上菜属。本志仍按照《中国植物物种名录 2022 版》使用广义的母草属。

2. 陌上菜

Lindernia procumbens (Krock.) Borbás

一年生小草本。高 5~15 cm。全株无毛。叶片长椭圆形或倒卵状长圆形,全缘,顶端钝;有 3~5 条掌状主脉。花单生叶腋;花萼 5 深裂,裂片线状披针形;花冠淡红紫色,二唇形,上唇 2 裂,下唇开展,3 裂,长约 6 mm。蒴果卵球状或椭圆球状。花果期 8—10 月。

产于南京及周边各地,常见,生于河岸湿地、水边或稻田田埂。

全草入药。

3. 狭叶母草   窄叶母草

Lindernia micrantha D. Don

一年生小草本。高 5~15 cm。全体无毛。茎下部弯曲上升。叶近无柄;叶片条状披针形,全缘或有少数细圆齿,基出脉 3~5 条。花单生叶腋,有长梗;萼齿 5,仅基部连合;花冠紫色、蓝紫色或白色;雄蕊 4,前面 2 枚花丝的附属物呈丝状。蒴果条形,长于宿存萼片 2~3 倍。花期 5—10 月,果期 7—11 月。

产于江宁,偶见,生于山脚、水田、河流旁等低湿处。

最新研究认为,本种应置于羽母草属中,学名为 *Vandellia micrantha*(D. Don)Eb. Fisch., Schäferh. & Kai Müll。本志仍按照《中国植物物种名录 2022 版》使用广义的母草属。

袁 颖 供图

4. 泥花草

Lindernia antipoda (L.) Alston

一年生小草本。高 8~20 cm。全株无毛。茎基部分枝。叶片长椭圆形、椭圆状披针形或倒卵形，顶端圆钝或短尖，边缘有稀疏钝齿。总状花序，花疏生；花对生，生于苞片状的叶腋内；花萼 5 深裂；花冠淡红色，二唇形，长约 1 cm。蒴果线形圆柱状，较萼长 2.0~2.5 倍。花果期 8—10 月。

产于南京城区、江宁、高淳、溧水等地，常见，生于湿地及稻田中。

全草入药。

最新研究认为，本种应置于泥花草属中，学名为 *Bonnaya antipoda* (L.) Druce。本志仍按照《中国植物物种名录 2022 版》使用广义的母草属。

草本、灌木或藤本,稀为小乔木。叶对生,稀互生。花两性,左右对称,通常组成总状花序、穗状花序、聚伞花序,伸长或头状;苞片通常大,有时有鲜艳色彩;花萼通常5裂;花冠合瓣,具长或短的冠筒,冠檐通常5裂,整齐或二唇形,下唇3裂;发育雄蕊4或2,通常为二强;子房上位,2室。蒴果室背开裂为2果爿,或中轴连同爿片基部一同弹起。种子扁或透镜形,光滑无毛或被毛。

共194属约4 000种,广泛分布于全球热带与亚热带地区。我国产38属约324种。南京及周边分布有3属3种。

爵床科
ACANTHACEAE

爵床科分种检索表

1. 雄蕊 4 ·· **1. 水蓑衣** *Hygrophila ringens*
1. 雄蕊 2。
  2. 穗状花序,苞片较小,披针形 ···································· **2. 爵床** *Justicia procumbens*
  2. 聚伞花序,总苞状苞片 2,卵形,不等大 ················ **3. 九头狮子草** *Peristrophe japonica*

水蓑衣属（*Hygrophila*）

1. 水蓑衣

Hygrophila ringens (L.) R. Br. ex Spreng.

一年生或二年生草本。高 30~80 cm。茎具 4 钝棱。叶片线形或线状披针形,长 3~12 cm,顶端钝,基部渐狭至急尖。花多朵簇生叶腋;花萼裂片稍不等大;花冠淡红紫色,被柔毛,上唇卵状三角形,下唇长圆形。蒴果线状或长圆球状,比宿萼长 1/4~1/3。花果期 9—10 月。

产于南京及周边各地,常见,生于阴坡或湿地。全草入药。

爵床属（*Justicia*）

2. 爵床

Justicia procumbens L.

一年生草本。高 20~50 cm。叶片椭圆形至椭圆状长圆形,顶端锐尖或钝,基部阔楔形或近圆形,全缘,两面常被硬毛。穗状花序顶生或生于上部叶腋;花萼 4 裂,裂片线形;花冠粉红色或白色,檐部二唇形,上唇微凹,下唇具红色斑点,3 浅裂。蒴果。花果期 8—11 月。

产于南京及周边各地,极常见,生于旷野草地或路旁较阴湿处。

全草入药。

国内相关著作以及诸多医药类文献中本种学名为 *Rostellularia procumbens* (L.) Nees。本志仍按照《中国植物物种名录 2022 版》不做变动。

观音草属（*Peristrophe*）

3. 九头狮子草

Peristrophe japonica (Thunb.) Bremek.

多年生草本。高 20~50 cm。茎直立。叶卵状长圆形，顶端渐尖或尾尖。花序顶生或腋生上部叶腋，由 2~10（14）聚伞花序组成；每个聚伞花序下托总苞状苞片 2，大小不等；花冠粉红色至微紫色，外疏生短柔毛，二唇形；雄蕊 2，花丝细长，伸出。蒴果开裂时胎座不弹起。花果期 8—9 月。

产于句容，偶见，生于树荫下、溪边、路旁及草丛中。

全草入药。

据最新研究认为，本属已被合并入狗肝菜属 *Dicliptera*。本志仍按照《中国植物物种名录 2022 版》暂时不做变动。

紫葳科
BIGNONIACEAE

乔木、灌木或木质藤本,稀为草本。常具有各式卷须及气生根。叶对生、互生或轮生,单叶或羽叶复叶,稀掌状复叶;顶生小叶或叶轴有时呈卷须状。花两性;左右对称;通常大而美丽,组成顶生、腋生的聚伞花序、圆锥花序、总状花序或总状式簇生,稀老茎生花;花萼钟状、筒状,平截,或具 2~5 齿;花冠合瓣,钟状或漏斗状,常二唇形,5裂;能育雄蕊通常 4;子房上位,2 室,稀 1 室。蒴果,形状各异,光滑或具刺,通常下垂。种子常具翅或两端有束毛,薄膜质,极多数。

共 97 属 800~860 种,广泛分布于全球热带、亚热带,在北美洲及东亚可延伸至温带地区。我国产 23 属约 54 种。南京及周边分布有 2 属 2 种,都为栽培历史悠久的乡土植物,野生者已不太可见。

紫葳科分种检索表	
1. 攀缘藤本;奇数羽状复叶 ·················	**1. 凌霄** *Campsis grandiflora*
1. 乔木;单叶对生或轮生 ·················	**2. 梓** *Catalpa ovata*

凌霄属（*Campsis*）

1. 凌霄

Campsis grandiflora (Thunb.) K. Schum.

落叶攀缘藤本。茎木质;具气生根,常攀附于其他物上。奇数羽状复叶,对生;小叶 7~9 枚,卵形至卵状披针形。由三出聚伞花序组成稀疏、顶生的圆锥花序;花萼钟状;花冠内面鲜红色,外面鲜橙黄色,直径约 7 cm,裂片半圆形。蒴果长如豆荚。花期 6—8 月,果熟期 11 月。

产于南京及周边各地,常见,生于旷野、庭园。栽培或野生。

常用于园林观赏。花阴干后入药。

南京及周边各地常见栽培或逸生的还有 *C. radicans* (L.) Bureau 厚萼凌霄（美国凌霄）和 *C. × tagliabuana* (Vis.) Rehder 红黄萼凌霄（杂种凌霄）。

梓属（*Catalpa*）

2. 梓

Catalpa ovata G. Don

　　落叶乔木。高可达 10 m，树冠开展。叶对生、近对生或有时轮生；叶片广卵形或近圆形，顶端渐尖，基部心形，全缘或 3~5 浅裂，基出掌状脉 5~7 条。圆锥花序顶生；花冠淡黄色，长约 2 cm，内面有 2 条黄色条纹及紫色斑纹。蒴果线状，下垂，长 20~30 cm。花期 5 月，果期 7—8 月。

　　产于南京及周边各地，常见，生于路边、屋旁。栽培或野生。

　　根皮或树皮的韧皮部入药。叶或树皮做农药。可做行道树栽培。

狸藻科 LENTIBULARIACEAE

一年生或多年生食虫草本。陆生、附生或水生。茎及分枝常变态成根状茎、匍匐枝、叶器和假根。极少数种类具叶，其余无真叶而具叶器；托叶不存在。除捕虫堇属外，均有捕虫囊。花单生或组成总状花序；花两性，虫媒或闭花受精；花萼 2、4 或 5 裂；花冠合生，左右对称，檐部二唇形，上唇全缘或 2（3）裂，下唇全缘或 2~3（6）裂；雄蕊 2；雌蕊 1，由 2 心皮构成；子房上位，1 室。蒴果球形、卵球形或椭圆球形。种子多数至少数，稀单生，细小。

共 3 属 290~320 种，广布于全球大部分地区。我国产 2 属约 31 种。南京及周边分布有 1 属 4 种。

狸藻属（*Utricularia*）分种检索表

1. 陆生或沼生草本；叶器全缘 ·················· **1. 挖耳草** *U. bifida*
1. 水生草本；叶器 1 至多回分裂。
  2. 花序梗有鳞片；蒴果长度是宿存花柱的 2 倍以上。
    3. 花冠外部有少量具柄腺体；蒴果 2 瓣裂 ·················· **2. 少花狸藻** *U. gibba*
    3. 花冠外部无具柄腺体；蒴果环裂 ·················· **3. 南方狸藻** *U. australis*
  2. 花序梗无鳞片；蒴果与宿存花柱等长或略短 ·················· **4. 黄花狸藻** *U. aurea*

1. 挖耳草 耳挖草

Utricularia bifida L.

一年生陆生小草本。叶器生于匍匐枝上，狭线形或线状倒披针形。捕虫囊球形，口开于基部。总状花序直立，具花 1~16 朵；萼片 2，卵形或倒卵形；花冠黄色，长 6~10 mm，上唇狭长圆形或长卵形，下唇近圆形，距钻形，与萼片近等长。蒴果卵球状。花期 6~12 月，果期 7 月至翌年 1 月。

产于江宁、句容，偶见，生于阴湿地。

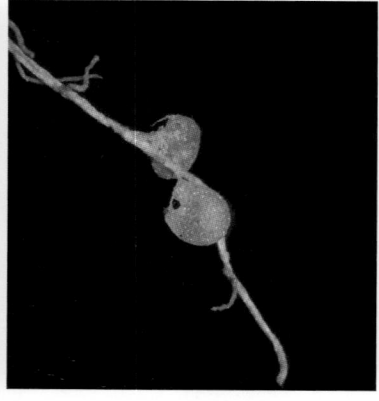

2. 少花狸藻

Utricularia gibba L.

　　一年生或多年生半固着水生草本。假根和匍匐枝丝状。叶器多数,1~2 回二歧状深裂。捕虫囊斜卵球形。花序伸出水面,长 2~12 cm,具花 1~3 朵;萼片 2,近圆形;花冠黄色,上唇圆形或宽卵形,下唇与上唇相似,距细筒状。蒴果球状,宿存花柱长度不及蒴果的 1/2。花期 6—11 月,果期 7—12 月。

　　产于南京周边,偶见,生于池塘中。

3. 南方狸藻

Utricularia australis R. Br.

水生草本。假根和匍匐枝均具分枝。叶器多数,2 深裂,裂片先深羽裂,再二歧深裂。捕虫囊斜卵球形。花序长 2~30 cm,具花 3~8 朵;花冠黄色,上唇卵形至圆形,下唇远较上唇大,距圆锥状,顶端钝,略弯。蒴果球状,宿存花柱长度不及蒴果的 1/2。花期 6—11 月,果期 7—12 月。

产于南京及周边各地,常见,生于池塘、湖泊及稻田中。

4. 黄花狸藻

Utricularia aurea Lour.

水生草本。匍匐枝,具分枝。捕虫囊斜卵球形,口开于侧面或基部。花序直立,长 5~25 cm,具花 3~8 朵;萼片 2;花冠黄色,上唇宽卵形或近圆形,下唇较大,横椭圆形,喉部有时具橙红色条纹,距近筒状,较下唇短。蒴果球状,宿存花柱与蒴果等长或更长。花期 6—11 月,果期 7—12 月。

产于溧水等地,偶见,生于池塘、湖泊和稻田中。

草本植物,灌木或小乔木,有时是藤本植物。茎近四棱形,具不同的被毛。叶交互对生、簇生或轮生;无柄或具叶柄;单叶或羽状叶,少数鳞片状或棘状,边缘全缘,或有锯齿。花序穗状、总状或紧缩成头状;雌雄同株,4~5数;雄蕊4(5);子房2心皮,2室。蒴果或为核果。

共36属约1 200种,广布于全球热带与温带地区。我国产7属约10种。南京及周边分布有1属1种。

马鞭草属(*Verbena*)

1. 马鞭草

Verbena officinalis L.

多年生草本。高30~80 cm。茎上部四方状。叶对生,卵圆形至长圆形。穗状花序顶生或生于上部叶腋,开花时通常似马鞭,长达20 cm,最初密集,结果时疏离;花萼长约2 mm;花冠淡紫色或蓝色,长4~5 mm。蒴果长圆形,长约2 mm。花果期5—10月。

产于南京及周边各地,常见,生于山脚路旁或村边荒地。

全草入药。也做植物性农药。

马鞭草科
VERBENACEAE

【APG Ⅳ系统的马鞭草科,仅包括传统马鞭草科内具有无限花序的属,其余绝大部分属并入唇形科】

唇形科
LAMIACEAE

【APG Ⅳ 系统的唇形科,包括了原唇形科所有属及传统划入马鞭草科的具有聚伞花序等有限花序的属】

乔木、灌木或一年生至多年生草本。常具4棱及沟槽的茎和对生或轮生的枝条。叶为单叶,少复叶,全缘至具有各种锯齿,浅裂至深裂;对生,稀3~8枚轮生,极稀部分互生。花很少单生;花序聚伞式、轮伞式、圆锥状和总状,或形成由数个至许多轮伞花序聚合成顶生或腋生的总状、穗状、圆锥状、稀头状的复合花序;花两侧对称,稀多少辐射对称;两性;花萼下位,宿存;花冠合瓣而成二唇形等;雄蕊4,二强;雌蕊由2中向心皮形成。果通常裂成4枚果皮干燥的小坚果,稀核果状。

本科为世界性分布的大科,为被子植物第六大科,共239属7 173~7 200种。我国产106属1 039种。南京及周边分布有28属59种6变种。

唇形科分属检索表

1. 木本植物。
 2. 掌状复叶 ·· **1. 牡荆属** *Vitex*
 2. 单叶。
  3. 花冠筒长圆状,花冠顶端5裂略偏斜;花略大 ····················· **2. 大青属** *Clerodendrum*
  3. 花冠筒短;花冠近二唇形或近辐射对称;花小。
   4. 花序生于小枝顶端;叶全缘或具不规则的锯齿;嫩枝具短柔毛 ··············· **3. 豆腐柴属** *Premna*
   4. 花序腋生;叶全缘,有细锯齿,少全缘;嫩枝具星状毛 ············· **4. 紫珠属** *Callicarpa*
1. 草本植物或亚灌木。
 5. 果为蒴果,分裂为4个果瓣,果瓣具翅或无翅。
  6. 花序具苞片和小苞片,茎4棱 ···································· **5. 四棱草属** *Schnabelia*
  6. 花序无苞片和小苞片,茎圆柱形 ·································· **6. 莸属** *Caryopteris*
 5. 果实一般为4枚小坚果,光滑、有皱纹或带瘤,无明显翅。
  7. 花冠无上唇或短于下唇;小坚果合生。
   8. 花冠下唇5裂,无上唇 ·· **7. 香科科属** *Teucrium*
   8. 花冠下唇平展3裂,上唇很短,直立,顶端微凹 ············· **8. 筋骨草属** *Ajuga*
  7. 花冠上下唇近等长;小坚果离生,仅基部一点着生于花托上。
   9. 萼筒背生1个囊状盾鳞;子房有柄 ························· **9. 黄芩属** *Scutellaria*
   9. 萼筒背无囊状盾鳞;子房无柄。
    10. 雄蕊上升或平展,向前直伸。
     11. 花药线状或卵状。
      12. 花冠明显二唇形,唇瓣明显不同,上唇外凸,盔状或弧状。
       13. 花冠上唇盔状,花药卵形,雄蕊4。
        14. 茎匍匐状;萼有13~15条脉 ············· **10. 活血丹属** *Glechoma*
        14. 茎直立,萼有5~10条脉。
         15. 花萼二唇形,熟时闭合;花丝顶端二歧状分枝 ············· **11. 夏枯草属** *Prunella*
         15. 花萼5齿相近,熟时张开;花丝不分叉。
          16. 花冠上唇边缘有毛或缺刻小齿;柱头顶端2裂,极不等长
          ·· **12. 糙苏属** *Phlomoides*

唇形科分属检索表

16. 花冠上唇无缺刻小齿；柱头顶端裂片近等长。
　17. 小坚果三棱形。
　　18. 叶片羽状、掌状深裂或浅裂························· **13. 益母草属** *Leonurus*
　　18. 叶片不分裂，有圆齿或锯齿·························· **14. 野芝麻属** *Lamium*
　17. 小坚果卵形，顶端钝圆 ································· **15. 水苏属** *Stachys*
13. 花冠上唇直伸、弧形或穹窿状。
　19. 花药线形，雄蕊 2；花冠上唇弧形或穹窿状 ·············· **16. 鼠尾草属** *Salvia*
　19. 花药卵圆形，花冠上唇直伸。
　　20. 花冠筒不伸出萼外，花柱和雄蕊在花冠口内 ········· **17. 夏至草属** *Lagopsis*
　　20. 花冠筒伸出萼外，花柱和雄蕊伸出花冠口 ········· **18. 藿香属** *Agastache*
12. 花冠略呈二唇形，或近整齐，或偶为 4，唇瓣相似。
　21. 可育雄蕊 2（风轮菜属偶为 2）。
　　22. 轮伞花序具花 2 朵；可育雄蕊生于花冠筒后边············· **19. 石荠苎属** *Mosla*
　　22. 轮伞花序具多朵花；可育雄蕊生于花冠筒前面。
　　　23. 植物体粗壮、直立；花萼钟状；果实顶端平截 ········· **20. 地笋属** *Lycopus*
　　　23. 植物体略细弱，直立或倾斜；花萼筒状；果实顶端钝圆··· **21. 风轮菜属** *Clinopodium*
　21. 可育雄蕊 4。
　　24. 叶片全缘；花萼喉部密生白色长毛············· **22. 牛至属** *Origanum*
　　24. 叶片有锯齿；花萼喉部无白色长毛。
　　　25. 轮伞花序每节多朵花，腋生或顶生 ············· **23. 薄荷属** *Mentha*
　　　25. 轮伞花序每节 2 朵花，组成偏向一侧的假总状花序 ········ **24. 紫苏属** *Perilla*
11. 花药圆球状。
　26. 花冠二唇形或钟形；花丝无毛。
　　27. 花萼 5 浅裂，轮伞花序具花多朵 ············· **25. 香薷属** *Elsholtzia*
　　27. 花萼 5 深裂，轮伞花序具花 2 朵 ············· **26. 香简草属** *Keiskea*
　26. 花冠 4 裂；花丝多有毛·································· **27. 刺蕊草属** *Pogostemon*
10. 雄蕊下倾，平卧于下唇或包在下唇里································**28. 香茶菜属** *Isodon*

1. 牡荆属（*Vitex*）

1. 牡荆

Vitex negundo var. *cannabifolia* (Siebold & Zucc.) Hand.-Mazz.

　　落叶灌木或小乔木。高 3~7 m。密生白色柔毛。叶对生，通常为掌状复叶；小叶 5 枚；小叶边缘有多数锯齿，叶面绿色，叶背淡绿色，无毛或稍有毛。圆锥聚伞花序顶生，长 10~27 cm；花萼钟状；花冠淡紫色，外面有柔毛。果实球状，黑色。花果期 7—11 月。

　　产于南京及周边各地，极常见，生于山坡路旁。

　　本种为黄荆 *V. negundo* L. 的变种，加之另一变种荆条 *V. negundo* var. *heterophylla* (Franch.) Rehder，这三种在南京都有分布。其区别主要是叶缘锯齿的多少以及深浅。根据实际野外工作中的观察，这种叶形的变异往往并不稳定。本志仍按照《中国植物物种名录 2022 版》暂时不做变动，保留此变种。

2. 大青属（*Clerodendrum*）分种检索表

1. 聚伞花序组成密集的伞房状或头状。
   2. 花萼裂片三角形,短于 3 mm;花柱不超出雄蕊 ·································· **1. 臭牡丹** *C. bungei*
   2. 花萼裂片线状披针形,长于 4 mm;花柱长于雄蕊 ······················· **2. 尖齿臭茉莉** *C. lindleyi*
1. 聚伞花序组成疏散的伞房状。
   3. 枝条内髓部充实,无薄片状横隔 ·································· **3. 大青** *C. cyrtophyllum*
   3. 枝条内髓部疏松,具薄片状横隔 ·································· **4. 海州常山** *C. trichotomum*

1. 臭牡丹

Clerodendrum bungei Steud.

小灌木。高 1~2 m。叶有强烈臭味,广卵形或卵形,基部心形或近截形,边缘有大或小的锯齿。聚伞花序紧密,顶生;苞片叶状,早落;花有臭味;花萼紫红色或部分绿色;花冠淡红色、红色或紫色;花柱不超出雄蕊。核果倒卵状或球状,成熟后蓝紫色或蓝黑色。花果期 5—11 月。

产于江宁、溧水、句容等地,常见,生于山坡、林缘或沟旁。

茎、叶入药。根有小毒。可栽培供观赏。

2. 尖齿臭茉莉　尖齿大青

Clerodendrum lindleyi Decne. ex Planch.

灌木。高 0.5~3.0 m。叶片纸质；宽卵形或心形，叶缘有不规则锯齿或波状齿。伞房状聚伞花序密集，顶生；花萼钟状；花冠紫红色或淡红色，花冠管长 2~3 cm；雄蕊与花柱伸出花冠外；花柱长于雄蕊。核果近球形，成熟时蓝黑色，大半被增大的紫红色宿萼所包。花果期 6—11 月。

产于南京城区、江宁、句容等地，常见，生于山坡、沟边、杂木林或路边。

可供观赏。

3. 大青

Clerodendrum cyrtophyllum Turcz.

灌木或小乔木。高 1~4 m。叶长椭圆形至卵状椭圆形，顶端尖或渐尖，基部圆形或阔楔形，全缘，无毛。伞房状聚伞花序顶生或腋生；花萼绿色或粉红色，长约 3 mm；花冠白色，花冠筒长约 1 cm；雄蕊 4，花丝与花柱均伸出花冠外。果实成熟时蓝紫色，直径 5~7 mm。花果期 6 月至翌年 2 月。

产于南京、江宁等地，偶见，生于丘陵、平原、村边或山坡路旁。

根、茎、叶入药。可供观赏。

4. 海州常山　臭梧桐

Clerodendrum trichotomum Thunb.

灌木或小乔木。高 1.5~4.0 m。叶片阔卵形或近卵形，长 5~16 cm，宽 3~13 cm，全缘或有波状齿。伞房状聚伞花序顶生或腋生；花萼紫红色，5 裂，几达基部；花冠白色或带粉红色，花冠筒长 2.0~2.2 cm；花柱不超出雄蕊。核果近球形，成熟时蓝紫色。花果期 6—11 月。

产于南京及周边各地，极常见，生于山坡路旁或村边。

根、叶、茎、花均可入药。果可提制黑色染料。可在园林中栽培供观赏。

3. 豆腐柴属（*Premna*）

1. 豆腐柴

Premna microphylla Turcz.

灌木。幼枝有柔毛，老枝无毛。叶有臭味；卵形、卵状披针形、倒卵形或椭圆形，长 3~13 cm，宽 1.5~6.0 cm，顶端急尖至长渐尖，基部渐狭，下延至叶柄两侧，全缘至不规则的粗齿。聚伞花序组成顶生的圆锥花序；花萼绿色；花冠淡黄色。果实紫色，球状至倒卵状。花果期 5—9 月。

产于南京周边各地，常见，生于山坡林下或林缘。

根、茎、叶入药。叶可制豆腐。

4. 紫珠属（*Callicarpa*）分种检索表

1. 花序梗长于叶柄2倍以上 ··················· **1.** 白棠子树 *C. dichotoma*
1. 花序梗与叶柄近等长，很少超过。
  2. 叶片两面近无毛或无毛 ··················· **2.** 日本紫珠 *C. japonica*
  2. 叶片两面通常有毛。
    3. 叶背具黄色腺点 ··················· **3.** 老鸦糊 *C. giraldii*
    3. 叶背具红色腺点。
      4. 叶背无毛或中脉有少许星状毛 ··················· **4.** 华紫珠 *C. cathayana*
      4. 叶背密生星状毛 ··················· **5.** 紫珠 *C. bodinieri*

1. 白棠子树

Callicarpa dichotoma (Lour.) K. Koch

落叶灌木。高1~3 m。叶片倒卵形或披针形，顶端急尖或尾状尖，基部楔形，边缘上半部疏生锯齿。聚伞花序纤弱，2~3次分枝，腋生，花序梗长为叶柄的2~4倍；苞片线形；花萼杯状；花冠紫红色或白色，无毛，花丝长约为花冠的2倍。果实球形，紫色或白色。花期5—6月，果期7—11月。

产于江宁、句容、丹徒等地，偶见，生于低山区的溪边或山坡灌木丛中。

全株入药。可栽培供观赏。

2. 日本紫珠

Callicarpa japonica Thunb.

　　落叶灌木。高可达 2 m。叶近卵形或卵状椭圆形,长 7~15 cm,宽 4~6 cm,顶端长尾尖或急尖,基部楔形,边缘上半部有锯齿;两面通常无毛。聚伞花序细弱而短小,腋生,宽约 2 cm; 2~3 次分枝;花序梗长 6~10 mm;总花梗与叶柄等长或短于叶柄; 花冠白色或淡紫色。果实球形,紫色。花果期 6—10 月。

　　产于句容、溧水等地,常见,生于山坡或谷地溪旁、灌丛中。

　　叶入药。叶对鱼有毒。可做园林绿化树种。

3. 老鸦糊

Callicarpa giraldii Hesse ex Rehder

　　落叶灌木。高 2~6 m。叶宽椭圆形至披针状长圆形,长 5~15 cm,宽 2~7 cm,顶端渐尖,基部楔形;叶背被星状毛和黄色小腺点。聚伞花序 4~5 次分枝,腋生;花萼钟状,疏被星状毛,有黄色腺点,萼齿钝三角形;花冠紫色。果实球状,熟时无毛,紫色,直径 2.5~4.0 mm。花期 5—6 月,果期 7—11 月。

　　产于南京周边,偶见,生于山坡疏林或灌丛中。

　　全株入药。可观赏。

4. 华紫珠

Callicarpa cathayana H. T. Chang

落叶灌木。高 1.5~3.0 m。小枝纤细,幼嫩时稍有星状毛。叶通常为卵状披针形或近椭圆形,顶端渐尖,基部狭楔形;叶背有红色腺点。聚伞花序纤细,3~4 次分枝,花序梗近等长或稍长于叶柄;花冠淡紫色,有红色腺点;花柱略长于雄蕊。果实球状。花期5—7 月,果期 8—11 月。

产于南京、句容等地,常见,生于山坡或谷地灌木丛。

叶入药。为蜜源植物。可观赏。

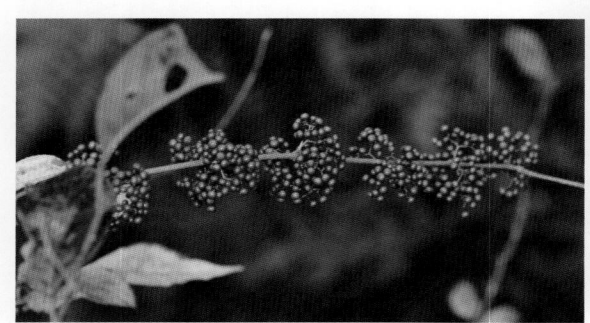

5. 紫珠

Callicarpa bodinieri H. Lév.

灌木。高 1~3 m。小枝、叶柄和花序均被星状毛。叶片卵状或倒卵状长椭圆形,边缘有细钝齿;叶背密被星状毛;两面具暗红色腺点。聚伞花序 4~5 次分歧;花萼有星状毛和红色腺点;花冠紫红色。果实球形,成熟时呈紫色,直径约 2 mm。花期 6—7 月,果期 9—11 月。

产于江宁、句容、溧水、高淳等地,偶见,生于林下、林缘和灌木丛中。

叶入药。花果亮丽,可栽培供观赏。

5. 四棱草属（*Schnabelia*）

1. 单花莸　莸

Schnabelia nepetifolia (Benth.) P. D. Cantino

多年生平卧草本。高 30~60 cm。叶纸质；广卵形至近圆形，长 1.5~6.0 cm，宽 1.0~4.5 cm，顶端钝，基部阔楔形至圆形，边缘具 4~6 对钝齿。花单生叶腋；花萼顶端 5 裂，裂片卵状三角形；花冠淡蓝色或白色带紫色斑纹，二唇形。蒴果 4 瓣裂，果瓣倒卵形，淡黄色。花期 4 月，果期 9 月。

产于浦口、溧水及句容等地，偶见，生于山坡路旁或林边。全草入药。

6. 莸属（*Caryopteris*）

1. 兰香草

Caryopteris incana (Thunb. ex Houtt.) Miq.

小灌木。高 26~60 cm。嫩枝圆柱形，略带紫色。叶片厚纸质，披针形、卵形或长圆形，长 1.5~9.0 cm，宽 0.8~4.0 cm。聚伞花序紧密，腋生和顶生；花冠淡紫色或淡蓝色，二唇形，花冠 5 裂，下唇中裂片较大，边缘流苏状。蒴果倒卵状球形，被粗毛，直径约 2.5 mm，果瓣有宽翅。花果期 6—10 月。

产于南京以南丘陵山区，偶见，生于路边或疏林下。

7. 香科科属（*Teucrium*）分种检索表

1. 萼片内具毛环,雄蕊长为花冠筒 2 倍以上 ·· **1. 庐山香科科** *T. pernyi*
1. 萼片内无毛环,雄蕊稍露出花冠筒 ·· **2. 穗花香科科** *T. japonicum*

1. 庐山香科科

Teucrium pernyi Franch.

多年生草本。高可达 100 cm。具匍匐茎。茎直立。叶片卵圆状披针形,顶端短渐尖或渐尖,基部圆形或阔楔形下延。轮伞花序常具花 2 朵,组成穗状花序;花萼钟形;花冠白色,有时稍带红晕;雄蕊长为花冠筒 2 倍以上。小坚果倒卵形,长 1.2 mm。花果期 8—11 月。

产于句容、溧水等地,偶见,生于林下、沟边。

可栽培供观赏。

2. 穗花香科科

Teucrium japonicum Willd.

多年生草本。高 50~80 cm。具匍匐茎。茎直立,平滑无毛。叶片卵状长圆形,边缘具重锯齿或圆齿,两面近无毛。假穗状花序生于主茎及上部分枝的顶端;花萼钟形,萼齿 5;花冠白色或淡红色,花冠筒长为花冠的 1/4,不伸出花萼;雄蕊稍短于唇片。小坚果倒卵形,合生面超过果长的 1/2。花果期 6—8 月。

产于溧水、镇江等地,偶见,生于河边、山坡草丛或林缘。

8. 筋骨草属（*Ajuga*）分种检索表

1. 花冠筒微弯或直立,不呈囊状或屈膝状 ·· **1. 多花筋骨草** A. *multiflora*
1. 花冠筒在毛环上略膨大,呈囊状或屈膝状。
  2. 茎平卧,具匍匐茎,节部生根;开花时具基生叶 ························· **2. 金疮小草** A. *decumbens*
  2. 茎直立,从基部分枝,开花时无基生叶·································· **3. 紫背金盘** A. *nipponensis*

1. 多花筋骨草

Ajuga multiflora Bunge

    矮小草本。高 6~23 cm。全株有白色绵毛。叶片卵形至长圆形;基生叶有柄,茎生叶无柄。每轮具花 2~6 朵,腋生;花萼长 6~7 mm,萼齿长三角状披针形;花冠长 1.5~2.0 cm,蓝紫色,上唇极短,下唇 3 裂,中裂片最大。小坚果深黄色,倒卵状三棱状。花期 4—5 月,果期 5—6 月。

    产于南京、江宁等地,偶见,生于山脚、路旁草地及荒地。

    可观赏。

2. 金疮小草　筋骨草　白毛夏枯草

Ajuga decumbens Thunb.

一年生或二年生草本。高 10~30 cm。全株各部分均被白色长柔毛。茎平卧，具匍匐茎，逐节生根。叶柄有狭翅；叶片匙形或倒卵状披针形。轮伞花序具花 6~8 朵，组成有间断的假穗状花序；花萼长 5~8 mm；花冠淡蓝色或淡紫红色。花期 3—6 月，果期 5—11 月。

产于南京及周边各地，常见，生于山脚下、河岸、溪边及荒地。

全草入药。可做观赏地被植物应用。

3. 紫背金盘

Ajuga nipponensis Makino

一年生或二年生草本。高 10~40 cm。茎通常直立，柔软，稀平卧，通常从基部分枝。基生叶无或少数；茎生叶均具柄；叶片纸质，阔椭圆形或卵状椭圆形，长 2.0~4.5 cm，边缘具不整齐的波状圆齿。轮伞花序多花，生于茎中部以上，向上渐密集组成顶生穗状花序；花萼钟形；花冠淡蓝色或蓝紫色，稀为白色或白绿色，具深色条纹，筒状，基部略膨大。花期 4—5 月，果期 5—7 月。

产于南京及周边各地，常见，生于路边或林缘。

9. 黄芩属（*Scutellaria*）分种检索表

1. 细弱草本,有匍匐枝;花单生叶腋·······················1. 假活血草 *S. tuberifera*
1. 直立草本;顶生总状花序偏向一侧。
  2. 叶片卵圆形至肾形;叶柄长。
    3. 叶片两面及茎密生柔毛·······················2. 韩信草 *S. indica*
    3. 叶片仅叶背脉上有细毛,其余无毛 ·················3. 光紫黄芩 *S. laeteviolacea*
  2. 叶片卵状披针形、三角状卵形或卵状长圆形;叶柄短。
    4. 叶片三角状卵形,长 1~3 cm;花冠下唇长于上唇 ·········4. 半枝莲 *S. barbata*
    4. 叶片长圆形,长 2~5 cm;花冠下唇短于上唇 ·········5. 喜荫黄芩 *S. sciaphila*

1. 假活血草

Scutellaria tuberifera C. Y. Wu & C. Chen

  多年生匍匐草本。高 10~30 cm。全体都有多细胞的白柔毛。根状茎细弱。叶片圆形、卵圆形或肾形,顶端钝圆,基部心形。花单生于上部叶腋内;花萼钟状;花冠蓝色,冠筒基部前方略膨大,冠檐二唇形,上唇短小,下唇向上伸展。小坚果卵球状,直径约 2 mm。花期 3—4 月,果期 4 月。

  产于南京、句容等地,偶见,生于林下、草坡阴处或溪边草丛中。

  全草入药。

2. 韩信草　耳挖草

Scutellaria indica L.

多年生直立草本。高 10~40 cm。茎有柔毛。叶片心状卵圆形,顶端钝圆,边缘有圆锯齿,基部心形。花轮具花 2 朵,组成偏向一侧的顶生总状花序;花萼钟状;花冠蓝紫色,上唇顶端微凹,下唇有 3 裂片;雄蕊 4,二强,不伸出花冠外。成熟小坚果卵状,有小瘤状凸起。花果期 2—6 月。

产于南京及周边各地,常见,生于山坡路旁草丛中。

全草入药。可栽培供观赏。

3. 光紫黄芩

Scutellaria laeteviolacea Koidz.

多年生直立草本。高 9~20（30）cm。茎中部的叶片卵圆形或宽卵圆形,顶端圆钝,基部圆形、宽楔形至浅心形,边缘有圆锯齿。花对生,在茎或枝条顶端组成长 3.5~9.0 cm 的总状花序;花冠紫红色或紫色,二唇形。小坚果卵状,外面具瘤。花期 3—4 月,果期 4—5 月。

产于南京、江宁等地,常见,生于山坡路旁。

4. 半枝莲

Scutellaria barbata D. Don

多年生直立草本。高 15~50 cm。叶片三角状卵形或卵状披针形,顶端急尖,基部宽楔形或近截形。每节 2 朵花组成偏向一侧的总状花序;花萼长 2~3 mm,盾片高约 1 mm;花冠青紫色,长 0.9~1.3 cm,外面密生柔毛。小坚果褐色,具小瘤状凸起。花果期 4—6 月。

产于南京及周边各地,常见,生于水田边、溪边和湿润草地。

全草入药。可栽培供观赏。

5. 喜荫黄芩

Scutellaria sciaphila S. Moore

直立草本。茎连花序高 40~70 cm。根状茎匍匐。叶膜质,长圆形,长 2~5 cm,宽 1.3~2.0 cm。花对生,组成长 7~9 cm 的顶生总状花序;冠檐二唇形,上唇盔状,下唇中裂片三角状卵圆形。花期 5 月。

产于南京、镇江等地,稀见,生于路边湿润草地。

10. 活血丹属（*Glechoma*）分种检索表

1. 萼齿卵形，花萼内无毛 ·· **1.日本活血丹** G. grandis
1. 萼齿窄三角状披针形，花萼内微被毛 ··· **2.活血丹** G. longituba

1. 日本活血丹

Glechoma grandis (A. Gray) Kuprian.

多年生匍匐状草本。高可达 20 cm，具匍匐茎，逐节生根。茎丛生，初直立，后平卧。叶草质，肾形。轮伞花序具花 2 朵，稀 4 朵花；苞片及小苞片线状钻形；花萼管状，萼齿 5，卵形；花冠淡紫色，直伸，漏斗状，冠檐二唇形，上唇直立，下唇直伸，3 裂。小坚果深褐色。花期 4—5 月，果期 6 月。

产于浦口等地，偶见，生于路旁、屋边阴湿处。

2. 活血丹　连钱草

Glechoma longituba (Nakai) Kuprian.

二年生或多年生匍匐状草本。高 10~20（30）cm。叶片肾形至圆心形；叶柄长为叶片的 1.5 倍。轮伞花序通常具花 2 朵，稀 4~6 朵；苞片刺芒状；花萼长 7~10 mm，窄三角状披针形，顶端芒状；花冠淡紫色，长 1.7~2.2 cm，下唇具深色斑点；雄蕊 4，内藏。小坚果长圆状。花期 4—5 月，果期 5—6 月。

产于南京及周边各地，极常见，生于荒地、山坡林下及路旁。

全草入药，称"连钱草"。茎叶含挥发油。

11. 夏枯草属（*Prunella*）分种检索表

1. 植株细弱；花冠小，长 13mm，略伸出花萼 ·································· **1. 夏枯草** *P. vulgaris*
1. 植株粗壮；花冠大，长 2 cm，明显伸出花萼 ·································· **2. 山菠菜** *P. asiatica*

1. 夏枯草

Prunella vulgaris L.

　　多年生草本。高 13~40 cm。茎直立。叶片卵形或椭圆状披针形。轮伞花序密集排成顶生的假穗状花序；花萼顶端有尖头；花冠紫色、蓝紫色或略红紫色，长约 13 mm，略超出花萼。小坚果棕色或黄褐色，长圆状卵珠状。花期 5—6 月，果期 7—10 月。

　　产于南京及周边各地，常见，生于路旁草丛中或荒地。

2. 山菠菜

Prunella asiatica Nakai

多年生草本。高 20~60 cm。具有匍匐茎及从下部节上生出的密集须根。茎多数,从基部发出,上升。叶卵圆形或卵圆状长圆形。轮伞花序具花 6 朵,聚集于枝顶组成长 3~5 cm 的穗状花序;花冠淡紫或深紫色,长约 2 cm,冠檐二唇形。小坚果卵珠状。花期 5—7 月,果期 8—9 月。

产于溧水、句容等地,常见,生于草地和湿润路边。

本种与前种较难区分,当前观点倾向于将其处理为夏枯草的亚种 *P. vulgaris* subsp. *asiatica*（Nakai）H. Hara。

12. 糙苏属（*Phlomoides*）

1. 卵齿糙苏　卵叶糙苏　广椭圆叶糙苏

Phlomoides umbrosa var. *ovalifolia* (C. Y. Wu) C. L. Xiang & H. Peng

多年生草本。高 50~150 cm。茎多分枝。茎生叶卵形至广椭圆形，长 5~12 cm，宽 2.5~12.0 cm，基部浅心形或近楔形。轮伞花序具花 4~8 朵，生于主茎和分枝上，其下有线状钻形的苞片；花萼管状；花冠粉红色，下唇较深，常具红色斑点。小坚果无毛。花期 8—9 月，果期 9—10 月。

产于南京城区、浦口、句容等地，偶见，生于山坡林下。

13. 益母草属（*Leonurus*）分种检索表

1. 叶深裂达基部而成 3 个窄裂片，其上再羽裂成小裂片，植株被糙伏毛 ······················· **1. 益母草** *L. japonicus*
1. 叶裂片宽大，其上有缺刻或粗锯齿状牙齿，不呈小裂片状，植株被小硬毛 ······ **2. 錾菜** *L. pseudomacranthus*

1. 益母草

Leonurus japonicus Houtt.

一年生或二年生草本。高 30~120 cm。茎有倒生的糙伏毛。茎下部的叶片纸质，卵形，掌状 3 全裂。轮伞花序腋生；花萼钟状，萼齿 5；花冠淡红色或紫红色，上唇外面有毛、全缘，下唇 3 裂。小坚果长圆形三棱状，长 2.5 mm。花期 6—9 月，果期 9—10 月。

产于南京及周边各地，极常见，生于路边荒地。

全草入药。药草园内常有栽培。

2. 錾菜 白花益母草

Leonurus pseudomacranthus Kitag.

多年生草本。高 60~120 cm。茎直立,密被倒向小硬毛。叶片变异很大;叶对生;茎下部的叶有长柄,叶片卵圆形,羽状 3 深裂;茎中部的叶有短柄,披针状卵圆形,边有粗锯齿。轮伞花序腋生;苞片针形;花萼钟状;花冠淡红色或紫红色,稀白色,二唇形。小坚果黑色。花期 8—9 月,果期 9—10 月。

产于南京、句容、盱眙等地,偶见,生于山坡路旁草地。

全草入药。可栽培供观赏或栽培于药园。

14. 野芝麻属（*Lamium*）分种检索表

1. 叶片圆形或肾形,花冠淡红色或紫红色 ·· **1.** 宝盖草 *L. amplexicaule*
1. 叶片卵状心形至卵状披针形,花冠白色或淡黄色 ·················· **2.** 野芝麻 *L. barbatum*

1. 宝盖草

Lamium amplexicaule L.

矮小草本。高 10~30 cm。叶片圆形或肾形,长 1~2 cm,边缘有钝齿或浅裂,基部叶有柄,上部叶无柄。轮伞花序具花 2 至数朵;花萼管状钟形;花冠粉红色或紫红色,长约 1.5 cm,筒细长,上唇直立,长圆形,下唇 3 裂。小坚果倒卵圆状,具 3 棱。花期 3—5 月,果期 7—8 月。

产于南京及周边各地,极常见,生于路边及荒地。

全草入药。

2. 野芝麻

Lamium barbatum Siebold & Zucc.

多年生草本。高 25~100 cm。茎单生,直立。叶片卵状心形至卵状披针形,两面疏生柔毛。轮伞花序具花 4~14 朵,生于茎的上部叶腋;花萼钟状,长约 1.5 cm,宽约 4 mm,萼齿 4;花冠白色或浅黄色,长 2~3 cm,上唇直伸,下唇中裂片中部缢缩。小坚果倒卵状,有 3 棱。花期 4—6 月,果期 7—8 月。

产于南京、句容等地,常见,生于阴湿的路旁、山脚或林下。

全草及花入药。还可提取芳香油。

新版《江苏植物志》记载有短柄野芝麻 *L. album* L.,分布于欧洲至我国华北的大部分地区,暂时未见南京周边可靠的标本记录。有部分研究认为,野芝麻为其亚种 *L. album* subsp. *barbatum*(Siebold & Zucc.)Mennema。本志仍按照《中国植物物种名录 2022 版》暂时不做变动。

15. 水苏属(*Stachys*)分种检索表

1. 全株密生柔毛···**1. 针筒菜** *S. oblongifolia*
1. 全株几无毛,仅在节与棱上有毛 ···**2. 水苏** *S. japonica*

1. 针筒菜　长圆叶水苏

Stachys oblongifolia Wall. ex Benth.

多年生草本。高 30~60 cm。具横走根状茎;茎直立或基部不同程度匍匐。叶片长圆状披针形。轮伞花序通常具花 6 朵;花萼钟状,脉 10 条;萼齿 5;花冠粉红色或粉红紫色,长约 1.3 cm,花冠筒内面在喉部有微柔毛,冠檐二唇形。小坚果卵球状。花期 5—6 月,果期 6—7 月。

产于南京及周边各地,常见,生于河边草丛及滩地。

全草或根入药。叶可提取芳香油。

2. 水苏

Stachys japonica Miq.

多年生草本。高 20~80 cm。根状茎横走。茎单一，直立。叶片长圆状披针形。苞叶披针形；轮伞花序具花 6~8 朵，组成穗状花序，花序长 5~13 cm；花萼钟状，脉 10 条，萼齿 5，等大；花冠粉红色或淡红紫色，花冠筒长约 1.2 cm，内有毛环，冠檐二唇形。小坚果卵圆状。花期 5—6 月，果期 6—7 月。

产于南京城区、六合、江宁等地，偶见，生于水沟边或河旁杂草地。

全草或根入药。

16. 鼠尾草属（*Salvia*）分种检索表

1. 叶为单叶或 3 枚小叶。
　2. 叶全部为单叶 ·· **1. 荔枝草** S. plebeia
　2. 叶全部为单叶或下部为 3 小叶 ································· **2. 华鼠尾草** S. chinensis
1. 叶为羽状复叶。
　3. 叶为 1 回羽状复叶，小叶 1~3 对 ····························· **3. 丹参** S. miltiorrhiza
　3. 茎下部叶为 2 回羽状复叶，茎上部叶为 1 回羽状复叶 ·············· **4. 鼠尾草** S. japonica

1. 荔枝草　雪见草

Salvia plebeia R. Br.

　　一年生直立草本。高 15~90 cm。茎有短柔毛。叶片长圆形或椭圆状披针形，叶面皱，叶背有腺点，两面有毛。轮伞花序具花 2~6 朵，组成顶生的假总状或圆锥花序，花序长 10~25 cm，花序轴密被柔毛；花萼钟状，二唇形；花冠紫色或蓝紫色。小坚果倒卵圆状。花期 4—5 月，果期 6—7 月。

　　产于南京及周边各地，极常见，生于湿润路边草地、荒地或河边。

　　全草入药。

2. 华鼠尾草 紫参 石见穿
Salvia chinensis Benth.

一年生草本。高 20~70 cm。茎有柔毛。叶片全部为单叶或下部为 3 小叶；叶片卵形或卵状椭圆形。轮伞花序具花 6 朵，组成顶生或腋生的假总状或圆锥花序；花萼钟状，紫色；花冠蓝紫色或紫色，长约 1 cm。小坚果椭圆形卵圆状。花期 8—10 月，果期 9—10 月。

产于南京、句容等地，常见，生于路边和山坡。

全草入药，称"石见穿"。

3. 丹参
Salvia miltiorrhiza Bunge

多年生草本。高 40~80 cm。茎有长柔毛。1 回羽状复叶；小叶 1~3 对，卵形或椭圆状卵形，两面有毛。轮伞花序具花 6 至多朵，组成顶生或腋生总状花序；花萼紫色，二唇形；花冠蓝紫色，长 2.0~2.7 cm，唇檐二唇形。小坚果黑色。花期 4—8 月，果期 9—10 月。

产于南京城区、浦口、句容等地，偶见，生于山坡林下。

根入药。可栽培供观赏。

4. 鼠尾草

Salvia japonica Thunb.

一年生或二年生草本。高 40~60 cm。茎下部叶为 2 回羽状复叶;茎上部叶为 1 回羽状复叶。轮伞花序具花 2~6 朵,组成顶生的假总状或圆锥花序;花萼筒状;花冠淡红色、淡紫色、淡蓝色或白色,长约 12 mm,外面有毛,筒内有毛环,下唇中裂片倒心形。小坚果椭圆状。花期 6—9 月。

产于南京、句容等地,偶见,生于山坡、草丛或林下。

根及全草入药。可栽培供观赏。

17. 夏至草属(*Lagopsis*)

1. 夏至草

Lagopsis supina (Stephan ex Willd.) Ikonn.-Gal.

多年生草本。高 15~35 cm。披散于地面或上升。叶轮廓为圆形,长宽 1.5~2.0 cm,先端圆形,基部心形,3 深裂,掌状脉 3~5 条。轮伞花序疏花,径约 1 cm;花萼管状钟形;花冠白色,稀粉红色。小坚果长卵形。花期 3—4 月,果期 5—6 月。

产于南京、镇江等地,偶见,生于路边或水边。

18. 藿香属（*Agastache*）

1. 藿香

Agastache rugosa (Fisch. & C. A. Mey.) Kuntze

多年生草本。高 0.5~1.5 m。茎直立。叶心状卵形至长圆状披针形，长 4.5~11 cm，宽 3.0~6.5 cm。轮伞花序多花，在主茎或侧枝上组成顶生密集的圆筒形穗状花序，穗状花序长 2.5~12.0 cm；花萼管状倒圆锥形；花冠淡紫蓝色，长约 8 mm。小坚果卵状长圆形，长约 1.8 mm，宽约 1.1 mm。花期 6—9 月，果期 9—11 月。

产于南京及周边各地，偶见，生于路边。常见栽培。

19. 石荠苎属 (*Mosla*) 分种检索表

1. 叶片卵形或卵状披针形;花萼二唇形。
  2. 节间无毛,节上密被柔毛;苞片线状披针形 ···················· **1. 小鱼仙草** *M. dianthera*
  2. 茎密被柔毛;苞片卵形至披针形。
    3. 茎密被倒生的柔毛,老时无毛;叶片边缘有 3~5 大齿 ·········· **2. 荠苎** *M. grosseserrata*
    3. 茎密被短柔毛;叶片边缘锯齿状 ······························ **3. 石荠苎** *M. scabra*
1. 叶片线形或线状披针形;花萼顶端 5 齿,近相等。
  4. 花序头状或假穗状,较短,1~4 cm ···························· **4. 石香薷** *M. chinensis*
  4. 花序排成有间隔的假总状花序,花序长 2~10 cm。
    5. 苞片反曲,彼此疏离;花冠长 6~7 mm ······················ **5. 苏州荠苎** *M. soochouensis*
    5. 苞片直立,彼此相接;花冠长 3.5 mm ······················ **6. 长穗荠苎** *M. longispica*

1. 小鱼仙草

Mosla dianthera (Buch.-Ham. ex Roxb.) Maxim.

一年生草本。高可达 1 m。多分枝,节上有柔毛。叶片卵形或卵状披针形,顶端渐尖或急尖,基部渐狭。顶生假总状花序,长 3~15 cm;花萼外面有毛;花冠淡紫色,长 4~5 mm,外面有毛,上唇顶端微凹,下唇 3 裂,中裂片较大,边缘有齿。小坚果近球状,有皱纹。花果期 7—10 月。

产于南京及周边各地,常见,生于山坡、路边或湿润草地。

全草入药。半阴干的全草可熏蚊。

2. 荠苎

Mosla grosseserrata Maxim.

一年生草本。高 20~60 cm。茎直立，有倒生的短柔毛；分枝平展。叶片卵形，基部全缘，渐狭成柄，顶端全缘，锐尖，两边均有 3~5 大齿。总状花序较短，全部顶生；花萼被短柔毛，上唇具锐齿，中齿较短；花冠为花萼长的 1.5 倍，长为宽的 2 倍。小坚果比萼筒短，近球状。花果期 9—11 月。

产于溧水、高淳、镇江等地，偶见，生于林缘、路边草丛中。

根、茎、叶入药。全草可提取芳香油。

3. 石荠苎

Mosla scabra (Thunb.) C. Y. Wu & H. W. Li

一年生草本。高 20~100 cm。茎多分枝，密被短柔毛。叶片卵形或卵状披针形，上部边缘有锯齿，下部近全缘。花萼钟状，二唇形；花冠粉红色，长 4~5 mm，冠檐二唇形，上唇顶端微凹，下唇 3 裂，中裂片边缘具齿；雄蕊 4。小坚果球状，具深雕纹。花期 5—10 月，果期 9—11 月。

产于南京及周边各地，常见，生于山坡、路旁或灌丛下。

全草入药。

4. 石香薷　华荠苎

Mosla chinensis Maxim.

一年生直立草本。高 9~40 cm。茎纤细,被白色疏柔毛。叶片线形至线状披针形,边缘有不明显的浅锯齿。花序头状或假穗状,长 1~4 cm;苞片覆瓦状排列;花萼钟状;花冠淡紫色,长约 5 mm,上唇短,顶端微凹,下唇 3 裂,中裂片大。小坚果球状。花期 6—9 月,果期 7—11 月。

产于南京城区、江宁、句容等地,偶见,生于林下及山坡草地。

全草入药。

5. 苏州荠苎

Mosla soochouensis Matsuda

一年生矮小草本。高 12~50 cm。叶片线形或线状披针形,顶端渐尖,基部渐狭成楔形,边缘有细齿。花序顶生,长 2~10 cm;花萼长约 3 mm,果熟时增大;花冠粉红色,冠檐二唇形,上唇直立,顶端微凹,下唇 3 裂,中裂片大。小坚果球状。花期 7—10 月,果期 9—11 月。

产于溧水等地,偶见,生于路边、山坡和草地。

全草入药。

6. 长穗荠苎

Mosla longispica (C. Y. Wu) C. Y. Wu & H. W. Li

一年生草本。高 25~45 cm。叶片线形至线状披针形,叶背有金黄色腺点,边缘疏生锯齿。花序多分枝,顶生,长 2~8 cm,密生柔毛;花萼钟状;花冠长约 3.5 mm,浅红色,冠檐二唇形,上唇顶端微凹,下唇 3 裂,中裂片大。小坚果仅有 1 个发育。花期 10 月。

产于江宁、溧水、句容等地,偶见,生于路边草坡。

20. 地笋属（*Lycopus*）分种检索表

1. 叶片较大，长于节间，叶缘具尖锐粗齿······························· **1. 硬毛地笋** L. *lucidus* var. *hirtus*
1. 叶片较小，短于节间，叶缘在基部以上具浅波状齿························ **2. 小叶地笋** L. *cavaleriei*

1. 硬毛地笋　毛叶地瓜儿苗

Lycopus lucidus var. *hirtus* Regel

　　多年生草本。高 30~120 cm。茎直立，被向上小硬毛，节上密集硬毛。叶片披针形或长圆状披针形，叶面、叶背脉上有毛，边缘有锐齿。花萼有 5 齿，齿端针状；花冠白色，长 5 mm，冠筒长约 3 mm，冠檐不明显二唇形。小坚果倒卵圆状四棱形。花果期 8—10 月。

　　产于南京周边各地，常见，生于河边、塘边及潮湿区域。

　　全草入药，称"泽兰"。

2. 小叶地笋

Lycopus cavaleriei H. Lév.

多年生直立草本。高 15~60 cm。具横走根状茎。茎被微柔毛或近无毛，下部节间伸长，通常长于叶。叶片长圆状卵圆形，边缘疏生浅波状齿，两面近无毛。轮伞花序圆球形；花萼钟形，外被微柔毛，内面无毛；花冠白色，略超出花萼，内面喉部有白色柔毛。小坚果倒卵状四棱形，褐色。花果期 8—11 月。

产于江宁，稀见，生于田边、水沟边或山地沼泽中。江苏省分布新记录种。

蒋 纯 供图

21. 风轮菜属（*Clinopodium*）分种检索表

1. 轮伞花序无明显总梗，花序不偏向一侧。
   2. 植株直立，高 50 cm 以上，多分枝 ···································· **1. 灯笼草** *C. polycephalum*
   2. 茎柔弱铺散，低于 35 cm。
      3. 花萼筒外侧无毛；轮伞花序常具苞叶 ···················· **2. 邻近风轮菜** *C. confine*
      3. 花萼筒外侧沿脉具短硬毛；轮伞花序不具苞叶 ········· **3. 细风轮菜** *C. gracile*
1. 轮伞花序有总梗，花密集，常偏向一侧 ································ **4. 风轮菜** *C. chinense*

1. 灯笼草

Clinopodium polycephalum (Vaniot) C. Y. Wu & S. J. Hsuan

一年生直立草本。高 50~100 cm。叶片卵形，顶端钝或急尖，基部楔形至近圆形，边缘疏生圆齿状牙齿。轮伞花序多花，圆球状，花时直径约 2 cm，沿茎及分枝组成宽多头的圆锥花序；花萼圆筒状；花冠紫红色，冠筒伸出萼外。小坚果卵状，光滑。花期 7—8 月，果期 9 月。

产于南京及周边各地，常见，生于山坡草地、路旁阴湿处、林下或灌丛中。

全草入药。

2. 邻近风轮菜 光风轮

Clinopodium confine (Hance) Kuntze

　　一年生草本。高 7~25 cm。叶片卵圆形至菱形,长 8~22 mm,宽 5~17 mm,顶端钝,基部圆形或楔形,边缘有圆锯齿。轮伞花序多花密集,对生叶腋或顶生于枝端;花萼筒管状,紫色,外面无毛,5齿,齿边缘有睫毛;花冠红色,长约 4 mm,二唇形。小坚果倒卵状。花期 4—6 月,果期 7—8 月。

　　产于南京及周边各地,常见,生于路边草地、山脚或荒地上。

　　全草入药。

3. 细风轮菜 瘦风轮

Clinopodium gracile (Benth.) Kuntze

　　一年生矮小草本。高 10~30 cm。最下部的叶片卵圆形;较下部或全部的叶片均为卵形。轮伞花序疏离或密集茎端,组成短的总状花序;花萼筒外侧沿脉具短硬毛,萼齿 5 枚,有睫毛;花冠淡红色或紫红色,约是花萼长的 1.5 倍,冠檐二唇形。小坚果倒卵状,淡黄色。花期 6—8 月,果期 8—10 月。

　　产于南京及周边各地,常见,生于山坡路边草地。

　　全草入药。

4. 风轮菜

Clinopodium chinense (Benth.) Kuntze

　　一年生直立草本。高可达 1 m。茎基部匍匐生根，上部上升，密生短柔毛和具腺微毛。叶片卵形。轮伞花序多花，半球状，彼此远隔；花萼狭筒状，长约 6 mm；花冠紫红色，长约 9 mm，内面有 2 列柔毛，二唇形，上唇直伸，顶端微凹，下唇 3 裂。小坚果倒卵状。花期 5—8 月，果期 8—10 月。

　　产于南京及周边各地，常见，生于山坡路旁及杂草地。

　　地上部分入药。

22. 牛至属（*Origanum*）

1. 牛至

Origanum vulgare L.

　　多年生草本或半灌木。高 25~50 cm。芳香。叶片全缘，卵形或卵圆形，长 1~4 cm，宽 0.4~1.5 cm，顶端钝或稍钝；叶具柄，长 2~7 mm。伞房状圆锥花序，多花密集，由多数长圆状的小穗状花序组成；花萼圆筒状；花冠紫红色或白色。小坚果棕褐色。花期 7—9 月，果期 10—11 月。

　　产于南京、句容等地，偶见，生于山坡杂草地。

　　全草入药。

23. 薄荷属（*Mentha*）

1. 薄荷

Mentha canadensis L.

一年生或多年生草本。高 30~90 cm。茎直立或基部平卧。叶片卵形或长圆形,长 2.0~7.5 cm,宽 0.5~2.0 cm,顶端短尖或稍钝,基部楔形。腋生轮伞花序;花萼长 2.0~2.5 mm,5 齿,近三角形;花冠青紫色、淡红色或白色,长 3.0~4.5 mm;雄蕊伸出花冠外。小坚果长圆状卵状。花期 7—9 月,果期 10 月。

产于南京及周边各地,极常见,生于水旁潮湿地。

地上部分入药。嫩叶可食用。

24. 紫苏属（*Perilla*）

1. 紫苏　白苏

Perilla frutescens (L.) Britton

草本。高 60~90 cm。茎上部有白色长柔毛。叶片宽卵圆形或圆形,顶端渐尖或尾状尖,基部近圆形或阔楔形,边缘有粗锯齿。轮伞花序具花 2 朵,组成偏向一侧的假总状花序;花萼钟状;花冠白色;雄蕊 4,稍伸出花冠外。小坚果近球状。花果期 8—11 月。

产于南京及周边各地,极常见,生于山脚路旁和农舍荒地上。

全草入药。也可做烹饪调料,制茶和香袋。

本种在我国栽培十分广泛,形态变异极大,叶片分裂、花叶的颜色、毛被等特征上多有交叉。南京及周边各地亦可见到以下两个变种,均为栽培或逸生。

（变种）**野生紫苏**

var. purpurascens (Hayata) H. W. Li

本变种茎疏被短柔毛。叶片较小,卵形,两面疏被柔毛。果萼小,长 4.0~5.5 mm,下部疏被柔毛及腺点;小坚果较小,直径 1.0~1.5 mm。

产于南京及周边各地,常见,生于山地路旁、村舍旁。栽培或野生。

（变种）**茴茴苏**

var. crispa (Benth.) W. Deane

本变种叶常为紫色,叶缘具狭而深的锯齿或浅裂。

产于南京及周边各地,偶见,生于房前屋后或田地边。栽培或野生。

25. 香薷属（*Elsholtzia*）

1. 海州香薷

Elsholtzia splendens Nakai ex F. Maek.

一年生草本。高 20~50 cm。茎直立。叶片卵状长圆形至披针形，长 3~6 cm。假穗状花序顶生，偏向一侧，由多数轮伞花序组成；花萼钟状；花冠玫瑰紫色，长 6~7 mm，外有长柔毛，上唇直立，顶端微凹，下唇 3 裂，中间裂片最大，圆形；雄蕊伸出花冠外。小坚果近卵圆状。花果期 9—11 月。

产于句容、溧水等地，常见，生于山间路旁。

全草入药。可栽培供观赏。

26. 香简草属（*Keiskea*）

1. 香薷状香简草　香薷状霜柱

Keiskea elsholtzioides Merr.

一年生草本。高可达 40 cm。茎圆柱形，幼枝密生平展的纤毛状柔毛。叶卵形或卵状长圆形，大小变异很大，近革质或厚纸质。总状花序顶生或腋生；花萼钟形，5 齿；花冠白色，染以紫色，冠檐二唇形。小坚果近球形，直径约 1.6 mm，紫褐色，无毛。花期 6—10 月，果期 10 月以后。

产于南京周边，偶见，生于路边草丛或树丛中。

27. 刺蕊草属（*Pogostemon*）

1. 水蜡烛

Pogostemon yatabeanus (Makino) Press

多年生草本。高 40~60 cm。茎无毛。叶 3~4 枚轮生；叶片狭披针形。穗状花序长 2.8~7.0 cm，直径约 1.5 cm，紧密而连续，有时基部间断；苞片线状披针形；花萼钟状，长 1.6~2.0 mm，5 齿，三角形；花冠紫红色，长约为花萼的 2 倍。花期 8—10 月。

产于南京、句容、高淳等地，偶见，生于稻田、水池中及湿润空旷地。

全草可用于灭虱。

28. 香茶菜属（*Isodon*）分种检索表

1. 果萼宽钟形，长宽近相等；小坚果具腺点 ··· **1. 香茶菜** *I. amethystoides*
1. 果萼宽度短于长度；小坚果不具腺点。
  2. 叶片顶端渐尖，无凹陷；雄蕊及花柱不伸出花冠 ····································· **2. 溪黄草** *I. serra*
  2. 叶片顶端常凹陷，且中间具 1 个小尾尖；或具尾状尖的顶齿。
    3. 花序由具花 10~15 朵且二歧状的聚伞花序组成 ·········· **3. 歧伞香茶菜** *I. macrophyllus*
    3. 花序由具花 4~8 朵的聚伞花序组成 ······················· **4. 毛叶香茶菜** *I. japonicus*

1. 香茶菜

Isodon amethystoides (Benth.) H. Hara

多年生直立草本。高 0.3~1.5 m。茎密生倒向的柔毛。叶片卵形至卵状披针形。聚伞花序多花，组成顶生而疏松的圆锥花序；花萼钟状；花冠白色或带紫蓝色，长约 7 mm，上唇顶端 4 浅裂，下唇阔圆形。小坚果卵状。花期 6—10 月，果期 9—11 月。

产于江宁等地，偶见，生于林下或草地。

全草或根入药。可栽培供观赏。

2. 溪黄草

Isodon serra (Maxim.) Kudô

多年生草本。高可达 1.5 m。叶片卵圆形或卵状披针形，顶端渐尖，基部楔形，边缘具粗大内弯的锯齿。轮伞花序具花 5 至多朵，组成顶生的圆锥花序；花萼钟状；花冠紫色，二唇形，上唇 4 等裂，下唇舟形；雄蕊及花柱不伸出花冠外。小坚果阔倒卵形。花期 8—10 月，果期 9—10 月。

产于南京、镇江、盱眙等地，偶见，生于山坡或路旁。

全草入药。

3. 歧伞香茶菜　大叶香茶菜

Isodon macrophyllus (Migo) H. Hara

多年生草本或半灌木。高 0.3~1.5 m。下部的叶片近圆形或广卵形，基部下延，顶端常凹陷，在凹陷中间有 1 短尾尖，边缘有粗齿。花序生叶腋和茎端，由 10~15 朵花且明显二歧状的聚伞花序所组成；花冠紫蓝色或淡蓝色；雄蕊及花药略伸出花冠外。小坚果倒卵状。花果期 9—11 月。

产于南京及周边各地，常见，生于山脚阴湿地或路旁。

全草入药。可栽培供观赏。

4. 毛叶香茶菜　日本香茶菜
Isodon japonicus (Burm. f.) H. Hara

多年生草本。高 50~100 cm。茎直立。叶片有短柄；叶片卵形或阔卵形，顶端短尖或尾状尖，边缘有粗大具硬尖头的钝齿。聚伞花序具花 4~8 朵，组成顶生的圆锥花序；花萼钟状；花冠淡紫色、紫蓝色至蓝色，二唇形。小坚果倒卵状，无毛。花期 7—8 月，果期 9—10 月。

产于南京城区、浦口等地，常见，生于草地、山坡石边。

叶入药。全草可提取芳香油。

（变种）蓝萼香茶菜
var. *glaucocalyx* (Maxim.) H. W. Li

本变种叶片锯齿较钝；花萼常带蓝色，外面密被紧贴的柔毛。

产于南京及周边各地，常见，生于路边、林下等处。

通泉草科
MAZACEAE

【APG Ⅳ 系统的通泉草科，由传统划入广义玄参科的通泉草属 Mazus 等 4 个属组成】

矮小草本。茎圆柱形，少为四棱形，直立或倾卧，着地部分节上常生不定根。叶以基生为主，多为莲座状或对生；茎上部叶多为互生，匙形、倒卵状匙形或圆形，基部逐渐狭窄成有翅的叶柄，边缘有锯齿。花小，总状花序；苞片小，小苞片有或无；花萼漏斗状或钟形，萼齿 5 枚；花冠二唇形，紫白色，筒部短，上部稍扩大，上唇直立，2 裂，下唇较大，3 裂，有褶襞 2 条，从喉部通至上下唇裂口；雄蕊 4，二强，着生在花冠筒上，药室极叉开；子房有毛或无毛；花柱无毛，柱头 2 片状。蒴果被包于宿存的花萼内，球形或多少压扁，室背开裂。种子小，极多数。

共 4 属约 40 种，分布于亚洲及大洋洲地区。我国产 4 属约 34 种。南京及周边分布有 1 属 5 种。

通泉草属（Mazus）分种检索表

1. 全株被多细胞白色长柔毛；萼脉明显。
  2. 茎生叶对生，上部常互生，无柄 ·················· **1. 弹刀子菜** M. stachydifolius
  2. 茎生叶对生，具带翅的柄 ·················· **2. 早落通泉草** M. caducifer
1. 全体无毛或近无毛；萼脉不明显。
  3. 无匍匐茎；一年生草本 ·················· **3. 通泉草** M. pumilus
  3. 有匍匐茎；多年生草本。
    4. 直立或上升的茎与匍匐茎并存；花冠长 1.5~2.0 cm ·················· **4. 匍茎通泉草** M. miquelii
    4. 茎完全匍匐，仅花序上升；花冠长 7~15 mm ·················· **5. 纤细通泉草** M. gracilis

1. 弹刀子菜

Mazus stachydifolius (Turcz.) Maxim.

多年生草本。高 10~40 cm。全体有细长软毛。茎直立。基生叶有短柄，叶片匙形；茎生叶对生，上部的常互生，叶片长椭圆形至倒卵状披针形，纸质。总状花序顶生，长 2~20 cm；花冠蓝紫色，二唇形，上唇 2 裂，下唇 3 裂，中裂片宽而圆钝。蒴果圆球状。花期 4—6 月，果期 7—9 月。

产于南京及周边各地，常见，生于路旁、田野。

全草入药。

2. 早落通泉草

Mazus caducifer Hance

多年生草本。高 20~50 cm。粗壮,全体被多细胞白色长柔毛。茎直立或倾斜状上升。基生叶倒卵状匙形;茎生叶卵状匙形,纸质,对生。总状花序顶生,长可达 35 cm,花疏稀;花萼漏斗状;花冠淡蓝紫色,长超过萼 2 倍。蒴果圆球形。花期 4—5 月,果期 6—8 月。

产于句容、溧水等地,偶见,生于路边、林下。

3. 通泉草

Mazus pumilus (Burm. f.) Steenis

一年生草本。高 5~30 cm。全株疏生短毛或无毛。茎直立或倾斜。叶片倒卵状匙形至卵状倒披针形，边缘有不规则的粗钝齿。总状花序顶生，约占茎的大部或近全部；花萼钟状；花冠白色或淡紫色，上唇直立，2 裂，下唇 3 裂。蒴果球状。花果期 4—10 月。

产于南京及周边各地，极常见，生于路旁荒野湿地，也常生在稻田边。

全草入药。

4. 匍茎通泉草

Mazus miquelii Makino

多年生草本。高 5~20 cm。全体无毛。茎有匍匐茎和直立茎。基生叶常多数呈莲座状，叶片倒卵状匙形；茎生叶卵形或近圆形，具短柄。总状花序顶生；花萼钟状漏斗形；花冠紫色或白色带紫斑，长 1.5~2.0 cm，二唇形。蒴果圆球形。花果期 4—8 月。

产于南京南部各地，偶见，生于河岸、路边、荒野湿地。

全草入药。

5. 纤细通泉草

Mazus gracilis Hemsl.

多年生草本。茎长可达 30 cm。全株无毛。茎全部匍匐,纤细。基生叶匙形或卵形;茎生叶常对生,近圆形或匙形。总状花序常侧生,长达 15 cm,花疏稀;花柄纤细;花萼钟状,长 4~7 mm;花冠黄色有紫斑,或白色、蓝紫色、淡紫红色,长 7~15 mm。蒴果球状。花果期 4—7 月。

产于南京、盱眙,偶见,生于路旁湿处、江滩。

全草入药。

透骨草科
PHRYMACEAE

【APG Ⅳ 系统的透骨草科，大致包括了传统划入马鞭草科的透骨草属，以及广义玄参科中的部分属】

草本、亚灌木或灌木。一年生或多年生。水生或陆生。有时肉质，自养。茎直立或上升至匍匐，4棱，有时有翅。叶基生、茎生或全茎生，对生，或上部互生，单叶；叶片肉质到半肉质，边缘全缘或具齿。花序顶生和腋生，总状花序或花单生；花两性，左右对称；雌雄同株；萼片（3）4~5，下部合生，花萼放射状或两侧对称；花瓣合生，花冠双侧对称，漏斗状、钟状；雄蕊（2）4，贴生于花冠；雌蕊1，心皮2，子房（1）2室，基底胎座，柱头1，2裂。蒴果或瘦果。种子1或多枚；胚乳薄。

共15属约200种，分布于美洲、非洲中南部、亚洲大部至大洋洲地区。我国产5属约15种。南京及周边分布有1属1亚种。

透骨草属（*Phryma*）

1. 透骨草

Phryma leptostachya subsp. *asiatica* (H. Hara) Kitam.

多年生草本。高 30~80 cm。茎直立，四棱形，有倒生短毛。叶对生；叶片卵状长椭圆形，边缘有钝圆锯齿，顶端渐尖或短尖，基部渐狭成翼柄。总状花序顶生或腋生，长 10~20 cm；花萼5棱；花冠唇形，粉红色或白色，长约 5 mm。瘦果包于萼内。花期6—8月，果期9—10月。

产于南京、江宁、句容等地，常见，生于阴湿山谷或林下。全草入药。根及叶可杀虫和蝇蛆。

一年生、二年生或多年生草本，或灌木。多数为半寄生或全寄生。单叶，对生，或互生或轮生，有时鳞片状；叶片边缘全缘，或有锯齿或有时深裂。无限花序，通常具叶状苞片；花大多艳丽，两性；花萼合生，辐射对称到左右对称，通常 4~5 浅裂；花冠二唇形，左右对称，通常 5 浅裂；雄蕊 4，二强；雌蕊合生，2（3~5）心皮，子房上位，胚珠多。蒴果。种子多数，微小，种皮通常具纹饰。

共 108 属约 2 097 种，广布于全球各地。我国产 38 属约 501 种。南京及周边分布有 5 属 6 种。

列当科
OROBANCHACEAE

【APG Ⅳ 系统的列当科，大致包括了传统列当科的大部分属，以及传统划入广义玄参科多数具半寄生性、寄生性的属】

列当科分种检索表

1. 寄生草本··· **1. 野菰** *Aeginetia indica*
1. 自养植物。
  2. 叶基生或互生··· **2. 地黄** *Rehmannia glutinosa*
  2. 叶对生或近对生。
    3. 萼片基部有小苞片 1 对。
      4. 花萼 5 裂，长筒状；叶羽裂。
        5. 花萼的主脉较细而微凸；全株具腺毛 ············· **3. 腺毛阴行草** *Siphonostegia laeta*
        5. 花萼具厚而粗壮的主脉；全株密被绣色短毛 ········ **4. 阴行草** *Siphonostegia chinensis*
      4. 花萼 4 裂，钟状；叶线状披针形·················· **5. 白毛鹿茸草** *Monochasma savatieri*
    3. 萼片基部无小苞片···························· **6. 松蒿** *Phtheirospermum japonicum*

野菰属（*Aeginetia*）

1. 野菰

Aeginetia indica L.

一年生寄生草本。高可达 35 cm。全株无毛。根稍肉质。茎单一或从基部分枝，黄褐色或紫红色。叶片卵状披针形或披针形，少数鳞片状叶疏生于茎的基部；叶肉红色。花单生茎端，稍俯垂；花萼佛焰苞状，紫红色、黄白色或黄色；花冠常与花萼同色，近二唇形。蒴果圆锥状。花期 9—10 月。

产于南京、句容，偶见，生于林下或阴湿处的禾草类植物的根上。

全草入药。

地黄属（*Rehmannia*）

2. 地黄

Rehmannia glutinosa (Gaertn.) Libosch. ex Fisch. & C. A. Mey.

多年生草本。高 10~30 cm。全株密被灰白色多细胞长柔毛和腺毛。根状茎肉质,鲜时黄色。叶通常在茎基部集成莲座状,向上则缩小成互生的苞片;叶片长椭圆形,叶背略带紫色。花具梗,在茎顶部略组成总状花序;花冠筒多少拱曲,内面黄紫色,外面紫红色;花柱顶部扩大成二片状柱头。花果期 4—7 月。

产于南京、盱眙,稀见,生于山脚下或路边荒地。野生或栽培。

根状茎入药。

阴行草属（*Siphonostegia*）

3. 腺毛阴行草

Siphonostegia laeta S. Moore

一年生草本。高 30~50 cm。全株密被腺毛。茎直立,中空。叶片三角状长卵形,近掌状 3 深裂。总状花序,生于茎枝顶端;花对生;花萼长 6~10 mm,花萼筒钟状,具 10 条细脉,微凸起;花冠黄色,花冠筒伸直,二唇形。蒴果长圆形卵球状。种子长卵圆形,黄褐色。花期 7—8 月,果期 9—10 月。

产于南京城区、句容、江宁等地,常见,生于路旁或山坡。

4. 阴行草

Siphonostegia chinensis Benth.

一年生草本。高 30~70 cm。全株密被锈色短毛。茎中空,基部常有宿存膜质鳞片。叶对生,二回羽状全裂。花常对生于茎枝上部,组成稀疏的总状花序;花萼具 10 条质地厚而粗壮的主脉;花冠外面密被长纤毛。蒴果披针状长圆形,有纵沟。种子多数,长卵圆形,黑色。花期 6—8 月,果期 9—10 月。

产于南京、句容、仪征等地,偶见,生于山坡、路旁或草地。

全草入药。

鹿茸草属(*Monochasma*)

5. 白毛鹿茸草　沙氏鹿茸草　绵毛鹿茸草

Monochasma savatieri Franch. ex Maxim.

多年生草本。高 15~23 cm。全株因密被绵毛而呈灰白色。茎多数,丛生。叶交互对生,长圆状披针形至线状披针形。总状花序顶生;花少数,单生叶腋;萼筒状;花冠淡紫色或几白色,长约为萼的 2 倍。蒴果长圆形,长约 9 mm,宽 3 mm。花期 3—4 月。

产于句容、溧水、仪征等地,稀见,生于林下或沟边崖壁。

松蒿属（*Phtheirospermum*）

6. 松蒿

Phtheirospermum japonicum (Thunb.) Kanitz

一年生草本。高 25~60 cm。全株有腺毛。茎多分枝。叶片三角状卵形，长 1.5~5.0 cm，宽 2.0~3.5 cm，羽裂，下方全裂，边缘有细牙齿，上部叶渐变小，深羽裂。花单生叶腋；花萼 5 裂；花冠淡红色，二唇形，长 1.5~2.0 cm，喉部有黄色条纹。蒴果长扁卵圆球状。花果期 6—10 月。

产于南京城区、浦口、句容等地，常见，生于山坡草地。

全草入药。

乔木或灌木。常绿或落叶。单叶，互生，叶片通常革质、纸质，具锯齿、腺状锯齿或具刺齿，或全缘。花小，辐射对称；单性，稀两性或杂性，雌雄异株；排列成腋生、腋外生或近顶生的聚伞花序、假伞形花序、总状花序、圆锥花序或簇生；花萼 4~6，覆瓦状排列；花瓣 4~6，分离或基部合生，覆瓦状排列；雄蕊与花瓣同数；子房上位，心皮 2~5，合生。果通常为浆果状核果，具 2 至数枚分核，通常 4 枚，稀 1 枚。每分核具 1 枚种子。

共 1 属 500~600 种，产北美洲东部、中南美洲、欧洲、非洲南部、亚洲东南部至澳大利亚北部。我国产 1 属约 214 种。南京及周边分布有 1 属 2 种。

冬青属（*Ilex*）分种检索表

1. 常绿乔木，叶薄革质；雌花或雌花序单生 ·········· **1. 冬青** *I. chinensis*
1. 常绿灌木或小乔木，叶片厚革质；雌花或雌花序簇生 ·········· **2. 枸骨** *I. cornuta*

1. 冬青

Ilex chinensis Sims

常绿乔木。高可达 15 m。树皮平滑。叶薄革质，狭长椭圆形或披针形。聚伞花序着生于新枝叶腋内或叶腋外；雄花花萼浅杯状；花瓣卵形，紫红色或淡紫色，反折；雌花序具 1~2 回分枝，具花 3~7 朵。果实椭圆球状或近球状，成熟时深红色；分核 4 或 5 枚。花期 5—6 月，果熟期 9—10 月。

产于宁镇山区各地，常见，生于山坡杂木林中。野生或栽培。

种子及树皮入药。园林中做观赏植物之用。

2. 枸骨

Ilex cornuta Lindl. & Paxton

常绿灌木或小乔木。高可达 5 m。叶片厚革质，二型，常为长圆状四边形，顶端有 3 枚尖硬刺齿，中央的刺齿反曲，基部两侧各有 1~2 刺齿。雌雄异株；花簇生于二年生枝条上的叶腋；花 4 数；花瓣黄绿色。果实圆球状，直径 8~10 mm，成熟时鲜红色。花期 4—5 月，果熟期 10—12 月。

产于南京及周边各地，常见，生于山坡谷地灌木丛中。野生或栽培。

叶、树皮、果实和根入药。果实红色，经冬不落，可观赏；野生居群有叶片全缘类型，即"无刺枸骨"，观赏性更高。

多年生草本,兼有一年生和高大的乔木状植物。单叶,互生,少对生或轮生。花常集成聚伞花序,有时聚伞花序演变为假总状花序,或集成圆锥花序,或缩成头状花序,有时花单生;花两性,稀单性或雌雄异株;大多5数,辐射对称或两侧对称;花萼5裂;花冠合瓣,整齐,雄蕊5;子房下位,或半上位,少完全上位。果常为蒴果,或为干果,少浆果。种子多数,有或无棱。

桔梗科
CAMPANULACEAE

共100属2 300~2 380种,广布于全球各地。我国产17属约180种。南京及周边分布有6属8种3亚种。

桔梗科分种检索表

1. 花冠辐射对称;子房3~5室;雄蕊离生。
  2. 蒴果常在顶端室背开裂。
    3. 缠绕草本,小枝顶端叶片常2~4枚簇生;柱头3瓣裂 ·············**1. 羊乳** *Codonopsis lanceolata*
    3. 植株直立;小枝顶端叶片非簇生;柱头2~5裂。
      4. 高大草本;花冠广钟状 ·············**2. 桔梗** *Platycodon grandiflorus*
      4. 纤细草本;花冠狭钟状 ·············**3. 蓝花参** *Wahlenbergia marginata*
  2. 蒴果在侧面孔裂或撕裂。
    5. 花柱基部有杯状或筒状花盘,粗壮草本。
      6. 叶片轮生;花序轮生 ·············**4. 轮叶沙参** *Adenophora tetraphylla*
      6. 叶互生;花序非轮生。
        7. 下部茎生叶有明显叶柄。
          8. 花萼裂片长椭圆形,顶端稍钝;茎生叶全部具柄·············**5. 荠苨** *Adenophora trachelioides*
          8. 花萼裂片狭披针形,顶端急尖至渐尖;茎生叶上部几无柄
          ·············**6. 华东杏叶沙参** *Adenophora petiolata* subsp. *huadungensis*
        7. 下部茎生叶几无叶柄或无柄。
          9. 花常偏向一侧,花冠外一般无毛;叶缘锯齿疏离且锐尖
          ·············**7. 毛萼石沙参** *Adenophora polyantha* subsp. *scabricalyx*
          9. 花不偏向一侧,花冠外常有短硬毛;叶片形态变异较大,边缘锯齿不整齐
          ·············**8. 沙参** *Adenophora stricta*
    5. 花柱基部无花盘;纤细草本 ·············**9. 袋果草** *Peracarpa carnosa*
1. 花冠两侧对称;子房2室;雄蕊多合生·············**10. 半边莲** *Lobelia chinensis*

党参属（*Codonopsis*）

1. 羊乳　四叶参

Codonopsis lanceolata (Siebold & Zucc.) Benth. & Hook. f. ex Trautv.

多年生缠绕藤本。全株无毛。茎黄绿色而略带紫色。叶有二型：主茎上的叶互生，叶片细小；小枝顶端的叶常 2~4 枚簇生，叶片长圆状披针形至椭圆形。花单生或成对生于枝的顶端；花冠外面乳白色，内面深紫色。蒴果下部半球状，上部有喙，直径 2.0~2.5 cm，有宿存花萼。花期 8—10 月，果期 10—11 月。

产于南京、江宁、句容，常见，生于山坡灌木林下较阴湿处或阔叶林内。

根入药。亦为营养价值较高的野菜。各地药草园常有栽培。

桔梗属（*Platycodon*）

2. 桔梗

Platycodon grandiflorus (Jacq.) A. DC.

多年生草本。高 40~100 cm。植株具白色乳汁。叶全部轮生、部分轮生或对生至全部互生。叶片卵形、卵状椭圆形至披针形，长 3~7 cm。花单生或数朵生于枝顶组成假总状；花有柄；花萼筒部半球状或圆球状倒圆锥形，5 裂；花冠广钟状，蓝紫色。蒴果卵圆形。花期 7—9 月，果期 9—10 月。

产于南京及周边各地，常见，生于山坡草地。

根为常用中药材。园林中偶见栽培。

蓝花参属（*Wahlenbergia*）

3. 蓝花参

Wahlenbergia marginata (Thunb.) A. DC.

多年生草本。高 10~40 cm。植株有白色乳汁。茎直立或匍匐状。叶互生，常在下部密集；叶片匙形、倒披针形或线状披针形。具花 1 至数朵，生于茎或枝的顶端；花冠蓝色，狭钟状，长 5~8 mm，5 裂。蒴果倒圆锥状，有 10 条不明显的肋，长 5~8 mm。花果期 2—5 月。

产于南京、句容等地，偶见，生于低湿草地或山坡。

根可入药。

沙参属（*Adenophora*）

4. 轮叶沙参

Adenophora tetraphylla (Thunb.) Fisch.

多年生草本。高 60~90 cm。茎无毛或近无毛。茎生叶 4~6 片轮生；叶片形状变化较大，卵形至条线形，长 2~6 cm，边缘具疏锯齿。花序轮生，常组成大而疏散的圆锥花序；花萼筒部倒圆锥状，萼裂片 5；花冠淡蓝色、蓝色或蓝紫色，冠筒细小，钟状，口部稍缢缩。蒴果倒卵状球形或卵圆形圆锥状。花果期 7—10 月。

产于南京、句容等地，偶见，生于山坡林边。

根为中药"南沙参"。

5. 荠苨

Adenophora trachelioides Maxim.

多年生草本。高 50~100 cm。茎无毛，略呈"之"字形曲折。叶互生；叶片心状卵形或三角状卵形，长 4~12 cm。圆锥花序长达 35 cm，无毛；花萼无毛，筒部倒三角状圆锥形，裂片 5；花冠白色或浅蓝色，钟状，5 浅裂；花柱与花冠近等长。蒴果卵状球形。花果期 7—9 月。

产于南京城区、浦口、句容等地，常见，生于山坡灌丛中。

根入药。可栽于林下供观赏。

（亚种）苏南荠苨

subsp. *giangsuensis* D. Y. Hong

本亚种茎和叶常密被白色硬毛,叶背常为灰白色;花萼和花盘常被白毛,极少无毛,花冠淡紫色。

产于南京、句容等地,偶见,生于山坡、林缘等处。

subsp. *giangsuensis* D. Y. Hong

6. 华东杏叶沙参

Adenophora petiolata subsp. *huadungensis* (D. Y. Hong) D. Y. Hong & S. Ge

多年生草本。高 50~100 cm。茎不分枝。叶互生;叶片卵圆形、卵形或卵状披针形,长 3~12 cm,宽 2~5 cm,顶端渐尖或急尖,基部常楔状渐尖,边缘具齿。总状花序狭长,下部稍有分枝;花萼筒部倒圆锥状,裂片 5,狭披针形;花冠紫蓝色,钟状。蒴果椭球状。花期 8—9 月。

产于盱眙、南京等地,偶见,生于山坡草丛中。

部分地区将其根做“南沙参”入药。常栽于药草园内。

7. 毛萼石沙参

Adenophora polyantha subsp. *scabricalyx* (Kitag.) J. Z. Qiu & D. Y. Hong

多年生草本。高 20~70 cm。茎生叶互生；叶片薄革质或纸质，披针形或狭卵形，边缘有三角状尖锐齿或刺状齿。圆锥花序，花偏向一侧；花萼裂片 5，狭三角状披针形；花冠深蓝色，钟状，外面无毛；花柱与花冠近等长或伸出。花期 9—10 月。

产于浦口、六合、盱眙等南京北部丘陵山地，偶见，生于山坡草丛中。

8. 沙参　杏叶沙参

Adenophora stricta Miq.

多年生草本。高 50~90 cm。茎生叶互生；叶片卵形、菱状狭卵形，边缘有不整齐的锯齿。总状花序狭长；花萼裂片 5，狭披针形，长 6~8 mm，宽 1.0~1.5 mm；花冠紫蓝色，钟状，长 1.5~1.8 cm，5 浅裂；花柱与花冠近等长。蒴果近球状，有毛。花期 8—10 月。

产于南京及周边各地，常见，生于山坡草丛中。

根做中药"南沙参"。常栽于药草园内。

袋果草属（*Peracarpa*）

9. 袋果草

Peracarpa carnosa (Wall.) Hook. f. & Thomson

纤细草本。高 5~20 cm。植株稍带肉质。叶互生；叶片卵圆形，多集中生于茎上部。花单生或簇生于顶端叶腋；花有细柄，长 1~6 cm；花萼 5 裂，裂片线状披针形或三角形；花冠白色或带紫色，钟状，5 裂。果实卵圆状，顶端稍收缩，形状如袋。花期 3—5 月，果期 7—10 月。

产于南京、句容等地，偶见，生于沟边潮湿岩石上及林下。

全草入药。

半边莲属（*Lobelia*）

10. 半边莲

Lobelia chinensis Lour.

多年生矮小草本。高 5~15 cm。茎细弱，匍匐。叶互生；叶片长圆状披针形或条形，长 10~25 mm。花单生叶腋，花柄超出叶外；萼筒长管状，长 3~5 mm；花冠白色或粉红色，长 10~15 mm，5 裂，裂片近相等，偏向一侧，位于同一平面上。蒴果倒圆锥状。花期 4—9 月。

产于南京及周边各地，常见，生于山坡、路边、田边及河边潮湿处。

全草入药。

睡菜科
MENYANTHACEAE

【APG Ⅳ系统的睡菜科,从传统定义的龙胆科独立而来】

一年生或多年生草本。喜水生或湿生环境。叶互生,很少对生;单叶或3小叶。花瓣(4)5;花萼离生或合生;花冠裂片合生;雄蕊5,离生,与花瓣互生;子房1。果为开裂的或不开裂的蒴果。种子少到多数,有时有翅。

共6属约60种,广布于全球各地。我国产2属约8种。南京及周边分布有1属1种。

荇菜属（*Nymphoides*）

1. 荇菜   莕菜

Nymphoides peltata (S. G. Gmel.) Kuntze

多年生草本。茎长而多分枝,节上有不定根。叶片浮于水面,圆形或卵圆形,直径1.5~8.0 cm,基部心形,全缘或边缘呈波状,叶面亮绿色,叶背紫褐色。1~6朵花簇生于节上;花萼5深裂至近基部;花冠金黄色,裂片宽倒卵形,顶端圆形或凹陷。蒴果椭圆球状,长约2 cm,不开裂。花果期4—10月。

产于南京及周边各地,常见,生于池塘或水流较缓的河溪中。

全草入药。观赏价值较高的水生植物。

草本或灌木,有时藤状。植株具乳汁或无。叶通常对生或互生。花两性或单性;舌状、辐射状、二唇状、管状或丝状;小花少数或多数组成头状花序(花头),为总苞片所包围;花头单生或再次组成各式复花序;花序托各式,有托片或无托片,有毛或无毛;花头内具同形或异形小花;萼片不发育,形成毛状、鳞片状或芒状冠毛,或无冠毛;雄蕊4~5,着生于花冠筒上,药室向内开裂,合生成筒状,成为聚药雄蕊;花柱上端 2 裂,授粉面(柱头线)各式,位于花柱分枝的近轴面,分枝上有各式附器或无;子房下位,心皮 2,合生,形成 1 室;胚珠 1,直立。果实为不开裂的瘦果。

本科为世界性分布的大科,与兰科并列为被子植物最大的科,共 1 728 属 24 000~32 000 种,广布于全球各地。我国产 276 属约 2 496 种。南京及周边分布有 48 属 110 种 5 变种 3 亚种。

菊科
ASTERACEAE

菊科分属检索表

1. 植株具乳汁;花头具同形的舌状花,舌片顶端 5 齿裂(菊苣族 Tribe Cichorieae)。
  2. 瘦果具发达的冠毛。
    3. 冠毛全部或部分羽毛状。
      4. 植株被锚状刺毛;冠毛羽枝不相互交错 ················ **1. 毛连菜属** *Picris*
      4. 植株无锚状刺毛;冠毛羽枝彼此交错 ················ **2. 鸦葱属** *Scorzonera*
    3. 冠毛不为羽毛状。
      5. 瘦果至少在上部具瘤状或鳞片状凸起,果喙细长,长于果体;葶状草本 ······ **3. 蒲公英属** *Taraxacum*
      5. 瘦果无瘤状或鳞片状凸起,无喙或具短喙。
        6. 花头小花极多数,常在 80 朵之上;冠毛纤细柔软,彼此纠缠 ············ **4. 苦苣菜属** *Sonchus*
        6. 花头小花少数,常在 30 朵之下;冠毛坚挺,不相互纠缠。
          7. 舌状小花粉红色至紫色,花头下垂 ··········· **5. 假福王草属** *Paraprenanthes*
          7. 舌状小花黄色,偶见白色或紫色,但花头不下垂。
            8. 瘦果边缘具宽翅,强烈压扁,黑褐色至黑色 ···········**6. 莴苣属** *Lactuca*
            8. 瘦果边缘无宽翅,等径或稍压扁,褐色或黑色。
              9. 瘦果等径,具 10 条呈翅状相同的肋 ··········· **7. 苦荬菜属** *Ixeris*
              9. 瘦果多少压扁。
                10. 瘦果无喙,红色、红褐色至褐色;花葶常直接抽生于基生叶丛······ **8. 黄鹌菜属** *Youngia*
                10. 瘦果具喙,黑色、褐色或棕色。
                  11. 一年生或二年生草本;瘦果黑色 ·········· **9. 假还阳参属** *Crepidiastrum*
                  11. 多年生草本;瘦果棕色或褐色 ·········· **10. 小苦荬属** *Ixeridium*
  2. 瘦果无冠毛,有时仅顶端两侧各有 1 条钩刺状附属物 ·········**11. 稻槎菜属** *Lapsanastrum*
1. 植株无乳汁;花头通常具同形的管状花或具异形小花。
  12. 花头内具管状二唇形小花;植株春秋二型(须菊木族 Tribe Mutisieae) ·········· **12. 大丁草属** *Leibnitzia*
  12. 花头内无二唇形小花;植株春秋同型。
    13. 花头内小花 3(5)朵,5 深裂,其中 1 裂远深于其余 4 裂(帚菊族 Tribe Pertyeae)
    ·· **13. 兔儿风属** *Ainsliaea*
    13. 花头内小花非上述。

菊科分属检索表

14. 总苞片单层，或有时总苞基部具小苞片，但绝非多层总苞（千里光族 Tribe Senecioneae）。
  15. 叶片盾状圆形，掌状深裂 ·· **14. 兔儿伞属** *Syneilesis*
  15. 叶片非盾状圆形。
    16. 花丝在与花药连接部分处膨大，呈栏杆状。
      17. 总苞外无小苞片 ·· **15. 一点红属** *Emilia*
      17. 总苞外具小苞片。
        18. 花柱分枝顶端具合并的乳状毛的中央附器 ·········· **16. 野茼蒿属** *Crassocephalum*
        18. 花柱分枝顶端截形，无合并的乳头状毛的中央附器 ·········· **17. 千里光属** *Senecio*
    16. 花丝在与花药连接部分处不膨大，叶脉羽状 ·············· **18. 狗舌草属** *Tephroseris*
14. 总苞片多层。
  19. 花柱上端有稍膨大并被毛的节；花头具同形的管状花；总苞、叶片常具刺，但在泥胡菜属 *Hemisteptia* 及风毛菊属 *Saussurea* 中无刺（菜蓟族 Tribe Cynareae）。
    20. 每个花头具小花 1 朵，密集成球形复头状花序；小花蓝色 ·········· **19. 蓝刺头属** *Echinops*
    20. 每个花头有小花多数，不密集成复头状花序；小花紫红色或白色。
      21. 瘦果密被顺向贴伏的长直毛，顶端无果缘 ·············· **20. 苍术属** *Atractylodes*
      21. 瘦果无毛，顶端多少有齿状果缘。
        22. 叶及总苞片具刺。
          23. 冠毛羽毛状；茎及分枝无叶状翅 ·············· **21. 蓟属** *Cirsium*
          23. 冠毛糙毛状；茎及分枝有叶状翅 ·············· **22. 飞廉属** *Carduus*
        22. 叶及总苞片无刺。
          24. 总苞片顶端有紫红色鸡冠状凸起 ·············· **23. 泥胡菜属** *Hemisteptia*
          24. 总苞片背面无紫红色鸡冠状凸起 ·············· **24. 风毛菊属** *Saussurea*
  19. 花柱上端无稍膨大并被毛的节；花头常具异形小花；植物体无刺。
    25. 总苞两层，外层与内层在颜色、形状及质地上截然不同，且总苞片无头具柄的腺毛；内层总苞片及托片具树脂道（金鸡菊族 Tribe Coreopsideae）。
      26. 冠毛芒状，具尖锐倒刺；叶对生或上部叶互生；瘦果边缘无膜质翅 **25. 鬼针草属** *Bidens*
      26. 冠毛鳞片状；叶对生；瘦果边缘具膜质翅 ·············· **26. 金鸡菊属** *Coreopsis*
    25. 总苞通常多于两层，或有时为两层则绝非两层总苞片在颜色、形状及质地上均截然不同；内层总苞片及托片无树脂道。
      27. 花头具同形的两性管状小花；花柱分枝长而杂乱，常彼此交错，上端具扩大的棒状附器（泽兰族 Tribe Eupatorieae）。
        28. 冠毛膜片状或棍棒状。
          29. 冠毛膜片状，下宽上细，无黏质分泌物 ·············· **27. 藿香蓟属** *Ageratum*
          29. 冠毛棍棒状，具黏质分泌物 ·············· **28. 下田菊属** *Adenostemma*
        28. 冠毛毛状 ·············· **29. 泽兰属** *Eupatorium*
      27. 花头通常具异形小花或具同形的单性花；花柱分枝较短，上端无扩大的棒状附器。
        30. 总苞片通体干膜质，通常透明有光泽，白色、黄色、棕色至带红色，绝非通体绿色；植株无特殊气味；植物常被绵毛或柔毛（鼠曲草族 Tribe Gnaphalieae）。
          31. 冠毛基部合生成环 ·············· **30. 合冠鼠曲草属** *Gamochaeta*
          31. 冠毛基部分离。
            32. 花头在枝端组成伞房花序；总苞片红棕色 ·········· **31. 湿鼠曲草属** *Gnaphalium*
            32. 花头在枝端密集成球状，呈复头状花序式；总苞片白色或黄色
            ·············· **32. 鼠曲草属** *Pseudognaphalium*

（续表）

菊科分属检索表

30. 总苞片非干膜质,或仅边缘膜质,无光泽,通常绿色。
  33. 总苞片边缘膜质。
    34. 总苞片两层;叶片不分裂具少数锯齿;植株无特殊蒿、菊气味(山黄菊族 Tribe Athroismeae) ················ **33. 石胡荽属** *Centipeda*
    34. 总苞片多于两层;叶片通常明显分裂;植株具特殊蒿、菊气味(春黄菊族 Tribe Anthemideae)。
      35. 花头拟盘状,边缘雌花狭管状 ················ **34. 蒿属** *Artemisia*
      35. 花头辐射状,边缘雌花具舌片 ············ **35. 菊属** *Chrysanthemum*
  33. 总苞片草质,边缘与中央质地一致。
    36. 花序托无托片;叶互生,常为羽状脉。
      37. 花柱分枝上端具尖或三角形附器;花药基部钝,无距无尾(紫菀族 Tribe Astereae)。
        38. 辐射花黄色 ················ **36. 一枝黄花属** *Solidago*
        38. 辐射花白色或紫红色。
          39. 瘦果无冠毛;两性花不结实 ············ **37. 虾须草属** *Sheareria*
          39. 瘦果有冠毛或有时仅有短冠毛;两性花结实
            40. 茎及叶片无毛无腺点;一年生草本 ··········· **38. 联毛紫菀属** *Symphyotrichum*
            40. 茎及叶片被毛或被腺点,或二者兼有。
              41. 一年生或二年生草本;花头无或有明显辐射花;若有明显辐射花则舌片线形;边缘雌花常 50 朵以上 ··········· **39. 飞蓬属** *Erigeron*
              41. 多年生草本;花头有明显辐射花;辐射花舌片长椭圆形;边缘雌花 30 朵以下。
                42. 冠毛一层;瘦果边缘有细肋,两面无肋,被长密毛;叶片无毛具腺点 ········· **40. 女菀属** *Turczaninovia*
                42. 冠毛 2 层或瘦果顶端仅具糙毛状或膜片状的短冠毛;瘦果边缘有肋,两面有肋或无肋,被疏毛;叶多少被毛 ··········· **41. 紫菀属** *Aster*
      37. 花柱分枝上端无附器;花药基部具明显的尾(旋覆花族 Tribe Inuleae)。
        43. 瘦果具冠毛;花头辐射状,外围雌花具舌片 ······ **42. 旋覆花属** *Inula*
        43. 瘦果无冠毛;花头拟盘状,外围雌花筒状 ··· **43. 天名精属** *Carpesium*
    36. 花序托具托片;叶片常对生,具基出脉 3 条。
      44. 花头两性,且边缘雌花常在 10 朵之下;雌花舌片长宽近相等,顶端具明显 3 齿(菽葜菊族 Tribe Millerieae)。
        45. 总苞片密被腺毛;边缘雌花黄色 ············**44. 豨莶属** *Sigesbeckia*
        45. 总苞片无腺毛;边缘雌花白色 ············ **45. 牛膝菊属** *Galinsoga*
      44. 花头单性,或若为两性则边缘雌花常在 10 朵之上;雌花舌片长明显长于宽(向日葵族 Tribe Heliantheae)。
        46. 花头单性。
          47. 雄花头的总苞连合,雌花头的总苞有 1 列钩刺或瘤 ··········· **46. 豚草属** *Ambrosia*
          47. 雄花头的总苞 1~2 层,分离;雌花头总苞多钩刺 ··········· **47. 苍耳属** *Xanthium*
        46. 花头两性 ················ **48. 鳢肠属** *Eclipta*

1. 毛连菜属（*Picris*）

1. 毛连菜

Picris hieracioides L.

二年生草本。高可达 1.2 m。茎及叶被光亮的分叉锚状刺毛。基生叶花期枯萎；下部叶长椭圆形或宽披针形；中上部叶披针形或线形，基部半抱茎。花头多数顶生，组成伞房状或伞房圆锥状；总苞圆柱形钟状；舌状花黄色，冠筒被短柔毛。瘦果纺锤状。花果期 6—9 月。

产于南京及周边各地，偶见，生于山坡草地、林下、沟边、田间、沙滩地。

全草入药。

新版《江苏植物志》所载的"毛连菜"对应的拉丁学名为 *P. japonica* Thunb.（日本毛连菜）；其下的描述实为 *P. hieracioides* L.（毛连菜）。根据在南京周边的野外调查以及标本记录，本志仅记录上述一种。

2. 鸦葱属（*Scorzonera*）分种检索表

1. 花头单生枝顶；有花葶或植株几无茎。
  2. 基生叶边缘明显皱波状···**1. 桃叶鸦葱** *S. sinensis*
  2. 基生叶边缘平或稍见皱波状··**2. 鸦葱** *S. austriaca*
1. 花头生茎枝顶端，组成明显或不明显的花序式排列；有明显的茎及分枝·············**3. 华北鸦葱** *S. albicaulis*

【最新研究表明，本属中分出了数个单系的小属。本志据 *Flora of China*，仍使用广义鸦葱属范畴】

1. 桃叶鸦葱

Scorzonera sinensis (Lipsch. & Krasch.) Nakai

    多年生草本。高可达 0.5 m。茎光滑无毛。基生叶宽卵形至线形，边缘皱波状；茎生叶少数，小，基部心形，半抱茎或贴茎。花头单生茎顶；总苞圆柱状；总苞片约 5 层；花黄色。瘦果圆柱状，有多数纵肋，无毛；冠毛淡黄色。花果期 4—9 月。

    产于南京城区、六合、盱眙等地，常见，生于荒地草坡。

2. 鸦葱

Scorzonera austriaca Willd.

    多年生草本。高可达 0.5 m。茎光滑无毛。基生叶宽卵形至线形，边缘平或稍见皱波状；茎生叶少数，小，基部心形，半抱茎。花头单生茎顶；总苞圆柱状；总苞片约 5 层；花黄色。瘦果圆柱状，有多数纵肋，无毛；冠毛淡黄色。花果期 4—9 月。

    产于南京及周边各地，常见，生于山坡、丘陵地、沙丘、荒地或灌木林下。

3. 华北鸦葱　笔管草

Scorzonera albicaulis Bunge

多年生草本。高可达 1.2 m。全部茎枝被白色柔毛。基生叶与茎生叶近线形，全缘；茎生叶基部鞘状扩大，抱茎。花头顶生，组成伞房状或聚伞状；总苞圆柱状；花黄色。瘦果圆柱状，具纵肋，顶端渐细成喙状；冠毛污黄色。花果期 5—9 月。

产于六合、浦口、江宁等地，偶见，生于荒地、田间、山谷、山坡林下或林缘、灌丛中。

根入药。

3. 蒲公英属（*Taraxacum*）

1. 蒲公英

Taraxacum mongolicum Hand.-Mazz.

多年生葶状草本。高 8~30 cm。叶近披针形，边缘具波状齿，或深羽裂、倒向深羽裂、大头深羽裂。花葶 1 至数条，花头单生；总苞钟状；总苞片 2~3 层；花黄色。瘦果倒卵状披针形，暗褐色，上部具小刺，顶端具长喙；冠毛白色。花期 4—9 月，果期 5—10 月。

产于南京及周边各地，极常见，生于山坡草地、路边、田野、河滩。

带根全草入药。

据新版《江苏植物志》记载，江苏省引种栽培 *T. officinale* F. H. Wigg.（药用蒲公英），且多有逸生。据 *Flora of China* 的描述，此种所指的具体范畴较复杂，本志暂记于此。

4. 苦苣菜属（*Sonchus*）分种检索表

1. 瘦果倒披针形,明显压扁,肋间空间明显宽于肋宽;一年生或二年生。
  2. 成熟瘦果肋间具横纹,肋上粗糙;中部叶的叶耳具尖头 ·················· **1. 苦苣菜** *S. oleraceus*
  2. 成熟瘦果肋间光滑;中部叶的叶耳圆形 ·························· **2. 续断菊** *S. asper*
1. 瘦果椭圆形,中等至微压扁,肋间空间窄于肋宽;多年生。
  3. 花序梗及总苞片光滑无毛;内层总苞片三角状卵形至披针形,宽 1.5~3.0 mm **3. 长裂苦苣菜** *S. brachyotus*
  3. 花序梗及总苞片具柄头状腺毛;内层总苞片线状披针形,宽 1~2 mm ·········· **4. 苣荬菜** *S. wightianus*

1. 苦苣菜

Sonchus oleraceus L.

　　一年生或二年生草本。高可达 1.5 m。叶片披针形至倒披针形,全缘至羽状裂,边缘具刺齿,耳状抱茎,叶耳外形具尖头。花头顶生,数个组成伞房状、总状,或单生。舌状花多数,黄色。瘦果褐色,倒卵形,瘦果肋上粗糙。花果期 5—12 月。

　　产于南京及周边各地,极常见,生于山坡或山谷林缘、林下或平地田间。归化种。

　　全草入药,有小毒。

2. 续断菊　花叶滇苦菜

Sonchus asper (L.) Hill

　　一年生或二年生草本。高可达 1.5 m。叶片倒披针形至提琴形,光滑,边缘具刺,除基部叶外,叶片基部抱茎,叶耳外形圆。花头顶生,组成伞房状;总苞钟状,长约 1.5 cm;总苞片 3~4 层;舌状花黄色。瘦果褐色,倒卵形,具肋,光滑。花果期 5—10 月。

　　产于南京及周边各地,极常见,生于山坡、林缘及水边。归化种。

　　全草入药。

3. 长裂苦苣菜

Sonchus brachyotus DC.

　　多年生草本。高可达 1 m。基生叶与下部叶卵形至倒披针形,羽状深裂至浅裂,基部圆耳状,半抱茎;中上部叶与下部叶同形。花头数枚顶生,组成伞房状;总苞钟状;舌状花黄色。瘦果长椭圆形,褐色,稍压扁,具肋,肋间有横皱纹。花果期 6—9 月。

　　产于六合、浦口、盱眙等地,常见,生于山坡、草地、河边或盐碱地。

　　全草入药。幼苗可食用。亦可做家畜饲料。

4. 苣荬菜

Sonchus wightianus DC.

多年生草本。高 30~150 cm。叶片倒披针形或长椭圆形，羽状或倒向羽状深裂至浅裂；中部以上叶半抱茎。花序部分密被头状具柄腺毛；花头顶生，组成伞房状；总苞钟状；舌状花黄色。瘦果稍压扁，长椭圆形，具细肋，肋间有横皱纹。花果期 1—9 月。

产于南京及周边各地，常见，生于山坡、草地、林间、潮湿地、村边或河边砾石滩。

带根全草入药。

5. 假福王草属（*Paraprenanthes*）

1. 假福王草

Paraprenanthes sororia (Miq.) C. Shih

多年生草本。高可达 1.5 m。茎枝光滑无毛。基生叶花期枯萎；下部及中部叶大头羽状半裂至几全裂，有长翼柄，顶裂片大，近三角形。花头多数，沿枝顶组成圆锥状花序；总苞圆柱状；总苞片 4 层；舌状花粉红色至紫色，花头下垂。瘦果黑色；冠毛白色。花果期 5—8 月。

产于句容，偶见，生于林边和山路旁。

6. 莴苣属 (*Lactuca*) 分种检索表

1. 瘦果每面有 3 条脉纹；茎中下部常有稠密长柔毛 ………………………………………… **1. 毛脉翅果菊** *L. raddeana*
1. 瘦果每面有 1 条脉纹；无稠密长柔毛。
  2. 叶片深羽裂或全裂，中上部叶明显抱茎 ………………………………………… **2. 台湾翅果菊** *L. formosana*
  2. 叶片边缘大部全缘，或仅基部或中部以下两侧边缘有小尖头或稀疏细锯齿或尖齿，不抱茎或略抱茎
  …… **3. 翅果菊** *L. indica*

【南京周边江宁、盱眙等地零星记录过野莴苣 *L. serriola* L.，本种原生分布地应为我国西北至华北地区，因此暂记于此】

1. 毛脉翅果菊　高大翅果菊　高莴苣
Lactuca raddeana Maxim.

二年生或多年生草本。高可达 2 m。中下部茎叶大，羽裂、大头深羽裂或浅裂；向上的叶渐小。花头多数组成狭圆锥花序，果期卵球形；总苞片 4 层；舌状花黄色。瘦果椭圆形，压扁，黑褐色，边缘有宽厚翅，顶端具粗喙；冠毛白色。花果期 6—10 月。

产于南京、句容等地，偶见，生于路旁、田间、荒地等处。

2. 台湾翅果菊　台湾莴苣
Lactuca formosana Maxim.

一年生草本。高可达 1.5 m。中下部茎生叶椭圆形、披针形或倒披针形，羽状深裂至全裂，柄基稍抱茎。花头多数，顶生，组成伞房状；总苞果期卵球状；舌状花黄色。瘦果椭圆状，压扁，棕黑色，边缘有宽翅，顶端具喙；冠毛白色。花果期 4—11 月。

产于盱眙、南京等地，偶见，生于山坡草地及田间、路旁。

根或全草入药。

3. 翅果菊 山莴苣 多裂翅果菊

Lactuca indica L.

一年生或多年生草本。高可达 2 m。茎枝无毛。茎叶线形，无毛，中部叶长可超 20 cm，边缘大部全缘；中下部叶边缘有三角形锯齿或偏斜卵状大齿。头状花序果期卵球形，组成圆锥花序；总苞长 1.5 cm；舌状花黄色。瘦果黑色，压扁，边缘有宽翅，顶端具喙；冠毛白色，两层。花果期 7—9 月。

产于南京及周边各地，极常见，生于山坡林缘、林下、草地、河岸。

根或全草入药。

新版《江苏植物志》所载山莴苣 *L. indica* L. 的形态描述实为 *L. sibirica* (L.) Benth. ex Maxim.，江苏不产。

7. 苦荬菜属（*Ixeris*）分种检索表

1. 植株具匍匐茎；叶片匙形、椭圆形或近线形 ·················· **1. 剪刀股** *I. japonica*
1. 植株无匍匐茎。
　　2. 中下部茎生叶基部箭形抱茎，全部叶片不分裂 ··············· **2. 苦荬菜** *I. polycephala*
　　2. 中下部茎生叶全缘，基部耳状半抱茎，基生叶不分裂至全裂 ··············· **3. 中华苦荬菜** *I. chinensis*

1. 剪刀股

Ixeris japonica (Burm. f.) Nakai

多年生草本。高可达 35 cm。叶片匙形、椭圆形或近线形，边缘具齿至深羽裂或大头羽状裂，顶裂片近椭圆形；茎生叶少数。花头顶生，组成伞房状；总苞钟状；总苞片 2~3 层；舌状花黄色。瘦果褐色，近纺锤状，具 10 条翅状肋。花果期 3—5 月。

产于南京及周边各地，常见，生于路边、田野。

全草入药。

2. 苦荬菜　多头苦荬

Ixeris polycephala Cass.

一年生草本。高 10~80 cm。基生叶线形至披针形;中下部茎生叶基部箭头状半抱茎。伞房花序状分枝,无毛;花头多数,在顶端组成伞房状花序;总苞圆柱状;总苞片 3 层;舌状花 10~25 朵,黄色。瘦果压扁,褐色,具 10 条翅状肋。花果期 3—6 月。

产于南京及周边各地,常见,生于路边、疏林下等处。

3. 中华苦荬菜　山苦荬　中华小苦荬

Ixeris chinensis (Thunb.) Nakai

多年生草本。高可达 50 cm。基生叶长椭圆形、倒披针形、线形,不分裂、尖齿至深裂;茎生叶不裂,基部耳状抱茎。花头顶生,组成伞房状;总苞圆柱状;总苞片 3~4 层;舌状花 21~25 朵,黄色或白色。瘦果褐色,长椭圆状,有 10 条翅状肋。花果期 5—10 月。

产于南京及周边各地,极常见,生于田野、山坡路旁、河边灌丛。

全草入药。

（亚种）光滑苦荬菜

subsp. *strigosa* (H. Lév. & Vaniot) Ohwi

本亚种总苞长 9~11 mm，舌状花白色或淡紫色；茎生叶 1~2 枚。

产于南京及周边各地，常见，生于山坡草地。

（亚种）变色苦荬菜　多色苦荬　兔子菜

subsp. *versicolor* (Fisch. ex Link) Kitam.

本亚种总苞长 8~9 mm，舌状花颜色多变，白色、紫色、暗黄色或亮黄色；茎生叶 0~2 枚。

产于南京及周边各地，常见，生于山坡草地。

8. 黄鹌菜属（*Youngia*）

1. 黄鹌菜

Youngia japonica (L.) DC.

一年生草本。高可达 1 m。被柔毛。基生叶常大头深羽裂或全裂,最下方侧裂片耳状。花头顶生,组成伞房花序;总苞圆柱状;总苞片 4 层;舌状花 10~20 朵,黄色。瘦果纺锤状,压扁,褐色,顶端渐细,无喙;冠毛糙毛状。花果期 4—10 月。

产于南京及周边各地,极常见,生于山坡、山谷、林缘、林下、草地、潮湿地、河边沼泽地、田间及荒地。

全草或根入药。

（亚种）卵裂黄鹌菜

subsp. *elstonii* (Hochr.) Babc. & Stebbins

本亚种茎不裸露;有发育良好的茎生叶。

产于南京,常见,生于山坡草地、田野路边。

9. 假还阳参属（*Crepidiastrum*）分种检索表

1. 中上部茎生叶在基部三分之一处最宽；总苞长 4.5~6.5 mm；花药及花柱干时黄色
 ··· **1. 尖裂假还阳参** *C. sonchifolium*
1. 中上部茎生叶在中部三分之一处最宽；总苞长 6~9 mm；花药及花柱干时带绿色或黑色
 ·· **2. 黄瓜菜** *C. denticulatum*

1. 尖裂假还阳参　抱茎苦荬菜

Crepidiastrum sonchifolium (Maxim.) Pak & Kawano

一年生或二年生草本。高可达 1 m。基生叶匙形至长椭圆形，不分裂或大头深羽裂，叶柄具宽翅；茎生叶基部心形或耳状抱茎。花头顶生，组成伞房状或伞房圆锥状；总苞圆柱状；舌状花黄色。瘦果黑色，纺锤状，具肋。花果期 3—5 月。

产于南京及周边各地，极常见，生于山坡或平原路旁、林下、河滩。

全草入药。

2. 黄瓜菜　黄瓜假还阳参　苦荬菜

Crepidiastrum denticulatum (Houtt.) Pak & Kawano

一年生或二年生草本。高可达 1.2 m。基生叶及下部茎生叶花期枯萎；中下部茎生叶卵形至披针形，不分裂，基部抱茎；上部茎生叶渐小，无柄。花头顶生，组成伞房状或伞房圆锥状；总苞圆柱状；舌状花黄色。瘦果长椭圆状，压扁，黑褐色，具肋。花果期 5—11 月。

产于南京及周边各地，常见，生于田边、山坡、林缘、林下、岩隙。

全草或根入药。

10. 小苦荬属（*Ixeridium*）

1. 小苦荬　齿缘苦荬

Ixeridium dentatum (Thunb.) Tzvelev

多年生草本。高 10~50 cm。基生叶倒披针形至椭圆形，仅中下部边缘具疏锯齿；茎生叶少数，基部耳状抱茎。花头多数，顶生，组成伞房花序；总苞圆柱状；舌状花 5~7 朵，黄色。瘦果纺锤状，稍压扁，褐色，有 10 条细肋。花果期 4—8 月。

产于南京及周边各地，常见，生于山坡、林下、田边。

全草入药。

11. 稻槎菜属（*Lapsanastrum*）分种检索表

1. 总苞片椭圆状披针形，先端喙状；瘦果顶端两侧各有 1 条钩刺状附属物·················**1. 稻槎菜** *L. apogonoides*
1. 内层总苞片卵形，顶端尾尖；瘦果顶端无钩刺状附属物·················**2. 矮小稻槎菜** *L. humile*

1. 稻槎菜

Lapsanastrum apogonoides (Maxim.) Pak & K. Bremer

一年生矮小草本。高 10~30 cm。基生叶椭圆形至长匙形，大头羽状全裂或几全裂；茎生叶少数。花头顶生，组成疏松伞房圆锥状；总苞片椭圆状披针形；总苞片 2 层，顶端喙状。舌状花黄色，两性。瘦果淡黄色，稍压扁，顶端两侧各有 1 枚下垂的长钩刺。花果期 1—6 月。

产于南京及周边各地，常见，生于田野、荒地及路边。

全草入药。

2. 矮小稻槎菜

Lapsanastrum humile (Thunb.) Pak & K. Bremer

一年生草本。高 9~50 cm。基生叶片倒披针形,大头深羽裂或全裂,侧裂片 2~7 对;茎生叶 1~3 枚。花头顶生,组成伞房状;总苞钟状;总苞片 2 层,内层顶端尾尖;舌状花黄色。瘦果褐色,椭圆状,压扁,顶端无钩刺状附属物。花果期 4—6 月。

产于南京及周边地区,常见,生于田野、荒地及沟溪边。

12. 大丁草属（*Leibnitzia*）

1. 大丁草

Leibnitzia anandria (L.) Turcz.

多年生葶状草本。高 5~10 cm。春秋二型,春型较矮,被蛛丝状毛。叶基生,倒披针形或倒卵状长圆形。花葶单生或数个丛生;花头单生;雌花舌状;两性花管状二唇形。瘦果纺锤状。秋型植株较高;花葶高可达 35 cm;花头外层雌花管状二唇形。花期春秋二季。

产于南京及周边各地,偶见,生于山顶、山谷丛林、荒坡、沟边。

全草入药。

13. 兔儿风属 (*Ainsliaea*)

1. 杏香兔儿风

Ainsliaea fragrans Champ. ex Benth.

多年生草本。高 8~20 cm。茎花葶状。叶聚生于茎基部,叶片卵形至卵状长圆形,顶端钝或具凸尖,基部深心形,全缘或具齿。花头常具小花 3 朵;总苞圆柱状;总苞片约 5 层;小花白色。瘦果圆柱状或近纺锤状,栗褐色,被长柔毛;冠毛羽毛状。花期 11—12 月。

产于江宁、句容等地,偶见,生于山坡阴湿处或林下、路旁、草丛中。

全草入药。

14. 兔儿伞属 (*Syneilesis*)

1. 兔儿伞

Syneilesis aconitifolia (Bunge) Maxim.

多年生直立草本。高 0.7~1.2 m。下部叶具长柄;叶片盾状圆形,掌状 7~9 深裂,每裂片再次 2~3 浅裂。花头多数,在茎端密集组成复伞房花序;总苞筒状;总苞片 5 枚;小花同形,8~10 朵,淡粉白色。瘦果圆柱形,无毛;冠毛糙毛状。花期 6—7 月,果期 8—10 月。

产于南京及周边各地,常见,生于山坡、荒地、林缘或路旁。

全草有毒。

15. 一点红属（*Emilia*）

1. 一点红

Emilia sonchifolia (L.) DC.

一年生草本。高可达 0.4 m。叶片大头羽裂，顶生裂片宽卵状三角形，具不规则齿，侧生裂片常 1 对；中部叶较小，基部箭状抱茎。花头顶生，组成疏伞房状；总苞圆柱形，基部无小苞片；小花同形，深粉色。瘦果肋间被微毛；冠毛白色。花果期 7—10 月。

产于南京及周边各地，常见，生于山坡荒地、田埂、路旁。

全草入药。

16. 野茼蒿属（*Crassocephalum*）

1. 野茼蒿　革命菜

Crassocephalum crepidioides (Benth.) S. Moore

一年生直立草本。高可达 1.2 m。叶椭圆形，边缘有不规则锯齿或重锯齿，有时基部羽状裂。花头数个顶生，组成伞房状；总苞钟状；总苞片线状披针形；小花同形，花冠红褐色。瘦果赤红色，被毛；冠毛极多数，白色。花期 7—12 月。

产于南京及周边各地，偶见，生于路边、田埂和荒地。栽培或逸生。

全草入药，有小毒。

17. 千里光属（*Senecio*）分种检索表

1. 多年生攀缘草本；具辐射小花，舌片黄色 ·· **1. 千里光** *S. scandens*
1. 一年生直立草本；无辐射小花 ·· **2. 欧洲千里光** *S. vulgaris*

1. 千里光

Senecio scandens Buch.-Ham. ex D. Don

多年生攀缘草本。茎长 2~5 m。叶片卵状披针形至长三角形，顶端渐尖，常具浅或深齿，有时裂。花头顶生，组成复聚伞圆锥状；总苞圆柱状钟形；总苞片线状披针形；小花花冠黄色。瘦果圆柱状，长约 3 mm，被柔毛；冠毛白色。花果期 9—11 月。

产于南京及周边各地，常见，生于林下、山坡灌丛中。

全草入药，有小毒。

2. 欧洲千里光

Senecio vulgaris L.

一年生直立草本。高 12~45 cm。叶片倒披针状匙形或长圆形,顶端钝,羽状浅裂至深裂。花头顶生,组成密集伞房状;总苞钟状,长 6~7 mm;总苞片线形,常具黑长尖头;小花同形,均为管状花,花冠黄色。瘦果圆柱状;冠毛白色。花期 4—10 月。

产于南京及周边各地,常见,生于山坡、草地及路旁。入侵种。

全草入药。

18. 狗舌草属(*Tephroseris*)分种检索表

1. 舌状花 13~15 朵；瘦果密被硬毛 ·· **1. 狗舌草** *T. kirilowii*

1. 舌状花 20~25 朵；瘦果无毛 ·· **2. 江浙狗舌草** *T. pierotii*

1. 狗舌草

Tephroseris kirilowii (Turcz. ex DC.) Holub

多年生草本。高 20~60 cm。近葶状。植株常被蛛丝状毛。基生叶花期宿存,长圆形；茎生叶少数。花头顶生,组成伞房状；总苞近圆柱状钟形；小花黄色,边缘雌花辐射状,13~15 朵；盘花管状。瘦果圆柱状,被密硬毛；冠毛白色。花期 2—8 月。

产于南京及周边各地,偶见,生于山坡草地。

全草或根入药。全草有小毒。

2. 江浙狗舌草

Tephroseris pierotii (Miq.) Holub

多年生草本。高可达 0.5 m。常被蛛丝状毛。基生叶花期常宿存,长圆形至披针形；茎生叶多数,基部半抱茎。花头顶生,组成近伞形或伞房状；总苞半球形；小花黄色,边缘雌花辐射状,20~25 朵；盘花管状。瘦果圆柱状,无毛；冠毛白色。花期 4—5 月。

产于江宁等地,稀见,生于潮湿林下、沼泽地。

李晓栋 供图

19. 蓝刺头属（*Echinops*）

1. 华东蓝刺头

Echinops grijsii Hance

多年生草本。高 30~80 cm。密被蛛丝状毛。叶片椭圆形至卵状披针形,深羽裂,叶面绿色,叶背灰白色,密被毛;基生叶及下部茎生叶有长柄。花头具 1 朵小花,组成复头状花序,复花序单生茎顶;小花蓝色。瘦果倒圆锥状。花果期 7—10 月。

产于南京及周边各地,常见,生于山坡草地。

根入药,称"禹州漏芦"。

20. 苍术属（*Atractylodes*）

1. 苍术　茅苍术

Atractylodes lancea (Thunb.) DC.

多年生草本。高可达 1 m。叶全部或部分羽裂,基部半抱茎,或渐狭成柄,边缘具针刺状缘毛、三角形刺齿或重刺齿。花头单生枝顶;总苞钟状;托苞针刺状,羽状全裂或深裂;总苞片 5~7 层;小花白色。瘦果倒卵圆状;冠毛羽毛状。花果期 6—10 月。

产于南京及周边各地,偶见,生于山坡草地、林下、灌丛。亦有栽培。

根状茎入药。

21. 蓟属（*Cirsium*）分种检索表

1. 雌雄同株，小花两性；果期冠毛与花冠近等长或稍短。
  2. 总苞片顶端急尖、渐尖或钻状，顶端无膜质扩大。
    3. 叶片两面绿色，两面被稀疏多细胞节状长毛或无毛 ················· **1. 蓟** *C. japonicum*
    3. 叶片两面异色，叶面绿色，被多细胞节状长毛，叶背灰白色，被稠密柔毛··········· **2. 野蓟** *C. maackii*
  2. 内层总苞片顶端膜质扩大。
    4. 叶片两面绿色，无毛或沿脉有多细胞长节毛；叶片羽裂，或不分裂但边缘有齿 ····· **3. 绿蓟** *C. chinense*
    4. 叶片两面异色，叶面绿色，几无毛，叶背灰白色，密被灰白色柔毛；全部茎叶不分裂
    ··· **4. 线叶蓟** *C. lineare*
1. 雌雄异株；果期冠毛长于花冠 ························· **5. 刺儿菜** *C. arvense* var. *integrifolium*

1. 蓟 大蓟

Cirsium japonicum DC.

  多年生草本。高可达 1.5 m。基生叶的叶片卵形至长倒卵形，深羽裂，边缘有针刺及刺齿。花头常直立，数个顶生；总苞钟状，直径约 3 cm；总苞片约 6 层；小花紫红色。瘦果压扁，顶端斜截形；冠毛浅褐色，多层，基部连合成环。花果期春夏季。

  产于南京及周边各地，常见，生于山坡林下、林缘、灌丛、草地、荒地、路旁。

  全草入药。

2. 野蓟

Cirsium maackii Maxim.

多年生草本。高可达 1.5 m。茎被多细胞节毛。基生叶和下部叶长椭圆形至披针形,基部有时半抱茎,边缘具刺齿或针刺,羽状半裂至几全裂。花头顶生,单生或组成伞房状;总苞钟状;总苞片约 5 层;小花紫红色。瘦果淡黄色,压扁。花果期 6—9 月。

产于南京及周边各地,偶见,生于山坡草地、林缘、路旁。

根及全草入药。

3. 绿蓟

Cirsium chinense Gardner & Champ.

多年生草本。高可达 1 m。茎、叶背沿脉上被多细胞长节毛。中部叶长椭圆形至线形,羽状浅裂至深裂,或不分裂边缘有刺齿,齿顶及齿缘有长针刺。花头数个,不规则,组成伞房状;花头下部常被蛛丝状毛;总苞卵球状;总苞片约 7 层;小花紫红色。瘦果压扁,楔状倒卵形。花果期 6—10 月。

产于南京及周边各地,偶见,生于山坡草丛中。

根及全草入药。

4. 线叶蓟

Cirsium lineare (Thunb.) Sch. Bip.

多年生草本。高可达 1.5 m。中下部叶长椭圆形至倒披针形,向上渐小,茎生叶不分裂,边缘有细密的针刺,针刺异色。花头组成圆锥伞房状,顶生;总苞卵形;总苞片约 6 层;小花紫红色。瘦果倒棱锥状,顶端截形;冠毛浅褐色。花果期 9—10 月。

产于南京及周边各地,偶见,生于山坡或路旁。

根、全草入药。

5. 刺儿菜　小蓟

Cirsium arvense var. *integrifolium* Wimm. & Grab.

多年生草本。高 20~50 cm。基生叶花期枯萎;中下部茎生叶椭圆形或椭圆状披针形,两面被白色蛛丝状毛,近全缘或有疏锯齿。雌雄异株;花头直立;雄花头小于雌花头;总苞片 6 层;小花紫红色或白色。瘦果淡黄色;冠毛羽状。花期 4—7 月。

产于南京及周边各地,极常见,生于荒地、路旁、田间。

全草入药,称"小蓟"。

22. 飞廉属（*Carduus*）分种检索表

1. 叶片两面近异色或异色,叶面绿色,叶背灰绿色或浅灰白色,被薄蛛丝状毛 ·········· **1. 丝毛飞廉** *C. crispus*
1. 叶片两面绿色,两面沿脉有多细胞长节毛 ··········· **2. 节毛飞廉** *C. acanthoides*

1. 丝毛飞廉

Carduus crispus L.

　　二年生或多年生草本。高可达 1.5 m。植株被稀疏蛛丝状毛和多细胞长节毛。下部茎生叶椭圆形至倒披针形,深羽裂或半裂;茎生叶向上渐狭而小。花头常 3~5 个聚集或单独顶生,稍呈伞房状;总苞卵圆状;小花紫红色。瘦果稍压扁,椭圆形。花果期 4—10 月。

　　产于南京及周边各地,常见,生于山坡草地、田间、荒地河旁及林下。

　　全草或根入药。

2. 节毛飞廉

Carduus acanthoides L.

二年生或多年生草本。高可达 1 m。植株被多细胞长节毛。基生叶及下部茎生叶长椭圆形或倒披针形,边缘有锯齿或羽状浅裂至深裂,具刺齿和针刺,向上叶渐小。花头 3~5 个顶生;总苞卵状或卵圆状;小花红紫色。瘦果长椭圆形。花果期 5—10 月。

产于南京及周边各地,常见,生于山坡、草地、林缘、灌丛、田间。

全草入药。

23. 泥胡菜属（*Hemisteptia*）

1. 泥胡菜

Hemisteptia lyrata (Bunge) Fisch. & C.A. Mey.

一年生或二年生草本。高可达 1 m。基生叶及下部叶长椭圆形或倒披针形,大头深羽裂或近全裂。花头在枝顶组成伞房花序;总苞宽钟状或半球状;中外层总苞片外上方有凸起的紫红色附片;小花紫红色。瘦果褐色;冠毛两层,异形。花果期 3—8 月。

产于南京及周边各地,极常见,生于林下、草地、山坡、林缘、荒地、田间、路旁。

全草入药。

24. 风毛菊属（*Saussurea*）

1. 风毛菊

Saussurea japonica (Thunb.) DC.

二年生草本。高可达 2 m。基生叶与下部茎生叶具柄，有狭翅；叶片椭圆形至披针形，常深羽裂。花头多数顶生，组成伞房状或伞房圆锥状；总苞圆柱状；总苞片 6 层，顶端紫红色；小花紫色。瘦果深褐色，圆柱状；冠毛两层。花果期 6—11 月。

产于南京及周边各地，常见，生于山坡、路旁、灌丛、荒地、田野。

全草入药。

25. 鬼针草属（*Bidens*）分种检索表

1. 瘦果线形圆柱状,顶端渐狭窄,通常具芒刺 3~4 枚。
  2. 叶片 1~3 回羽裂,被柔毛;总苞外层苞片披针形;辐射花黄色。
    3. 顶生裂片卵形,边缘具整齐锯齿 ·································· **1. 金盏银盘** B. biternata
    3. 顶生裂片狭窄,边缘具稀疏不整齐锯齿 ················· **2. 婆婆针** B. bipinnata
  2. 叶片常为三出复叶,近无毛;总苞外层苞片匙形;辐射花白色或无 ············· **3. 鬼针草** B. pilosa
1. 瘦果较宽扁,楔形或倒卵状楔形,顶端截形,通常具芒刺 2 枚。
  4. 茎中部叶片羽状全裂,至少顶生裂片具明显的柄;盘花花冠 5 裂············ **4. 大狼杷草** B. frondosa
  4. 茎中部叶片深羽裂;盘花花冠 4 裂 ·················· **5. 狼杷草** B. tripartita

1. 金盏银盘

Bidens biternata (Lour.) Merr. & Sherff

一年生草本。高可达 1.5 m。叶片为 1 回羽状复叶;小叶卵形、卵状披针形或卵状长圆形。花头直径 7~10 mm;边缘辐射花常具 3~5 朵,或有时无,不育,舌片黄色;盘花黄色。瘦果黑色,线形圆柱状,具 4 棱;顶端芒刺 3~4 枚,具倒刺毛。花期 9—11 月。

产于南京及周边各地,极常见,生于田野路边。

全草入药。

2. 婆婆针

Bidens bipinnata L.

一年生草本。高可达 1.2 m。叶片 2 回羽裂,第 1 回深裂达中肋。花头直径 6~10 mm；外层总苞片线形,内层总苞片膜质；边缘辐射花通常 1~3 朵,不育,黄色；盘花黄色。瘦果线形圆柱状,具 3~4 棱；顶端芒刺常 3~4 枚,具倒刺毛。花期 6—7 月。

产于南京及周边各地,常见,生于路边荒地、山坡及田间。归化种。

全草入药。

3. 鬼针草　三叶鬼针草

Bidens pilosa L.

一年生草本。高可达 1 m。下部叶较小；中部为羽状复叶,小叶 3~7 枚,小叶椭圆形或卵状椭圆形。花头辐射状或盘状,常单生于枝端；总苞片两层；白色缘花 1~5 朵,舌片短于 3.5 mm,或无缘花；盘花黄色。瘦果黑色,线形圆柱状；顶端有具倒刺毛的芒刺 3~4 枚。花果期 3—10 月。

产于南京及周边各地,极常见,生于路边田野。归化种。

全草入药。

据新版《江苏植物志》记载, *B. alba* (L.) DC.（白花鬼针草、大花鬼针草）为本种的异名。实际观察可知, *B. alba* 的白色缘花常 5~7 片,大而明显,舌片长可达 8 mm,先端凹缺,在浙江及以南的我国南部地区已有入侵或归化。本志同意《浙江植物志（新编）》的处理,将其视为两个不同的种,后者在南京及周边地区还未发现大范围入侵的群落。

4. 大狼耙草

Bidens frondosa L.

一年生草本。高可达 1.2 m。叶片为 1 回羽状复叶；小叶 3~5 枚，披针形，边缘具粗锯齿。花头单生于枝顶；外层总苞片常 8，叶状，内层总苞片膜质，边缘淡黄色；舌状花无或不发育。瘦果扁平，狭楔形；顶端芒刺 2 枚，具倒刺毛。花果期 4—10 月。

产于南京及周边各地，极常见，生于田野湿润处。归化种。

全草入药。

5. 狼耙草

Bidens tripartita L.

一年生草本。高可达 1.5 m。下部叶不裂，中部叶片长椭圆状披针形，通常 3~5 深裂。花头盘状，单生于枝顶；外层总苞片叶状，内层总苞片膜质；小花全为管状花，黄色。瘦果扁，近楔形；边缘有倒刺毛，顶端芒刺常 2 枚。花果期 4—10 月。

产于南京及周边各地，稀见，生于路边荒野及水边湿地。

全草入药。

26. 金鸡菊属（*Coreopsis*）

1. 大花金鸡菊

Coreopsis grandiflora Hogg ex Sweet

多年生草本。高可达 1 m。基部叶披针形或匙形；下部叶羽状全裂；中部及上部叶 3~5 深裂，叶对生。花头单生于枝端，具长花序梗；总苞片 2 层，差异明显；辐射花舌片宽大，长约 2 cm，黄色；管状花长 5 mm。瘦果近圆状，长 2.5~3.0 mm。花期 5—9 月。

产于南京周边，常见，生于林缘、路旁。栽培或逸生。

27. 藿香蓟属 (*Ageratum*)

1. 藿香蓟　胜红蓟

Ageratum conyzoides L.

　　一年生草本。高可达1 m。茎被柔毛。叶片卵形至长圆形，被毛及腺点，可达8 cm×5 cm，具叶柄；基部钝或宽楔形，边缘具圆锯齿。花头在茎顶组成伞房花序；总苞钟状或半球状，直径4~5 mm；花冠淡紫色或白色。瘦果黑褐色；冠毛膜片状。花果期春夏秋三季。

　　产于南京及周边各地，常见，生于山谷、林缘或山坡草地、田野。栽培或逸生。

28. 下田菊属 (*Adenostemma*)

1. 下田菊

Adenostemma lavenia (L.) Kuntze

　　一年生草本。高30~100 cm。茎被白色短柔毛，下部光滑无毛。茎中部叶较大，叶片长椭圆状披针形；叶柄具狭翼。花头组成疏散伞房状或伞房圆锥状；总苞半球形，总苞片2层，外层的大部分合生；全部小花管状，两性，白色。果倒披针形；冠毛4，棍棒状。花果期8—10月。

　　产于江宁、句容、丹徒等地，偶见，生于水边或低湿地。

29. 泽兰属（*Eupatorium*）分种检索表

1. 总苞片顶端急尖；叶片具基出脉 3 条 ·································· **1. 林泽兰** *E. lindleyanum*
1. 总苞片顶端圆或钝，叶片具羽状脉。
  2. 叶片不裂，卵形或长卵形，基部圆形，叶柄无或极短，长 0~4 mm ············· **2. 多须公** *E. chinense*
  2. 叶片分裂，基部楔形，叶柄长 10~20 mm ·························· **3. 白头婆** *E. japonicum*

1. 林泽兰　白鼓钉　轮叶泽兰　野马追
Eupatorium lindleyanum DC.

    多年生草本。高可达 1.5 m。叶片长椭圆状披针形或线状披针形，（3~12）mm×（5~30）mm，不裂或 3 全裂，基出脉 3 条。花头于枝顶组成伞房或复伞房花序；总苞钟状；总苞片顶端急尖；花冠白色至淡紫红色。瘦果黑褐色；具腺点。花果期 5—12 月。

    产于南京及周边各地，常见，生于山谷、林下阴湿处。

    叶 3 全裂的类型（轮叶泽兰 *E. lindleyanum* var. *trifoliatum* Makino，现已并入本种），其全草供药用，称"野马追"。盱眙主产。

2. 多须公　华泽兰
Eupatorium chinense L.

    多年生草本至半灌木。高可达 2 m。叶几无柄；叶片卵形至宽卵形，（4.5~10.0）cm×（3.0~5.0）cm，被短柔毛及腺点，羽状脉，基部圆形，顶端渐尖或钝。花头于枝顶组成复伞房花序；总苞钟状，长约 5 mm；花冠白色至淡红色。瘦果黑褐色；具腺点。花果期 6—11 月。

    产于南京及周边各地，常见，生于山谷、山坡林缘、林下、灌丛或山坡、田野。

    叶和根入药。

3. 白头婆 泽兰

Eupatorium japonicum Thunb.

　　多年生草本。高可达 2 m。叶片椭圆形、卵状长椭圆形至披针形,(6.0~20.0)cm ×(2.0~6.5.0)cm,羽状脉,基部楔形,顶端渐尖。花头于枝顶组成伞房或复伞房花序;总苞钟状,长约 5 mm;花白色至淡紫红色,外面密被腺点。瘦果黑褐色;具腺点。花果期 6—11 月。

　　产于南京及周边各地,常见,生于山坡草地、林下、灌丛、沼泽湿地。

　　全草或根入药。

30. 合冠鼠曲属(*Gamochaeta*)

1. 匙叶合冠鼠曲

Gamochaeta pensylvanica (Willd.) Cabrera

　　一年生草本。高可达 0.5 m。被白色绵毛。下部叶倒披针形或匙形,顶端圆钝;中部叶近长圆形。花头数个成束簇生,再组成紧密的穗状花序;总苞卵形;总苞片污黄色;雌花多数,丝状;两性花少数,管状;冠毛基部连合成环。花期 12 月至翌年 5 月。

　　产于南京周边,常见,生于路边荒地。归化种。

31. 湿鼠曲草属（*Gnaphalium*）

1. 细叶湿鼠曲草　细叶鼠麴草　白背鼠麴草

Gnaphalium japonicum Thunb.

多年生草本。高可达 25 cm。叶片主要基生，线状倒披针形，叶片两面异色；上面疏被绵毛，下面厚被白色绵毛。花头少数顶生，密集成球状；雌花多数，花冠丝状；两性花少数，花冠筒状。瘦果长圆形，长约 1 mm；冠毛粗糙。花期 2—5 月。

产于南京及周边各地，常见，生于草地、荒坡或耕地上。

全草入药。

32. 鼠曲草属（*Pseudognaphalium*）分种检索表

1. 总苞钟状，总苞片 2~3 层，亮黄色；冠毛白色 ·· **1. 鼠曲草 *P. affine***
1. 总苞球状，总苞片 3~4 层，亮黄色或黄白色；冠毛白色或污黄色。
　2. 叶片线形；总苞片亮黄色；冠毛污黄 ······································ **2. 秋鼠曲草 *P. hypoleucum***
　2. 叶片倒披针状或倒卵状长圆形；总苞片黄白色；冠毛白色 ······· **3. 宽叶鼠曲草 *P. adnatum***

1. 鼠曲草　拟鼠麴草

Pseudognaphalium affine (D. Don) Anderb.

一年生草本。高可达 0.5 m。被白色厚绵毛。叶近匙形，基部渐狭，稍下延，顶端圆，具尖头，两面被白色绵毛。花头在枝顶密集成伞房花序；总苞钟状；总苞片金黄色；雌花多数；花冠细管状；两性花较少，管状。瘦果褐色，长约 0.5 mm。花期 1—4 月，果期 8—11 月。

产于南京及周边各地，常见，生于荒坡、草地、田间。

全草入药。南京等地常用来制作青团。

2. 秋鼠曲草　秋拟鼠麹草　下白鼠麹草

Pseudognaphalium hypoleucum (DC.) Hilliard & B.L. Burtt

粗壮草本。高可达 0.7 m。茎直立,初时被白色厚绵毛。下部叶线形,基部略狭,稍抱茎;中部和上部叶较小。花头顶生,密集组成伞房状;总苞球状;总苞片黄色;雌花多数;花冠丝状;两性花较少数,花冠筒状。瘦果卵状;冠毛绢毛状,粗糙。花期 8—12 月。

产于南京及周边各地,偶见,生长于山坡、草地、林缘或路旁。

全草入药。

3. 宽叶鼠曲草　宽叶拟鼠麹草

Pseudognaphalium adnatum (DC.) Y. S. Chen

粗壮草本。高 0.5~1.0 m。各部密被绵毛。基生叶花期凋落;中下部叶近长圆形;上部叶小。花头顶生成球状,再组成大型伞房状;总苞近球状;总苞片黄色;雌花多数;花冠丝状;两性花常 5~7 朵。瘦果圆柱状,长约 0.5 mm;冠毛白色。花期 8—10 月。

产于南京及周边各地,偶见,生于路旁、山坡、灌丛。

全草或叶入药。

33. 石胡荽属（*Centipeda*）

1. 石胡荽　鹅不食草

Centipeda minima (L.) A. Braun & Asch.

一年生匍匐小草本。高 6~20 cm。叶片楔状倒披针形，顶端钝，基部楔形，边缘有少数锯齿。花头小，扁球形，单生叶腋；总苞半球状；总苞片 2 层；边缘雌花多层，花冠细管状，淡绿黄色；盘花两性，管状。瘦果椭圆状，具 4 棱，棱上有长毛；无冠毛。花果期 6—10 月。

产于南京及周边各地，常见，生于阴湿的路边、荒野。

全草入药，称"鹅不食草"。

34. 蒿属（*Artemisia*）分种检索表

1. 仅边缘雌花可育；中央两性花花开时花柱常短于花冠，先端棒状，通常不岔开，退化子房细小或不存在。
  2. 叶片末回裂片丝状、狭线形或锥形，宽小于 1.5 mm，或叶片线状披针形或披针形。
    3. 基生叶莲座状；下部叶末回裂片长 5~10 mm，头状花序卵形 ·················· **1. 茵陈蒿** A. capillaris
    3. 基生叶非莲座状；下部叶末回裂片长 3~5 mm，头状花序近球形 ·············· **2. 猪毛蒿** A. scoparia
  2. 叶片末回裂片宽线形至披针形或椭圆形，宽大于 1.5 mm。
    4. 植株具圆柱状根状茎；叶片 1~2 回大头羽裂、深裂、全裂或不裂 ·············· **3. 南牡蒿** A. eriopoda
    4. 植株不具圆柱状根状茎；叶片羽裂、深裂或半裂 ····························· **4. 牡蒿** A. japonica
1. 边缘雌花和中央两性花均可育；中央两性花花开时花柱与花冠近等长或稍长，先端二叉，子房明显。
  5. 总苞片干膜质，几乎无毛，中脉非绿色。
    6. 中部叶为单叶，有锯齿，不分裂；总苞片淡黄色 ·························· **5. 奇蒿** A. anomala
    6. 中部叶 1~2 回羽裂、全裂或深裂；总苞片白色 ···················· **6. 白苞蒿** A. lactiflora
  5. 总苞片仅边缘干膜质，中脉绿色，偶呈棕色。
    7. 花头球状，稀卵球形；叶的小裂片宽度通常在 1 mm 以下，或小裂片为栉齿型。
      8. 根状茎粗壮，茎下部木质；叶片和总苞片背面初时密被灰白色短柔毛······ **7. 细裂叶莲蒿** A. gmelinii
      8. 根状茎不粗壮，茎下部草质；叶片和总苞片背后近无毛。
        9. 叶片 2 回羽裂；花头直径 3.5~4.0 mm；两性花 30~40 朵 ·········· **8. 青蒿** A. caruifolia
        9. 叶片 3~4 回羽裂；花头直径 1.5~2.5 mm；两性花 10~30 朵 ········· **9. 黄花蒿** A. annua
    7. 花头椭圆形、长圆球形或长卵球形；叶的小裂片宽度通常超过 1.5 mm。
      10. 叶片掌状 3 或 5 全裂或深裂，稀 7 裂或不分裂·················**10. 蒌蒿** A. selengensis
      10. 叶片 1~2 回羽裂。
        11. 叶片具明显的白色或棕色腺点及小凹点。
          12. 花头小，直径 1.0~1.5 mm，具两性花 2~5 朵，雌花 1~3 朵；中部叶片小，1~2 回羽状全裂，边外卷
              ··· **11. 矮蒿** A. lancea
          12. 花头大，直径 1.5 mm 以上，具两性花 4~20 朵，雌花 3~9 朵；中部叶片大，2 回、1~2 回羽状全裂或 1 回羽状浅裂至深裂。
            13. 茎中部叶 1~2 回羽状全裂。
              14. 具匍匐茎；茎上部叶（3）5 深裂或全裂；苞片叶不分裂 ··· **12. 南艾蒿** A. verlotiorum
              14. 无匍匐茎；茎上部叶羽状全裂；苞片叶 3 全裂或不裂 ······**13. 野艾蒿** A. lavandulifolia
            13. 茎中部叶 1~2 回羽状半裂或深裂 ································· **14. 艾** A. argyi
        11. 叶片上无白色无腺点，无明显小凹点。
          15. 两性花的花柱和花冠近等长。
            16. 茎全部或基部为红色；花头密集成穗状，再组成圆锥状·············**15. 红足蒿** A. rubripes
            16. 茎非红色；花头排列疏松，不组成密集穗状。
              17. 总苞片无毛或近无毛。
                18. 叶片长 5~10 cm，1~2 回深羽裂，每侧裂片 2 枚 ·············· **16. 魁蒿** A. princeps
                18. 叶片长 8~20 cm，1~2 回深羽裂或近全裂，裂片 2~4 对 ·····**17. 阴地蒿** A. sylvatica
              17. 总苞片被宿存的柔毛或蛛丝状毛 ························· **18. 蒙古蒿** A. mongolica
          15. 两性花花冠比花柱略短，顶端 2 叉，花后反卷 ······················· **19. 五月艾** A. indica

1. 茵陈蒿

Artemisia capillaris Thunb.

半灌木状草本。高可达 1.5 m。叶片卵圆形或卵状椭圆形，2~3 回羽状全裂，裂片狭线形。头状花序卵形，直径 1.5~2.0 mm；总苞片 3~4 层；雌花 6~10 朵，花冠狭管状；两性花 3~7 朵，管状，不育。瘦果长圆形或长卵形。花果期 7—10 月。

产于南京及周边各地，常见，生于河边沙地与低山坡、路边较潮湿处。

全草入药，称"茵陈"。

2. 猪毛蒿　滨蒿

Artemisia scoparia Waldst. & Kit.

草本。高可达 1.5 m。叶片近圆形至椭圆形，2~3 回羽状全裂，裂片线性。头状花序近球形，直径 1~2 mm，组成复总状或复穗状，再排成圆锥状；雌花 5~7 朵，狭管状；两性花 4~10 朵，管状，不育。瘦果倒卵形或长圆形。花果期 7—10 月。

产于南京及周边各地，常见，生于山坡、路旁、草地。

全草亦可做"茵陈"入药。

3. 南牡蒿

Artemisia eriopoda Bunge

多年生草本。高 30~80 cm。具短营养枝,枝上密生叶;基生叶与中下部叶近圆形、宽卵形或倒卵形,1~2 回大头羽状深裂至不裂,上部叶渐小,羽状全裂。花头近球形,直径约 2 mm;总苞片 3~4 层;雌花 4~8 朵,狭管状;两性花 6~10 朵,不育。瘦果长圆形。花果期 6—11 月。

产于南京及周边各地,常见,生于灌丛、林缘、路旁、山坡、溪边、疏林下。

全草入药。

4. 牡蒿

Artemisia japonica Thunb.

多年生草本。高 50~130 cm。基生叶与中下部叶倒卵形或宽匙形,自叶上端斜向基部羽状全裂或半裂;上部叶渐小,3 浅裂或不裂。花头近球形,直径约 2 mm,排成穗状或总状,再在茎上组成圆锥状;雌花 3~8 朵,狭管状;两性花 5~10 朵,不育。瘦果倒卵形。花果期 7—10 月。

产于南京及周边各地,常见,生于灌丛、林缘、疏林下、田野、荒地、山坡、路旁等。

全草入药。

5. 奇蒿　刘寄奴

Artemisia anomala S. Moore

多年生草本。高可达 1.5 m。叶卵形至卵状披针形，不分裂，边缘具细锯齿，基部圆形至楔形。花头长圆形或卵形，排成密穗状，再组成圆锥状；总苞片 3~4 层，淡黄色；雌花 4~6 朵，狭管状；两性花 6~8 朵，花冠筒状。瘦果长圆状倒卵形。花果期 6—11 月。

产于南京及周边各地，常见，生于沟边、林缘、路旁、河岸、灌丛及荒坡等地。

地上部分入药，称"刘寄奴"。

6. 白苞蒿　四季菜

Artemisia lactiflora Wall. ex DC.

多年生草本。高可达 2 m。叶片近卵形，通常 2 回羽状全裂；上部小，羽状裂。花头长圆形，直径 1.5~3.0 mm，组成密穗状，分枝上排成复穗状，再组成圆锥状；总苞片 3~4 层，白色；雌花 3~6 朵，狭管状；两性花 4~10 朵，管状。瘦果倒卵形。花果期 8—11 月。

产于南京及以南丘陵地区，常见，生于灌丛、林下、林缘、草地。

全草入药。

7. 细裂叶莲蒿　白莲蒿

Artemisia gmelinii Weber ex Stechm.

半灌木状草本。高可达 1.5 m。初时密被柔毛和腺点。中下部叶三角状卵形至长椭圆状卵形，2~3 回栉齿状羽裂，第 1 回全裂。花头近球形，直径 2~4 mm，总状排列，再组成圆锥状；雌花 10~12 朵，狭管状；两性花管状。瘦果狭圆锥状。花果期 8—10 月。

产于南京及周边各地，偶见，生于灌丛、山坡、路旁、草地。

全草入药。

（变种）灰莲蒿

var. *incana* (Besser) H. C. Fu

本变种叶面初时被灰白色短柔毛，后毛脱落，叶背密被灰白色短柔毛。

产于南京及周边各地，常见，生于山坡、草地。

（变种）**密毛细裂叶莲蒿**　密毛白莲蒿

var. *messerschmidiana* (Besser) Poljakov

本变种叶片两面密被灰白色或淡灰黄色短柔毛。

产于南京及周边各地，偶见，生于山坡、草地、路旁。

---

8. 青蒿

***Artemisia caruifolia* Buch.-Ham. ex Roxb.**

一年生或二年生草本。高可达 1.5 m。基生叶与茎下部叶 3 回栉齿状羽裂；中部叶长圆状卵形至椭圆形，2 回栉齿状羽裂。花头近半球形，直径约 4 mm，下垂；总苞片 3~4 层；小花淡黄色；雌花 10~20 朵；两性花 30~40 朵。瘦果椭圆形。花果期 6—9 月。

产于南京及周边各地，偶见，生于路旁、河滩、山谷、山坡、林缘。

全草入药。

9. 黄花蒿　臭蒿

Artemisia annua L.

一年生或二年生草本。高可达 2 m。具浓烈香气。茎下部叶宽卵形或三角状卵形,两面具白色腺点,3~4 回栉齿状深羽裂,裂片长椭圆状卵形。花头球形,直径约 2 mm；雌花 10~18 朵,狭管状；两性花 10~30 朵,管状。瘦果椭圆状卵形,略扁。花果期 8—11 月。

产于南京及周边各地,常见,生于山坡、路旁、荒地、林缘等处。地上部分入药,为提取 "青蒿素" 的原料。

10. 蒌蒿

Artemisia selengensis Turcz. ex Besser

多年生草本。高可达 1.5 m。叶及总苞片背面初时密被蛛丝状毛。叶片宽卵形或卵形,近掌状 3 或 5 全裂或深裂,裂片线状披针形。花头宽卵形,直径约 2 mm；雌花 8~12 朵,狭管状；两性花 10~15 朵,管状。瘦果卵形,略扁。花果期 7—10 月。

产于南京及周边各地,常见,生于河湖岸边与沼泽地、湿润林下、山坡、路旁、荒地等。现做为蔬菜广泛栽培。

全草入药。嫩茎叶可食用。

11. 矮蒿

Artemisia lancea Vaniot

多年生草本。高可达 1.5 m。植株初时被蛛丝状毛。叶片卵圆形，2 回羽状全裂，裂片线状披针形。花头卵形，直径 1.0~1.5 mm，排成穗状或复穗状，再组成圆锥状；总苞片 3 层；雌花 1~3 朵，狭管状；两性花 2~5 朵，管状。瘦果小，长圆形。花果期 8—10 月。

产于南京及周边各地，偶见，生于路旁、山坡、林缘、疏林、灌丛。

全草入药，民间做"艾"与"茵陈"的代用品。

12. 南艾蒿

Artemisia verlotiorum Lamotte

多年生草本。高 0.5~1.0 m。叶及总苞片被蛛丝状毛。叶面被白色腺点，叶片卵形，1~2 回羽状全裂，裂片狭披针形。花头椭圆形，直径约 2 mm；总苞片 3 层；雌花 3~6 朵，狭管状；两性花 8~18 朵，管状，檐部紫红色。瘦果倒卵形或长圆形。花果期 7—10 月。

产于南京及周边各地，常见，生于山坡、路旁、田边。

全草入药，做"艾"的代用品。

13. 野艾蒿

Artemisia lavandulifolia DC.

多年生草本。高可达 1.2 m。全株被蛛丝状柔毛。叶正面密被白色腺点;叶片宽卵形或近圆形,2 回羽状全裂,裂片长卵形。花头椭圆形,直径 2.0~2.5 mm;总苞片 3~4 层;雌花 4~9 朵,狭管状;两性花 10~20 朵,管状,檐部常紫红色。瘦果长卵形。花果期 8—10 月。

产于南京及周边各地,极常见,生于林缘、山坡、路旁、山谷、灌丛、水滨等处。

全草入药,做"艾"的代用品。

14. 艾　艾蒿

Artemisia argyi H. Lév. & Vaniot

多年生草本。高可达 2 m。香气浓郁,被灰白色蛛丝状毛。叶片宽卵形,深羽裂,裂片卵形至披针形,叶向上近不裂。花头椭圆形,直径约 3 mm;总苞片 3~4 层;雌花 6~10 朵,狭管状;两性花 8~12 朵,管状,外具腺点。瘦果长卵形。花果期 7—10 月。

产于南京及周边各地,常见,生于山坡、荒地、路旁、草地。

叶入药。

15. 红足蒿

Artemisia rubripes Nakai

　　多年生草本。高可达 1.8 m。茎基部常红色。叶背密被灰白色蛛丝状毛；叶片近圆形或宽卵形，2 回羽状全裂或深裂，裂片狭披针形。花头长卵形，直径 1~2 mm；雌花 9~10 朵，狭管状；两性花 12~14 朵，管状，紫红色或黄色。瘦果狭卵形。花果期 8—10 月。

　　产于南京及周边各地，偶见，生于山坡、荒地、林下、灌丛、林缘、路旁、河边。

　　全草入药，做"艾"的代用品。亦可提精油。

16. 魁蒿

Artemisia princeps Pamp.

　　多年生草本。高可达 1.5 m。植株初时被蛛丝状毛。叶片卵形，1~2 回深羽裂，每侧裂片 2 枚，裂片长圆形，2 回羽状浅裂。花头长圆形，直径约 2 mm；总苞片 3~4；雌花 5~7 朵，狭管状；两性花 4~9 朵，管状，黄色或檐部紫红色。瘦果椭圆形。花果期 7—11 月。

　　产于南京及周边各地，常见，生于山坡、灌丛、林缘、路旁、沟边。

　　枝叶入药，做"艾"的代用品。全草可提精油。

17. 阴地蒿

Artemisia sylvatica Maxim.

多年生草本。高可达 1.5 m。微被柔毛。叶片卵形,下部叶具长柄,2 回深羽裂,花期枯萎;中部叶 1~2 回深羽裂,裂片长椭圆形。花头近球形,直径约 2 mm;总苞片 3~4 层;雌花 4~7 朵,狭管状;两性花 8~14 朵,管状。瘦果狭卵形。花果期 9—10 月。

产于南京及周边各地,常见,生于湿润的林下、林缘或灌丛。

全草入药。亦可提精油。

18. 蒙古蒿

Artemisia mongolica (Fisch. ex Besser) Nakai

多年生草本。高可达 1.5 m。植株初时密被灰白色蛛丝状柔毛。叶片卵形,2 回羽状全裂或深裂,裂片椭圆形。花头椭圆形,直径 1.5~2.0 mm;总苞片 3~4 层;雌花 5~10 朵,狭管状;两性花 8~15 朵,管状,具黄色腺点,檐部紫红色。瘦果倒卵形。花果期 8—10 月。

产于南京及周边各地,极常见,生于山坡、灌丛、河湖岸边及路旁。

叶入药。

19. 五月艾

Artemisia indica Willd.

半灌木状草本。高可达 1.5 m。初时被柔毛及蛛丝状毛。下部叶卵形，1~2 回羽状或大头深羽裂，裂片椭圆形。花头长卵形至宽卵形，直径 2.0~2.5 mm；总苞片 3~4 层；雌花 4~8 朵，狭管状；两性花 8~12 朵，管状。瘦果长圆形。花果期 8—10 月。

产于南京及周边各地，常见，生于路旁、林缘、坡地及灌丛。

全草入药，做"艾"的代用品。

35. 菊属（*Chrysanthemum*）分种检索表

1. 中部茎生叶深羽裂、浅裂或具齿 ······································· **1. 野菊** *C. indicum*
1. 中部茎生叶 2 回羽裂 ·· **2. 甘菊** *C. lavandulifolium*

1. 野菊

Chrysanthemum indicum L.

多年生草本。高可达 1 m。茎直立或铺散，被疏毛。基生叶卵形至椭圆状卵形，羽状半裂、浅裂或具浅锯齿。花头多数顶生，常组成疏松伞房圆锥花序；总苞片约 5 层，边缘膜质；边缘辐射花黄色；盘花管状。瘦果长约 1.5 mm。花期 6—11 月。

产于南京及周边各地，极常见，生于山坡草地、灌丛、田野及路旁。

叶、花及全草入药。

（变种）菊花脑

var. *edule* Kitam.

本变种叶片两面光滑。花头直径 1.0~1.5 cm，外层总苞片较内层约短 1/2，无毛。

产于南京周边，极常见，生于路边、疏林下。栽培或逸生。

嫩茎、叶可食用。

当前多数的分类观点并不支持本变种，而将其作为野菊的异名处理。推测其应该是野菊的栽培类型，并逸生野外，本志据新版《江苏植物志》，仍保留其变种。

2. 甘菊

Chrysanthemum lavandulifolium (Fisch. ex Trautv.) Makino

多年生草本。高可达 1.5 m。叶片宽卵形至椭圆状卵形，2 回羽裂，第 1 回全裂或几全裂，第 2 回为半裂或浅裂。花头常多数在枝顶组成复伞房状；总苞片约 5 层，边缘膜质；边缘辐射花黄色；盘花管状。瘦果长约 1.5 mm。花果期 5—11 月。

产于南京、盱眙等地，偶见，生于山坡、草丛、荒地。野生或栽培。

全草或花序入药。

36. 一枝黄花属（*Solidago*）分种检索表

1. 花头小，直径 3 mm 以下；花序枝单面着生且常弯曲 ················· **1. 高大一枝黄花** *S. altissima*

1. 花头大，直径 6~9 mm；花序枝非单面着生 ····························· **2. 一枝黄花** *S. decurrens*

1. 高大一枝黄花

Solidago altissima L.

多年生草本。高可达 2.5 m。叶片狭卵状披针形；中下部叶边缘具锐齿；上部叶片全缘。花头辐射状，偏向一侧着生，呈偏棱锥形圆锥状排列；总苞狭钟状；总苞片 3~4 层；小花黄色；辐射花微伸出总苞。瘦果倒圆锥状；冠毛白色。花果期 10—11 月。

产于南京及周边各地，极常见，生于山坡、荒地、田野、路边。入侵种。

本种和 *S. canadensis* L.（加拿大一枝黄花）常混淆，前者通常以较高大（高可达 2 m）、花期迟（10—11 月）、被毛较多、茎上部叶片近全缘等特征与后者相区别。由于以上性状常有交叉，亦有研究认为，此两种同属"加拿大一枝黄花复合群"。

2. 一枝黄花

Solidago decurrens Lour.

多年生草本。高 35~100 cm。叶片椭圆形、长椭圆形、卵形或宽披针形；下部叶楔形渐狭成翅柄，中部以上叶边缘有细齿或全缘；向上叶渐小。花头在茎顶组成总状或伞房圆锥状花序；总苞片 4~6 层；小花黄色；辐射花 2~9 朵。瘦果长约 3 mm，无毛。花果期 4—11 月。

产于南京及周边各地，常见，生于林缘、林下、灌丛及山坡、草地。

全草入药。

37. 虾须草属（*Sheareria*）

1. 虾须草

Sheareria nana S. Moore

一年生或二年生草本。高 15~40 cm。茎基部分枝，绿色或稍带紫色。叶稀疏，线形或倒披针形，无柄，全缘；上部叶鳞片状。头状花序顶生或腋生；总苞片 2 层，4~5 枚，外层较内层小；雌花舌状，白色或淡红色，近全缘或顶端有小钝齿；两性花管状，上部钟状，具 5 齿。瘦果长椭圆形，无冠毛。

产于南京周边，偶见，生于长江沿岸、水边草地。

全草入药。

38. 联毛紫菀属(*Symphyotrichum*)

1. 钻叶紫菀　钻形紫菀

Symphyotrichum subulatum (Michx.) G. L. Nesom

一年生草本。高可达 1.5 m。叶片卵形至披针形,(20~110)mm ×(1~17)mm;无毛。花头多数,辐射状,组成近圆锥状;总苞圆柱形;边缘雌花,1~3 层,白色至淡紫色;盘花黄色。瘦果狭倒卵状至纺锤状,具 2~6 条脉;冠毛为白色刚毛。花果期 8—10 月。

产于南京及周边各地,极常见,生于路边、草地、荒野。归化种。

全草入药。

39. 飞蓬属（*Erigeron*）分种检索表

1. 两性花少于雌花；雌花花冠舌片极短或几无舌片。
  2. 花头小，直径 3~4 mm；植株被疏长硬毛；叶片两面或仅叶面被疏短毛，边缘常被上弯的硬缘毛
  ··· **1. 小蓬草 E. canadensis**
  2. 花头大，直径 5~10 mm；植株被贴生短毛和疏长毛；叶片两面被灰白色短糙毛。
    3. 冠毛红褐色；总苞长约 5 mm；花头组成大而长的总状或总状圆锥花序；茎纤细，高度通常 0.5 m 以下
    ··· **2. 香丝草 E. bonariensis**
    3. 冠毛黄褐色；总苞长约 4 mm；花头组成大而长的圆锥花序；茎粗壮，高度通常 0.8 m 以上
    ··· **3. 苏门白酒草 E. sumatrensis**
1. 两性花多于雌花；雌花花冠具明显舌片。
  4. 边缘辐射花无冠毛或冠毛短鳞片状。
    5. 基生叶花期枯萎，叶片边缘通常具粗齿 ·············· **4. 一年蓬 E. annuus**
    5. 基生叶花期常宿存，叶片边缘通常全缘 ·············· **5. 糙伏毛飞蓬 E. strigosus**
  4. 边缘辐射花冠毛长刚毛状 ································ **6. 春飞蓬 E. philadelphicus**

1. 小蓬草　小飞蓬　小白酒草

Erigeron canadensis L.

一年生草本。高可达 1.5 m。下部叶倒披针形，具疏锯齿或全缘；中上部叶较小渐狭。花头多数，直径 3~4 mm，排成圆锥状；总苞近圆柱状；总苞片 2~3 层；雌花多数，白色；两性花淡黄色，花冠筒状。瘦果线状披针形；冠毛污白色。花期 5—9 月。

产于南京及周边各地，极常见，生于荒地、旷野、田边和路旁。归化种。

2. 香丝草　野塘蒿

Erigeron bonariensis L.

一年生或二年生草本。高 20~50 cm。茎密被毛。基生叶花期常枯萎;下部叶倒披针形或长圆状披针形,具粗齿或羽状浅裂;中上部叶渐小渐狭至全缘,两面密被糙毛。花头多数组成总状或总状圆锥状;雌花多层,白色。瘦果线状披针形,压扁。花期 5—10 月。

产于南京及周边各地,常见,生于荒地、田边、路旁。归化种。

全草入药。

3. 苏门白酒草

Erigeron sumatrensis Retz.

一年生或二年生草本。高 80~150 cm。茎被毛。基生叶花期枯萎;下部叶倒披针形或披针形,基部渐狭成柄,边缘上部具粗齿。花头多数组成圆锥状;总苞短圆柱状;雌花多层,舌片淡黄色;两性花 6~11 朵。瘦果线状披针形,压扁;冠毛黄褐色。花期 5—10 月。

产于南京及周边各地,常见,生于山坡草地、旷野、路旁。归化种。

4. 一年蓬

Erigeron annuus (L.) Desf.

一年生或二年生草本。高 30~100 cm。基生叶花期枯萎；茎下部叶长圆形或宽卵形，边缘具粗齿；中上部叶较小，近披针形。花头组成疏圆锥状；总苞半球状；边缘辐射花 2 层，舌片线形，常白色；盘花管状，黄色。瘦果披针形，压扁。花期 6—9 月。

产于南京及周边各地，极常见，生于路边旷野或山坡荒地。归化种。

全草入药。

5. 糙伏毛飞蓬　粗糙飞蓬

Erigeron strigosus Muhl. ex Willd.

一年生或二年生草本。高 30~70 cm。基生叶花期常宿存，匙形、倒披针形或线形，边缘全缘至具齿；叶向上渐小。花头组成疏散的伞房状或圆锥伞房状；总苞半球状；边缘辐射花 2 层，舌片线形，常白色；盘花管状，黄色。瘦果披针形，压扁。花期 6—9 月。

产于南京及周边各地，常见，生于荒野、路边。归化种。

6. 春飞蓬　春一年蓬

Erigeron philadelphicus L.

　　一年生或二年生草本。高可达 0.8 m。基生叶倒披针形至倒卵形,边缘具齿或羽裂;茎生叶近披针形,基部抱茎,有时耳状。花头组成伞房状,多数顶生;总苞直径 6~15 mm;边缘辐射花常白色;盘花管状,黄色。瘦果长约 1 mm。花期 5—6 月,果期 7—9 月。

　　产于南京及周边各地,常见,生于田野、荒地、山坡。归化种。

40. 女菀属(*Turczaninovia*)

1. 女菀

Turczaninovia fastigiata (Fisch.) DC.

　　多年生直立草本。高可达 1 m。下部叶花期枯萎,线状披针形,全缘;中部以上叶渐小。花头直径约 6 mm,多数在枝端密集;总苞长 3~4 mm;边缘雌花舌片白色;管状花黄色,长 3~4 mm。瘦果长圆形,长约 1 mm;冠毛 2~3 mm。花果期 8—10 月。

　　产于南京、盱眙等地,偶见,生于山坡、草地、路旁。

　　全草或根入药。

41. 紫菀属（*Aster*）分种检索表

1. 瘦果长圆形或卵圆形，稍扁；辐射花 10~40 朵，蓝、紫、粉或白色。
  2. 叶片无基出脉或偶具三出脉，边缘具齿或牙齿，有时羽状全裂或全缘。
    3. 冠毛 1 层，极短，为短刚毛或鳞片。
      4. 叶片全缘···**1. 全叶马兰** A. pekinensis
      4. 叶片具锯齿或羽状浅裂。
        5. 叶片疏被毛，无毡毛；总苞无毛或疏被毛···················**2. 马兰** A. indicus
        5. 叶背密被毡毛；总苞密被毛·····························**3. 毡毛马兰** A. shimadai
    3. 冠毛 1~4 层，具多数长细糙毛。
      6. 总苞半球形，总苞片 3 层 ·································**4. 琴叶紫菀** A. panduratus
      6. 总苞倒锥形，总苞片约 5 层 ···························**5. 陀螺紫菀** A. turbinatus
  2. 叶片具基出脉 3 条，边缘具粗齿或锯齿 ·······················**6. 三脉紫菀** A. ageratoides
1. 瘦果倒卵圆状或椭圆状，两端稍狭；辐射花约 10 朵，白色；总苞半球形 ···············**7. 东风菜** A. scaber

1. 全叶马兰　全叶鸡儿肠

Aster pekinensis (Hance) F.H. Chen

  多年生草本。高 30~70 cm。叶两面密被短柔毛；下部叶花期枯萎；中部叶多而密，线状披针形至长圆形，全缘；上部叶较小，线形。花头顶生，单生或组成疏伞房状；总苞半球状；边缘雌花舌片淡紫色；管状花黄色，有毛。瘦果倒卵形。花期 6—10 月，果期 7—11 月。

  产于南京及周边各地，常见，生于山坡、灌丛、林缘、路旁。

  全草入药。亦为优良饲料。

2. 马兰　鸡儿肠

Aster indicus L.

多年生匍枝草本。高 30~70 cm。基生叶花期枯萎；茎生叶披针形或倒卵状长圆形，基部渐狭成具翅的柄；上部叶小，全缘。花头顶生，单生或组成疏伞房状；总苞半球状；边缘雌花舌片浅紫色；管状花黄色，常密被短毛。瘦果极扁，倒卵状长圆形，褐色。花期 5—9 月，果期 8—10 月。

产于南京及周边各地，极常见，生于林缘、草丛、溪岸、路旁。

全草或根入药。

3. 毡毛马兰　毡毛鸡儿肠

Aster shimadai (Kitam.) Nemoto

多年生草本。高约 0.7 m。叶两面被毡状密毛，偶具基出脉 3 条；下部叶花期枯萎；中部叶倒卵形、倒披针形或椭圆形，基部渐狭。花头顶生，单生或组成疏伞房状；总苞半球状；边缘雌花 10 余朵，舌片浅紫色；管状花有毛。瘦果极扁，倒卵圆状；冠毛鳞片状。花果期 6—10 月。

产于南京及周边各地，极常见，生于林缘、草坡、溪岸。

全草入药。

4. 琴叶紫菀
Aster panduratus Nees ex Walp.

多年生草本。高可达 1 m。各部密被短毛及腺点。下部叶匙状长圆形；中部叶长圆状匙形，基部半抱茎；上部叶基部心形抱茎。花头顶生，单生或组成疏伞房状；总苞半球状；边缘雌花舌片浅紫色；管状花黄色。瘦果卵状长圆形，两面有肋。花期 2—9 月，果期 6—10 月。

产于南京、句容等地，偶见，生于草地、山坡灌丛、溪岸、路旁。

全草或根入药。

5. 陀螺紫菀　单头紫菀
Aster turbinatus S. Moore

多年生草本。高 60~100 cm。被糙毛或有长粗毛。全部叶片厚纸质，两面被短糙毛，离基出脉 3 条。花头直径 2~4 cm，单生，有时 2~3 个簇生于上部叶腋；总苞倒锥状，总苞片约 5 层，覆瓦状排列；缘花舌状，舌片白色或紫色；盘花管状。果长圆球形，两面有肋；被密粗毛，冠毛白色。花果期 8—11 月。

产于江宁、句容等地，偶见，生于山坡草丛、沟谷灌丛、低山山坡。

6. 三脉紫菀　三脉叶马兰

Aster ageratoides Turcz.

多年生草本。高可达 1 m。叶片具基出脉 3 条；被糙伏毛；近披针形，边缘有锯齿；上部叶渐小。花头组成伞房状或圆锥伞房状；总苞倒锥状或半球状，雌花舌片白色至淡紫色；管状花黄色。瘦果倒卵状长圆形，灰褐色；冠毛浅红褐色或污白色。花果期 7—12 月。

产于南京及周边各地，极常见，生于山坡、田野、路边、林下。

带根全草入药。

（变种）微糙三脉紫菀

var. *scaberulus* (Miq.) Y. Ling

本变种叶通常卵圆形或卵圆披针形，有 6~9 对浅锯齿，下部渐狭或急狭成具狭翅或无翅的短柄；质较厚；叶面密被微糙毛，叶背密被短柔毛，有显明的腺点，且沿脉常有长柔毛，或下面后脱毛。总苞较大，直径 6~10 mm，长 5~7 mm；总苞片上部绿色；舌状花白色或带红色。

产于南京及周边各地，常见，生于路旁、林边和山坡。

7. 东风菜

Aster scaber Thunb.

多年生直立草本。高 1.0~1.5 m。叶两面被微糙毛；基生叶心形，基部急狭成柄，花期枯萎；中部叶较小，卵状三角形。花头组成圆锥伞房状；总苞半球状；边缘雌花约 10 朵，舌片白色；盘花黄色。瘦果倒卵圆状或椭圆状；冠毛污黄白色。花期 6—10 月，果期 8—10 月。

产于南京及周边各地，常见，生于山谷坡地、草地、灌丛、路边。

根和地上部供药用。

42. 旋覆花属（*Inula*）分种检索表

1. 叶片长圆形或椭圆状披针形，边缘不反卷，基部有半抱茎小耳·····························**1. 旋覆花 *I. japonica***
1. 叶片线状披针形，边缘反卷，基部无小耳·····································**2. 线叶旋覆花 *I. linariifolia***

1. 旋覆花

Inula japonica Thunb.

多年生草本。高 35~100 cm。茎单生或数个簇生，直立。基生叶小，花期枯萎；中部叶长圆形至椭圆状披针形，基部常有圆形半抱茎的小耳；上部叶渐狭小。花头组成疏散伞房状；总苞半球状；边缘辐射花黄色，舌片线形。瘦果长约 1 mm，圆柱状；冠毛白色。花期 6—10 月，果期 9—11 月。

产于南京周边各地，常见，生于山坡路旁、湿润草地、河岸、田埂。

花序或全草入药，称"旋覆花""金沸草"。

2. 线叶旋覆花　条叶旋覆花

Inula linariifolia Turcz.

多年生草本。高可达 0.8 m。茎单生或数个簇生。基生叶和下部叶花期常宿存;叶被毛,叶片线状披针形,下部渐狭成长柄;上部叶渐狭小。花头单生或 3~5 个组成伞房状;总苞半球状;边缘辐射花舌片黄色;盘花管状,黄色。瘦果圆柱状。花期 7—9 月,果期 8—10 月。

产于南京及周边各地,偶见,生于山坡、荒地、路旁、河边。

花序或全草亦做"旋覆花"与"金沸草"入药。

43. 天名精属（*Carpesium*）分种检索表

1. 花头单生叶腋,近无梗,穗状排列·················· **1. 天名精** *C. abrotanoides*
1. 花头生于分枝顶端,有梗。
　2. 花头直径小于 1 cm;外层总苞片宽卵形;叶柄无翅 ············ **2. 金挖耳** *C. divaricatum*
　2. 花头直径大于 1.5 cm;外层总苞片线形;叶柄具翅 ············ **3. 烟管头草** *C. cernuum*

1. 天名精

Carpesium abrotanoides L.

多年生粗壮草本。高可达 1 m。植株密被短柔毛。叶片近椭圆形,基生叶开花前枯萎,下部叶较大,向上渐小。花头单生叶腋,近无梗,穗状排列,苞叶 2~4 枚;总苞钟状,直径 6~8 mm;雌花狭圆柱状;两性花圆柱状。瘦果长约 3.5 mm。花期 8 月,果期 10 月。

产于南京及周边各地,极常见,生于村旁、路边荒地、溪边及林缘。

果实入药,称"北鹤虱"。

2. 金挖耳

Carpesium divaricatum Siebold & Zucc.

多年生草本。高可达 1.5 m。叶片通常卵形至长椭圆形，基生叶开花前枯萎，下部叶较大，向上渐小，叶片稍异色，被毛。花头单生顶端；苞叶 3~5 枚；总苞直径 6~10 mm，基部宽，上部稍收缩；雌花狭圆柱状；两性花圆柱状。瘦果长约 3 mm。花果期 7—10 月。

产于南京及周边各地，偶见，生于路旁、山坡草地及灌丛中。

全草入药。

3. 烟管头草

Carpesium cernuum L.

多年生草本。高可达 1 m。叶片通常近椭圆形，基生叶常开花前枯萎，茎下部叶较大，向上渐小，叶片稍异色，被毛，具腺点。花头单生顶端，花时下垂；外层总苞片线形，直径 1~2 cm；雌花狭圆柱状；两性花圆柱状。瘦果长约 4 mm。花果期 8—11 月。

产于南京及周边各地，常见，生于路边荒地及山坡、林缘等处。

全草入药。

44. 豨莶属(*Sigesbeckia*)分种检索表

1. 花序轴及分枝的上部被紫褐色头状具柄的腺毛和长柔毛 ·················· **1. 腺梗豨莶** S. pubescens
1. 花序轴及分枝的上部无紫褐色头状具柄的腺毛和长柔毛。
  2. 分枝非二歧状;花序轴及分枝上部疏具平伏的短柔毛 ·················· **2. 毛梗豨莶** S. glabrescens
  2. 分枝复二歧状;花序轴及分枝上部密生短柔毛 ·················· **3. 豨莶** S. orientalis

1. 腺梗豨莶

Sigesbeckia pubescens (Makino) Makino

一年生草本。高可达 1.1 m。茎直立,被毛。叶片卵圆形或卵形,(3.5~12.0)cm ×(1.8~6.0)cm,基出脉 3 条,基部宽楔形。花头于枝顶组成松散的圆锥花序;花序梗密生头状具柄腺毛和长柔毛;总苞宽钟状;小花黄色。瘦果倒卵圆状,4 棱。花期 5—8 月,果期 6—10 月。

产于南京及周边各地,常见,生于山坡、林缘、灌丛、草地、旷野。

地上部分入药,称"豨莶草"。

2. 毛梗豨莶

Sigesbeckia glabrescens (Makino) Makino

一年生草本。高可达 0.8 m。茎被短柔毛。叶片卵圆形至卵状披针形,(2.5~11.0)cm ×(1.5~7.0)cm,基出脉 3 条,两面被柔毛,基部宽楔形或钝圆形。花头在枝顶组成疏散圆锥花序;花序梗疏生平伏短柔毛;总苞钟状;总苞片 2 层;小花黄色。瘦果长约 2 mm。花期 4—9 月,果期 6—11 月。

产于南京及周边各地,常见,生于路边、旷野荒地、山坡灌丛。

地上部分入药,称"豨莶草"。

3. 豨莶

Sigesbeckia orientalis L.

一年生草本。高可达 1 m。茎被短柔毛。叶片三角状卵圆形或卵状披针形，（4.0~10.0）cm×（1.8~6.5）cm，基部宽楔形，下延成翅柄，两面被毛，基出脉 3 条。花头聚生于枝端，组成圆锥花序；花序梗密生短柔毛；总苞宽钟状；小花黄色。瘦果长约 3 mm。花期 4—9 月，果期 6—11 月。

产于南京及周边各地，常见，生于山野、荒草地、灌丛、林缘及林下，也常见于耕地中。

地上部分入药，称"豨莶草"。

45. 牛膝菊属（*Galinsoga*）

1. 粗毛牛膝菊

Galinsoga quadriradiata Ruiz & Pav.

一年生草本。高可达 0.6 m。茎粗糙。叶片具柄，卵形，（2.0~7.0）cm×（1.5~5.0）cm，基出脉 3 条，基部楔形，边缘具翅。花头辐射状，托片不分裂；辐射花常 5 朵，白色；盘花黄绿色，长约 1.5 mm。瘦果黑色；冠毛鳞片状，顶端具芒。花期 7—10 月。

产于南京及周边各地，常见，生于林下、路边。逸生种。

46. 豚草属 (*Ambrosia*) 分种检索表

1. 下部叶 2 回深羽裂,上部叶深羽裂;雄头状花序的总苞无肋 ·························· **1. 豚草** *A. artemisiifolia*
1. 下部叶 3~5 裂,上部叶 3 裂;雄头状花序的总苞有 3 肋 ·························· **2. 三裂叶豚草** *A. trifida*

1. 豚草

Ambrosia artemisiifolia L.

一年生草本。高可达 1.5 m。植株常被糙伏毛。下部叶对生,2 回深羽裂;上部叶互生,羽裂。雄花头半球形或卵形,在枝端密集成总状花序;雄小花黄色;雌花头单生于雄花序下方或下部叶腋,2~3 个密集成团伞状。瘦果藏于坚硬的总苞中。花期 8—9 月,果期 9—10 月。

产于南京及周边各地,极常见,生于荒地、路边、田地周围、农田和水沟旁。恶性入侵种。

2. 三裂叶豚草

Ambrosia trifida L.

一年生草本。高可达 1.7 m。下部叶 3~5 裂,上部叶 3 裂或不裂,裂片卵状披针形或披针形,边缘有锐齿。雄花头圆形,在枝端密集成总状花序;雄小花黄色;雌花头生于雄花头下方叶状苞叶的腋部,具 1 无被可育雌花。瘦果倒卵状,藏于坚硬的总苞中。花期 8 月,果期 9—10 月。

产于南京周边,偶见,生于农田、荒地、路边等处。入侵种。

47. 苍耳属 (*Xanthium*)

1. 苍耳

Xanthium strumarium L.

一年生草本。高可达 1.2 m。植株被糙伏毛。叶片三角状卵形或心形,不分裂或不明显浅裂,基部浅心形或截形;叶柄长 3~11 cm。雄花头球形,直径 4~6 mm;雌花头椭圆形,内层总苞结合成囊状,在瘦果成熟时变坚硬,外面具钩刺,顶端具坚硬的喙。瘦果 2,倒卵形。花期 7—8 月,果期 9—10 月。

产于南京及周边各地,极常见,生于平原、丘陵、低山、荒野、路边。

果实入药,称"苍耳子"。

48. 鳢肠属（*Eclipta*）

1. 鳢肠　墨旱莲

Eclipta prostrata (L.) L.

一年生草本。高可达 0.6 m。茎直立至平卧。叶片长圆状披针形，被糙毛。花头辐射状，直径 6~8 mm；总苞球状钟形；总苞片 2 层；托片线形；小花白色，辐射花 2 层，盘花顶端 4 齿裂。瘦果暗褐色，顶端截形；表面有瘤状凸起。花期 6—9 月。

产于南京及周边各地，极常见，生于河边、田边或路旁。

全草入药，称"墨旱莲"或"旱莲草"。

五福花科
ADOXACEAE

小到中等的灌木,稀草本或小乔木。叶对生,少互生,羽状脉,单叶或羽状复叶;叶片分裂、全缘或有锯齿。花序呈假伞形、头状聚伞、圆锥或少数花序为间断的穗状;两性花,辐射对称;花萼花瓣合生,花瓣3~5裂,白色为主;雄蕊3~5生于花冠筒上;子房半下位至下位,1或3~5室。果实为核果。

共5属约210种,分布于美洲、非洲北部及东部、欧亚大陆至澳大利亚东部。我国产5属约86种。南京及周边分布有2属7种。

【根据2017年深圳国际植物学大会的决议,本科的学名应使用 Viburnaceae,相应的中文名为"荚蒾科"。本志仍按照 APG Ⅳ 系统以及《中国植物物种名录2022版》暂时不做变动】

【APG Ⅳ 系统的五福花科,合并了传统划入忍冬科的荚蒾属、接骨木属】

五福花科分种检索表

1. 叶为单叶;子房1室,种子1枚。
  2. 叶柄无托叶。
    3. 花萼和花冠外面均有星状糙毛 ·· **1. 荚蒾** *Viburnum dilatatum*
    3. 花萼外面无毛或少毛。
      4. 叶片基部无腺体;成熟果实由红色转为黑色。
        5. 幼嫩部分均密被黄白色星状毛组成的柔毛;叶片顶端钝或圆形
                 2. 陕西荚蒾 *Viburnum schensianum*
        5. 幼嫩部分均疏被黄色星状短毛;叶片顶端骤短渐尖 ········· **3. 黑果荚蒾** *Viburnum melanocarpum*
      4. 叶片基部有腺体;成熟果实卵球形,红色 ···················· **4. 茶荚蒾** *Viburnum setigerum*
  2. 叶柄有托叶 ··· **5. 宜昌荚蒾** *Viburnum erosum*
1. 叶为奇数羽状复叶;子房3~5室,种子3~5枚。
  6. 复伞房花序,杂有黄色杯状不孕花 ···························· **6. 接骨草** *Sambucus javanica*
  6. 圆锥状,聚伞花序,无不孕花 ······························· **7. 接骨木** *Sambucus williamsii*

荚蒾属 (*Viburnum*)

1. 荚蒾

Viburnum dilatatum Thunb.

落叶灌木。高 1.5~3.5 m。叶片纸质,宽倒卵形、倒卵形或宽卵形,顶端急尖,基部圆形至钝形或微心形,边缘有牙齿状尖锯齿。复伞形聚伞花序稠密,生于具 1 对叶的短枝之顶;花萼和花冠外面均有星状糙毛;萼筒狭筒状;花冠白色,辐状。果实红色,椭圆形卵球状。花期 5—6 月,果期 9—11 月。

产于南京及周边各地,常见,生于山坡或山谷疏林下、林缘及山脚灌丛中。

果实成熟时红色,鲜艳。常栽培供观赏。根入药。

2. 陕西荚蒾

Viburnum schensianum Maxim.

落叶灌木。高可达 3 m。幼枝、叶背、叶柄及花序均被黄白色星状毛组成的柔毛。叶片纸质，卵状椭圆形、宽卵形或近圆形。复聚伞花序直径4~8 cm，花多生于第3级分枝上；花冠白色，辐状。果实红色而后变黑色，椭圆球状；果核卵球状。花期5—7 月，果期8—9 月。

产于南京城区、浦口、句容等地，偶见，生于林下或灌丛中。可栽培供观赏。

3. 黑果荚蒾

Viburnum melanocarpum P. S. Hsu

落叶灌木。高 2~4 m。当年小枝连同叶柄和花序均疏被黄色星状短毛。叶片纸质，倒卵形或宽椭圆形。复伞形聚伞花序，生于具 1 对叶的短枝之顶，直径约 5 cm；萼筒被少数星状微毛或无毛；花冠白色，辐状。果实由暗紫红色转为黑色，椭圆球状。花期4—5 月，果熟期9—10 月。

产于南京城区、高淳、句容等地，偶见，生于山地林中或山谷溪涧旁灌丛中。

4. 茶荚蒾 饭汤子

Viburnum setigerum Hance

落叶灌木。高 1.8~3.5 m。叶片纸质,卵状矩圆形至卵状披针形,顶端渐尖,基部圆形,近基部两侧有少数腺体,侧脉 6~8 对,笔直而近并行,伸至齿端。复伞形聚伞花序,花生于第 3 级辐射枝上;萼筒长约 1.5 mm;花冠白色。果序弯垂;果实红色,卵球状。花期 4—5 月,果期 9—10 月。

产于南京、句容等地,偶见,生于林下或路旁。

根入药。可栽培供观赏。

5. 宜昌荚蒾

Viburnum erosum Thunb.

落叶灌木。高 1.8~3.2 m。当年小枝连同芽、叶柄和花序均密被星状短毛和长柔毛。叶片纸质,卵状披针形、卵状矩圆形或倒卵形;叶柄基部有 2 枚宿存、钻形小托叶。复伞形聚伞花序,生于具 1 对叶的侧生短枝之顶;花生于第 2 至第 3 级辐射枝上;花冠白色,辐状。果实红色,宽卵球状。花期 4—5 月,果期 8—10 月。

产于南京及周边各地,偶见,生于山地林下。

根、叶入药。茎皮纤维可制绳索及造纸。可栽培供观赏。

接骨木属（*Sambucus*）

6. 接骨草

Sambucus javanica Reinw. ex Blume

高大草本或亚灌木。高 1~2 m。茎有棱,髓白色。奇数羽状复叶小叶 2~3 对,对生或互生;叶片狭卵形。复伞房花序顶生,大而疏散;杯形不孕花不脱落,可孕花小;萼筒杯状,萼齿三角形;花冠白色;柱头 3 裂。果实红色,近球状,直径 3~4 mm。花期 7—8 月,果期 9—11 月。

产于南京、句容等地,常见,生于山坡林下、沟边和草丛中。栽培或野生。

根、茎、叶入药。

根据《浙江植物志（新编）》以及部分国际植物学名数据库,本种处理成亚种 *S. javanica* subsp. *chinensis*（Lindl.）Fukuoka,其与分布东南亚地区的原亚种区别仅在于成熟果实的颜色。本志仍按《中国植物物种名录 2022 版》暂时不做区分。

7. 接骨木

Sambucus williamsii Hance

落叶大灌木或小乔木。高 5~6 m。小枝无棱,髓部淡黄褐色。羽状复叶小叶一般为 3~7 枚;顶生小叶片具长达 2 cm 的柄;侧生小叶片先端渐尖至尾尖;托叶小,条形或腺体状。花叶同放,圆锥状聚伞花序长 5~11 cm,花小而密,白色或带淡黄色。果实卵球状,成熟时红色。花期 4—5 月,果期 6—9 月。

产于句容、高邮、宝应等地,偶见,生于沟谷、山坡林下、村落屋旁。栽培或野生。

枝叶入药。

灌木或木质攀缘植物，少量小乔木或草本。叶对生，少轮生，单叶或羽裂。聚伞圆锥花序，腋生或顶生，聚伞花序具花 1~3 朵；聚伞花序具 1 对苞片和 2 对小苞片，有时在果期增大；花两性，辐射对称或左右对称；花萼 4~5 浅裂；花冠裂片 4~5，平展，有时双唇状；雄蕊（4）5；下位子房，心皮 2~8。浆果、核果或革质瘦果。种子 1 至多枚。

共 38 属 890~960 种，分布于北美洲、中南美洲、非洲、欧亚大陆至东南亚地区。我国产 25 属约 153 种。南京及周边分布有 4 属 9 种 1 变种。

忍冬科
CAPRIFOLIACEAE

【APG Ⅳ 系统的忍冬科，大致包括了传统的忍冬科部分属以及败酱科和川续断科等】

忍冬科分种检索表

1. 灌木或木质藤本。
  2. 灌木。
    3. 小枝具白色充实的髓部 ···························· **1. 郁香忍冬** *Lonicera fragrantissima*
    3. 小枝具黑褐色的髓，后变中空 ···················· **2. 金银忍冬** *Lonicera maackii*
  2. 木质藤本 ·································· **3. 忍冬** *Lonicera japonica*
1. 草本。
  4. 伞房花序或圆锥花序顶生。
    5. 萼裂片直立，果期不具冠毛。
      6. 果实仅有窄边，无翅状苞片 ···················· **4. 败酱** *Patrinia scabiosifolia*
      6. 果实贴生于宿存增大的翅状苞片中。
        7. 花序梗具长硬毛；茎生叶一般不裂。
          8. 花白色，雄蕊 4 ···················· **5. 攀倒甑** *Patrinia villosa*
          8. 花黄色或具黄白两色，雄蕊 1~4 ···················· **6. 少蕊败酱** *Patrinia monandra*
        7. 花序梗具短硬毛；茎生叶下部羽状半裂，上部全缘 ··········· **7. 异叶败酱** *Patrinia heterophylla*
    5. 萼裂片果期开展，具羽毛状冠毛 ···················· **8. 缬草** *Valeriana officinalis*
  4. 头状花序球状或广椭圆状 ···················· **9. 日本续断** *Dipsacus japonicus*

忍冬属（*Lonicera*）

1. 郁香忍冬

Lonicera fragrantissima Lindl. & Paxton

半常绿或落叶直立灌木。高可达 2 m。叶片厚纸质或带革质，卵形至卵状矩圆形，顶端短尖或具凸尖，基部圆形或阔楔形。花先于叶或与叶同放，芳香；花冠白色或淡红色，基部有浅囊，上唇裂片 4。浆果鲜红色，矩圆形，长约 1 cm，两果部分连合。花期 2—4 月，果期 5—6 月。

产于南京及周边各地，常见，生于山坡、路旁。兼有栽培。

根、嫩枝、叶入药。可栽培供观赏。

2. 金银忍冬　金银木

Lonicera maackii (Rupr.) Maxim.

落叶灌木。高可达 4 m。叶片纸质，通常卵状椭圆形至卵状披针形，长 2.5~8.0 cm，顶端渐尖或长渐尖，基部宽楔形至圆形。花生于幼枝叶腋；相邻两萼筒分离，萼檐钟状；花冠先白色后变黄色，长 1~2 cm，二唇形，筒长约为唇瓣的 1/2。果实暗红色。花期 5—6 月，果期 8—10 月。

产于南京及周边各地，常见，生于山坡、路旁。

茎、叶浸汁可杀虫。可栽培供观赏。

（变种）**红花金银忍冬**　红花金银木
var. erubescens Rehder

　　本变种花冠、小苞片和幼叶均带淡紫红色。
　　产于南京、浦口、句容等地，偶见，生于山坡。

3. 忍冬　金银花　双花
Lonicera japonica Thunb.

　　半常绿藤本。叶片纸质，卵形或矩圆状卵形至披针形，长 3~8 cm，基部圆或近心形。总花梗常单生于小枝上部叶腋；苞片大，叶状，长达 2~3 cm；萼筒长约 2 mm；花冠白色，后变黄色，二唇形，筒稍长于唇瓣。果实圆球状，熟时蓝黑色。花期 4—6 月，果期 10—11 月。

　　产于南京及周边各地，极常见，生于路边、灌丛等处。

　　花蕾、茎、叶入药，称"金银花""忍冬藤"。可栽培供观赏。

败酱属（*Patrinia*）

4. 败酱　黄花败酱
Patrinia scabiosifolia Link

多年生草本。高 30~200 cm。茎直立。基生叶丛生；茎生叶对生，披针形或阔卵形；靠近花序的叶片线形，全缘。花序为聚伞花序组成的大型伞房花序，顶生，具 5~7 级分枝；花冠钟状，黄色；雄蕊 4，2 长 2 短。瘦果长椭圆状，无翅状苞片。花期 7—9 月，果期 9—10 月。

产于南京、句容、盱眙等地，常见，生于山坡草丛中。

全草入药，称"败酱草"。

5. 攀倒甑　白花败酱
Patrinia villosa (Thunb.) Dufr.

二年生或多年生草本。高 50~120 cm。茎直立。基生叶丛生，卵形、宽卵形；茎生叶对生，卵形或长卵形。由聚伞花序组成顶生圆锥花序或伞房花序，具 5~6 级分枝；萼齿 5；花冠钟状，白色；雄蕊 4，伸出花冠外。瘦果倒卵状。花期 8—10 月，果期 9—11 月。

产于南京及周边各地，常见，生于山坡草地及路旁。

全草亦做"败酱草"入药。嫩苗可食。

6. 少蕊败酱　斑花败酱

Patrinia monandra C. B. Clarke

　　二年生或多年生草本。高 45~220 cm。叶对生;纸质,卵形、椭圆形、卵状披针形;基生叶花期枯萎。伞房花序或圆锥花序,具 4~6 级分枝,被白色倒生粗糙毛;总苞片线状披针形至披针形;花萼小,5 齿;花冠漏斗状,直径 2.5~3.0 mm,黄色、淡黄色或白色。瘦果卵球状。花期 8—9 月,果期 9—10 月。

　　产于南京城区、浦口、镇江等地,偶见,生于林下阴湿草地。

　　全草入药。

7. 异叶败酱　墓头回　窄叶败酱

Patrinia heterophylla Bunge

　　多年生草本。高 30~70 cm。根状茎细长。基生叶丛生,叶缘粗齿状缺刻,不分裂或羽裂,具长柄;茎中下部叶片羽状裂,上部叶片较狭,近无柄。聚伞花序顶生及腋生;花萼萼齿不明显;花冠钟形,淡黄色,顶端 5 裂;雄蕊 4,花丝 2 长 2 短。瘦果顶端平;翅状苞片长圆形。花期 8—10 月,果期 10—11 月。

　　产于镇江等地,偶见,生于山坡上、林缘、路边、林下、溪沟边或草丛中。

　　全草、根状茎可入药,称"墓头回"。

缬草属（*Valeriana*）

8. 缬草　宽叶缬草

Valeriana officinalis L.

多年生草本。高 40~80 cm。根状茎短,具浓烈气味。茎具细纵棱;基部具匍匐茎数条。基生叶花期枯萎;茎生叶对生,羽状全裂,裂片通常为 7,边缘具钝齿。伞房状聚伞花序顶生,分枝基部有 1 对总苞片;花萼内卷;花冠淡红色或白色,5 裂;雄蕊 3。瘦果,顶端具白色羽毛状冠毛。花期 5 月,果期 6 月。

产于盱眙、高淳等地,偶见,生于山坡、溪边或林下。

川续断属（*Dipsacus*）

9. 日本续断　续断

Dipsacus japonicus Miq.

多年生草本。高可达 1 m 以上。茎中空,具 4~6 棱,棱上具钩刺。基生叶长椭圆形,分裂或稀不分裂;茎生叶对生;叶片椭圆状卵形至长椭圆形,3 至数对羽裂。头状花序球状或广椭圆状;小总苞具明显 4 棱;花冠蓝白色或紫红色。瘦果,楔形椭圆球状。花果期 8—11 月。

产于南京及周边各地,偶见,生于山坡、路边、屋后、溪边等阴湿处。

果实入药。

乔木、灌木、木质藤本或多年生草本。直立或匍匐;有刺或无刺。叶互生,稀对生或轮生,单叶、掌状复叶或羽状复叶。花整齐;两性或单性;聚生为伞形花序、头状花序,稀总状花序或穗状花序;花瓣5~10;子房下位,2~15室。果实为浆果、核果或双悬果。

共 49 属约 1 460 种,分布于全球热带至温带地区。我国产 22 属约 200 种。南京及周边分布有 5 属 5 种 2 变种。

五加科
ARALIACEAE

【APG Ⅳ 系统的五加科,大致包括了传统五加科的大部分属,以及天胡荽属等少数原本划入伞形科的属】

五加科分种检索表

1. 草本。
  2. 叶柄边缘着生;单伞形花序,与叶对生·················· **1. 天胡荽** *Hydrocotyle sibthorpioides*
  2. 叶柄盾状着生;穗状轮伞花序 ·················· **2. 南美天胡荽** *Hydrocotyle verticillata*
1. 木本。
  3. 叶为单叶。
    4. 落叶乔木,枝干具刺 ·················· **3. 刺楸** *Kalopanax septemlobus*
    4. 常绿攀缘植物,无刺 ·················· **4. 常春藤** *Hedera nepalensis* var. *sinensis*
  3. 叶为复叶。
    5. 羽状复叶 ·················· **5. 楤木** *Aralia hupehensis*
    5. 掌状复叶 ·················· **6. 细柱五加** *Eleutherococcus nodiflorus*

天胡荽属(*Hydrocotyle*)

1. 天胡荽

Hydrocotyle sibthorpioides Lam.

多年生草本。茎细长而匍匐,成片平铺地上。叶片圆形或肾形,直径 0.5~2.5 cm,不分裂或有5~7 浅裂,边缘有浅钝齿或近全缘。伞形花序与叶对生,单生于节上,伞梗长 0.5~3.0 cm;总苞片4~10;花瓣卵形,绿白色。果实略扁圆球状,长 1.0~1.5 mm,宽 1.5~2.0 mm。花果期 4—9 月。

产于南京及周边各地,常见,生于湿润的草地。

全草入药。

（变种）**破铜钱**

var. *batrachium* (Hance) Hand.-Mazz. ex R. H. Shan

　　本变种的叶片较小，3~5 深裂几达基部，侧面裂片间有一侧或两侧仅裂达基部 1/3 处，裂片均呈楔形。

　　产于南京及周边各地，常见，生于湿润草地和路边。

　　全草入药。

2. **南美天胡荽**　香菇草　铜钱草

***Hydrocotyle verticillata* Thunb.**

　　多年生草本。高 5~15 cm。茎柔弱，匍匐；节上生根；节间长 3~10 cm。叶互生，圆盾形，直径 2~4 cm，边缘波状；叶脉 15~20 条呈放射状。伞形花序总状排列，由 10~50 朵小花组成；单个头状伞形花序具花 3~6 朵，伞幅 3 mm；花两性，花瓣 5。分果扁球状。花果期 6—10 月。

　　产于南京及周边各地，常见，生于水边、浅水处和湿地。栽培或逸生。

　　用作水生观赏植物栽培。常逸生扩散为难以根除的杂草。

　　本种为国内广泛引种栽培的种类。部分文献中所使用的学名 *H. vulgaris* L.（少脉香菇草、野天胡荽），国内几无引种栽培。

刺楸属（*Kalopanax*）

3. 刺楸

Kalopanax septemlobus (Thunb.) Koidz.

落叶乔木。高 10~15 m。枝干有粗大鼓钉状刺。单叶；叶片纸质，近圆形，直径 7~20 cm，掌状 5 或 7 裂。复伞形花序呈圆锥花序状，大而顶生；伞形花序直径 1~3 cm，具花多数；花瓣 5，白色或淡黄绿色。核果球状，直径约 5 mm，成熟时蓝黑色。花期 7—8 月，果期 10—11 月。

产于南京及周边各地，常见，生于山地疏林中。

根入药。

常春藤属（*Hedera*）

4. 常春藤　中华常春藤

Hedera nepalensis var. *sinensis* (Tobler) Rehder

常绿攀缘藤本。茎有气生根。单叶；叶片近革质，有二型：营养枝上的叶片三角状卵圆形或戟形；繁殖枝上的叶片长椭圆状卵形，全缘。伞形花序 2~7 个顶生，组成伞房状或圆锥花序；花瓣 5，淡黄白色。果实球状，果熟后红色或黄色。花期 8—9 月，果期翌年 4—5 月。

产于句容、溧水等地，偶见，生于树干、岩石或墙壁上。

茎、叶有小毒，可入药。

楤木属（*Aralia*）

5. 楤木　湖北楤木
Aralia hupehensis G. Hoo

灌木或小乔木。高 1.5~6.0 m。小枝灰棕色，疏生多数细刺；刺长 1~3 mm。叶为 2~3 回羽状复叶，长 40~80 cm；羽片具小叶 7~11 枚，基部有 1 对小叶；小叶片膜质或薄纸质，阔卵形、卵形至椭圆状卵形。圆锥花序长 30~45 cm，伞房状，花黄白色；花瓣 5。果实球状，黑色。花期 6—8 月，果期 9—10 月。

产于南京及周边各地，常见，生于路边、林边和疏林下。

芽与嫩叶可当蔬菜食用。

据 *Flora of China*，广泛分布于我国华东、华南、西南至华北的种为 A. elata (Miq.) Seem.；本志据新版《江苏植物志》及《浙江植物志（新编）》观点，认为后者只产于日本，因此恢复早出异名 A. hupehensis G. Hoo 作为国产楤木的合法学名。

（续表）

伞形科分属检索表

15. 分生果背部明显扁平,背棱和中棱丝状、线形或翅状凸起,侧棱呈宽翅。
  16. 分生果侧棱的翅宽而薄,成熟后易分离。
    17. 萼齿不明显;果皮厚·················**16. 当归属** *Angelica*
    17. 萼齿明显;果皮薄膜质·················**17. 山芹属** *Ostericum*
  16. 分生果侧棱的翅厚而狭,不易分离·················**18. 前胡属** *Peucedanum*

1. 积雪草属（*Centella*）

1. 积雪草

Centella asiatica (L.) Urb.

多年生草本。茎匍匐,细长。节上生根。叶片膜质至草质,圆形、肾形或马蹄形;掌状脉5~7条。伞形花序梗2~4个,聚生叶腋;每一伞形花序具花3~4朵,聚集呈头状;花瓣卵形,紫红色或乳白色。果实两侧扁压,圆球状。花果期4—10月。

产于南京及周边各地,常见,生于路边、林下阴湿处。

全草入药。

温 珺 供图

2. 柴胡属（*Bupleurum*）分种检索表

1. 主根表面红棕色；叶线形，具 3~5 条纵脉 ················· **1. 红柴胡** *B. scorzonerifolium*
1. 主根表面非红棕色；茎中部叶宽披针形，具 7~9 条纵脉 ················· **2. 北柴胡** *B. chinense*

1. 红柴胡　狭叶柴胡

Bupleurum scorzonerifolium Willd.

　　多年生草本。高 30~60 cm。茎常单一，有时 2~3 根丛生，上部呈"之"字形弯曲。叶片线形，质厚而稍硬挺，常对折或内卷。花序多数，组成疏松圆锥花序状；伞辐 3~10；总苞片 1~3，针状；小总苞片 5；花瓣黄色。果椭圆球状，长 2.0~2.5 mm。花果期 7—9 月。

　　产于盱眙、南京城区、江宁、句容等地，偶见，生于向阳山坡。

　　根为常用中药，称"柴胡"。亦可提精油和脂肪油。

　　浦口、江宁、句容等地尚分布有一变型 *B. scorzonerifolium* f. *pauciflorum* R. H. Shan & Y. Li（少花红柴胡），此变型伞辐 2~3 与 4~6 朵小花，都较少，在南京地区较为常见。地上嫩苗入药，于春季采集，称"春柴胡"。

2. 北柴胡　柴胡

Bupleurum chinense DC.

多年生草本。高 50~80 cm。茎单生或数根丛生,实心;上部多回分枝,微做"之"字形曲折。基生叶倒披针形或狭椭圆形;茎中部叶宽披针形。复伞形花序多数,组成疏松的圆锥状;伞辐 3~8;小伞具花 5~10 朵;小总苞片 5;花瓣鲜黄色。果广椭圆球状。花果期 9—10 月。

产于南京、句容等地,偶见,生于向阳山坡路边、沟旁或草丛中。

根亦做"柴胡"入药。

3. 变豆菜属 (*Sanicula*)

1. 变豆菜

Sanicula chinensis Bunge

多年生草本。高可达 1 m。茎上部重复叉状分枝。叶柄扁平;叶片近圆形,常 3(5)裂,中间裂片楔状倒卵圆形,两侧裂片各有 1 深缺刻,边缘有重锯齿。花序 2~3 回叉式分枝;小伞形花序具花 8~10 朵;雄花 5~7 朵;花瓣黄白色。果实卵球状,顶端有喙状的萼齿,果刺直立。花期 4 月。

产于南京城区、浦口、句容等地,常见,生于山区林下草丛中。

全草入药。果实可提制精油。

4. 窃衣属（*Torilis*）分种检索表

1. 复伞形花序无总苞,或具 1 枚总苞;伞幅 2~4 ·· **1. 窃衣** *T. scabra*
1. 复伞形花序总苞有 3~6 个线形的苞片;伞幅 4~12 ··································· **2. 小窃衣** *T. japonica*

1. 窃衣

Torilis scabra (Thunb.) DC.

　　二年生草本。高 30~75 cm。茎单生,直立。下部茎生叶具长叶柄,叶片卵圆形,2（3）回羽状全裂。复伞形花序顶生和腋生;伞幅 2~4;总苞片无或仅 1;小总苞片约 5,近钻形;小伞形花序具花 4~7 朵;花瓣白色,略带淡紫色,倒心形,顶端内折。果实长卵球状。花果期 4—7 月。

　　产于南京及周边各地,极常见,生于路旁荒地和疏林下。

　　果实或全草入药。

2. 小窃衣　破子草

Torilis japonica (Houtt.) DC.

一年生或多年生草本。高可达 75 cm。茎直立。叶片卵形，1 或 2 回羽裂，小羽片披针状卵圆形，深羽裂。花序顶生与腋生；总苞片 3~6；小总苞片数个，近钻形；伞辐 4~12；每一小伞形花序具花 4~12 朵；花瓣白色，倒心形。果实卵球状。花期 5—6 月，果期 8—9 月。

产于南京及周边各地，常见，生于路旁荒地及草丛中。

全草和果实入药。果实还可提取芳香油。

5. 胡萝卜属（*Daucus*）

1. 野胡萝卜

Daucus carota L.

二年生草本。高 15~120 cm。基生叶薄膜质，长圆形，2 或 3 回羽状多裂；茎生叶近无柄。总苞片多数；小总苞片线形，不裂或羽裂；伞辐多数，长 2.0~7.5 cm；花瓣白色、黄色或淡红色。果实长圆球状，长 3~4 mm，宽 2 mm。花期果 5—7 月。

产于南京周边各地，极常见，生于路旁、田边、旷野草丛中。

果实入药，称"南鹤虱"。水煮液对棉蚜有毒杀作用。

6. 香根芹属（*Osmorhiza*）

1. 香根芹

Osmorhiza aristata (Thunb.) Rydb.

多年生草本。高 30~80 cm。叶片三角形至圆形，长 7~20 cm，三出式羽裂或 2 回三出式分裂。伞形花序顶生与腋生，伞梗长 3.5~25.0 cm；小总苞片 1 至多数，细条形或披针形；伞辐 3~6；花瓣白色。果实长棒状，长 10~22 mm，顶端圆钝或突尖。花期 4 月。

产于南京、句容、盱眙等丘陵地区，常见，生于林下较湿处。

7. 峨参属（*Anthriscus*）

1. 峨参

Anthriscus sylvestris (L.) Hoffm.

二年生或多年生草本。高可达 1.5 m。叶有柄，基部有鞘；叶片 2 回三出式羽裂或 2 回羽裂，裂片披针状卵圆形。伞形花序顶生或腋生；伞辐 8~12；总苞片无；小总苞片 5~8；花瓣白色，常带绿色或黄色。果实长卵球状。花期 4 月。

产于南京及周边各地，常见，生于山坡林下。

根入药。

8. 明党参属（*Changium*）

1. 明党参

Changium smyrnioides H. Wolff

多年生草本。高可达 1.5 m。茎上部分枝,疏散开展。基生叶具长柄;1 回羽片广卵圆形;2 回羽片卵圆形至长圆状卵圆形,长约 3 cm;3 回羽片广卵圆形;叶幼嫩时有白色粉霜。花序伞辐 6~10;小伞形花序具花 10~15 朵;花瓣白色。果实卵球状至长卵球状。花期 4—5 月。

产于南京及周边各地,常见,生于林缘、疏林下、向阳山坡草丛、竹林边。

根为华东地区著名药材,亦称为"粉沙参"。国家二级重点保护野生植物。

9. 泽芹属（*Sium*）

1. 泽芹

Sium suave Walter

多年生湿生草本。高 60~120 cm。茎中空。叶片长圆形至卵形,1 回羽状全裂,羽片 3~9 对,远离,小羽片披针形至条形。复伞形花序顶生,长 3~10 cm;伞辐 10~20;苞片和小总苞片 5~10;花瓣白色。果实卵球状;果棱狭翅状。花期 7—8 月,果期 9—10 月。

产于句容、溧水等地,偶见,生于沟河边、溪流旁或较潮湿地带。

全草和地上部分入药。

10. 茴芹属（*Pimpinella*）

1. 异叶茴芹

Pimpinella diversifolia DC.

多年生草本。高 40~120 cm。全株被有柔毛。基生叶和茎下部叶不裂或 3 裂，或三出式 1~2 回羽裂。总苞片无或有 1~2 枚；小总苞片 3~8；伞辐 6~12；花瓣白色或绿色。果实卵球状，基部心形，幼时有细刺毛。花期 8 月。

产于浦口、句容、溧水、仪征等丘陵地区，常见，生于林下及林缘草丛中。

全草入药。果实可提取香精油，用于调配香料。

11. 水芹属（*Oenanthe*）

1. 水芹

Oenanthe javanica (Blume) DC.

多年生草本。高 15~80 cm。茎基部匍匐。基生叶叶柄长达 10 cm；叶片 1~2 回羽裂。复伞形花序顶生，花序梗长 2~16 cm；伞辐 6~20；花瓣白色，倒卵圆形，长 1 mm。果实近四角椭圆球状或长椭圆球状。花期 6—7 月，果期 8—9 月。

产于南京及周边各地，常见，生于浅水沟旁或低洼地处。

全草入药。

12. 岩风属（*Libanotis*）分种检索表

1. 末回裂片卵圆形；伞辐 3~10 ···**1. 老山岩风** *L. laoshanensis*

1. 末回裂片条形；伞辐 8~20 ···**2. 香芹** *L. seseloides*

【据最新研究，岩风属已被并入西风芹属 *Seseli*，本志仍按照《中国植物物种名录 2022 版》暂时不做变动】

1. 老山岩风

Libanotis laoshanensis W. Zhou & Q. X. Liu

多年生草本。高可达 1 m。茎直立，有深棱槽。基生叶及茎下部叶有柄；叶片宽椭圆形或近菱形，2~3 回羽裂。复伞形花序顶生与侧生；伞辐 3~10；小总苞片 8~10，披针状线形；萼齿 5；花瓣白色，宽卵形。果实卵球状，长 4.0~4.5 mm。花期 8—9 月，果期 10—11 月。

产于浦口，稀见，生于山坡及山顶林下或林缘草丛中。

旧版《江苏植物志》所载亚洲岩风 *L. sibirica* (L.) C. A. Mey. 实为本种。

2. 香芹

Libanotis seseloides (Fisch. & C. A. Mey. ex Turcz.) Turcz.

多年生草本。高 30~120 cm。茎直立或稍曲折。基生叶有长柄，叶柄长 4~18 cm；叶片椭圆形或宽椭圆形，长 5~18 cm，宽 4~10 cm，3 回羽状全裂。伞形花序多分枝，复伞形花序直径 2~7 cm；花瓣白色，宽椭圆形。花期 7—9 月，果期 8—10 月。

产于浦口等地，偶见，生于灌丛中。

朱鑫鑫 供图

朱鑫鑫 供图

朱鑫鑫 供图

13. 细叶旱芹属（*Cyclospermum*）

1. 细叶旱芹

Cyclospermum leptophyllum (Pers.) Sprague ex Britton & P. Wilson

　　一年生草本。高 25~45 cm。叶片长圆形至长圆状卵圆形，3~4 回羽裂。复伞形花序与叶对生；伞辐 2~5，长 1~2 cm；无总苞片和小总苞片；小伞形花序具花 5~15 朵；花瓣白色、绿白色或略带粉红色。果实卵球状。花期 5 月，果期 6—7 月。

　　产于南京及周边各地，常见，生于荒地、路边、沟边、草丛中。归化种。

14. 鸭儿芹属（*Cryptotaenia*）

1. 鸭儿芹

Cryptotaenia japonica Hassk.

　　多年生草本。高 30~90 cm。茎为叉式分枝。叶片广卵形，长 5~18 cm，3 全裂，中间小叶片菱状倒卵形，两侧小叶片斜倒卵圆形。伞辐 2~3；整个花序分枝呈伞房状、聚伞状或圆锥状；总苞片和小总苞片各有 1~3；小伞形花序具花 2~4 朵；花瓣白色。果实细长圆球状。花期 4—5 月。

　　产于南京及周边各地，常见，生于林下阴湿处。

　　全草入药。

15. 蛇床属（*Cnidium*）

1. 蛇床

Cnidium monnieri (L.) Cusson

一年生草本。高 30~80 cm。根圆锥状。茎多分枝,中空,具深条棱。叶片卵圆形至三角状卵圆形,2 回羽状或三出式羽状多回全裂。复伞形花序直径 2~3（4）cm;总苞片 8~10;小总苞片多数;花瓣白色。果实长卵球状。花期 4—7 月,果期 6—10 月。

产于南京及周边各地,极常见,生于田野、路旁、沟边。

果实有小毒,可入药。

16. 当归属（*Angelica*）分种检索表

1. 第 1 回羽片的小叶柄具下延的叶翅；花瓣深紫色 ┄┄┄┄┄┄┄┄┄┄┄┄┄┄┄┄┄┄ **1. 紫花前胡** A. *decursiva*
1. 第 1 回羽片有短柄或近无柄；花瓣白色 ┄┄┄┄┄┄┄┄┄┄┄ **2. 骨缘当归** A. *cartilaginomarginata* var. *foliosa*

1. 紫花前胡

Angelica decursiva (Miq.) Franch. & Sav.

多年生草本。高 1~2 m。根粗壮。基生叶和下部叶的叶片坚纸质，1 回三全裂，或 1~2 回羽裂。复伞形花序紫色；伞辐 10~20；总苞片 1~3；小总苞片多数，披针形，紫色；小伞形花序近球状；花瓣深紫色。果实卵圆状。花期 8—9 月，果期 9—11 月。

产于南京周边各地，常见，生于山坡草地或稀疏林下。

根可入药。

南京城区、浦口及句容等地丘陵地区尚分布有一花瓣白色，茎、苞片、小苞片呈绿色的变型 A. *decursiva* f. *albiflora*（鸭巴前胡）。

2. 骨缘当归

Angelica cartilaginomarginata var. *foliosa* C. Q. Yuan & R. H. Shan

二年生或多年生草本。高可达 1.5 m。叶柄长 10~15 cm，鞘半抱茎；叶片坚纸质，卵圆形至长圆状卵形，1~2 回三出式羽裂。疏松的复伞形花序，叉式分枝；伞辐 10~12；总苞片无；小总苞片少数；花瓣白色，卵圆形。果实椭圆状至卵圆状。花期 7—8 月，果期 8—9 月。

产于江宁、句容等地，偶见，生于山区林下及林缘草丛中。

根入药。

17. 山芹属（*Ostericum*）分种检索表

1. 叶片末回裂片锯齿内弯；总苞片 1~3 ·· **1. 山芹** *O. sieboldii*
1. 叶片末回裂片锯齿不内弯；总苞片 4~8 ··································· **2. 大齿山芹** *O. grosseserratum*

1. 山芹

Ostericum sieboldii (Miq.) Nakai

多年生草本。高 0.5~1.5 m。叶为 2~3 回三出式羽裂；叶三角形，长 20~45 cm；叶柄基部膨大成扁而抱茎的叶鞘；末回裂片菱状卵形至卵状披针形，边缘有内弯的圆钝齿或缺刻状齿 5~8 对。复伞形花序；伞辐 5~14；花瓣白色，长圆形。果实长圆状至卵状。花期 8—9 月，果期 9—10 月。

产于南京周边，偶见，生于林下或林缘。

2. 大齿山芹

Ostericum grosseserratum (Maxim.) Kitag.

多年生草本。高可达 1 m。叶柄长 4~18 cm；叶片广三角形，2~3 回三出式分裂；第 1、第 2 回的裂片有短柄，广卵圆形至菱形，长 2~5 cm，基部楔形，顶端尖锐至长尖。伞辐 6~14；总苞片 4~8，线状披针形；小总苞片 5，钻形；花瓣白色，倒卵圆形。果实近球状或长圆状，顶端收缩。花期 7—8 月。

产于南京、句容等地，常见，生于山坡、路边、林缘草丛中。

根可入药。

18. 前胡属（*Peucedanum*）分种检索表

1. 萼齿不明显；小总苞片 8~12 ·· **1. 前胡** *P. praeruptorum*
1. 萼齿钻形，显著；小总苞片 4~6 ·· **2. 泰山前胡** *P. wawrae*

【最新研究表明，本属内前胡等数种被拆分到石防风属 *Kitagawia* 等数个不同的属；《中国植物物种名录 2022 版》等一些国内数据库使用了"疆前胡属"这一中文名，意指修订后的 *Peucedanum*。本志使用传统广义范畴的前胡属定义，因此对其属中文名不做更改】

1. 前胡　白花前胡

Peucedanum praeruptorum Dunn

多年生草本。高 0.6~1.0 m。基生叶具长柄；叶片宽卵形或三角状卵形，三出式 2~3 回分裂。复伞形花序多数，顶生或侧生，伞形花序直径 3.5~9.0 cm；总苞片无或 1 至数片，线形；伞辐 6~15；小总苞片 8~12；小伞形花序具花 15~20 朵；花瓣卵形，小舌片内曲，白色。花期 8—9 月，果期 10—11 月。

产于南京、句容等地，偶见，生于林下或林缘。

根入药。

2. 泰山前胡

Peucedanum wawrae (H. Wolff) S. W. Su ex M. L. Sheh

多年生草本，高可达 80 cm。基生叶无毛；叶片 2~3 回三出式分裂，1 回羽片有长柄，末回羽片广卵圆形。复伞形花序顶生与侧生；花序梗及伞辐均有极短柔毛；伞辐 6~8；总苞片无或 1~3；小总苞片 4~6；花瓣白色。果实背腹扁压，卵圆状至长圆状。花期 8—11 月，果期 9—11 月。

产于盱眙、浦口、仪征等地，偶见，生于山坡草丛中。

附录1 植物中文名称索引

C

W

附录 2　植物拉丁学名索引

主要参考文献

［1］刘启新. 江苏植物志（第 1 卷）［M］. 南京：江苏凤凰科学技术出版社，2017.

［2］刘启新. 江苏植物志（第 2 卷）［M］. 南京：江苏凤凰科学技术出版社，2014.

［3］刘启新. 江苏植物志（第 3 卷）［M］. 南京：江苏凤凰科学技术出版社，2016.

［4］刘启新. 江苏植物志（第 4 卷）［M］. 南京：江苏凤凰科学技术出版社，2016.

［5］刘启新. 江苏植物志（第 5 卷）［M］. 南京：江苏凤凰科学技术出版社，2017.

［6］江苏省植物研究所. 江苏植物志（上册）［M］. 南京：江苏人民出版社，1977.

［7］江苏省植物研究所. 江苏植物志（下册）［M］. 南京：江苏科学技术出版社，1982.

［8］浙江植物志（新编）编辑委员会. 浙江植物志（新编）（第 2 卷）［M］. 杭州：浙江科学技术出版社，2021.

［9］浙江植物志（新编）编辑委员会. 浙江植物志（新编）（第 3 卷）［M］. 杭州：浙江科学技术出版社，2021.

［10］浙江植物志（新编）编辑委员会. 浙江植物志（新编）（第 4 卷）［M］. 杭州：浙江科学技术出版社，2021.

［11］浙江植物志（新编）编辑委员会. 浙江植物志（新编）（第 5 卷）［M］. 杭州：浙江科学技术出版社，2021.

［12］浙江植物志（新编）编辑委员会. 浙江植物志（新编）（第 6 卷）［M］. 杭州：浙江科学技术出版社，2021.

［13］浙江植物志（新编）编辑委员会. 浙江植物志（新编）（第 7 卷）［M］. 杭州：浙江科学技术出版社，2020.

［14］浙江植物志（新编）编辑委员会. 浙江植物志（新编）（第 8 卷）［M］. 杭州：浙江科学技术出版社，2021.

［15］浙江植物志（新编）编辑委员会. 浙江植物志（新编）（第 9 卷）［M］. 杭州：浙江科学技术出版社，2021.

［16］中国科学院中国植物志编辑委员会. 中国植物志［M］. 北京：科学出版社，1959–2004.

［17］中国植物志（英文版）联合编委会. Flora of China［M］. 北京：科学出版社，1994–2013.

［18］陈之端，路安民，刘冰，等. 中国维管植物生命之树［M］. 北京：科学出版社，2019.

［19］中国科学院植物研究所. 江苏南部种子植物手册［M］. 北京：科学出版社，1959.

［20］李宏庆. 华东种子植物检索手册［M］. 上海：华东师范大学出版社，2010.

［21］国家药典委员会. 中华人民共和国药典（一部）［M］. 北京：中国医药科技出版社，2020.

［22］中国植被编辑委员会. 中国植被［M］. 北京：科学出版社，1980.